U0313641

硫化铜矿微生物浸出的影响因素和机制

林 海　董颖博　傅开彬　莫晓兰　著

北 京
冶 金 工 业 出 版 社
2019

内 容 提 要

本书从硫化铜矿类型、脉石矿物和浮选药剂三个角度系统介绍了微生物浸出硫化铜矿过程的影响因素和作用机制。内容包括微生物浸出铜尾矿菌种的选育、不同浮选药剂对菌种活性和黄铜矿浸出体系的影响、脉石矿物对微生物浸出黄铜矿的影响规律、脉石矿物在微生物浸出黄铜矿体系的溶出特性、浸出体系离子胁迫对微生物浸出黄铜矿的影响和机理、不同类型硫化铜矿微生物浸出规律与机理。

本书学术思想新颖、内容系统、理论性强，具有鲜明的实用性。可供从事矿业工程、生物冶金、环境工程及相关专业的科研人员和高等院校相关专业的师生学习和参考。

图书在版编目(CIP)数据

硫化铜矿微生物浸出的影响因素和机制/林海等著. —北京：冶金工业出版社，2019. 1

ISBN 978-7-5024-8051-6

Ⅰ. ①硫…　Ⅱ. ①林…　Ⅲ. ①硫化铜—铜矿床—细菌浸出　Ⅳ. ①TD862. 133. 7

中国版本图书馆 CIP 数据核字（2019）第 029652 号

出 版 人　谭学余

地　　址　北京市东城区嵩祝院北巷 39 号　邮编　100009　电话　(010)64027926

网　　址　www. cnmip. com. cn　电子信箱　yjcbs@ cnmip. com. cn

责任编辑　于昕蕾　美术编辑　吕欣童　版式设计　孙跃红

责任校对　李　娜　责任印制　牛晓波

ISBN 978-7-5024-8051-6

冶金工业出版社出版发行；各地新华书店经销；三河市双峰印刷装订有限公司印刷

2019 年 1 月第 1 版，2019 年 1 月第 1 次印刷

169mm×239mm；24. 5 印张；476 千字；378 页

72. 00 元

冶金工业出版社　投稿电话　(010)64027932　投稿信箱　tougao@ cnmip. com. cn

冶金工业出版社营销中心　电话　(010)64044283　传真　(010)64027893

冶金工业出版社天猫旗舰店　yjgycbs. tmall. com

（本书如有印装质量问题，本社营销中心负责退换）

前　言

矿产资源是不可再生资源，经过逐年开采利用已日渐枯竭。目前高品位易选矿产资源日趋减少，因此低品位矿和复杂难选矿资源化回收技术开发已成当务之急，然而传统选矿方法难以经济有效地处理贫、细、杂矿石，因此人们一直在寻求更为合理、有效和清洁的资源利用途径。近年来，微生物浸矿技术越来越受到国内外矿物加工界的普遍关注，它是利用微生物的作用将有价金属元素（如铜、镍、锰、铀等）从矿石中溶解出来并加以回收利用，具有应用范围宽、过程相对简单、易于管理、基建投资少、生产操作简单、成本低的优点，而且在一定程度上对环境危害较小，因此微生物浸矿技术在矿物加工和湿法冶金领域中有望充当越来越重要的角色，是国内外矿业界研究的热点之一。

铜是重要的有色金属之一，随着国民经济的发展，对铜的需求量逐年增加，国内铜的供求矛盾十分突出。在铜工业中，由于铜矿石开采品位逐年下降、难选冶铜矿石类型和数量增多，导致传统的选别方法难以从中经济有效地回收铜，而采用细菌浸出技术回收铜，经济效益显著。国内德兴铜矿、紫金矿业、山东黄金等已经实现了工业化应用，国外也有许多成功的应用案例，目前采用生物法提取的铜约占世界总铜产量的25%。

近年来，国内外学者围绕微生物浸铜技术开展了大量的研究工作，包括高活性浸矿微生物功能基因组学研究，浸矿体系微生物群落结构与功能活动以及微生物种群之间相互作用、浸矿微生物群落基因组学与种群优化调控研究，高效浸矿微生物铁硫氧化代谢系统调控研究，微生物浸出体系中生物因素、化学因素和物理因素对浸出率、浸出速度的影响等，但是还存在一系列的理论和实际问题需要深入研究，主要表现在以下几个方面：(1) 优良菌种是微生物技术处理低品位铜矿的关键因素，目前缺乏高效的浸矿菌种。(2) 虽然国内外学者对不同类型硫化铜矿物的生物浸出规律进行了研究，但得出的规律却是各不相同，其原因应该是对矿物生物浸出规律的内在机制缺乏足够的认识，因此不能针对反应控制步骤及时做出有效调控。(3) 影响微生物浸矿的影响因素研究不全面，尤其缺乏铜浮选尾矿中浮选药剂和共伴生脉石矿物对微生物浸铜效果影响的研究。例如，大量有色金属尾矿是通过浮选后排放，尾矿中残余的浮选药剂对细菌活性有较大影响，从而对浸出效果产生影响，微生物浸出技术处理精矿时也会遇到同样的问题。另外，在难选原生铜矿、选铜尾矿以及极低品位铜矿中脉石矿物是含量最多的矿物，甚至在铜精矿中也存在一定含量的脉石矿物，因此脉石矿物的存在对铜的浸出率和浸出速度均会产生影响。然而，国内外在浮选药剂和脉石矿物对浸矿菌种活性和浸矿效率影响领域研究较少。

笔者多年来一直从事微生物冶金技术领域的研究工作，主要开展微生物技术回收尾矿中有价金属、高效菌种开发与应用、微生物与矿物相互作用机制等方面的研究工作。近 10 年来，笔者及科研团队针对上述的影响微生物浸铜效率的三个关键问题，从影响微生物浸矿效果的内因浸矿菌种、矿物性质和外部环境条件三个层面展开研究。首先，进行不同驯化–诱变方法对浸矿细菌活性和浸矿效率的影响研究，优选出最佳诱变方案，选育出高效的铜尾矿浸出菌种。其次，研究不同类型硫化铜矿物的微生物浸出规律，从细菌选择性吸附、表面化学、固体物理、结晶学和矿物学等方面对浸出规律进行研究，通过分析比较获得规律形成的深层次原因，揭示了影响不同类型硫化铜矿微生物浸出规律的机制。然后，从浮选药剂和脉石矿物着手，研究常见铜矿物浮选药剂和与铜矿物共伴生脉石矿物对浸矿菌种氧化活性和浸铜效率的影响规律及机理，以及脉石矿物在生物浸出体系的溶出规律、浸出体系离子胁迫对微生物浸出黄铜矿的影响和机理。

本书是在上述科学研究和技术开发工作基础上撰写而成，它是笔者及科研团队、合作者在硫化铜矿微生物浸出的影响因素和机制研究成果的系统总结。该书的成果已由中国有色金属学会组织了专家鉴定，以孙传尧院士为组长的专家组认为成果达到了国际先进水平，因此希望本书的出版能够对微生物技术在矿业和其他领域的应用和技术开发提供借鉴与帮助。

本书由林海、董颖博、傅开彬、莫晓兰撰写。感谢博士生周闪闪、许晓芳，研究生王鑫、李甘雨等对研究工作所做的贡献！本书共分7章，具体内容和人员分工如下：第1章，绪论（林海）；第2章，微生物浸出铜尾矿菌种的选育（董颖博）；第3章，不同浮选药剂对菌种活性和黄铜矿浸出体系的影响（董颖博）；第4章，脉石矿物对微生物浸出黄铜矿的影响规律（莫晓兰）；第5章，脉石矿物在微生物浸出黄铜矿体系的溶出特性（林海）；第6章，浸出体系离子胁迫对微生物浸出黄铜矿的影响和机理（林海）；第7章，不同类型硫化铜矿微生物浸出规律与机理（傅开彬）。全书由林海教授进行统稿和审订。

在本书即将出版之际，笔者衷心感谢国家自然科学基金资助项目（51204011）、中国博士后基金资助项目（2013T60063、2012M520171）、北京市优秀博士学位论文指导教师科技计划项目（20121000803）对本书涉及的研究工作的资助，同时感谢本书引用文献的各位作者。

由于笔者能力和水平有限，加之撰写过程有些仓促，所以不当之处在所难免，敬请各位读者批评指正。

林　海

2019年1月于北京科技大学

目　录

1 绪　　论

铜是人类最早使用的金属。早在史前时代，人们就开始采掘露天铜矿，获取的铜，制造武器、式具和其他器皿，铜的使用对早期人类文明的进步影响深远。难处理铜矿选冶技术研究从未停歇。

1.1 铜矿资源概况

1.1.1 世界铜矿资源及分布特点

目前为止，已经发现的含铜矿物有280多种，其中主要的有16种，包括自然铜、赤铜矿、黑铜矿、孔雀石、辉铜矿、铜蓝、黄铜矿、斑铜矿和黝铜矿等。

世界铜资源主要集中在智利、美国、秘鲁、澳大利亚、赞比亚、刚果、加拿大中东部和俄罗斯等国家。从表1-1可以看出，智利是世界上铜资源最丰富的国家，其铜金属储量约占全球总储量的1/4。而在产量方面，智利是全球最大铜产国，2010年其产量约占全球产量的34%。在消费方面，2000年前在铜消费市场唱主角的是西方欧美国家，但在2000年后铜消费市场的主角换成了中国、俄罗斯、印度和巴西。

至2010年1月年世界铜储量为6.3亿吨，储量基础为13亿吨，2000年世界铜储量为3.4亿吨，储量基础为6.5亿吨，探明储量增长98.6%，储量基础增长100%。据美国地质调查局估计，2011年1月陆地铜资源量为30亿吨，深海底和海山区的锰结核及锰结壳中的铜资源量为7亿吨，主要分布在太平洋[1]。另外，洋底或海底热泉形成的贱金属硫化物矿床中含有大量的铜资源。

世界上已经查明的铜矿类型主要有：斑岩型铜矿占55.3%，砂页岩型铜矿占29.2%，黄铁矿型铜矿占8.8%，铜镍硫化物型铜矿占3.1%，其他类型占3.6%。斑岩型铜矿主要产于环太平洋、特提斯-喜马拉雅带和中亚-蒙古带中，矿床规模巨大，埋藏较浅，易于露天开采，缺点是通常矿石品位较低；砂页岩型铜矿也是矿床规模大，矿体形态稳定，易于开采，而且矿石品位高。目前世界开采的铜矿类型以这两种为主[2]。

表 1-1 世界铜矿产量及储量表

国 家	产量/万吨		储量/万吨
	2016 年	2017 年[e]	
美国	1430	1270	45000
澳大利亚	948	920	88000
加拿大	708	620	11000
智利	5550	5330	170000
中国	1900	1860	27000
印度尼西亚	727	650	26000
墨西哥	752	755	46000
秘鲁	2350	2390	81000
刚果（金沙萨）	846	850	20000
赞比亚	763	755	20000
其他国家	4160	4300	260000
全球总量	20100	19700	790000

注：1. 资料来源为 U. S. GeoLogical Survey，Mineral Commodity Summaries，January 2018。
2. e 表示估计结果。

1.1.2 我国铜矿资源及分布特点

中国是世界上铜矿资源总量较多的国家之一。大矿、富矿少，小矿、贫矿多，在已探明的铜资源中含铜品位在 0.7%以下的占总储量的 56%，氧化铜矿的储量有 800 多万吨金属量。我国有很多著名的铜矿区，如江西德兴、湖北大冶、安徽铜陵、山西中条山、云南东川、甘肃白银厂和西藏玉龙，还有正在勘察的西藏驱龙铜矿，号称亚洲第一大铜矿。铜矿分布广泛，除香港和天津外，包括上海、重庆和台湾在内的全国各省（市、区）均有产出。江西是铜矿大省，铜储量位居全国榜首，占 20.8%，其次是西藏，占 15%；另外还有云南、甘肃、安徽、内蒙古、山西、湖北等省（自治区），铜储量均在 300 万吨以上。

我国铜矿主要有六大类型，分别是斑岩型铜矿、矽卡岩型铜矿、黄铁矿型铜矿、铜镍硫化物型铜矿、沉积岩中层状铜矿和陆相杂色岩型铜矿，它们的代表性矿床如表 1-2 所示。目前，在我国各种铜矿床类型中，以斑岩型铜矿最为重要，但平均品位一般仅达到 0.5%左右，其他类型铜矿床平均品位较高，但也只有 1%左右。其次为海相（火山）沉积型铜矿、矽卡岩型铜矿。斑岩型铜矿、矽卡岩型铜矿、黄铁矿型铜矿、铜镍硫化物型铜矿分别占我国总资源储量的 45.5%、30%、8%和 7.5%，合计占总储量的 91%，为我国主要铜矿类型。截至 2006 年底[3]，我国铜矿查明资源储量 7048 万吨，其中，基础储量 3070 万吨，占 43.6%。

表 1-2 我国的铜矿分类及其代表矿床

铜矿类型	代表铜产地	特 点
斑岩型铜矿	江西德兴、黑龙江多宝山、西藏玉龙铜矿、内蒙古东部乌奴格吐山铜矿	占全国铜矿储量的45.5%，矿床规模巨大，矿体成群成带出现，且埋藏浅，适于露天开采，矿石可选性能好，又共伴生钼、金、银和多种稀散元素，可综合开发、综合利用。多数矿床是大型贫矿，铜品位一般在0.5%左右
矽卡岩型铜矿	湖北铁山、铜绿山，江西城门山、武山，安徽铜官山、狮子山、凤凰山、大团山，广西钦甲，湖南宝山、河北寿王坟，辽东台隆的垣仁、弓棚子	占全国铜矿储量的30%，仅次于斑岩型铜矿，而且以富矿为主，并共伴生铁、铅、锌、钨、钼、锡、金、银以及稀散元素等，颇有综合利用价值
黄铁矿型铜矿	江西城门山、武山，辽宁红透山，云南大红山铜铁矿，四川拉拉厂铜钴矿、彭县铜锌矿，甘肃白银厂折腰山铜锌矿床、火焰山铜锌矿床、小铁山铜铅锌矿床，青海红沟富铜矿、青海堆积山铜锌钴，新疆阿舍勒铜锌，福建紫金山、宁芜娘娘山、大平山	占全国铜矿储量的8%，其中海相火山岩型铜矿储量占7%，陆相火山岩型铜矿占1%。并常与铅、锌共生，还伴生有丰富的金、银、钴以及稀散元素，有很大的综合利用价值
铜镍硫化物型铜矿	吉林红旗岭1号岩体铜镍矿，新疆黄山铜镍矿，四川力马河铜镍矿；超镁铁质岩，如甘肃金川铜镍矿、吉林红旗岭7号岩体铜镍矿；镁铁质岩，如新疆喀拉通克铜镍矿、新疆哈密黄山镍矿、陕西煎茶岭	镁铁质-超镁铁质岩中铜镍矿床既是我国镍矿资源的最主要类型，也是铜矿重要类型之一。铜矿储量占全国铜矿储量的7.5%
沉积岩中层状铜矿	李伍铜矿、东川-易门、通安、山西中条山篦子沟、胡家峪铜矿床和内蒙古狼山地区的霍各乞、炭窑口等铜铅锌矿床	以沉积岩或沉积变质岩为容矿围岩的层状铜矿床，容矿岩石既有完全正常的沉积岩建造，也包括凝灰岩和火山凝灰物质的喷出沉积建造
陆相杂色岩型铜矿	大姚县六苴铜矿、大村铜矿，牟定县郝家河铜矿、清水河、杨家山、青龙厂	已探明的储量不多，仅占全国铜矿储量的1.5%，但铜品位较高，以富矿为主，铜品位为1.11%~1.81%，并伴生富银、富硒等元素

从矿床规模、铜金属品位、矿床物质组成和开采条件等因素来看，中国铜矿资源具有如下特点[4]：

（1）矿床规模通常较小。在中国铜金属储量大于50万吨大型铜矿床仅占2.7%，中型矿床占8.9%，以小型铜矿床为主，高达88.4%。储量大于500万吨的特大型矿床较少，目前勘查比较详细的只有江西德兴铜矿（524万吨）和西藏玉龙铜矿（650万吨）。已开采的329个铜矿区所生产的铜精矿铜金属含量不及国外一个矿山的产量，仅为56万吨。

(2) 铜品位偏低，且多为共生伴生矿床。中国共伴生铜矿所占比例为72.9%，单一矿仅占27%，平均品位为0.87%。在大型矿床中，铜品位大于1%的矿床，铜储量仅占13.2%，国内斑岩型铜矿床的金属铜平均品位为0.55%，低于智利和秘鲁的1.0%~1.6%；砂页岩型铜矿床的平均品位为0.5%~1%，低于刚果、赞比亚和波兰的2%~5%。

(3) 适合采用浸出-萃取-电积工艺开发利用的斑岩型铜矿较少，降低采选冶成本的空间受到限制。

(4) 外部建设条件差，目前正在勘查或未发现铜矿区中，规模大且品位高的矿床多处于边、远和高地区。

总体而言，中国铜矿资源在数量和品质方面均比较差，国际竞争力低，特别是富铜资源不足，已是公认的事实。因此必须采用先进技术开发和综合利用。

1.1.3 硫化铜矿类型及其共伴生脉石矿物

1.1.3.1 硫化铜矿类型

我国主要铜矿类型有斑岩型铜矿、矽卡岩型铜矿、黄铁矿型铜矿、铜镍硫化物型铜矿，其代表矿床矿物组成如下。

A 斑岩型铜矿代表矿床

我国典型的大型斑岩型铜矿有江西德兴铜矿、黑龙江多宝山铜矿、西藏玉龙铜矿和内蒙古东部乌奴格吐山铜矿。这类铜矿有用矿物以黄铜矿、黄铁矿居多，脉石矿物以石英、绢云母为主。

江西德兴铜矿矿石中有用矿物含量占矿石总量的4%~5%，其中以黄铁矿、黄铜矿较多，约占主要铜矿物的90%，辉钼矿次之，再次为砷黝铜矿、斑铜矿等，金、银矿物甚微；脉石矿物主要有石英、绢云母、水白云母等，其次为黑云母、绿泥石等[5]。

黑龙江省嫩江县多宝山铜钼矿矿石主要为原生硫化物矿石，主要金属矿物为黄铜矿、斑铜矿、黄铁矿、赤铜矿、铜蓝、辉钼矿等；非金属矿物主要为长石、石英、水白云母、方解石和绿帘石等[6]。

西藏玉龙铜矿矿石的铜矿物以辉铜矿、蓝辉铜矿、铜蓝为主（占2.07%）；黄铜矿、斑铜矿次之（占0.87%）；此外还含有少量孔雀石蓝铜矿（占0.44%）；主要其他金属矿物是黄铁矿（占36.54%）、针铁矿和水针铁矿（占16.54%）、磁铁矿（2.25%）；脉石矿物主要是黏土矿物（18.61%）和石英（18.68%），此外还有石榴石、绿泥石等（3.7%）[7,8]。

内蒙古东部乌奴格吐山铜矿主要金属矿物为黄铁矿、黄铜矿、辉钼矿，其次是闪锌矿、方铅矿、斑铜矿、锌砷黝铜矿、铜蓝、金红石等。与铜矿物共生的脉石矿物有绢云母、水白云母、石英和铁白云石[9]。

B 矽卡岩型铜矿和黄铁矿型铜矿代表矿床

湖北铜绿山矿体为大型矽卡岩铜铁矿体，属接触交代高-中温热液型矿床，原生铜铁矿石主要金属矿物为磁铁矿、黄铜矿、赤铁矿、斑铜矿、辉铜矿等，铜矿物的嵌布粒度在（-1.8+0.1）mm 之间的达 90%，属中细粒嵌布。脉石矿物有方解石、白云石、透灰石、绢云母、石榴石、石英等，铜矿物与脉石矿物及与其他金属矿物之间主要为毗连嵌镶及包裹嵌镶关系[10]。

许多铜矿床并不是单一类型的铜矿，常常含有两种类型及以上。如江西城门山铜矿主要有含铜黄铁矿矿石和含铜矽卡岩矿石，矿石构造主要为细脉浸染状[11]。含铜黄铁矿矿石，其金属矿物主要为黄铁矿、黄铜矿，以及少量的白铁矿、黝铜矿等，总计占矿物总量的 65%~83%；非金属矿物主要以石英、方解石为主。含铜矽卡岩矿石，其金属矿物主要有黄铁矿、黄铜矿、闪锌矿、磁铁矿等，非金属矿物主要为石榴石、石英、方解石、透辉石等，非金属矿物与金属矿物比为 4∶1 左右。

江西另一大型含铜黄铁矿类型的铜矿为武山铜矿，原矿中金属矿物主要有黄铜矿和黄铁矿，其次为方铅矿、闪锌矿、辉铜矿、黝铜矿、铜蓝、菱铁矿，脉石矿物有方解石、石榴石、石英、云母等[12]，黄铁矿一般占 80%以上[13]。

云南易门大红山铜矿原矿的矿物组成主要为黄铜矿、磁铁矿，其次是斑铜矿和黄铁矿、赤铁矿、极少量的褐铁矿、铜蓝及孔雀石等。脉石矿物以黑云母、长石（大部分为斜长石）、白云石、石英及绿泥石为主，其次是方解石、石榴石等其他微量矿物[14]。

辽宁抚顺红透山铜矿为一典型含铜黄铁矿型多金属硫化矿床，并伴生有金银及其他有价元素，主要矿物组成：黄铁矿 21.73%，磁黄铁矿 6.48%，黄铜矿 3.06%，闪锌矿 1.78%，方铅矿 0.17%等，脉石矿物占 65.44%[15]。

C 铜镍硫化物型铜矿代表矿床

金川铜镍硫化物矿床是我国乃至世界最大的铜镍硫化物矿床之一，矿体中的主要有用矿物成分有镍黄铁矿、紫硫铁镍矿、针镍矿、黄铜矿、方黄铜矿、墨铜矿、辉铜矿、斑铜矿，脉石矿物主要有蛇纹石、橄榄石和辉石[16, 17]。

因此，我国原生硫化铜矿伴生脉石矿物主要有石英、硅酸盐矿物和碳酸盐类矿物。

1.1.3.2 黄铜矿共伴生脉石矿物

我国主要代表铜矿类型为斑岩型铜矿、矽卡岩型铜矿、黄铜矿型铜矿、铜镍硫化物型铜矿，其代表矿床矿物组成[9,11,15,18~30]如表 1-3 所示。

表 1-3 我国主要代表铜矿床及其矿物组成

矿床类型	代表矿床	有用金属矿物	脉石矿物
斑岩型铜矿矿床	江西德兴铜矿	黄铁矿、黄铜矿、辉钼矿	石英、绢云母、水白云母、绿泥石
	黑龙江多宝山铜矿	黄铜矿、斑铜矿、黄铁矿、赤铜矿、铜蓝	长石、石英、水白云母、方解石和绿帘石
	西藏玉龙铜矿	黄铜矿、斑铜矿、辉铜矿、蓝辉铜矿、铜蓝	黏土矿物、石英、石榴石、绿泥石
	内蒙古东部乌奴格吐山铜矿	黄铁矿、黄铜矿、辉钼矿	绢云母、水白云母、石英、白云石
矽卡岩型铜矿矿床	湖北铜绿山铜矿	磁铁矿、黄铜矿、赤铁矿、斑铜矿、辉铜矿	方解石、白云石、磷灰石、绢云母、石榴石、石英
黄铁矿型铜矿矿床	江西武山铜矿	黄铜矿、黄铁矿	方解石、石榴石、石英、云母、萤石
	云南易门大红山铜矿	黄铜矿、磁铁矿、斑铜矿、黄铁矿	黑云母、长石、白云石、石英、绿泥石
	辽宁抚顺红透山铜矿	黄铁矿含量、磁黄铁矿、黄铜矿、闪锌矿	石英、长石、辉石、绢云母、碳酸盐矿物、绿泥石、磷灰石
矽卡岩型铜矿+黄铁矿型铜矿矿床	江西城门山铜矿	含铜黄铁矿矿石：黄铁矿、黄铜矿； 含铜矽卡岩矿石：黄铁矿、黄铜矿、闪锌矿、磁铁矿	含铜黄铁矿矿石：石英、方解石； 含铜矽卡岩矿石：石榴石、石英、方解石、透辉石
铜镍硫化物型铜矿矿床	金川铜镍硫化物矿床	镍黄铁矿、紫硫铁镍矿、针镍矿、黄铜矿、方黄铜矿、墨铜矿、辉铜矿、斑铜矿	蛇纹石、橄榄石、辉石

因此，我国硫化铜矿共伴生脉石矿物主要有氧化类矿物石英、硅酸盐类矿物、碳酸盐类矿物、磷酸盐类矿物、卤化物类矿物。

1.2 影响硫化铜矿微生物浸出的因素

矿物的微生物浸出是一个复杂的过程，影响因素很多，包括内因和外因，内因主要是指浸矿菌种和矿物的性质，外因主要是环境条件，在实际生产中还包括操作因素，这些因素共同作用决定矿物浸出效果。

1.2.1 浸矿菌种的选育

1.2.1.1 浸矿微生物种类及培养

浸矿细菌主要是指那些能直接或间接参与金属矿物氧化和溶浸的微生物，按营养类型可分为自养型微生物和异养型微生物，而以自养型微生物为主。常用异养型微生物包括异养菌及其代谢产物（如真菌、酵母、藻类等），该类微生物能分解硫化矿及铝硅酸盐、硝酸盐，并能还原或氧化锰、溶解金、吸附金属[31]。微生物可与矿物表面反应，使矿物表面具有两性。自养型微生物按生长的最佳温度可以分为三类[32,33]：（1）常温菌（$T_{opt}=28\sim40$℃）；（2）中等嗜热菌（$T_{opt}=40\sim55$℃）;（3）极端嗜热菌（$T_{opt}\geqslant60$℃）。浸矿细菌详细分类如图 1-1 所示[34]。

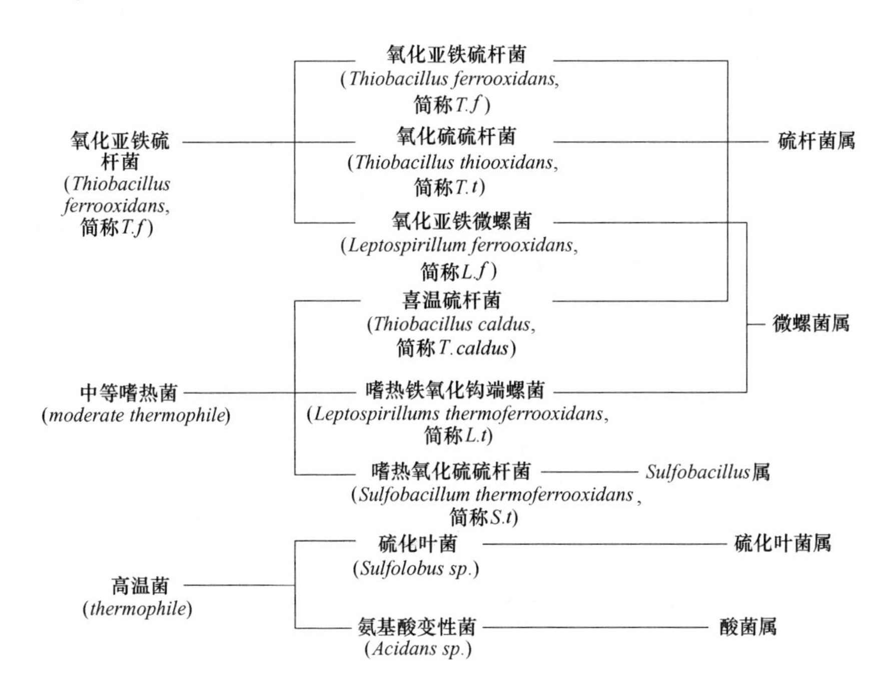

图 1-1 不同温度浸矿细菌分类

对于低品位硫化物矿石，由于硫含量较低，氧化过程中温度升高不显著，因而适合使用中温菌和中等嗜热菌进行浸出。而对于高品位硫化物矿石浮选精矿的生物搅拌浸出，由于含硫量高，氧化过程中温度升高非常显著，适合用高温菌种。在硫化铜矿物细菌浸出过程中，使用最多的细菌是氧化亚铁硫杆菌、氧化铁铁杆菌和氧化硫硫杆菌。

1.2.1.2 微生物浸矿研究

A 不同细菌浸出同一矿物

这方面的实例较多，诸如黄铜矿，采用中温菌、中等嗜热菌和高温菌浸出效果差距很大。以黄铜矿的细菌浸出为例。

采用中温菌（如 *Thiobacillus ferrooxidans*）时，铜浸出浸出率较低，Muqing Qiu 等[35]、付波等[36]和任浏祎等[37]采用嗜酸性氧化亚铁硫杆菌浸出黄铜矿，铜的浸出率分别为 12%、33.45%和 38%。

一般而言，采用中等嗜热菌比中温菌效果好，Cancho 等[38]利用中等嗜热菌处理含铜 22.4%的黄铜矿精矿，浸出率为 66%。周洪波等[39]以中等嗜热菌的混合菌为浸矿菌种，在温度 48℃、矿浆浓度 8%时，搅拌浸出黄铜矿精矿 44d，铜的浸出率为 75%。

高温菌浸出黄铜矿的效果最好，Gericke 等[40]利用高温菌浸出含黄铜矿 66%和黄铁矿 11%的黄铜矿精矿，温度 70℃时，铜的浸出率大于 98%。

B 同一细菌的不同菌株浸出同一矿物

嗜酸性氧化亚铁硫杆菌的不同菌株的表型和染色体组具有多样性，在浸矿时，不同菌株就会表现出不同性能。Thompson 等[41]用嗜酸性氧化亚铁硫杆菌的 29 种菌株浸出硫化钴，发现其中 5 种菌株的浸出效果较好，28d 后，钴的浸出率 20%以上，其中菌株 Fe1 的浸出效果最好，浸出率高达 95%以上。

夏乐先等[42]采用两株不同来源的嗜酸性氧化亚铁硫杆菌，一株分离自广东梅山酸性矿坑水中的菌株 M1，另一株为标准菌株 ATCC23270，浸矿用培养基为含 5%黄铜矿粉末的无铁 9K 培养基，黄铜矿来自广东梅山，分别接种菌株 ATCC23270 和土著菌株 M1，30d 后，浸出率分别达到 31%和 38%，土著菌株 M1 的浸出效果优于菌株 ATCC23270。

Sugio 等[43]研究从自然环境中分离的 67 株铁氧化菌对铜精矿中铜的溶解能力，矿浆浓度 5%，pH=2.5，在温度 30℃时，浸出 33d 后，其中 65 株嗜酸性氧化亚铁硫杆菌的浸出体系中铜离子浓度在 2.5~3.5mg/mL，菌种 KO-1 和 NA-1 的浸出体系中铜离子浓度很低，为 0.9mg/mL。

Sampson 等[44]为了研究氧化亚铁硫杆菌细胞在硫化矿表面的吸附，以加深对硫化矿细菌浸出机理的理解，采用两株氧化亚铁硫杆菌 DSM583 和 ATCC23270，分别以 Fe^{2+}、硫和黄铜矿精矿为能源物质进行驯化，考察它们在黄铁矿、黄铜矿和砷黄铁矿表面的吸附行为，以接触角评价细胞在矿物表面的亲疏水性，发现以单质硫为能源物质培养的细菌疏水性较强，以 Fe^{2+}和黄铜矿精矿培养的细菌更容易吸附在矿物表面，两株菌在三种矿物表面的吸附能力也是不同的，增加培养基中 Fe^{2+}浓度，细菌吸附能力提高，而加大培养基中戊基黄原酸盐的量会降低细菌吸附能力。Sampson 的研究不仅说明了同一种细菌的不同菌株对同一矿物的浸出效果不同，而且还表明，同一种细菌的同一菌株经过不同条件的培养与驯化其性质也会不同。

C 混合菌浸出同一矿物

国内外众多学者研究发现，通常采用混合菌的浸矿效率较高。张雁生等[45]进行了单一菌 *Acidithiobacillus ferrooxidans* 和混合菌 *Mixed culture* 的浸出黄铜矿的比较，混合菌分离自玉水和大宝山铜矿的酸性矿坑水，浸出黄铜矿 75d，*Acidithiobacillus ferrooxidans* 的浸出率只有 30.37%，而混合菌的浸出率为 46.27%。A. Akcil 等[46]比较了两种混合菌 MixA（*At. ferrooxidans*，*L. ferrooxidans and At. thiooxidans*）和 MixB（*L. ferrooxidans and At. thiooxidans*）的浸出效果，发现 MixA 的浸出效果较好，黄铜矿中铜浸出率可以达到 62.1%。付波等[36]采用 *Acidithiobacillus ferrooxidans*，*Acidithiobacillus thiooxidans*，*Acidithiobacillus caldus* 和 *Leptospirillum ferriphilum* 的单一菌和混合菌进行摇瓶浸出黄铜矿实验，发现铁硫类氧化菌的混合菌比单一菌浸出效率更高。Plumb 等[47]研究了表明较为有效的混合菌包含的菌有：*Metallosphaera hakonensis*，*Sulfolobus metallicus*，*Sulfobacillus thermosulfidooxidans*，*Acidimicrobium ferrooxidans*，*Acidithiobacillus caldus* 和 *Leptospirillum ferriphilum*，这些菌显示出较好的活性。Muqing Qiu 等[48]研究了混合菌在 pH1.80，130r/min 和 30℃下采用不同能源物质［Fe^{2+}］4g/L 和 S 1g/L 时对黄铜矿中铜的浸出效率，都发现混合菌比单一菌的效果好。Thore Rohwerder 等[49]测定了 *Thiobacillus ferrooxidans*，*Leptospirillum ferrooxidans* 以及 *L. ferrooxidans* 和 *T. thiooxidans* 的单一和混合菌对黄铁矿浸出所需热值，所收集的浸出热测量数据可以用来确定在自然环境中菌落的活动情况。混合菌的反应热量实测值与理论值之间的差异不大，而单一菌 *L. ferrooxidans* 的实测值比理论值低。Donati 和 Curutchet[50]比较了纯的氧化亚铁硫杆菌、氧化硫硫杆菌以及两者混合浸出铜蓝的效果，结果混合菌浸出效果比单一菌高 30%。Norris 等和 Dopson 等[51,52]在研究中指出，*A. caldus* 单独使用不能促进硫化矿的生物浸出，但是如果与铁氧化细菌混合培养却能很好地促进金属的浸出率。Shi 等[53]报道，同时用氧化亚铁硫杆菌和氧化硫硫杆菌浸出铜锌硫化矿，可明显提高铜锌浸出率；氧化亚铁微螺菌与嗜酸硫杆菌（*T. organoparus*）或嗜高温氧化硫化物硫杆菌与嗜高温氧化亚铁微螺菌（*L. thermoferrooxidans*）混合时，明显提高了脱硫率和金属浸出率。

1.2.1.3 高效浸矿菌种

浸矿细菌生长速度慢，只有大肠杆菌的 10^{-4} 倍，且在实际浸矿体系中，表面活性剂、重金属离子、卤素离子等超过一定浓度时，都会抑制细菌的生长，甚至造成菌体死亡。因此人们希望从目的矿石或矿坑水中分离菌种，通过驯化、诱变育种或遗传工程等方法选育出适应矿石环境的高活性、高效益浸矿细菌。

夏乐先等[54]采用黄铜矿驯化嗜酸性氧化亚铁硫杆菌，发现驯化后的细菌更容易吸附在矿物表面，细胞表面蛋白质含量增加，抗剪切和耐受铜离子的能力增强，驯化后的细菌更容易氧化硫，释放铁离子，提高黄铜矿的浸出率。Mason 等[55]采用驯化后的嗜酸性氧化亚铁硫杆菌浸出镍铁矿和磁黄铁矿精矿，提高了金属浸出率。

对于浸矿的诱变育种，国外在选择一些有特性的菌株、基因工程育种的原始材料以及菌种的分子遗传学方面研究较多。例如 Satoru Kondo 等[56]报道了嗜酸热硫化叶菌尿嘧啶营养缺陷型正变选择研究；Groudev 等报道了用亚硝基胍诱变氧化亚铁硫杆菌，获得了一些有特性的突变体；Cox 和 Boxer 用菌落复制技术发现了大量不能利用亚铁但能利用硫代硫酸盐的突变菌株；HolmeSetal、Schrader 和 Holme 分别用复合培养技术简化了突变体筛选过程并发现存在高频突变序列 IS，从遗传机制揭示了该菌种具有高度适应变化环境的可能性。

宫磊、徐晓军等分别采用物理和化学诱变方法对优势氧化亚铁硫杆菌进行诱变，并用诱变菌对低品位黄铜矿进行生物浸出[57,58]。紫外诱变采用 15W 的紫外灯在距离 30cm 处对原始菌种进行诱变处理；微波诱变采用最大功率 700W、脉冲频率 2450MHz 的微波炉对原始菌种进行诱变处理；用不同量盐酸羟胺对原始菌种进行诱变处理。结果表明，*T.f* 菌经紫外线和微波辐照诱变后，诱变菌与原始菌相比，活性分别提高了 44%和 34.2%，对黄铜矿的浸出率分别提高了 41.4%和 27.4%，经盐酸羟胺化学诱变，*T.f* 诱变菌的活性比原始 *T.f* 菌提高了 37.4%，对黄铜矿的浸出率提高了 11.5%，均达到浸出终点的时间比原始菌减少了 5~10d。诱变后的 *T.f* 菌比较适合低品位黄铜矿的浸出。

张卫民等[59]以永平铜矿为研究对象，通过逐步模拟矿石环境，对浸矿细菌进行矿石培养基与人工培养基配比的转代驯化培养。结果表明，S_2^{2-}+9K 和 S_2^{2-}+9K+S 两个样品的细菌经过 4 次驯化后，溶液中 Fe^{2+}的转化速率明显提高，铁的沉淀率明显降低，而 pH 值逐渐下降。从调酸次数、幅度及 pH 值下降程度角度分析，含矿石的 9K+S 培养基更利于驯化硫杆菌，而从 Fe^{2+}的转化速率及铁沉淀率角度考虑，含矿石的 9K 培养基更利于驯化铁杆菌。

研究氧化亚铁硫杆菌的基因工程改良是今后育种的一个重要方向。但目前为止，国内外还没有报道一株工程菌成功应用于工业浸出，所有工作都是自养菌基因工程的前期探索。原因是研究这些自养菌困难很大：没有足够多的可供筛选的带遗传标志的菌株材料；难以转化和表达外源的 DNA−氧化亚铁硫杆菌基因能在大肠杆菌中表达，而重组子返回来却难在氧化亚铁硫杆菌中表达；在传代过程中易丢失其性能；可供能量的基质有限，难以固体培养。

在这方面，K. B. David 等[60]报道了通过克隆氧化亚铁硫杆菌 NtrA 基因补偿大肠杆菌654（NtrA）依赖的甲酸水解酶活性的研究；国内山东大学生命科学院也开展了基因工程改造研究，并于1994年Jibin Peng等[61]报道了异源抗砷基因在氧化亚铁硫杆菌中获得表达；徐海岩等[62]进一步报道了利用氧化亚铁硫杆菌抗砷工程菌Tf-59（$PsdX_3$）处理含砷铜精矿，获得了较好的抗砷效果。

邱冠周等发明了硫化矿浸矿菌株的原生质体融合技术。本发明采用双灭活原生质体融合技术，将氧化亚铁的氧化亚铁微螺菌、氧化还原硫的嗜酸氧化硫硫杆菌以及对亚铁和还原硫都具有氧化能力的嗜酸氧化亚铁硫杆菌分别进行原生质体融合，获得融合重组细菌。融合细菌兼具两种亲本细菌的性状且能够稳定遗传，具有较强的氧化亚铁和氧化还原硫的能力，特别适合于以黄铜矿为主的低品位硫化铜矿等难处理硫化矿的处理。

综上所述，目前国内外对浸矿细菌的驯化、诱变、基因工程改良方面已有大量研究，但最终要获得大规模工业应用的优良菌种，困难仍然不少。需要在以下方面加强研究：选育出足够多可供选择高效菌种；加强对现有的浸矿菌种的特性及其相互关系研究；针对加速细菌浸出这一目的，建立一套行之有效的常规的自养菌育种方法和程序，以提高其氧化活性。

1.2.2 矿物性质

微生物浸矿简单的描述主要是细菌及其代谢产物和矿物之间的相互作用，而影响金属浸出率的关键因素就是矿物的性质[63]。矿物性质包括：矿物的化学成分；晶型、晶体结构、晶格能；表面离子化能；电极电位；导电类型；溶解度；杂质种类与含量，杂质的分布方式等。目前研究认为影响矿物浸出率规律的因素主要有：矿物电位、矿物导电性、溶度积和矿物表面离子化能等。

1.2.2.1 矿物电位

许多天然硫化矿是良导体或半导体，在浸出介质中可成为电极。微生物浸出过程中矿物溶解本质是电化学腐蚀过程[64~69]。电化学溶解的推动力是不同矿物之间的电位差，阳极溶解速率则由回路中的电流大小来表达。国内学者也是基于热力学计算的电位提出了硫化矿浸出顺序。

首先，由于浸出过程中真正的电子受体是溶解于浸矿液的氧，矿物电位越小，与氧的电位差越大，其氧化的热力学趋势也越大。其次，根据硫化矿的电化学活性，在浸出介质中，当两种硫化矿相互接触时，就构成伽伐尼电池，电化学越活泼的矿物越易发生腐蚀，越惰性的矿物是阴极，在其上发生 O_2 与 Fe^{3+} 还原。

Riekkola等[70]根据前人的测定数据整理出各种矿物的电位顺序，如图1-2所示。由图可知，黄铁矿的电位较高，与Cu-硫化物、Ni-硫化物、方铅矿和闪锌矿等共存于浸出液中时，起到阴极的作用，促进这些矿物的氧化，因此黄铁矿的细菌浸出较之其他矿物难。对金矿的生物浸出研究表明，含砷高的（毒砂含量高的）金矿容易进行氧化处理，高硫低砷的金矿（黄铁矿含量较高的）则难以氧化处理。

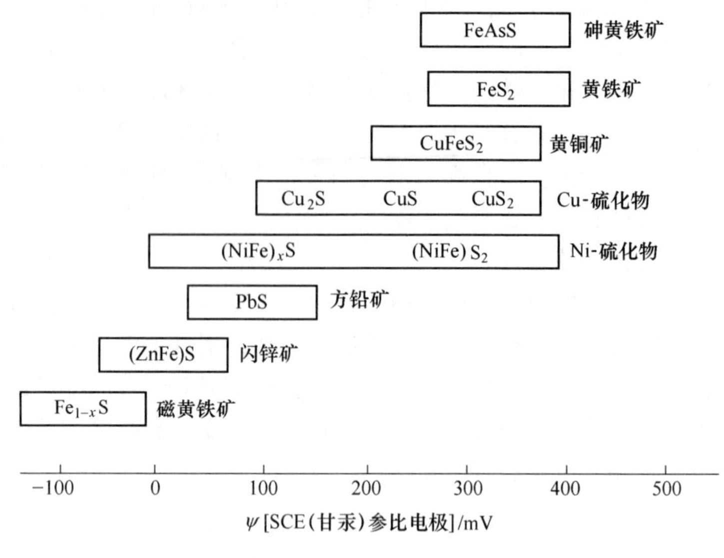

图 1-2　矿物实测电位顺序（Riekkola，1993）

1.2.2.2　导电性

矿物对电流的传导能力称为矿物的导电性，它主要取决于矿物的能带结构类型。硫化矿浸出过程是一个电子及空穴转移的过程，矿物的导电性影响着浸出效果。生物在氧化硫化矿及 Fe^{2+} 过程中获得能量，发生电子、空穴的传递[71]。

半导体的导电类型是硫化物氧化速率不同的原因之一，但不是决定性因素。黄铁矿或砷黄铁矿有 N 型导电和 P 型导电两类，N 型导电比 P 型导电易于氧化，N 型半导体具有高能级的电子，易于在氧化过程中失去，反之 P 型导体氧化时电子从低能级上释放。

1.2.2.3　溶度积

硫化矿物多属难溶电解质，在浸出体系中溶解度较小，甚至无法溶解，但仍有一部分阴离子或阳离子进入溶液，同时溶液中的阴离子或阳离子又会沉积在固体表面，当这两个过程的速率相等时，难溶电解质的溶解就达到平衡状态，固体量不再减少，这样的平衡状态叫沉淀溶解平衡，其平衡常数叫溶度积。金属硫化物的可溶性与其电子结构有关。

Torma 等[72]利用嗜酸性氧化亚铁硫杆菌研究金属硫化物浸出动力学时，发现不同硫化物微生物浸出效果与其溶度积的大小顺序基本相符。

1.2.2.4 离子化能

原子的离子化能是指一个电子从处于基态的原子或分子表面脱离所需要的最低能量，比较正式的称为电离电位或电离势，现在称为电离能，单位为 eV。Jack Barrett 等[63]认为影响反应速率的主要因素可能是矿物表面的离子化能。

1.2.3 环境条件

与一般化学反应不同，浸出的环境条件受到微生物生长的制约，只能在适于微生物生长的环境中浸出矿物，故环境条件取决于所选用的浸矿菌种。环境条件包括：温度、矿浆浓度、pH 值、电位、营养物质的浓度、金属离子的种类和浓度、非金属离子的种类和浓度、接种量、表面活性剂的种类及浓度等。

1.2.3.1 温度

温度影响着微生物的生存与繁殖。例如嗜酸性氧化亚铁硫杆菌的最适生长温度为 30~32℃，当温度低于 10℃时，细菌活性变得很低，生长繁殖也很慢。当温度高于 45℃时，细菌生长受到影响，甚至死亡。但在温度许可范围内进行驯化能提高其浸矿能力，Karimi 等[73]对嗜酸性氧化亚铁硫杆菌进行耐高温驯化，逐渐增加温度（35℃、38℃、40℃、42℃），结果表明驯化后的耐高温的细菌在 42℃的浸矿效果比 30℃好很多。Vilcáez 等[74]研究表明，在 $pH<1.5$ 时，温度升高，黄铜矿的生物浸出率增加。

1.2.3.2 pH 值

pH 值是影响矿物微生物浸出的重要因素，其高低将会影响细菌的繁殖速率、氧化活性和固体产物的生成。

当培养基 pH 值太低时，硫培养的嗜酸性氧化亚铁硫杆菌氧化 Fe^{2+} 能力降低，停滞期更长；pH 值过高时，细菌的氧化活性也会降低，这主要与细菌表面的质子数量有关，在 pH 值很低的环境中培养的硫氧化菌，即使被转移到高的 pH 值环境中也不能氧化铜蓝[75]。

Daoud 等[76]研究嗜酸性氧化亚铁硫杆菌氧化 Fe^{2+} 的过程中黄钾铁矾的形成，发现影响黄钾铁矾形成的主要因素是 pH 值，当 pH 值为 1.6~1.7，温度为 35℃时，形成的黄钾铁矾量最少为 0.0125~0.0209g/(L · h)。而黄钾铁矾是影响黄铜矿浸出的原因之一，当溶液 pH 值大于临界值时，将会在黄铜矿表面形成黄钾铁矾沉淀，而钝化黄铜矿[77,78]。

1.2.3.3　初始铁离子浓度

浸矿微生物主要以 Fe^{2+} 和硫为能源，也能利用硫化矿物溶解释放的能量来生长繁殖。在硫化矿的生物浸出过程中，适宜的初始［Fe^{2+}］有利于矿物的浸出，过高和过低都会影响细菌的活性，从而导致矿物浸出率较低。黄铜矿的微生物浸出过程中，过高的初始［Fe^{2+}］容易形成铁矾类沉淀，导致矿物的钝化[79]。

1.2.3.4　矿石粒度和浓度

通常情况下，矿石颗粒粒度越小，比表面积越大，有利于微生物与矿石接触和提高矿物的浸出效率[80]。同时固体矿物磨细可以破坏高分子、分散物料的次生致密结构，充分暴露颗粒之间的结合键，形成不饱和的化学游离键，增大表面积，缩短内扩散路程。因此，矿物粒度减小，浸出速率加快[81]。

在微生物堆浸中，如果矿石粒度太细，则矿堆容易形成紧密堆积，空气在矿堆内的流通和浸出液的渗透将会受到严重的影响；对于含泥矿石而言，粒度过细，泥质容易堵塞孔隙，降低矿堆渗透性。堆浸中微生物的浸矿深度约为 15mm，主要与矿石裂隙的毛细作用有关。对于搅拌浸出，每种矿石存在一个最佳粒度范围，通过试验可确定。

研究发现，在搅拌浸出中，矿浆浓度影响微生物生长及矿石浸出。当矿浆浓度为 10%~20%时，微生物生长和浸出不受影响，大于 20%时，金属浸出率明显下降，30%以上时，微生物就很难生存。

1.2.3.5　催化剂

在矿物微生物浸出体系中，加入适量金属阳离子、活性炭或表面活性剂等能加速矿物的溶解。

为了提高嗜酸性氧化亚铁硫杆菌对黄铜矿的浸出效果，在浸出的初始阶段，添加适量银离子可以大大加快铜的浸出速率和提高浸出率，银在浸出体系中主要是以硫化银形式存在，与硫化物接触形成原电池，由于其电位较高，充当阴极，加速了阳极矿物的溶解[82~85]。

Nakazawa 等[86]发现在含黄铁矿、闪锌矿和方铅矿的黄铜矿生物浸出体系中添加活性炭能加速黄铜矿的溶解，随着活性炭粒度的降低，铜浸出率增加，主要是因为活性炭和硫化矿之间形成电耦合，而加速硫化矿的溶解。

表面活性剂可改善矿石的亲水性和渗透性，使细菌和矿物能更加有效接触，从而提高矿石的浸出率。蒋金龙等[87]发现吐温 20、吐温 80 和乳化剂 OP 这三种非离子型表面活性剂对嗜酸性氧化亚铁硫杆菌浸出多金属铜矿有促进作用，吐温 20 添加量为 0.005%时，促进效果最显著。张德诚等[88]研究发现，在低温（8~

10℃）下，非离子型表面活性剂吐温 20 也能加速黄铜矿细菌浸出，添加量为 0.01%，90d 后，黄铜矿的浸出率可达 49.87%。

1.2.3.6　浮选药剂

目前，国内外在浮选药剂对浸矿菌种活性影响方面的研究很少，只是简单地探索了在精矿浸出过程中几种药剂对菌种活性的影响程度以及对比了脱药精矿中和未脱药精矿中金属的浸出率。J. A. Brierley 等研究了在硫化锌精矿菌种浸出过程中，浮选药剂对菌种生长的影响，研究表明，一些药剂对菌种生长抑制作用由大到小的顺序为：乙基黄药、丁胺黑药、丁基黄药、2 号油[89, 90]。覃文庆、王军等研究了丁基醚醇、乙基黄药和丁胺黑药 3 种浮选药剂对浸矿菌种活性的影响，进行了脱药和不脱药的铁闪锌矿精矿菌种浸出对比试验。研究结果表明：添加 4×10^{-4}mol/L 的丁基醚醇、乙基黄药、丁胺黑药，氧化 34h 后，使 9K 液体培养基中的 Fe^{2+}的质量浓度由 4.03g/L 分别增加至 4.64g/L、4.77g/L 和 5.91g/L；浸出 35d 后，脱药精矿中和未脱药精矿中金属锌的浸出率分别为 92%和 61%，表明浮选药剂对浸矿菌种活性的影响十分明显[91]。

1.2.3.7　离子胁迫

在微生物浸出矿物时，浸出体系中存在和溶出的离子对于矿物浸出和细菌的生长的影响规律如下。

（1）Fe^{2+}的影响。在细菌浸矿过程中，铁离子是一个重要的参数。了解铁离子的变化规律，对矿物的浸出具有实际的指导意义。关于这方面的探讨也比较多。Fe^{2+}是氧化亚铁硫杆菌的能源，细菌将 Fe^{2+}氧化为 Fe^{3+}而获得能量，Fe^{3+}是金属矿物的氧化剂。

Fe^{2+}在菌液中逐步被氧化，当溶液中的 Fe^{2+}全部被氧化，细菌进入稳定生长期，研究认为，Fe^{2+}的初始浓度以 50～100mmol/dm^{3}为宜，当 Fe^{2+}浓度大于 0.108mol/dm^{3}时，会强烈抑制氧化亚铁硫杆菌的生长[92~94]。

有研究者认为[95,96]，Fe^{2+}的氧化机理为 Fe^{2+}与某些物质如多糖脂肪-磷脂、草酸等形成电极电位很低的配合物，递送细胞色素至氧。

（2）Fe^{3+}的影响。试验表明，当介质中含有低 Fe^{3+}浓度时，生物浸出速度增快。Fe^{3+}浓度为 3g/L 时，即可得到高脱砷率，但 Fe^{3+}浓度从 9g/L 增加到 35g/L 时，氧化动力学减慢，这可能是 Fe^{3+}浓度增大，Fe^{3+}开始水解，妨碍细菌的氧化作用[97,98]。硫化矿浸出机理是细菌直接浸出作用和由细菌而产生的三价铁离子间接浸出作用的结果[99]。

（3）As^{3+}的影响。用氧化亚铁硫杆菌氧化含砷难处理金矿石，使矿石中的砷转入到溶液中。随着进入到溶液中 As^{3+}和 As^{4+}的增多，对细菌的生长也有害，资料显示，细菌对 As^{5+}的耐受能力为 6g/L，经过驯化后，能达到 20g/L[100]。

由于 As^{3+}对细菌的毒害作用远大于 As^{5+}对细菌的毒害作用，生产实践中一般采用高铁离子加快 As^{3+}的氧化速度，使其尽快转化为 As^{5+}，降低其毒害。

（4）Ag^{+}的影响。在细菌浸出过程中，添加金属离子 Ag^{+}，金属浸出率随 Ag^{+}浓度的增大而增加，而且 Ag^{+}参与了浸出过程，生成了 Ag_2S。而 Ag_2S 与其他金属硫化物形成原电池，促进其浸出。但是当 Ag^{+}浓度为 50mg/L 时，对氧化亚铁硫杆菌是有害的。最近研究表明，在金属硫化物的细菌浸出工业生产实践中 Ag^{+}浓度为 10~20mg/L 时，Ag^{+}对氧化亚铁硫杆菌的毒性降低了 99%[83]。

（5）Cu^{2+}影响。Cu^{2+}能抑制细菌的生长或导致死亡，但细菌经过驯化后，能提高对 Cu^{2+}的耐受力。试验表明，驯化后的细菌在含 Cu^{2+} 20~30g/L 的培养基中，其生长活性已得到提高。这种适应性也可能是暂时的，也可能是永久性的，或有限度的[101]。

（6）Mg^{2+}的影响。Mg^{2+}对细菌的稳定性起着重要作用，能提高机体的生长能力。实验表明，适当增加培养基 Mg^{2+}的含量，有利于细菌生长。但增大到 20.5g/L 时，便完全抑制了细菌的生长。说明过高浓度的 Mg^{2+}可能影响其他物质的代谢过程进行[102]。

（7）Hg^{2+}和 Bi^{3+}的影响。研究表明，重金属离子对细菌有一定的毒性，细菌对高浓度的 Hg^{2+} 和 Bi^{3+} 耐受力较弱，停滞期延长，影响细菌对金属的浸出率[103]。

（8）Ni^{2+}和 Co^{2+}的影响。Ni^{2+}和 Co^{2+}对氧化亚铁硫杆菌有抑制作用。经过实验，驯化后的细菌分别能耐 Ni^{2+}和 Co^{2+}达到 40g/L 和 30g/L。这可能是经过驯化后的菌，通过不断的调节，能够适应不同离子浓度的渗透压[103]。

（9）Cl^{-}的影响。浸矿细菌对 Cl^{-}高度敏感，所以工艺用水的水质问题很关键。对于不同氯离子浓度溶液中细菌对二价铁离子氧化速率的测定表明，当 Cl^{-}浓度为 0~5g/L 时未发现对氧化有抑制，当 Cl^{-}浓度达到 7g/L 时，二价铁离子氧化速率明显降低，24h 氧化速率仅为 55%，而对比试验（溶液含 Cl^{-}浓度 0.1g/L）为 80%，Cl^{-}浓度大于 19g/L 时，二价铁离子氧化完全抑制[104]。

（10）SCN^{-}的影响。在工业实践中，氰化物与还原形式的硫化合物形成硫氰化物，SCN^{-}离子对浸矿细菌毒害最大。SCN^{-}在水中的浓度为几 mg/L 时就完全抑制了浸矿细菌的活性。因此在进行难选金矿的细菌氧化时，必须小心防止工艺用水被含硫氰化物的溶液污染。同样如果在含难选金的硫化矿中存在硫氰化物，那么此种尾矿在进行浸矿细菌氧化前必须将其除去[104]。

1.3 共伴生脉石矿物微生物浸出研究

1.3.1 硅酸盐矿物的微生物浸出研究

目前研究异养微生物对硅酸盐矿较多[105~120]，国内外实验室内微生物与硅酸盐矿物作用的相关研究如表 1-4 所示。

表 1-4 近年来实验室内微生物与硅酸盐矿物作用的相关研究

实验室所用微生物	硅酸盐矿物
胶质芽孢杆菌	蛇纹石和橄榄石
黑曲霉菌	蛇纹石
Bacillus muscilaginosus	伊利石、钾长石
Burkholderia solanacearum Arthrobacter sp. 等	黑云母、培长石
Paxillus involutus，*Suillus variegatus*	微斜长石、黑云母
Pseudomonad mendocina	高岭石
Bacillus sp.	角闪石晶体和非晶体
Arthrobacter sp.	角闪石
Acidthiobacillus ferrooxidans	铁橄榄石
Serratia marcescens	钾长石
Piloderma sp.	微斜长石、黑云母、绿泥石
Shewanella putrefaciens	伊利石
Desulf oribrio sp.	绿脱石
Escherichia coli	橄榄石
Shewanclla oneidensis	绿脱石

Mark Dopson 等[121]研究了辉石、黑云母、角闪石和橄榄石等硅酸盐矿物的化学和生物溶解试验，在有 *Ferroplasma AcidarmanusFer*1 菌或嗜酸氧化亚铁硫杆菌时，其中最适应和最不适应的分别是橄榄石和角闪石。黑云母、橄榄石、角闪石和微斜长石溶解出的铁有利于细菌的生长繁殖。研究表明橄榄石能使浸出体系 pH 值增加，而黑云母中释放出的氟化物对细菌生长有毒害作用，辉石和角闪石溶解期间生成的黄钾铁矾对细菌浸出黄铜矿有钝化作用等表明硅酸盐的生化溶解会影响生物堆浸效果。

谭媛等[107]采用黑曲霉菌作为浸矿菌种，研究了黑曲霉菌浸出蛇纹石，浸出 5d 即在扫描电镜下观察到细菌-矿物的复合体，这种复合体能促进黑曲霉菌对蛇纹石表面的溶解与浸蚀作用。这种细菌-矿物复合体对矿物的作用机理是通过细菌分泌出的多糖和有机酸等代谢产物对矿物颗粒进行风化[122]。研究胶质芽孢杆菌对蛇纹石和橄榄石的解硅作用的试验表明，通过胶质质芽孢杆菌的作用可以使硅酸盐矿物释放出包括 Si 在内的多种矿物元素。但胶质芽孢杆菌对蛇纹石和橄榄石作用后的产物形态有所不同：蛇纹石经胶质芽孢杆菌作用后，出现了松散堆积团块状絮状物；而橄榄石经胶质芽孢杆菌作用后，形成的絮状物较为光滑平整，这可能由两种矿物颗粒的晶体结构以及两类培养液中细菌生长状态和胞外代谢产物的不同所致[106]。孙德四等[123,124]发现细菌浸出矿样中硅的效果明显比单独摇瓶浸出与半连续浸出效果要好，且浸矿时间也大幅度地缩短。5 种矿样在连续浸出工艺中硅的浸出率比单独摇瓶浸出平均高 10 个百分点左右，对矿物中的铝也有一定的活化作用，可以浸出供试矿样中 6.5%～14.9%的铝，但远低于浸出的硅，可除去铝土矿中的硅，为该菌种在矿物加工和土壤微生物硅肥中的应用提供理论依据。

1.3.2 磷矿石的微生物浸出研究

我国磷矿资源的特点是矿石类型多而复杂，矿石品位低、粒度细，选别困难。采用微生物浸出技术处理细粒、复杂、低品位的磷矿或磷矿废石及尾矿是解决难选磷矿回收的较好方法。近年来利用微生物处理矿产资源的研究非常活跃，仅就溶磷方面而言就已经发现很多种细菌、真菌、放线菌都具有溶磷作用。它们主要通过代谢产生酸降低体系的 pH 值，使磷矿物溶解。同时，代谢产生的酸还会与 Ca^{2+}、Mg^{2+}、Al^{3+}等形成离子配合物，从而促进磷矿物的溶解。

含磷矿石的溶解一方面会为细菌的生长提供营养物质，但另一方面当磷灰石含有卤族元素如 F、Cl 时会抑制细菌的生长。因此，当铜矿中有磷灰石时，采用微生物浸出铜，磷灰石必然会对浸出产生较大的影响，目前关于磷灰石影响铜的微生物浸出这方面的研究很少，较多研究是利用微生物浸出磷，将不可溶的磷矿转变为可溶性的磷酸盐。

龚文祺等[125]及 Chi R A 等[126]研究了采用单一菌种嗜酸氧化亚铁硫杆菌，在黄铁矿存在的情况下，磷矿粉浸出的最佳条件：磷矿粉用量为 1.0g/L，黄铁矿用量为 30.0g/L，培养温度为 30℃，培养时间为 84h 时，磷的浸出率能达到 11.8%。

为了能有效促进磷矿的细菌浸出，杨均流[127]等人采用 *At.f* 菌、*At.t* 菌和 *L.f* 菌的混合菌浸出低品位磷矿中的磷，并添加黄铁矿以提高细菌生长所需的能源物质以及产酸的硫源，以消除因耗酸脉石多、S 含量低等矿石性质对磷矿生物浸出过程所造成的不利影响。这种能够溶磷的微生物，还有菌根真菌、硝化细菌和硫化细菌等。

肖春桥等[128]对两株芽孢杆菌的浸出能力进行了比较，研究表明多粘芽孢杆菌的浸磷能力比巨大芽孢杆菌稍强。刘俊[129]对磷灰石的微生物浸出研究表明，通过驯化作用能提高微生物浸出磷灰石的浸出效果。未经诱导驯化的 *At. t* 和 *At. f* 菌对磷矿的浸出率分别为 30. 12%和 28. 13%；*At. t* 菌经过紫外诱变 5min 后，浸磷率可达到 39. 14%，*At. f* 菌微波诱变 105 min 后，浸磷率可提高到 38. 12%。

1.3.3 其他非金属矿物的微生物浸出

1. 3. 3. 1 碳酸盐类矿物

常见的碳酸盐类矿物有方解石（$CaCO_3$）、菱铁矿（$FeCO_3$）、白云石（$CaMgCO_3$）、孔雀石（$Cu_2(CO_3)(OH)_2$）等。这些矿物都会在酸性条件下发生溶解，导致浸出体系 pH 值升高，不利于细菌的生长。一般情况，含有耗酸物质较高的矿石的浸出采用碱浸。如白云石型铀矿石的浸出，采用 45g/L Na_2CO_3 + 15g/L $NaHCO_3$时最好，加温浸出，铀的浸出率可达到 70%[130]。傅开彬等[131]研究认为，碳酸盐矿物孔雀石在酸性条件下溶解出的 CO_2能被 *At. f* 菌吸收利用，从而能提高孔雀石溶解速率、促进铜的浸出。并通过孔雀石的酸浸和细菌浸出进行了对比，采用嗜酸性氧化亚铁硫杆菌（LD−1）时，铜浸出率为 71. 07%，比酸浸提高了近 10 个百分点。

1. 3. 3. 2 黏土颗粒

Sarcheshmehpour 等[132]研究了黏土颗粒对铜浸出效率的影响。试验表明，黏土颗粒能影响浸出体系的氧化还原电位，从而影响铜浸出率。通过水冲洗去除低品位矿石中的黏土颗粒，可使铜的浸出率得到显著提高。

1. 4 不同类型硫化铜矿的浸出及规律

1.4.1 不同类型铜矿的微生物浸出

黄铜矿作为一种原生硫化矿，由于其晶格能远高于其他硫化铜矿，并且在氧化条件下表面生成的产物很稳定，因此其微生物浸出速率和浸出率都不理想，导致工业应用的缓慢。

实验研究发现，不同成矿条件下形成的黄铜矿，在相同的浸出条件下，浸出率及浸出速率存在着明显的差异。

1. 4. 1. 1 铜镍硫化物矿床微生物浸出

铜镍硫化物型铜矿床又称岩浆铜镍硫化物矿床，该类矿床铜、镍共生，大多数矿床以镍为主，少数以铜为主，常伴生有铂、钴、金、银等多种有用组分，主要以贫矿为主，矿石品位以 0. 2%～0. 4%为主，其次为 0. 6%～0. 8%。我国该类矿床主要有甘肃金川、吉林红旗岭等[133]。

在铜镍硫化物矿床中主要矿物为镍磁黄铁矿、镍黄铁矿及黄铜矿，因此镍黄铁矿、镍磁黄铁矿多作为主要研究对象。赵月峰等[134]采用极度嗜热菌 *acidianus brierleyi* 浸出金川镍铜硫化矿，矿物含镍 7.33%，铜 3.68%。试验结果表明，在68℃、初始 pH = 1.6、接种量 10%、矿浆浓度 5%，矿石粒度 - 48μm 条件下，4.5d 后镍和铜的浸出率分别达到 99.78%和 86.30%，镍浸出速率高于铜。

邓敬石[135]采用中等嗜热菌强化金川铜镍硫化物精矿浸出，对比浸出前后矿物表面形貌观察发现，浸出前镍黄铁矿、黄铜矿、磁黄铁矿颗粒完整，边缘整齐，结构致密，经细菌浸出后，镍黄铁矿、磁黄铁矿侵蚀严重，黄铜矿侵蚀不明显。对浸渣进行化学元素分析及 XRD 分析，证实了金川镍精矿细菌浸出过程中由于原电池效应，镍黄铁矿、磁黄铁矿优先溶解，黄铜矿、黄铁矿被阴极保护。

1.4.1.2 斑岩型铜矿床微生物浸出

斑岩型铜矿床是与中酸性斑岩体有成因关系的铜及其伴生元素硫化物成细脉浸染状赋存于斑岩体本身及其与围岩接触带中的铜矿床。斑岩型铜矿是世界上最主要的铜矿床，在我国约占铜金属量的一半。斑岩型铜矿床的矿石铜品位主要集中于 0.4%~0.8%，其次为 0.2%~0.4%和 0.8%~1.2%的，因此属于贫矿类型。主要矿床有西藏玉龙、黑龙江多宝山、江西德兴、山西铜矿峪等[133]。

德兴铜矿作为开发较早的铜矿，被广泛的研究。李啊林等[136]对中等嗜热菌在 45℃下浸出德兴黄铜矿的情况进行了试验研究。结果表明，添加适量（4g/L）的 Fe^{2+}有利于中等嗜热菌的生长和黄铜矿的浸出；中等嗜热菌活性高有利于提高黄铜矿的浸出率；在试验酸度范围内，pH = 1.50 时中等嗜热菌的活性最高；矿浆浓度越低、粒度越细，越有利黄铜矿的浸出。在最佳试验条件下，黄铜矿 49.2d 的铜浸出率为 73.32%。XRD 分析浸出渣发现，在浸出一段时间后，黄铜矿慢慢发生钝化的原因在于硫单质和黄钾铁矾在其表面的附着。

徐金光等[137]研究了利用中等嗜热菌浸出德兴黄铜矿浮选精矿（$CuFeS_2$ 75.5%）过程中的影响因素。结果发现适当的初始 pH 值有利于细菌浸出，矿浆浓度和矿物粒度对细菌浸出过程的影响较大；另外初始添加适量 Fe^{2+}有助于细菌生长和提高浸出效率，但是过量添加会导致生成的黄钾铁矾沉淀阻碍浸出。初始细菌浓度、培养基和水的配比及浸出时间对浸出过程存在不同程度的影响，初始细菌浓度在 1×10^6cell/mL 时浸出率最高，黄铜矿的浸出率达到 64.20%，培养基和水的不同配比对细菌生长和浸出过程影响不是很大，浸出 40d 时，铜浸出率达到 80%以上。

1.4.1.3 矽卡岩型铜矿床微生物浸出

矽卡岩型铜矿床在我国是重要的铜矿床之一，其探明储量仅次于斑岩型，位居第二。矽卡岩型铜矿床的矿石铜品位主要集中于0.6%~1.2%，因此属于富矿类型。主要矿床有湖北大冶铜绿山、安徽铜陵铜官山、青海赛什塘等[133]。

李寿朋[138]采用多地驯化后的混合菌浸出铜陵黄铜矿。初始pH=2.0，矿浆浓度10%，接种量10%，温度30℃，转速180r/min条件下，浸出24d时，YSZ-2混合菌浸出率最高，其浸出率为68.69%。对铜陵矿石进行超声预处理，经过24d的浸出，与超声前相比，SLS混合菌浸出率提高3.85%，BC混合菌浸出率提高4.44%，YS混合菌浸出率提高8.41%，空白对照浸出率提高7.24%。对浸出率较好的YSZ-2混合菌和BC混合菌，添加银离子用量为10mg/L，对矿石超声30min（超声频率6W），进行摇瓶试验，浸出24d时BC混合菌浸出率为90.89%，较未加银离子催化时浸出率提高19.63%；YSZ-2混合菌浸出率为94.63%，较未加银离子催化时浸出率提高17.53%。

柳建设[139]采用驯化的氧化亚铁硫杆菌浸出大冶露天矿石和井下矿石，分别考察了矿石粒度、矿浆含量、接种量对摇瓶浸出过程的影响。露天矿和井下矿样中铜都以黄铜矿形态为主，分别占到了85.19%和88.68%。结果表明，粒度对露天矿和井下矿的酸耗影响大，对井下矿的浸出率影响十分显著；在接种的初期，接种量对酸耗与浸出率都有影响，2d后接种量的影响消失；井下矿浸出的最优工艺条件为：粒度<0.154mm，矿浆浓度10%，接种量10%；露天矿浸出的最优工艺条件为：粒度<0.154mm，矿浆浓度20%，接种量7.5%。

1.4.1.4 火山岩型铜矿床微生物浸出

火山岩型铜矿床的矿石品位主要集中于0.6%~1.4%，有些甚至可达1.4%~3.8%，因此属于富矿类型。主要矿床有辽宁红透山、云南大红山、甘肃白银厂、广东玉水等[133]。

舒荣波等[140]以云南大红山铜矿的黄铜矿精矿为研究对象，采用驯化培养具有单一硫氧化性的高效浸矿细菌，运用其对单体硫的高效氧化性能，结合Fe^{2+}离子对黄铜矿氧化浸出的促进作用，开展黄铜矿低电位生物浸出研究。研究发现硫氧化菌可有效利用黄铜矿氧化溶解的产物——单体硫，将其氧化为硫酸并补充溶液H^+离子消耗。同时，清除黄铜矿表面氧化溶解产物——单体硫后，有助于离子扩散和黄铜矿的进一步氧化溶解。

任浏祎等[37]运用取自大宝山的嗜酸氧化亚铁硫杆菌和嗜酸氧化硫硫杆菌的混合菌对玉水硫化铜矿的黄铜矿进行摇瓶浸出试验研究。结果表明，黄铜矿摇瓶细菌浸出率受菌种、矿浆浓度、pH值、接种量多种因素的影响。细菌浸出黄铜矿的适宜条件为温度30℃，矿浆浓度5%，pH=2.0，浸出75d，Cu浸出率达47%。

1.4.2 硫化矿微生物浸出规律研究

从生物技术在铜矿浸出中的工业化现状不难看出，目前微生物冶金技术还存在一系列的问题，反应周期长，浸出率低，其原因主要是未完全掌握矿物的微生物浸出规律，因此不能针对反应的控制步骤及时有效地采取强化措施。国外内学者从不同的角度对硫化矿的生物浸出规律进行了研究，区别在于得出规律的依据不同，国外学者根据硫化矿生物浸出率大小，我国学者则依据在微生物浸出体系中硫化矿的热力学研究结果。

1.4.2.1 国外硫化矿微生物浸出规律研究现状

在1978年，Torma等[72]利用嗜酸性氧化亚铁硫杆菌研究金属硫化物浸出动力学时，发现不同硫化物生物浸出效果差异，并根据浸出率大小进行排序：NiS>CoS>ZnS>CdS>CuS>Cu_2S，这应该是关于硫化矿生物浸出效果差异的最早排序，认为针硫镍矿的浸出效果最好，而次生硫化铜矿排序靠后，辉铜矿的浸出效果最差。

1999年，英国比利顿公司过程研究所[141]历时4年，利用嗜温性细菌（*Leptospirillum ferrooxidans*，*Thiobacillus thiooxidans*，*Thiobacillus caldus* 和 *Thiobacillus ferriooxidans*）浸出赞比亚与智利含铜的浮选精矿时，对精矿中各种铜矿物的浸出进行了跟踪检测，结果表明，各种铜矿物的浸出速率由大到小按下列顺序排列：辉铜矿>斑铜矿>方黄铜矿（古巴矿，$CuFe_2S_3$）>铜蓝>黄铁矿>硫砷铜矿>硫铜钴矿>黄铜矿，此排序与生产实际相符，辉铜矿最易浸出，黄铜矿的浸出较难，世界上建成的铜矿堆浸厂基本上是以辉铜矿为主。这一顺序也得到了我国的研究人员的证实，杨显万等[34]对以辉铜矿为主的民乐铜矿、以黄铜矿为主的大红山铜矿与中甸上江乡铜矿进行对比研究，民乐铜矿的微生物浸出效果更好。

国外学者对硫化矿微生物浸出规律的研究，是根据其实际浸出效果进行的。

1.4.2.2 国内硫化矿微生物浸出规律研究现状

微生物浸矿在我国研究相对较晚，国内学者不是从微生物浸出率对硫化矿进行排序，而是根据热力学的研究结果。

1998年，张英杰等[142]研究认为从热力学上硫化物的细菌浸出均属可能，在pH=2、$[Fe^{2+}]=[SO_4^{2-}]=[HSO_4^-]=0.1mol/L$、$[M]=[H_3AsO_3]=0.01mol/L$时，各硫化物的电极电位值（V）由小到大排序如下：

FeAsS	FeS	CoS	NiS	ZnS	FeS_2	CdS	$CuFeS_2$	CuS	Cu_5FeS_4	Cu_2S	Ag_2S
0.1066	0.113	0.145	0.178	0.1948	0.2201	0.2264	0.2429	0.2788	0.2893	0.3512	0.3616

各硫化物氧化的热力学趋势按上述序列递减。Fe^{3+}具有氧化上述所有硫化物的能力，电位高与电位低的硫化矿共生时，通过原电池反应促进电位低的矿物被O_2或 Fe^{3+}氧化，电位高的为正极受到保护。与各种硫化矿共生的 FeS_2有利于 $FeAsS_2$、NiS、CoS、ZnS 等的浸出。这一排序很好解释了 Ag^+对硫化物生物浸出的促进作用，但不能解释黄铁矿对黄铜矿微生物浸出的促进作用。

2002 年，柳建设[143]在其博士论文《硫化矿物生物提取及腐蚀电化学研究》中对硫化物生物提取进行热力学分析，绘制 E-pH 图，在 pH=2 时，各种硫化物浸出趋势由大到小的排列顺序为：$FeAsS > FeS > Ni_3S_2 > NiS_{(\alpha)} > CoS > ZnS > CdS > NiS_{(\gamma)} > CuFeS_2 > FeS_2 > Cu_2S > CuS$，这一排序与黄铁矿促进黄铜矿浸出的电化学解释矛盾。

2005 年，吴爱祥等[144]对主要铜矿物浸出过程中热力学进行研究，结果表明，在细菌直接作用下，浸出率规律为：黄铁矿>黄铜矿>铜>铜蓝>硫砷铜矿>辉铜矿>斑铜矿；在间接作用下，硫砷铜矿和黄铜矿电位比较接近，浸出率的大小顺序应为：铜>硫砷铜矿>黄铜矿>辉铜矿>铜蓝>斑铜矿>黄铁矿。

国内学者从热力学的角度提出了这几种排序，但即使同一矿物的排序在不同文献中也不一样，各不相同。考虑的因素逐渐增多，反映了我国在该领域研究水平的提高。

参考文献

[1] U. S. Geological Survey. Mineral Commodity Summaries [OL]. 2010. http：// mineral. usgs. gov/minerals/pubs/commodity/copper/index. html#myb.

[2] 曹异生. 世界铜资源开发与我国海外办铜矿展望 [J]. 中国金属通报，2006 (8)：5-10.

[3] 荣庆. 我国铜矿的资源特点与综合开发利用的成绩和不足 [J]. 中国金属通报，2008 (6)：33-34.

[4] 刘小舟. 我国重要有色金属资源-铜矿的现状及展望 [J]. 西北地质，2007，40 (1)：83-88.

[5] 蓝希雄. 德兴铜矿矿石性质与可选性分析 [J]. 江西铜业工程，1995，(4)：12-16.

[6] 李生成，王舜. 多宝山铜钼矿矿石可选性试验 [J]. 黑龙江冶金，2007 (2)：1-2.

[7] 吴熙群，李世伦，李成必，等. 西藏玉龙铜矿硫化矿资源开发利用原则方案探讨 [J]. 矿冶，2002，11：147-149.

[8] 吴熙群，李世伦，谢珉. 西藏玉龙铜矿硫化矿选矿工艺流程的研究 [J]. 矿冶，2000，9 (4)：32-37.

[9] 陈殿芬，艾永德，李荫清. 乌奴格吐山斑岩铜钼矿床中金属矿物的特征 [J]. 岩石矿物学杂志，1996，15 (4)：346-354.

[10] 罗廉明，黄国宝，李根，等. 改进铜录山铜矿石浮选用药试验 [J]. 武汉化工学院学报，2004，26 (1)：22-23.

[11] 谭辉跃，息朝庄. 江西城门山铜钼矿床特征与成因研究 [J]. 西部探矿工程，2009 (6)：101-105.

[12] 罗晓华. 提高武山铜矿伴生金银回收率选矿试验研究 [J]. 矿业快报，2006 (5)：17-20.

[13] 王文斌，季绍新，邢文臣，等. 江西九瑞地区含铜黄铁矿型矿床的地质特征及成因 [J]. 中国地质科学院南京地质矿产研究所所刊，1986，7 (2)：26-43.

[14] 邵广全. 提高易门大红山铜矿石伴生金银回收率的研究 [J]. 矿冶，2000，9 (3)：34-38.

[15] 单连军. 红透山铜矿伴生金银的赋存状态及在选矿产品中的走向 [J]. 有色矿冶，2009，25 (1)：18-21.

[16] 呼振峰，孙传尧. 金川铜镍矿床中典型单矿物的提取 [J]. 有色金属，2001，53 (4)：73-75.

[17] 高强祖，黄满湘. 金川铜镍硫化物矿床成因探讨 [J]. 西部探矿工程，2006 (6)：113-114.

[18] 何月华. 提高德兴铜矿伴生元素钼的回收试验研究 [J]. 铜业工程，2012 (3)：26-29.

[19] Yin S, Wu A, Qiu G. Bioleaching of low-grade copper sulphides [J]. Transactions of Nonferrous Metals Society of China, 2008, 18 (3): 707-713.

[20] 李生成，王舜. 多宝山铜钼矿矿石可选性试验 [J]. 黑龙江冶金，2007 (2)：1-2.

[21] 于宏东. 西藏玉龙氧化铜矿工艺矿物学研究 [J]. 有色金属，2013 (1)：1-6.

[22] 陈建平，唐菊兴，丛源，等. 藏东玉龙斑岩铜矿地质特征及成矿模型 [J]. 地质学报，2009，83 (12)：1887-1900.

[23] 张麟. 铜录山铜矿浮选基础研究与应用 [D]. 长沙：中南大学，2008.

[24] 阮华东，罗科华，杨林，等. 武山铜矿高碱度选硫试验研究 [J]. 有色金属，2013 (1)：23-25.

[25] 高小林. 云南大红山铜矿成矿系列与成矿预测 [D]. 昆明：昆明理工大学，2011.

[26] 赵春艳，迟永欣，郭天宇，等. 提高红透山铜矿选矿回收率的研究 [J]. 矿产保护与利用，2012 (5)：23-26.

[27] Yang G, Du A D, Lu J R, et al. Re-Os (ICP-MS) dating of the massive sulfide ores from the Jinchuan Ni-Cu-PGE deposit [J]. Science China, 2005, 48 (10): 1672-1677.

[28] 徐刚，汤中立，钱壮志，等. 金川镍铜铂硫化物矿床矿石成因——来自铂族元素地球化学的证据 [J]. 世界地质，2012，31 (3)：493-504.

[29] Su S G, Geng K, Tang Z L, et al. Mineralization characteristics of platinum group elements in Jinchuan Cu-Ni-PGE deposit [C] // Meeting the Global Challenge. Beijing: China Land Publishing House, 2005: 35-39.

[30] 高强祖，黄满湘. 金川铜镍硫化物矿床成因探讨 [J]. 西部探矿工程，2006 (6)：113-114.

[31] 蒋鸿辉，王琨. 生物选矿的应用研究现状及发展方向 [J]. 中国矿业，2005，14 (9)：76-78.

[32] 杨显万，邱定蕃. 湿法冶金 [M]. 北京：冶金工业出版社，2001.

[33] 陈顺方，钟文远. 难浸硫化浸矿的微生物氧化预处理及应用现状 [J]. 国外金属矿选矿，2000 (2)：6-10.

[34] 杨显万，沈庆峰，郭玉霞. 微生物湿法冶金 [M]. 北京：冶金工业出版社，2003.

[35] Qiu M Q, Xiong S Y, Zhang W M. Efficacy of chalcopyrite bioleaching using a pure and a mixed bacterium [J]. Journal of University of Science and Technology Beijing, 2006, 13 (1): 7-10.

[36] Fu B, Zhou H B, Zhang R B, et al. Bioleaching of chalcopyrite by pure and mixed cultures of *Acidithio bacillus spp.* and *Leptospirillum ferriphilum* [J]. International Biodeterioration & Biodegradation, 2008, 62 (2): 109-115.

[37] 任浏祎，覃文庆，王军，等. 黄铜矿细菌浸出过程中的多因素影响 [J]. 矿冶工程，2008，28 (4)：61-64.

[38] Cancho L, Blazquez M L, Ballester A, et al. Bioleaching of a chalcopyrite concentrate with moderate thermophilic microorganisms in a continuous reactor system [J]. Hydrometallurgy, 2007, 87 (3-4): 100-111.

[39] Zhou H B, Zeng W M, Yang Z F, et al. Bioleaching of chalcopyrite concentrate by a moderately thermophilic culture in a stirred tank reactor [J]. Bioresource Technology, 2009, 100 (2): 515-520.

[40] Gericke M, Pinches A, Van Rooyen J V. Bioleaching of a chalcopyrite concentrate using an extremely thermophilic culture [J]. Int. J. Miner. Process, 2001, 62 (1-4): 243-255.

[41] Thompson D L, Noah K S, Wichlacz P L, et al. Bioextraction of cobalt from complex metal sulphide [C]. Wyoming: International biohydrometallurgy symposium, 1993.

[42] 夏乐先，彭安安，郭雪，等. 两株不同来源的嗜酸氧化亚铁硫杆菌对黄铜矿浸出的研究 [J]. 现代生物医学进展，2009，9 (6)：1068-1070.

[43] Sugio T, Akhter F. Solubilization of Cu^{2+} from copper ore by iron-oxidizing bacteria isolated from the natural environment and identification of the enzyme that determines Cu^{2+} solubilization activity [J]. Journal of Fermentation and Bioengineering, 1996, 82 (4): 346-350.

[44] Sampson M L, Blake Ⅱ R C. The cell attachment and oxygen consumption of two strains of *Thiobacillus ferrooxidans* [J]. Mineral Engineering, 1999, 12 (12): 671-686.

[45] Zhang Y S, Qin W Q, Wang J, et al. Bioleaching of chalcopyrite by pure and mixed culture [J]. Transactions of Nonferrous Metals Society of China, 2008, 18 (6): 1491-1496.

[46] Akcil A, Ciftci H, Deveci H. Role and contribution of pure and mixed cultures of mesophiles in bioleaching of a pyritic chalcopyrite concentrate [J]. Minerals Engineering, 2007, 20 (3): 310-318.

[47] Plumb J J, Mcsweeney N J, Franzmann P D. Growth and activity of pure and mixed bioleaching strains on low grade chalcopyrite ore [J]. Minerals Engineering, 2008, 21 (1): 93-99.

[48] Qiu M Q, Xiong S Y, Zhang W M, et al. A comparison of bioleaching of chalcopyrite using pure culture or a mixed culture [J]. Minerals Engineering, 2005, 18 (9): 987-990.

[49] Rohwerder T, Schippers A, Sand W. Determination of reaction energy values for biological pyrite oxidation by calorimetry [J]. Thermochimica Acta, 1998, 309 (1-2): 79-85.

[50] Donati E, Curutchet G. Bioleaching of covellite using pure and mixed cultures of Thiobacillus ferrooxidans and Thiobacillus thiooxidans [J]. Process Biochem, 1996, 31 (2): 129-134.

[51] Norris P R. Acidophilic bacteria and their activity in mineral sulfide ox-idation [J]. In Microbial Mineral Recovery, 1990: 3-27.

[52] Dopson M, Lindstrom E B. Potential role of Thiobacilluscalbus in arsenic pyrite bioleaching [J]. Appl Environ Microbiol, 1999, 65 (1): 36-40.

[53] Shi S Y, Fang Z X. Bioleaching of marmatite flotation concentrate by Acidithiobacillus ferrooxidans and Leptospirillum ferrooxidans [J]. Trans Nonferrous Metal Soc China, 2004, 14 (3): 569-575.

[54] Xia L X, Liu X X, Zeng J, et al. Mechanism of enhanced bioleaching efficiency of *Acidithiobacillus ferrooxidans* after adaptation with chalcopyrite [J]. Hydrometallurgy, 2008, 92 (3-4): 95-101.

[55] Mason L J, Rice N M. The adaptation of *Thiobacillus ferrooxidans* for the treatment of nickel-iron sulphide concentrates [J]. Minerals Engineering, 2002, 15 (11): 795-808.

[56] Satoru Kondo, Akihiko Yamagishi, Tairo Oshima. Positive selection for uracil auxotrophs of the sulfur-dependent thermophilic archae bacterium sulfolobus acid ocaldarius by use of 5-Fluoroorotic Acid [J]. Journal of Bacteriology, 1997, 173 (23): 7698-7700.

[57] 徐晓军, 宫磊, 孟云生, 等. 硫杆菌的化学诱变及对低品位黄铜矿的浸出 [J]. 金属矿山, 2004, 338 (8): 42-44.

[58] 宫磊, 徐晓军. 物理诱变氧化亚铁硫杆菌及浸出低品位黄铜矿的研究 [J]. 金属矿山, 2005, 350 (8): 39-41.

[59] 张卫民, 荆秀艳, 邱木清. 永平铜矿浸矿细菌驯化培养研究 [J]. 有色金属 (冶炼部分), 2004, 350 (5): 5-8.

[60] David K B, David R W, Douglas E R. Complementation of Escherichia coli6[54] (NtrA) -dependent formate hydrogenlyase activity by a cloned Thiobacillus ferrooxidansntrA gene [J]. Journal of Bacteriology, 1990, 172 (8): 4399-4406.

[61] Peng J B, Yan W M, Bao X Z. Expression of heterogenous arsenic resistance genes in the obligately autotrophic bioming bacterium Thiobacillus ferrooxidans [J]. Applied and Environmental Microbiology, 1994, 60 (7): 2653-2656.

[62] 徐海岩, 颜望明, 刘振盈, 等. 利用氧化亚铁硫杆菌抗砷工程菌 Tf-59 (pSDX3) 处理含砷金精矿 [J]. 应用与环境微生物学报, 1997, 3 (4): 366-370.

[63] Barrett J, Hughes M N, Karavaiko G L, et al. Metal extraction by bacterial oxidation of minerals [M]. New York: Ellis Horwood, 1993.

[64] Hansford G S, Vargas T. Chemical and electrochemical basis of bioleaching processes [J]. Hy-

drometallurgy, 2001, 59 (2-3): 135-145.

[65] Tiibutsch H, Rojas-Chapana J A. Metal sulfide semiconductor electrochemical mechanisms induced by bacterial activity [J]. Electrochimica Acta, 2000, 45 (28): 4705-4716.

[66] Li H X, Qiu G Z, Hu Y H, et al. Electrochemical behavior of chalcopyrite in presence of *Thiobacillus ferrooxidans* [J]. Trans. Nonferrous Met. Soc. China, 2006, 16 (5): 1240-1245.

[67] Kumari A, Natarajan K A. Electro bioleaching of polymetallic ocean nodules [J]. Hydrometallurgy, 2001, 62 (2): 125-134.

[68] Giannetti B F, Bonilla S H, Zinola C F, et al. A study of the main oxidation products of natural pyrite by voltammetric and photoelectron chemical responses [J]. Hydrometallurgy, 2001, 60 (1): 41-53.

[69] Munoz J A, Blazquez M L, Gonzalez, et al. Electrochemical study of enargite bioleaching by mesophilic and thermophilic microorganisms [J]. Hydrometallurgy, 2006, 84 (3-4): 175-186.

[70] Riekkola Vanhanen M, Heimala S. Electrochemical control in the biological leaching of sulphide ores [M] //Torma A E, Wey J E, Lakesmannan VIE. Biohydrometallurgical Technologies VOL Ⅰ. Warrendate, Pensylvania: TMS Press, 1993.

[71] 李宏煦，王淀佐. 硫化矿细菌浸出的半导体能带理论分析 [J]. 有色金属，2004，56 (3): 35-37.

[72] Torma A E, Sakaguchi H. Relation between the solubility product and the rate of metal sulfide oxidation by *Thiobacillus ferroxidans* [J]. J. of Fermentation Technology, 1978, 56 (3): 173-178.

[73] Karimi G R, Rowsona N A, Hewittb C J. Bioleaching of copper via iron oxidation from chalcopyrite at elevated temperatures [J]. Food and Bioproducts Processing, 2010, 88 (1): 21-25.

[74] Vilcáez J, Suto K, Inoue C. Bioleaching of chalcopyrite with thermophiles: Temperature-pH-ORP dependence [J]. International Journal of Mineral Processing, 2008, 88 (1-2): 37-44.

[75] Curutchet G, Donati E. Iron-oxidizing and leaching activities of sulphur-grown *Thiobacillus ferrooxidans* cells on other substrates: effect of culture pH [J]. Journal of Bioscience and Bioengineering, 2000, 90 (1): 57-61.

[76] Daoud J, Karamanev. Formation of jarosite during Fe^{2+} oxidation by *Acidithiobacillus ferrooxidans* [J]. Minerals Engineering, 2006, 19 (9): 960-967.

[77] Lin J Y, Tao X X, Cai P. Study of formation of jarosite mediated by thiobacillus ferrooxidans in 9K medium [C] //The 6th International Conference on Mining Science & Technology. Procedia Earth and Planetary Science, 2009 (1): 706-712.

[78] Leahy M J, Schwarz M P. Modelling jarosite precipitation in isothermal chalcopyrite bioleaching columns [J]. Hydrometallurgy, 2009, 98 (1-2): 181-191.

[79] Hiroyoshi N, Miki H, Hirajima T, et al. A model for ferrous promoted chalcopyrite leaching [J]. Hydrometallurgy, 2000, 57 (1): 31-38.

[80] 张德诚，罗学刚. 细菌浸出黄铜矿的工艺影响因素研究 [J]. 化工矿物与加工，2007 (10)：9-11.

[81]《浸矿技术》编委会. 浸矿技术 [M]. 北京：原子能出版社，1994.

[82] 张卫民，谷士飞. 永平低品位黄铜矿矿石细菌浸出的银离子催化效应 [J]. 矿业研究与开发，2007，27 (6)：42-44.

[83] 王康林，韩效钊，汪模辉，等. 银离子在细菌浸出黄铜矿中的催化行为研究 [J]. 矿冶工程，2003，23 (5)：60-62.

[84] Gomez E, Ballester A, Blazquez M L, et al. Silver-catalysed bioleaching of a chalcopyrite concentrate with mixed cultures of moderately thermophilic microorganisms [J]. Hydrometallurgy, 1999, 51 (1): 37-46.

[85] Hu Y H, Qiu G Z, Wang J, et al. The effect of silver-bearing catalysts on bioleaching of chalcopyrite [J]. Hydrometallurgy, 2002, 64 (2): 81-88.

[86] Nakazawa H, Fujisawa H, Sato H. Effect of activated carbon on the bioleaching of chalcopyrite concentrate [J]. Int. J. Miner. Process, 1998, 55 (2): 87-94.

[87] 蒋金龙，杨勇，卜春文. 非离子表面活性剂对细菌浸矿能力的影响 [J]. 淮阴工学院学报，2006，15 (1)：47-49.

[88] 张德诚，朱莉，罗学刚. 低温下非离子表面活性剂加速细菌浸出黄铜矿 [J]. 化工进展，2008，27 (4)：540-543.

[89] Brierley J A, Brierley C L. Present and future commercial applications of biohydrometallurgy [J]. Hydrometallurgy, 2001, 59: 233-236.

[90] Loon H Y, Madgwick J. The effect of xanthate flotation reagents on bacterial leaching of chalcopyrite by Thiobacillus Ferrooxidans [J]. Biotechnology letters, 1995, 17 (9): 997-1000.

[91] 覃文庆，王军，蓝卓越，等. 浮选药剂对浸矿细菌活性的影响 [J]. 中南大学学报（自然科学版)，2004，35 (5)：759-762.

[92] 邓敬石，阮仁满. 影响 *Sulfobacillus thermosulfidooxidans* 生长及亚铁氧化的因素研究 [J]. 矿产综合利用，2002 (3)：36-41.

[93] Cordoba E M, Munoz J A, Basques M L, et al. Leaching of chalcopyrite with ferric ion. Part Ⅰ: General aspects [J]. Hydrometallurgy, 2008, 93: 81-87.

[94] 斯潘瑟 P A. 细菌培养的选择对难选金矿石处理厂操作的影响 [J]. 国外金属矿选矿，2001 (11)：15-20.

[95] Yu R L, Liu J, Chen A, et al. Interaction mechanism of Cu^{2+}, Fe^{3+} ions and extracellular polymeric substances during bioleaching chalcopyrite by *Acidithiobacillus ferrooxidans* ATCC2370 [J]. Transactions of Nonferrous Metals Society of China, 2013, 23 (1): 231-236.

[96] Cordoba E M, Munoz J A, Basques M L, et al. Passivation of chalcopyrite during its chemical leaching with ferric ion at 68°C [J]. Minerals Engineering, 2009, 22 (3): 229-235.

[97] Yu R L, Zhong D L, Miao L, et al. Relationship and effect of redox potential, jar sites and extracellular polymeric substances in bioleaching chalcopyrite by *acidithiobacillus ferrooxidans* [J]. Transactions of Nonferrous Metals Society of China, 2011, 21 (7): 1634-1640.

[98] Yu R L, Ou Y, Tan J X, et al. Effect of EPS on adhesion of *Acidithiobacillus ferrooxidans* on chalcopyrite and pyrite mineral surfaces [J]. Transactions of Nonferrous Metals Society of China, 2011, 21: 407-412.

[99] Sand W, Gehrke H. Extracellular polymeric substances mediate bioleaching/biocorrosion via interfacical processes involving iron (Ⅲ) ions and *acidophilic bacteria* [J]. Research in Microbiology, 2006, 157: 49-56.

[100] Sasaki K, Takatsugi K, Kaneko K, et al. Characterization of secondary arsenic-bearing precipitates formed in the bioleaching of enargite by *Acidithiobacillus ferrooxidans* [J]. Hydrometallurgy, 2010, 104 (3-4): 424-431.

[101] Chen S, Qin W Q, Qiu G Z. Effect of Cu^{2+} ions on bioleaching of marmatite [J]. Transactions of Nonferrous Metals Society of China, 2008, 18 (6): 1516-1522.

[102] 刘欣伟，冯雅丽，李浩然，等．镁离子浓度对氧化亚铁硫杆菌生长动力学的影响 [J]. 中国有色金属学报，2012，22 (8)：2353-2359.

[103] 范有静，杨洪英，曾建威．溶液中离子对浸矿工程菌生长的影响 [J]. 有色矿冶，2004，20 (2)：17-19.

[104] 朱长亮，杨洪英，蒋欢杰，等．溶液中离子对浸矿细菌的毒害作用 [J]. 有色矿冶，2005，21 (5)：25-27.

[105] 吴涛，陈骏，连宾. 微生物对硅酸盐矿物风化作用研究进展 [J]. 矿物岩石地球化学通报，2007，26 (3)：264-275.

[106] 姚敏杰，连宾. 胶质芽孢杆菌对蛇纹石和橄榄石的解硅作用初探 [J]. 微量元素与健康研究，2009，26 (1)：4-6.

[107] 谭媛，董发勤，代群威. 黑曲霉菌浸出蛇纹石尾矿中钴和镍的实验研究 [J]. 矿物岩石，2009，29 (3)：115-119.

[108] 连宾. 硅酸盐细菌 GY92 对伊利石的释钾作用 [J]. 矿物学报，1998，18 (2)：234-238.

[109] Barker W W, Welch S A, Chu S, et al. Experimental observations of the effects of bacteria on aluminosilicate weathering [J]. American Mineralogist, 1998, 83: 1551-1563.

[110] Wallander H, Wickman T. Biotite and microcline as potassium sources in ectomycorrhizal and non-mycorrhizal Pinussylvestris seedlings [J]. Mycorrhiza, 1999, 9: 25-32.

[111] Maurice P A, Vierkorn M A, Hersman L E, et al. Enhancement of kaolinite dissolution by an aerobicpseudomonasmendocina bacterium [J]. Geomicrob. J., 2001, 18: 21-35.

[112] Brantley S L, Anbar A, Guynn R L, et al. Fe release and isotopic fractionation during dissolution of hornblende and goethite in the presence of soil bacteria [J]. Geochimicaet Cosmochimica Acta, 68 (15): 3189-3204.

[113] Brantley S L, Liermann L, Bau M. Uptake of trace metals and rare earth elements from hornblende by a soil bacterium [J]. Geomicrobiology Journal, 2001, 18: 37-61.

[114] Welch S A, Banfield J F. Modification of olivine surface morphology and reactivity by microbial activity during chemicalweathering [J]. Geochim Cosmochim Acta, 2002, 66 (2): 213.

[115] Hutchens E, Valsami J E, Mceldowney S, et al. The role of heterotrophic bacteria in feldspar dissolution—An experimental approach [J]. Mineralogical Magazine, 2003, 67: 1157-1170.
[116] Glowa K R, Arocena J M, Massicotte H B. Extraction of potassium and/or magnesium from selected soil minerals by piloderma [J]. Geomicrobiology Journal, 2003, 20: 99-111.
[117] Dong H, Kukkadapu R K, Fredrickson J K, et al. Microbial reduction of structural Fe (Ⅲ) in illite and goethite [J]. Environ. Sci. Technol, 2003, 37: 1268-1276.
[118] Li Y, Vali H, Sears S K, et al. Iron reduction and alteration of nontronite Nau-2 by a sulfate-reducing bacterium [J]. Geochim Cosmochim. Acta, 2004, 68: 3251-3260.
[119] Garcia B, Lemelle L, Perriat P, et al. Olivine surface dissolution with Escherichia coli cells [J]. Geochim Cosmochim Acta, 2004, 68 (11): A152.
[120] Kim J, Dong H, Seabaugh J. Role of microbes in the smectite-to-illite reaction [J]. Science, 2004, 303: 830-832.
[121] Dopson M, Lövgren L, Boström D. Silicate mineral dissolution in the presence of acidophilic microorganisms: Implications for heap bioleaching [J]. Hydrometallurgy, 2009, 96 (4): 288-293.
[122] 连宾. 硅酸盐细菌的解钾作用研究 [M]. 贵阳：贵州科技出版社，1998.
[123] 孙德四，钟婵娟，张强. 硅酸盐矿物的硅酸盐细菌浸出工艺研究 [J]. 金属矿山，2008 (2): 70-73.
[124] 孙德四，赵薪萍，张强. 用细菌从铝硅酸盐矿物中浸出硅的工艺研究 [J]. 矿业快报，2008 (3): 32-35.
[125] 龚文祺，边勋，陈伟，等. 氧化硫硫杆菌的培养特性及低品位磷矿浸出 [J]. 武汉理工大学学报，2007，29 (5): 53-57.
[126] Chi R A, Xiao C Q, Gao H. Bioleaching of phosphorous from rock phosphate containing pyrites by Acidithiobacillus ferrooxidans [J]. Mineral Engineering, 2006, 19 (9): 979-981.
[127] 杨均流，温建康，陈勃伟，等. 混合菌浸出低品位磷矿工艺研究 [J]. 化工矿物与加工，2010，(4): 5-9.
[128] 肖春桥，高洪，张娴，等. 两株芽孢杆菌对磷矿粉中磷的浸出能力研究 [J]. 武汉化工学院学报，2004，26 (4): 1-4.
[129] 刘俊. 低品位磷矿的微生物浸出研究 [D]. 武汉：武汉理工大学，2008.
[130] 张晓文，徐伟箭，黄晓乃，等. 泥灰岩——白云石型铀矿石的浸出 [J]. 中国矿业，2006，15 (4): 59-61.
[131] 傅开彬，林海，董颖博，等. 细菌在孔雀石低酸度浸出中的作用 [J]. 金属矿山，2011，(3): 69-73.
[132] Sarcheshmehpour Z, Lakzian A, Fotovat A, et al. The effects of clay particles on the efficiency of bioleaching process [J]. Hydrometallurgy, 2009, 98 (1-2): 33-37.
[133] 黄崇轲，白冶，朱裕生. 中国铜矿床 [M]. 北京：地质出版社，2001.
[134] 赵月峰，方兆珩. 极度嗜热菌 Acidianusbrierleyi 浸出镍铜硫化矿精矿 [J]. 过程工程学报，2003，3 (2): 161-163.

[135] 邓敬石．中等嗜热菌强化镍黄铁矿浸出的研究［D］. 昆明：昆明理工大学，2002.

[136] 李啊林．黄铜矿的嗜热菌浸出及过程机理研究［D］. 北京：北京有色金属研究总院，2012.

[137] 徐金光，温建康，武彪，等．中等嗜热菌浸出黄铜矿的影响因素研究［J］. 稀有金属，2009，33（2）：258-262.

[138] 李寿朋．永平和铜陵两种硫化铜矿的微生物浸出研究［D］. 北京：中南大学，2008.

[139] 柳建设，夏海波，王海东．低品位硫化铜矿细菌浸出［J］. 中国有色金属学报，2004，14（2）：286-290.

[140] 舒荣波，温建康，阮仁满，等．低电位生物浸出黄铜矿研究［J］. 金属矿山，2008，387（9）：43-45.

[141] Dew D W，Van Buuren C，Mcewan K，et al. Bioleaching of base metal sulphide concentrates：A comparison of mesophile and thermopile bacterial cultures［C］//Amils R，Ballester A. Biohydrometallurgy and environment toward the mining of 21st century，parts A. Amsterdam，Netherlands：Elsevier，1999：229-238.

[142] 张英杰，杨显万. 硫化矿生物浸出过程的热力学［J］. 贵金属，1998，12（3）：26-29.

[143] 柳建设. 硫化矿物生物提取及腐蚀电化学研究［D］. 长沙：中南大学，2002.

[144] 吴爱祥，王洪江，习泳，等. 铜矿浸出热力学分析［J］. 湿法冶金，2005，24（4）：192-198.

2　微生物浸出铜尾矿菌种的选育

2.1　概述

尾矿中最具经济价值的是其所含的各种有价金属和矿物，这是尾矿利用时必须首先要考虑的，尽可能将尾矿中有用资源回收利用，以获得最佳经济利益。由于矿产资源日益贫乏，现在许多开采中的原矿品位比老尾矿品位低，且尾矿已经磨细，可节省开采、破碎和磨矿成本，故回收大量尾矿资源中有价金属具有非常重要的意义。目前，尾矿再选研究较多的是采用传统的生产工艺及设备。但采用常规选矿方法时，由于尾矿中有价金属和矿物回收利用率不高而导致经济效益较低，更为重要的是造成了资源浪费；采用化学浸出在技术上是可行的，但环境污染大、浸出效率低、成本较高。而采用微生物技术处理金属尾矿是一种有效的方法，它具有成本低、投资少、工艺流程短、设备简单、应用范围宽、易于管理、环境友好等特点。同时，微生物浸出含铜尾矿得到的含铜溶液，通过萃取提纯浸出液，然后电积制备阴极铜，避免了传统选矿所得铜精矿炼铜还要进行焙烧等工艺环节。目前，国内外关于微生物技术处理低品位原生矿和精矿的研究较多，但对于微生物技术处理尾矿的研究很少。而尾矿与低品位原生矿相比，粒度较细，一般呈细粉状，且其表面性质、矿物组成成分比例等发生了变化。因此，研究微生物技术回收尾矿中的有价金属具有一定的学术价值和现实意义。

优良菌种是微生物技术处理尾矿的关键因素，浸矿菌种活性的高低直接影响到尾矿中有用金属的浸出效率，鉴于菌种在浸矿中的重要地位，进行浸矿菌株的育种工作就显得尤为重要。本章结合浮选尾矿特性，通过浸矿菌种的筛选、驯化等手段选育出优良菌种，设计不同的菌种诱变培养方案，得出不同方法诱变对菌种的作用规律，选育出适应含铜尾矿特性的高效微生物浸矿菌种。其次，研究不同能源物质对细菌浸出含铜尾矿时浸铜效率的影响，这对于优化浸矿过程、提高铜浸出率都具有重要意义。

2.2　浸矿细菌的筛选

筛选和分离高效的浸矿菌种是研究微生物浸矿技术的一项关键工作。用于矿物浸出的微生物大部分为自养菌，在繁殖和生长过程中，不要求任何有机营养，而纯粹靠无机盐生存。它们的共同特点是生长在普通微生物所不能生存的强酸性矿坑水或土壤中，这些自养菌能直接或间接浸出有用矿物。

2.2.1 样品的采集及预处理

2.2.1.1 样品采集

浸矿细菌分布很广，土壤、水体及空气都可能存在，但相对比较集中的地方是金属硫化矿物及煤矿的酸性矿坑水，所以采集这类菌种的最佳取样点是铜矿、铀矿、金矿、煤矿等有酸性矿坑水的地方。

浸矿细菌通常采自于矿山周边土壤、矿坑水、选矿厂排水沟等。取回的样品均放在4℃的冰箱中保存，48h内进行样品预处理和富集培养。

采土方法为在选好适当地点后，用小铲除去表土，挖取离地表5~15cm处的土壤约10g，盛入清洁灭菌的牛皮纸袋中，封口并做标记。

水样采集方法为用灭过菌的瓶接取或舀取矿坑水，水样不能取满，以不超出取样瓶体积的2/3为宜，需留出一定空间存空气。取样完毕后立即用封口膜重新包好瓶口，贴上标签，标明取样地点及时间，带回实验室备用。

2.2.1.2 样品预处理

取回的样品都要进行预处理，目的是除去样品中细小的固体物质。针对不同的样品，制定了不同的分离方法。对于固体样品，称土样1g，加入到一个盛有99mL无菌水或无菌生理盐水并装有玻璃珠的锥形瓶中，放在磁力搅拌器上快速搅拌15min，使附在固体颗粒上的微生物进入水相，停止搅拌后静置一段时间，待锥形瓶中的固体沉淀后，静止一段时间，取其上清液10mL，在无菌操作条件下，接种到装有培养基的锥形瓶中进行富集培养。液体样品的处理方法是，将液体样品放在磁力搅拌器上快速搅拌15min，然后静置一段时间，取其上清液作为精制样品。液体和固体样品的预处理流程图分别如图2-1、图2-2所示。

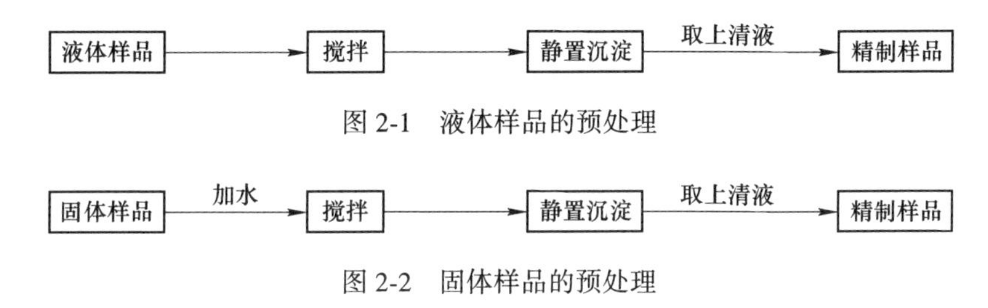

图2-1 液体样品的预处理

图2-2 固体样品的预处理

2.2.2 菌种的筛选

微生物需要从外界获得营养，这些营养物质以及获取营养物质的方式即营养类型都直接影响着微生物细胞的成分、组成结构、各种生命生理活动乃至其生存方式。例如，钾离子影响细胞的原生质胶态和渗透性；镁是细菌某些酶活动所需要的一种微量元素；磷酸盐是细胞某些酶和能量代谢中的一种组分，是微生物所必需的。菌种筛选以及菌种培养特性研究中所用的培养基为9K培养基，其组成及灭菌方法如下：（1）$(NH_4)_2SO_4$ 3.00g，KCl 0.10g，K_2HPO_4 0.50g，$MgSO_4 \cdot 7H_2O$ 0.50g，$Ca(NO_3)_2$ 0.01g，蒸馏水700mL，pH 2.0，121℃灭菌20min。（2）$FeSO_4 \cdot 7H_2O$ 44.20g，蒸馏水300mL，pH 2.0，经微孔滤膜（ϕ0.22μm）真空抽滤除菌。将（1）、（2）混合后使用。

对菌种进行筛选之前，要先富集培养，富集培养的目的是增加样品中微生物的数量，以利于后面的筛选。分别取不同采样点的精制样品10mL，加入到装有90mL 9K液体培养基的250mL锥形瓶中，放入温度为25℃、转速为160r/min的摇床中进行富集培养，定期观察菌种生长情况和培养基颜色的变化，当颜色由浅绿色→乳白色→淡黄色→红棕色，并出现沉淀，这个变化过程大约7d。然后再将上述菌液作为接种液进行次级培养，反复培养几次至细菌生长活跃。

富集培养后即可开始对菌种进行筛选，由于菌液采自于不同的地点，其氧化活性有所差异，以菌的氧化活性作为衡量指标，用二价铁的氧化速率来表征各菌的氧化活性，测定的方法是重铬酸钾滴定法。不同地点采集菌种的 Fe^{2+} 氧化率数据见表2-1。

表2-1　不同采样点菌种 Fe^{2+} 的氧化率　　（%）

时间＼菌株	1号	2号	3号	4号	5号	6号	7号
1d	7.93	25.33	10.40	10.40	30.58	35.53	17.87
2d	36.75	59.48	42.47	38.90	65.29	70.02	51.91
3d	45.33	86.62	57.06	53.37	97.76	99.80	80.68

由表2-1结果可以看出，从排水沟地表的土壤中分离出的6号菌株氧化能力最强，培养体系颜色变化最快、产生沉淀量最少，因此选择6号菌株作为出发菌。图2-3为在无穷远生物显微镜下观察到的6号菌的形态，菌体个体形状呈杆状，以单个、双个或几个成短链状存在，能快速游动。从图2-4中6号菌的扫描电镜图可以观察到菌长为1.0~1.5 μm，宽为0.3~0.5 μm。

2.2.3　菌种的鉴定

委托北京三博远志生物技术有限责任公司完成对6号菌株的鉴定和序列测定，主要为嗜酸氧化亚铁硫杆菌，其16SrDNA基因库登录序列号为FN811931.1。

6号菌株16SrDNA序列为1290bp，如图2-5所示。

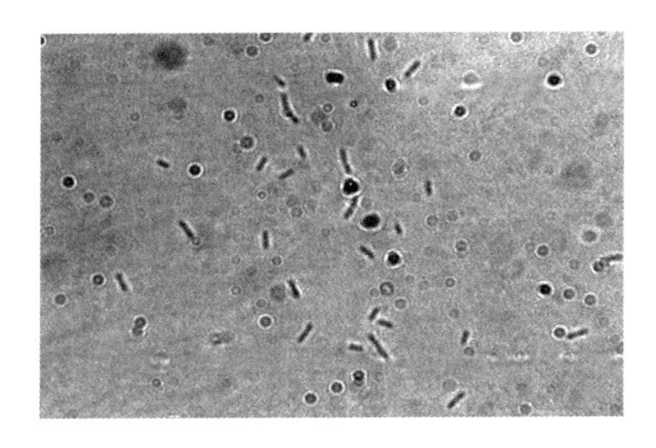

图 2-3 显微镜下观察 6 号菌形态（×1000）

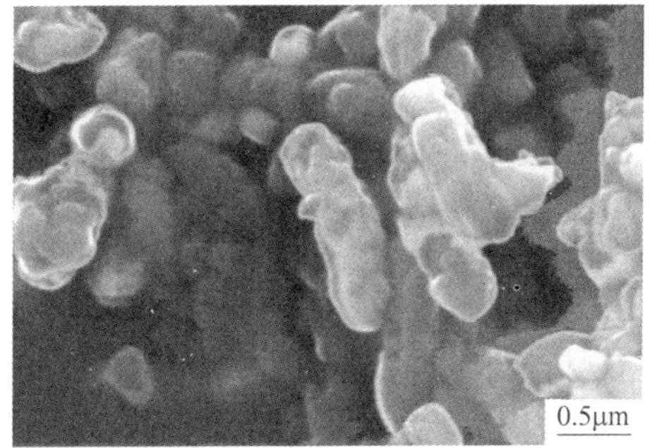

图 2-4 扫面电镜下观察 6 号菌形态（×30000）

GGGGAAAATA	CCGTGGTAAC	GCCCTCCCGA	AGGTTAGGCT	AGCTGCTTCT
GGTACAATCC	ACTCCCATGG	TGTGACGGGC	GGTGTGTACA	AGGCCCGGGA
ACGTATTCAC	CGCGGCATGC	TGATCCGCGA	TTACTAGCGA	TTCCGACTTC
ATGCAGTCGA	GTTGCAGACT	GCAATCCGAA	CTACGACGCG	CTTTCTGGGG
TCTGCTCCAC	CTCGCGGCTT	GGCTTCCCTC	TGTACGCGCC	ATTGTAGCAC
GTGTGTAGCC	CTGGACATAA	AGGCCATGAG	GACTTGACGT	CATCCCCACC
TTCCTCCGGT	TTGTCACCGG	CAGTCTCCCT	AGAGTGCCCG	GCCGAACCGC
TGGCAACTAA	GGACAAGGGT	TGCGCTCGTT	GCGGGACTTA	ACCCAACATC
TCACGACACG	AGCTGACGAC	AGCCATGCAG	CACCTGTGTT	CCGATTCCCC
GAAGGGCACT	TCCGCATCTC	TGCAGAATTC	CGGACATGTC	AAGCCCAGGT
AAGGTTCTTC	GCGTTGCATC	GAATTAAACC	ACATGCTCCA	CCGCTTGTGC
GGGCCCCCGT	CAATTCCTTT	GAGTTTTAAC	CTTGCGGCCG	TACTTCCCAG
GCGGAATACT	TATCGCGTTA	GCTACGACAC	TCAGTACGCT	AGGCACCAAA
CATCTAGTAT	TCATCGTTTA	GGGCGTGGAC	TACCAGGGTA	TCTAATCCTG
TTTGCTCCCC	ACGCTTTCGT	GCCTCAGCGT	CAGTATTGGG	CCAGGTGGCC
GCCTTCGCCA	CTGATGTTCC	TCCAGATCTC	TACGCATTTC	ACCGCTACAC
CTGGAATTCC	ACCACCCTCT	CCCATACTCT	AGTACACCGG	TTTCCACCGC
CATTCCCAGG	TTGAGCCCGG	GGATTTCACG	ACAGACCTAA	CGTACCGCCT
ACGCACCCTT	TACGCCCAGT	GATTCCGATT	AACGCTTGCA	CCCCCCGTAT
TACCGCGGCT	GCTGGCACGG	AGTTAGCCGG	TGCTTCTTCT	TGGATTCACG
TCAATAGCAG	ATTGTATTAG	AACCCACCTT	TTCGTCCTCC	ACGAAAGGAC
TTTACACCCG	AAGGCTTCTT	CATCCACGCG	GCATTGCTCG	TCAGTTGCCC
CATTGCGAAA	AATTCCCCCA	CTGCTGCTTC	CGTAAGAGTC	TGGACGTGTC
TCAGTCCAGT	GTGCCTGGCG	GTCCTCCCAG	ACAGCTTACG	GATCGTCGCT
GGTGACATTA	ACCCCGGCAC	TGCTATCGAC	TTAGGCTCCT	CTTTAGCGGG
AGGTTCCGAG				

图 2-5 6 号菌株 16SrDNA 序列

该菌的系统发育树如图 2-6 所示。

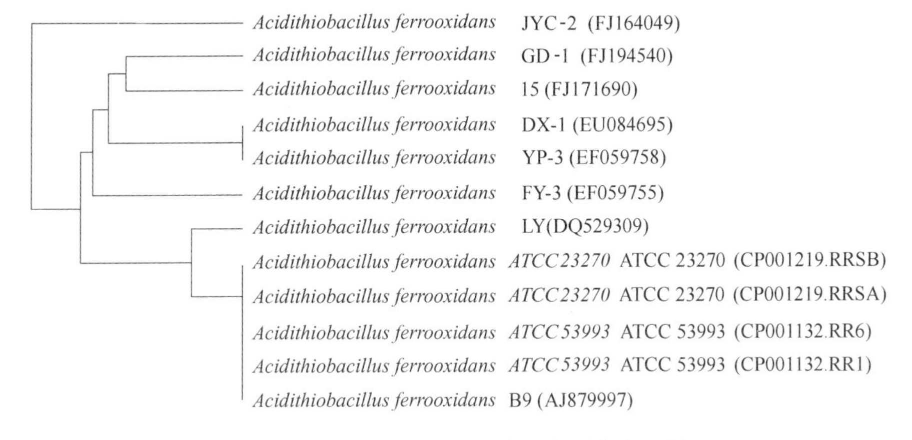

图 2-6 6 号菌株 16SrDNA 序列的系统发育树

2.3 浸矿细菌的培养特性

为了获得较强活性的细菌，首先要对细菌进行培养，包括选择合适的培养条件，例如合适的 pH 值、温度、溶氧量、接种量、培养基成分等，并在此基础上对细菌进行驯化、诱变育种，从而使该细菌具有较高的氧化活性。

嗜酸氧化亚铁硫杆菌 6 号菌株（简称 $At.f_6$，下同）的生长特性研究，主要包括以下几个方面：培养基初始 pH 值、温度、溶氧量、接种量、主要营养物质的影响（氮、磷、镁），并初步考察了对铜离子的耐受力。

2.3.1 培养基初始 pH 值

培养基 pH 值是影响嗜酸氧化亚铁硫杆菌繁殖速度的最重要因素之一[1]。它主要有以下几个方面的影响：（1）pH 值的改变会引起菌体表面电荷的改变，从而影响它们对营养物质的吸收与利用；（2）pH 值的改变会影响培养基中无机化合物的电离状态，改变其渗入细菌细胞的难易程度；（3）pH 值的改变会影响酶的活性，从而影响细菌细胞内的生物化学过程的正常进行。

采用如下方式确定 $At.f_6$菌生长繁殖最合适的 pH 值：新配制的 9K 培养基分装于 250mL 锥形瓶中，每个锥形瓶 90mL，用稀 H_2SO_4调节 pH 值分别为 1.5、2.0、2.5、3.0，接种量为 10mL（细菌浓度为 1.0×10^8 cell/mL）、摇床温度为 25℃、转速为 160r/min。定时测定氧化还原电位（Eh 值）以及二价铁的氧化率，以此作为衡量指标来确定适合 $At.f_6$菌生长的最佳初始 pH 值。

由图 2-7、图 2-8 可以看出，当 pH 值在 1.5~3.0 范围内，$At.f_6$菌对 Fe^{2+}都有一定的氧化作用，Eh 值均随着 Fe^{2+}的氧化，逐渐上升达到最高值，维持在相对稳定的范围内，Eh 值的高低与 Fe^{2+}的氧化程度呈一定的正相关性。在 pH 值为 2.0 时，Fe^{2+}的氧化速率最快，72h 内 Fe^{2+}的氧化率达到 100%，Eh 值接近 600mV；而当溶液的 pH 值降低为 1.5 或增至 3.0 时，$At.f_6$菌的活性会受到抑制，

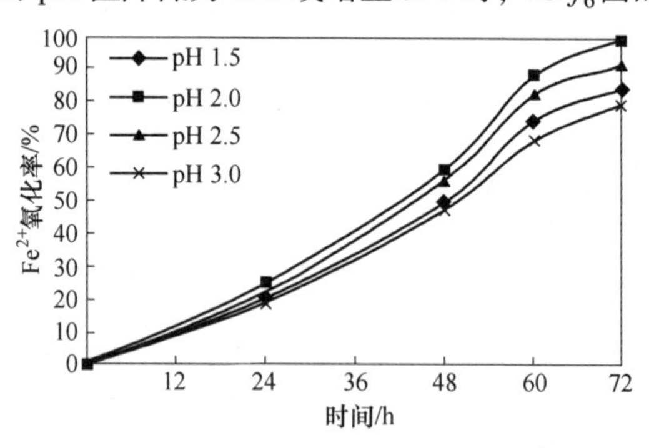

图 2-7 初始 pH 值对菌种氧化活性的影响

Fe^{2+}的氧化活性有所降低。当体系的 pH 值过低时，*At. f*$_6$菌生长缓慢，影响其氧化能力；pH 值过高时，*At. f*$_6$菌的代谢受到了抑制，并会生成黄钾铁矾等沉淀，导致 *At. f*$_6$菌的生长能源减少，氧化 Fe^{2+}的能力变差。结果表明 pH = 2.0 是 *At. f*$_6$菌生长最适宜的初始 pH 值。

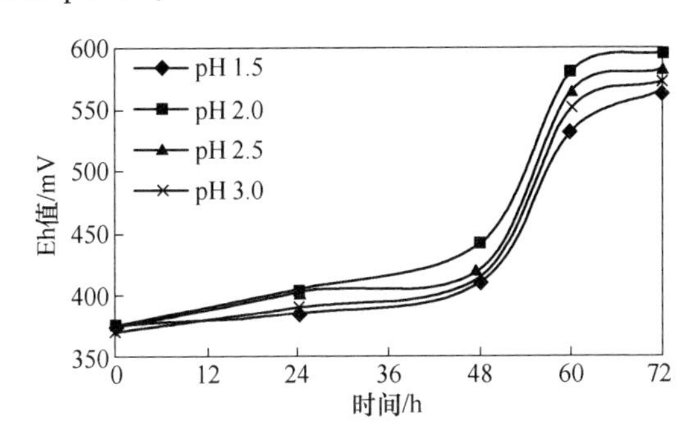

图 2-8 不同初始 pH 值下培养液 Eh 值的变化

2.3.2 温度的影响

细菌的生长对温度非常敏感，适宜的培养温度使细菌以最快的速率生长，过高或过低的温度均会降低代谢速率，甚至会导致细菌的死亡[2]。一般认为，在温度为其生长最低温度和最高温度时，细菌生长速率可视为零；温度为其生长最适温度时，生长速率最大，最适温度通常只比最高温度低 5～10℃。当温度向最适温度升高时，每升高 10℃生长速率大约增加 1 倍；当高于最适温度时，生长速率降低，并可能发生热死亡。通过比较不同温度条件下细菌氧化亚铁的活性，确定适合 *At. f*$_6$菌生长的最佳温度。设定温度分别为 25℃、30℃、40℃，按 10%的接种量接种，pH 值为 2.0 的条件下进行培养，定时测量 Fe^{2+}的氧化率和 Eh 值的变化，结果如图 2-9、图 2-10 所示。

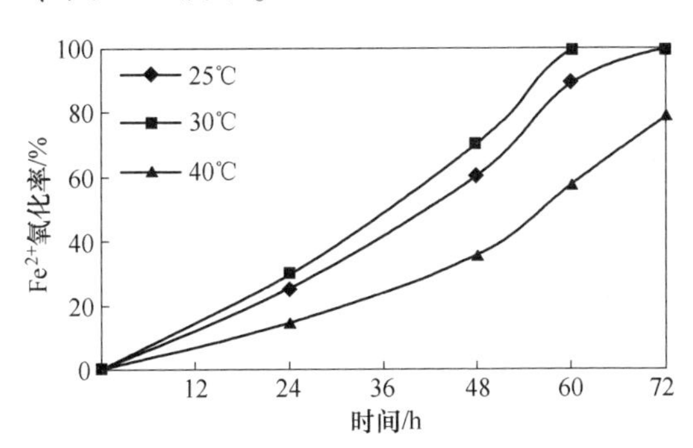

图 2-9 温度对菌种氧化活性的影响

结果表明，*At. f*$_6$菌是中温菌，在 25～40℃范围内均能保持活性，但最佳生长温度为 30℃。当温度为 25℃时，$At.f_6$菌氧化 Fe^{2+}的速率较慢；当温度升至 30℃时，$At.f_6$菌活性最好，能快速氧化溶液中 Fe^{2+}；但当温度继续升高至 40℃时，$At.f_6$菌活性大大降低，说明在较高温度时活性下降比较快，分析原因为 $At.f_6$菌的氧化酶活性降低，新陈代谢系统受到了部分破坏[3]。在培养前 48h 阶段，培养液的氧化还原电位升高较慢；在培养的后 24h，Eh 值迅速升高达到 600mV 左右，Fe^{2+}的氧化速率也很快提高，说明在培养后阶段 $At.f_6$ 菌活性较好。确定 $At.f_6$菌培养过程中适宜的温度为 30℃。

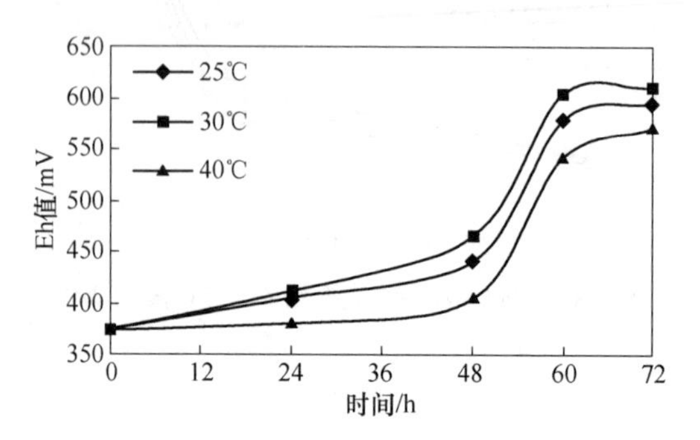

图 2-10 不同温度下培养液 Eh 值的变化

2.3.3 溶氧量的影响

摇床转速的高低决定了溶解氧量的大小。保持 $At.f_6$菌的接种量 10%，初始 pH 值 2.0，温度 30℃，使 $At.f_6$ 菌在不同转速 120r/min、140r/min、160r/min、200r/min 下进行培养，定时测量培养液中 Fe^{2+}的氧化率和 Eh 值，以确定细菌氧化活性与溶氧量的关系，结果如图 2-11、图 2-12 所示。

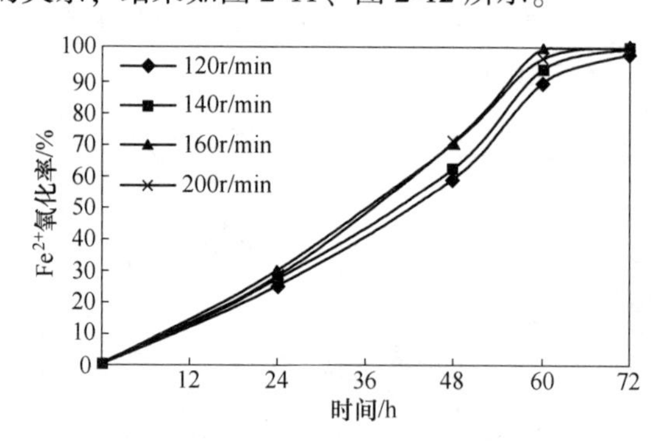

图 2-11 摇床转速对菌种氧化活性的影响

从图中可以看出，不同摇床转速对细菌的活性和氧化还原电位的变化影响不大，尤其在培养的前 24h，溶氧量对其生长影响不明显，Fe^{2+}的氧化率均能达到 30%左右，Eh 值也较低；但培养后期，不同转速下 $At.f_6$ 菌的氧化活性差异逐渐增大，主要原因是在前24h内，$At.f_6$菌生长比较缓慢，对溶氧量的需求量不大；而后来随着$At.f_6$菌生长速度及新陈代谢的加快，对氧气的需求量增大，所以较低转速下的溶氧量不能完全满足$At.f_6$菌生长的需要，导致氧化活性稍微降低。

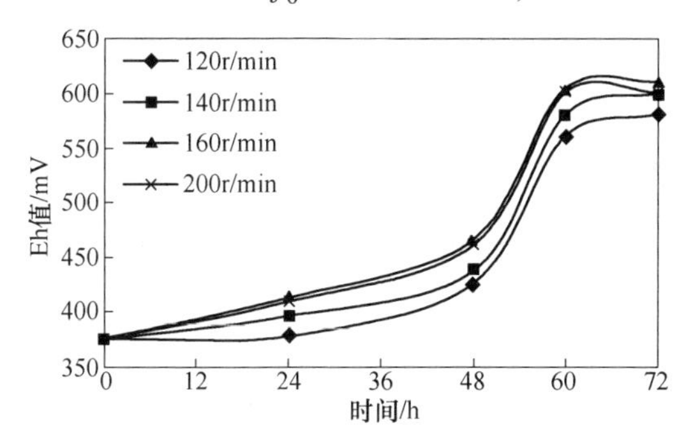

图 2-12 不同转速下培养液 Eh 值的变化

2.3.4 接种量的影响

菌液的接种量直接影响到营养物质利用率和氧的供应这两个重要环境因素[4]，因此要考察最佳接种量。选取培养液体积为5%、10%和15%的菌液接种量，细菌浓度为1.0×10^8cell/mL，结果见图2-13、图2-14。

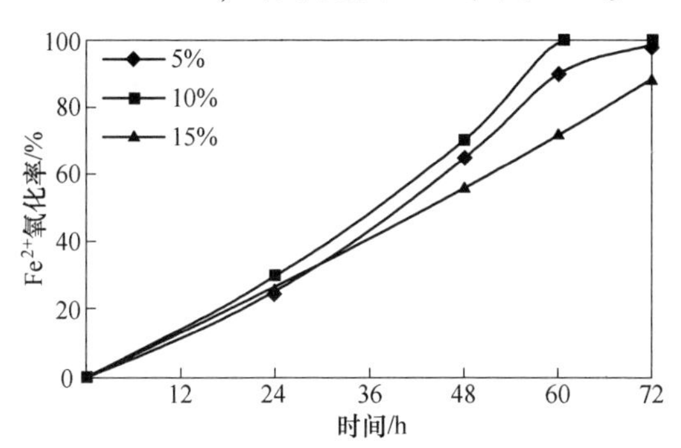

图 2-13 接种量对菌种氧化活性的影响

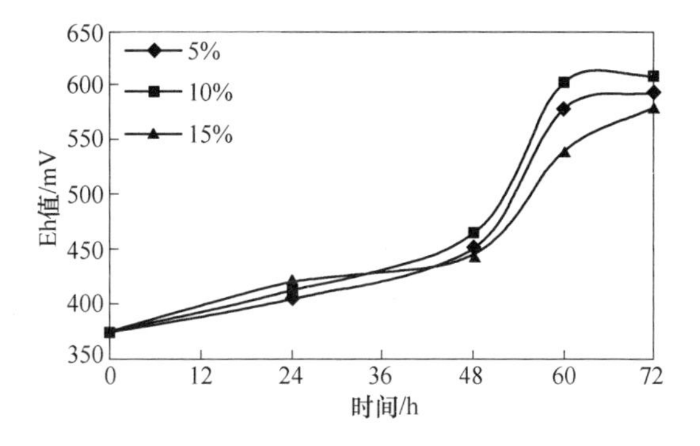

图 2-14 不同接种量下培养液 Eh 值的变化

在培养基装瓶量一定的情况下，一般细菌接种量越大，细菌生长延迟期越短，生长速度越快[5]，但细菌接种量过大，单位体积培养基中细菌可利用的营养物减少，细菌的生长速度减慢，导致细菌的氧化活性降低，图 2-14 的结果证明了这一点，本研究条件下，10%接种量为最优接种量，此时 *At. f*$_6$菌对 Fe^{2+}的氧化活性最高。

2.3.5　主要营养物质的影响

考察了培养基中氮、磷酸盐和镁的用量对细菌生长的影响。

2.3.5.1　氮

铵态氮是氧化亚铁硫杆菌的最适宜氮源。由于嗜酸氧化亚铁硫杆菌的酸性培养基能吸收大气中的氨，加之这类微生物本身能固定大气中的氮，所以即使是在培养基中不加氮化物，它们的生长也不会完全停止，只是繁殖速度较低而已[6]。

配制不同铵氮含量培养基，接入 10%对数生长期的 *At. f*$_6$菌，液体培养基中硫酸铵用量分别为 0. 00g/L、2. 00g/L、3. 00g/L、4. 00g/L。定期测定培养体系中的亚铁离子浓度以及培养液的 Eh 值，最终确定液体培养基中合适的铵氮用量，结果如图 2-15、图 2-16 所示。

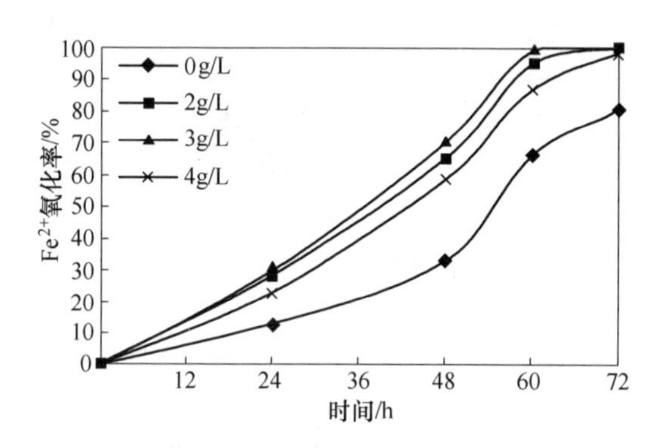

图 2-15　硫酸铵用量对菌种氧化活性的影响

结果表明，液体培养基中硫酸铵用量影响 *At. f*$_6$菌的氧化活性。培养液中不加入硫酸铵时，*At. f*$_6$菌生长有所减慢、氧化活性偏低，72h 内 Fe^{2+}的氧化率仅达到 80%；加入硫酸铵可以促进 *At. f*$_6$菌的生长繁殖、提高其氧化活性，硫酸铵用量为 2. 00g/L 的培养体系中 *At. f*$_6$菌的氧化活性大大提高，72h 内 Fe^{2+}氧化率已达到 100%，Eh 值稳定在 610mV 左右；当用量再增加至 3. 00g/L、4. 00g/L 时，*At. f*$_6$菌的氧化活性变化不大，因此确定液体培养基中硫酸铵用量为 2. 00g/L。

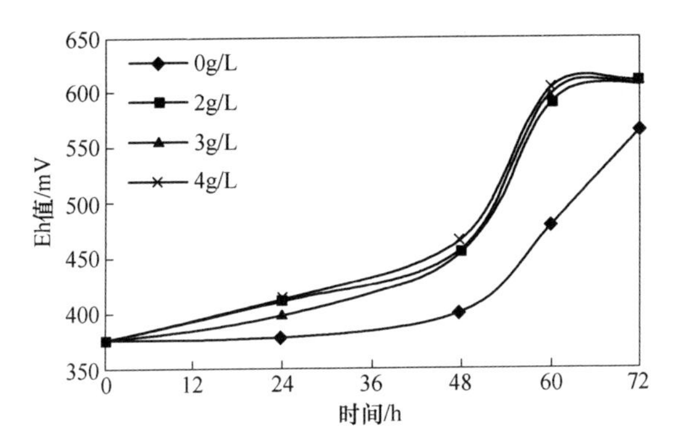

图 2-16 不同硫酸铵用量下培养液 Eh 值的变化

2.3.5.2 磷酸盐

磷酸盐作为核甙酸及其衍生物、磷脂、某些酶和能量代谢中的一种组分，是微生物所必需的，嗜酸氧化亚铁硫杆菌当然也不例外。为了确定合适的磷酸盐用量，配制不同磷酸盐含量培养基，液体培养基中磷酸氢二钾的用量分别为 0.00g/L、0.25g/L、0.50g/L、0.75g/L，最终确定液体培养基中最佳磷酸盐用量，结果如图 2-17、图 2-18 所示。

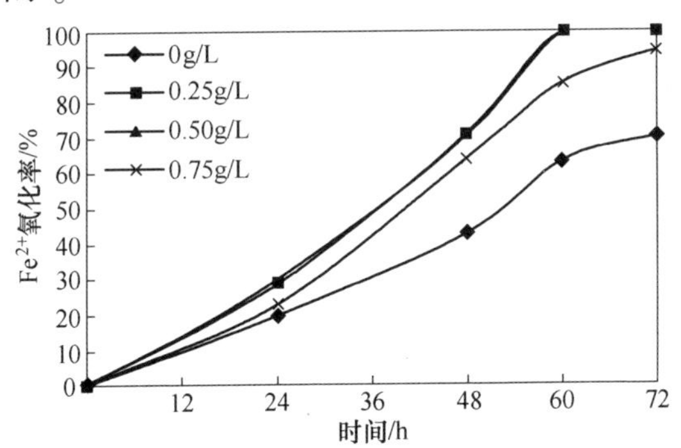

图 2-17 磷酸盐用量对菌种氧化活性的影响

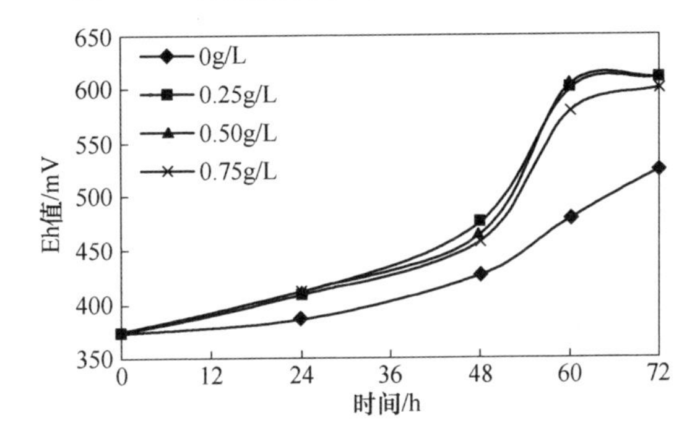

图 2-18 不同磷酸盐用量下培养液 Eh 值的变化

培养液中磷酸氢二钾用量为0.25g/L时，$At.f_6$菌氧化活性较好，当用量增加至0.50g/L时，$At.f_6$菌仍保持较高氧化活性，72h内Fe^{2+}氧化率可达到100%；但继续增加磷酸氢二钾用量到0.75g/L时，$At.f_6$菌的氧化活性有所降低；在培养液中不加磷酸氢二钾的情况下，72h内Fe^{2+}氧化率最低，为70%左右。分析原因为：当磷酸盐供应不足时，二氧化碳的固定、细菌的生长及同化、各种能源的氧化等都会受到限制。另外，磷酸盐添加过量时，又会抑制氧化亚铁硫杆菌对某些能源物质、特别是硫化矿物的氧化作用。这常常是由过量的磷酸盐阳离子和底物之间发生了某些化学反应，并在底物表面产生了有害沉淀所致。因此确定液体培养基中磷酸氢二钾用量为0.25g/L较为合适。

2.3.5.3　镁

镁在细菌体内的主要作用为：构成某些酶的活性成分，它是光合微生物的光合色素——叶绿素和细菌叶绿素的组成元素，因而在光能转化上起重要作用；它对微生物细胞的某些结构包括核糖体、细胞膜等的稳定性起着重要作用。配制的培养基中硫酸镁的含量分别为0.00g/L、0.25g/L、0.50g/L、0.75g/L，以确定液体培养基中最佳镁用量，结果如图2-19、图2-20所示。

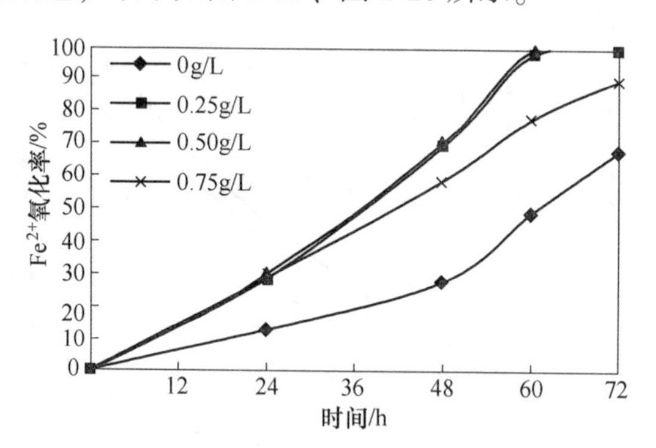

图2-19　硫酸镁用量对菌种氧化活性的影响

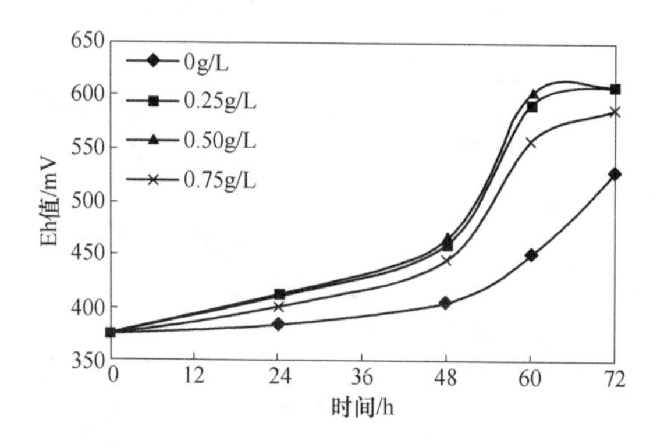

图2-20　不同硫酸镁用量下培养液Eh值的变化

结果表明，培养基中适当的 Mg^{2+} 含量有利于细菌生长，硫酸镁用量为 0.25g/L 最为适宜。如果微生物生长得不到足够的镁，会导致核糖体与细胞膜的稳定性降低，从而影响机体正常生长。但当 Mg^{2+} 含量过高时，细菌生长便完全受到抑制[7]。可能的原因：(1) 体系的 $\rho(Mg^{2+})$ 增大时，细菌体内与溶液之间的渗透压增大，会影响细菌正常的生理功能，虽然细菌具有调节体内 Mg^{2+} 浓度的能力，以适应各种不同的渗透压，但这种调节作用是需要时间而且有限度的，因此 $\rho(Mg^{2+})$ 过高细菌会停止生长，甚至死亡；(2) Mg^{2+} 浓度过高会影响其他物质的代谢过程的进行，主要包括阻碍其他物质进入细胞、影响其他酶的代谢功能等，从而导致细菌的正常生长受到抑制。

2.4 *At.f* 菌的驯化和诱变

2.4.1 浸矿细菌的阶段驯化

首先以黄铁矿纯矿物和铜精矿驯化 $At.f_6$ 菌，然后以实际尾矿驯化，进行了矿石培养基的转代驯化培养研究，目的是使 $At.f_6$ 菌在实际浸矿环境中能迅速生长发育，增强其对环境中各种物质的耐受能力。驯化过程分为 3 个阶段：黄铁矿驯化、黄铜矿驯化、实际尾矿驯化。

2.4.1.1 $At.f_6$ 菌适应黄铁矿的驯化

菌种适应黄铁矿驯化阶段所用矿样为黄铁矿纯矿物，纯度为 87%，粒度为 -0.074mm（75%）。在无菌条件下将 2.5g 黄铁矿纯矿物放入 250mL 锥形瓶中，然后加入改进型 9K 无铁培养基 90mL，接入 10mL 的 $At.f_6$ 菌液（细菌浓度为 1.0×10^8cell/mL）进行培养，定期测定亚铁离子浓度，直到溶液颜色变红，Fe^{2+} 氧化率达到 90%以上时，对其进行转代驯化。即取前一代菌液（每次均取其上清液）作为接种菌，然后按照第一代细菌驯化的方法进行转代驯化，逐渐增加黄铁矿纯矿物用量，定期测定细菌浓度和培养基中亚铁离子浓度。依照此种方法反复驯化，使最终得到的细菌能够适应黄铁矿，并对亚铁有较高的氧化活性[8]。图 2-21 为 $At.f_6$ 菌适应黄铁矿驯化一段时间后，从培养体系取出少量黄铁矿，多次洗涤风干后的 SEM 照片。可以看出，$At.f_6$ 菌吸附在黄铁矿表面后使其表面受到腐蚀。

2.4.1.2 $At.f_6$ 菌适应黄铜矿的驯化

菌种适应黄铜矿驯化阶段所用矿样为铜精矿，铜品位为 18%，其主要铜矿物为黄铜矿，粒度为 -0.074mm（100%）。将经黄铁矿驯化后得到的氧化活性较高的 $At.f_6$ 菌接入到改进型 9K 无铁培养基中，加入适量铜精矿进行细菌耐铜驯化。

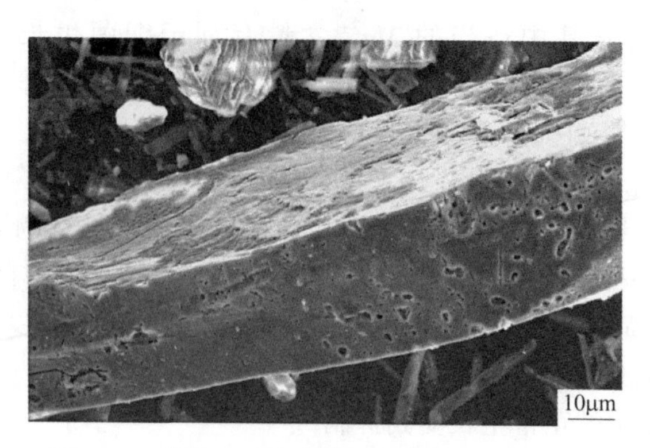

图 2-21　黄铁矿纯矿物表面受腐蚀的 SEM 照片

经过转代驯化后，使最终得到的细菌具有较强的耐铜性。*At.*f_6菌适应黄铜矿驯化培养结果见表 2-2。

表 2-2　*At.*f_6菌适应黄铜矿（铜精矿）驯化培养结果

驯化次数	矿石环境	时间/d	pH 值	Eh 值/mV	Cu 浸出率/%
第 1 次	黄铜矿 25g/L	0	2.00	472	0.00
		14	1.46	506	28.63
		28	0.88	572	41.71
第 2 次	黄铜矿 50g/L	0	2.00	490	0.00
		14	1.19	563	52.76
		28	1.02	572	65.24

由表 2-2 可得，在 25g/L 铜精矿环境下，*At.*f_6菌在无铁改进型 9K 培养基中能够很好生长，培养 28d 时铜浸出率达到 40%以上；然后将此阶段第一代驯化好的菌液接入无铁 9K 培养基中，增加铜精矿用量至 50g/L，28d 后铜的浸出率达到 65.24%，表明驯化过的 *At.*f_6菌，浸铜能力大大提高，并具有了一定的耐铜性。

2.4.1.3　*At.*f_6菌适应实际尾矿的驯化

A　尾矿样品性质

所用尾矿样取自湖北大冶铜山口尾矿库，主要取样方式为岩芯取样。总共布置钻孔 24 个，最深钻孔 23m，最浅钻孔 10m，平均钻孔深度 17.77m，舀取点 11 个，样长 0.5m，总共矿样数 892 个。

尾矿样品的制备包括混样、缩分。首先在干净的地面上用移锥法将试样混匀 3 次，用四分法分出 1/4 为备用试样，其余 3/4 再经混匀，最后用割环法缩分成每份 100g 左右备用，使用时再缩分称重到规定的质量。尾矿性质研究试样是从缩分好的试样中任取一份作为试样。

尾矿化学多元素分析结果（如表 2-3 所示）表明平均铜品位为 0.2%。尾矿 XRD 衍射图谱如图 2-22 所示，结果表明，尾矿中主要含有石英、方解石和白云石等矿物，铜矿物含量较低。主要含铜矿物成分为黄铜矿，另有微量的铜蓝，铁矿物主要为黄铁矿。尾矿粒度分析结果见表 2-4，其中 -0.074mm 粒级占 13.41%。尾矿中的含铜矿物嵌布粒度细，部分包裹在黄铁矿中，其粒径为 0.004~0.02mm，部分与脉石矿物连生，粒度一般为 0.005~0.01mm。

表 2-3 尾矿化学多元素分析结果 （%）

元素	Cu	Fe	S	SiO_2	Al_2O_3	MgO	Zn
含量	0.20	6.58	5.32	45.39	8.98	8.46	0.02
元素	K_2O	Na_2O	CaO	TiO_2	Mn	P	Mo
含量	3.43	1.78	16.38	0.28	0.22	0.11	0.03

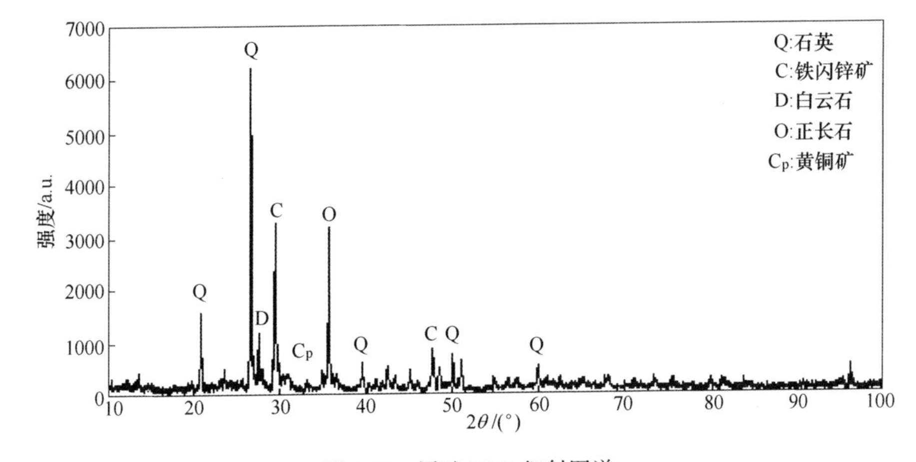

图 2-22 尾矿 XRD 衍射图谱

表 2-4 尾矿粒度分析结果

粒级/mm	+0.245	-0.245 +0.165	-0.165 +0.106	-0.106 +0.074	-0.074 +0.047	-0.047
含量/%	47.72	21.5	10	7.37	1.51	11.9
累计/%	47.72	69.22	79.22	86.59	88.10	100.00

该尾矿与原矿相比，性质发生了变化。如尾矿中主要含铜矿物是在浮选工艺中损失在尾矿中的，因为其粒度很细且与黄铁矿包裹或者与脉石连生，导致磨矿成本太高、浮选方法难以有效回收；其次由于残余浮选药剂的影响，使尾矿的表面性质发生了变化；同时，尾矿中的矿物组成成分比例也发生了变化。

B 菌种适应尾矿的驯化

通过对培养条件的优化以及黄铁矿、黄铜矿阶段的驯化，$At.f_6$菌的适应性和氧化活性有了较大的提高，将此$At.f_6$菌接入到改进型9K无铁培养基中，加入一定量的铜山口尾矿进行$At.f_6$菌适应尾矿的驯化，最后一次驯化结果见表2-5。

表2-5 $At.f_6$菌适应含铜尾矿驯化培养结果

矿石环境	时间/d	pH值	Eh值/mV	Cu浸出率/%
含铜尾矿	0	2.00	472	0.00
	14	1.46	506	18.63
	28	0.88	572	25.71

经过多次转代驯化后，$At.f_6$菌对尾矿有了一定的适应性，能够在尾矿环境中很好地生长，28d铜浸出率能达到25.71%。有研究者应用驯化的菌株对原生硫化铜矿占87%、铜品位0.78%的矿样进行浸铜研究，浸出25d，铜浸出率达25%，此效果达到了国外同等水平[9]。

2.4.1.4 酸预处理和浸矿初期加酸对比

铜山口尾矿中含有白云石、方解石等碱性矿物，在浸出前段时间耗酸量较高，为防止pH值过高对菌种生长不利，需要用稀硫酸调节浸矿体系的pH值，使其稳定在适合菌种生长的范围内。在补加酸总量相同的情况下，对比了对尾矿预先酸处理至酸平衡后加菌和在细菌浸矿初期分批补加酸两种方式，铜浸出率随浸出时间的变化情况如表2-6所示。

表2-6 不同补加酸方式浸铜效果对比

铜浸出率/% \ 浸出时间/d	0	5	12	20	30
尾矿酸预处理后加菌	9.50	16.00	18.90	20.00	24.20
细菌浸矿初期分批加酸	0	15.10	18.80	20.20	24.80

结果表明，尾矿经酸预处理后细菌浸出5d时，铜浸出率为16.00%；在细菌浸矿前期补加酸条件下，相同时间内，尾矿中铜浸出率略有偏低，但随着浸出过程的进行，铜浸出率逐渐上升较快，30d内，铜浸出率达到了24.80%，稍高于酸预处理条件下的铜浸出率。总体看来，两种补加酸方式对细菌浸出含铜尾矿的影响较小。因此，可在尾矿细菌浸出中选择先接种菌、在浸矿前期补加酸的方式，即在尾矿浸出前5d，均分批定量加入10%的稀硫酸。

2.4.1.5 无机盐培养基对 $At.f_6$ 菌浸出尾矿的影响

$At.f_6$ 菌株生长和繁殖需要从外界摄取各种营养物质，其中包括碳源、氮源、能源、磷源及其他微量元素。该菌为无机化能自养菌，所以碳源一般来自充入空气中的二氧化碳，能源物质为溶液中的 Fe^{2+}、硫化矿及额外添加的单质硫等。$At.f_6$ 菌的酸性培养基能吸收大气中的氨，另外这类微生物本身能固定大气中的氮。磷源及其他营养元素需要以无机盐培养基的形式向浸矿溶液中添加。然而，随浸矿进程的进行，尾矿中所含各种元素会释放在浸出液中，可补充菌种生长所必需的一些营养元素。因此，考察了在尾矿浸出初期（不加菌的情况下），浸出液中主要营养元素的离子浓度。图 2-23 ~ 图 2-26 分别为随着尾矿浸出过程的进行，浸出液中 Mg^{2+} 浓度、K^+ 浓度、PO_4^{3-} 浓度、Ca^{2+} 浓度随浸出时间的变化曲线。

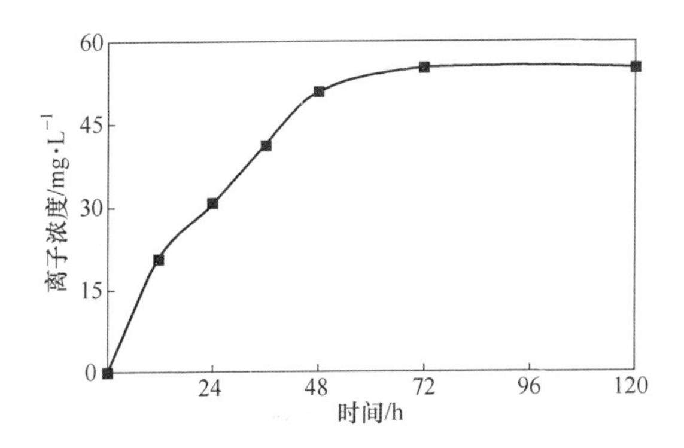

图 2-23 浸出液中 Mg^{2+} 浓度随时间的变化曲线

从图 2-23 可以看出，Mg^{2+} 浓度随着浸出过程的进行逐渐升高，前期浓度升高较快，在达到 55mg/L 后，逐渐呈平稳趋势，改进型 9K 培养基中 Mg^{2+} 浓度为 25mg/L，因此从尾矿中释放出来的 Mg^{2+} 浓度已经完全能够满足菌种生长繁殖的需求。

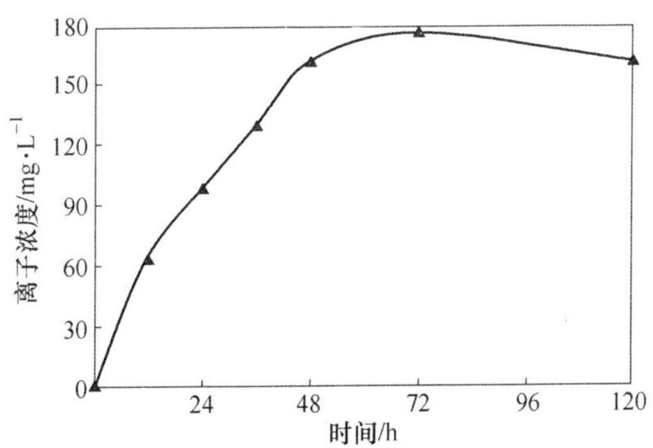

图 2-24 浸出液中 K^+ 浓度随时间的变化曲线

图 2-24 表明，K^+浓度在浸矿初期逐渐升高，在 72h 后，浓度反而有所降低，分析原因为部分 K^+参与生成了黄色沉淀黄钾铁矾，导致浸出液中 K^+浓度又稍微有所降低，pH 值越高对生成黄钾铁矾沉淀越有利，有研究表明，当初始 pH 值为 4.1 时最有利于黄钾铁矾的生成，而在细菌浸出尾矿过程中，通常调节浸出体系的 pH 值保持在 2.0 左右，产生黄钾铁矾的量较少，因此浸出液中 K^+浓度略有降低。改进型 9K 培养基中 K^+浓度为 160mg/L，从尾矿中释放出来的 K^+浓度保持在 155～165mg/L，能够满足菌种生长繁殖的需求。

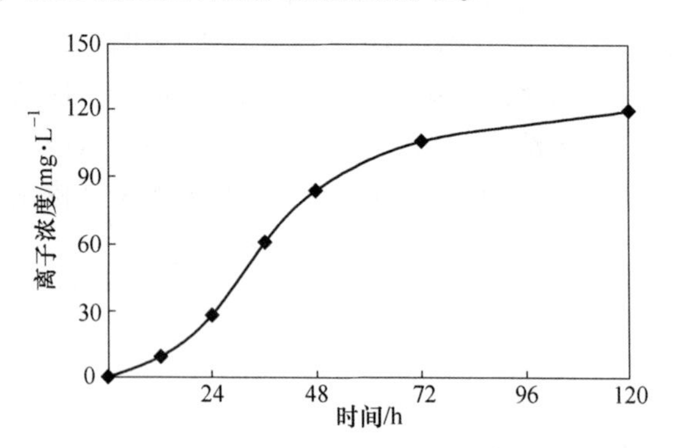

图 2-25　浸出液中 PO_4^{3-}浓度随时间的变化曲线

从图 2-25 可以看出，PO_4^{3-}浓度随着浸出过程的进行逐渐升高，前期浓度升高较快，在达到 110mg/L 后，开始缓慢升高，计算得出改进型 9K 培养基中 PO_4^{3-}浓度为 136mg/L，因此从尾矿中溶解出来的 PO_4^{3-}作为 *At. f*$_6$ 菌株生长和繁殖需要的磷源，基本可以满足其需求。

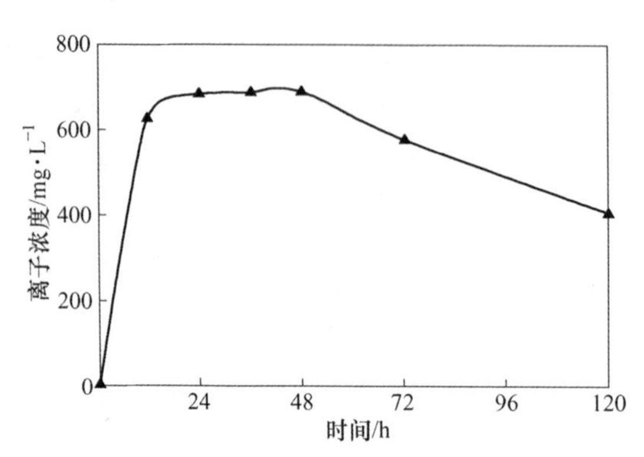

图 2-26　浸出液中 Ca^{2+}浓度随时间的变化曲线

图 2-26 表明，在浸出前 12h，Ca^{2+}浓度快速升高，达到 630mg/L；之后在一段时间内，基本保持稳定状态；48h 后，Ca^{2+}浓度又开始快速降低。分析原因可能为：尾矿中的方解石含量较高，因此浸出前期溶解出来的 Ca^{2+}浓度也很高；采用扫描电镜观察尾矿浸出后的浸渣，在浸渣表面发现了晶体状物质，如图 2-27

的 SEM 图谱所示，通过 EDS 分析表明该物质为硫酸钙晶体，即在浸出 48h 后，Ca^{2+}离子与硫酸根离子形成了大量的硫酸钙晶体。改进型 9K 培养基中 Ca^{2+}浓度为 2mg/L，而浸出液中溶解出来的 Ca^{2+}浓度过高，在提供细菌生长所需营养元素离子外，过多的 Ca^{2+}生成硫酸钙附着在尾矿表面，对尾矿的进一步氧化溶解起到一定的阻碍作用。

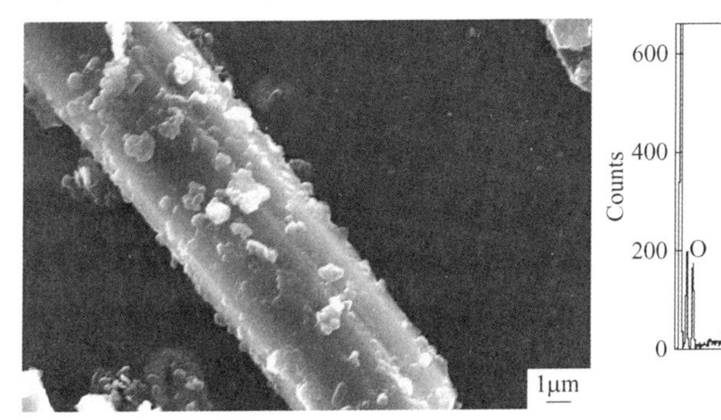

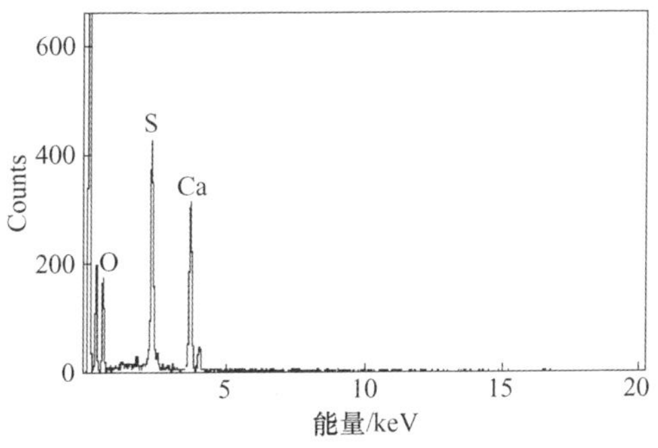

图 2-27 硫酸钙晶体的 SEM 图（×5000）和 EDS 图谱

通过以上尾矿中主要营养元素离子浓度的研究结果，考察是否添加无机盐培养基对尾矿浸出效果的影响。使用的培养基为无铁改进型 9K 培养基，所接入菌种为处于对数生长期纯化后的 $At.f_6$菌。

表 2-7 结果表明浸矿初期是否添加无机盐培养基对浸铜效果影响不明显，因为随着尾矿中含 Mg、P、K、Na 等脉石矿物的溶解，可以不断释放营养元素，这些营养元素离子已能满足菌种生长所需，所以尾矿细菌浸出中可采用 pH 值为 2.0 的稀硫酸溶液代替无机盐培养液。

表 2-7 无机盐培养基对尾矿浸出效果的影响

浸出时间/d 铜浸出率/%	5	10	20
不加无机盐培养基	13.90	17.30	20.20
加无机盐培养基	14.00	17.50	20.20

2.4.1.6 尾矿生物浸出和化学浸出的对比

人们对细菌浸矿过程中细菌所起的作用一直存在争议，目前多数人认为细菌主要起间接作用，即细菌将溶液中的 Fe^{2+}不断氧化生成 Fe^{3+}，并在将还原态硫氧化为硫酸根的过程中不断释放 H^+，Fe^{3+}和 H^+对硫化矿的溶解起主要作用，但是也有人认为细菌在浸出过程中起直接作用。另外，为了考察 $At.f_6$菌在浸出过程中所起的作用并且对比酸浸和 Fe^{3+}化学浸出对尾矿的作用，进行了 $At.f_6$菌、Fe^{3+}和硫酸浸出尾矿的对比。即向第一个锥形瓶中接种 $At.f_6$菌种，第二个锥形瓶中添加灭过菌的高铁溶液并调节初始 pH 值在菌种适宜范围，第三个锥形瓶中不接种细菌，但是用稀硫酸调节到 $At.f_6$ 菌适宜的初始 pH 值。

从图 2-28 可以看出细菌浸出过程中铜浸出率上升最快；其次为 Fe^{3+} 的化学浸出，在第 13d 后 Fe^{3+} 化学浸出的铜浸出速率明显下降；而硫酸浸出比 Fe^{3+} 的化学浸出还要慢，浸出 5d 后一直维持在较低的铜浸出速率。

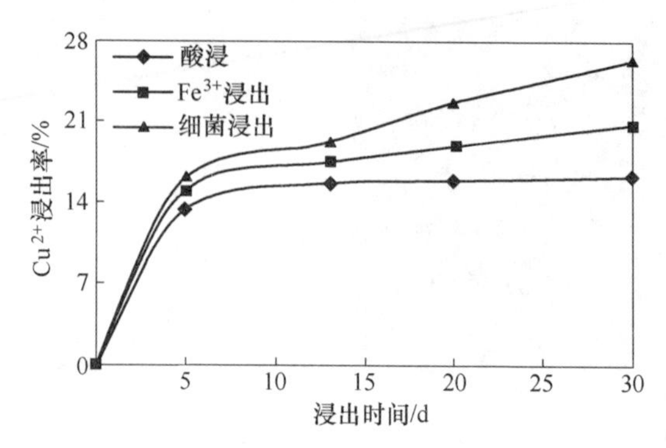

图 2-28　细菌、Fe^{3+} 和硫酸对尾矿中铜浸出率的影响

2.4.2　紫外线诱变

微生物的诱变育种，是以人工诱变手段诱发微生物基因突变，改变遗传结构和功能，通过筛选，从多种多样的变异体中筛选出产量高、性状优良的突变株，使其在最适的环境条件下合成有效产物。细菌体内的每一步生化反应过程的正常运转都要依赖于生物体内高效的生物催化剂——酶的作用，而每种催化酶又是由生物体的特定基因来编码的。基因可能发生变异，既可以是基因突变引起的，又可以通过体内重组或附加体等外源物质的整合引起 DNA 改变，从而创造新基因引起体内生化途径的改变，产生新型菌株。

通常采用物理、化学和生物因素对微生物进行处理，使微生物体内的遗传物质 DNA 发生改变，以提高突变频率和扩大遗传变异的幅度，然后从中筛选出有利于生产的变异菌株。

紫外线是最为常见的一种诱变剂，其波长范围 136~390nm，而 265nm 效果最好[10]。因为生物中核酸物质的最大紫外线吸收峰值在 265nm 波长处，该波长也是微生物的最敏感点。它会造成 DNA 链的断裂，或使 DNA 分子内或分子之间发生交联反应。过量的紫外线照射会造成菌体丢失大段的 DNA，或使交联的 DNA 无法打开，不能进行复制和转录，从而引起菌体死亡。紫外线对生物的效应具有积累作用，只要紫外线处理的总时间相等，分次处理与一次性处理的效果类似。

紫外线是一种最常用的、简便有效的物理诱变剂，有关紫外诱变浸矿菌种的研究较多。西北大学郭爱莲等[11]将氧化亚铁硫杆菌菌体制成无铁细胞悬液进行小剂量、多次数的诱变，经多次紫外线和激光照射，并结合逐级驯化处理，最终选育出了优良耐砷菌株 Sx，它能在含 11g/L As_2O_3 的环境中生长，比出发菌的 0.7g/L 提高了近 14.7 倍。在用该菌株的浸矿结果表明浸矿能力良好，在同样是 10%接种量时，浸出时间比出发菌缩短了 1d，并且砷元素的浸出率由原先的 76%提高到 85.7%。

菌种在诱变之前要进行纯化，即将驯化后的菌种恒温培养至对数生长期，将菌液在 5000r/min 下离心 20min，去除上清液得到沉淀，用 pH 值为 2.0 预先灭菌的硫酸溶液对沉淀进行洗涤，然后再离心去上清液，如此反复操作 3 次，以达到去除菌液中 Fe^{3+} 的目的，得到无铁细胞悬浊液，在生物显微镜下进行计数，调整细菌浓度为 1.0×10^8cell/mL。

将纯化后的菌液放在紫外光下进行直射，分别取菌液样 10mL 于 4 个直径 90mm 培养皿中，于紫外灯（功率为 15W，波长为 254nm，距离为 30cm）下直射不同时间，分别取：10min、30min、60min、120min，将诱变后的菌种放在生物显微镜下，采用血球计数法测定菌数，并计算致死率。同时，将经诱变处理后的菌种进行培养，菌种诱变培养时采用 250mL 锥形瓶，分别装入 90mL 的改进型 9K 培养基，然后分别接入 10mL 不同诱变菌种，在接种转代培养 3 次后，对不同剂量下诱变所得菌种的活性和浸矿性能进行考察。

2.4.2.1 紫外诱变对菌种的致死率

诱变剂量直接影响菌种的致死率，诱变剂量大，致死率高（90%～99%），在单位存活细胞中负突变菌株多，正突变菌株少，但在不多的正突变菌株中可能筛选到产量提高幅度大的突变菌株；小剂量进行处理，致死率为 50%～80%，在单位存活细胞中正突变菌株多，然而大幅度提高产量的菌株可能较少。以紫外线的照射时间作为诱变剂量，以致死率和正突变率作为评价指标。紫外线对菌种诱变时所用剂量和细菌致死率的关系如图 2-29 所示。

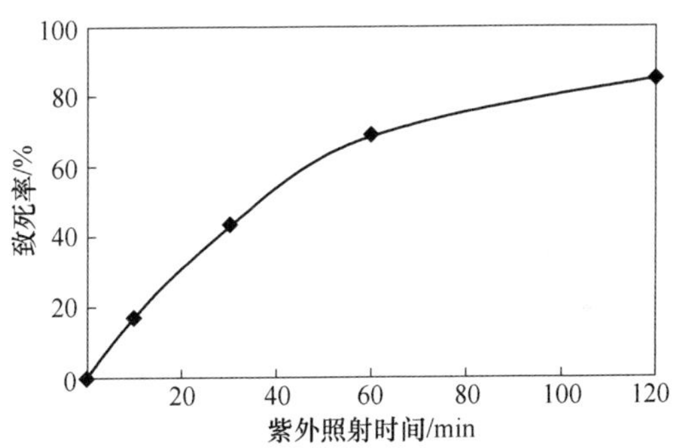

图 2-29 紫外线照射菌种致死率曲线

结果表明，随着紫外线照射时间的增加，菌种致死率也越来越高。当照射时间为 10min 时，菌种死亡率为 17%左右，说明在低剂量时菌种的致死率偏低；当照射时间增加至 120min 时，菌种的致死率达到了 85%。紫外线对菌种的诱变机制主要是由于它引起 DNA 变化，DNA 链上的碱基对强烈吸收紫外线，嘧啶比嘌呤要敏感得多，几乎要敏感 100 倍。在受紫外线的照射下，2 个胸腺嘧啶的双键先分别变为单键，在变成单键的碳原子之间的新键上连接 2 个胸腺嘧啶，并在 2 个嘧啶环上相应的原子间的 C 键相连而形成一个在 2 个胸腺嘧啶间的环状的键，即形成了胸腺嘧啶的二聚体。当紫外线照射时间较长时，菌种 DNA 结构中胸腺嘧啶形成二聚体的数量增多，从而使遗传变异幅度过大，导致菌种的致死率较高[12]。

2.4.2.2　紫外诱变菌种的培养

菌种诱变处理必然破坏原有 DNA 结构的稳定性，使突变位点可能处于亚稳定状态，增加了回复突变或抑制基因突变的概率。为保证突变体的稳定性，在育种过程中进行一段长期的培养和观测，反复传代观测其性状稳定性。紫外诱变菌在接种转代培养 3 次后，在相同条件下进行培养，初始细菌浓度均为 1.0×10^8 cell/mL，定时测定培养体系的 pH 值、Eh 值、Fe^{2+} 氧化率以及菌种的生长曲线，并与诱变前的原始菌（驯化后的菌，下同）生长和活性做对比。

在菌种培养过程中，pH 值是非常重要的参数，pH 值的变化会影响浸矿菌种的生长繁殖和亚铁的氧化[13]。不同菌种在培养过程中，培养液 pH 值随时间变化如图 2-30 所示，结果显示，pH 值均呈先升高后逐渐下降的趋势。经分析，细菌在代谢过程中会消耗 H^+，在培养初期，培养液中的主要反应为 Fe^{2+} 的氧化，细菌的参与促进了该反应加速进行，从而导致 pH 值快速升高[14]；此后随着培养过程的进行 pH 值逐渐下降，分析原因为随着培养时间的延长，Fe^{3+} 离子增多，Fe^{3+} 发生水解使培养体系酸度增加，pH 值有所下降[15]。

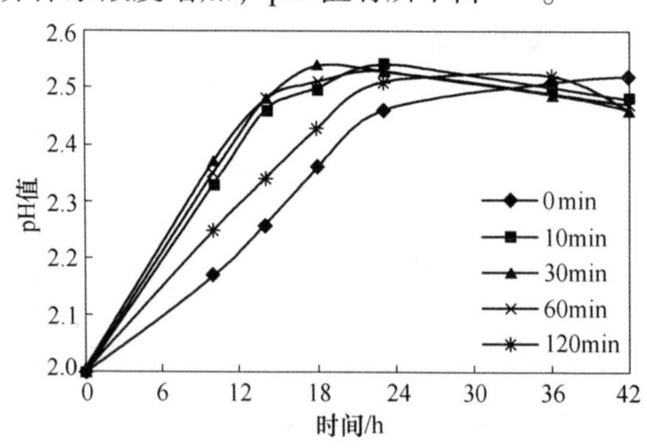

图 2-30　不同紫外照射时间下菌种培养过程培养液 pH 值随时间变化曲线

图 2-31 为不同菌种培养过程中氧化还原电位的变化，体系由 Fe^{3+}/Fe^{2+} 等浓度比或是 Fe^{3+}浓度的变化引起电位的升高或降低，在细菌生长过程中，Fe^{2+} 的氧化为细菌的生长提供必需的能量，使溶液中 Fe^{3+}浓度增加，溶液的混合电位逐渐升高；当 Fe^{2+}氧化完全时，Eh 值达到最高值，且维持在相对稳定的范围内。从图 2-30、图 2-31 的结果可以看出，原始菌培养体系 pH 值、Eh 值的变化趋势均滞后于诱变菌，pH 值达到最大值的时间比诱变菌滞后 18h 左右；诱变菌在培养 36h 时，Eh 值已接近稳定状态，维持在 590～600mV，而原始菌培养体系的氧化还原电位达到稳定状态至少滞后 10h。由此可以得出诱变菌的氧化活性有所提高、生长速度有所加快。

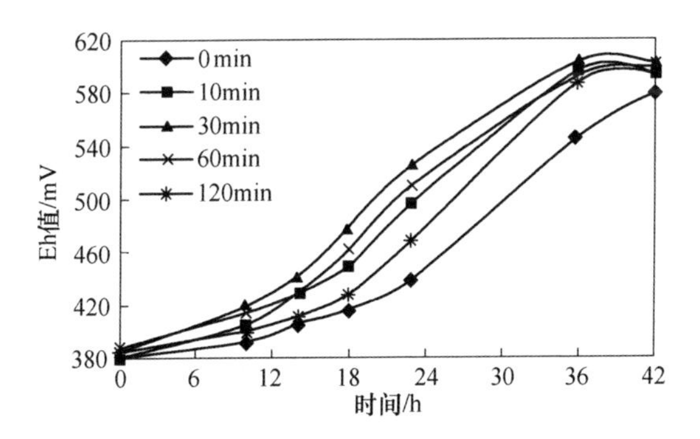

图 2-31 不同紫外照射时间下菌种培养过程培养液 Eh 值随时间变化曲线

图 2-32 和图 2-33 分别为原始菌和不同诱变菌在培养过程中 Fe^{2+}氧化率变化情况和生长曲线，从图中可以看出紫外诱变菌的氧化活性和生长情况好于原始菌，这与 pH 值、Eh 值变化趋势分析结果相符。42h 时，4 株诱变菌的亚铁氧化率均已达到 100%，而原始菌的氧化率仅为 65%，说明这 4 株诱变菌的氧化活性大大提高，尤其是紫外线照射时间为 30min 条件下所得诱变菌活性最好，24h 时的亚铁氧化率已接近 100%；从生长曲线也可以看出，诱变菌比原始菌生长速度

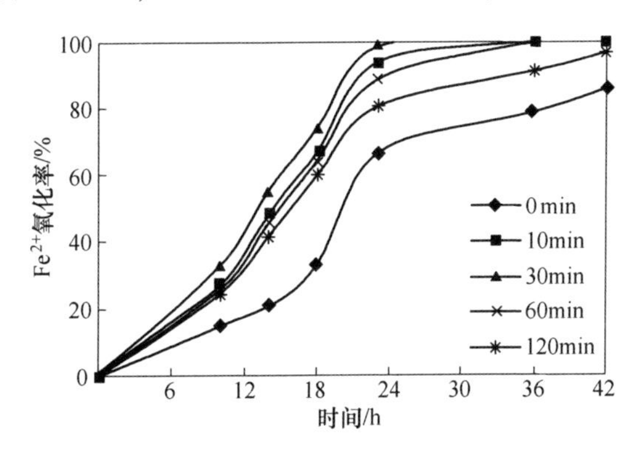

图 2-32 不同紫外照射时间下菌种的氧化活性随时间变化曲线

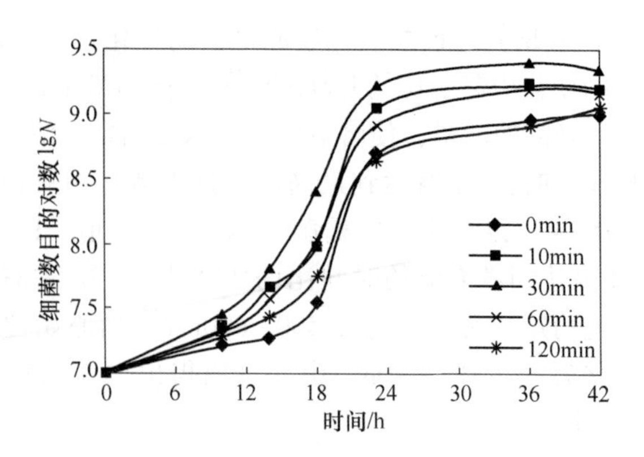

图 2-33　不同紫外照射时间下诱变菌种的生长曲线

快，照射时间为 30min 时所得诱变菌的生长繁殖情况最好。因此，可推断紫外线照射时间为 30min 时可以有效地用于此菌种的诱变，能使其具有更高的亚铁氧化活性。

2.4.2.3　紫外诱变菌种对含铜尾矿的浸出效果

以原始菌作为对照，采用经过紫外线照射 30min 所得诱变菌进行含铜尾矿浸出。浸矿过程中菌体的生长情况如图 2-34 所示，诱变菌和原始菌的浸出效果见图 2-35。

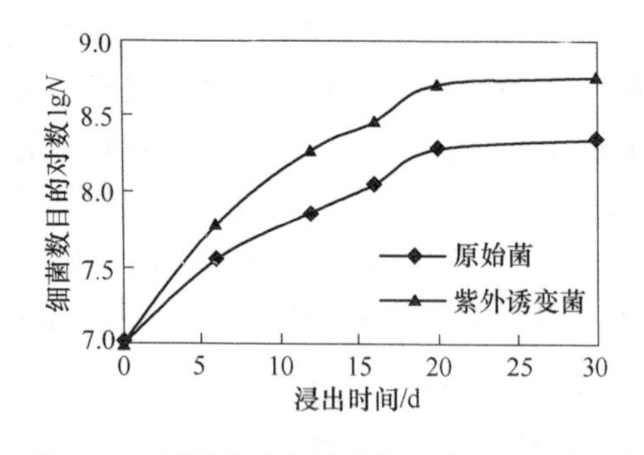

图 2-34　不同菌种在浸矿体系中的生长曲线

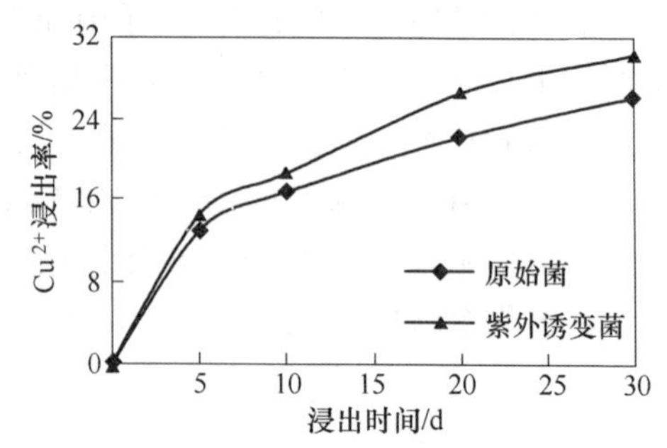

图 2-35　不同菌种对尾矿中铜的浸出效果

结果表明，紫外诱变菌在浸出尾矿过程中的生长比原始菌有所加快，在浸出 20d 后，菌种生长浓度相差约 0.6 个数量级。浸出 5d 后，紫外诱变菌和原始菌浸出尾矿的铜浸出率均有较大幅度提高，分析原因为：浸矿初期 pH 值较高，不利于菌种生长，需定时补加一定量的稀硫酸，所以酸起了主导作用，菌种起辅助作用。5d 之后停止补加酸，当浸出 30d 时，原始菌的铜浸出率为 26.00%，而紫外诱变菌的铜浸出率为 30.10%，可以得出：当 pH 值相对稳定停止补加酸后，细菌的作用占主导地位，同时，紫外诱变菌的浸铜效率相对于原始菌提高了

15.77%，可以认为原始菌经紫外线诱变后，引起了菌种变异，使菌种浸出尾矿的性能得到提高。

2.4.3 微波诱变

微波是一种高频电磁波，被广泛地应用于微生物的诱变育种[16~20]。微波诱变育种具有许多优点，如基因组小、世代周期短和易于培养分离等。微波辐照能提高嗜酸氧化亚铁硫杆菌体内理化因子的突变。当剂量选择和样品处理适当时，可能导致遗传基因发生变异，从而创造新基因引起体内生化途径的改变，产生新型菌株。

将纯化后的菌液放在微波炉中进行诱变培养，分别取菌液样 10mL 于 4 个直径 90mm 培养皿中，采用最大功率 700W、脉冲频率为 2450MHz，分别进行不同时间的诱变：30s、60s、90s、120s，将诱变后的菌种放在生物显微镜下，采用血球计数法测定菌数，计算致死率。考察不同微波诱变条件下所得菌种的活性和浸矿性能。

2.4.3.1 微波诱变对菌种的致死率

微波对菌种诱变时所用剂量和细菌致死率的关系如图 2-36 所示。微波有很强的杀菌作用，这主要是由于微波的热效应[21]。微波能够刺激细菌细胞内的水、蛋白质、核苷酸、脂肪和碳水化合物等极性分子快速振动，尤其是水分子在 2450MHz 微波作用下，能在 1s 内 180°来回转动 24.5×10^8 次，从而引起分子间强烈的摩擦，使得胞内 DNA 分子氢键和碱基堆集化学力受损，最终引起 DNA 分子结构发生变化，导致遗传变异。其次，微波具有极强的穿透效应，因此能同时使细胞壁内外的水分子产生剧烈转动，从而引起细胞壁通透性发生变化，更易使胞内酶分泌出来。微波引起的分子强烈的热运动所产生瞬时强烈热效应，容易引起酶失活，从而引起生理生化变异。从图 2-36 中可以看出，随着辐射时间的增加，细菌的死亡率也逐渐上升，处理 60s 的菌种约有 80%死亡，辐射 120s 后致死率达到 95%。

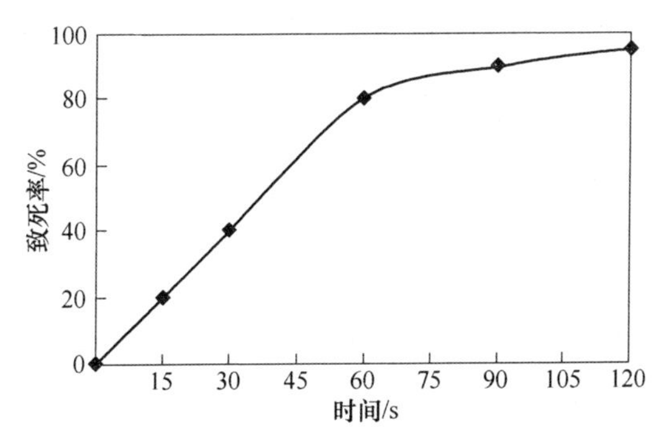

图 2-36 微波辐射菌种致死率曲线

2.4.3.2　微波诱变菌种的培养

微波诱变菌在接种转代培养 3 次后，在相同条件下进行培养，初始细菌浓度为 1.0×10^{8}cell/mL，定时测定培养体系的 pH 值、Eh 值、Fe^{2+}氧化率以及菌种的生长曲线。不同微波诱变菌在培养过程中，培养液 pH 值和 Eh 值随时间变化分别如图 2-37、图 2-38 所示。

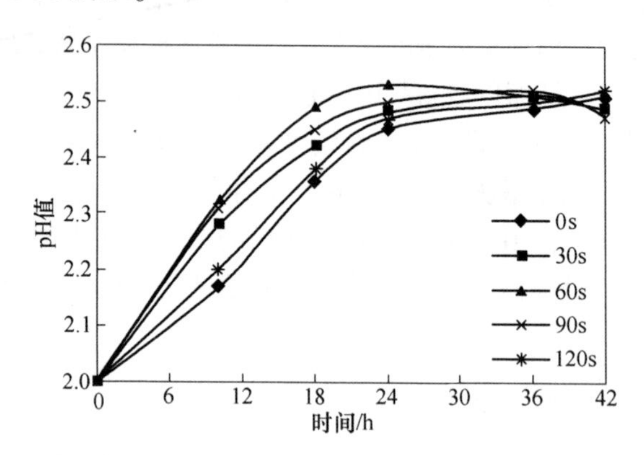

图 2-37　不同微波辐射时间下菌种培养过程培养液 pH 值随时间变化曲线

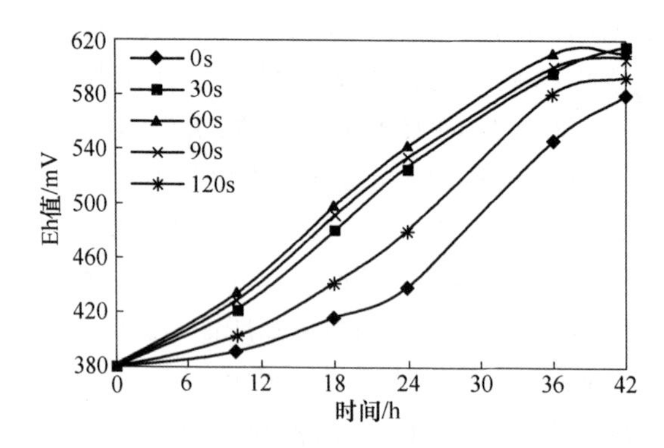

图 2-38　不同微波辐射时间下菌种培养过程培养液 Eh 值随时间变化曲线

从图 2-37、图 2-38 的结果可以看出，原始菌培养体系 pH 值、Eh 值的变化趋势均滞后于诱变菌，pH 值达到最大值的时间比诱变菌滞后 18h 左右。微波处理 30s、60s、90s 所得诱变菌在培养 36h 时，Eh 值已接近稳定状态，维持在 600~610mV，而原始菌培养体系的 Eh 值还处于上升阶段没有达到稳定状态。微波处理 120s 所得诱变菌培养体系的 Eh 值虽高于原始菌培养体系的 Eh 值，但与其他诱变菌相比偏低。

图 2-39 和图 2-40 分别为原始菌和不同微波诱变菌在培养过程中 Fe^{2+}氧化率变化情况和生长曲线，从图中可以看出诱变菌的氧化活性和生长情况优于原始菌，但不同微波辐射时间下，诱变菌活性随时间增加而增强，但辐射时间超过适

量范围后又有所降低。培养36h时，辐射时间30s、60s、90s所得3株诱变菌的亚铁氧化率已基本达到100%，120s微波诱变菌的亚铁氧化率偏低为85%左右，但仍高于原始菌，说明诱变菌的氧化活性大大提高，尤其是辐射时间为60s条件下所得诱变菌活性最好。从生长曲线也可以看出，诱变菌比原始菌生长速度快，微波辐射60s时所得诱变菌的生长繁殖情况最好。因此，可推断微波处理辐射为60s时可以有效地用于 $At.f_6$ 菌的诱变，能使其具有更高的亚铁氧化活性，故选择此条件下的微波诱变菌进行尾矿浸出。

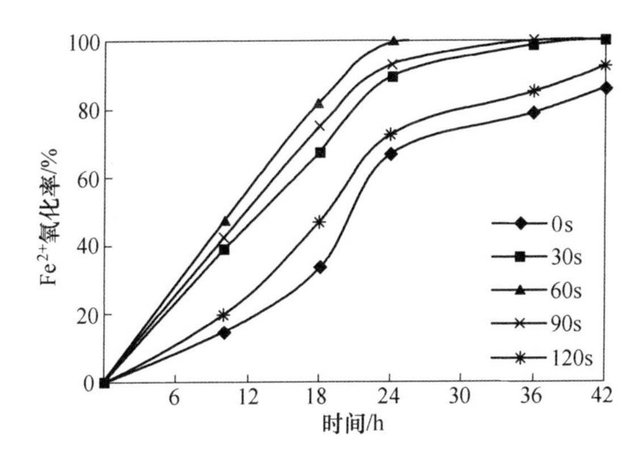

图 2-39 不同微波辐射时间下菌种的氧化活性随时间变化曲线

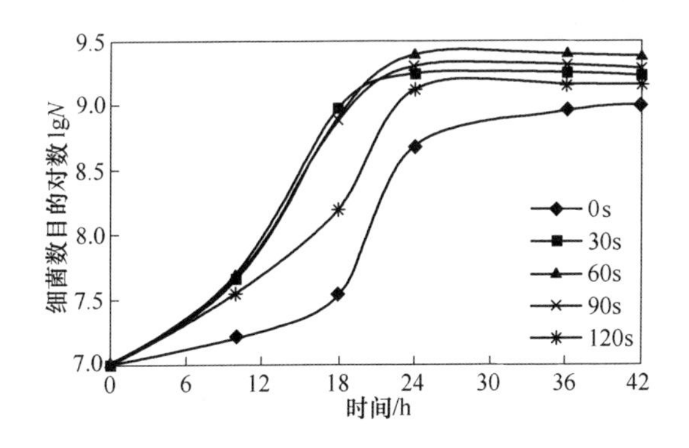

图 2-40 不同微波辐射时间下诱变菌种的生长曲线

2.4.3.3 微波诱变菌种对含铜尾矿的浸出效果

以原始菌作为对照，采用经过微波辐射60s所得诱变菌进行尾矿浸出。浸出过程中菌体的生长情况如图2-41所示，诱变菌和原始菌的浸出效果见图2-42。

结果表明，微波诱变菌在尾矿浸出过程中的生长与原始菌相比有所加快，在浸出20d后，菌种生长浓度相差约0.5个数量级，说明诱变菌的适应性较强，能更好适应尾矿浸出环境。浸出初期，微波诱变菌和原始菌的铜浸出率差异不大，

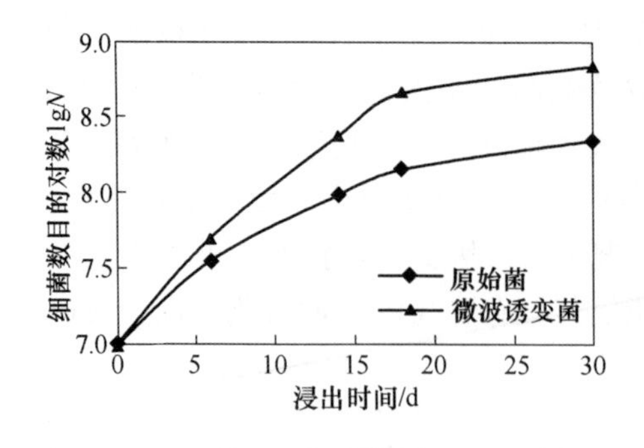

图 2-41　不同菌种在浸矿体系中的生长曲线

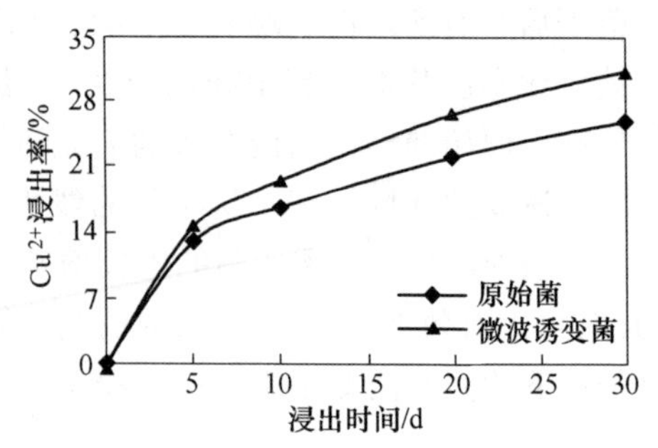

图 2-42　不同菌种对尾矿中铜的浸出效果

因为前期酸浸的作用较大，菌种还处于迟缓期。但停止补加酸后，随着浸出时间的增长，微波诱变菌的浸出效果逐渐优于原始菌，当浸出 30d 时，原始菌对尾矿的铜浸出率为 26.00%，而微波诱变菌的铜浸出率为 31.20%，相对于原始菌提高了 20%，诱变效果良好。

2.4.4　化学诱变

化学诱变育种技术具有易操作、剂量易控制、对基因组损伤小、突变率高等特点，成为近年来运用最为广泛的诱变技术[22]。盐酸羟胺（$NH_2OH \cdot HCl$）是具有特异诱变效应的诱变剂，浓度为 0.1%~5%时可对细菌产生诱变效应[12]。

2.4.4.1　化学诱变对菌种的致死率

盐酸羟胺对菌种诱变时所用剂量和细菌致死率的关系如图 2-43 所示。由图可以看出，随着盐酸羟胺浓度的增加，菌种的致死率逐渐增大。当盐酸羟胺浓度为 0.5%时，菌种死亡率为 42%左右，说明在低剂量时对菌种已有较高的致死率；当盐酸羟胺浓度达到 3.0%时，菌种几乎 100%死亡。盐酸羟胺对菌种的诱变机制为羟胺专一地与胞嘧啶（C）发生反应，引起 G：C→A：T 转换。同时，盐酸羟胺还能和细胞中的其他物质作用产生过氧化氢，也具有诱变作用。在 DNA 的双螺旋结构中，胞嘧啶与鸟嘌呤配对，分子间形成 3 个氢键，这种碱基互补之间的氢键是 DNA 双螺旋结构稳定性的重要作用，在盐酸羟胺对菌种的化学诱变处理中，羟胺和胞嘧啶上的碱基发生反应，使胞嘧啶结构发生变化，而羟化后的胞嘧啶与腺嘌呤配对，引起了 DNA 结构变化、遗传物质变异。当盐酸羟胺浓度较高时，菌种 DNA 结构中胞嘧啶被羟化的数量增多，羟化作用增强，从而使遗传变异幅度过大，导致菌种致死率较高。

2.4.4.2　化学诱变菌种的培养

不同诱变菌接种转代培养 4 次后，选择其中具有较高氧化活性和生长繁殖能

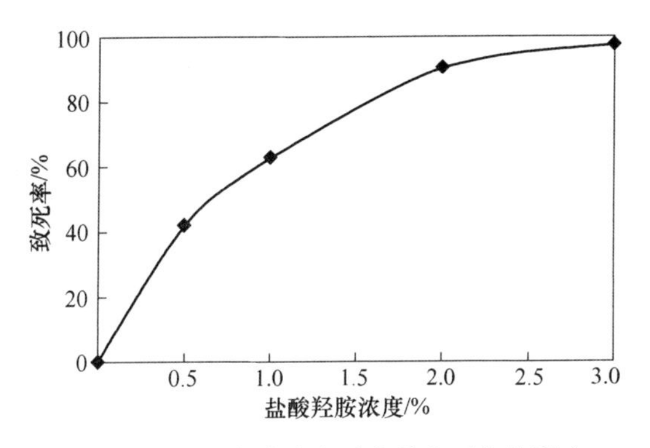

图 2-43 盐酸羟胺浓度对菌种致死率的影响

力的菌种和原始菌进行培养，初始接种细菌浓度均为 1.0×10^{8} cell/mL。从图 2-44、图 2-45 的结果可以看出，原始菌培养体系 pH 值、Eh 值的变化趋势均滞后于化学诱变菌，pH 值达到最大值的时间比 3 株化学诱变菌均滞后 18h 左右。化学诱变菌在培养 36h 时，Eh 值已接近稳定状态，维持在 600~610mV，而原始菌培养体系的 Eh 值在 42h 时仍未达到稳定状态。

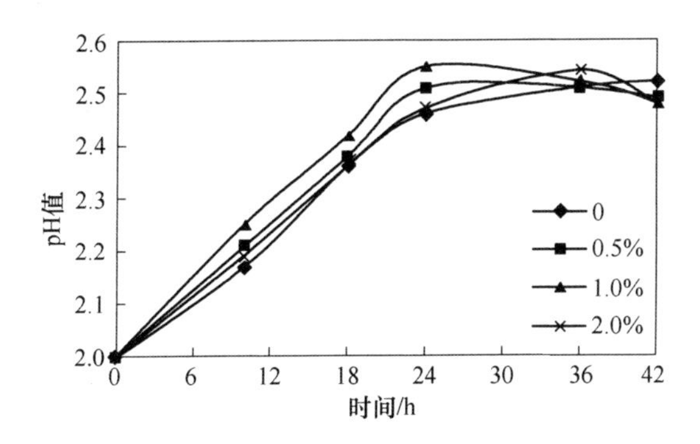

图 2-44 不同诱变剂浓度下菌种培养过程培养液 pH 值随时间变化曲线

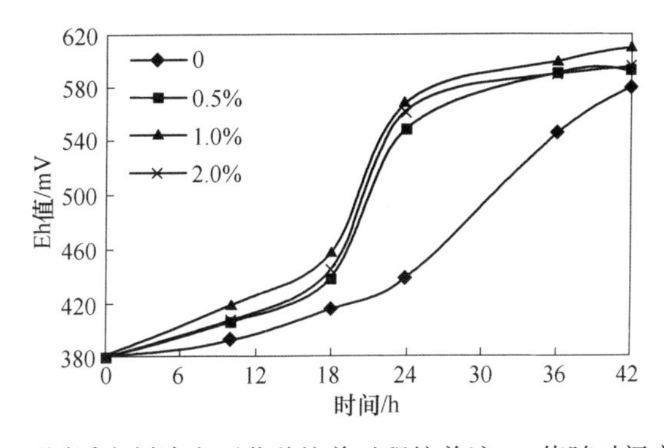

图 2-45 不同诱变剂浓度下菌种培养过程培养液 Eh 值随时间变化曲线

图 2-46 和图 2-47 分别为原始菌和不同化学诱变菌在培养过程中 Fe^{2+} 氧化率变化情况和生长曲线，从图中可以看出原始菌经化学诱变后氧化活性大大提高。24h 时，3 株诱变菌的亚铁氧化率均已达到 100%，至少比原始菌提前了 18h，说明这 3 株诱变菌的氧化活性大大提高，尤其是盐酸羟胺浓度为 1.0%条件下所得诱变菌活性最好。从生长曲线也可以看出，化学诱变菌比原始菌生长速度快，盐酸羟胺浓度为 1.0%所得诱变菌的生长繁殖情况最好。因此，可推断盐酸羟胺浓度为 1.0%时可以有效地用于 $At. f_6$ 菌的诱变，能使其具有更高的亚铁氧化活性。

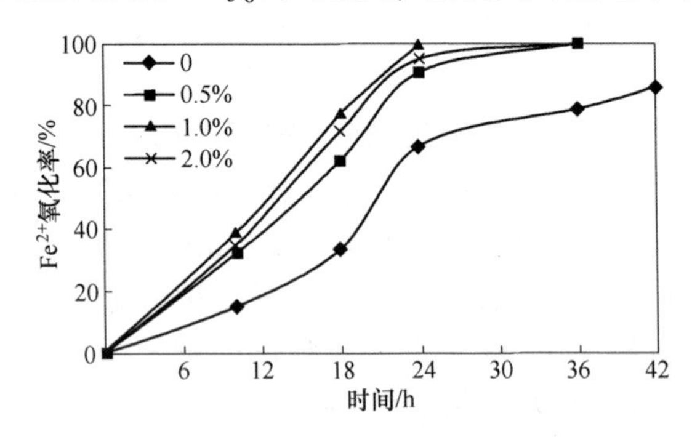

图 2-46　不同诱变剂浓度下菌种的氧化活性随时间变化曲线

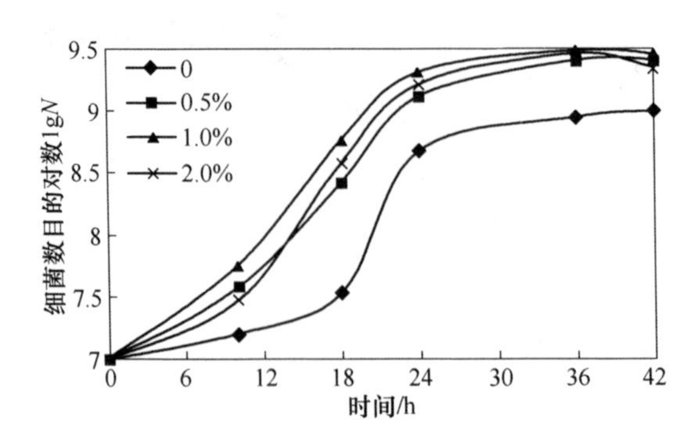

图 2-47　不同诱变剂浓度下菌种的生长曲线

2.4.4.3　化学诱变菌种对含铜尾矿的浸出效果

以原始菌作为对照，采用浓度 1.0%的盐酸羟胺诱变条件下的诱变菌进行浸出尾矿。浸矿过程中菌体的生长情况如图 2-48 所示，诱变菌和原始菌的浸铜效果见图 2-49。

结果表明，原始菌经过盐酸羟胺诱变后，诱变菌在尾矿浸出过程中的生长比原始菌有所加快，菌种生长浓度相差约 0.5 个数量级，说明化学诱变菌能更好适应尾矿浸出环境。当浸出 30d 时，原始菌铜浸出率为 26.00%，而化学诱变菌的铜浸出率为 31.70%，相对于原始菌提高了 22%左右，可以认为原始菌经盐酸羟

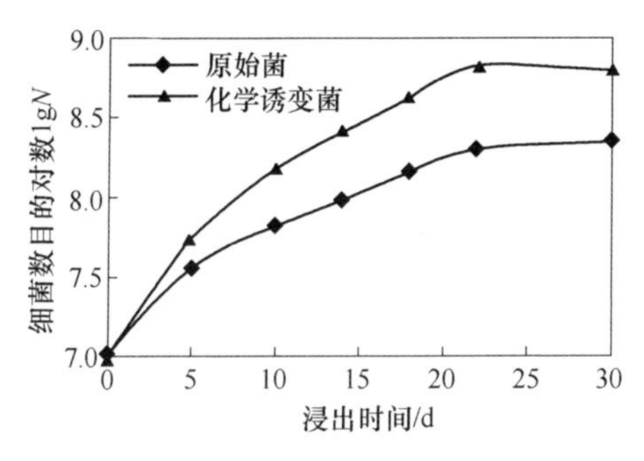

图 2-48 不同菌种在浸矿体系中的生长曲线

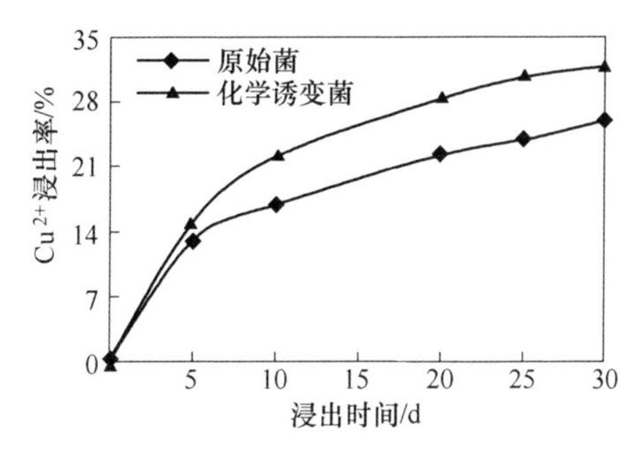

图 2-49 不同菌种对尾矿中铜的浸出效果

胺诱变后，引起了生物变异，使菌种能更好地适应尾矿环境，浸出尾矿的性能也得到了较大提高。

2.4.5 复合诱变

在微生物的诱变选种中，很多研究工作者注意到虽然各种物理化学诱变因素具有不同的诱变频率，但有效的突变还是出现得不多，因此在实际生产中多采用几种诱变剂复合处理、交叉使用的方法进行菌株诱变[23]。夏乐先等对比了紫外诱变、微波诱变、紫外-微波复合诱变 3 种不同方法诱变菌种对闪锌矿浸出的影响，结果表明，复合诱变菌的浸矿效果最好[24]。通常，复合诱变的方式有：(1) 两种或两种以上的诱变因素同时使用，国内有很多成功的经验，例如杭州制药厂将土霉素生产菌的孢子经紫外线与 5-氟尿嘧啶的复合处理，分离得到了变异菌株 160，土霉素产量比原菌株有所提高。(2) 同一种诱变因素连续重复使用，即将一次处理后的菌液进行培养繁殖后，再行处理，反复数次后，最后进行分离筛选。(3) 先后用两种或两种以上诱变因素进行交替处理。普遍认为，复合诱变具有协同效应，两种或两种以上诱变剂合理搭配使用的复合诱变比单一诱变效果好。因此本研究从以上紫外诱变、微波诱变、化学诱变 3 种诱变方法中，选择出诱变效应较好、诱变菌活性和浸矿效率提高幅度较大的微波诱变和化学诱变方法进行复合诱变，并分别选择微波诱变和化学诱变中得出的最佳诱变剂量，即复合诱变的条件为：微波辐射处理 60s+盐酸羟胺浓度为 1.0%。

2.4.5.1 复合诱变菌的培养

微波-化学复合诱变菌在接种转代培养 4 次后，观测其性状已稳定，再次转代培养考察复合诱变菌的氧化活性和生长繁殖能力，定时测定培养液的 pH 值、Eh 值、Fe^{2+}氧化率和细菌数目，结果如图 2-50～图 2-52 所示。

从图 2-50 的结果可以看出，复合诱变菌培养过程中 pH 值和 Eh 值的变化趋势与其他诱变菌相同。pH 值均呈先升高后逐渐下降的趋势，Eh 值随着培养溶液

中 Fe^{3+}浓度增加逐渐升高，当 Fe^{2+}氧化完全时，Eh 值达到最高值。复合诱变菌在培养 24h 时，Eh 值已接近稳定状态，比原始菌和其他诱变菌的 Eh 值达到稳定状态均提前。由此可以得出复合诱变比单一诱变效果好。

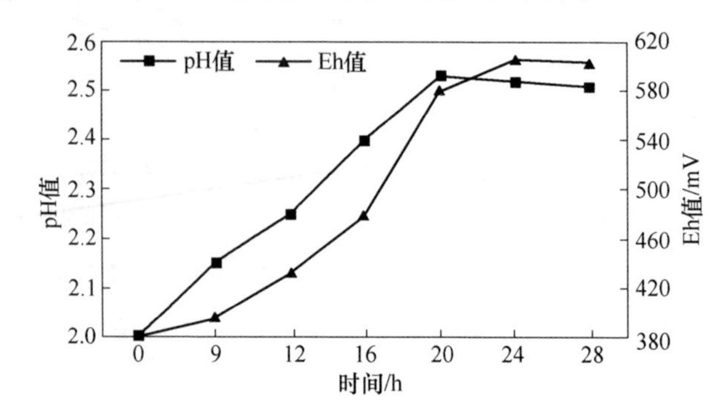

图 2-50　复合诱变菌培养过程培养液 pH 值和 Eh 值随时间的变化

图 2-51 和图 2-52 分别为复合诱变菌在培养过程中 Fe^{2+}氧化率变化情况和生长曲线，从图中可以看出复合诱变菌有较高的氧化活性、生长情况良好。培养 8h 后，亚铁氧化率开始快速上升，24h 时已达到 100%；同时，8h 时复合诱变菌开始进入了对数生长期，之后快速生长。由此说明，复合诱变效果很好，大大提高了菌种的氧化活性。

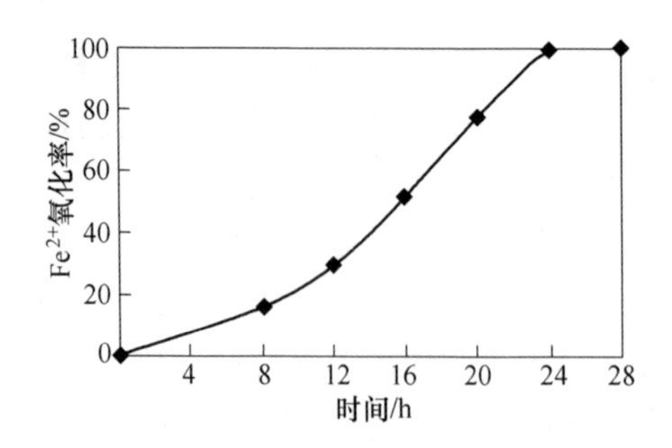

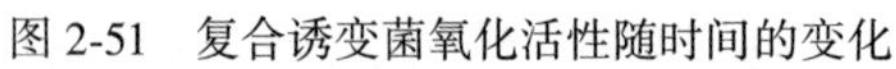
图 2-51　复合诱变菌氧化活性随时间的变化

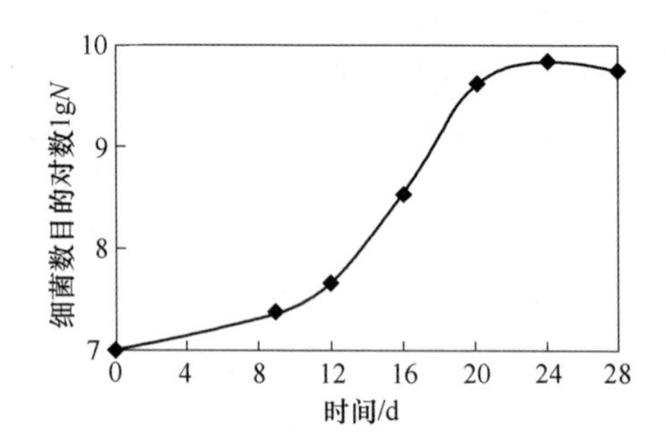

图 2-52　复合诱变菌的生长曲线

2.4.5.2　复合诱变菌对含铜尾矿的浸出效果

采用复合诱变后的 $At.f_6$ 菌株进行含铜尾矿浸出，浸出体系 pH 值和 Eh 值随时间的变化情况如图 2-53 所示。

结果表明，浸矿体系 pH 值均呈先快速上升后下降最终保持稳定的趋势，初期 pH 值上升主要是因为尾矿中碱性矿物溶解耗酸所致，之后补加了一定量的稀硫酸，使浸矿体系的 pH 值又迅速下降，同时浸出一段时间后部分氧化分解的硫化矿所产生的硫被细菌氧化为硫酸，Fe^{3+}发生水解以及黄钾铁矾沉淀的生成使浸矿体系酸度增加，从而使浸出液的 pH 值有所降低。Eh 值随着浸矿体系中 Fe^{2+}的

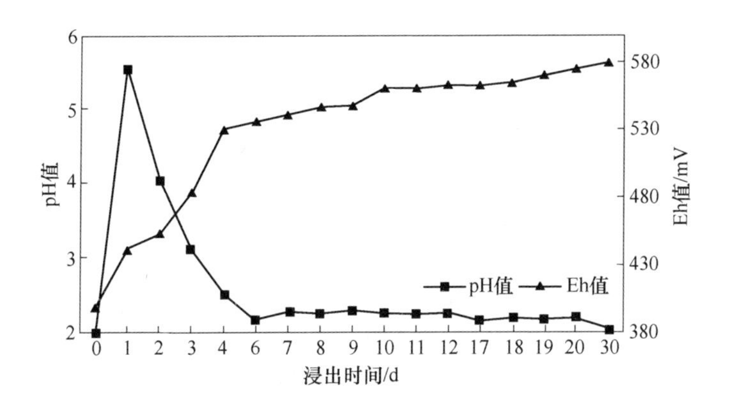

图 2-53 复合诱变菌浸矿体系中 pH 值和 Eh 随浸出时间的变化

氧化逐渐上升达到最高值，最终会维持在相对稳定的范围内。

图 2-54 为微波-化学复合诱变菌在实际尾矿浸出体系中的生长情况，图 2-55 对比了复合诱变菌和原始菌浸出铜尾矿的效果。结果表明，复合诱变菌在浸出尾矿过程中的生长情况良好，能很好地适应尾矿浸出环境。当浸出 30d 时，原始菌的铜浸出率为 26.00%，而复合诱变菌的铜浸出率为 34.20%，相对于原始菌提高了约 31.5%，到达浸出终点的时间比原始菌提前了 5~8d，说明复合诱变菌浸出含铜尾矿的性能得到了较大提高。

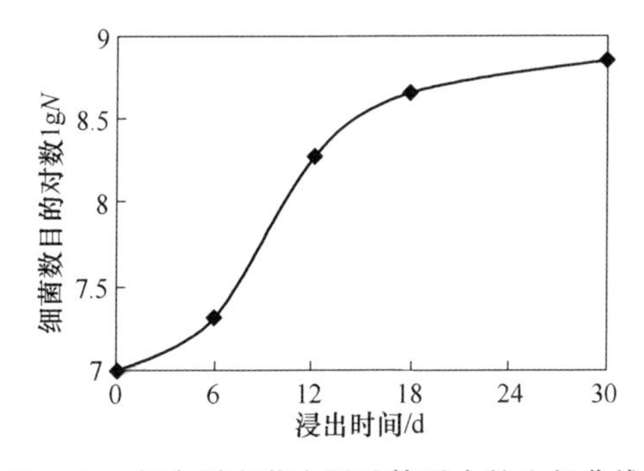

图 2-54 复合诱变菌在浸矿体系中的生长曲线

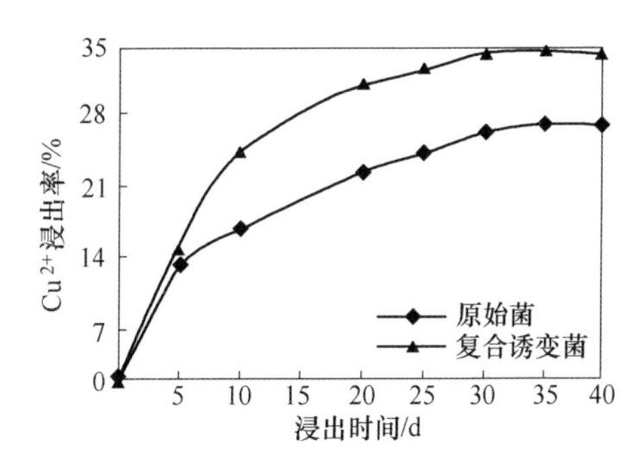

图 2-55 不同菌种对尾矿中铜的浸出效果

2.4.5.3 复合诱变前后菌种 SEM 分析

菌种经过复合诱变后，DNA 结构发生了变化、遗传物质发生了变异，细胞往往也表现出不同的大小、形状和表征特性，为了观察原始菌和复合诱变菌细胞表征的变化情况，采用扫描电子显微镜进行观察，结果如图 2-56 所示。

由观察结果可知，原始菌经诱变后，形态仍为短杆状，细胞大小有所变化，表面变得光滑，聚团现象更加明显，并且细胞表面出现黏稠物质，出现了胞外分泌物，分析原因可能是细胞在盐酸羟胺存在的情况下，分泌出一些胞外聚合物（主要成分是多糖和蛋白质）来适应环境的变化。

a

b

图 2-56 诱变前后菌种 SEM 图

a—原始菌（×5000）；b—诱变菌（×5000）

2.5 不同能源物质对 *At.f* 菌浸出铜尾矿的影响

嗜酸氧化亚铁硫杆菌属于严格自养型微生物，有较强的合成能力，能利用简单无机物合成本身所需的糖、蛋白质、核酸、维生素等复杂的细胞物质。嗜酸氧化亚铁硫杆菌从氧化 Fe^{2+} 和还原态硫的氧化过程中获得同化 CO_2 和生长所需要的能量[25]。因此，它的培养基是由简单的无机物组成，以二价铁和还原态硫复合物为能源。目前，国内外对不同能源物质条件下单纯菌种的生长特性研究较多[26,27]，而在不同能源物质对菌种浸矿体系和浸矿效率的影响方面研究很少，但是浸矿效率较低是微生物技术处理低品位矿石的一个主要障碍，因此研究不同能源物质对浸矿体系以及浸矿效率的影响，对于优化浸出过程，提高浸出速率具有重要意义。

采用 $At.f_6$ 复合诱变菌株进行铜山口尾矿的细菌浸出，在浸矿初期，加入不同含量的硫酸亚铁、硫代硫酸钠以及黄铁矿，考察了其对浸出体系以及铜浸出率的影响。

2.5.1 初始 Fe^{2+} 浓度的影响

$At.f_6$ 诱变菌在以硫酸亚铁为能源物质时，Fe^{2+} 通过细菌被代谢为 Fe^{3+}，氧作为电子受体，菌种在代谢过程中获得能量[28]。以 Fe^{2+} 作为 $At.f_6$ 诱变菌菌株的能源物质进行含铜尾矿浸出，在不同初始 Fe^{2+} 浓度下，浸矿体系 pH 值和 Eh 值随时间的变化结果如图 2-57、图 2-58 所示。结果表明，不同初始 Fe^{2+} 浓度下浸矿体系 pH 值均呈先上升后下降最终保持稳定的趋势，浸出前期体系的 pH 值上升主要是因为尾矿中碱性矿物耗酸所致，此外，浸矿过程本身会消耗 H^+，如反应(2-1)；之后补加了一定量的稀硫酸，同时体系浸出一段时间后部分氧化分解的硫化矿所产生的 S 被细菌氧化为硫酸，Fe^{3+} 发生水解以及黄钾铁矾沉淀的生成使培养体系酸度增加，如反应（2-2）~反应（2-4）所示，从而使浸出液的 pH 值有所降低。随着初始 Fe^{2+} 浓度的增加，浸矿体系 pH 值越降越低，当初始 Fe^{2+} 浓度为 10g/L 时，浸出 28d 后体系 pH 值降低至 1.9，而不加入硫酸亚铁的浸矿体系最终 pH 值稳定在 2.3 左右，分析原因可能由于 Fe^{2+} 浓度越高，氧化后浸出液中 Fe^{3+} 较多，促进了反应（2-3）、反应（2-4）的进行，导致酸度增加较多[29]。

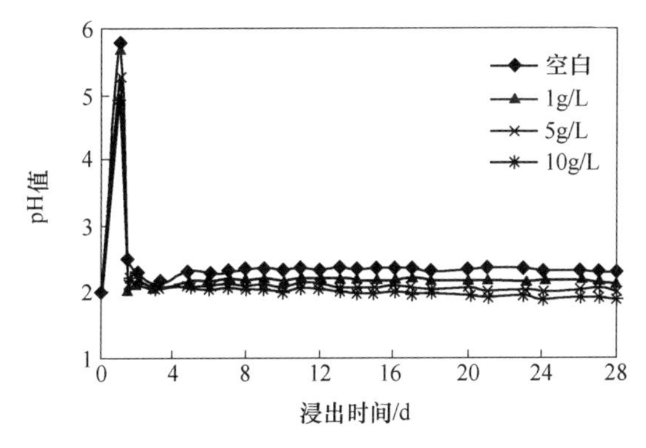

图 2-57 不同初始 Fe^{2+} 浓度（$FeSO_4$）对浸矿体系 pH 值的影响

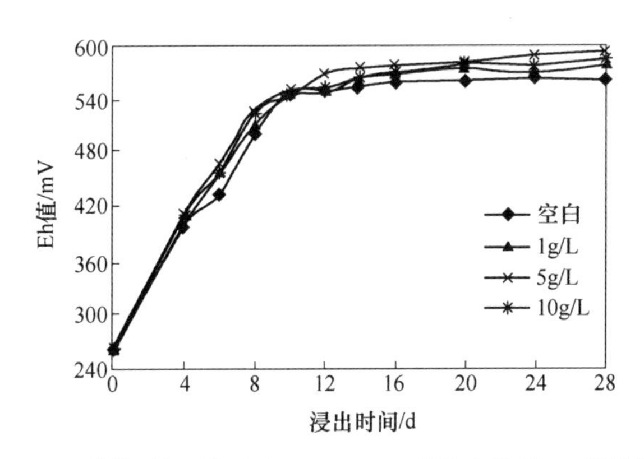

图 2-58 不同初始 Fe^{2+} 浓度（$FeSO_4$）对浸矿体系 Eh 值的影响

从图 2-58 可以看出，浸矿体系的氧化还原电位随着 Fe^{2+} 的氧化，逐渐上升达到最高值，维持在相对稳定的范围内，且初始 Fe^{2+} 浓度越高，稳定 Eh 值也越高，初始 Fe^{2+} 浓度为 10g/L 浸出 28d 后，Eh 值稳定在 580mV，比不加硫酸亚铁的浸出液 Eh 值高 30mV 左右。这是因为当溶液中含有大量的 Fe^{2+} 时，细菌首先利用 Fe^{2+} 作为能源，代谢产生大量的 Fe^{3+} 并使溶液电位升高，Fe^{3+}/Fe^{2+} 等浓度比是引起电位升高或降低的关键因素。细菌以溶液中 Fe^{2+} 为能源，菌密度快速增加，导致 Fe^{2+} 氧化作用进一步增强，使浸出液中 Fe^{3+}/Fe^{2+} 等浓度比较高，从而使浸出液的 Eh 值提高。

$$Fe^{2+} \xrightarrow{\text{细菌}} Fe^{3+} + e^- \tag{2-1}$$

$$2S^0 + 3O_2 + 2H_2O \xrightarrow{\text{细菌}} 2SO_4^{2-} + 4H^+ \tag{2-2}$$

$$Fe^{3+} + 3H_2O \longrightarrow Fe(OH)_3 + 3H^+ \tag{2-3}$$

$$2SO_4^{2-} + 3Fe^{3+} + 6H_2O \longrightarrow Fe_3(SO_4)_2(OH)_6 + 6H^+ \tag{2-4}$$

图 2-59 对比了不同初始 Fe^{2+} 浓度下 $At.f_6$ 诱变菌株浸出铜尾矿的效果。结果表明，初始 Fe^{2+} 浓度为 1g/L、5g/L 时的浸出效果好于初始不加 Fe^{2+} 的菌浸效果，尤其在 Fe^{2+} 浓度为 5g/L 时，浸出效果最好，浸出 35d 后铜浸出率达到 38.20%，而初始不加 Fe^{2+} 的铜浸出率为 34.20%；但是当 Fe^{2+} 浓度增加至 10g/L 时，铜浸出率反而有所下降，仅为 30.10%。

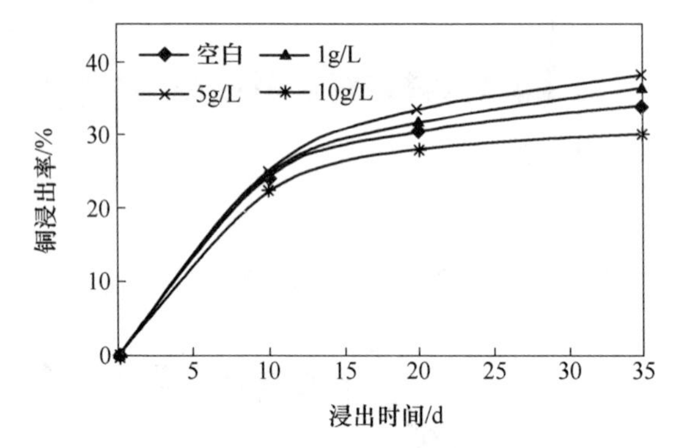

图 2-59　不同初始 Fe^{2+} 浓度（$FeSO_4$）下 $At.f_6$ 菌对尾矿中铜的浸出率的影响

在矿物细菌浸出过程中，高的溶液电位是影响浸出的重要因素[30]，细菌将 Fe^{2+} 氧化为 Fe^{3+}，使浸出液氧化还原电位升高，但硫酸亚铁是速效能源，浸矿菌会优先利用，浸矿体系加入过多的硫酸亚铁会影响浸矿菌前期对黄铜矿的浸出，并导致黄钾铁矾沉淀的过早和过多产生，沉积在矿物颗粒表面，成为质子和电子传递的屏障，阻碍矿物的进一步氧化分解，并最终使浸出速率减小[31,32]。所以为了能使浸出液电位维持在既减少沉淀的产生，又能适合尾矿浸出的适宜范围加速硫化铜矿的氧化分解，适量的起始总铁离子浓度是有必要的[33]。从图 2-59 中可以看出，初始加入 Fe^{2+} 浓度为 5g/L 时，尾矿中铜的浸出效果最好，能够加强尾矿的生物浸出。

2.5.2　初始 $Na_2S_2O_3$ 浓度的影响

嗜酸氧化亚铁硫杆菌的所有菌系都可以借助于硫或硫代硫酸盐氧化成硫酸盐

而生长。在其作用下，硫代硫酸钠先被分解为硫（硫化物）和亚硫酸盐，然后在细胞色素 c 氧化还原酶的作用下，元素硫被氧化成亚硫酸盐，最后再把亚硫酸盐进一步氧化成硫酸盐。

以 $Na_2S_2O_3$ 为能源物质时，$At.f_6$ 诱变菌浸出铜尾矿体系 pH 值的变化情况如图 2-60 所示，可以看出，浸出液中 pH 值变化趋势与以硫酸亚铁为能源物质有所不同。空白组和初始 $Na_2S_2O_3$ 中 S 浓度为 1g/L 时，浸出液 pH 值先上升后下降；当 S 浓度为 5g/L、10g/L 时，浸出液 pH 值先上升后下降，之后又上升，一段时间后快速下降。前期浸出液 pH 值上升主要是因为尾矿中碱性矿物耗酸和 $Na_2S_2O_3$ 在酸性溶液中迅速分解所致[34]。但初始加入 $Na_2S_2O_3$ 中 S 浓度为 5g/L、10g/L 时，由于加入 $Na_2S_2O_3$ 过多，所补加稀硫酸被消耗掉，导致浸出液 pH 值又开始上升；分别在第 8d、14d 时，浸出液 pH 值又快速下降，28d 时均已降至 1.7 左右，这是因为随着 $At.f_6$ 菌的大量繁殖，$Na_2S_2O_3$ 和反应（2-5）产生的 S 被细菌氧化产酸所致，如反应（2-6）和反应（2-2）所示。

$$Na_2S_2O_3 + H_2SO_4 \longrightarrow Na_2SO_4 + H_2O + SO_2\uparrow + S \qquad (2\text{-}5)$$

$$10Na_2S_2O_3 + 13O_2 + 4H_2O \xrightarrow{\text{细菌}} 8\,Na_2SO_4 + 4H_2SO_4 + 2Na_2S_4O_6 \qquad (2\text{-}6)$$

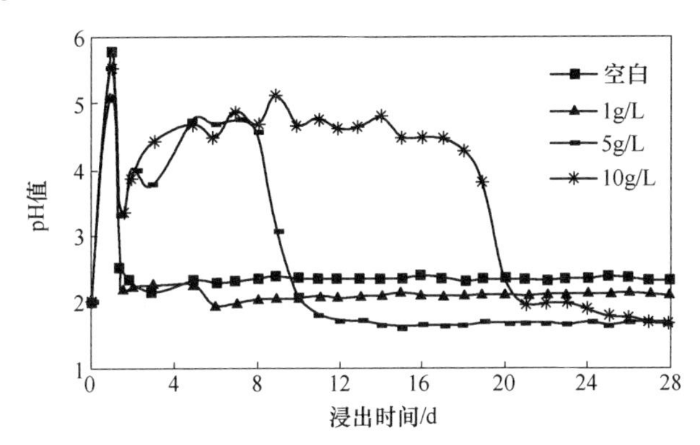

图 2-60 不同初始 S 浓度对浸矿体系 pH 值的影响

图 2-61 为不同初始 S 浓度下，$At.f_6$ 诱变菌浸出尾矿体系 Eh 值的变化情况。结果表明，不同浸出条件下的氧化还原电位均逐渐上升达到最高值，最终维持在 560~580mV 范围内，但随着初始 $Na_2S_2O_3$ 浓度的升高，浸出体系 Eh 值达到最高稳定值的浸出时间延长。初始 $Na_2S_2O_3$ 中 S 浓度为 1g/L 时，10d 后浸出体系的 Eh 值已快速上升到 544mV，之后缓慢升高并稳定在 575 mV 左右；而相同浸出时间下，S 浓度为 5g/L、10g/L 时，浸出体系的 Eh 值较低，仅为 487mV、465mV，这是因为在不同初始 $Na_2S_2O_3$ 浓度下，$At.f_6$ 诱变菌浸出铜尾矿体系中氧化还原电位的变化是由 $Na_2S_2O_3$ 中低价态硫的氧化程度所决定，同时与不同初始 $Na_2S_2O_3$ 浓度下浸出体系 pH 值的变化呈一定的相关性。

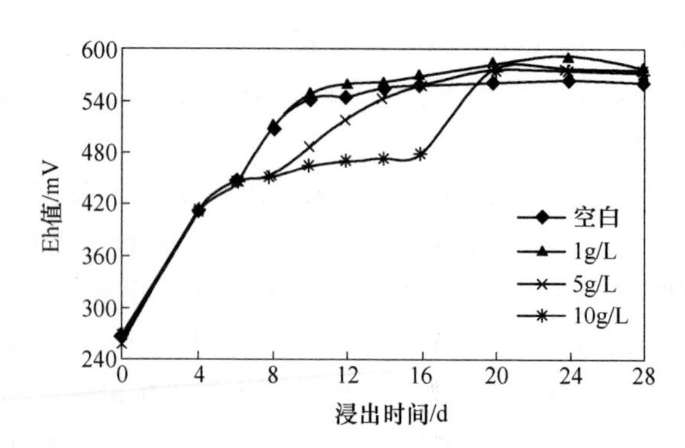

图 2-61　不同初始 S 浓度对浸矿体系 Eh 值的影响

图 2-62 为不同初始 S 浓度下 $At.f_6$ 诱变菌浸出铜尾矿的效果。从图中可以看出，初始 S 浓度为 1g/L 时的浸出效果最优，浸出 35d 后铜的浸出率能达到 39.80%。在 $At.f_6$ 诱变菌浸出铜尾矿初期，$Na_2S_2O_3$ 浓度较高时，导致浸出液 pH 值过高，使 $At.f_6$ 诱变菌的生长受到抑制，所以浸出 10d 时，初始 S 浓度为 5g/L、10g/L 的浸出体系铜浸出率远低于 S 浓度为 1g/L 和初始不加 $Na_2S_2O_3$ 的铜浸出率，之后随着 $At.f_6$ 诱变菌的生长，浸出液 pH 值开始下降，从而又为菌种大量繁殖和尾矿浸出体系提供了较好的 pH 值环境，所以后期铜浸出率有较大幅度提高，35d 时铜浸出率几乎达到了初始不加 $Na_2S_2O_3$ 的铜浸出率，但仍低于 S 浓度为 1g/L 时的铜浸出率。因此适量的起始 $Na_2S_2O_3$ 浓度对菌种生长繁殖和提高铜浸出率是有必要的。结果表明，初始加入 $Na_2S_2O_3$ 的 S 浓度为 1g/L 时，尾矿中铜的细菌浸出效果最好。

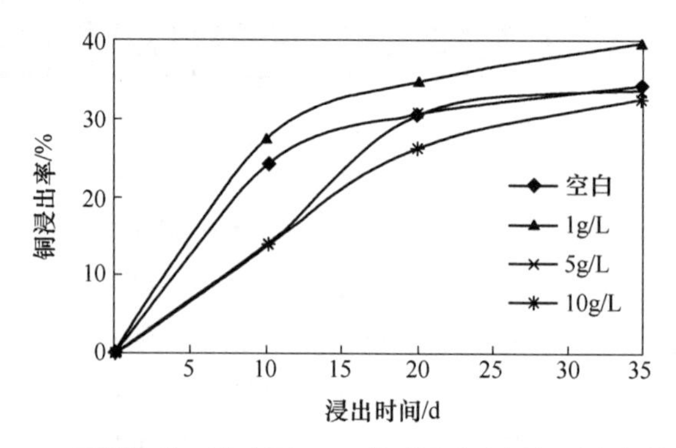

图 2-62　不同初始 S 浓度下 $At.f_6$ 菌对尾矿中铜的浸出率的影响

2.5.3　黄铁矿含量的影响

嗜酸氧化亚铁硫杆菌不但可以利用 Fe^{2+} 和低价态的硫作为能源，也可以将硫化矿作为能源物质，黄铁矿中含有的 Fe 和 S 均为还原态，而这两种物质的氧化过程都能够为细菌提供生长所需要的能源，促进其快速生长。

黄铁矿作为 $At.f_6$ 诱变菌能源物质浸出铜尾矿体系 pH 值和 Eh 值的变化如图 2-63、图 2-64 所示。结果表明，黄铁矿作为能源物质的细菌浸出液中 pH 值在浸出第 2 天后开始下降，停止补加酸后仍能够在较长时间保持低 pH 值环境，并随着浸出过程的进行，浸出液 pH 值还略有降低，28d 时浸出液 pH 值为 1.99；而相同浸出时间，初期不加黄铁矿的浸出体系 pH 值为 2.35 左右。这可能是因为以黄铁矿为能源物质时，细菌浸出铜尾矿过程产酸，类似细菌溶解金属硫化物的过程，它完全基于 Fe^{3+} 对元素 S 的氧化作用，直至元素硫中的 6 个电子全部被转移，形成 $S_2O_3^{2-}$，反应中还伴随单质 S 的产生，$S_2O_3^{2-}$ 进一步被氧化，经由 $S_nO_6^{2-}$ 和 S_8 最后生成 SO_4^{2-}[35]，如反应（2-7）所示。从图 2-64 可以看出，初期加入黄铁矿作能源物质的浸矿体系 Eh 值和不加黄铁矿浸矿体系的 Eh 值变化趋势相同，但在浸出后期明显高于不加黄铁矿浸矿体系的 Eh 值，高出 10mV 左右，因为随着 $At.f_6$ 诱变菌的大量繁殖，黄铁矿中溶解出的 Fe^{2+} 被氧化的速度快于 Fe^{3+} 对其他元素的氧化速度，导致浸出液电位升高。

$$FeS_2 \xrightarrow{\text{细菌}} Fe^{2+} + S_2O_3^{2-} \xrightarrow{\text{细菌} + Fe^{3+}} S_nO_6^{2-} + S_8 \xrightarrow{\text{细菌} + Fe^{3+}} SO_4^{2-} + H^+ \tag{2-7}$$

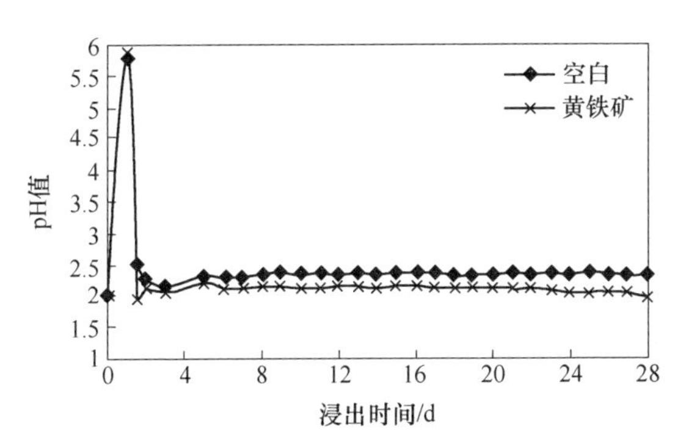

图 2-63　能源物质黄铁矿对浸矿体系 pH 值的影响

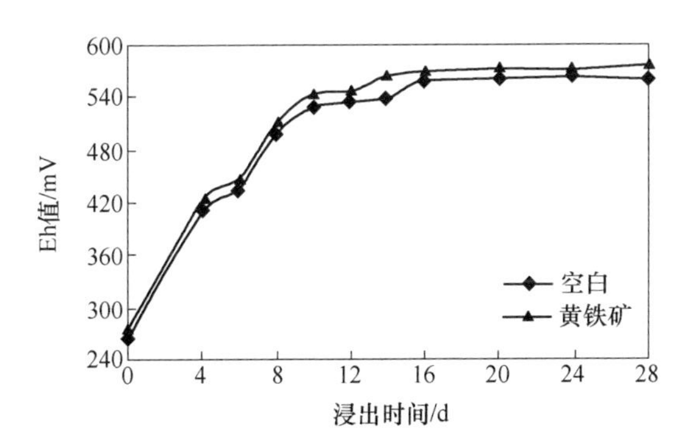

图 2-64　能源物质黄铁矿对浸矿体系 Eh 值的影响

图 2-65 对比了是否加入能源物质黄铁矿时 $At.f_6$ 诱变菌浸出铜尾矿的效果。从图中可以看出，加入能源物质黄铁矿后，尾矿中铜浸出率有所提高。在浸矿前期，这种作用不是很明显，一直到浸出 8d 左右，加入黄铁矿的浸矿体系铜浸出率比不加黄铁矿的仅高出 1%，这是因为黄铁矿不溶于水，相对于硫酸亚铁和硫代硫酸钠而言，属于缓效能源，其作用滞后是必然的；但在浸出 35d 后前者铜浸出率能达到 36.90%，比不加黄铁矿铜浸出率提高了 8%，这表明 $At.f_6$ 诱变菌可以利用黄铁矿中的亚铁和硫作为生长的能源物质，能够提高铜浸出效率，但与能源物质硫酸亚铁和硫代硫酸钠相比，铜浸出率的提高幅度较小。

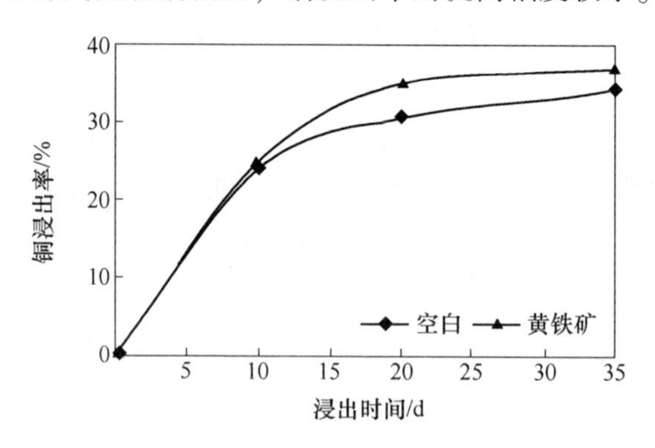

图 2-65　能源物质黄铁矿对浸矿体系铜浸出率的影响

参考文献

[1] 王清良，刘选明. pH 值与温度对氧化亚铁硫杆菌氧化 Fe^{2+} 影响的研究 [J]. 矿冶工程，2004，24 (4)：36-38.

[2] Akcil A. Potential bioleaching developments towards commercial reality：Turkish metalmining's future [J]. Minerals Engineering，2004，17 (3)：477-480.

[3] Beggs C B. A quantitative method for evaluating the photoreactivation of ultraviolet damaged microorganisms [J]. Photochemistry and Photobiology Science，2002，1 (6)：431-437.

[4] 林海. 环境工程微生物学 [M]. 北京：冶金工业出版社，2008.

[5] David K B，David R W，Douglas E R. Complementation of Escherichia colisigma^{54} (NtrA) -dependent formate hydrogenlyase activity by a cloned *Thiobacillus ferrooxidans* ntrA gene [J]. Journal of Bacteriology，1990，172 (8)：4399-4406.

[6] 魏德洲. 生物技术在矿物加工中的应用 [M]. 北京：冶金工业出版社，2008.

[7] 李洪枚，柯家骏. Mg^{2+} 对氧化亚铁硫杆菌生长活性的影响 [J]. 中国有色金属学报，2000，10 (4)：576-578.

[8] 郑志宏，吴为荣，李寻，等. 耐低 pH 氧化亚铁硫杆菌的培养与驯化 [J]. 有色金属（冶

炼部分)，2007（4)：30-32.

[9] Gomez C，Blatquez M L，Bbllester A. Influence of various factors in the bioleaching of abulk coneenrtate with mesophilic mieorogrnaism in the presence of Ag [J]. Hydormeatllury，1997，45 (3)：271-287.

[10] 贾啸静. 微生物药物产生菌诱变育种方法的应用和进展 [J]. 河北省科学院学报，2006，23（3)：65-69.

[11] 郭爱莲，孙先锋，朱宏莉，等. He-Ne 激光、紫外线诱变氧化亚铁硫杆菌及耐砷菌株的选育 [J]. 光子学报，1999，28（8)：718-721.

[12] 施巧琴，吴松刚. 工业微生物育种学 [M]. 北京：科学出版社，2003.

[13] Rohwerder T，Gehrke T，Kinzler K，et al. Bioleaching review part A：progress in bioleaching：fundamentals and mechanisms of bacterial metal sulfide oxidation [J]. Applied Microbiology and Biotechnology，2003，63（3)：239-248.

[14] 夏乐先，彭安安，郭雪，等. 两株不同来源的嗜酸氧化亚铁硫杆菌对黄铜矿浸出的研究 [J]. 现代生物医学进展，2009，9（6)：1068-1069.

[15] 周洪波，谢英剑，张汝兵，等. 中度嗜热混合菌在搅拌槽中浸出黄铜矿及其群落动态 [J]. 中南大学学报（自然科学版)，2010，41（1)：15-19.

[16] 李豪，车振明. 微波诱变微生物育种的研究 [J]. 山西食品工业，2005（2)：5-6.

[17] 贾红华，周华，韦萍. 微波诱变育种研究及应用进展 [J]. 工业微生物，2003，33（2)：46-50.

[18] 朱传合，贺亚男，路平福，等. 微波对阿维拉霉素产生菌诱变效应的研究 [J]. 现代生物医学进展，2006，6（4)：32-34.

[19] 李志章，张良林. 氧化亚铁硫杆菌诱变育种的研究进展 [J]. 昆明冶金高等专科学校学报，2006，22（1)：50-54.

[20] 李永泉，翁醒华，贺筱蓉. 微波诱变结合化学诱变选育酸性蛋白酶高产菌 [J]. 微生物学报，1999，39（2)：181-184.

[21] 贾红华，周华，韦萍. 微波诱变育种研究及应用进展 [J]. 工业微生物，2003，33（2)：46-50.

[22] 徐晓军，宫磊，孟云生，等. 硫杆菌的化学诱变及对低品位黄铜矿的浸出 [J]. 金属矿山，2004（8)：42-44.

[23] 李永智，汪苹，廖小红，等. 好氧反硝化菌的化学-物理法诱变育种研究 [J]. 环境科学与技术，2010，33（3)：14-17.

[24] Xia L X，Zeng J，Ding J L，et al. Comparison of three induced mutation methods for *Acidiothiobacillus caldus* in processing sphalerite [J]. Minerals Engineering，2007，20（14)：1323-1326.

[25] 邓恩建，杨朝晖，曾光明，等. 氧化亚铁硫杆菌的研究概况 [J]. 黄金科学技术，2005，13（5)：8-12.

[26] 王艳锦，郑正，聂耳. 不同底物氧化亚铁硫杆菌生长特性研究 [J]. 环境科学与技术，2009，32（6)：62-65.

[27] 刘飞飞，周洪波，符波，等. 不同能源条件下中度嗜热嗜酸细菌多样性分析 [J]. 微生物学报，2007，47 (3)：381-386.

[28] 何正国，李雅芹，周培瑾. 氧化亚铁硫杆菌的铁和硫氧化系统及其分子遗传学 [J]. 微生物学报，2000，40 (5)：563-566.

[29] 谭建锡. 胞外多聚物对嗜酸氧化亚铁硫杆菌浸出黄铜矿的影响初探 [D]. 长沙：中南大学，2009.

[30] Third K A, Cord-Ruwisch R, Watling H R. The role of iron-oxidizing bacteria in stimulation or inhibition of chalcopyrite bioleaching [J]. Hydrometallurgy, 2000, 57 (3): 225-233.

[31] Bevilaqua D, Leite A L L C, Garcia O, et al. Oxidation of chalcopyrite by *Acidithiobacillus ferrooxidans and Acidithiobacillus thiooxidans* in shake flasks [J]. Process Biochemistry, 2002, 38 (4): 587-592.

[32] Rawlings D E, Dew D, Plessis C. Biomineralization of metal-containing ores and concentrates [J]. Trends in Biotechnology, 2003, 21 (1): 38-44.

[33] Third K A, Cord-Ruwisch R, Watling H R. Control of the redox potential by oxygen limitation improves bacterial leaching of chalcopyrite [J]. Biotechnology and Bioengineering, 2002, 78 (4): 433-441.

[34] 沈镭，张再利，贾晓珊. 氧化亚铁硫杆菌和氧化硫硫杆菌对硫代硫酸钠的代谢机理研究 [J]. 环境科学学报，2006，26 (12)：2000-2007.

[35] AppiaAyme C, Guiliani N, Ratouchniak J, et al. Charaterization of an operon encoding two c-type cytochromes an aa3-type cytochrome oxidase, and rusticyanin in Acidithiobacillus ferrooxidans ATCC3 3020 [J]. Applied and Environmental Microbiology, 1999, 65 (11): 4781-4787.

3 不同浮选药剂对菌种活性和黄铜矿浸出体系的影响

3.1 概述

目前，国内外在浮选药剂对浸矿菌种活性影响领域研究较少。J. A. Brierley等研究了在硫化锌精矿菌种浸出过程中，浮选药剂对菌种生长的影响，研究表明，一些药剂对菌种生长抑制作用由大到小的顺序为：乙基黄药、丁胺黑药、丁基黄药、2号油[1, 2]。覃文庆、王军等研究了丁基醚醇、乙基黄药和丁胺黑药3种浮选药剂对浸矿菌种活性的影响；进行了脱药和不脱药的铁闪锌矿精矿菌种浸出对比试验。研究结果表明：添加4×10^{-4}mol/L的丁基醚醇、乙基黄药、丁胺黑药，氧化34h后，使9K液体培养基中的Fe^{2+}的质量浓度由4.03g/L分别增加至4.64g/L、4.77g/L和5.91g/L；浸出35d后，脱药精矿中和未脱药精矿中金属锌的浸出率分别为92%和61%，表明浮选药剂对浸矿菌种活性的影响十分明显[3]。

浮选药剂对浸矿菌种活性影响研究很少，只是简单地探索了在精矿浸出过程中几种药剂对菌种活性的影响程度以及对比了脱药精矿中和未脱药精矿中金属的浸出率。没有对浮选药剂影响菌种活性的内在机制以及菌种与含有浮选药剂的矿物颗粒间的作用机制进行研究，因此对含有浮选药剂矿样的微生物浸出技术起不到有效的指导作用。

本研究选择了常用、有代表性的铜矿物浮选药剂乙基黄药、异丙基黄药、丁基黄药、异戊基黄药、丁胺黑药、2号油、11号油以及5种组合药剂，研究了它们对复合诱变菌种生长繁殖及氧化活性的影响，总结出影响规律，并研究了这些药剂在菌种浸出含铜尾矿体系中对铜浸出效率的影响规律，同时从浮选药剂的分子基团和矿物浸出前后吸附性、电子结合能、表面形貌等的变化研究了不同浮选药剂影响菌种活性和浸矿体系的机制。

3.2 浮选药剂对菌种活性的影响

3.2.1 捕收剂对菌种活性的影响

捕收剂可以作用于矿物-水界面，通过提高矿物的疏水性，使矿粒能更牢固地附着于气泡而上浮。捕收剂的种类很多，按其在水中解离程度可分为非离子型、阴离子型和阳离子型；按其应用范围可分为硫化矿捕收剂、氧化矿捕收剂、非极性矿物捕收剂和沉积金属的捕收剂[4]。硫代化合物类捕收剂是硫化矿浮选常用的捕收剂，该类捕收剂特征是分子质量小、烃链短、极性亲固基都含有价硫原子，水解后生成含—SH 基的产物，故也称含巯基化合物捕收剂。因起浮选作用的是解离出来的阴离子，阳离子通常不起作用，又称含二价硫的阴离子捕收剂，典型的代表有黄药、黄药衍生物、黑药等。选择的捕收剂有不同碳链的黄药和丁胺黑药，分别研究了这些捕收剂对菌种生长及活性的影响。

3.2.1.1 乙基黄药

乙基黄药是硫化矿浮选使用较广的浮选捕收剂，本研究考察了不同浓度乙基黄药对 $At.f_6$ 诱变菌活性的影响，图 3-1 和图 3-2 分别为不同乙基黄药浓度下 $At.f_6$ 诱变菌培养体系中 pH 值、Eh 值随时间的变化情况。从图中可以看出，培养液中乙基黄药的存在，使培养液 pH 值、Eh 值随时间的变化趋势发生了较大变化：培养液 pH 值的变化趋势滞后于不含乙基黄药的培养体系；含乙基黄药培养体系的 Eh 值在 48h 培养过程中都处于较低水平，最高不超过 400mV，而不含乙基黄药体系的 Eh 值在 38h 已接近稳定状态，维持在 600~610mV。

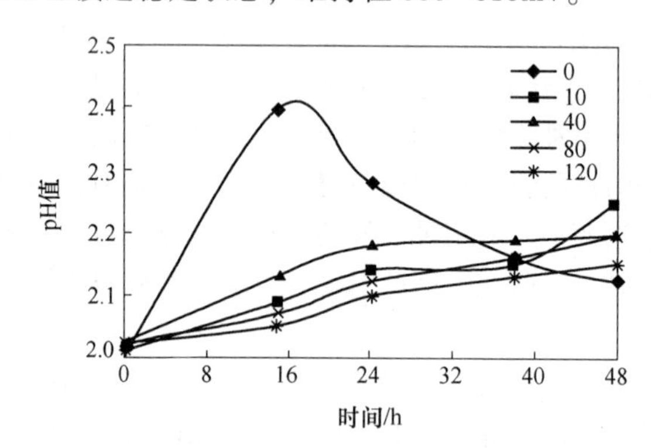

图 3-1 不同乙基黄药用量（mg/L）下菌种培养液 pH 值随时间变化曲线

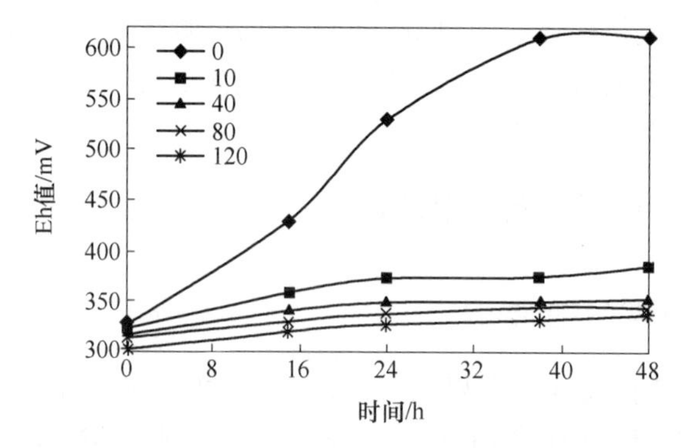

图 3-2 不同乙基黄药用量（mg/L）下菌种培养液 Eh 值随时间变化曲线

不同浓度乙基黄药对 $At.f_6$ 诱变菌氧化活性影响见图 3-3，结果表明，乙基黄药对 $At.f_6$ 诱变菌活性影响较大，且随着乙基黄药浓度的增大影响程度越大。培养 24h 后，不含乙基黄药的培养液中 Fe^{2+} 氧化率已达到 90%以上，而含有乙基黄药的体系 Fe^{2+} 氧化率都很低，浓度为 10mg/L、40mg/L 的体系中 24h 内 Fe^{2+} 氧化率分别为 17.38%和 9.97%；当培养至 48h 时，含乙基黄药体系的 Fe^{2+} 氧化率仍处于较低水平。表明乙基黄药大大降低了 $At.f_6$ 诱变菌的氧化活性。有研究表明，乙基黄药的黄原酸基在酸性溶液中对细菌的某些酶和一些特定的膜蛋白有毒性[3]。

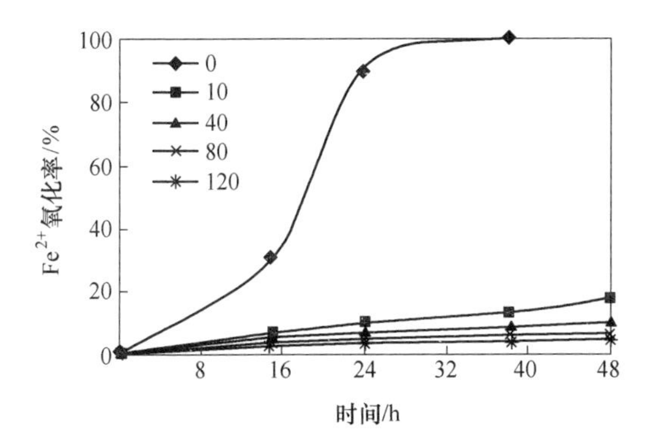

图 3-3 不同乙基黄药用量（mg/L）下菌种的氧化活性随时间变化曲线

3.2.1.2 异丙基黄药

异丙基黄药的捕收力比乙基钠黄药稍强，主要用于各种有色金属硫化矿的浮选捕收剂。不同异丙基黄药浓度下 $At.f_6$ 诱变菌培养体系中 pH 值、Eh 值随时间的变化曲线如图 3-4 和图 3-5 所示，含异丙基黄药培养体系的 pH 值、Eh 值变化趋势均滞后于不含异丙基黄药的培养体系。

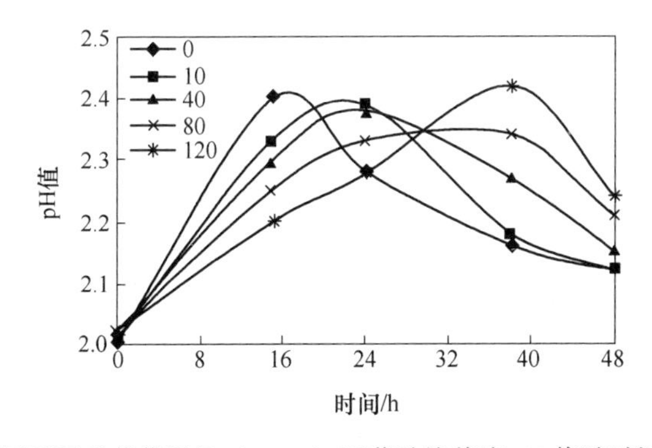

图 3-4 不同异丙基黄药用量（mg/L）下菌种培养液 pH 值随时间变化曲线

在 9K 有菌培养基中不同浓度异丙基黄药对细菌活性的影响如图 3-6 所示。

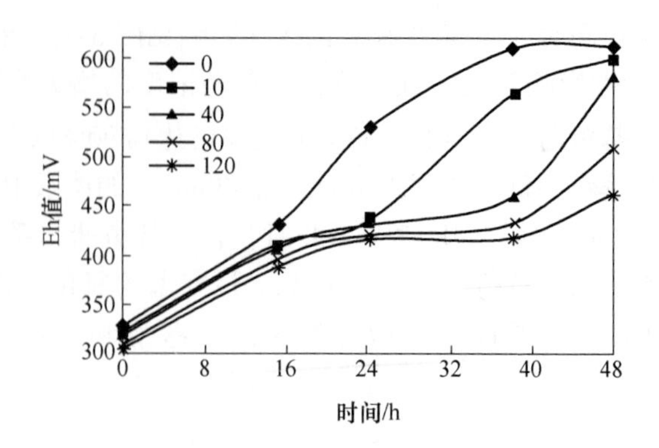

图 3-5 不同异丙基黄药用量（mg/L）下菌种培养液 Eh 值随时间变化曲线

在培养初期，异丙基黄药浓度 10mg/L 的培养液中 Fe^{2+}的氧化率较低，之后快速升高，在 38h 时已接近 100%；随着异丙基黄药浓度的增大，Fe^{2+}氧化速率逐渐降低，浓度为 120mg/L 的体系中 48h 内 Fe^{2+}氧化率仅为 68%左右，表明异丙基黄药降低了 $At.f_6$诱变菌的活性。

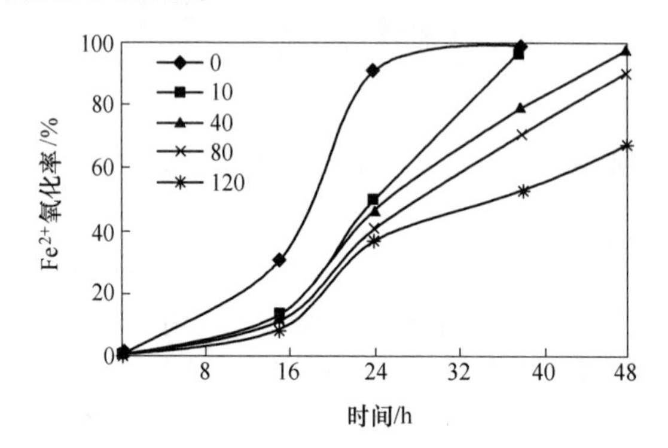

图 3-6 不同异丙基黄药用量（mg/L）下菌种的氧化活性随时间变化曲线

3.2.1.3 丁基黄药

本试验考察了不同浓度丁基黄药对 $At.f_6$诱变菌活性的影响，图 3-7 和图 3-8 分别为不同丁基黄药浓度下 $At.f_6$诱变菌培养体系中 pH 值、Eh 值随时间的变化曲线。不同浓度丁基黄药对培养液中 pH 值、Eh 值随时间的变化趋势影响也不同，含丁基黄药培养体系的 pH 值、Eh 值变化趋势均滞后于不含丁基黄药的培养体系，且随着丁基黄药浓度的增大，滞后程度更大。

不同浓度丁基黄药对细菌活性的影响如图 3-9 所示。结果表明，丁基黄药降低了 Fe^{2+}的氧化速率，浓度越高，降低幅度越大。培养 30h 后，不含丁基黄药的培养液中 Fe^{2+}的氧化率已达到 100%；在丁基黄药浓度为 10mg/L、40mg/L、80mg/L 和 120mg/L 的培养体系中，48h 时 Fe^{2+}的氧化率分别为 100%、90%、

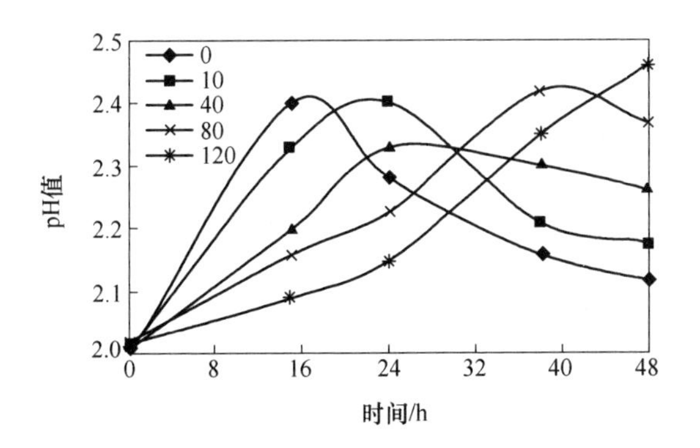

图 3-7 不同丁基黄药用量（mg/L）下菌种培养液 pH 值随时间变化曲线

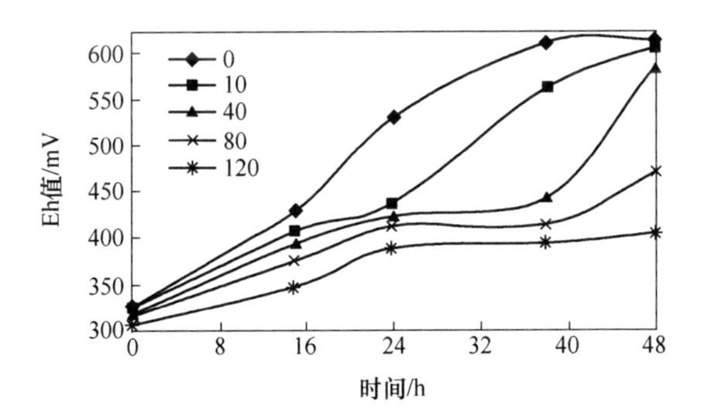

图 3-8 不同丁基黄药用量（mg/L）下菌种培养液 Eh 值随时间变化曲线

72.95%和 28.42%。从而说明丁基黄药在一定程度上也降低了 $At.f_6$诱变菌的氧化活性。

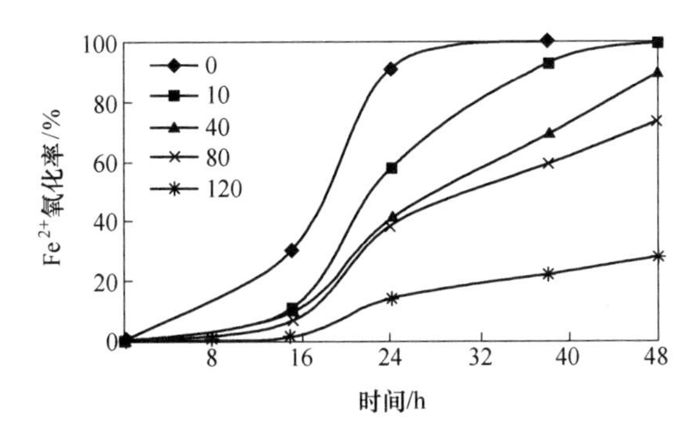

图 3-9 不同丁基黄药用量（mg/L）下菌种的氧化活性随时间变化曲线

3.2.1.4 异戊基黄药

异戊基黄药与前述已研究的捕收剂相比具有较强的捕收性能，但选择性稍差，通常可以和选择性好的捕收剂组合使用。不同异戊基黄药浓度下 $At.f_6$诱变菌培养体系 pH 值、Eh 值随时间的变化曲线如图 3-10 和图 3-11 所示。图 3-12 为不同浓度异戊基黄药对 $At.f_6$ 诱变菌活性的影响。结果表明，随着异戊基黄药浓度的增大，Fe^{2+} 氧化速率呈逐渐降低的趋势，在异戊基黄药浓度为 40mg/L、80mg/L 和 120mg/L 的培养体系中，48h 时 Fe^{2+} 的氧化率分别为 100%、87.41% 和 33.67%。表明异戊基黄药降低了 $At.f_6$ 诱变菌的活性。

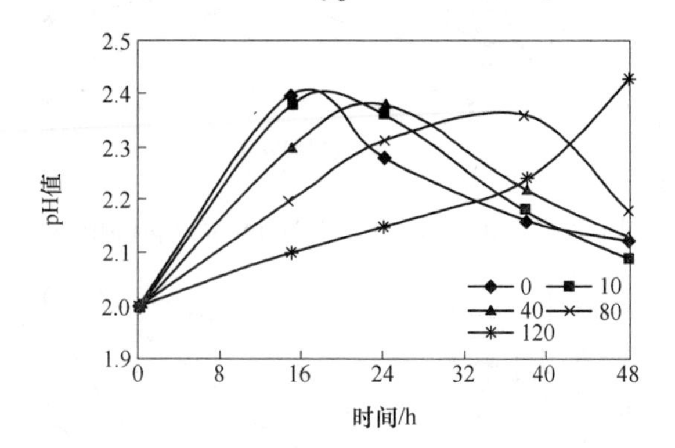

图 3-10　不同异戊基黄药用量（mg/L）下菌种培养液 pH 值随时间变化曲线

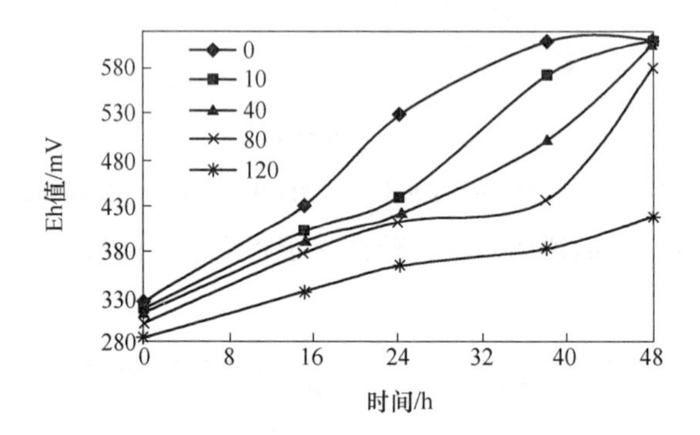

图 3-11　不同异戊基黄药用量（mg/L）下菌种培养液 Eh 值随时间变化曲线

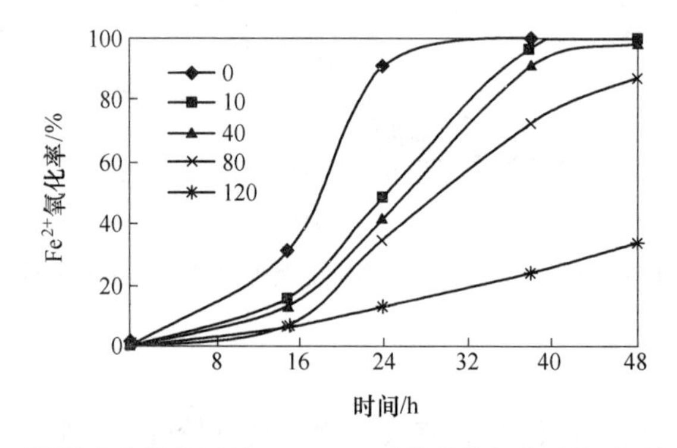

图 3-12　不同异戊基黄药用量（mg/L）下菌种的氧化活性随时间变化曲线

3.2.1.5　丁胺黑药

丁胺黑药是有色金属硫化矿的优良捕收剂，兼有一定起泡性。对铜、铅、银及活化了的锌硫化矿以及难选多金属矿有特殊的分选效果。丁胺黑药受到重视之后，用它部分地代替黄药，可使方铅矿与黄铁矿的分离、黄铜矿与黄铁矿的分离得到改善，为采用无氰分离工艺创造了条件。本试验考察了不同浓度丁胺黑药对 $At.f_6$诱变菌活性的影响，图 3-13 和图 3-14 分别为不同丁胺黑药浓度下 $At.f_6$诱变菌培养体系 pH 值、Eh 值随时间的变化情况。从图中可以看出，丁胺黑药使培养体系的 pH 值、Eh 值随时间的变化曲线发生了较大变化。pH 值的变化趋势远滞后于不含丁胺黑药的培养体系，含丁胺黑药体系的 Eh 值在整个培养过程中都处于较低水平。

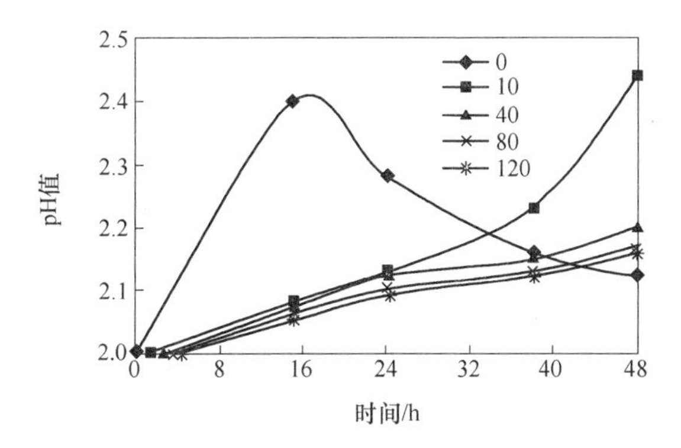

图 3-13　不同丁胺黑药用量（mg/L）下菌种培养液 pH 值随时间变化曲线

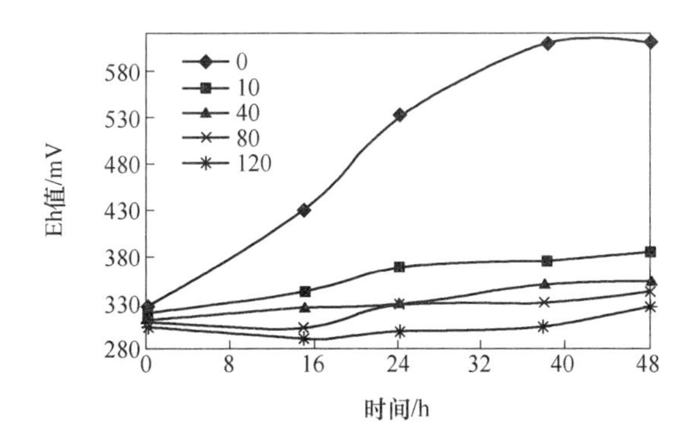

图 3-14　不同丁胺黑药用量（mg/L）下菌种培养液 Eh 值随时间变化曲线

不同浓度丁胺黑药对 $At.f_6$诱变菌氧化活性影响见图 3-15，从图中可以看出，丁胺黑药在低浓度下对 $At.f_6$诱变菌活性的影响就较大，且随着丁胺黑药浓度升高，影响程度更大。含有丁胺黑药的体系 Fe^{2+}氧化率都很低，氧化 48h 时，浓度为 10mg/L、40mg/L、80mg/L 和 120mg/L 的培养体系中 Fe^{2+}氧化率分别为

12.49%、8.85%、7.74%和4.87%，均处于较低水平。表明丁胺黑药大大降低了 $At.f_6$ 诱变菌的氧化活性。

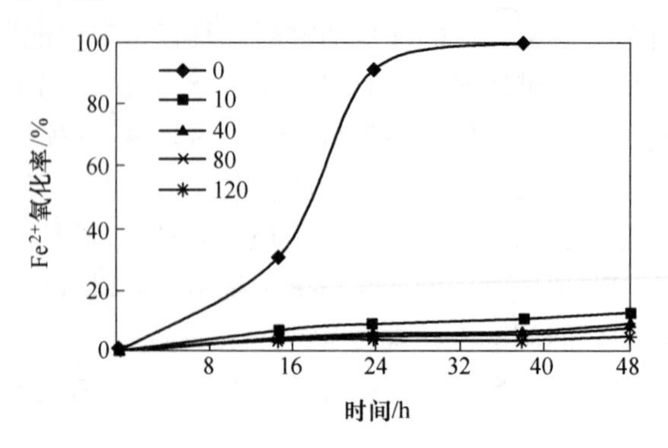

图 3-15　不同丁胺黑药用量（mg/L）下菌种的氧化活性随时间变化曲线

3.2.2　起泡剂对菌种活性的影响

3.2.2.1　2 号油

2 号油即松醇油是一种复合高级醇。分子式为 ROH（R 为烷烃基），广泛用于有色金属矿浮选中的起泡剂。不同 2 号油浓度下 $At.f_6$ 诱变菌培养体系 pH 值、Eh 值随时间的变化曲线如图 3-16 和图 3-17 所示。图 3-18 为不同浓度 2 号油对 $At.f_6$ 诱变菌活性的影响。结果表明，相对捕收剂而言，2 号油对 $At.f_6$ 诱变菌活性影响较小，但随着 2 号油浓度的升高，Fe^{2+} 氧化速率也呈逐渐降低的趋势，在 2 号油浓度为 10mg/L、40mg/L 和 80mg/L 的培养体系中，38h 时 Fe^{2+} 的氧化率均已达到了 100%，浓度 120mg/L 体系的 Fe^{2+} 氧化率达到 95%。可以看出，2 号油即使在高浓度下对 $At.f_6$ 诱变菌氧化活性的影响也很小。

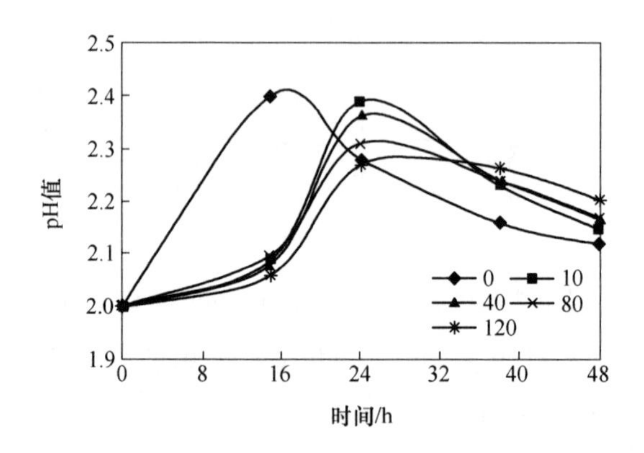

图 3-16　不同 2 号油用量（mg/L）下菌种培养液 pH 值随时间变化曲线

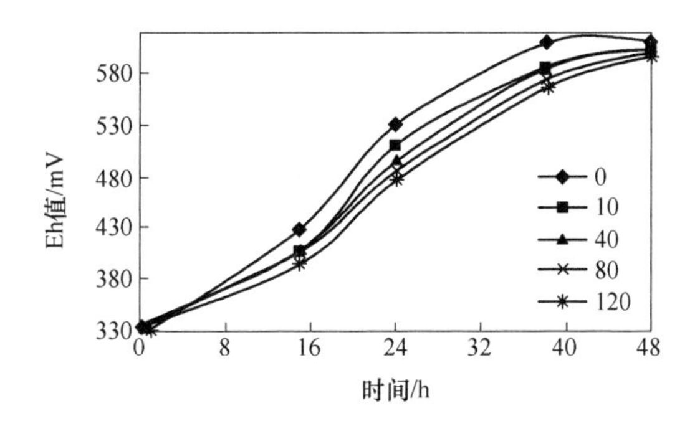

图 3-17 不同 2 号油用量（mg/L）下菌种培养液 Eh 值随时间变化曲线

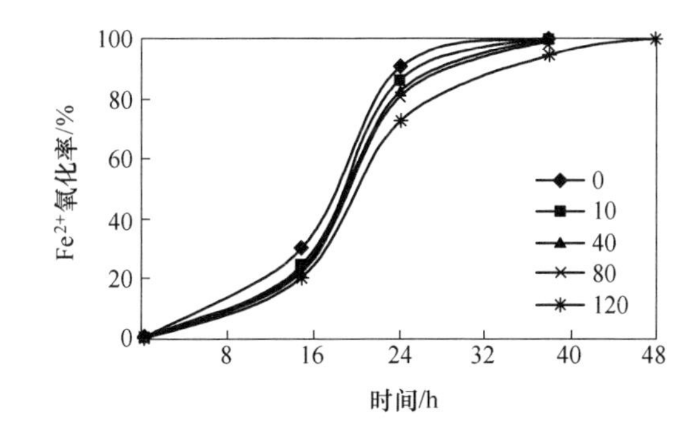

图 3-18 不同 2 号油用量（mg/L）下菌种的氧化活性随时间变化曲线

3.2.2.2 11 号油

11 号油是生产 2-乙基己醇的副产品，内含 2-乙基己醇，有较好的起泡性能，湖北铜绿山等选厂曾将其用作浮铜的起泡剂，也是一种常用起泡剂。图 3-19 和图 3-20 分别为不同 11 号油浓度下 $At.f_6$诱变菌培养体系 pH 值、Eh 值随时间的变化情况。从图中可以看出，含 11 号油培养体系的 pH 值随时间的变化与不加 11 号油体系相比略有滞后；Eh 值也有所降低，但变化程度较小。

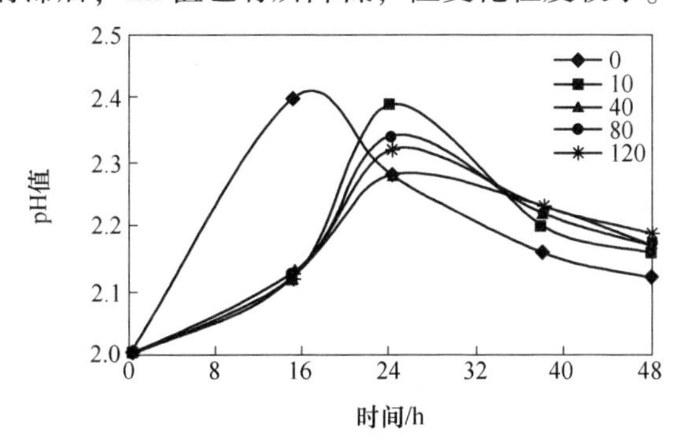

图 3-19 不同 11 号油用量（mg/L）下菌种培养液 pH 值随时间变化曲线

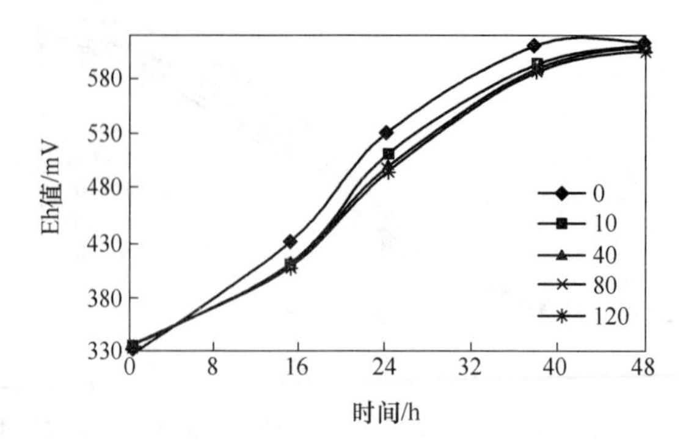

图 3-20　不同 11 号油用量（mg/L）下菌种培养液 Eh 值随时间变化曲线

图 3-21 为不同浓度 11 号油对 $At.f_6$ 诱变菌活性的影响。结果表明，在 11 号油浓度为 10mg/L、40mg/L、80mg/L 和 120mg/L 的培养体系中，38h 时 Fe^{2+} 的氧化率均已达到或接近 100%，说明 11 号油对 $At.f_6$ 诱变菌活性影响很小。

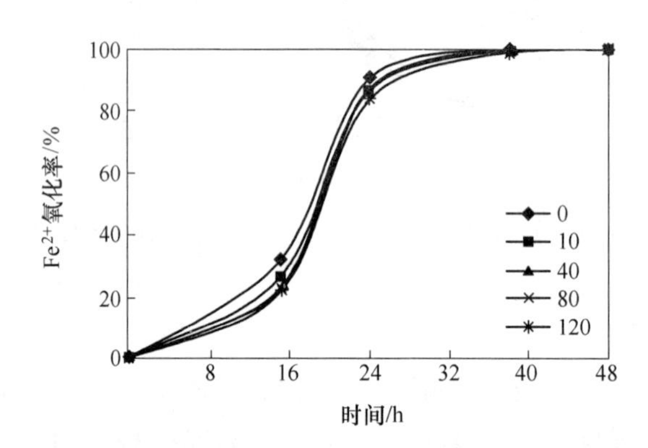

图 3-21　不同 11 号油用量（mg/L）下菌种的氧化活性随时间变化曲线

3.2.3　不同组合浮选药剂对菌种活性的影响

组合药剂就是根据每种浮选药剂的结构和特性及在选矿中所起的作用，将药剂按一定的比例进行有效组合，使之发挥协同效应，满足浮选过程中的不同要求，提高选别分离效果从而达到理想的选矿指标[5]。捕收剂是金属矿浮选工艺中必不可少的选矿药剂，一般用单一品种捕收剂即能达到理想效果，但是在处理复杂多金属矿矿石时，往往选矿指标达不到理想状态，甚至精矿品位低，回收率也无法提高。因此，近年来，采用不同种类的药剂组合应用于浮选工艺中，不仅有捕收剂组合使用，也出现了不少起泡剂、抑制剂和絮凝剂的组合使用[6]。

因此，选择了 5 种常用的组合药剂，研究它们对复合诱变菌种生长和氧化活性的影响规律，药剂总量均为 10mg/L，其组合方式见表 3-1。

表 3-1 药剂组合方式

组合编号	药剂种类	比 例
1 号	乙基黄药+丁胺黑药+2 号油	7 : 2 : 1
2 号	异丙基黄药+丁胺黑药+2 号油	7 : 2 : 1
3 号	丁基黄药+丁胺黑药+2 号油	7 : 2 : 1
4 号	异戊基黄药+丁胺黑药+2 号油	7 : 2 : 1
5 号	乙基黄药+异戊基黄药+2 号油	4.5 : 4.5 : 1

图 3-22 和图 3-23 分别在 5 种组合药剂下 $At.f_6$诱变菌培养体系 pH 值、Eh 值随时间的变化情况，与不加任何药剂的空白试验进行了对比。从图中可以看出，和空白试验相比，5 种组合药剂均影响到了 pH 值、Eh 值随时间的变化趋势。pH 值的变化趋势均有所滞后，pH 值达到的最高值有所降低；含组合药剂体系的 Eh 值与空白试验相比在相同培养时间内，均有不同程度的降低。

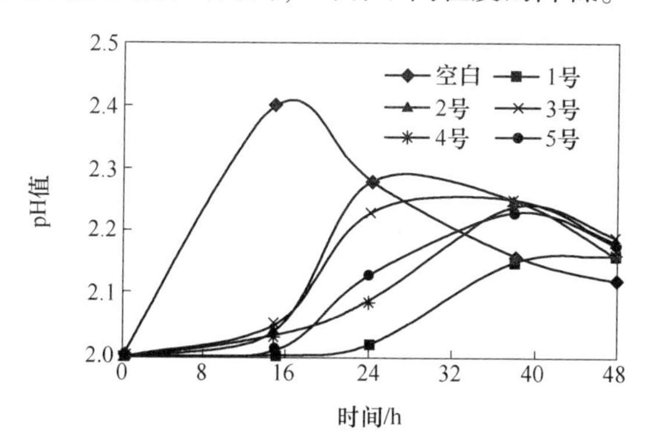

图 3-22 不同浮选药剂组合下菌种培养液 pH 值随时间变化曲线

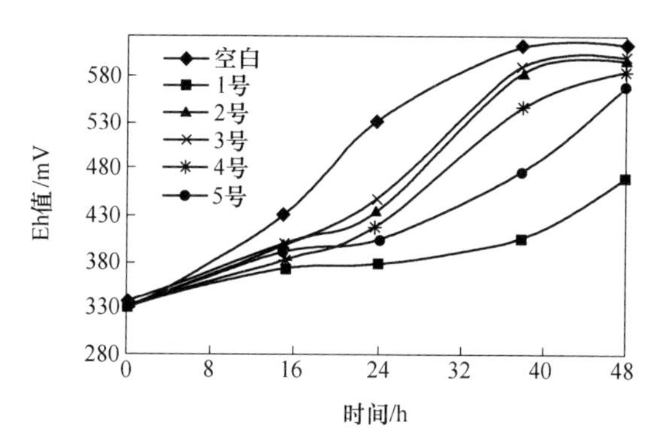

图 3-23 不同浮选药剂组合下菌种培养液 Eh 值随时间变化曲线

图 3-24 对比了 5 种不同组合药剂对 $At.f_6$诱变菌氧化活性影响。从图中可以看出，培养基中加入这 5 种组合药剂，均会降低 $At.f_6$诱变菌氧化活性，不同组

合药剂对菌种活性影响程度有所差异。其中，菌种活性降低最为明显的是 1 号组合，48h 时 Fe^{2+}的氧化率为 72. 21%；其次为 5 号组合，38h 时 Fe^{2+}的氧化率已接近 100%，影响程度最小的是 3 号组合药剂。

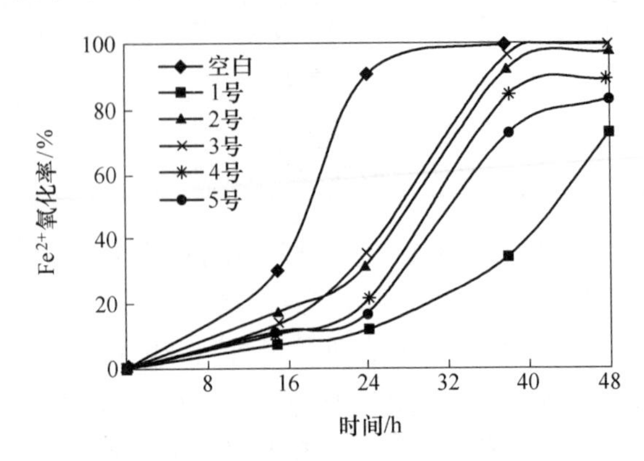

图 3-24 不同浮选药剂组合下菌种的氧化活性随时间变化曲线

3.2.4 浮选药剂对菌种生长及活性的影响规律

通过单一浮选药剂和组合浮选药剂对 *At.f*$_6$诱变菌氧化活性影响研究，得出了不同药剂以及不同药剂用量对菌种的影响结果，对所得结果进行总结分析，以获得影响规律。

3. 2. 4. 1 单一浮选药剂对菌种生长及活性的影响规律

图 3-25 是在不同单一浮选药剂（用量均为 10mg/L）作用下菌种的生长情况，并与不加任何药剂的空白试验做对比。从图中可以看出，不同药剂种类对菌种的生长影响差异较大。其中，起泡剂的影响很小，在 2 号油、11 号油作用下，菌种的生长曲线和空白试验中菌种生长曲线几乎相同。捕收剂对菌种生长影响较大，延缓了菌种的生长速度，抑制作用最强的是丁胺黑药，其次为乙基黄药，在这两种药剂作用下，菌种生长极其缓慢，一直处于迟缓期；异丙基黄药、丁基黄药、异戊基黄药对 *At.f*$_6$诱变菌也有一定的抑制作用，在这 3 种药剂作用下，48h 内菌种生长虽然达到了稳定期，但菌种数目较少，繁殖能力降低。因此，可以得出 7 种浮选药剂对 *At.f*$_6$诱变菌生长影响的程度从小到大顺序为：11 号油、2 号油、丁基黄药、异丙基黄药、异戊基黄药、乙基黄药、丁胺黑药。

图 3-26 和图 3-27 分别为 7 种单一浮选药剂在不同用量下，24h 内 *At.f*$_6$诱变菌培养体系中 Fe^{2+}的氧化率情况。结果表明，相同药剂随着药剂用量的增加，会降低 Fe^{2+}的氧化速率，如丁基黄药用量为 10mg/L 时，24h 时 Fe^{2+}的氧化率为 57. 94%，当用量增加至 80mg/L 时，24h 时 Fe^{2+}氧化率降低为 42. 08%，其他浮

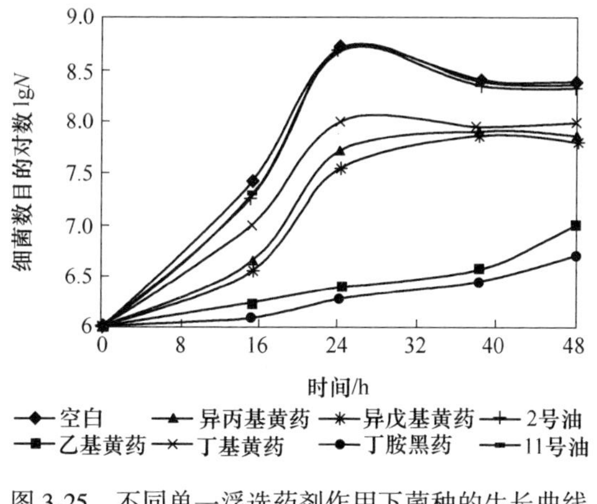

图 3-25 不同单一浮选药剂作用下菌种的生长曲线

（药剂用量：10mg/L）

选药剂随着用量的增加呈现同样的规律。另外，从以上两图中，均可以得出 7 种浮选药剂对 $At.f_6$诱变菌氧化活性的抑制作用从小到大顺序为：11 号油、2 号油、丁基黄药、异丙基黄药、异戊基黄药、乙基黄药、丁胺黑药。有文献报道[3]：乙基黄药抑制菌种活性是因为乙基黄药在酸性介质中会发生反应生成产物 CS_2，引起生物氧化减慢；另外，黄原酸对蛋白质有强烈腐蚀毒性。但本试验得出不同碳链的黄药类浮选药剂对菌种活性影响差异较大，黄药类捕收剂在酸性介质中都会生成 CS_2，故影响机理有待深入研究。

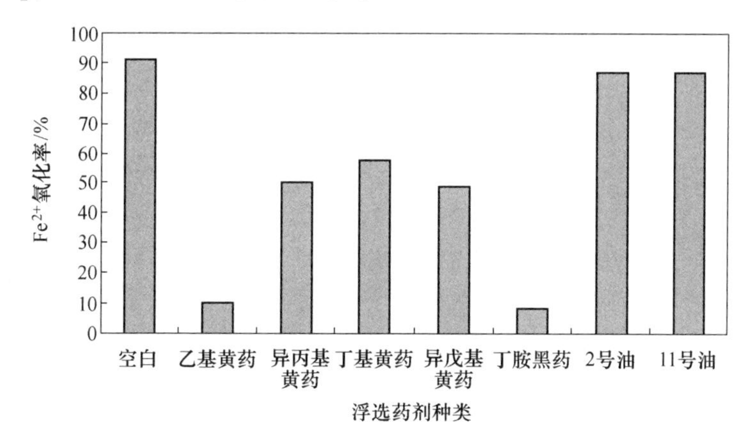

图 3-26 不同单一浮选药剂对菌种氧化活性的影响

（药剂用量：10mg/L；时间：24h）

3.2.4.2 组合浮选药剂对菌种生长及活性的影响规律

5 种不同组合浮选药剂对 $At.f_6$诱变生长的影响如图 3-28 所示，并与不加任

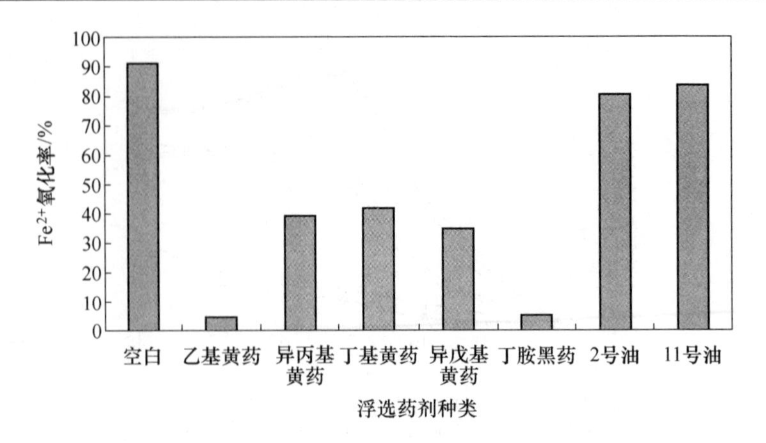

图 3-27　不同单一浮选药剂对菌种氧化活性的影响

（药剂用量：80mg/L；时间：24h）

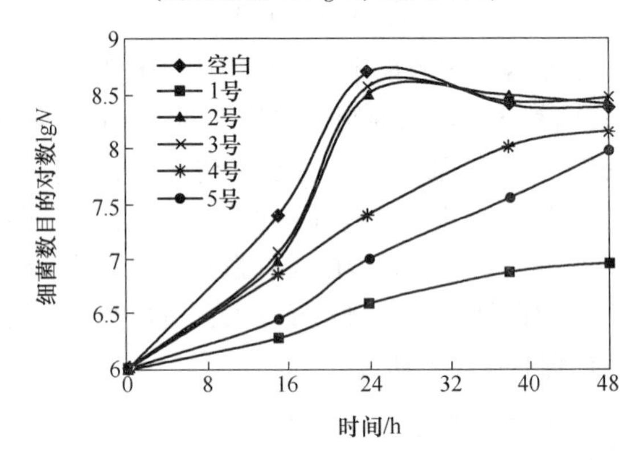

图 3-28　不同组合浮选药剂下菌种的生长曲线

（药剂用量：10mg/L）

何药剂空白试验作对比。结果表明，不同组合药剂对菌种的生长影响有所差异。其中，3 号和 2 号组合药剂与其他组合相比对菌种生长影响较小，生长曲线和空白试验中菌种生长曲线差异很小；其次为 4 号和 5 号组合药剂，在其作用下延缓了菌种的生长速度；抑制作用最强的是 1 号组合药剂。因此，可以得出 5 种组合浮选药剂对 $At.f_6$ 诱变菌生长抑制程度从小到大顺序为：3 号组合、2 号组合、4 号组合、5 号组合、1 号组合。

图 3-29 为 5 种组合浮选药剂在相同用量下，24h 内 $At.f_6$ 诱变菌培养体系中 Fe^{2+} 氧化率情况。从图中可以看出，与空白试验相比，在 5 种组合浮选药剂作用下，Fe^{2+} 氧化率均有不同程度的降低，24h 时 Fe^{2+} 氧化率分别为 10.64%、33.87%、35.87%、20.90%和 16.84%。从而可以得出 5 种组合浮选药剂对 $At.f_6$ 诱变菌氧化活性的抑制作用从小到大顺序为：3 号组合、2 号组合、4 号组合、5 号组合、1 号组合。单一浮选药剂对菌种活性的影响研究表明，乙基黄药和丁胺

黑药对菌种活性的抑制作用较大，因此1号组合对菌种的抑制作用也最大；其他药剂组合的抑制规律也与组成该药剂组合的单一药剂的抑制规律一致。

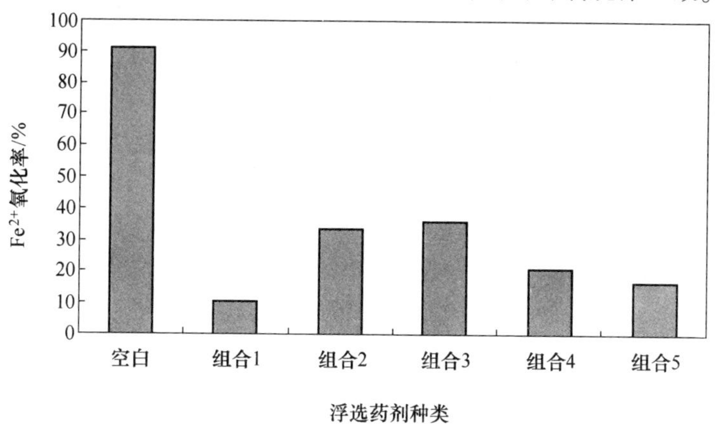

图3-29 不同组合浮选药剂对菌种氧化活性的影响
（药剂用量：10mg/L；时间：24h）

3.3 浮选药剂对铜浸出率的影响

大量的有色金属尾矿是通过浮选选别后排放，尾矿中残余的浮选药剂对菌种的活性有不同程度的影响，从而对浸出效果也会产生不同影响，故本试验主要考察浮选药剂对 $At.f_6$ 诱变菌浸出含铜尾矿时铜浸出率的影响规律，单一浮选药剂用量均为10mg/L，组合浮选药剂的总量也均为10mg/L，组合方式如表3-1所示。

3.3.1 单一浮选药剂对铜浸出率的影响

在不同单一浮选药剂作用下，浸矿体系pH值、Eh值随浸出时间的变化曲线如图3-30和图3-31所示，含浮选药剂的浸矿体系的pH值、Eh值变化趋势均滞后于不含任何浮选药剂的浸矿体系。图3-32是在不同单一浮选药剂作用下，$At.f_6$ 诱变菌在浸出尾矿体系中的生长情况，与不加药剂的空白试验作对比。从图中可以看出，不同药剂种类对菌种在浸矿体系中的生长均有影响，但影响程度差异较大。在2号油、11号油作用下，$At.f_6$ 诱变菌在浸矿体系中生长良好。丁胺黑药和乙基黄药对菌种在浸矿体系的生长抑制作用很强，严重延缓了菌种的生长速度，菌种生长极其缓慢，一直处于迟缓期；异丙基黄药、丁基黄药、异戊基黄药对 $At.f_6$ 诱变菌也有一定的抑制作用，在这3种药剂作用下，菌种生长速度有所减慢，繁殖数目较少。从图中可以明显得出7种单一浮选药剂对 $At.f_6$ 诱变菌在浸矿体系中生长抑制作用从小到大顺序为：11号油、2号油、丁基黄药、异丙基黄药、异戊基黄药、乙基黄药、丁胺黑药。与这7种药剂对 $At.f_6$ 诱变菌在9K培养基中生长抑制顺序相同。

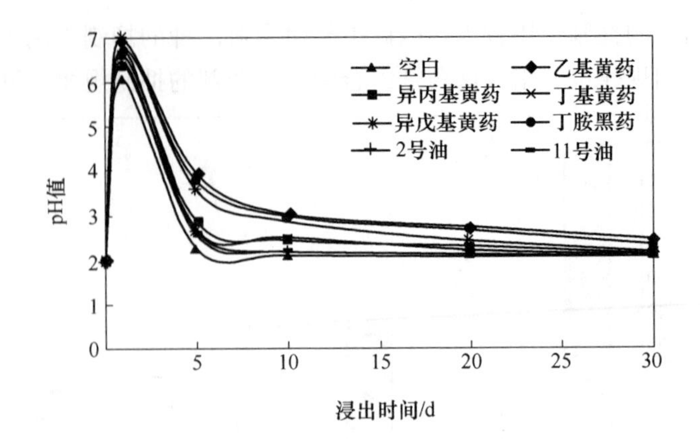

图 3-30　不同单一浮选药剂作用下浸矿体系 pH 值的变化

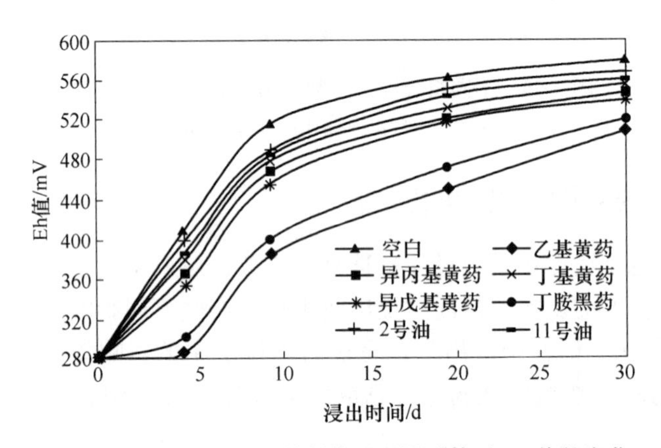

图 3-31　不同单一浮选药剂作用下浸矿体系 Eh 值的变化

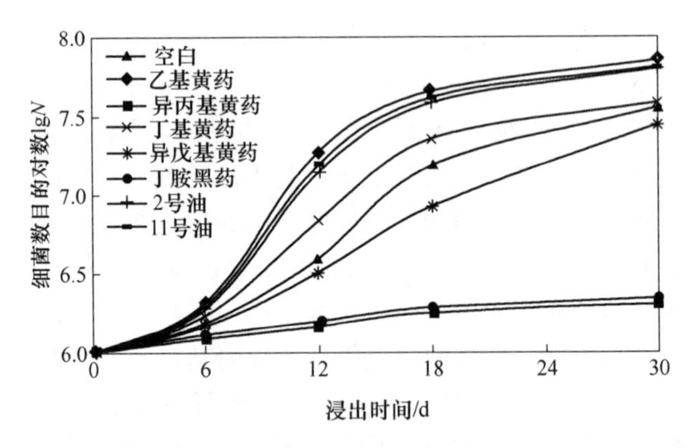

图 3-32　不同单一浮选药剂作用下菌种在浸矿体系的生长曲线

单一浮选药剂对 $At.f_6$ 诱变菌铜浸出率的影响结果见图 3-33。可以看出，在浸矿初期，7 种浮选药剂对铜浸出率的影响差异不是很明显，不同药剂作用下的铜浸出率均有较大幅度提高，这是因为浸出初期 pH 值较高，不利于菌种生长，需定时补加一定量稀硫酸，所以酸起到了主导作用，菌种起辅助作用。随着浸出过程的进行，7 种浮选药剂对铜浸出率的影响差异逐渐增大，浸出 30d 时，11 号油和 2 号油浸出体系的铜浸出率均在 34%左右，基本达到了不加任何药剂的空白试验相同时间内的铜浸出率。而在乙基黄药和丁胺黑药存在的浸出体系，30d 时铜浸出率分别为 22%和 17%，浸出效率较低。从图 3-33 中，可以得出 7 种浮选药剂对 $At.f_6$诱变菌铜浸出率影响作用从小到大顺序为：11 号油、2 号油、丁基黄药、异丙基黄药、异戊基黄药、乙基黄药、丁胺黑药。与这 7 种药剂对 $At.f_6$诱变菌氧化活性的影响大小顺序相同。

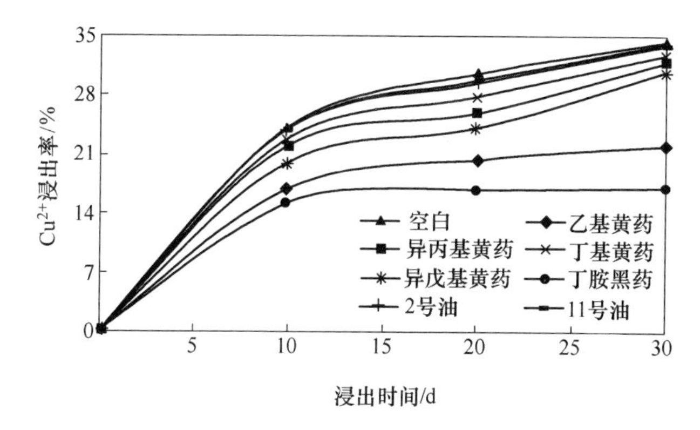

图 3-33 不同单一浮选药剂对菌种浸出含铜尾矿的效果

3.3.2 组合浮选药剂对铜浸出率的影响

本试验主要考察常见浮选药剂的组合制度对 $At.f_6$诱变菌铜浸出率的影响。图 3-34、图 3-35 是组合药剂对尾矿浸矿体系 pH 值和 Eh 值的影响。5 种组合药剂均影响到了浸出体系的 pH 值、Eh 值随时间的变化趋势。pH 值达到的最高值有所降低；含组合药剂体系的 Eh 值与空白试验相比在相同浸出时间内，均有不同程度的降低。

在 5 种不同组合浮选药剂作用下，$At.f_6$诱变菌在浸出尾矿体系的生长情况如图 3-36 所示。结果表明，不同组合药剂对菌种在浸矿体系的生长影响有所差异。其中，3 号和 2 号组合药剂对菌种生长影响较小，生长曲线和空白试验中菌种生长曲线差异很小；其次为 4 号组合药剂，在其作用下延缓了菌种在浸矿体系的生长速度；抑制作用较强的是 5 号和 1 号组合药剂，使菌种在整个浸矿过程中生长都很缓慢。因此，得出 5 种组合浮选药剂对 $At.f_6$诱变菌在浸矿体系生长影响的程度从小到大顺序为：3 号组合、2 号组合、4 号组合、5 号组合、1 号组合。这与 5 种组合药剂对 $At.f_6$诱变菌在 9K 培养基中生长抑制顺序相同。

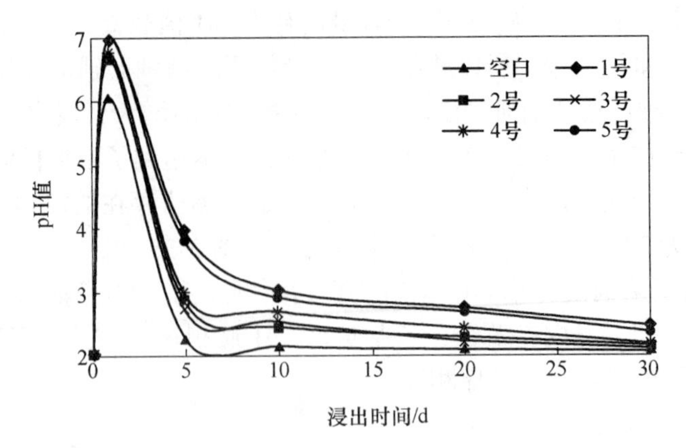

图 3-34　不同组合浮选药剂作用下浸矿体系 pH 值的变化

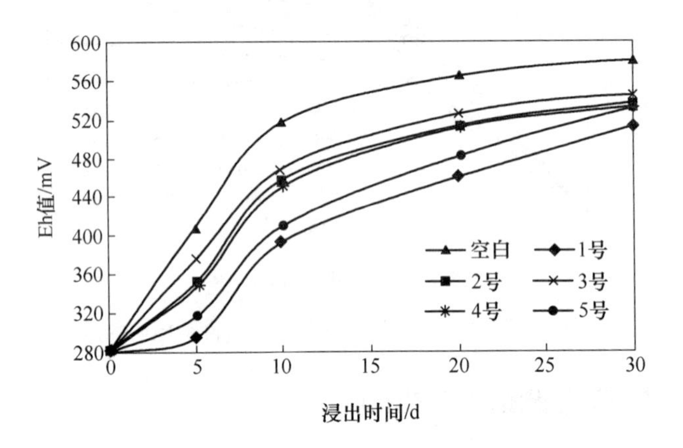

图 3-35　不同组合浮选药剂作用下浸矿体系 Eh 的变化

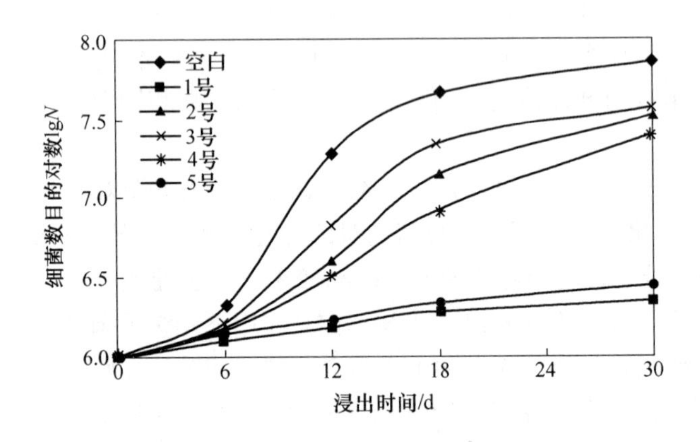

图 3-36　不同组合浮选药剂作用下菌种在浸矿体系的生长曲线

图3-37为5种组合浮选药剂在相同用量下，对 $At.f_6$ 诱变菌浸出尾矿体系中铜浸出率的对比。从图中可以看出，与空白试验相比，在5种组合浮选药剂作用下，铜浸出率均有不同程度的降低，浸出30d时铜浸出率分别为17.5%、32%、32.9%、30.7%和22.9%。从而可以得出5种组合浮选药剂对 $At.f_6$ 诱变菌浸铜效率的抑制作用从小到大顺序为：3号组合、2号组合、4号组合、5号组合、1号组合。与这5种组合药剂对 $At.f_6$ 诱变菌氧化活性的抑制规律相同。

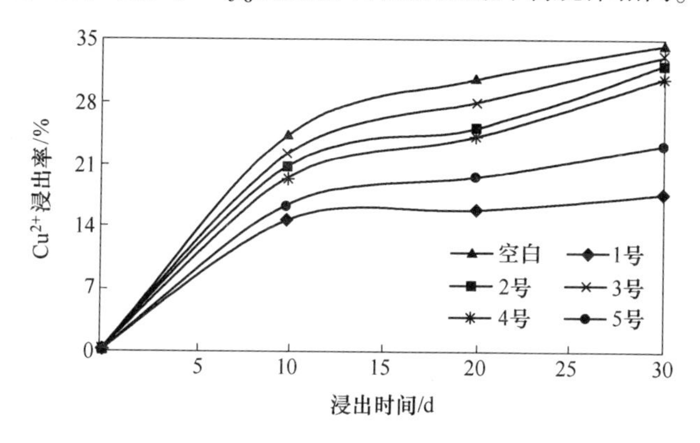

图3-37　不同组合浮选药剂对菌种浸出含铜尾矿的效果

3.4　浮选药剂对浸矿菌种的抑制作用机理

目前，国内外在浮选药剂对菌种活性影响机理方面的研究很少。有研究表明[3]，浮选药剂对菌种的抑制作用程度不同，是因为它们对菌种的毒性不同，但只是简单说明浮选药剂分子中的某些特定基团在酸性溶液中对菌种的某些酶和一些特定的膜蛋白有毒性，并没有进行深入的分析。本研究分析了不同浮选药剂在菌体表面吸附情况、浮选药剂在酸性环境中分解反应产物对浸矿菌种的毒害作用，从而得出浮选药剂对浸矿菌种的抑制作用机理和不同浮选药剂对菌种活性影响程度有所差异的理论分析。

3.4.1　不同浮选药剂在菌体表面的吸附

本试验考察了不同浮选药剂在菌体表面的吸附情况，采用紫外-可见分光光度计测定细菌吸附前后不同浮选药剂的浓度，从而可以得到不同浮选药剂在菌体表面的吸附浓度和吸附率。

3.4.1.1　浮选药剂的紫外扫描谱图

紫外-可见分光光度计在测定低浓度的物质时具有精确、简单、易操作等优点，采用紫外-可见分光光度计法来测定乙基、异丙基、丁基、异戊基钠黄药和丁胺黑药在 pH 值为 2.0 的稀硫酸溶液中反应产物于不同条件下的吸光度，并根据标准工作曲线计算出乙基、异丙基、丁基、异戊基钠黄药和丁胺黑药浓度，从而分析不同烃基钠黄药和丁胺黑药在菌种表面的吸附情况。烃基钠黄药在 pH 2.0 稀硫酸中反应生成的产物为烃基醇，其分子结构中均含有羟基（—OH），含有这种基团的化合物在 210～220nm 区域呈现强谱带，可以清晰呈现在紫外扫描谱图上。分别取 0.01g 的乙基黄药、异丙基黄药、丁基黄药、异戊基黄药、丁胺黑药溶于 100mL pH 2.0 的稀硫酸中，采用紫外-可见光扫描仪对以上溶液进行扫描，紫外扫描谱图分别如图 3-38～图 3-42 所示。

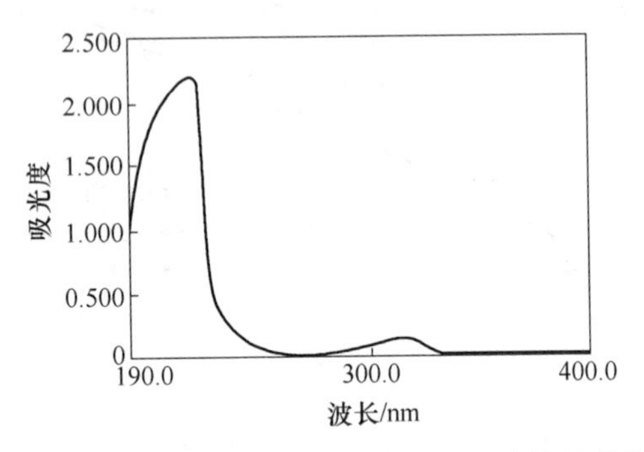

图 3-38　乙基黄药在 pH 值为 2.0 稀硫酸中反应产物的紫外扫描谱图

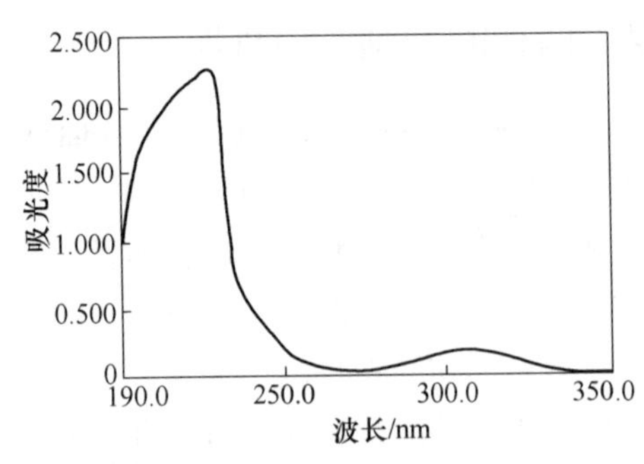

图 3-39　异丙基黄药在 pH 值为 2.0 稀硫酸中反应产物的紫外扫描谱图

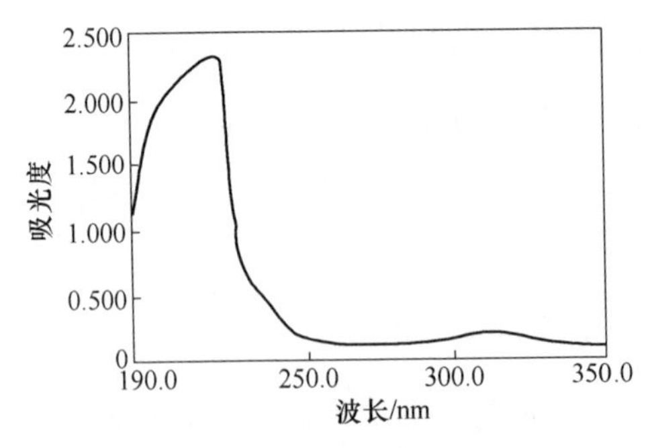

图 3-40　丁基黄药在 pH 值为 2.0 稀硫酸中反应产物的紫外扫描谱图

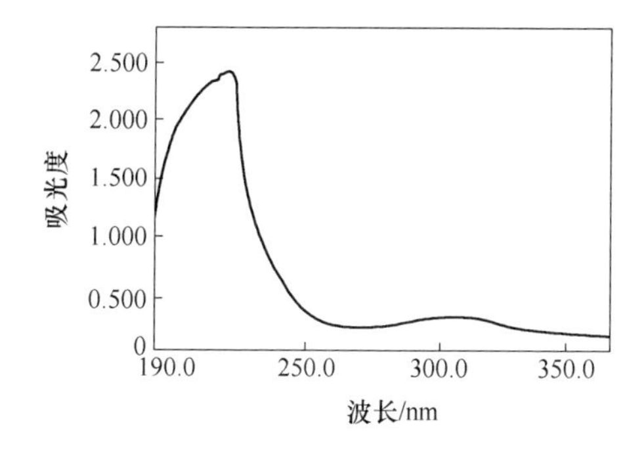

图 3-41 异戊基黄药在 pH 值为 2.0 稀硫酸中反应产物的紫外扫描谱图

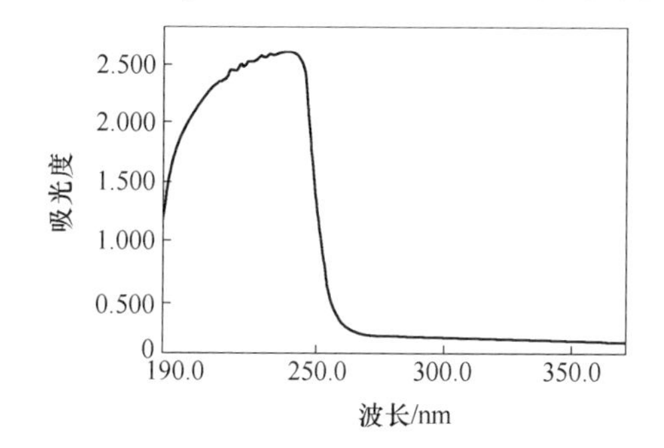

图 3-42 丁胺黑药在 pH 值为 2.0 稀硫酸中反应产物的紫外扫描谱图

由图 3-38~图 3-41 可以看出，乙基、异丙基、丁基、异戊基黄药在 pH 2.0 稀硫酸中生成产物的紫外光谱图都显示了一个吸收峰，分别在 220nm、217nm、218nm、218nm 处，分别选相对应的最大吸收峰作为不同烃基钠黄药与稀硫酸反应产物的质量浓度特征吸收波长。从图 3-42 可以得出丁胺黑药与稀硫酸反应产物的最大吸收峰在 246nm。

3.4.1.2 浮选药剂标准工作曲线的绘制

准确称取乙基、异丙基、丁基、异戊基黄药和丁胺黑药 0.01g，分别溶于 100mL 容量瓶，加入 pH 值为 2.0 的稀硫酸，稀释至刻度制成标准溶液。然后分别取这 5 种标液 0.5mL、1mL、5mL、10mL、15mL 移入 100mL 容量瓶中，用 pH 值为 2.0 的稀硫酸稀释至刻度即可，将配好的溶液用紫外-可见光分光光度计分别在波长 220nm、217nm、218nm、218nm 和 246nm 处测其吸光度，再按吸光度（A）与药剂浓度（C）的线性关系可得到 5 种浮选药剂标准工作曲线，其标准工作曲线如图 3-43~图 3-47 所示。

由图 3-43 中的工作曲线可知，乙基钠黄药在 pH 2.0 稀硫酸中反应生成产物的吸光度（A）与乙基钠黄药浓度（C）的线性方程及偏差（R^2）：$C=77.702A-0.9574$，$R^2=0.9967$。

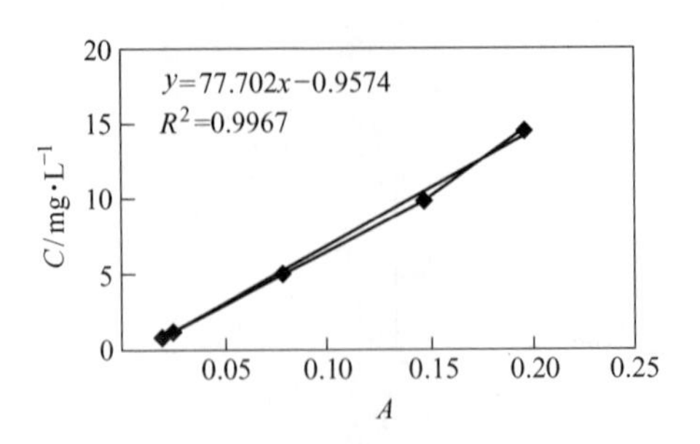

图 3-43　乙基黄药在 pH 2.0 稀硫酸中反应产物的标准工作曲线

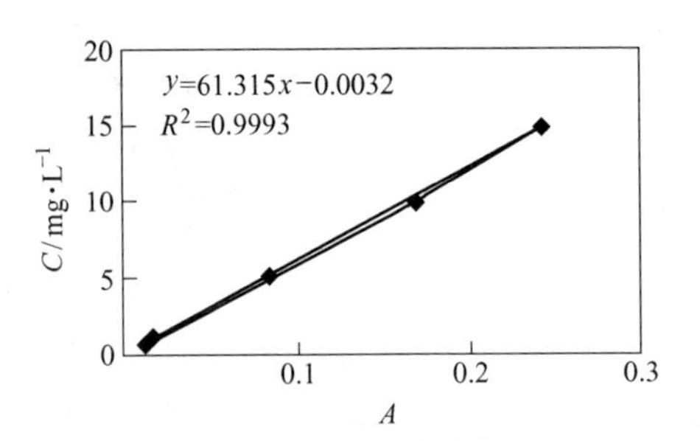

图 3-44　异丙基黄药在 pH 2.0 稀硫酸中反应产物的标准工作曲线

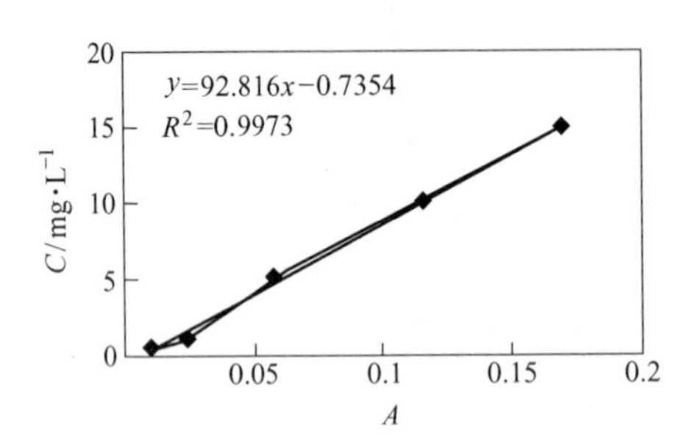

图 3-45　丁基黄药在 pH 2.0 稀硫酸中反应产物的标准工作曲线

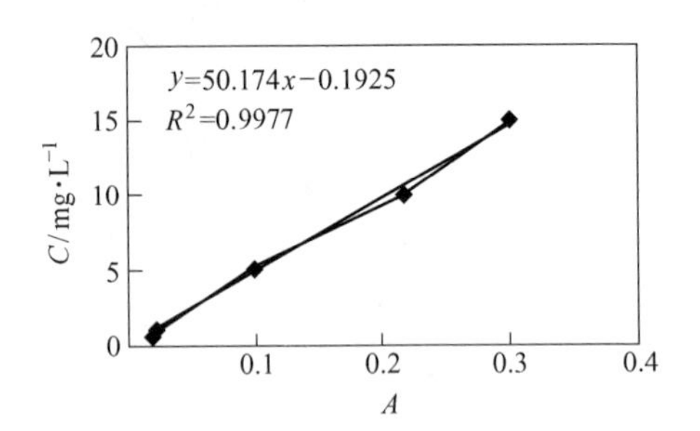

图 3-46　异戊基黄药在 pH 2.0 稀硫酸中反应产物的标准工作曲线

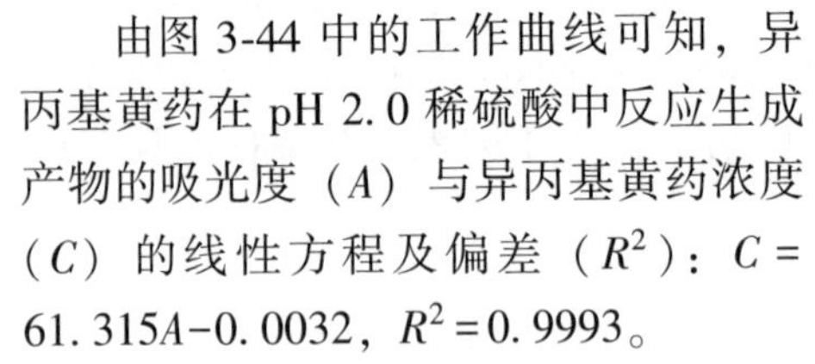

由图 3-44 中的工作曲线可知，异丙基黄药在 pH 2.0 稀硫酸中反应生成产物的吸光度（A）与异丙基黄药浓度（C）的线性方程及偏差（R^2）：$C=61.315A-0.0032$，$R^2=0.9993$。

由图 3-45 中的工作曲线可知，丁基黄药在 pH 2.0 稀硫酸中反应生成产物的吸光度（A）与丁基黄药浓度（C）的线性方程及偏差（R^2）：$C=92.816A-0.7354$，$R^2=0.9973$。

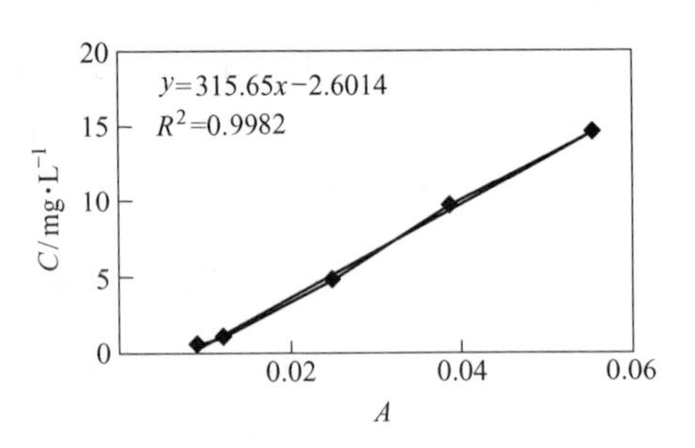

图 3-47　丁胺黑药在 pH 2.0 稀硫酸中反应产物的标准工作曲线

由图 3-46 中的工作曲线可知，异戊基黄药在 pH 2.0 稀硫酸中反应生成产物的吸光度（A）与异戊基黄药浓度（C）的线性方程及偏差（R^2）：$C=50.174A-0.1925$，$R^2=0.9977$。

由图 3-47 中的工作曲线可知，丁胺黑药在 pH 2.0 稀硫酸中反应生成产物的吸光度（A）与丁胺黑药浓度（C）的线性方程及偏差（R^2）：$C=315.65A-$

2.6014，$R^2=0.9982$。

通过以上试验，得到乙基、异丙基、丁基、异戊基黄药和丁胺黑药在 pH 2.0 稀硫酸中反应生成产物的标准工作曲线。将用于吸附试验的菌液进行纯化，目的是除去菌液中的 Fe^{3+} 以及其他杂质，得到纯净的细胞悬浊液，在生物显微镜下调整细菌浓度为 1.5×10^8 cell/mL，然后将纯化后的菌液（pH 值为 2.0）中加入一定量固定浓度的浮选药剂标准溶液，使浮选药剂和细菌作用 30min，经高速离心后将上层清液定量并置于一玻璃容器中，然后用定量去离子水多次洗涤离心所得的菌样，将洗涤水与上清液混合均匀，抽取部分测定吸光度，根据各标准工作曲线计算得出浮选药剂浓度。对比浮选药剂的初始浓度，可以得到不同浮选药剂在 pH 值为 2.0 稀硫酸中反应后在菌体表面的吸附浓度和吸附率，结果如表 3-2 所示。

表 3-2 不同浮选药剂在 $At.f_6$ 诱变菌表面的吸附情况

浮选药剂种类	吸光度	吸附浓度/$mg\cdot L^{-1}$	吸附率/%
乙基黄药	$OD_{220}=0.102$	3.032	30.32
异丙基黄药	$OD_{217}=0.096$	4.105	41.05
丁基黄药	$OD_{218}=0.059$	5.298	52.98
异戊基黄药	$OD_{218}=0.080$	6.180	61.80
丁胺黑药	$OD_{246}=0.022$	5.606	56.06

从表 3-2 可以看出，不同烃基黄药类捕收剂随着碳链长度的增加，在菌体表面的吸附浓度越高，吸附率也逐渐增大；丁胺黑药在菌体表面也具有较强的吸附性能。烃基黄原酸钠在酸性介质中与稀硫酸发生分解反应生成了烃基醇和 CS_2。从乙基、异丙基、丁基和异戊基黄药在 pH 值为 2.0 稀硫酸中反应产物的紫外扫描谱图中可以看出，反应产物的最大吸收波长均在 210~220nm 范围内，而含有羟基的化合物在 210~220nm 区域会呈现强谱带，因此得出在 $At.f_6$ 诱变菌的菌体表面发生了吸附与渗透作用的主要物质是反应生成的醇类。后续研究了不同醇类在菌体表面吸附率有所差异的原因。

3.4.2 浮选药剂对浸矿菌种的毒害作用

嗜酸氧化亚铁硫杆菌适宜在酸性环境中生存，其最佳生长 pH 值在 2.0~2.5 范围内，而黄药类捕收剂即不同烃基黄原酸钠在酸性介质中与硫酸发生分解反应，反应式为

$$CH_3—(CH_2)_n—O—CS_2Na+\frac{1}{2}H_2SO_4 \longrightarrow (CH_3)_n—CH—OH+\frac{1}{2}Na_2SO_4+CS_2 \tag{3-1}$$

生成产物烃基醇和 CS_2 均会引起浸矿细菌氧化活性减慢。因此，从醇类和 CS_2 两个方面来研究不同碳链黄药对菌种活性及其浸矿体系的影响机理。

3.4.2.1　醇类对细菌的抑制作用

无水乙醇杀菌力很弱，加水后效力增强；70%（质量分数）或 77%（体积分数）作用最好。加入稀酸或稀碱时效力增加，例如 70% 酒精和 H_2SO_4 或 NaOH，可于 1~2 日内杀死枯草杆菌芽孢。低于 10%~20% 的酒精无杀菌作用，但即使在低于 1% 时仍能有抑菌作用[7]。醇类的杀菌或抑菌作用机制为：(1) 使菌体的蛋白质变性。由于其有脱水作用，而且醇分子能进入蛋白质肽链的空隙内，因而使细菌菌体蛋白质凝固变性或沉淀。(2) 破坏细菌酶系统。通过抑制细菌酶系统，特别是脱氢酶和氧化酶等，阻碍了细菌的正常新陈代谢，抑制细菌生长繁殖。(3) 对微生物细胞的溶解作用。醇具有很强的渗透作用，可以渗透到菌体内，使细菌细胞破坏溶解。

乙基、异丙基、丁基和异戊基黄药对 $At.f_6$ 诱变菌的氧化活性均有一定的抑制作用，一部分因素是由这些不同碳链的黄药捕收剂在酸性介质中与稀硫酸反应生成的醇对 $At.f_6$ 诱变菌的抑制作用造成的。反应生成的不同烃基的醇会吸附在菌体表面进而渗透入菌体内部，使 $At.f_6$ 诱变菌菌体蛋白质凝固变性或沉淀、细菌细胞受到损坏；另外，$At.f_6$ 诱变菌主要是依靠氧化 Fe^{2+} 和还原态硫的氧化过程中获得同化 CO_2 和生长所需要的能源，然而醇类会破坏其氧化酶系统，最终导致 $At.f_6$ 诱变菌氧化活性的降低。

醇类的杀菌和抑菌作用，随分子质量增加，其作用也增强。如乙醇的杀菌作用比甲醇强 2 倍，丙醇比乙醇强 2.5 倍，但醇分子质量再继续增加，水溶性有所降低。低级的醇能溶于水，分子质量增加溶解度就降低。含有三个以下碳原子的一元醇，可以和水混溶。正丁醇在水中的溶解度较低为 8%，异戊醇只有 2.75%。低级醇之所以能溶于水主要是由于它的分子中有和水分子相似的部分——羟基。醇和水分子之间能形成氢键，所以促使醇分子易溶于水。当醇的碳链增长时，羟基在整个分子中的影响减弱，在水中的溶解度也就降低，以至于不溶于水。但是根据硫化矿浮选工艺中黄药类捕收剂的用量来推算，尾矿中以及精矿中所残留的浮选药剂浓度较低，因此在酸性介质中与稀硫酸所生成的醇的量也较小，通常生成的正丁醇和异戊醇的浓度要远低于其各自的溶解度，同时，醇在强酸水溶液中溶解度要比在纯粹水中大。因此丁基黄药和异戊基黄药在 pH 值为 2.0 的 $At.f_6$ 诱变菌菌液中反应生成的正丁醇和异戊醇能够溶于酸性菌液中，并对 $At.f_6$ 诱变菌的生长起到抑制作用。张风娟[8]等研究表明，正戊醇、3-己烯醇等对细菌和真菌有明显的抑制作用。

由表 3-2 已得出，不同烃基黄药类捕收剂随着碳链长度的增加，在菌体表面的吸附浓度增高；且在 $At.f_6$ 菌的菌体表面发生了吸附与渗透作用的主要是反应生成的醇类物质。从而表明乙醇、异丙醇、丁醇和异戊醇随着分子质量的增加，其在菌体表面的吸附和渗透性能越强，从而解释了不同浮选药剂在菌体表面的吸附率有所差异的原因。其次，随分子质量增加，醇类的杀菌和抑菌作用也增强，即醇类杀菌作用的能力是戊醇>丁醇>丙醇>乙醇>甲醇。因此，可以得出随着分子质量的增加，由醇类抑菌作用所造成的 $At.f_6$ 诱变菌氧化活性的降低越来越明显。

3.4.2.2 CS_2 对细菌的抑制作用

有文献报道 CS_2 是引起生物氧化减慢的因素[9]，因此烃基黄原酸钠与硫酸反应生成的 CS_2 对 $At.f_6$ 诱变菌也有一定的毒害作用。CS_2 纯品为清澈无色带有芳香甜味的液体，工业品呈微黄色，并有烂萝卜气味，有毒。相对分子质量为76.14，密度（20℃）为1.2632g/cm^3，冰点为-111.6℃，沸点为46.3℃。CS_2 在室温下易挥发，有刺激性气味。溶于乙醇、乙醚等多数有机溶剂，微溶于水。CS_2 通常可以用作杀虫剂[10]。CS_2 属于危险品，具有急性毒性、亚急性和慢性毒性、微生物致突变等毒性。CS_2 生物代谢物二硫代氨基甲酸酯可以与细胞色素氧化酶、铜蓝蛋白中铜配合，使酶失去活性；CS_2 还可以抑制一些氧化酶、蛋白酶的活性，使蛋白代谢紊乱等。

乙基、异丙基、丁基和异戊基黄药对 $At.f_6$ 诱变菌的氧化活性的抑制作用，一部分因素是由这些不同碳链的黄药捕收剂在酸性介质中与稀硫酸反应生成的 CS_2 对 $At.f_6$ 诱变菌的抑制作用造成的。乙基、异丙基、丁基和异戊基黄药在相同的质量浓度下，随着烃基黄药捕收剂碳链的增加，分子质量逐渐增大，所生成 CS_2 的量变小，因此，在相同的质量用量下，由乙基黄药反应生成的 CS_2 的量最大，对 $At.f_6$ 诱变菌的影响也最大；在含异戊基黄药的细菌培养体系中，所受到的由 CS_2 引起的菌种活性的降低程度最小。即随着分子质量的增加，由 CS_2 杀菌作用所造成的 $At.f_6$ 诱变菌氧化活性的降低越来越小。

通过以上醇类及 CS_2 对浸矿菌种的抑制作用理论研究可以发现，随着烃基黄药碳链的增长、分子质量的增加，醇类对 $At.f_6$ 诱变菌的抑制作用逐渐增强；而由于相同药剂质量用量下所生成 CS_2 量逐渐减小，对 $At.f_6$ 诱变菌的抑制作用逐渐减弱。在这两种产物的共同影响下，造成了不同碳链的黄药类浮选药剂对菌种活性影响差异较大。

3.4.2.3 丁胺黑药对细菌的抑制作用

丁胺黑药在酸性介质中与硫酸发生分解反应，反应式为

$$(C_4H_9O)_2—P—S_2NH_4 + \frac{1}{2}H_2SO_4 \longrightarrow (C_4H_9O)_2—P—S_2H + \frac{1}{2}(NH_4)_2SO_4 \tag{3-2}$$

丁胺黑药在酸性溶液中产生的二烃基二硫代磷酸对细菌的某些酶和一些特定的膜蛋白有毒性，从而影响菌种的氧化活性。有研究描述[3]丁胺黑药的铵基在酸性溶液中对细菌的某些酶有毒性，但根据上述反应式，铵基和硫酸根形成了硫酸铵，而硫酸铵是嗜酸氧化亚铁硫杆菌的培养基组成物质之一，应该不会对菌种造成毒害作用，因此该结论有待商榷。

3.5　浮选药剂对铜浸出率的影响机理

浮选药剂对细菌浸矿体系的影响主要包括浮选药剂对矿物表面性质和菌种活性的影响，从而影响到菌种与矿物的作用。浮选药剂对细菌浸矿体系影响研究试验中所选择的矿样为黄铜矿纯矿物，将 2g 黄铜矿纯矿物放入 250mL 锥形瓶中，装入 90mL 已灭菌 pH 值为 2.0 的无铁 9K 培养基，接入纯化后的 $At.f_6$复合诱变菌（细菌浓度为 1.0×10^8cell/mL）的菌液 10mL，然后加入不同的浮选药剂，各浮选药剂添加量均为 10mg/L，矿浆浓度为 2%，置于 30℃、160r/min 的空气浴恒温摇床内振荡培养。定期测定浸出液中 pH 值、氧化还原电位和铜浸出率。

图 3-48、图 3-49 是浮选药剂对黄铜矿纯矿物浸矿体系 pH 值和 Eh 值的影响。5 种浮选药剂均影响浸出体系的 pH 值、Eh 值随时间的变化趋势。浸出体系 pH 值均呈先快速上升后下降最终保持稳定的趋势，初期 pH 值上升可能是因为黄铜矿纯矿物中少量碱性矿物溶解以及亚铁氧化耗酸所致，之后浸出体系的 pH 值又迅速下降，主要是由于氧化分解黄铜矿所产生的 S 被细菌氧化为硫酸所造成，从而使溶液的 pH 值有所降低。在浮选药剂的影响下，pH 值达到的最高值有所降低，变化趋势有所滞后；含浮选药剂体系的 Eh 值与空白试验相比在相同浸出时间内，均有不同程度的降低。

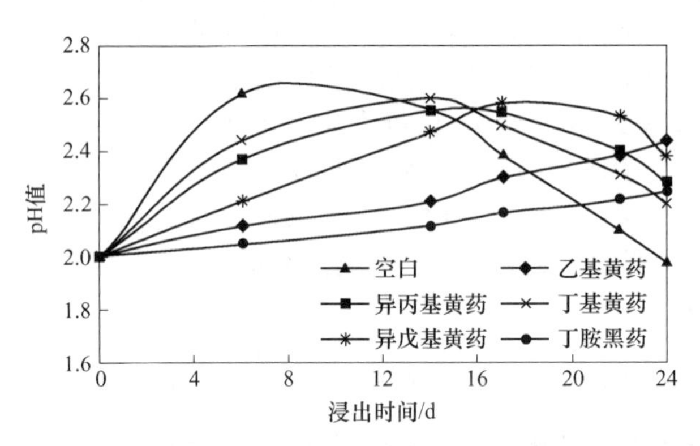

图 3-48　不同浮选药剂作用下黄铜矿纯矿物浸矿体系 pH 值的变化

浮选药剂对 $At.f_6$诱变菌浸出黄铜矿纯矿物的铜浸出率的影响结果见图 3-50。可以看出，5 种浮选药剂的存在均会降低 $At.f_6$诱变菌浸出黄铜矿纯矿物的铜浸出

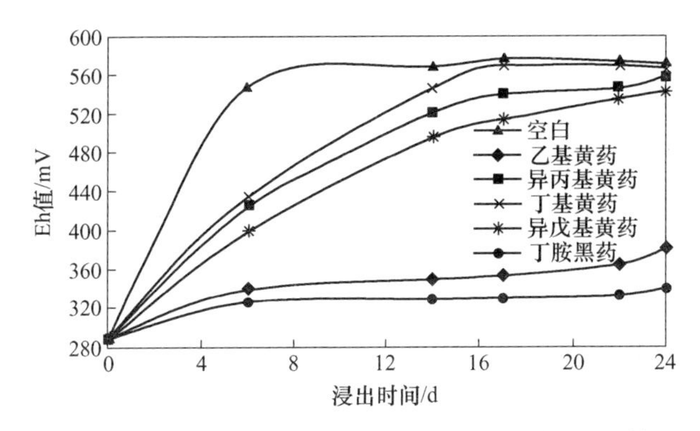

图 3-49　不同浮选药剂作用下黄铜矿纯矿物浸矿体系 Eh 值的变化

率，在 5 种浮选药剂用量相同的情况下（均为 10mg/L），浸出 20d 后，铜浸出率与不加任何浮选药剂的细菌浸出空白试验相比，均有不同程度的降低，且降低幅度有所差异。含乙基、异丙基、丁基、异戊基黄药浸出体系的铜浸出率与空白试验相比，分别降低了 36.67%、13.33%、11.67%、20%、45%。可以得出 5 种浮选药剂对 $At.f_6$ 诱变菌浸出黄铜矿纯矿物体系的浸铜效率影响作用从小到大顺序为：丁基黄药、异丙基黄药、异戊基黄药、乙基黄药、丁胺黑药。与这 5 种药剂对 $At.f_6$ 诱变菌浸出尾矿体系时的铜浸出效率影响顺序相一致。

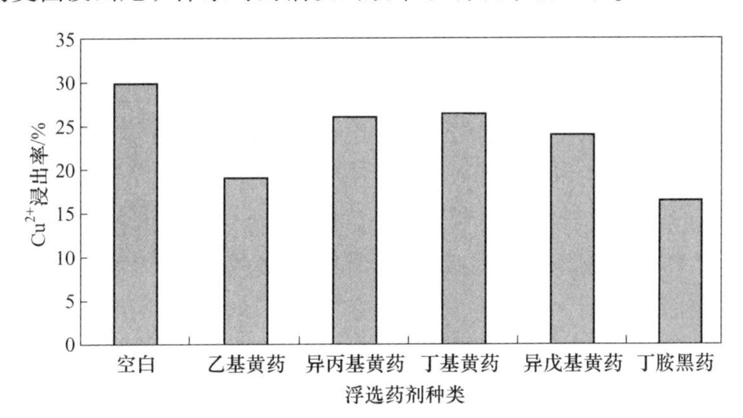

图 3-50　不同浮选药剂对 $At.f_6$ 诱变菌浸出黄铜矿纯矿物铜浸出率的影响

（药剂用量：10mg/L；时间：20d）

不同浮选药剂作用下，$At.f_6$ 诱变菌浸出黄铜矿纯矿物进行一段时间后，收集浸渣，用稀硫酸和去离子水多次洗涤，经干燥处理后，作为后续 SEM-EDS、XPS、FTIR 测试分析的样品。

3.5.1　菌种在浮选药剂作用后黄铜矿表面的吸附

矿物的细菌浸出过程包括细菌吸附到矿物表面、细菌在矿物表面发生化学反应、细菌在矿物表面的脱附等过程，由于细菌对矿物表面的吸附，可以不同程度地改变矿物表面的物理、化学或物理化学性质，如疏水性、表面元素的氧化-还原、溶解-沉淀等行为，所以细菌在矿物表面的吸附是影响矿物浸出速率和浸出率的一个重要因素。关于细菌吸附至矿物表面已有一些报道，如朱莉等研究表明[11]，氧化亚铁硫杆菌在黄铜矿表面的等温吸附平衡符合 Freundlich 方程，在研究范围内，菌龄为对数生长后期、pH 值为 1.5~3.0、离子强度为 50~100mg/mL 和非离子表面活性剂质量分数在 0.005%~0.1%时更有利于细菌在矿物表面的吸附，温度对吸附影响不大。傅建华等为了探索浸矿细菌的吸附机理，研究了浸矿细菌的表面性质[12]，得出硫培养的氧化亚铁硫杆菌进行透射电镜观察时发现在其吸附面形成了外膜泡、而在铁培养的细菌中未观察到外膜泡。外膜泡仅在固体矿物存在的基质中形成，说明它在浸矿细菌吸附至矿物过程中起着十分重要的作用；用电镜细胞化学方法证实了浸矿细菌表面存在着脂类、多糖和蛋白质等物质，外膜蛋白在细菌吸附至矿物过程中起着十分重要的作用；并用 FTIR 法证实了氧化亚铁硫杆菌表面存在着一些基团和 C—O 键，这些基团在吸附过程中起到一定的作用。魏德洲等研究报道[13]，溶液初始 pH 值对氧化亚铁硫杆菌在硫化矿物表面的吸附几乎无影响，但酸性环境有利于吸附的发生；扫描电子显微镜检测结果显示，氧化亚铁硫杆菌细胞表面的荚膜是重要的吸附位。

细菌吸附到矿物的表面是细菌浸出的第一步[14]。细菌在矿物表面的吸附主要包含三方面的影响因素：（1）细菌自身特性对吸附的影响。研究较多的有细菌表面功能基团对吸附的影响、细菌表面蛋白对吸附的影响、细菌细胞表面多糖对吸附的影响、胞外多聚物对吸附的影响等。（2）硫化矿矿物表面性质对细菌吸附的影响。因为细菌对硫化矿的吸附及氧化是在矿物的表面发生的，因此矿物的表面性质也是关键因素之一[15]。表面元素分布、表面电性、缺陷、表面能、表面的不均匀性等矿物特性在细菌氧化中起到重要作用。不同矿物因其表面化学组成不同，表面疏水性、表面键能、不均匀性、溶解性等都存在差异，因此同样条件下，同种菌种在不同矿物表面的吸附效果也存在差异；对于同一菌种，当矿物的表面性质发生变化时，吸附效果也会不同[16]。（3）细菌细胞与矿物表面之间的相互作用。细菌与矿物的界面作用涉及一系列复杂的物理化学过程，即细菌吸附不仅取决于生物的生化特性而且还取决于作用体系中各种界面的性质。关于微生物在矿物表面吸附的研究结果，大致分为疏水相互作用、静电作用、氢键作用、化学键合作用等。

Preston 等人[17]认为细菌吸附到矿物表面不仅仅改变了细菌的生物化学性质，同时也改变了浸矿体系中各种各样的界面性质。在浸矿细菌细胞表面或代谢产品中存在的非极性基团（烃链）和极性基团（羰基、羟基、磷酸基团），使得微生物培养液具有表面活性剂分子的类似特性，因此，细菌可以通过在矿物表面的吸附作用直接调整矿物表面性质。

准确称取黄铜矿纯矿物矿样 1.0g，用 pH 1.0 硫酸清洗矿物表面，再用蒸馏水洗涤至中性。然后分别加入一定量浮选药剂的标准溶液，使浮选药剂的浓度均在 10mg/L，浮选药剂和黄铜矿作用一段时间后，加入一定体积（20mL）的细菌浓度为 1.5×10^8cell/mL 的菌液，调节菌液 pH 值为 2.0。采用磁力搅拌器振荡搅拌 120min 后，将矿浆离心 10min，转速为 1000r/min，抽取上层清液，测定其细菌数目。采用显微镜直接计数法测定：在显微镜下计数出细菌在吸附前后单位体积溶液中的游离的细菌数量，然后通过差值计算出吸附在矿物表面的细菌数量，再除以未吸附之前的细菌数量，就得到了细菌在矿物表面的吸附率。原始菌量与吸附后液相中剩余的自由菌量的差值即为被矿物吸附的菌密度（$cells/cm^2$）。不同浮选药剂作用下 $At.f_6$诱变菌在矿物表面的吸附率及吸附菌密度如表 3-3 所示。

表 3-3 不同浮选药剂对细菌在黄铜矿纯矿物表面吸附的影响

浮选药剂种类	黄铜矿表面细菌吸附率/%	吸附菌密度/$cells\cdot cm^{-2}$
空白	73.33	1.34×10^6
乙基黄药	40.33	8.02×10^5
异丙基黄药	58.33	1.16×10^6
丁基黄药	64.67	1.29×10^6
异戊基黄药	51.66	1.03×10^6
丁胺黑药	37.34	7.43×10^5

注：黄铜矿比表面积为 $754cm^2/g$。

结果表明，乙基黄药、异丙基黄药、丁基黄药、异丙基黄药和丁胺黑药与黄铜矿纯矿物作用后均会降低 $At.f_6$诱变菌在黄铜矿表面的吸附率和吸附菌密度。其中，丁胺黑药对细菌吸附影响程度最为严重，与空白试验的菌吸附率相比，降低了 49%左右；其次为乙基黄药，对 $At.f_6$诱变菌在黄铜矿表面的吸附率影响也较大，与空白试验相比，吸附率降低了 45%。对比表 3-3 的结果可以得出 5 种浮选药剂对 $At.f_6$诱变菌在黄铜矿表面吸附作用影响程度从小到大顺序为：丁基黄药、异丙基黄药、异戊基黄药、乙基黄药、丁胺黑药。这与 5 种浮选药剂对 $At.f_6$诱变菌浸出黄铜矿纯矿物体系铜浸出率影响规律相同。

从浮选药剂对黄铜矿纯矿物表面性质的影响以及浮选药剂在酸性介质中分解产物对 $At.f_6$诱变菌的影响两个方面解释 5 种浮选药剂对 $At.f_6$诱变菌在黄铜矿表面吸附作用的影响。即浮选药剂导致了浸矿菌种在矿物表面的吸附两大影响因素的变化，即 $At.f_6$诱变菌自身性质的变化以及黄铜矿表面性质的变化，从而影响了 $At.f_6$诱变菌在黄铜矿表面的吸附。

浮选药剂加入黄铜矿矿浆时，药剂可吸附在固液界面，另一些药剂则吸附在气液界面，吸附的结果使矿物表面性质改变，如改变矿物的表面疏水性、电性等。不同种类药剂所发生的吸附类型是多种多样的。黄药类捕收剂是硫化矿物的有效捕收剂，已应用了半个多世纪，对其作用机理虽然进行了大量的研究，但由于矿物种类繁多，不同矿物具有不同的性质，因此至今没有一致的看法。目前，提出新的作用机理主要有化学吸附说、双黄药见解和共吸附等[18]。J. O. Leppinen 等[19]利用在线红外测试来研究不同矿浆电位下乙基黄药在黄铜矿表面的吸附机理，研究结果表明，在黄铜矿表面，起始黄药被氧化生成双黄药，但达到高电位后，便生成铜的黄原酸盐。Allison 等[20]进行全面研究并测定黄药的吸附量、矿物的电极电位和红外光谱研究吸附产物等，结果表明，黄铜矿表面吸附既有双黄药，又有金属黄原酸盐，属于化学吸附和双黄药吸附的共同作用。化学吸附机理为黄药类捕收剂在黄铜矿的表面发生氧化反应，生成硫酸盐，反应式如下：

$$CuFeS_2 + 4O_2 \longrightarrow CuSO_4 + FeSO_4 \tag{3-3}$$

氧化后黄铜矿表面的硫酸根离子，可以和水中的氢氧根离子、碳酸根离子等进行交换生成碳酸铜和氢氧化铜，反应式如下：

$$CuSO_4 + CO_3^{2-} \longrightarrow CuCO_3 + SO_4^{2-} \tag{3-4}$$

$$CuSO_4 + 2OH^- \longrightarrow Cu(OH)_2 + SO_4^{2-} \tag{3-5}$$

加入黄药后，黄药阴离子和矿物表面的氢氧根离子、碳酸根离子、硫酸根离子等产生交换吸附，形成黄原酸铜，反应式如下：

$$CuCO_3 + 2ROCSS^- \longrightarrow Cu(ROCSS)_2 + CO_3^{2-} \tag{3-6}$$

$$Cu(OH)_2 + 2ROCSS^- \longrightarrow Cu(ROCSS)_2 + 2OH^- \tag{3-7}$$

黄原酸铜具有强烈的疏水性，在黄铜矿表面的沉积可提高黄铜矿表面的可浮性。黄药与矿物表面金属离子能否生成不溶性的金属黄原酸盐主要取决于生成产物的溶度积大小，如果生成的黄原酸盐溶度积大，则不利于离子交换吸附的进行，如 Fe^{2+}生成的黄酸盐溶度积较大（大于 10^{-2}），黄药对这类矿物不易进行捕收；反之，生成的黄原酸盐溶度积越小，离子交换吸附越容易进行，如黄药和铜、汞、金等阳离子生成产物溶度积很小（小于 10^{-10}），黄药对其捕收效果越好。

双黄药吸附原理为黄药对黄铜矿的捕收作用是由于黄药氧化分解后生成双黄酸，双黄酸具有疏水作用，吸附在黄铜矿的表面，从而使黄铜矿表面性质发生变化[5]。黄药阴离子在黄铜矿表面产生的反应为

$$2ROCSS^- + \frac{1}{2}O_2 + 2H^+ \longrightarrow (ROCSS)_2 + H_2O \tag{3-8}$$

共吸附机理是以上两种吸附方式的综合，即黄铜矿与黄药作用后，在黄铜矿表面同时存在黄原酸铜和双黄药，能使黄铜矿表面具有足够的疏水性，且随着黄

药烃基的增长，在黄铜矿表面的吸附越牢固，使黄铜矿表面性质改变越大。

根据共吸附理论分析得出，黄铜矿被浮选药剂作用后表面吸附了双黄药和黄原酸铜。采用*At. f*$_6$诱变菌浸出被浮选药剂作用后的黄铜矿，浸出体系保持pH 2.0左右，在酸性条件下，吸附在黄铜矿表面的双黄药和黄原酸铜会与稀硫酸发生反应，双黄药在酸性溶液中所形成的黄原酸盐和一硫代碳酸盐都迅速分解，黄原酸盐迅速分解生成醇类和 CS_2，一硫代碳酸盐分解生成 OCS[21]。黄原酸铜在 pH 2.0 的酸性条件下，发生如下反应：

$$Cu(ROCSS)_2 + H_2SO_4 \longrightarrow CuSO_4 + 2CS_2 + 2ROH \tag{3-9}$$

从以上分析可以得出，与黄药作用后，无论吸附在黄铜矿纯矿物表面的是双黄药还是黄原酸铜，在 pH 2.0 的酸性条件下进行细菌浸出时，双黄药和黄原酸铜都会与硫酸发生反应，生成有害物质 CS_2和具有杀菌抑菌作用的醇类。在浮选药剂对细菌的毒害机理部分章节中已详细分析了醇类和 CS_2对 *At. f*$_6$诱变菌的抑制作用，并揭示了不同碳链黄药抑制作用有所差异的原因。因此，浮选药剂对 *At. f*$_6$诱变菌浸铜体系的抑制作用机制从本质上分析还是醇类和 CS_2会导致 *At. f*$_6$诱变菌氧化酶活性降低、蛋白质变性、表面基团发生变化等。因此，浮选药剂与黄铜矿纯矿物作用后均会降低 *At. f*$_6$诱变菌在其表面的吸附率，一方面是因为生成产物醇类和 CS_2对 *At. f*$_6$诱变菌的毒害作用，使其生长缓慢，数量减少；另一方面是由于细菌表面功能基团和表面蛋白发生变化，这必然会影响到细菌在黄铜矿纯矿物表面的吸附，同时，*At. f*$_6$诱变菌活性的降低导致细菌细胞表面多糖和胞外多聚物分泌的减少，从而降低了在黄铜矿纯矿物表面的吸附作用。

3.5.2 浮选药剂作用下黄铜矿浸渣 SEM-EDS 分析

收集不同浮选药剂作用下 *At. f*$_6$诱变菌浸出黄铜矿纯矿物试验中的矿渣，洗涤后干燥处理，之后进行 SEM-EDS 分析，并与黄铜矿原矿、无浮选药剂作用下细菌浸出黄铜矿纯矿物所得浸渣的 SEM 进行了对比。图 3-51 为黄铜矿颗粒的 SEM，从图中可以看出，黄铜矿颗粒在浸出前表面平整光滑、极少有孔隙和孔洞，颗粒棱角分明，晶体形状比较完整。

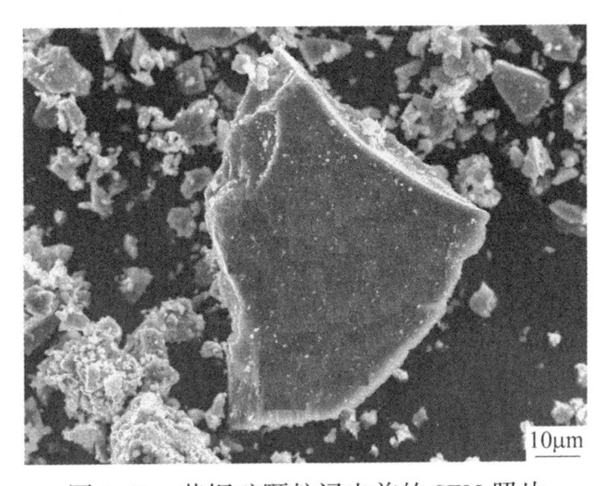

图 3-51 黄铜矿颗粒浸出前的 SEM 照片

图 3-52 为不同浮选药剂作用下黄铜矿颗粒细菌浸出后的 SEM 照片。其中，图 3-52a 为不加任何浮选药剂时黄铜矿浸出后的SEM 照片，从图 3-52a 可以看

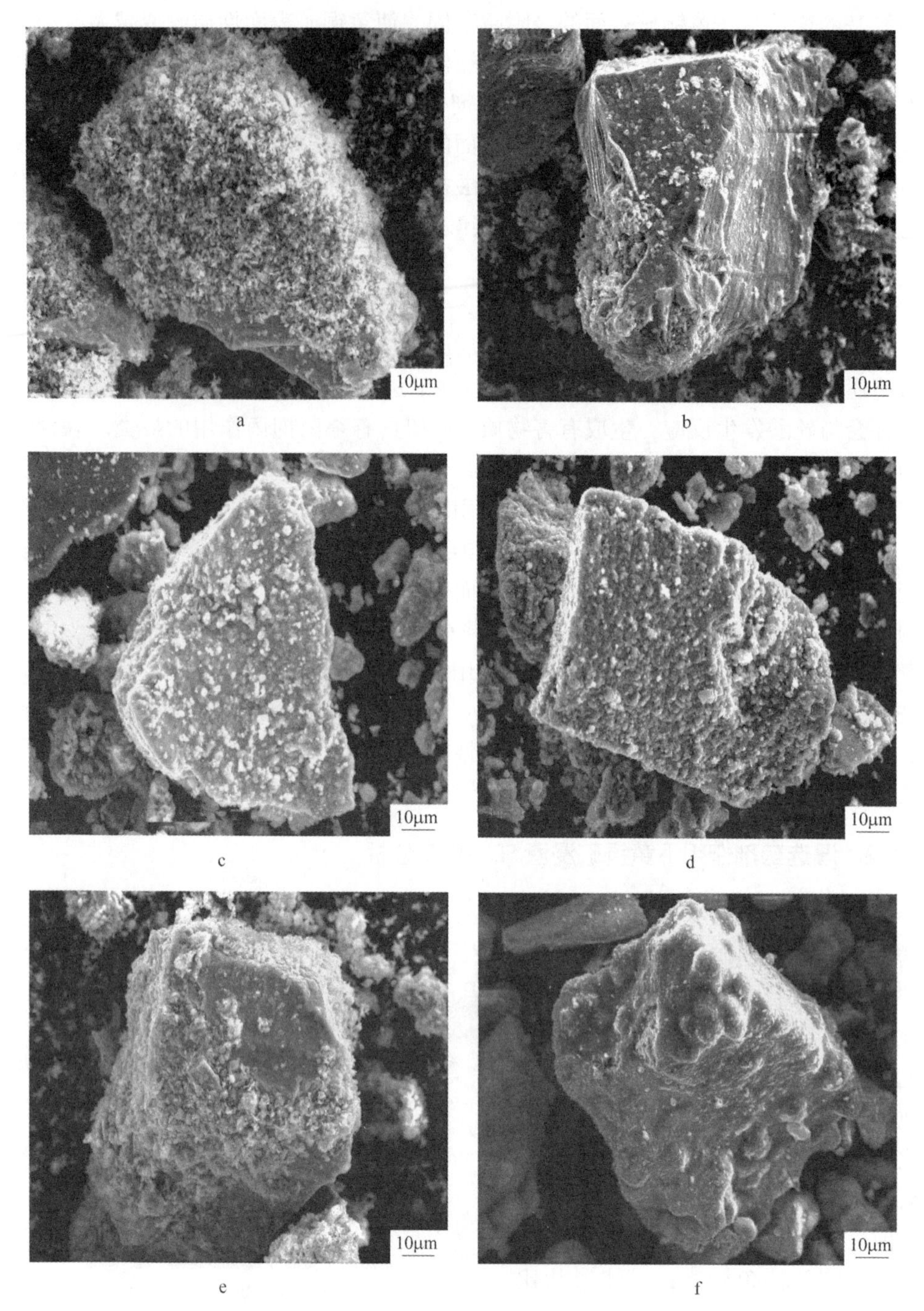

图 3-52　不同浮选药剂作用下黄铜矿颗粒细菌浸出后的 SEM 照片

a—无浮选药剂细菌浸出后；b—乙基黄药作用细菌浸出后；c—异丙基黄药作用细菌浸出后；d—丁基黄药作用细菌浸出后；e—异戊基黄药作用细菌浸出后；f—丁胺黑药作用细菌浸出后

出，细菌浸出后黄铜矿颗粒表面变得凹凸不平，浸蚀现象很严重，呈现出大量的孔隙及孔洞，结构变得疏松，这主要是由细菌吸附出现了许多腐蚀小坑以及黄铜矿颗粒在浸出过程中氧化溶解造成的。图 3-52b~f 分别为在乙基黄药、异丙基黄药、丁基黄药、异戊基黄药、丁胺黑药作用下细菌浸出黄铜矿后的 SEM 照片，可以看出，在这几种药剂作用下，黄铜矿颗粒浸出后表面均出现不同程度的浸蚀现象，但与不加浮选药剂时相比，腐蚀程度较弱，这是因为在浮选药剂的作用下，$At.f_6$诱变菌的生长和氧化活性受到抑制，并且也降低了 $At.f_6$诱变菌在黄铜矿颗粒表面的吸附作用，从而阻碍了黄铜矿颗粒的氧化溶解，使其表面的浸蚀程度降低。同时，对比图 3-52b~f 中不同浮选药剂作用下的黄铜矿 SEM 照片可以得出，乙基黄药和丁胺黑药作用下的黄铜矿颗粒表面的浸蚀程度较低，其次为异戊基黄药，丁基黄药作用下的浸蚀程度较严重，这与这几种浮选药剂对 $At.f_6$诱变菌的生长、氧化活性、浸矿体系的影响规律相似，也与 $At.f_6$诱变菌在黄铜矿表面吸附作用影响规律一致。

图 3-53 和图 3-54 分别为黄铜矿纯矿物细菌浸出前后表面 SEM 图和能谱分析图谱。从 SEM 面分布能谱图可以看出浸出前后黄铜矿表面主要的化学成分基本相同，但 Cu、Fe、S 的质量分数和原子数分数发生了变化，Cu 的质量分数和原子数分数有所降低，而 Fe 和 S 的质量分数、原子数分数有所升高。表 3-4 为不同条件下黄铜矿表面能谱分析各元素质量分数和原子数分数结果，结果表明，黄铜矿浸出前 S、Fe、Cu 的原子数分数分别为 50.23%、25.03%、24.74%，计算分析可知，S：Fe：Cu=2.03：1.01：1，为较完整的理论黄铜矿原子数比；黄铜矿细菌浸出后 S、Fe、Cu 的原子数分数分别为 51.38%、27.39%、21.23%，计算分析可知，S：Fe：Cu=2.41：1.29：1，比较可知，浸出后黄铜矿表面 S、Fe 富集在黄铜矿表面，说明在浸出过程中铁的浸出率略低于铜的溶解，黄铜矿表面有元素 S 或 S 多聚物的生成。

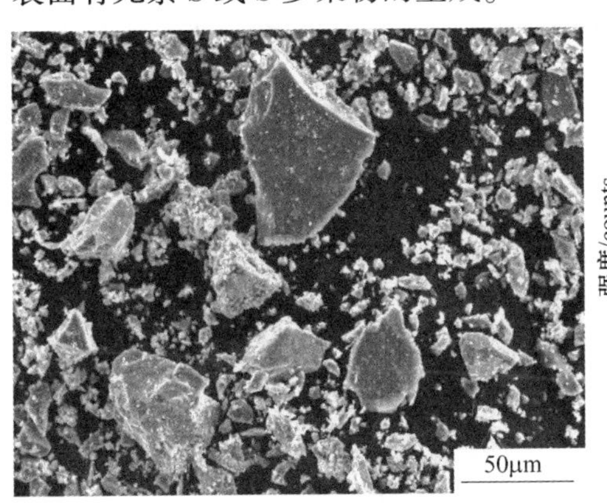

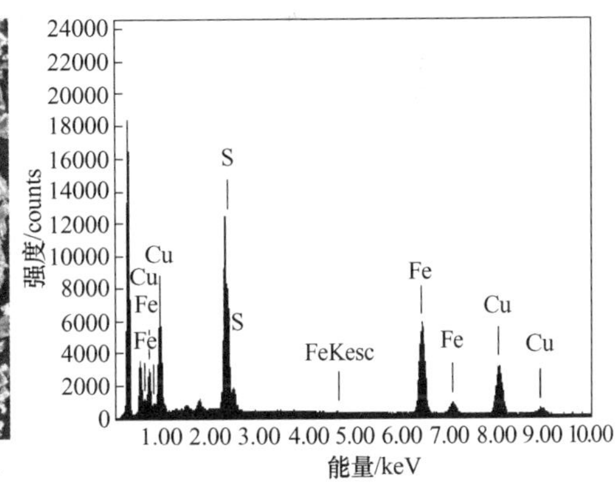

图 3-53 黄铜矿纯矿物的 SEM 图和面分布 EDS 图谱

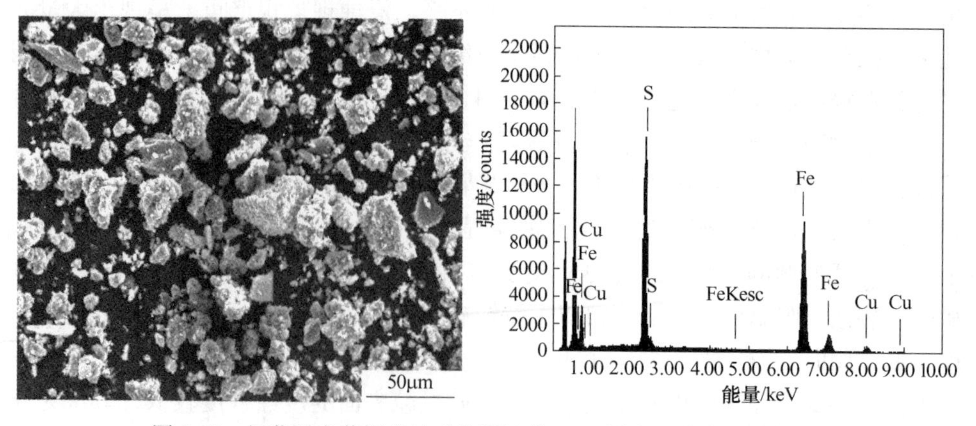

图 3-54 细菌浸出黄铜矿纯矿物浸渣的 SEM 图和面分布 EDS 图谱

表 3-4 不同条件下细菌浸出黄铜矿纯矿物浸渣表面能谱分析结果

试样 \ 元素	质量分数/%			原子数分数/%		
	Cu	Fe	S	Cu	Fe	S
黄铜矿原矿	33.97	31.62	34.42	24.74	25.03	50.23
无药剂作用的浸渣	26.80	34.41	38.79	21.23	27.39	51.38
乙基黄药作用的浸渣	32.36	32.55	35.09	23.94	25.59	50.47
异丙基黄药作用的浸渣	27.94	33.72	38.34	22.14	26.86	51.00
丁基黄药作用的浸渣	27.52	34.02	38.46	21.88	26.99	51.13
异戊基黄药作用的浸渣	29.62	33.01	37.37	22.81	26.40	50.79
丁胺黑药作用的浸渣	33.06	32.08	34.86	24.27	25.52	50.21

图 3-55~图 3-59 分别是在浮选药剂乙基黄药、异丙基黄药、丁基黄药、异戊基黄药、丁胺黑药作用下所得细菌浸出黄铜矿纯矿物所得浸渣的 SEM 图和能谱分析图谱。从图中可以看出，不同浮选药剂作用下，浸渣表面 Cu、Fe、S 的质量

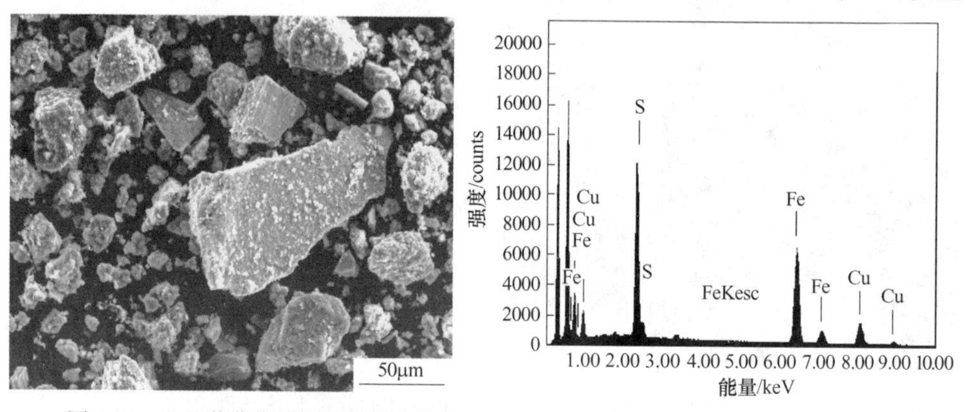

图 3-55 乙基黄药作用下细菌浸出黄铜矿纯矿物浸渣的 SEM 图和面分布 EDS 图谱

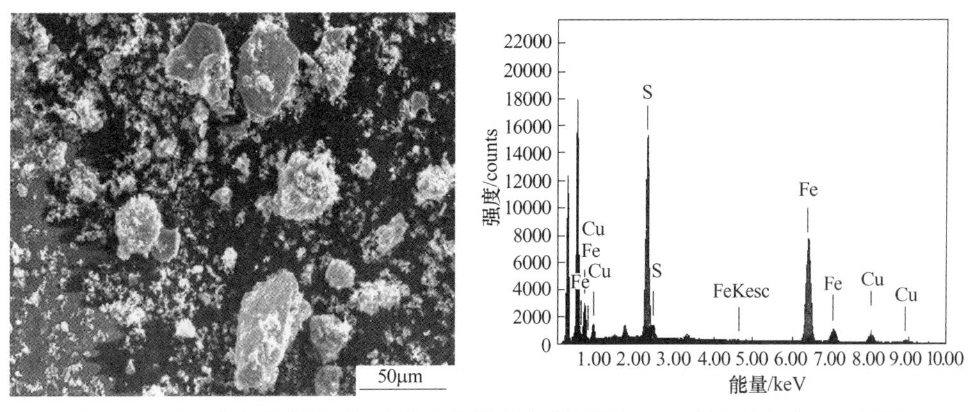

图 3-56　异丙基黄药作用下细菌浸出黄铜矿纯矿物浸渣 SEM 图和面分布 EDS 图谱

图 3-57　丁基黄药作用下细菌浸出黄铜矿纯矿物浸渣的 SEM 图和面分布 EDS 图谱

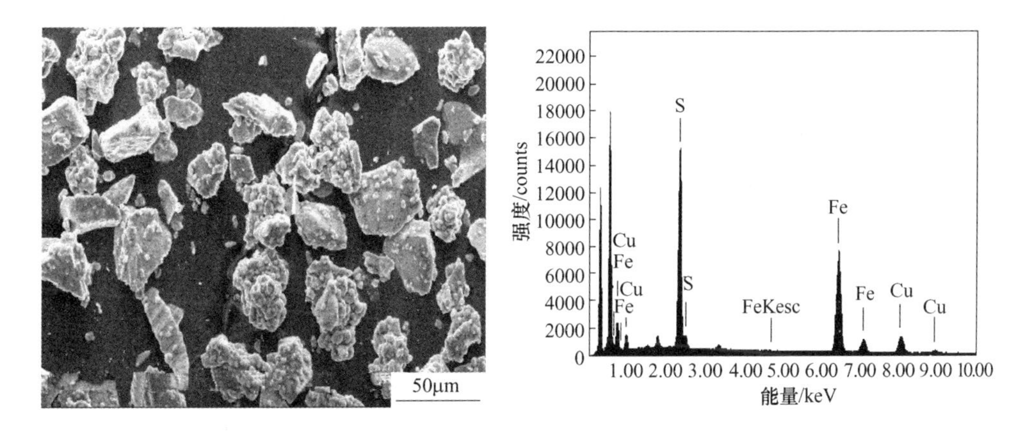

图 3-58　异戊基黄药作用下细菌浸出黄铜矿纯矿物浸渣 SEM 图和面分布 EDS 图谱

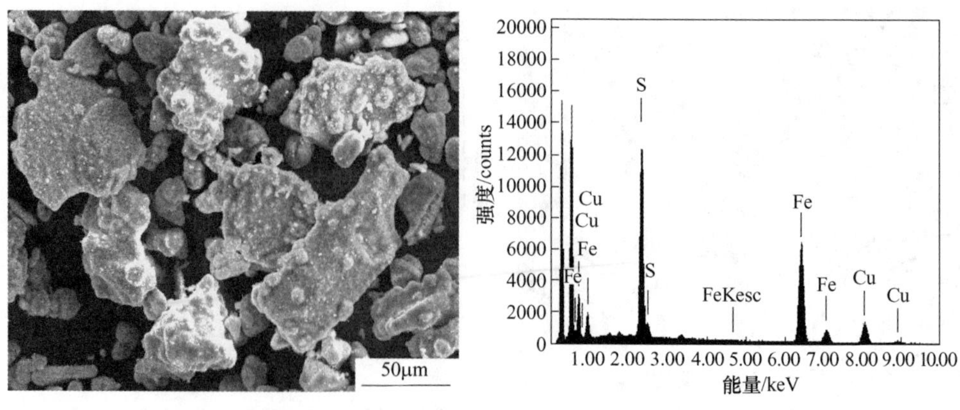

图 3-59　丁胺黑药作用下细菌浸出黄铜矿纯矿物浸渣的 SEM 图和面分布 EDS 图谱

分数和原子数分数发生了变化，但程度有所不同。比较可知，Cu 的质量分数和原子数分数均有所降低；Fe 和 S 的质量、原子数分数均有所升高，升高的程度由小到大的顺序与浮选药剂对 $At.f_6$ 诱变菌的氧化活性、浸矿体系的影响规律相同。因此从本质上分析还是由不同浮选药剂对 $At.f_6$ 诱变菌的毒害作用的差异造成的。

3.5.3　浮选药剂作用下黄铜矿浸渣 XPS 分析

X 射线光电子能谱（X-ray photoelectron spectroscopy）是目前常用的表面分析检测方法之一[22]，可对除 H、He 以外的所有元素进行定性、定量分析，它既可得到表面信息，也可获得一定深度分布信息。通过 XPS 可以对原子轨道的电子结合能做精确测定，并以结合能的位移来判断原子是否发生化学环境的变化。

定性分析就是根据所测图谱的位置和形状来得到有关样品的组分、化学态、表面吸附、表面态、表面价电子结构、原子和分子的化学结构、化学键合情况等信息。元素定性的主要依据是组成元素的光电子线的特征能量值，因为每种元素都有唯一的一套芯能级，其结合能可用作元素的指纹。内层电子结合能的化学位移可以反映原子化学态变化，而原子化学态变化源于原子上电荷密度的变化。在有机分子中各原子的电荷密度受有机反应历程中各种效应的影响，因而利用内层电子的光电子线位移，可以研究有机反应中的取代效应、配位效应、相邻基团效应、共轭效应、混合价效应和屏蔽效应等的影响。

为了进一步研究浮选药剂对细菌浸铜体系的影响机制，选择乙基黄药和异戊基黄药作用下细菌浸出黄铜矿纯矿物的浸渣，进行 XPS 能谱分析，并与无浮选药剂作用时所得浸渣的 XPS 能谱进行对比，进而分析浮选药剂所引起的黄铜矿纯矿物浸渣表面铜、铁和硫电子结合能和含量的变化。试验得到的元素电子结合能以 C_{1s}（284.6eV）进行校正，仪器误差±0.1eV，灵敏度因子分别为：Cu_{2p}

5.3210、Fe_{2p} 2.9570、S_{2p} 0.6680。XPS 谱图中横坐标表示电子结合能，纵坐标表示电子计数。

图 3-60~图 3-62 分别为无浮选药剂作用时，细菌浸出前后黄铜矿纯矿物表面 Cu_{2p}、Fe_{2p}、S_{2p}电子结合能的位移，从图中可以看出，浸渣表面铜、铁和硫的含量与浸出前的黄铜矿纯矿物相比发生了较大的变化，浸渣表面铜、铁和硫的强度都有所降低。细菌氧化黄铜矿时，铜离子进入溶液，发生如下反应：

$$CuFeS_2 + 4O_2 \xrightarrow{\text{细菌}} CuSO_4 + FeSO_4 \tag{3-10}$$

$$6FeSO_4 + \frac{3}{2}O_2 + 3H_2SO_4 \xrightarrow{\text{细菌}} 3Fe_2(SO_4)_3 + 3H_2O \tag{3-11}$$

$$CuFeS_2 + 2Fe_2(SO_4)_3 \longrightarrow CuSO_4 + 5FeSO_4 + 2S^0 \tag{3-12}$$

$$CuFeS_2 + 2Fe_2(SO_4)_3 + 3O_2 + 2H_2O \longrightarrow CuSO_4 + 5FeSO_4 + 2H_2SO_4 \tag{3-13}$$

$$S^0 + 2O_2 \xrightarrow{\text{细菌}} SO_4^{2-} \tag{3-14}$$

从图 3-60 中可以看出，黄铜矿原矿表面 Cu 的强峰在 932.25eV 处，表示空的 3d 轨道处于激发态，这与纯 Cu(Ⅰ) 不匹配，E. C. Todd 等[23]通过黄铜矿、铜蓝和辉铜矿中矿物表面铜结合能的比较，认为黄铜矿中铜离子应为 Cu(Ⅱ)，结构式为 $Cu^{2+}Fe^{2+}S_2$；浸渣表面 Cu 的强峰在 931.5eV 处，和黄铜矿原矿的铜结合能相比偏移了-0.75eV，说明细菌在黄铜矿纯矿物表面发生了化学吸附，如反应式（3-10）所示。从图 3-61 中可以看出，黄铜矿原矿表面 Fe_{2p}的电子结合能为 709.8eV，浸渣表面的 Fe_{2P}的电子结合能为 711.4eV，偏移了 1.6eV，峰的强度有所减小，浸渣与黄铜矿原矿相比，矿物表面铁的强度降低，结合能向高偏移，这是因为黄铜矿原矿表面 Fe(Ⅱ)(709.8eV) 被氧化成 Fe(Ⅲ)（711.4eV)，如反应式（3-11）所示，使 Fe(Ⅲ) 峰升高，Fe(Ⅱ) 峰强度降低，表明浸渣表面吸附少量的 Fe^{3+}。图 3-62 为 S_{2p}的电子结合能，可见经过细菌作用后，矿物表面 S_{2p}峰从 162.25eV 上升到 168.6eV。S 的分谱中 S_{2p}各种不同键和能的物种分布在161.0~168.5eV 之间，各物种的分布区域不明显，部分叠加。低价态的硫被氧化为硫单质或多聚物沉淀在矿物表面，因此黄铜矿浸渣表面出现 S^0 和 SO_4^{2-} 的峰(见反应式（3-12）和反应式（3-14）)。

细菌浸出前后黄铜矿纯矿物表面铜、铁、硫的 XPS 研究表明黄铜矿氧化分解过程中会生成中间态的铜硫化合物 $Cu_{1-x}Fe_{1-y}S_{2-z}$和硫膜，使黄铜矿表面钝化，其表面主要阻碍层应为硫及其多聚物。表 3-5 为浸出前后黄铜矿纯矿物表面铜、铁和硫相对含量。结果表明，与黄铜矿原矿相比，黄铜矿浸渣表面铜的相对含量由 22.96%降低至 18.78%，铁的相对含量增加，从 24.47%升高至 25.66%，硫的相对含量也有所升高，从 52.68%升高到了 55.56%。

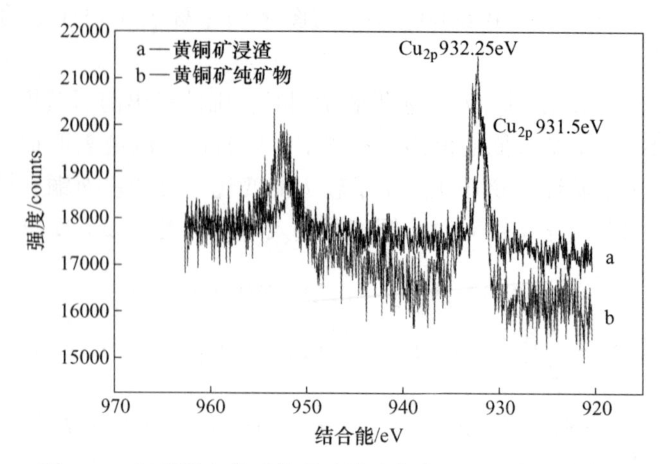

图 3-60　细菌浸出前后黄铜矿纯矿物表面 Cu_{2p} 电子结合能

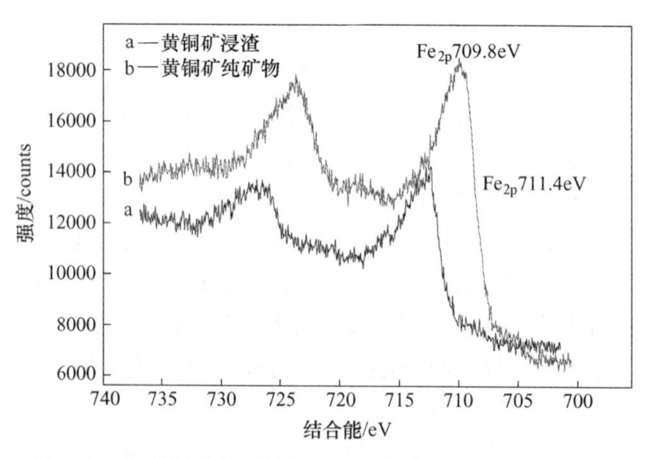

图 3-61　细菌浸出前后黄铜矿纯矿物表面 Fe_{2p} 电子结合能

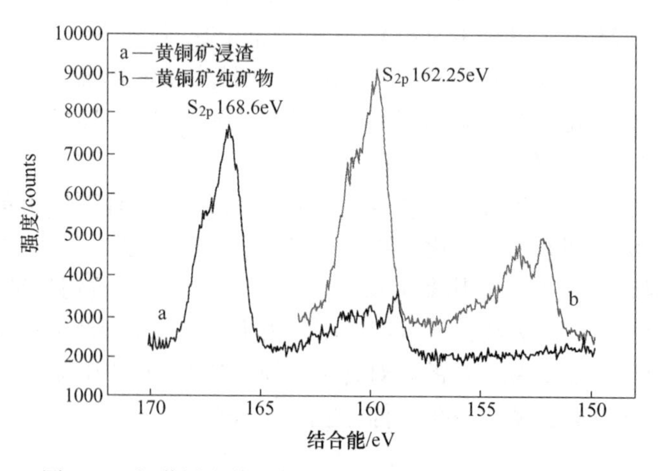

图 3-62　细菌浸出前后黄铜矿纯矿物表面 S_{2p} 电子结合能

表 3-5 浸出前后黄铜矿纯矿物表面铜、铁和硫相对含量 (%)

元 素	Cu	Fe	S
黄铜矿纯矿物	22.96	24.47	52.68
黄铜矿浸渣	18.78	25.66	55.56

图 3-63~图 3-65 分别为乙基黄药对细菌浸出黄铜矿纯矿物所得浸渣表面 Cu_{2p}、Fe_{2p}、S_{2p}电子结合能的影响，并与无浮选药剂的进行对比。结果表明，无浮选药剂作用的黄铜矿浸渣表面 Cu_{2p}、Fe_{2p}和 S_{2p}的电子结合能分别为 931.5eV、711.4eV 和 168.6eV。在乙基黄药存在的细菌浸矿体系中，黄铜矿浸渣表面 Cu_{2p}、Fe_{2p}和 S_{2p}的电子结合能分别为 931.75eV、710.6eV 和 167.7eV；两者的表面结合能相比，Cu_{2p}的电子结合能位移为 931.5−931.75=−0.25eV，Fe_{2p}的电子结合能位移为 711.4−710.6=0.8eV，S_{2p}的电子结合能位移为 168.6−167.7=0.9eV，其结合能的位移在误差范围之外，说明在乙基黄药的作用下，影响了细菌与黄铜矿的作用，使黄铜矿的特征元素 Cu、Fe、S 的化学环境发生了变化。

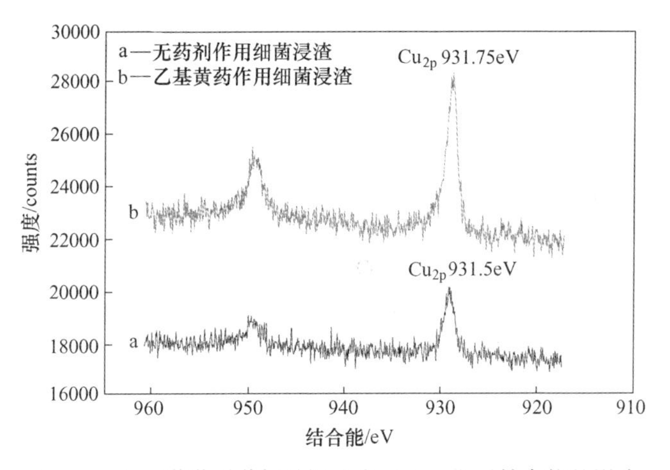

图 3-63 乙基黄药对黄铜矿浸渣表面 Cu_{2p}电子结合能的影响

图 3-66~图 3-68 分别为异戊基黄药对细菌浸出黄铜矿的浸渣表面 Cu_{2p}、Fe_{2p}、S_{2p}电子结合能的影响，并与无浮选药剂的进行了对比。结果表明，在异戊基黄药存在的细菌浸矿体系中，黄铜矿浸渣表面 Cu_{2p}、Fe_{2p}和 S_{2p}的电子结合能分别为 931.7eV、710.9eV 和 168.15eV；与不加浮选药剂条件下细菌浸矿体系的浸渣表面结合能相比，Cu_{2p}的电子结合能位移为 931.5−931.7=−0.2eV，Fe_{2p}的电子结合能位移为 711.4−710.9=0.5eV，S_{2p}的电子结合能位移为 168.6−168.15=0.45eV，其电子结合能的位移也在误差范围之外，从而表明异戊基黄药也会影响细菌与黄铜矿的吸附作用，和乙基黄药一样能使黄铜矿特征元素 Cu、Fe、S 的化

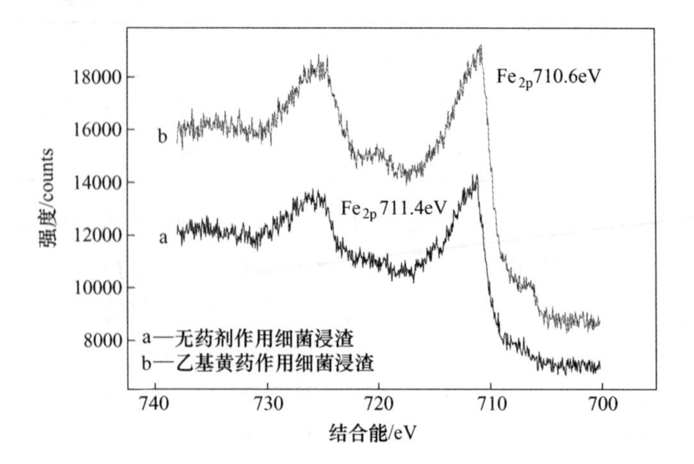

图 3-64　乙基黄药对黄铜矿浸渣表面 Fe_{2p} 电子结合能的影响

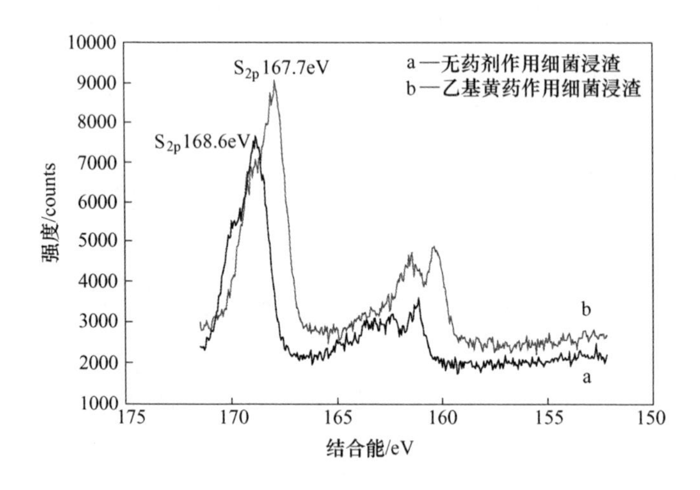

图 3-65　乙基黄药对黄铜矿浸渣表面 S_{2p} 电子结合能的影响

学环境发生了变化，但变化的程度有所不同。

从以上乙基黄药和异戊基黄药对黄铜矿浸渣表面铜、铁、硫 XPS 图谱的影响研究可以发现，在这两种浮选药剂作用下，均会引起黄铜矿浸渣表面铜、铁、硫结合能的漂移以及峰强大小的变化，但不同浮选药剂的影响程度不同。为了更加明确地分析不同浮选药剂对细菌浸出黄铜矿浸渣表面铜、铁、硫峰的影响差异，做出图 3-69～图 3-71，即分别为不同浮选药剂对细菌浸出黄铜矿所得浸渣表面 Cu_{2p}、Fe_{2p}、S_{2p} 电子结合能的影响，并计算出不同浮选药剂作用下，黄铜矿浸渣表面铜、铁、硫的相对含量，如表 3-6 所示。

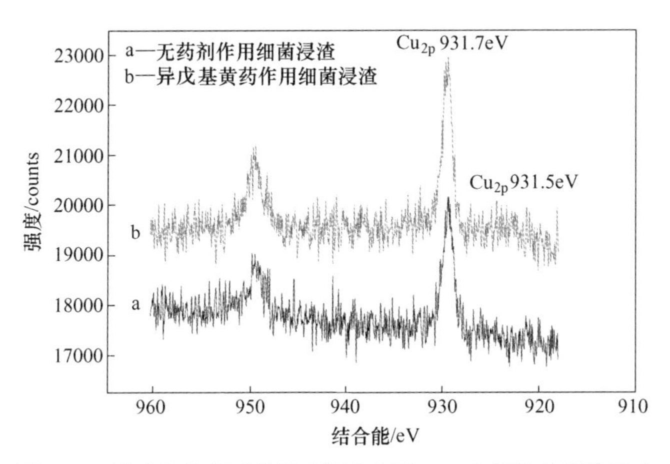

图 3-66 异戊基黄药对黄铜矿浸渣表面 Cu_{2p} 电子结合能的影响

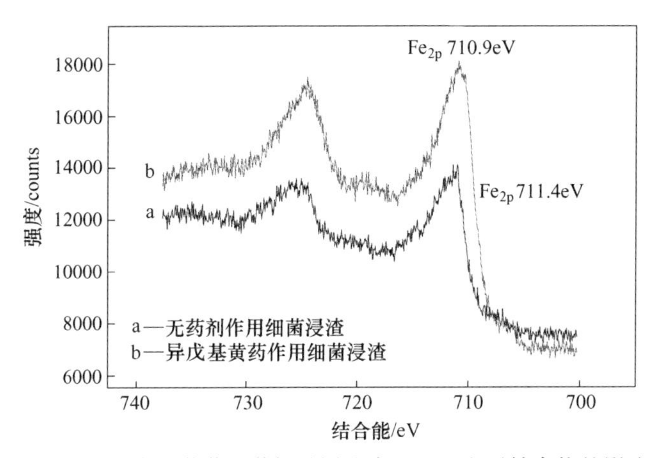

图 3-67 异戊基黄药对黄铜矿浸渣表面 Fe_{2p} 电子结合能的影响

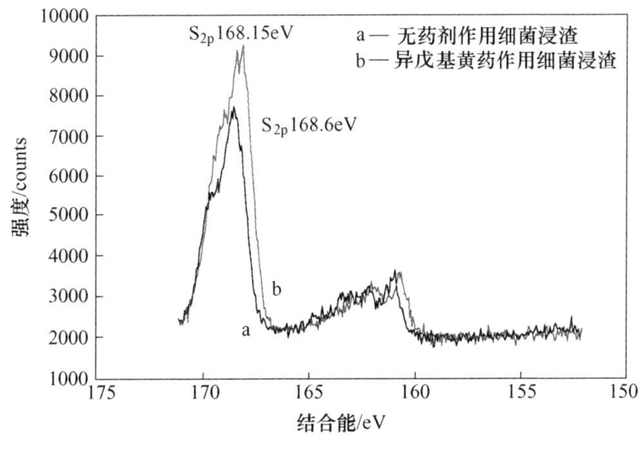

图 3-68 异戊基黄药对黄铜矿浸渣表面 S_{2p} 电子结合能的影响

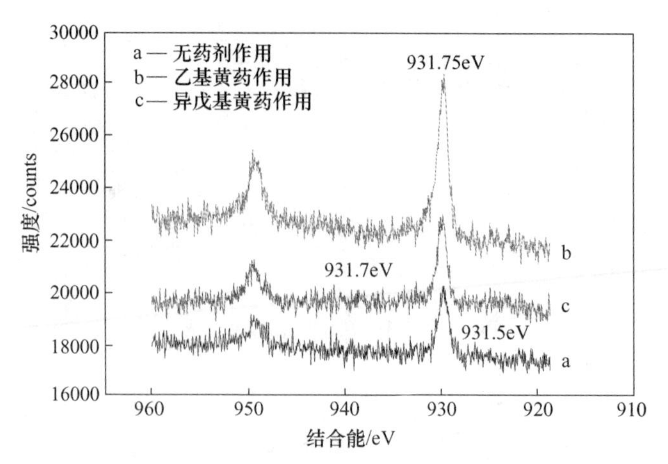

图 3-69　不同浮选药剂作用下黄铜矿浸渣表面 Cu_{2p} 电子结合能

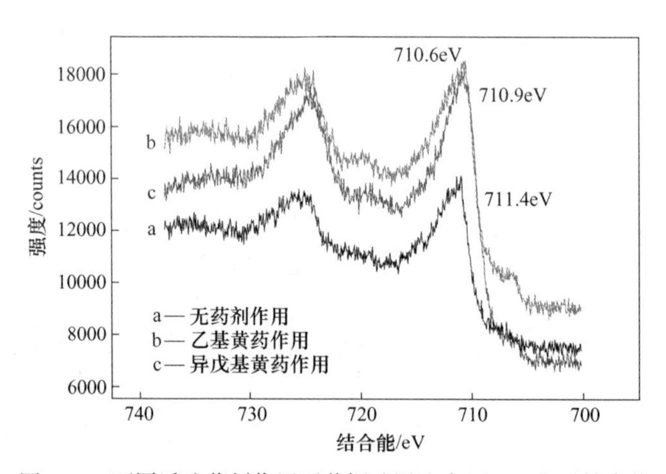

图 3-70　不同浮选药剂作用下黄铜矿浸渣表面 Fe_{2p} 电子结合能

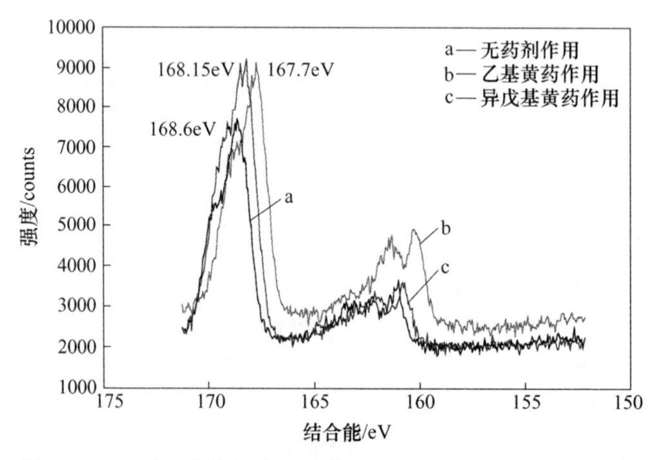

图 3-71　不同浮选药剂作用下黄铜矿浸渣表面 S_{2p} 电子结合能

从图 3-69～图 3-71 中可以看出，在乙基黄药和异戊基黄药的作用下，均会引起黄铜矿浸渣表面 Cu_{2p} 的电子结合能向高偏移。在乙基黄药和异戊基黄药作用的细菌浸矿体系中，细菌的生长及活性受到抑制，因此也阻碍了细菌与黄铜矿的作用，导致 Cu_{2p} 电子结合能的降低程度减小，故与无浮选药剂作用的细菌浸渣相比，Cu_{2p} 电子结合能向高偏移，且乙基黄药作用下的 Cu_{2p} 电子结合能向高偏移较多。在浮选药剂作用下，与无药剂作用的浸渣相比，Fe_{2p} 和 S_{2p} 电子结合能向低偏移，同样也是由于乙基黄药和异戊基黄药对细菌的生长、活性以及浸矿体系的影响，使 Fe(Ⅱ) 被氧化成 Fe(Ⅲ) 以及低价态硫被氧化成高价态硫的程度减弱，且乙基黄药的影响作用更明显，与无药剂作用时相比，使浸渣的 Fe_{2p} 和 S_{2p} 电子结合能向低偏移较多。

表 3-6　不同浮选药剂作用下黄铜矿浸渣表面铜、铁和硫相对含量　　(%)

元　素	Cu	Fe	S
细菌浸出浸渣	18.78	25.66	55.56
乙基黄药作用后细菌浸渣	21.73	24.89	53.38
异戊基黄药作用后细菌浸渣	19.35	25.23	55.42

表 3-6 为不同浮选药剂作用下细菌浸渣表面铜、铁和硫相对含量。结果表明，不加浮选药剂的细菌浸矿体系所得浸渣表面铜、铁、硫相对含量分别为 18.78%、25.66%和 55.56%，浮选药剂的加入会使浸渣表面的铜的相对含量增加，乙基黄药作用下铜相对含量的增加程度较大，这可能是因为乙基黄药对细菌活性和浸矿效率抑制作用较大。

3.5.4　浮选药剂作用下黄铜矿浸渣 FTIR 分析

红外光谱是解析有机物质结构的强有力工具，被广泛用来分析、鉴别物质，研究分子内部及分子之间相互作用。红外光谱法具有很强的普适性，气、固、液体样品都可测试。例如，J. A. Mielczarski[24] 等利用在线红外测试研究不同电位下，黄铜矿与乙基黄药和戊基黄药作用后，表面生成吸附物质的类型、结构和分布的不同，进一步推论黄铜矿与不同链长的捕收剂的作用机理。

本试验采用傅里叶变换光谱仪测试了菌种、黄铜矿纯矿物、细菌浸出黄铜矿纯矿物的浸渣以及不同浮选药剂作用下细菌浸出黄铜矿所得浸渣的红外光谱，对比有无浮选药剂作用浸渣红外谱图的特征吸收峰变化，进而分析浮选药剂对细菌浸铜体系的影响机制。

图 3-72 为 *At.f*$_6$ 诱变菌红外光谱图，对谱带进行归属[25]，可知：3400～3300cm^{-1} 波数范围出现—OH、—NH_2 或—NH 基团的吸收峰；2930cm^{-1} 波数附近有来自核酸、蛋白质和脂类的—CH_3、—CH_2 的对称、反对称伸缩运动产生的吸

收峰；1650.80cm^{-1}处谱带主要为蛋白质酰胺Ⅰ峰的C ═O伸缩振动峰，1530.02cm^{-1}处为—$CONH_2$的变形振动蛋白质酰胺Ⅱ峰；1450cm^{-1}波数处为附近的蛋白质分子中—CH_3反对称变形振动峰和—CH_2变形产生的吸收峰；波数1200cm^{-1}附近有磷酸二酯基团的对称和反对称伸缩振动以及C—O的伸缩运动；波数1087.67cm^{-1}处S ═O的伸缩运动、C—O的伸缩运动、C—O—C的伸缩运动均引起吸收峰的产生。*At.*f_6诱变菌红外光谱分析结果充分表明，嗜酸氧化亚铁硫杆菌细胞成分中含有—OH、—NH_2、C ═O、C—O、—$CONH_2$等活性基团，它们在吸附过程中起重要作用。

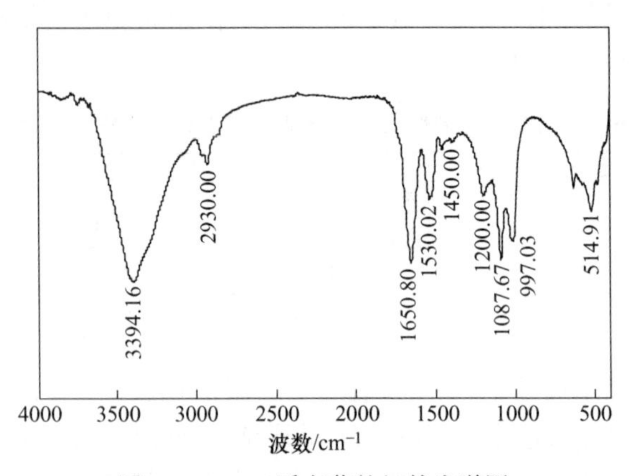

图3-72 *At.*f_6诱变菌的红外光谱图

图3-73为纯黄铜矿表面红外光谱图，图3-74为黄铜矿与细菌作用后的红外光谱。比较图3-73和图3-74，可以看到黄铜矿与细菌作用前后的红外光谱图明显不同，在黄铜矿与细菌作用后的图3-74中，出现了波数为3409.89cm^{-1}、1192.24cm^{-1}、1081.24cm^{-1}、1000.92cm^{-1}、628.62cm^{-1}和508.06cm^{-1}的吸收峰，

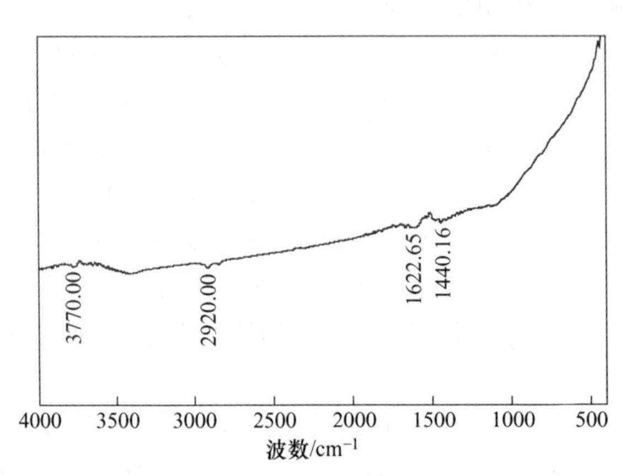

图3-73 黄铜矿纯矿物红外光谱图

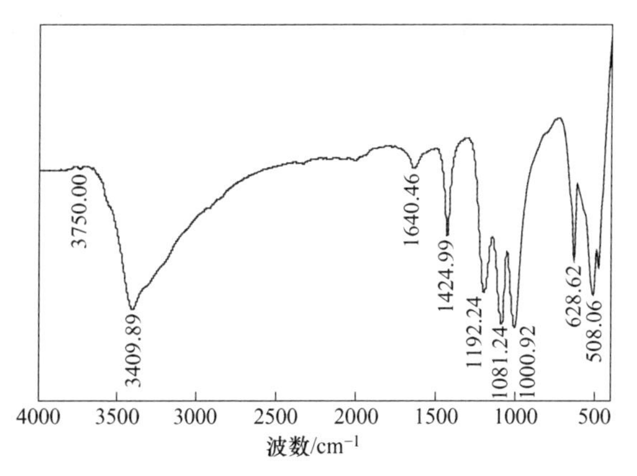

图 3-74 *At.f*$_6$诱变菌与黄铜矿作用后黄铜矿的红外光谱图

出现的这几个吸收峰的都属于 *At.f*$_6$ 诱变菌的特征峰的范围，同时黄铜矿 3770.00cm^{-1}、1622.65cm^{-1}、1440.16cm^{-1}处的吸收峰分别偏移至 3750.00cm^{-1}、1640.46cm^{-1}和 1424.99cm^{-1}，2920.00cm^{-1}的吸收峰消失。因此表明 *At.f*$_6$诱变菌在黄铜矿表面发生了化学吸附。

图 3-75 是乙基黄药和双黄药的标准红外光谱。从图中可以看出，乙黄药主要的吸收峰为 C—O—C 伸缩振动 1117.00～1175.22cm^{-1}；C ═S 伸缩振动 1049.61cm^{-1} 和 1008.00cm^{-1}。当乙基双黄药形成时，C ═S 伸缩振动降至 1019.00cm^{-1}和 998.00cm^{-1}；C—O—C 伸缩振动增至 1240.15～1290.00cm^{-1}。

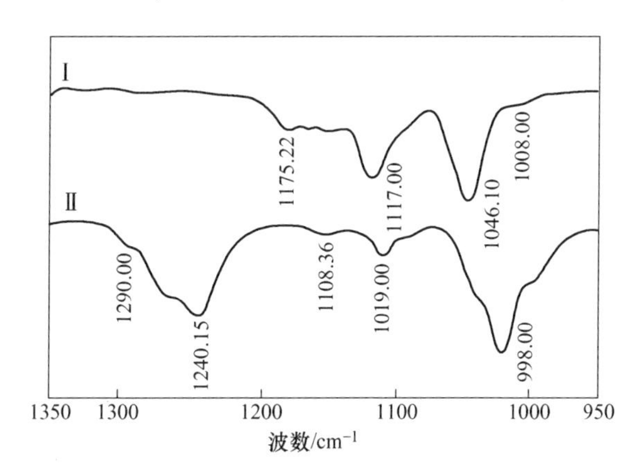

图 3-75 乙基黄药和双黄药的红外光谱图

Ⅰ—乙基黄药；Ⅱ—双黄药

从图 3-76 可以看出，在乙基黄药的作用下，细菌浸出黄铜矿所得浸渣在乙基黄药和双黄药的特征吸收峰 1046.10cm^{-1}、1008.00cm^{-1}、1019.00cm^{-1}、998.00cm^{-1}左右并没有出现明显的特征吸收峰，说明了与乙基黄药作用后的黄铜矿经过细菌浸出后所得浸渣表面没有发现乙基黄药和双黄药的特征吸收峰，即没有乙基黄药和双黄药吸附在浸渣表面。

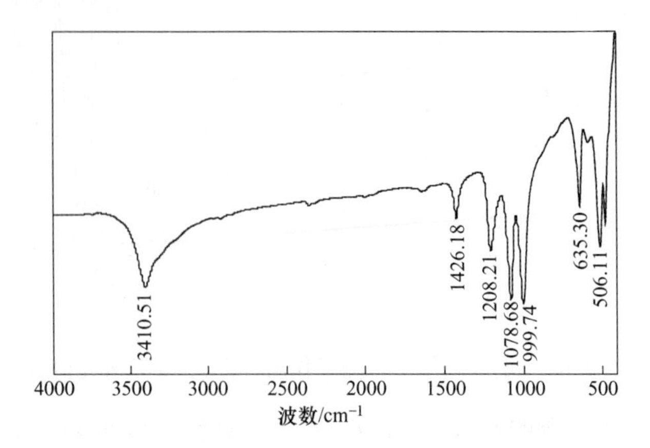

图 3-76　乙基黄药作用下细菌浸出黄铜矿浸渣的红外光谱图

图 3-77 为乙基黄药和无浮选药剂作用下细菌浸出黄铜矿所得浸渣差谱图，从差谱图中可以看出，乙基黄药作用下的细菌浸出黄铜矿所得浸渣表面的特征吸收峰与无浮选药剂作用的细菌浸渣相比发生了偏移。这是因为在 pH 2.0 的酸性

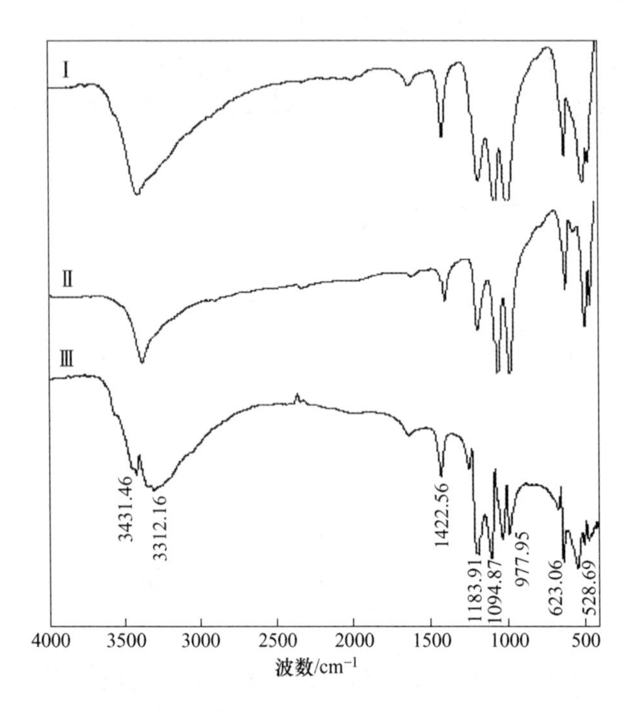

图 3-77　乙基黄药和无药剂作用下细菌浸出黄铜矿浸渣红外差谱图

Ⅰ—无药剂作用细菌浸出黄铜矿的浸渣；Ⅱ—乙基黄药作用下细菌浸出黄铜矿的浸渣；Ⅲ—差谱

条件下，与乙基黄药作用后吸附在黄铜矿纯矿物表面的双黄药和黄原酸铜会与稀硫酸发生反应生成醇类物质，故—OH 的伸缩振动峰有所偏移；同时，生成的醇类和 CS_2 对 *At.* f_6 诱变菌产生毒害作用，减弱其氧化酶活性、引起蛋白质变性、表面基团发生变化等。因此，乙基黄药作用的浸渣表面特征吸收峰发生了偏移。

图 3-78 为异戊基黄药的红外光谱图，3433.66cm^{-1}处为叔丁基的振动吸收峰；2958.51cm^{-1}处为甲基 C—H 反对称伸缩振动吸收峰，1464.81cm^{-1}处为甲基 C—H 反对称变形振动吸收峰；1367.32cm^{-1}处为丙基 C—H 对称变形振动吸收峰；C ═S 伸缩振动特征吸收谱带为 1200～1050cm^{-1}，此带分裂为 1145.83cm^{-1}和 1089.07cm^{-1}两个吸收峰；670.68cm^{-1}处为 C—S 伸缩振动吸收峰。

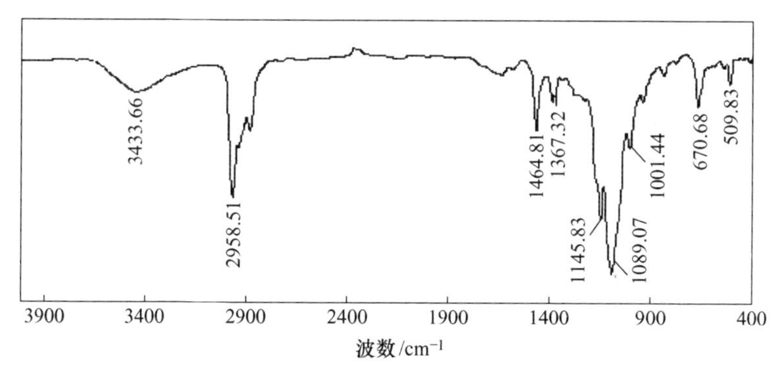

图 3-78 异戊基黄药的红外光谱图

图 3-79 和图 3-80 分别为异戊基黄药作用下所得细菌浸出黄铜矿所得浸渣的红外光谱图、异戊基黄药和无药剂作用下所得浸渣红外差谱图。从图 3-79 中可以看出，浸渣表面在异戊基黄药的特征吸收峰处并没有出现明显的特征吸收峰。差谱图中可以看出，黄铜矿与异戊基黄药作用后，再经 *At.* f_6 诱变菌作用，所得浸渣表面的特征吸收峰发生了偏移。发生偏移的原因与乙基黄药作用下浸渣表面特征吸收峰相对发生偏移的原因相同。

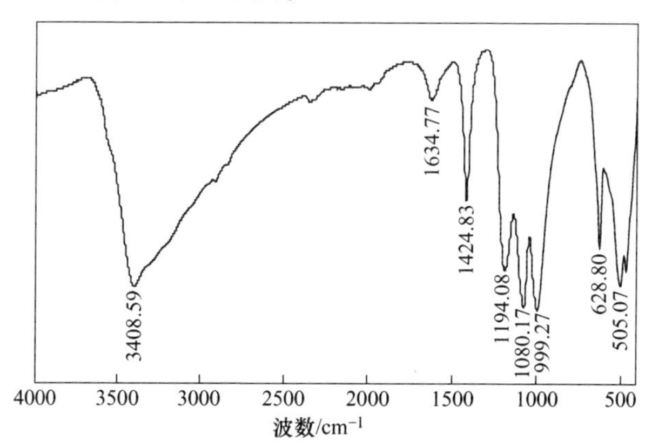

图 3-79 异戊基黄药作用下细菌浸出黄铜矿浸渣的红外光谱图

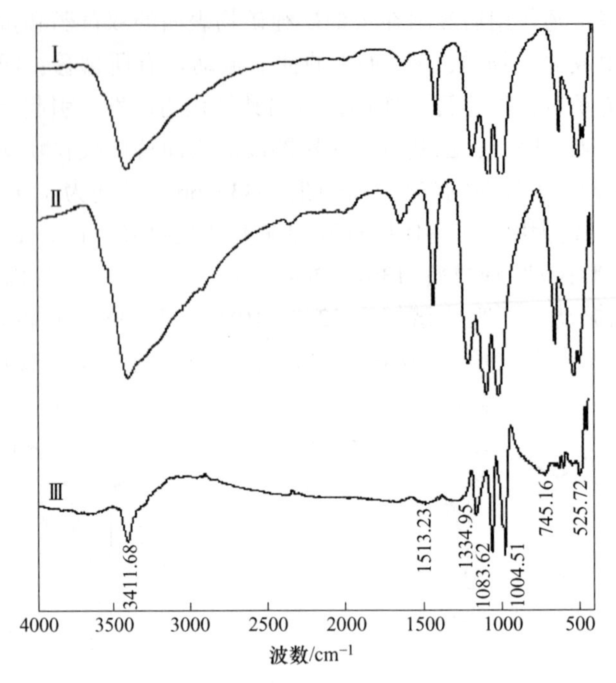

图 3-80 异戊基黄药和无药剂作用下细菌浸出黄铜矿浸渣红外差谱图

Ⅰ—无药剂作用细菌浸出黄铜矿浸渣；Ⅱ—异戊基黄药作用下细菌浸出黄铜矿的浸渣；Ⅲ—差谱

图 3-81 为捕收剂丁胺黑药的红外光谱图。从图中可以看出，2960.06cm^{-1}处为甲基 C—H 反对称伸缩振动吸收峰，2876.61cm^{-1}处为对称伸缩振动吸收峰；铵盐 NH_4^+、—NH 变形振动吸收谱带为 1430～1390cm^{-1}，此带分裂为 1469.54cm^{-1}和 1419.09cm^{-1}两个吸收峰；1035.89cm^{-1}和 992.42cm^{-1}为 P—O 伸缩振动吸收峰；P ═S 伸缩振动吸收谱带为 840～600cm^{-1}，此带分裂为 838.91cm^{-1}和 663.78cm^{-1}两个吸收峰。

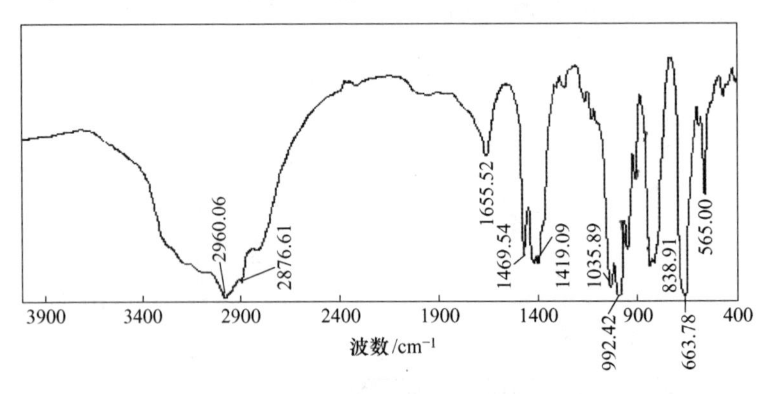

图 3-81 捕收剂丁胺黑药的红外光谱图

图 3-82 为丁胺黑药作用下细菌浸出黄铜矿所得浸渣的红外光谱图，可以看出，在丁胺黑药的作用下，细菌浸出黄铜矿所得浸渣表面并没有出现丁胺黑药的特征吸收峰。图 3-83 为丁胺黑药和无浮选药剂作用下细菌浸出黄铜矿所得浸渣差谱图，从差谱图中可以看出，丁胺黑药作用下浸渣表面的吸收峰相比无浮选药剂作用下所得浸渣表面的吸收峰发生了偏移。这是因为二烃基二硫代磷酸在黄铜矿表面的吸附作用，以及由于二烃基二硫代磷酸改变 $At.f_6$ 诱变菌的表面基团等，都会使浸渣表面的特征吸收峰发生了偏移。

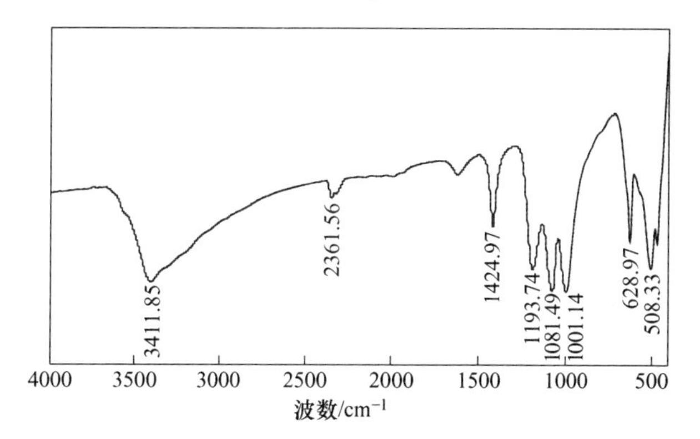

图 3-82 丁胺黑药作用下细菌浸出黄铜矿浸渣的红外光谱图

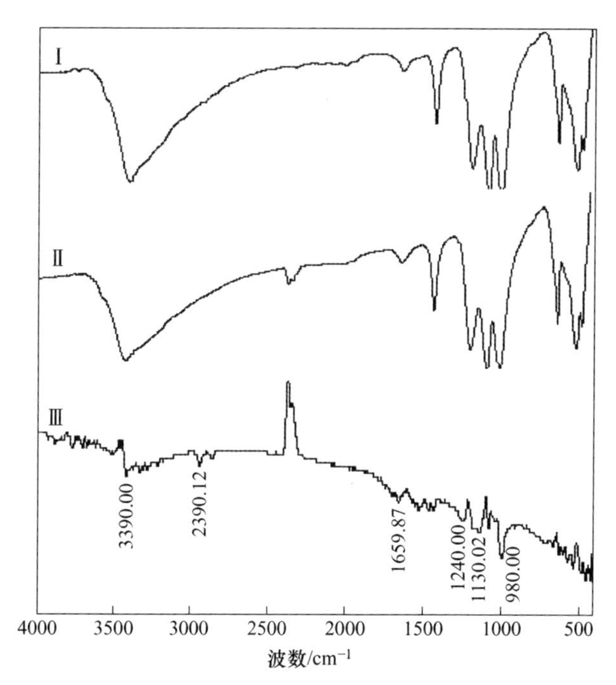

图 3-83 丁胺黑药和无药剂作用下细菌浸出黄铜矿浸渣红外差谱图

Ⅰ—无药剂作用细菌浸出黄铜矿浸渣；Ⅱ—丁胺黑药作用下细菌浸出黄铜矿的浸渣；Ⅲ—差谱

参考文献

[1] Brierley J A, Brierley C L. Present and future commercial applications of biohydrometallurgy [J]. Hydrometallurgy, 2001, 59: 233-236.

[2] Loon H Y, Madgwick J. The effect of xanthate flotation reagents on bacterial leaching of chalcopyrite by Thiobacillus ferrooxidans [J]. Biotechnology letters, 1995, 17 (9): 997-1000.

[3] 覃文庆，王军，蓝卓越，等. 浮选药剂对浸矿细菌活性的影响 [J]. 中南大学学报（自然科学版），2004，35（5）：759-762.

[4] 谢广元. 选矿学 [M]. 徐州：中国矿业大学出版社，2001.

[5] 卢颖，孙胜义. 组合药剂的发展及规律 [J]. 矿业工程，2007，5（6）：42-44.

[6] 余增辉. 组合选矿药剂在多金属矿浮选工艺中的应用 [J]. 江苏冶金，2003，31（4）：31-33.

[7] 高东旗. 醇类杀菌的协同作用 [J]. 中国消毒学杂志，1993，10（42）：101-105.

[8] 张风娟，李继泉，徐兴友，等. 皂荚和五角枫挥发性物质组成及其对空气微生物的抑制作用 [J]. 园艺学报，2007，34（4）：973-978.

[9] 李续融，柳知非，庞德红. 二硫化碳废气治理技术及其展望 [J]. 污染防治技术，2010，23（5）：72-76.

[10] Rohwerder T, Gehrke T, Kinzler K, et al. Bioleaching review part A: progress in bioleaching: fundamentals and mechanisms of bacterial metal sulfide oxidation [J]. Applied Microbiology and Biotechnology, 2003, 63 (3): 239-248.

[11] 朱莉，张德诚，罗学刚. 黄铜矿物表面吸附细菌的研究 [J]. 化工进展，2008，27（8）：1272-1276.

[12] 傅建华，邱冠周，胡岳华. 浸矿细菌表面性质研究 [J]. 金属矿山，2004（9）：19-24.

[13] 贾春云，魏德洲，高淑玲，等. 氧化亚铁硫杆菌在硫化矿物表面的吸附 [J]. 金属矿山，2007（8）：34-38.

[14] Brierley C L. Bacterial succession in bioheap leaching [J]. Hydrometallurgy, 2001, 59 (2-3): 249-255.

[15] Tilman G, Judit T, Dominique T, et al. Importance of extracellular polymeric substances from Thiobacillus ferrooxidans for bioleaching [J]. Applied and Enviromental Microbiology, 1998, 64 (7): 2743-2747.

[16] 贾春云，李培军，魏德洲，等. 微生物在矿物表面吸附的研究进展 [J]. 微生物学通报，2010，37（4）：607-613.

[17] Preston D, Natapajan K A, Sathyanarayana D N, et al. Surface chemistry of Thiobacillus ferrooxidans relevant to adhesion on mineral surfaces [J]. Applied and Environmental Microbiology, 1993, 59 (12): 4051-4055.

[18] 柳建设，夏海波，王海东. 低品位硫化铜矿细菌浸出 [J]. 中国有色金属学报，2004，14（2）：286-290.

[19] Leppinen J O, Basilio C I, Yooh R H. In-situ FTIR study of ethyl xanthate and sorption on sul-

fide minerals under conditions of eontrolled potential [J]. International Journal of Mineral Processing, 1989, 26 (3-4): 259-274.

[20] Harington J S, Allison A C, Badami D V. Mineral fibers: chemical, physicochemical, and biological properties [J]. Advances in Pharmacology, 1975, 12: 291-402.

[21] 马骁轩. 金属矿山开发利用过程中典型化学药剂的污染及控制对策 [J]. 中国矿业, 2009, 18 (2): 54-57.

[22] 林海, 松全元, 李定一, 等. 超细非金属矿物颗粒表面的无机化改性 [J]. 矿产综合利用, 1999 (6): 42-45.

[23] Todd E C, Sherman D M, Purton J A. Surface oxidation of chalcopyrite ($CuFeS_2$) under ambient atmospheric and aqueous (pH2-10) conditions: Cu, Fe L-and O K-edge X-ray spectroscopy [J]. Geochimica et Cosmochimica Acta, 2003, 67 (12): 2137-2146.

[24] Mielczarski J A, Mielczarski E, Cases J M. Influence of chain length on adsorption of xanthates on chalcopyrite [J]. International Journal of Mineral Processing, 1998, 52 (4): 215-231.

[25] 李润卿. 有机结构波谱分析 [M]. 天津: 天津大学出版社, 2002.

4 脉石矿物对微生物浸出黄铜矿的影响规律

4.1 概述

众所周知，在原生铜矿、选铜尾矿中脉石矿物是含量最多的矿物，甚至在铜精矿中也存在一定含量的脉石矿物。以已探明铜金属资源储量占全国第一位、亚洲最大的露天铜矿江西德兴铜矿为例，原生矿中主要脉石矿物石英和绢云母的含量大约为89%；尾矿中脉石矿物平均含量：石英占45%、绢云母（包括少许伊利石）34%、绿泥石4%、白云石和方解石6%等；另外铜精矿（品位为25%）中脉石矿物石英和绢云母的含量甚至高达11%左右。因此，采用微生物方法浸出原生铜矿、选铜尾矿甚至铜精矿时，脉石矿物的存在对铜的浸出率和浸出速度均会产生影响。

已有研究发现在石英-黄铜矿浸出体系中，适量的石英可以加快黄铜矿的浸出速度；石英粒度越细，铜浸出率越高；当石英质量浓度为5%、粒度小于43μm时，与不加石英相比较，浸出速度快12d左右，铜浸出率提高约20%[1]。石英之所以能够影响浸出过程是由于石英表面大量暴露的Si—O—键，影响浸出体系的氧化还原电位；其次，浸出液中的三价铁易生成氢氧化铁和黄钾铁矾沉淀，而氢氧化铁在石英表面的溶度积小于溶液（浸出液）中的溶度积，易于在石英表面沉淀，从而可以减少$Fe(OH)_3$沉淀对黄铜矿的钝化，进而影响铜浸出率[2]。同时，脉石矿物在浸矿体系中会溶出多种阴阳离子，这些离子会影响浸矿细菌，从而影响浸矿效率。

铜矿的伴生脉石矿物中，以黄铁矿为最常见，其次为石英、硅酸盐矿物、碳酸盐矿物、磷酸盐矿物、卤化矿物等。本章选择与黄铜矿共伴生的典型脉石矿物进行单一和组合脉石矿物对黄铜矿微生物浸出的影响研究。浸矿菌种为嗜酸性氧化亚铁硫杆菌（*Acidthiobacillus ferrooxidans*，简称*At.f*菌），微生物的富集培养采用9K培养基。

4.2 单一脉石矿物对黄铜矿微生物浸出的影响研究

4.2.1 矿样的制备与分析

矿样包括黄铜矿、黄铁矿、石英、绢云母、蛇纹石、石榴石、橄榄石、磷灰石、萤石和白云石 10 种，分别购于浙江大学标本厂、中国地质大学（北京）等地。

黄铜矿和黄铁矿矿样，经手工挑选出单颗粒，用 4mol/L 盐酸浸泡 30min，以净化硫化矿表面后，用蒸馏水反复浸泡，清洗采用瓷球磨细磨至粒度 -74μm、-43μm、-74μm+43μm、-100μm+74μm，小于 50℃烘干，放入干燥器中密闭保存。

非金属矿物基本以单矿物形式存在，如萤石、橄榄石、蛇纹石、石榴石的矿样。将这些非金属矿样压碎—研磨—筛分分级，放入干燥器中密闭保存。

黄铜矿与黄铁矿的化学分析结果如表 4-1 所示，其纯度分别为 79.22% 和 85.64%。矿样通过 XRD 衍射分析可确定矿物主要组成，能达到试验要求即可。试验矿样的 XRD 衍射谱图如图 4-1～图 4-8 所示，除黄铁矿、石榴石和绢云母中含有少量的石英以外，其余矿样中未发现其他矿物。

表 4-1 黄铜矿黄铁矿化学分析结果

矿物名称 \ 元素	Cu 含量/%	Fe 含量/%	S 含量/%	纯度/%
黄铜矿	27.38	28.35	33.31	79.22
黄铁矿	0.027	39.97	48.3	85.64

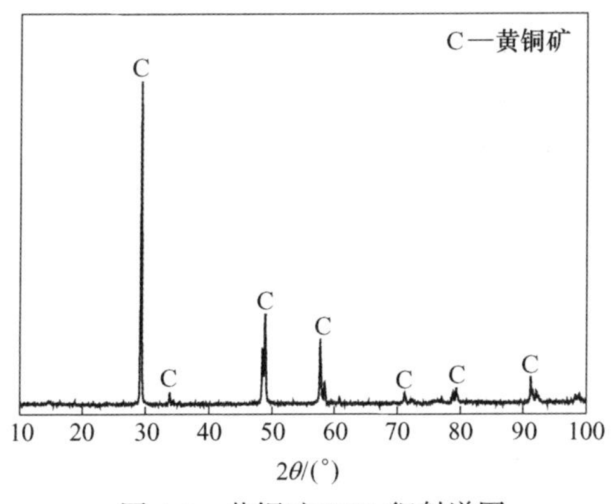

图 4-1 黄铜矿 XRD 衍射谱图

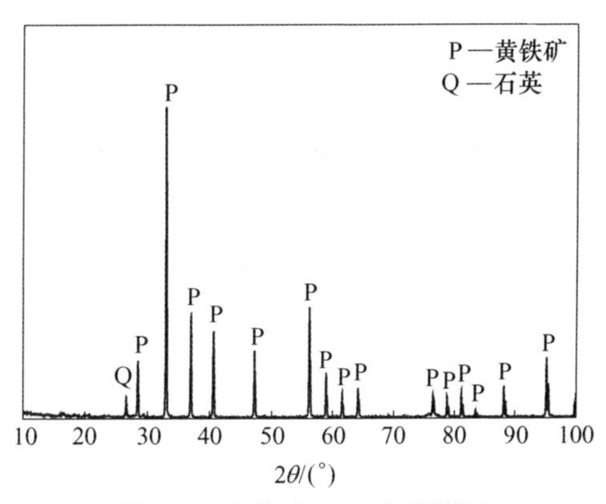

图 4-2 黄铁矿 XRD 衍射谱图

4.2.2 黄铁矿-黄铜矿体系的浸出研究

黄铁矿（FeS_2）是黄铜矿中常见的伴生矿物。从电化学理论上黄铁矿能促进黄铜矿浸出。黄铁矿-黄铜矿之间存在竞争浸出[3]，在细菌浸出过程中，对黄铁矿的溶解影响较大[4]，黄铁矿的大量溶解会减弱它对黄铜矿的电化学浸出。采用黄铁矿代替 9K 培养基中的 $FeSO_4$ 时作为细菌生长的缓效能源物质时，研究微生物浸出过程中黄铁矿适宜黄铜矿的浸出的条件。

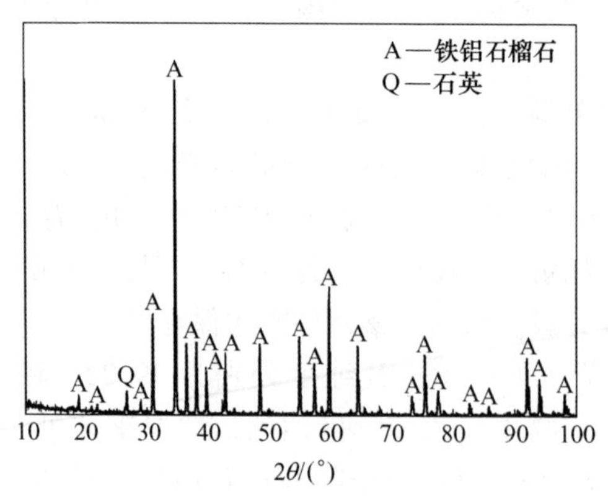

图 4-3　铁铝石榴石 XRD 衍射谱图

图 4-4　镁橄榄石 XRD 衍射谱图

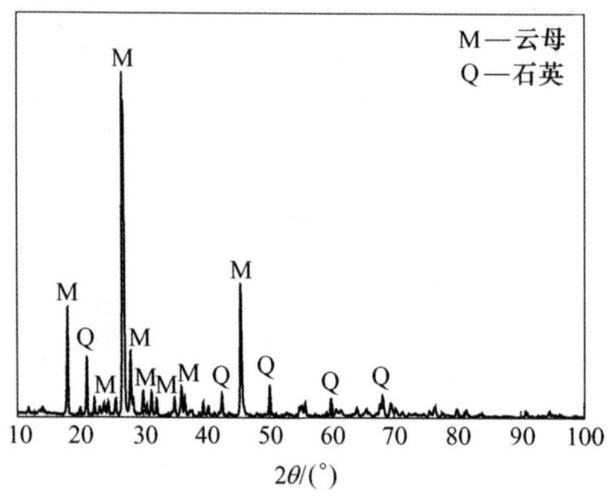

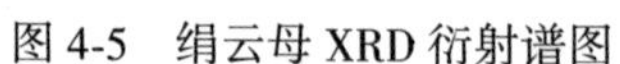

图 4-5　绢云母 XRD 衍射谱图

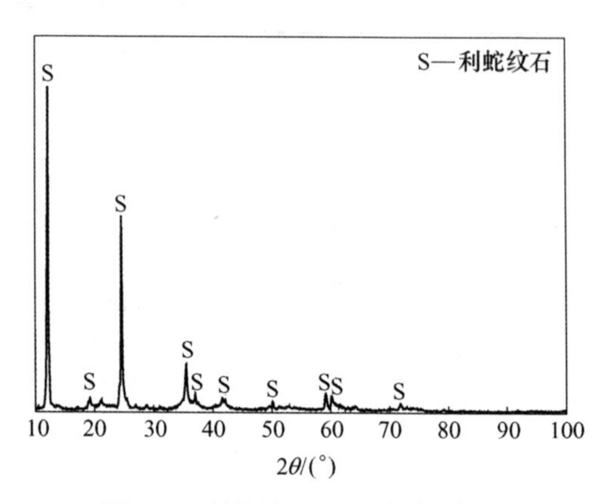

图 4-6　利蛇纹石 XRD 衍射谱图

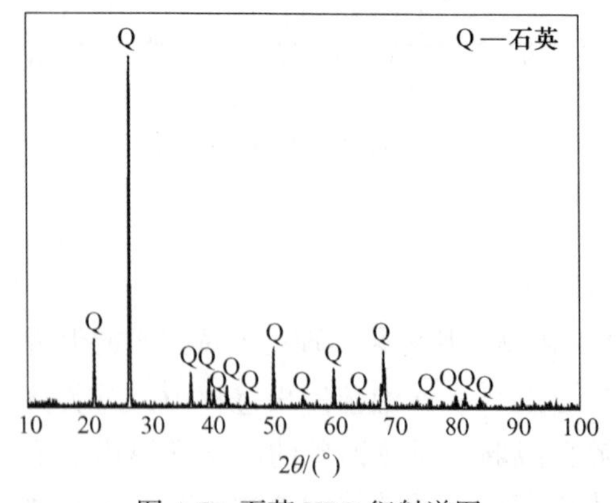

图 4-7　石英 XRD 衍射谱图

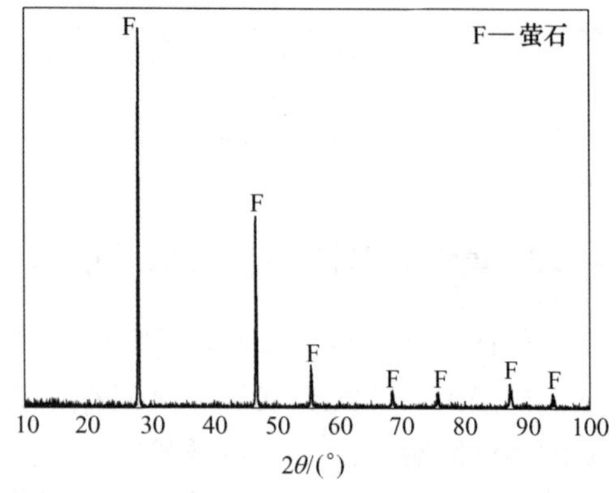

图 4-8　萤石 XRD 衍射谱图

4.2.2.1 黄铁矿-黄铜矿不同质量比时的酸浸试验

为了探明黄铁矿与黄铜矿之间的原电池效应对浸出体系的影响和对铜浸出率的贡献大小。在无菌条件下的酸浸试验，采用 100mL pH = 2.0 稀硫酸作为酸浸液，黄铁矿与黄铜矿粒度均为-74μm，固定黄铜矿用量 2.0g，黄铁矿与黄铜矿组成质量比分别为 1∶2、2∶2、5∶2 和 10∶2，研究黄铁矿与黄铜矿之间电化学作用。

图 4-9 为酸浸过程中 pH 值和 Eh 值变化情况。结果表明，黄铁矿质量大小对浸出体系的 pH 值和 Eh 值均有很大的影响。各浸出体系的 pH 值随酸浸时间的增加总体呈上升趋势；而电位 Eh 值随酸浸时间的增加而呈先上升后下降的趋势，且 Eh 值均小于 450mV。在酸浸 32d 时，各浸出体系 pH 值随黄铁矿∶黄铜矿质量比的增加而具有先增加后降低的规律，以 2∶2 时最高（pH = 2.43），以 10∶2 时最低（pH = 2.17）；而 Eh 值随黄铁矿∶黄铜矿质量比的增大而先降低后增加，以 2∶2 时最低（Eh = 375mV），以 10∶2 时最高（Eh = 407mV）。黄铁矿发生溶解是一个耗酸的过程，而发生氧化分解是一个产酸的过程[5]。从以上现象可知，这两个过程均有发生。同时发现浸出体系的电位与黄铁矿的质量有关：黄铁矿的质量越大，电位越高。

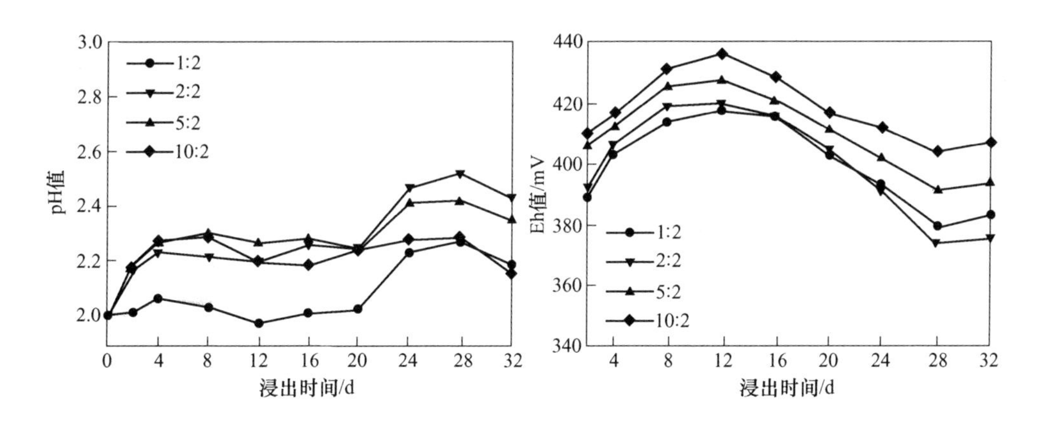

图 4-9 酸浸时溶液 pH 值和 Eh 值变化情况

酸浸 32d 实验结果如图 4-10 所示。结果表明，浸出体系铜的浸出率和 Fe^{2+} 浓度随着黄铁矿-黄铜矿质量比增加而增加。当质量比大于 2∶2 后铜的浸出率速度明显加快。质量比为 10∶2 时，黄铜矿的铜浸出率最高为 10.17%，同时浸出体系中 Fe^{2+} 浓度也最高为 2.50g/L。这表明在无菌体系下，黄铁矿-黄铜矿浸出体系组成的原电池效应对黄铜矿的浸出具有促进作用，且黄铁矿与黄铜矿质量比越大，铜的浸出率越高。

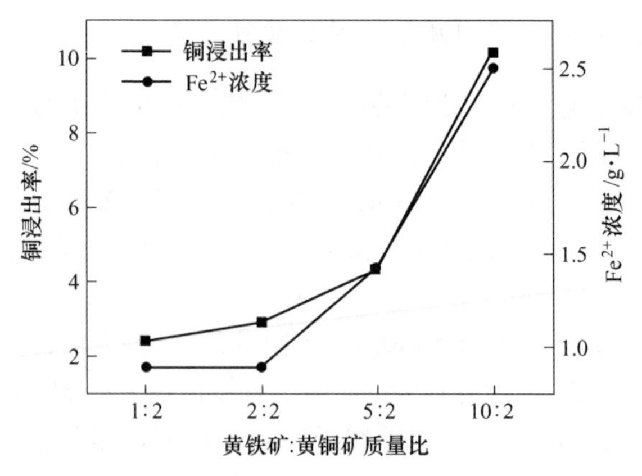

图 4-10　酸浸 32d 时 Cu^{2+}的浸出率及 Fe^{2+}的浓度

4.2.2.2　黄铁矿-黄铜矿不同质量比时的微生物浸出试验

黄铁矿与黄铜矿粒度均为-74μm，固定黄铜矿用量为 2.0g，黄铁矿与黄铜矿组成质量比分别为 0∶2、1∶2、2∶2、5∶2 和 10∶2。采用 100mL pH＝2.0 的无 Fe 9K 培养基，每个摇瓶中接入 $At.f_6$ 菌，接种量为 10%（细菌浓度为 1×10^7 个/mL，细菌悬浮液 10mL）。

黄铁矿-黄铜矿细菌浸出过程中的 pH 值、Eh 值变化情况如图 4-11 所示。pH 值随时间增加呈先上升后下降变化；电位 Eh 值开始均上升很慢，在细菌浸出 16d 后，质量比小于等于 2∶2 时溶液的 Eh 值才呈快速上升趋势，而其余质量比的 Eh 电位值略呈下降趋势。

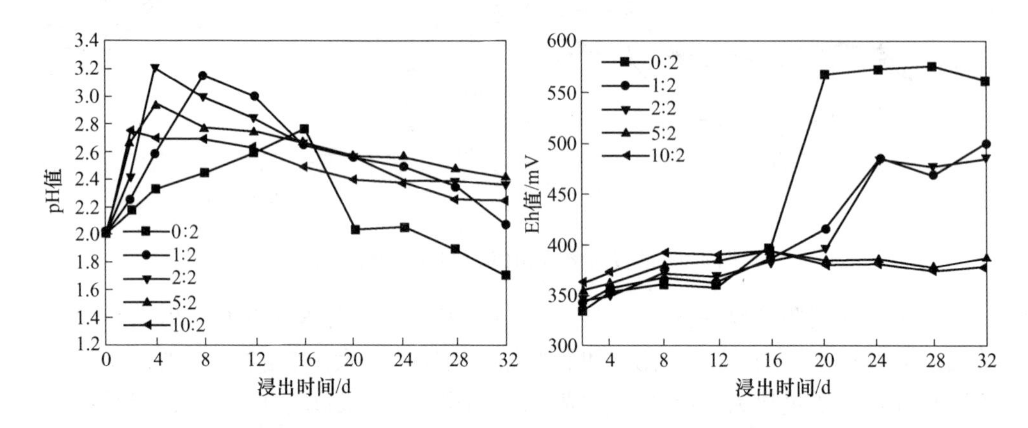

图 4-11　细菌浸出时溶液 pH 值和 Eh 值变化情况

如图 4-12 所示为黄铁矿-黄铜矿各浸出体系中 Fe^{2+}、Fe^{3+}浓度变化情况。从图中可以看出，在各质量体系的细菌浸出过程中，Fe^{2+}浓度随时间的增加而呈先增加后降低的趋势，且最终 Fe^{2+} 浓度趋于 0；而 Fe^{3+} 浓度随时间的增加在很长一段时间内变化很小，从 12d 起才开始迅速增加并在 4～8d 后达到一个较稳定的值，使浸出体系保持一个较强的氧化气氛。

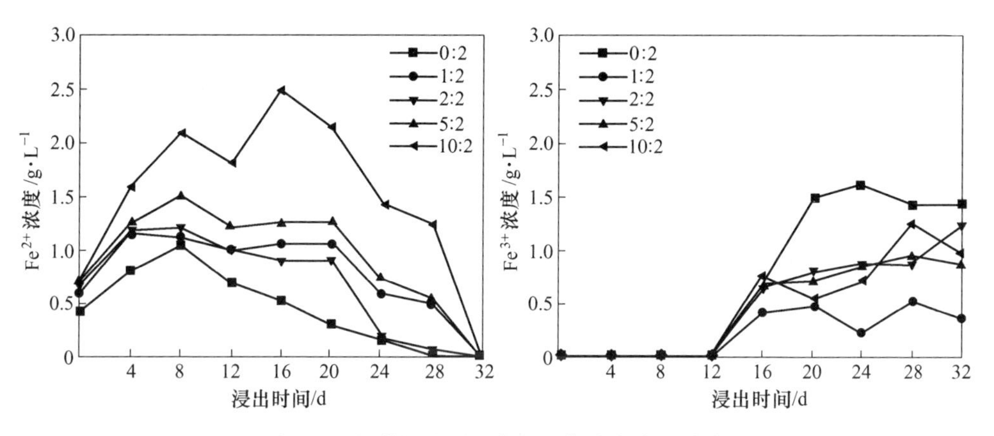

图 4-12 细菌浸出时 Fe^{2+}、Fe^{3+} 浓度变化曲线

图 4-13 为黄铁矿-黄铜矿各质量比在细菌浸出过程中，铜浸出率随时间的变化曲线。从图中可知，添加黄铁矿有利于黄铜矿的细菌浸出。细菌浸出 32d，不添加黄铁矿时黄铜矿铜的浸出率为 15.50%，而添加黄铁矿时，它与黄铜矿组成质量比 1∶2、2∶2、5∶2 和 10∶2 对应铜浸出率分别为 33.42%、42.14%、17.92% 和 18.41%。其中以质量比 2∶2 时铜浸出率最高，是不添加黄铁矿时的 2.72 倍。

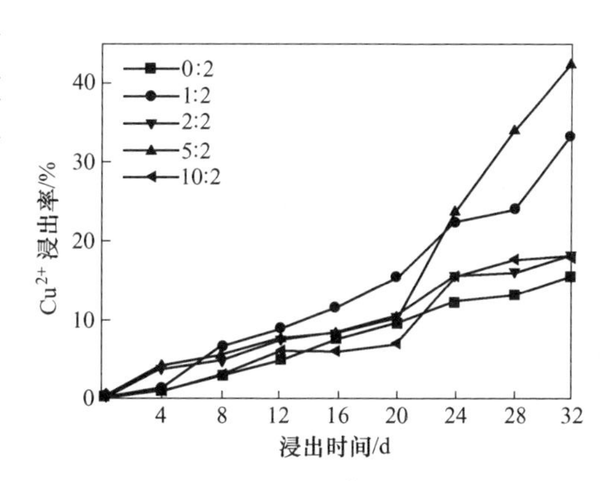

图 4-13 细菌浸出时 Cu^{2+} 浸出率变化曲线

Lilova 等[6] 认为在溶液中同时存在硫化物和 Fe^{2+} 的情况下，两者是相互竞争的关系，细菌将优先利用 Fe^{2+} 作为能量。因此结合图 4-12 中浸出过程 Fe^{2+} 浓度随时间的变化曲线，黄铁矿与黄铜矿质量比大于等于 5∶2 时，溶液中 Fe^{2+} 较高，细菌会优先选择它作为能源物质，而不是直接作用于矿物表面，这就是黄铁矿过多后铜浸出率降低的原因。

4.2.2.3 *At.f*$_6$ 菌作用与黄铁矿-黄铜矿原电池效应的比较

在酸浸和细菌浸出过程中，黄铁矿表现出不同的作用与黄铁矿：黄铜矿的质量比有关。细菌浸出时，黄铁矿：黄铜矿质量比为 2：2（即 1：1）时铜浸出率最高；且当黄铁矿：黄铜矿质量比小于等于 5：2 时，铜的浸出以 $At.f_6$菌的作用为主；而质量比大于 5：2 时则以黄铁矿和黄铜矿之间的原电池效应为主。

黄铁矿影响黄铜矿浸出的实质是净含量 $m(FeS_2)$ 与 $m(CuFeS_2)$ 的比值。黄铁矿的纯度为 85.64%，黄铜矿的纯度为 79.22%，设 $\kappa = m(FeS_2) : m(CuFeS_2)$，则当黄铁矿与黄铜矿质量比为 2：2 时，计算 $\kappa=1.08$；当质量比为 10：2 时，计算 $\kappa=5.4$。

由细菌浸出规律，当 $0<\kappa\leqslant1.08$ 时，κ 值越高，铜的浸出率越高；$1.08<\kappa\leqslant5.4$ 时，κ 值越小，铜的浸出率越高。当 $\kappa=1.08$ 时，即 FeS_2 的含量略大于 $CuFeS_2$时，铜的浸出效果最好。这一结论也符合 Tshilombo 的混合电位理论[7]，即黄铁矿上的阴极反应面比黄铜矿表面的阳极反应面大是促进阳极溶解的原因。

4.2.2.4 黄铁矿-黄铜矿粒度对微生物浸铜的影响

由于黄铁矿与黄铜矿组成的混合硫化矿间存在原电池效应，其产生原电池反应的前提条件是两者紧密接触。因此，黄铁矿、黄铜矿的粒度组成会影响浸出体系的 pH 值和氧化还原电位，影响黄铜矿的铜的浸出率。

图 4-14 为−43μm、−74μm+43μm 和−100μm+74μm 三种粒度组成的黄铁矿-黄铜矿细菌浸出过程中 pH 值和 Eh 值随时间的变化曲线。从图中可知，溶液 pH 值随着浸出时间的增加而均呈先升高后降低的趋势，且矿物粒度越细，pH 值下降得越快，最终 pH 值都较低，为 1.50 左右；而溶液 Eh 值随浸出时间的增加而逐渐升高，但各粒度组成下溶液 Eh 值变化曲线相近，最终 Eh 值均接近 550mV。因而黄铁矿与黄铜矿的粒度对浸出过程 pH 值影响较大，对浸出最终的 pH 值和 Eh 值影响较小。

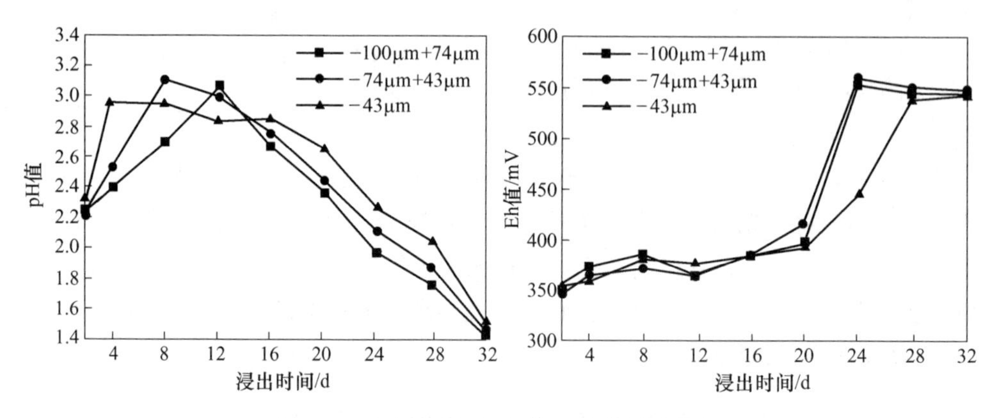

图 4-14 不同粒度下 pH 值、Eh 值变化情况

图 4-15 为黄铁矿和黄铜矿不同粒度组成时的铜浸出率变化曲线。从图中可

以看出，铜浸出率均随浸出时间的增加而增加，且变化规律相似。细菌浸出 32d 时，黄铁矿和黄铜矿粒度组成 -43μm、-74μm+43μm 和 -100μm+74μm 时，铜浸出率分别为 23.25%、19.37%和 19.86%，其中以粒度组成-74μm+43μm 时铜的浸出率最低。

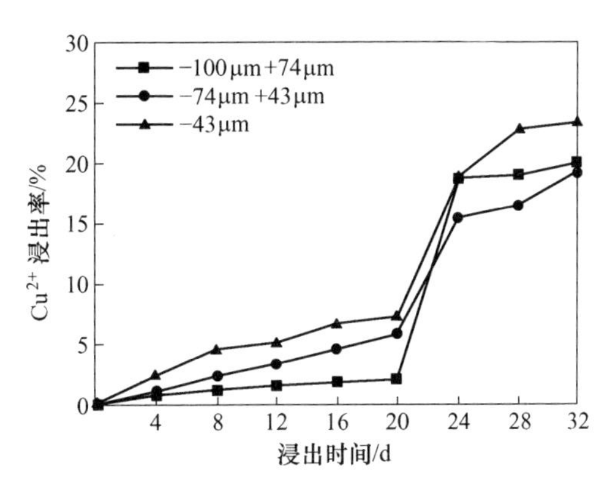

图 4-15 不同粒度下铜浸出率

黄铁矿与黄铜矿粒度均为 -74μm时，质量比同样为 2∶2 时的铜浸出率为 42.14%，比粒度-43μm 时的铜浸出率高出 18.89%。这说明黄铁矿-黄铜矿粒度范围较宽时更有利于黄铜矿的微生物浸出。

上述结果表明，黄铁矿-黄铜矿的质量组成和粒度组成是微生物浸出铜的重要影响因素。

4.2.3 石英对微生物浸铜的影响

石英作为脉石矿物普遍存在于各种金属矿原矿和尾矿中。采用微生物方法处理原生铜矿或选铜尾矿或铜精矿时，由于石英与黄铜矿包裹掺杂交错，势必会影响铜的浸出。目前，国内外尚未有关于脉石矿物石英对黄铜矿微生物浸出影响的研究与报道。因此，研究石英对微生物浸出黄铜矿的影响具有重要意义。

4.2.3.1 石英浓度的影响

选择粒度-43μm 的石英，与黄铜矿、黄铁矿组成浸出体系，以 $At.f_6$ 菌作为浸矿菌种，在无 Fe 9K 培养基中浸出黄铜矿。研究了石英浓度（石英与浸出液的质量体积百分比,%，下同）对细菌浸出过程中的影响。为方便描述，不添加石英时的体系即黄铁矿-黄铜矿体系为空白体系或空白实验，其 pH 值、Eh 值和铜浸出率等即为相应空白值。

图 4-16 为浸出过程的 pH 值、Eh 值变化情况。从图中可以看出，空白体系溶液 pH 值随着时间增加而呈先上升后下降的趋势，溶液 Eh 值随时间增加而增加。含石英的浸出体系，溶液 pH 值和 Eh 值变化规律与空白体系相同，但浸出完成时溶液 pH 值较低、Eh 值较高。空白体系中溶液 pH 值下降得最慢，Eh 值也上升得最慢，细菌浸出 32d，溶液 pH 值为 1.53，溶液 Eh 值为 608mV。而含有石英的体系，溶液 pH 值下降得越快，Eh 值上升得也越快。细菌浸出 32d，含石英浓度为 2.5%、5.0%、7.5% 和 10.0% 的体系，溶液 pH 值分别为 1.48、1.41、

1.47 和 1.40，其值均低于空白值；溶液 Eh 值分别为 623mV、623mV、632mV 和 621mV，其值均高于空白值。可见，石英能使黄铁矿-黄铜矿浸出体系 pH 值达到较低、Eh 值达到较高水平。

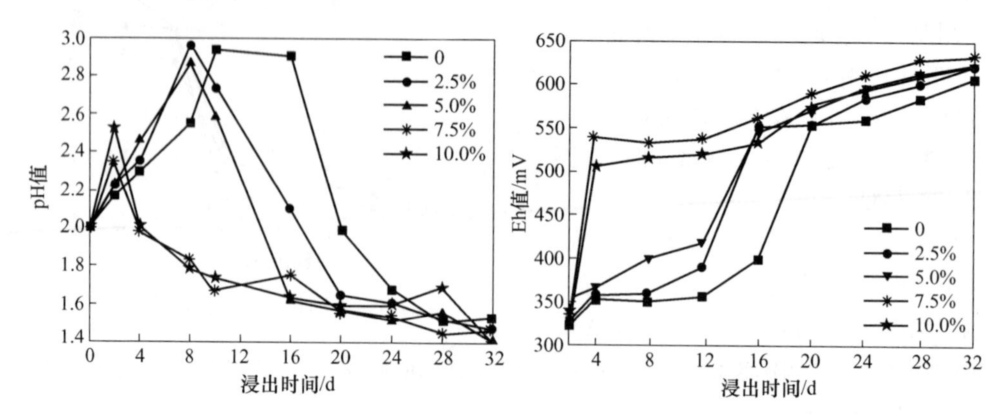

图 4-16　不同石英浓度时细菌浸出过程中 pH 值、Eh 值的变化

溶液中 Fe^{2+} 浓度与 Fe^{3+} 浓度随时间变化过程如图 4-17 所示。从图中可以看出，细菌浸出开始时溶液中的 Fe^{2+} 浓度约为 0.60g/L，而 Fe^{3+} 浓度非常低，随着浸出时间的延长，溶液中 Fe^{2+} 浓度逐渐降低至零，而 Fe^{3+} 浓度逐渐升高。与空白实验相比较，含石英浓度为 7.5% 和 10.0% 的溶液中 Fe^{2+} 浓度下降较快，同时 Fe^{3+} 浓度也上升较快。细菌浸出 32d，溶液中 Fe^{3+} 浓度在含石英浓度为 7.5% 时的体系达到最高，其值为 6.04g/L；而在空白实验时最低，其值为 2.87g/L。这与 Eh 值的规律相对应。由溶液电位取决于溶液中 Fe^{2+} 浓度和 Fe^{3+} 浓度的相对量，如式（4-1）所示：

$$E = E^{\ominus} + \frac{RT}{F}\ln\left(\frac{a_{Fe^{3+}}}{a_{Fe^{2+}}}\right) \tag{4-1}$$

式中，F 为 Faraday 常量，9.648×10^4C/mol；R 为摩尔气体常数，8.314J/(mol · K)。

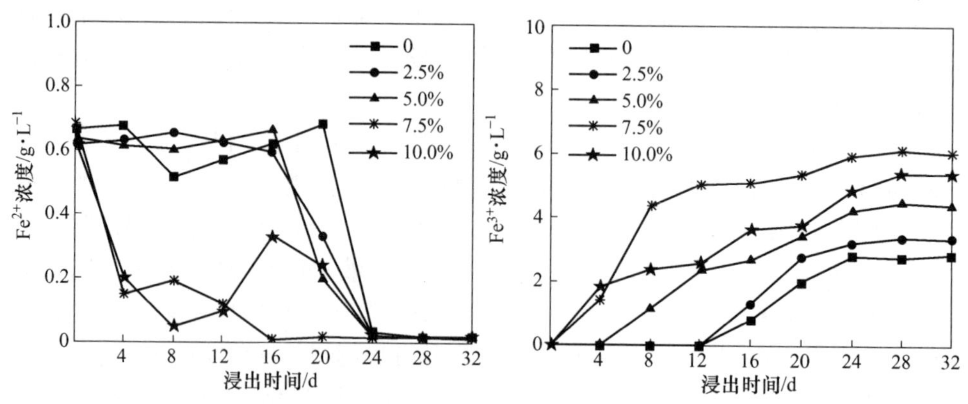

图 4-17　不同石英浓度时细菌浸出过程中 Fe^{2+}、Fe^{3+} 浓度的变化情况

浸出过程铜浸出率的变化如图4-18所示。从图中可以看出，铜的浸出率随着浸出时间的增加而增加，随着石英浓度的增加而呈先增加后降低的规律。细菌浸出32d，含石英浓度为0.0%、2.5%、5.0%、7.5%和10.0%的体系中铜的浸出率分别为：36.73%、41.75%、53.52%、17.66%和22.22%。其中，以石英浓度为5.0%的体系中铜的浸出率最高。可见，适量的石英对黄铁矿-黄铜矿体系的微生物浸出有促进作用。

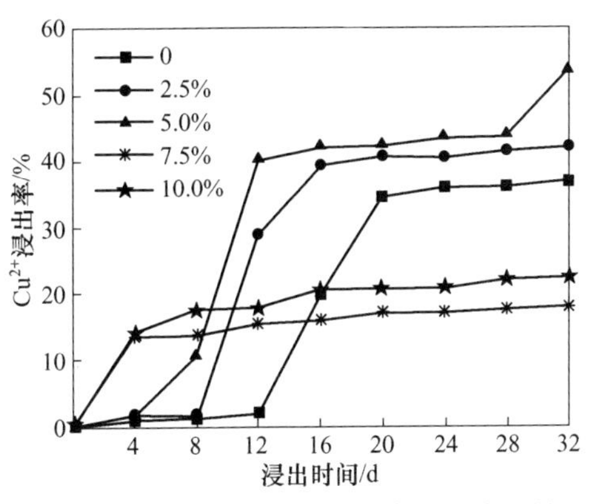

图4-18 不同石英浓度时Cu^{2+}浸出率比较

从图4-18中还可以看出，石英能明显缩短铜浸出过程的延迟期：空白实验延迟期为12d；含石英浓度为2.5%和5.0%的体系，其延迟期分别为8d和4d；而含石英浓度为7.5%和10.0%的体系几乎没有延迟期。同时发现空白实验及含石英浓度为2.5%和5.0%的体系，铜浸出率的快速增长期均为8d左右；而含石英浓度为7.5%和10.0%的体系，铜浸出率快速增长期仅为4d左右。由此可见石英影响铜浸出的实质是：它能缩短黄铜矿浸出的延迟期。但过多的石英会缩短铜浸出的快速增长期，反而不利于黄铜矿的浸出。

4.2.3.2 石英粒度的影响

在石英浓度为5.0%的条件下，考察不同粒度的石英对黄铁矿-黄铜矿微生物浸出过程的影响。

浸出过程中溶液pH值和电位Eh值变化过程如图4-19所示。可以看出，石英粒度为-43μm时，溶液pH值随着时间的增加而先上升后降低，在第4天时达到最高值；而石英粒度为-74μm+43μm和-100μm+74μm时，溶液pH值随着时间的增加而增加；细菌浸出32d，石英粒度为-43μm、-74μm+43μm和-100μm+74μm时，溶液pH值分别为1.52、3.47和3.26。从图中Eh值的变化可以看出，石英粒度为-43μm时，溶液Eh值从第4天后开始快速增加，到第8天时增长放缓，保持较高的电位；而石英粒度为-74μm+43μm和-100μm+74μm时，溶液Eh值在整个浸出过程中上升非常缓慢，保持较低电位；细菌浸出32d，石英粒度为-43μm、-74μm+43μm和-100μm+74μm时，溶液Eh值分别为580mV、376mV和376mV。

不同石英粒度时，铜浸出率随时间的变化情况如图4-20所示。从图中可以看出，铜浸出率随时间的增加而增加。石英粒度为-43μm时，铜浸出率远高于

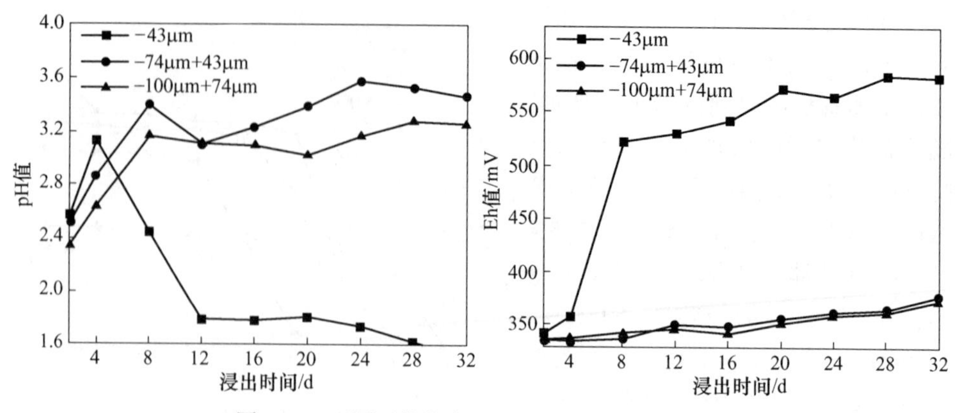

图 4-19　不同石英粒度下 pH 值、Eh 值变化情况

−74μm+43μm、−100μm+74μm 时的铜浸出率，这说明石英粒度越细，对黄铜矿浸出的促进作用也越大。细菌浸出 32d，石英粒度为−43μm、−74μm+43μm 和−100μm+74μm 时，铜的浸出率分别为 54.09%、24.65%和 21.50%。

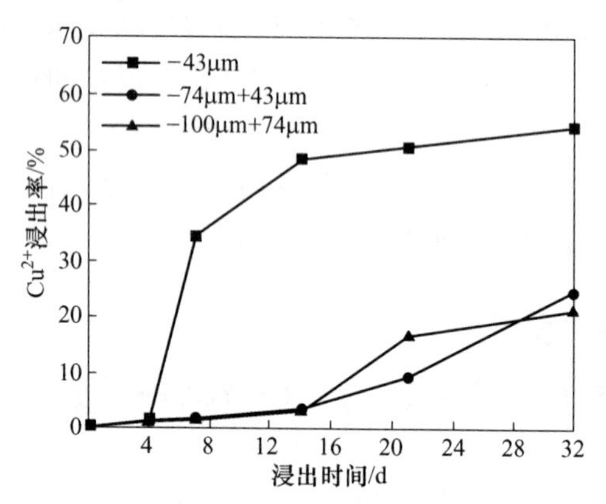

图 4-20　在不同石英粒度时 Cu^{2+}浸出率的变化

4.2.4　硅酸盐类矿物对微生物浸铜的影响

硅酸盐矿物种类繁多，根据黄铜矿中常见硅酸盐矿物，选择代表性矿物绢云母、蛇纹石、橄榄石和石榴石进行对微生物浸铜的影响试验。其中绢云母是斑岩型铜矿中常见的脉石矿物，蛇纹石、橄榄石是铜镍硫化物型铜矿中常见的脉石矿物，而石榴石是黄铁矿型黄铜矿中常见的脉石矿物。这些矿物一般含量较高，在铜矿的微生物浸出时会产生影响。

硅酸盐矿物与黄铁矿、黄铜矿组成体系，以 $At.f_6$ 菌作为浸矿菌种，在无 Fe 9K 培养基中浸出黄铜矿。研究了硅酸盐矿物的浓度（硅酸盐矿物与浸出液的质量体积百分比,%）和粒度对微生物浸出过程的影响。为方便描述，不添加硅酸盐矿物时的体系即黄铁矿-黄铜矿体系为空白体系或空白实验，其 pH 值和 Eh 值及铜浸出率等即为相应空白值。

4.2.4.1 蛇纹石对微生物浸铜的影响

A 蛇纹石浓度的影响

将粒度-43μm 的蛇纹石与黄铜矿、黄铁矿组成浸出体系，研究了蛇纹石浓度对细菌浸出过程中溶液 pH 值、氧化还原电位 Eh 值、Fe^{2+}浓度和 Fe^{3+}浓度以及铜的浸出率影响规律。

如图 4-21 所示为不同蛇纹石浓度下 pH 值、Eh 值变化情况。从图中可以看出，空白实验中溶液 pH 值随时间增加而降低，溶液 Eh 值随时间的增加而增加；而含有蛇纹石的浸出体系 pH 值较高，Eh 值较低。细菌浸出 32d，空白实验中溶液 pH 值为 1.49，Eh 值为 581mV。而含蛇纹石浓度为 1.0%、2.5%、5.0% 和 10.0%的浸出体系，溶液 pH 值分别为 2.09、2.87、2.92 和 3.19；溶液 Eh 值分别为 569mV、379mV、372mV 和 359mV。可见，蛇纹石浓度越大，浸出体系中 pH 值越高、Eh 值越低，因此也就越不利于黄铜矿的浸出。

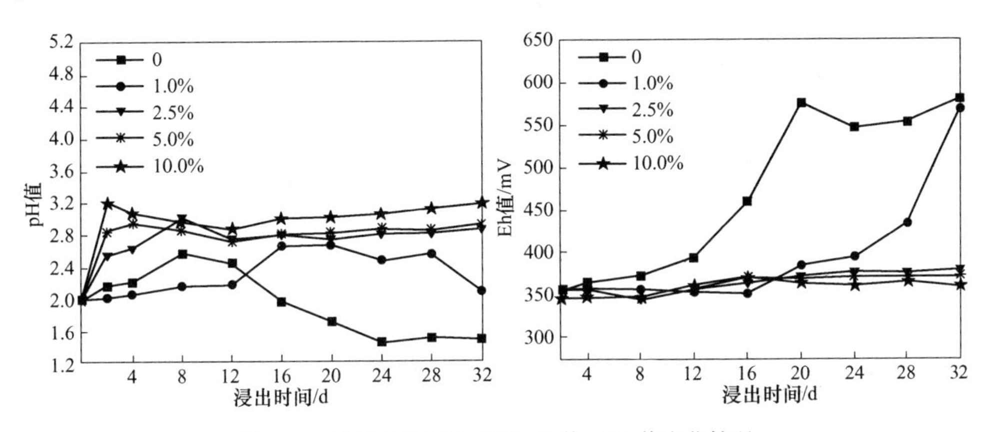

图 4-21 不同蛇纹石浓度下 pH 值、Eh 值变化情况

浸出过程中 Fe^{2+}浓度和 Fe^{3+}浓度变化如图 4-22 所示。由图可知，含蛇纹石的体系，溶液中 Fe^{2+}浓度随着浸出时间的增加而降低；溶液中 Fe^{3+}浓度只有空白实验和 1.0%在第 12d 后随时间的增加而增加，其余溶液中 Fe^{3+}较少，其浓度变化不大。细菌浸出 32d，空白体系溶液中 Fe^{3+}浓度为 3.13g/L，含蛇纹石浓度为 1.0%时体系的溶液中 Fe^{3+}浓度为 2.15g/L。由于含有蛇纹石浓度较高的体系，蛇纹消耗酸较高，导致溶液 pH 值较高，使得溶液中 Fe^{2+}浓度和 Fe^{3+}浓度较低。

铜浸出率随时间的变化如图 4-23 所示。从图可知，铜浸出率随时间增加而

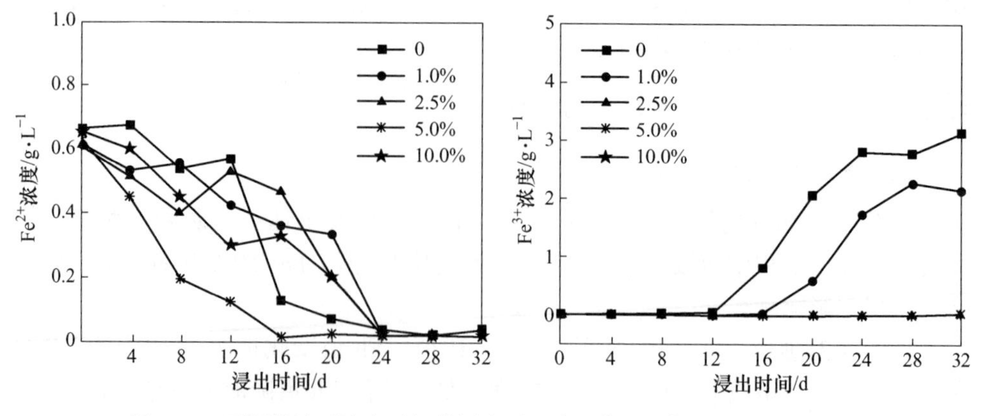

图 4-22　不同蛇纹石浓度时细菌浸出过程中 Fe^{2+}、Fe^{3+}浓度的变化情况

增加；含蛇纹石浓度越大的体系，铜的浸出率越低。细菌浸出 0～12d，空白体系和含蛇纹石的体系，铜的浸出率均很低；细菌浸出 12d 后，空白体系和含蛇纹石浓度为 1.0%的体系铜浸出率开始升高，而含蛇纹石浓度大于 1.0%的体系铜的浸出率没有升高，仍然很低。细菌浸出 32d，空白体系的铜浸出率为 42.71%，而含蛇纹石浓度为 1.0%、2.5%、5.0%和 10.0%的体系，铜的浸出率分别是 46.45%、21.84%、20.42%、17.04%。可见，黄铜矿伴生的脉石矿物中若含有大量蛇纹石，则不利于微生物浸出铜。

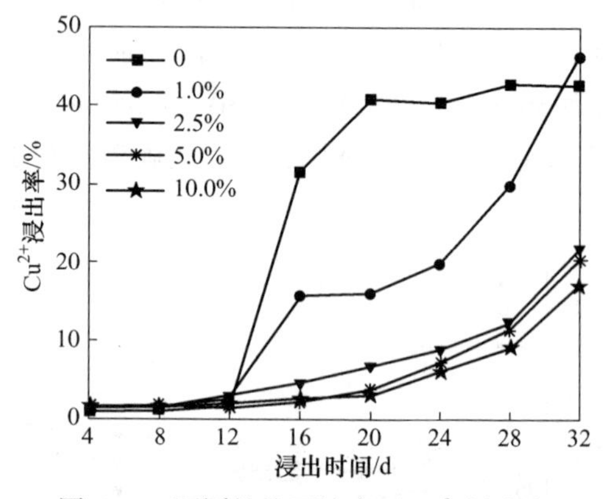

图 4-23　不同蛇纹石浓度下 Cu^{2+}浸出率

B　蛇纹石粒度的影响

蛇纹石浓度为 1.0%时，研究它的粒度对黄铁矿-黄铜矿微生物浸出铜的影响。试验结果如图 4-24 和图 4-25 所示，其中前者为浸出过程 pH 值和 Eh 值随时间的变化曲线，后者为铜浸出率的变化曲线。

从图 4-24 中可以看出，蛇纹石−43μm、−74μm+43μm 和−100μm+74μm 时溶液 pH 值、Eh 值变化趋势均相近。细菌浸出 32d，蛇纹石粒度−43μm、−74μm+43μm 和−100μm+74μm 时溶液 pH 值为 2.09、2.11 和 2.35；溶液 Eh 值分别为 569mV、577mV 和 576mV。可见，含蛇纹石浓度为 1.0%时，蛇纹石粒度对溶液 pH 值影响较大，但对溶液 Eh 值的影响不大。

从图 4-25 可知，蛇纹石−43μm、−74μm+43μm 和−100μm+74μm 时，铜浸

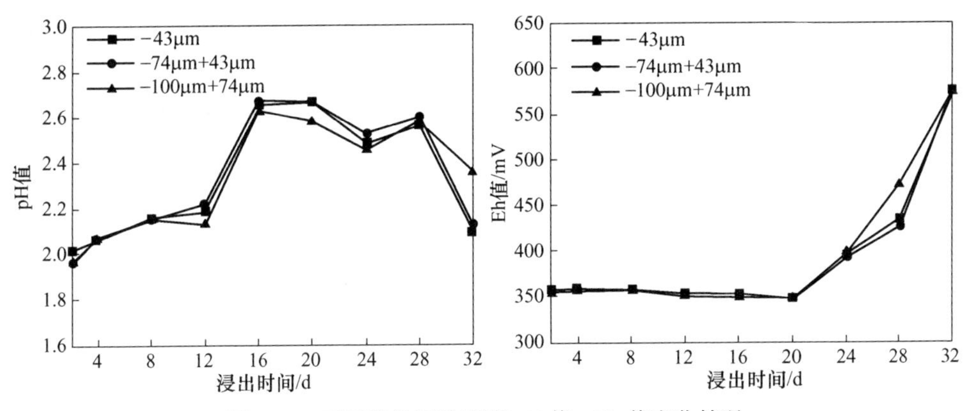

图 4-24 不同蛇纹石粒度下 pH 值、Eh 值变化情况

出率随时间的增加而增加，铜浸出率变化趋势相近。细菌浸出 32d，蛇纹石-43μm、-74μm+43μm 和-100μm+74μm 时，铜浸出率分别为 46.45%，44.79%及 48.06%。

可见，含蛇纹石浓度为 1.0%时，蛇纹石粒度对铜浸出率影响较大，并根据不同的条件能表现出促进或抑制黄铜矿浸出的作用。

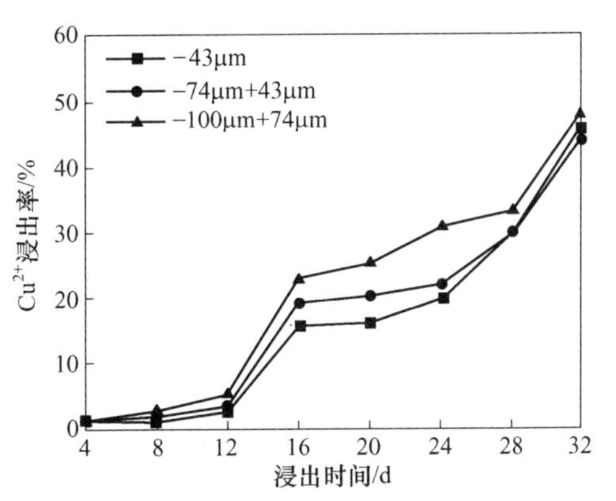

图 4-25 不同蛇纹石粒级下 Cu^{2+} 浸出率

4.2.4.2 绢云母对微生物浸铜的影响

A 绢云母浓度的影响

选择粒度-33μm 的绢云母，与黄铜矿、黄铁矿组成体系，研究了绢云母浓度对细菌浸出过程中的影响。试验结果如图 4-26～图 4-28 所示。其中，图 4-26 为 pH 值和 Eh 值变化曲线，图 4-27 为 Fe^{2+}浓度和 Fe^{3+}浓度变化曲线，图 4-28 为铜浸出率变化曲线。

从图 4-26 可以看出，空白体系溶液 pH 值随着时间增加呈先上升后下降趋势，氧化还原电位 Eh 值随时间增加而呈上升趋势；含绢云母浓度越大的体系，溶液 pH 值下降越早，溶液 Eh 值上升越快。这与含石英时溶液 pH 值、Eh 值变化规律相似。细菌浸出 32d，空白实验中溶液 pH 值为 1.49，Eh 值为 581mV；而含绢云母浓度为 2.5%、5.0%、7.5%和 10.0%时溶液 pH 值为 1.15 左右、溶液 Eh 值为 606mV 左右。

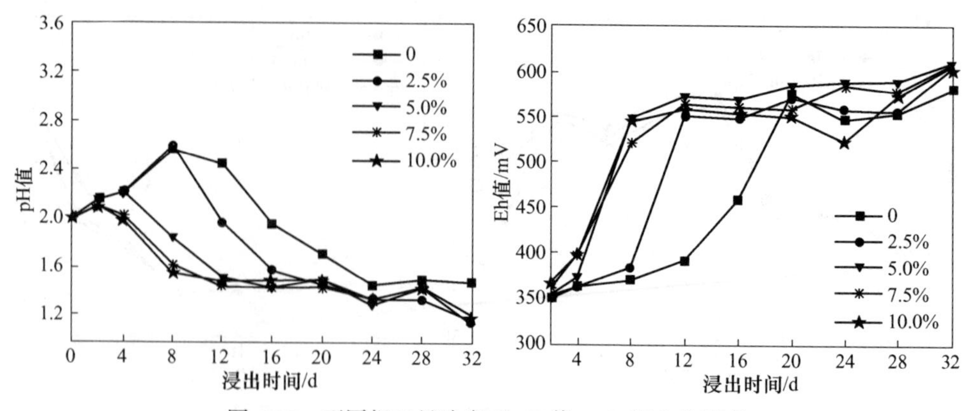

图 4-26　不同绢云母浓度下 pH 值、Eh 值变化情况

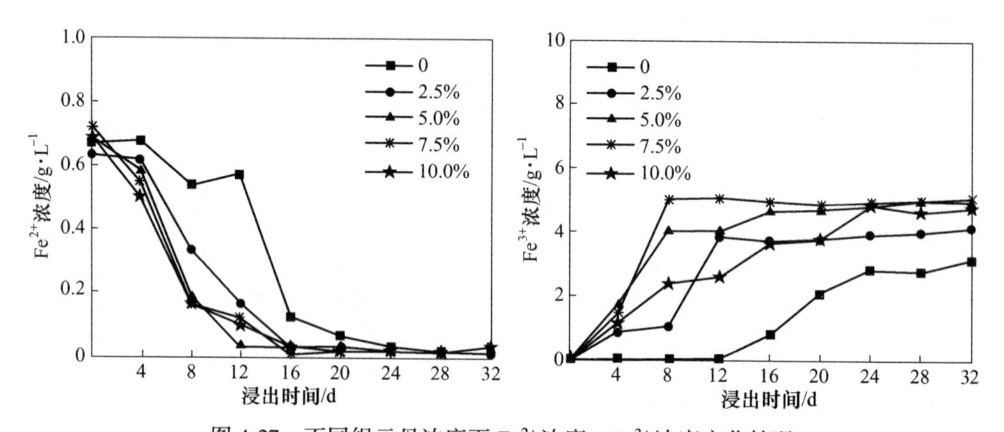

图 4-27　不同绢云母浓度下 Fe^{2+}浓度、Fe^{3+}浓度变化情况

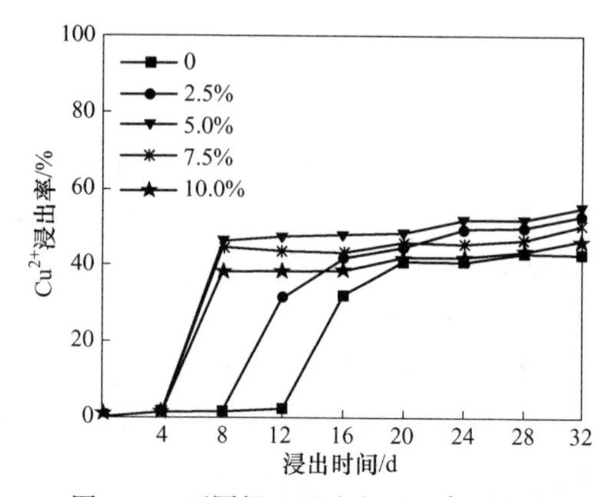

图 4-28　不同绢云母浓度下 Cu^{2+}浸出率

从图 4-27 可以看出，溶液中 Fe^{2+}浓度随时间增加而下降，Fe^{3+}浓度随时间增加而上升。细菌浸出初期，Fe^{2+}约为 0.70g/L（主要是酸溶解产生的铁），此时 Fe^{3+}几乎检测不出。接种 *At.* f_6 菌、加入绢云母后，溶液中 Fe^{2+}浓度逐渐降低，含绢云母浓度越大的体系，溶液中 Fe^{2+}浓度下降得越快。与此同时，溶液中 Fe^{3+}浓度从零逐渐开始增加，含绢云母浓度越大的体系，溶液中 Fe^{3+}浓度上升得越快。细菌浸出 32d，空白体系溶液中 Fe^{3+}浓度为 3.13g/L；而含绢云母浓度为 2.5%、5.0%、7.5%和 10.0%时溶液中 Fe^{3+}浓度分别为 4.12g/L、4.99g/L、

5.04g/L 和 4.75g/L，其值均高于空白值。造成这种现象的原因是含绢云母的体系中溶液 pH 值非常低，溶液中 Fe^{3+}不容易发生水解。由 Eh 值与 Fe^{3+}的关系式(4-1)可知，这也是含有绢云母的体系中氧化还原电位值较高的原因。

微生物浸出过程中，铜浸出率的变化规律如图 4-28 所示。从图中可知，随时间的增加，铜浸出率从一定时间开始增加，而后变化趋于平缓。含有绢云母的体系，铜浸出率开始上升的时间较早。这说明绢云母与石英一样，均能缩短浸出的延迟时间。细菌浸出 32d，空白体系铜浸出率为 42.71%；而含绢云母浓度为 2.5%、5.0%、7.5% 和 10.0% 的体系，铜的浸出率分别为 52.79%、54.88%、50.17%和 46.20%，其中含绢云母浓度为 5.0%时的铜浸出率最高。

B 绢云母粒度的影响

在绢云母浓度为 5.0%的条件下，考察了绢云母粒度-33μm、-43μm+33μm 和-74μm+43μm 时对黄铁矿-黄铜矿微生物浸出过程的影响。试验结果如图 4-29 和图 4-30 所示，其中前者为浸出过程 pH 值和 Eh 值随时间的变化曲线，后者为铜浸出率的变化曲线。

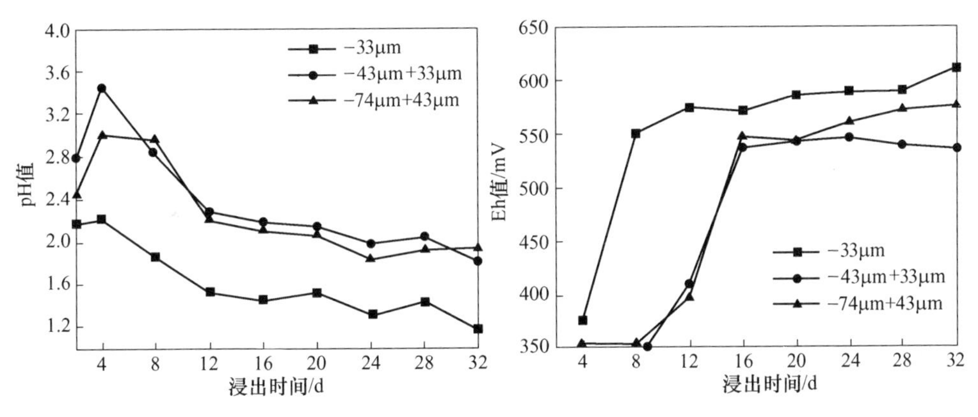

图 4-29 不同绢云母粒度下 pH 值、Eh 值变化情况

从图 4-29 中可知，溶液 pH 值随时间增加而呈先增加后降低的趋势，Eh 值随时间增加而增加，但到了浸出末期 Eh 值增加放缓。绢云母粒度为-33μm 时，溶液 pH 值下降较快，Eh 值上升较快。而绢云母粒度为-43μm+33μm 和-74μm+43μm时，溶液 pH 值和 Eh 值变化相近。细菌浸出 32d 时，绢云母粒度为-33μm、-43μm+33μm 和-74μm+43μm 时，溶液 pH 值分别为 1.15、1.8 和 1.93；溶液 Eh 值分别为 609mV、534mV 和 574mV 左右。可见，绢云母粒度越细，浸出体系 pH 值越低。

细菌浸出过程中，绢云母不同粒度时铜浸出率的变化如图 4-30 所示。从图中可以看出，铜浸出率随时间增加而增加，且随绢云母粒度的增加而降低。细菌

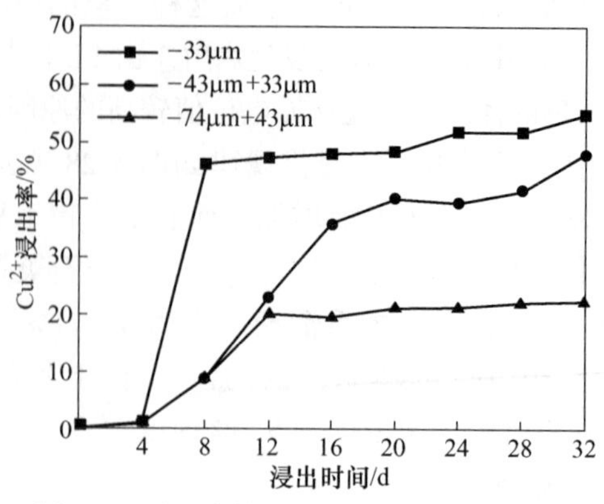

图 4-30 在不同绢云母粒级下 Cu^{2+} 浸出率

浸出 32d，绢云母粒度为−33μm、−43μm+33μm 和−74μm+43μm 时，铜浸出率分别为 54.88%、47.79% 和 22.39%。可见，绢云母粒度越细，铜的浸出率也越高。

4.2.4.3 橄榄石对微生物浸铜的影响

A 橄榄石浓度的影响

选择粒度−43μm 的橄榄石，与黄铜矿、黄铁矿组成浸出体系，研究了橄榄石浓度（橄榄石与浸出液质量体积百分比,%）对细菌浸出过程的影响。

细菌浸出过程中 pH 值、Eh 值的变化如图 4-31 所示，空白实验中溶液 pH 值随时间的增加而先上升后降低，Eh 值随时间的增加而增加；含有橄榄石的体系，在浸出过程中溶液 pH 值均较高，没有显著降低的过程，pH 值始终大于 2.0；而溶液 Eh 值随时间增加而增加，以橄榄石浓度 2.5% 和 5.0% 时增加较明显。可见橄榄石的存在能使浸出体系的 pH 值增加、Eh 值降低。

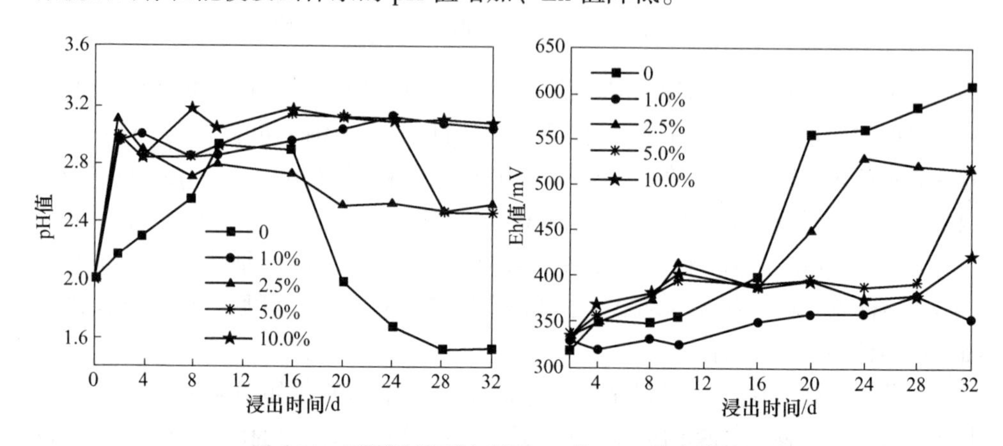

图 4-31 不同橄榄石浓度下 pH 值、Eh 值变化情况

各浸出体系 Fe 浓度的变化曲线如图 4-32 所示。从图中可以看出，各体系溶液中 Fe^{2+}浓度均随着浸出时间的增加而降低；溶液中 Fe^{3+}在空白实验和橄榄石浓度为 1.0%时的体系中浓度变化较大。空白实验溶液中 Fe^{3+}浓度随时间增加而增加，并维持在较高水平。而橄榄石浓度为 1.0%时的体系，溶液中 Fe^{3+}浓度有一个从非常低上升到较高值，再从较高值降到非常低的过程。由于 pH 值较高的缘故，溶液中 Fe^{3+}因大量生成沉淀而减少。

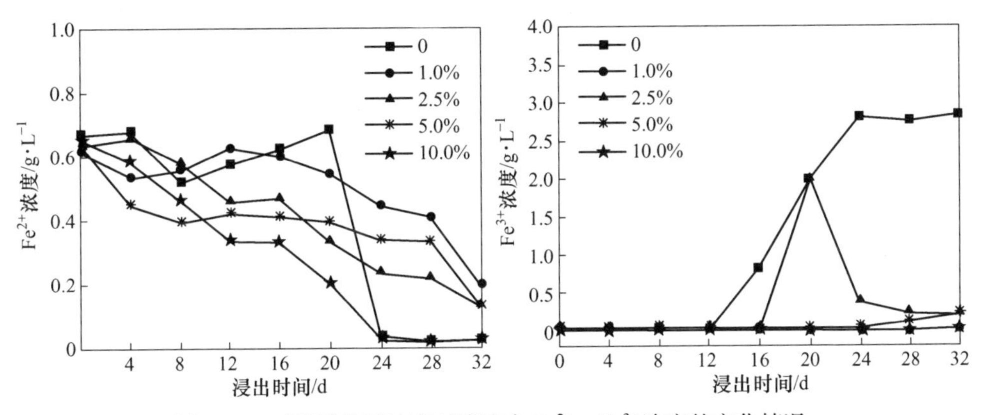

图 4-32 不同橄榄石浓度时溶液中 Fe^{2+}、Fe^{3+}浓度的变化情况

浸出过程中铜浸出率的变化情况如图 4-33 所示。由图可知，铜的浸出率随时间增加而增加，含橄榄石浓度为 2.5%的体系铜浸出率增长速度比空白体系快。细菌浸出 32d 时，空白体系的铜浸出率为 36.76%，而含橄榄石浓度为 1.0%、2.5%、5.0%和 10.0%的体系，铜的浸出率分别为 16.46%、51.57%、46.94%和 31.52%。其中橄榄石浓度为 2.5%时，铜浸出率最高。因此，含橄榄石浓度小于等于 2.5%时，橄榄石浓度越高，铜浸出率越大；橄榄石浓度大于 2.5%时，橄榄石浓度越高，铜浸出率越小。

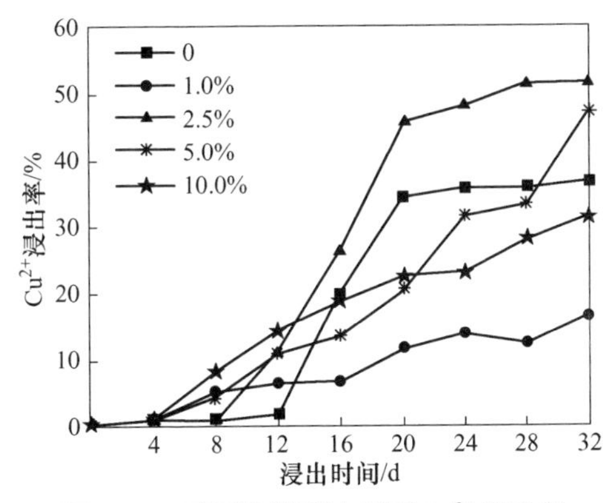

图 4-33 不同橄榄石浓度下 Cu^{2+}浸出率

B 橄榄石粒度的影响

橄榄石浓度为 2.5%时，研究橄榄石−43μm、−74μm+43μm、+74μm−100μm 时对黄铁矿-黄铜矿微生物浸出的影响，试验结果如图 4-34、图 4-35 所示。其中，图 4-34 为浸出过程 pH 值和 Eh 值随时间的变化曲线，图 4-35 为铜浸出率的变化曲线。

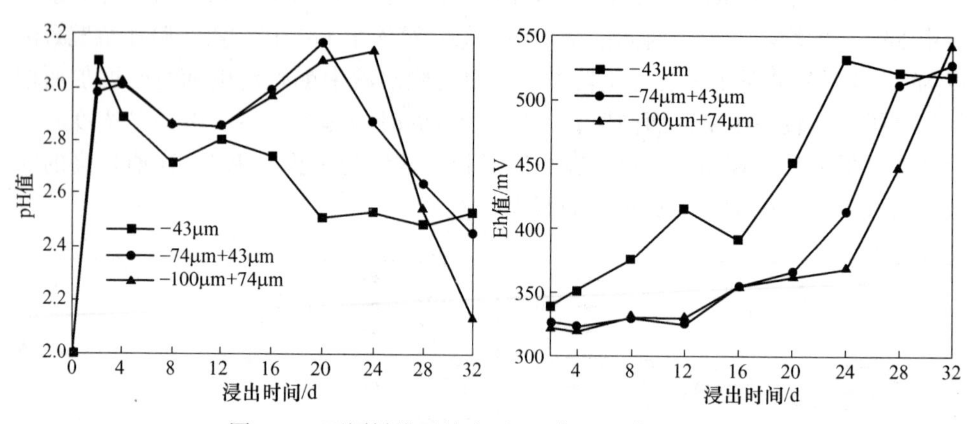

图 4-34　不同橄榄石粒度下 pH 值、Eh 值变化情况

从图 4-34 可知，橄榄石粒度对浸出体系的 pH 值和 Eh 值影响均较大。橄榄石粒度为−43μm 时，溶液 pH 值随时间的增加而先增加后降低；粒度为−74μm+43μm 和−100μm+74μm 时，溶液 pH 值随时间的波动较大。而三种粒度下，溶液的 Eh 值的变化均很有规律性：Eh 值随时间的增加而逐渐上升，但粒度−43μm 的橄榄石时，溶液电位上升较快。细菌浸出 32d，橄榄石−43μm、−74μm+43μm 和−100μm+74μm 时，溶液 pH 值分别为 2. 53、2. 45 和 2. 12；溶液 Eh 值分别为 519mV、528mV 和 543mV。由于橄榄石微溶于水，能在酸性条件下发生溶解，这是含橄榄石的浸出体系溶液 pH 值波动较大的原因。

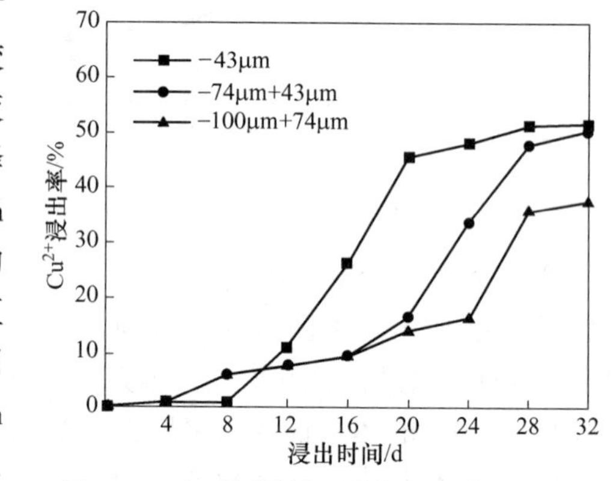

图 4-35　在不同橄榄石粒度下 Cu^{2+} 浸出率

图 4-35 为不同橄榄石粒度下铜浸出率的变化情况。从图中可以看出，铜的浸出率随时间增加而增加。橄榄石粒度为−43μm、−74μm+43μm 和−100μm+74μm时，铜浸出率分别为 51. 57%、50. 46% 和 37. 80%。可见，橄榄石能促进黄铜矿浸出。其原因可能是橄榄石溶解，能为细菌提供充足的无机盐金属离子如 Mg^{2+}，有利于细菌的生长。

4. 2. 4. 4　*石榴石对微生物浸铜的影响*

A　*石榴石浓度的影响*

选择粒度−43μm 的石榴石，与黄铜矿、黄铁矿组成浸出体系，研究了石榴石浓度（石榴石与浸出液质量体积百分比,%）对细菌浸出过程中 pH 值、氧化还原电位 Eh 值、Fe^{2+}和 Fe^{3+}浓度以及铜的浸出率影响规律。

细菌浸出过程中 pH 值、Eh 值的变化如图 4-36 所示。从图中可以看出，空白实验中溶液 pH 值随时间增加而呈先增加后降低的趋势，Eh 值随时间的增加而增加；而含石榴石浓度为 1.0%的体系，溶液 pH 值和 Eh 值变化规律与空白实验相同，含石榴石浓度大于 1.0%的体系溶液 pH 值和 Eh 值变化不明显。细菌浸出 32d，空白体系溶液的 pH 值和 Eh 值分别为 1.53mV 和 608mV；含石榴石浓度为 1.0%、2.5%、5.0% 和 10.0% 的体系，溶液 pH 值分别 1.92、2.47、2.48 和 3.11，溶液 Eh 值分别为 588mV、400mV、414mV 和 413mV。

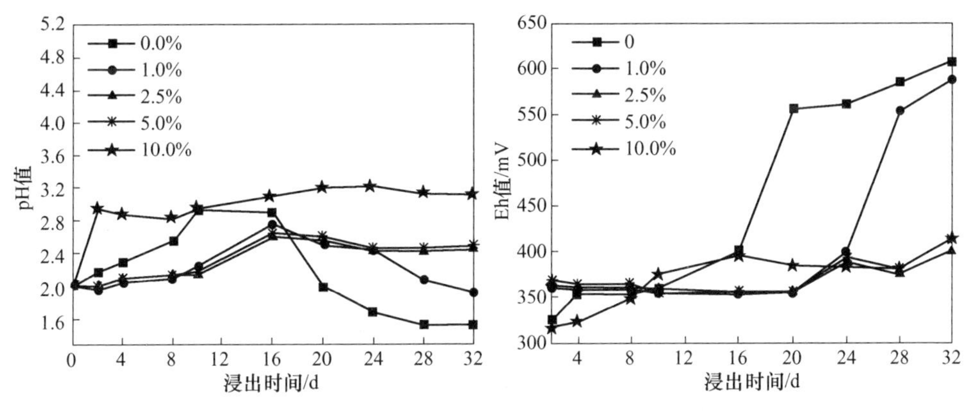

图 4-36 不同石榴石浓度下 pH 值、Eh 值变化情况

图 4-37 为溶液中 Fe^{2+} 和 Fe^{3+} 浓度的变化曲线图。由图中可知，溶液中的 Fe^{2+}浓度随着浸出时间的增加而降低，溶液中 Fe^{3+}浓度的变化曲线与橄榄石的变化规律相似。石榴石浓度为 1.0%的体系，溶液 Fe^{3+}浓度在第 12 天时开始增加，增加到较高值后，从第 24 天时开始降低；而石榴石浓度大于 1.0%的体系，溶液中 Fe^{3+}浓度始终较低。空白实验溶液中的 Fe^{3+}浓度在 12~24d 随时间的增加而增加，在浸出 24d 达到较高值。这是因为空白体系中溶液的 pH 值较低的缘故。石榴石浓度为 1.0%、2.5%和 5.0%的体系，在浸出末期溶液 pH 值较高，导致溶液中 Fe^{3+}因生成沉淀而减少。

不同石榴石浓度下铜浸出率变化曲线如图 4-38 所示。从图中可以看出，铜浸出率随着时间的增加而增加。细菌浸出 32d，空白体系铜浸出率为 36.73%，含石榴石浓度为 1.0%、2.5%、5.0% 和 10.0% 时，铜浸出率分别为 36.73%、14.37%、17.42%和 14.11%。含石榴石浓度为 1.0% 的体系，铜浸出率与空白体系相同。可见，石榴石浓度大于 1.0%时会抑制黄铜矿的浸出。

B 石榴石粒度的影响

石榴石浓度为 1.0%，考察石榴石粒度 −43μm、−74μm+43μm 和 −100μm

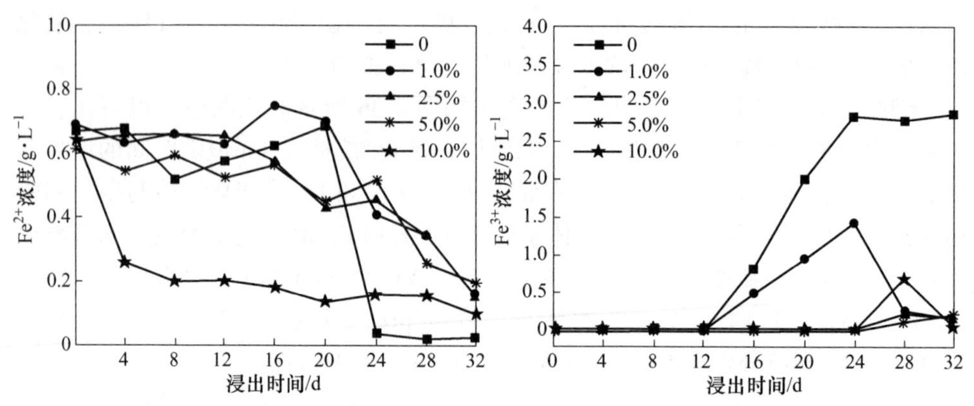

图 4-37　不同石榴石浓度时细菌浸出过程中 Fe^{2+}、Fe^{3+}浓度的变化情况

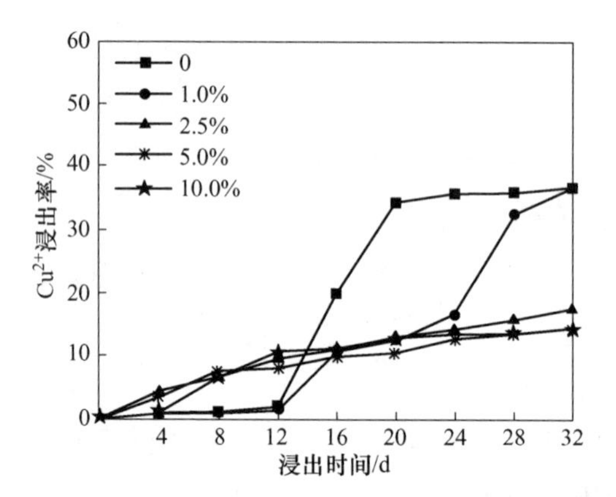

图 4-38　不同石榴石浓度下 Cu^{2+}浸出率

+74μm时对黄铁矿-黄铜矿微生物浸出的影响。试验结果如图 4-39 和图 4-40 所示，其中，图 4-39 为浸出过程 pH 值和 Eh 值随时间的变化曲线，图 4-40 为铜浸出率的变化曲线。

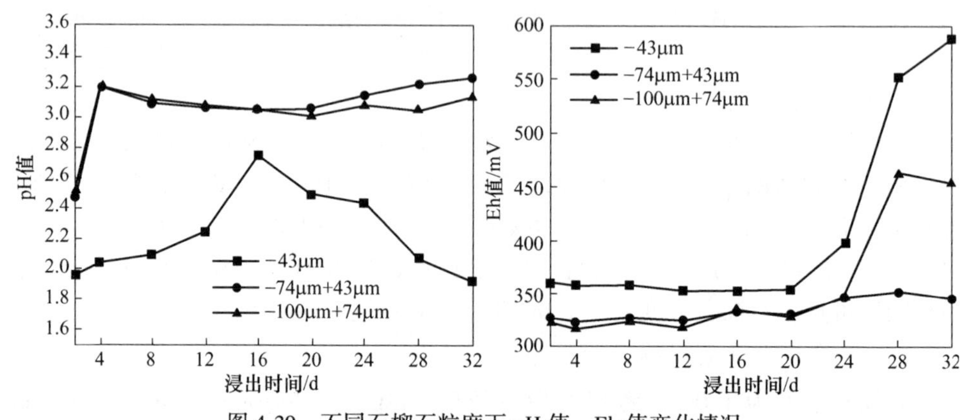

图 4-39　不同石榴石粒度下 pH 值、Eh 值变化情况

从图 4-39 中可以看出，pH 值随浸出时间增加而呈先上升后下降的趋势。石榴石粒度为-43μm 时，溶液 pH 值上升过程和下降过程均较慢，但溶液 Eh 值上升较快。而在石榴石粒度为-74μm+43μm 和-100μm+74μm 时，溶液 pH 值随浸出时间的增加而呈增加的趋势，在浸出末期 pH 值较高；溶液 Eh 值的变化以前者较慢。细菌浸出 32d，石榴石粒度为-43μm、-74μm+43μm 和-100μm+74μm 时，溶液 pH 值分别为 1.9、3.26 和 3.14；Eh 值分别为 588mV、346mV 和 454mV。说明石榴石粒度对浸出体系的 pH 值和 Eh 值影响较大。

不同石榴石粒度下铜浸出率变化情况如图 4-40 所示。从图中可以看出，铜浸出率随时间增加而增加，并且石榴石粒度越粗，铜的浸出率越高。细菌浸出 32d，石榴石粒度为 -43μm、-74μm+43μm 和 -100μm +74μm时的体系，铜浸出率分别为 36.73%，42.69%和 44.27%。由此，可以推测石榴石粒度越细，溶解释放出的有害离子越多，对微生物浸出铜的影响也就越大。

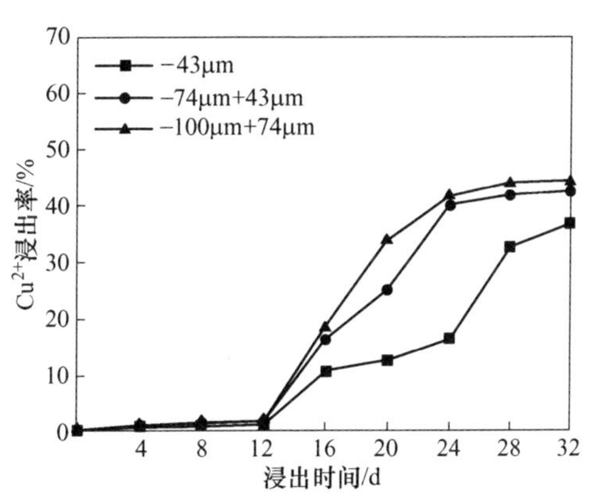

图 4-40　不同石榴石粒度下 Cu^{2+}浸出率

4.2.5　碳酸盐磷酸盐卤化物类矿物的影响

4.2.5.1　白云石对微生物浸铜的影响

选择粒度-43μm 的白云石与黄铜矿、黄铁矿组成浸出体系，研究了白云石浓度（白云石与浸出液质量体积百分比,%）对细菌浸出过程中溶液 pH 值、氧化还原电位 Eh 值、Fe^{2+}浓度和 Fe^{3+}浓度以及铜浸出率的影响规律。试验结果如图 4-41~图 4-43 所示。图 4-41 为 pH 值和 Eh 值变化，图 4-42 为 Fe^{2+}浓度和 Fe^{3+}浓度变化，图 4-43 为铜浸出率的变化。

从图 4-41 可以看出，溶液 pH 值随着时间增加而呈先上升后降低的趋势，与前面的脉石矿物相比，含白云石的体系 pH 值下降较少，含白云石浓度为 0.9%时溶液 pH 值没有明显下降的过程；溶液 Eh 值变化出现两种情况，含白云石浓度小于 0.6%的体系，溶液 Eh 值随时间的增加而增加，反之，含白云石大于 0.6%的体系，溶液 Eh 值随时间的增加而降低。细菌浸出 32d，空白实验中溶液 pH 值和 Eh 值分别为 1.49 和 581mV；含白云石浓度为 0.3%、0.6%和 0.9%的体系，溶液 pH 值分别为 3.48、4.66 和 7.06，溶液 Eh 值分别为 437mV、268mV 和 192mV。含白云石浓度为 0.9%的体系，pH 值大于 7.0，超出了细菌生长的 pH

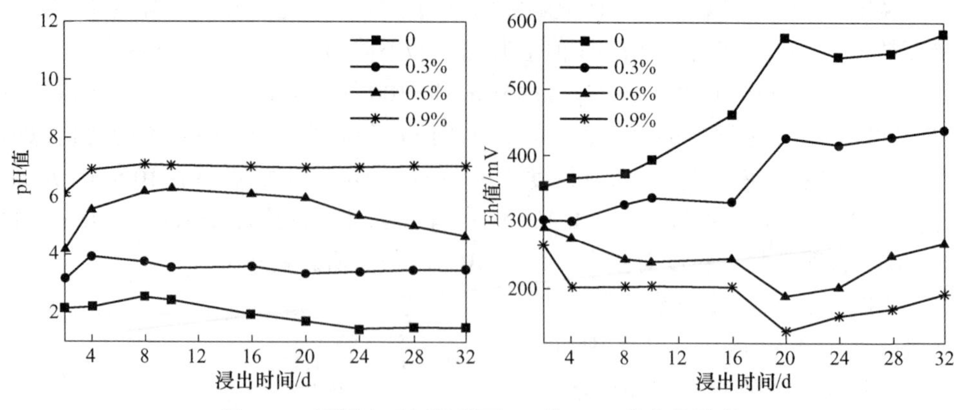

图 4-41　不同白云石浓度下 pH 值、Eh 值变化情况

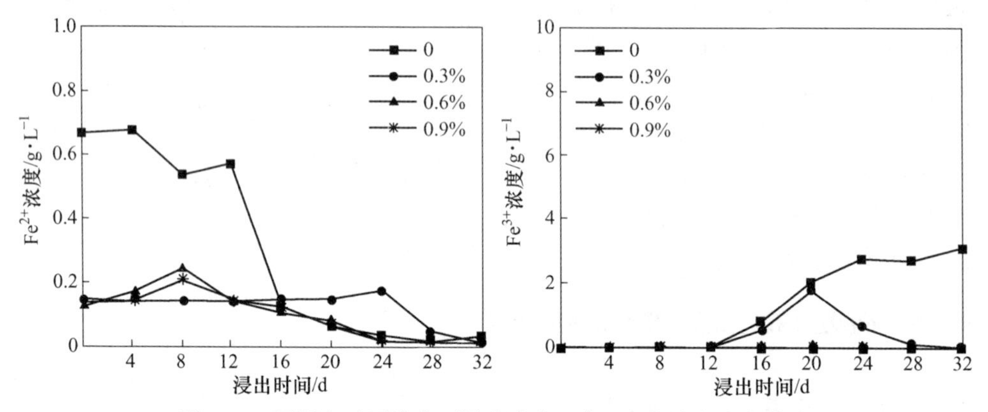

图 4-42　不同白云石浓度下浸出液中 Fe^{2+}、Fe^{3+}浓度变化曲线

值极限条件（1.2~6.0），从而会影响黄铜矿的微生物浸出。

细菌浸出过程，溶液中 Fe^{2+}、Fe^{3+}浓度变化情况如图 4-42 所示，从图中可以看出，溶液中 Fe^{2+}浓度随时间的增加而下降，但含白云石的体系 Fe^{2+}浓度从浸出开始即较低，这是因为含白云石的体系，溶液 pH 值较高、Fe^{2+}容易水解的缘故；溶液中 Fe^{3+}仅空白体系和含白云石 0.3%的体系随着浸出时间的增加，在浸出 12d 时开始增加，而浸出 20d 后空白体系的溶液中能维持较高浓度的 Fe^{3+}浓度，含白云石 0.3%的体系溶液中 Fe^{3+}浓度则逐渐降到非常低。含白云石体系的 Fe 的变化规律与石榴石、橄榄石相同。在含白云石浓度为 0.3%的体系，溶液 pH 值下降后，Fe^{3+}浓度逐渐升高，最高时浓度为 1.83g/L，但由于 pH 值一直维持在 3.0~4.0，故 Fe^{3+}易生成沉淀，在浸出后期，基本检测不出 Fe^{3+}的存在。

如图 4-43 所示，空白体系和含白云石浓度为 0.3%的体系，铜的浸出率随着时间增加而增加；在含白云石浓度大于为 0.3%的体系，铜的浸出率很低。细菌浸出 32d，空白体系铜浸出率为 42.71%；含白云石浓度为 0.3%、0.6%和 0.9%

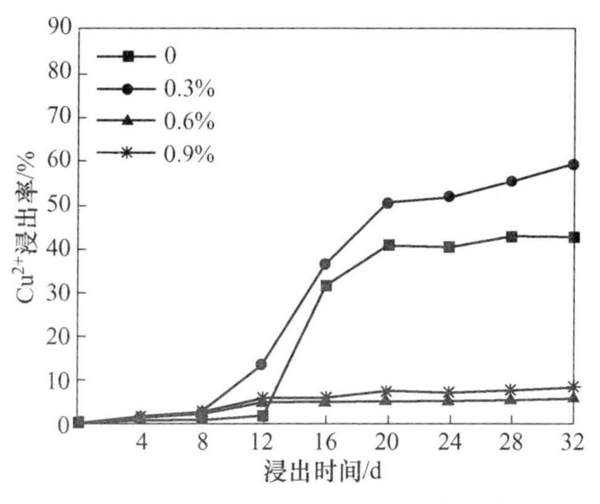

图 4-43 不同白云石浓度下 Cu^{2+}浸出率

的体系，铜浸出率分别为 59.43%、8.36%和 5.85%。白云石浓度对铜的浸出率影响很大。含白云石小于 0.3%的体系，其铜浸出率较高的原因可能是：白云石在酸中溶解，生成的无机离子 Ca^{2+}、Mg^{2+}以及产生的 CO_2气体能促进细菌的生长，反应方程式为

$$(Ca, Mg)(CO_3)_2 + 2H_2SO_4 \longrightarrow CaSO_4\downarrow + MgSO_4 + 2CO_2\uparrow + 2H_2O \tag{4-2}$$

4.2.5.2 磷灰石对微生物浸铜的影响

选择粒度-43μm 的磷灰石，与黄铜矿、黄铁矿组成浸出体系，研究了磷灰石浓度（磷灰石与浸出液质量体积百分比,%）对细菌浸出过程中溶液 pH 值、氧化还原电位 Eh 值、Fe^{2+}和 Fe^{3+}浓度以及铜浸出率的影响规律。试验结果如图 4-44～图 4-46 所示。图 4-44 为 pH 值与 Eh 值的变化，图 4-45 为 Fe^{2+}浓度的变化，图 4-46 为铜浸出率的变化。

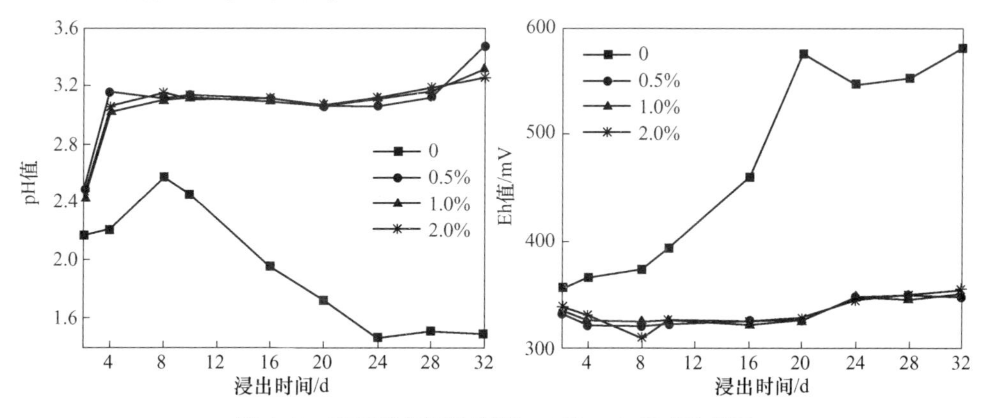

图 4-44 不同磷灰石浓度下 pH 值、Eh 值变化情况

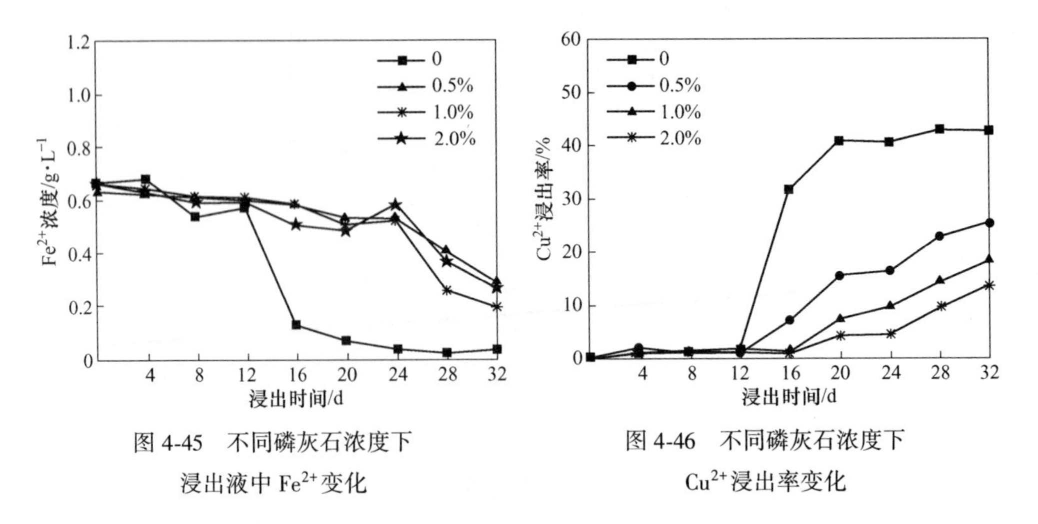

图 4-45　不同磷灰石浓度下浸出液中 Fe^{2+} 变化

图 4-46　不同磷灰石浓度下 Cu^{2+} 浸出率变化

从图 4-44 可以看出，空白实验中溶液 pH 值随时间的增加而先升高后降低，Eh 值随时间增加而增加；含磷灰石的体系，溶液 pH 值随时间的增加而上升到较高值后缓慢增加，没有明显的下降过程，溶液 Eh 值则没有什么变化。细菌浸出 32d，空白实验中溶液 pH 值和 Eh 值分别为 1.49 和 581mV；含有磷灰石为 0.5%、1.0%和 2.0%的体系，溶液 pH 值分别为 3.47、3.31 和 3.26，溶液 Eh 值分别为 347mV、349mV 和 353mV。

浸出体系 Fe^{2+}离子浓度如图 4-45 所示。从图可以看出，溶液中 Fe^{2+}浓度随着时间的增加而降低。随着浸出时间的增长，空白体系的 Fe^{2+}浓度下降较快，而含有磷灰石的体系则下降较慢。细菌浸出 32d，空白体系溶液中 Fe^{2+}浓度含量趋于零，而含有磷灰石的体系 Fe^{2+}浓度为 0.2g/L 左右。含磷灰石的体系，溶解出微量的 F^-对细菌生长抑制作用较大，故存在 Fe^{2+}不能被完全氧化的情况；同时溶液中 Fe^{3+}几乎没有，故没有绘制浸出过程 Fe^{3+}浓度的变化曲线。

不同磷灰石浓度下铜浸出率的变化如图 4-46 所示。从图中可以看出，随时间增加，铜浸出率增加；含有磷灰石浓度的体系，铜浸出率增加较慢。细菌浸出 32d，空白体系铜浸出率为 42.71%；含磷灰石浓度为 0.5%、1.0%和 2.5%的体系，铜浸出率分别为 25.43%、18.36%和 13.57%。含磷灰石浓度为 0.5%的体系可使空白体系铜浸出率降低 40%左右，含磷灰石浓度为 1.0%的体系可使空白铜浸出率降低 57%左右，这说明磷灰石的存在，会较大地抑制黄铜矿的微生物浸出。通常磷灰石矿物含有的 F^-、Cl^-离子，矿物溶解较大时对细菌生长有害，从而导致铜浸出率低。

4.2.5.3　萤石对微生物浸铜的影响

选择粒度-43μm 的萤石，与黄铜矿、黄铁矿组成浸出体系，研究了萤石浓度（萤石与浸出液质量体积百分比,%）对细菌浸出过程中溶液 pH 值、氧化还原电位 Eh 值、Fe^{2+}浓度和 Fe^{3+}浓度以及铜浸出率的影响规律。试验结果如图 4-47～图 4-49 所示。

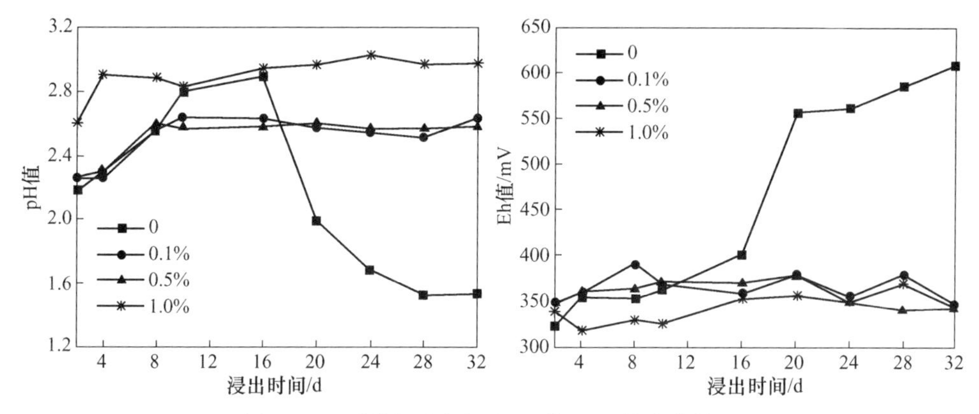

图 4-47 不同萤石浓度下 pH 值、Eh 值变化情况

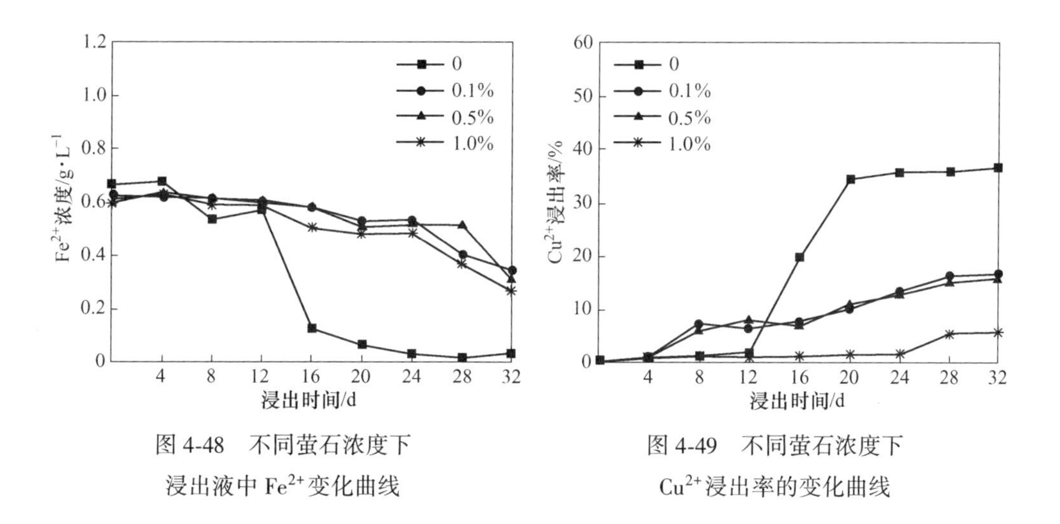

图 4-48 不同萤石浓度下浸出液中 Fe^{2+}变化曲线

图 4-49 不同萤石浓度下 Cu^{2+}浸出率的变化曲线

从图 4-47 可以看出，空白实验中溶液 pH 值随时间的增加而先升高后降低，溶液的 Eh 值随浸出时间的增加而升高；含有萤石的体系，溶液 pH 值随时间的增加而升高却没有明显的下降过程，溶液 Eh 值则变化波动较大。细菌浸出 32d，空白体系溶液 pH 值和 Eh 值分别为 1.53 和 608mV；含萤石浓度为 0.1%、0.5% 和 1.0%的体系，溶液 pH 值分别为 2.63、2.59 和 2.98，溶液 Eh 值分别为 345mV、341mV 和 43mV。

浸出过程中 Fe^{2+}浓度变化如图 4-48 所示。从图可以看出，溶液中 Fe^{2+}浓度随浸出时间的增加而降低，空白体系的溶液中 Fe^{2+}浓度下降较快，而含萤石的体系中，Fe^{2+}浓度下降较慢。细菌浸出 32d，空白体系的 Fe^{2+}浓度趋于 0，而含萤石的体系，其溶液中 Fe^{2+}浓度为 0. 34g/L 左右。说明在含有萤石的情况下，细菌氧化 Fe^{2+}的能力明显下降；同时测定出浸出液中 Fe^{3+}非常少，故没有绘制浸出过程 Fe^{3+}浓度的变化曲线。

图 4-49 为铜浸出率的变化曲线。从图中可以看出，铜的浸出率随时间的增加而增加，但含有萤石的体系，其铜浸出率增加较慢。细菌浸出 32d，空白体系铜的浸出率为 36. 73%；含萤石浓度为 0. 1%、0. 5%和 1. 0%的体系，其铜浸出率分别为 16. 57%、16. 03%和 5. 93%。由此可见，萤石浓度越高，铜的浸出率也就越低。当萤石浓度为 0. 5%时能使空白体系的铜浸出率降低 84%，即使浓度为 0. 1%时也能使空白体系的铜浸出率降低 55%，这说明萤石的存在极大地降低了铜的浸出率。

4.2.6 单一脉石矿物对微生物浸铜的影响规律

4. 2. 6. 1 脉石矿物对浸出体系 pH 值、Eh 值的影响规律

A 对浸出体系 pH 值的影响规律

浸出体系初始 pH = 2. 0，随着细菌浸出时间增加，空白体系溶液的 pH 值呈先上升后下降的过程，即体系中有明显的耗酸与产酸过程。在脉石矿物粒度相同的条件下，含脉石矿物的浸出体系，其溶液 pH 值的变化规律与空白体系的变化规律相同的体系有：含石英的体系（石英浓度 2. 5% ~ 10. 0%），含绢云母的体系（绢云母浓度 2. 5% ~ 10. 0%），含蛇纹石的体系（蛇纹石浓度 1. 0%），含橄榄石的体系（橄榄石浓度 2. 5%，5. 0%），含石榴石的体系（石榴石浓度 1. 0% ~ 5. 0%），含白云石的体系（白云石浓度 0. 3%）。

研究脉石矿物粒度对微生物浸铜的影响时，pH 值的变化规律也有明显的耗酸与产酸过程的体系有：含石英的体系（石英浓度 5. 0%，粒度 −43μm），含绢云母的体系（绢云母浓度 5. 0%，所有粒级），含蛇纹石的体系（蛇纹石浓度 1. 0%，所有粒级），含橄榄石的体系（橄榄石浓度 2. 5%，所有粒级），含石榴石的体系（石榴石浓度 1. 0%，所有粒级）。

浸出体系中能导致溶液 pH 值上升的过程有：矿物溶解、*At. f*$_6$ 菌氧化 Fe^{2+}；反之，pH 值下降的过程有：黄铁矿的氧化、*At. f*$_6$ 菌氧化 S 的过程、Fe^{3+} 水解和生成铁矾类物质的过程。

因此，脉石矿物的溶解度大小以及溶解出的离子对细菌的生长影响，是导致浸出体系 pH 值变化的主要原因。

在酸性条件下，矿物自身溶解较大使 pH 值上升较快的有橄榄石和白云石；能直接与溶液中的 H_2SO_4发生反应的仅有白云石，它使 pH 值迅速上升至 7. 0 左

右。然而少量的白云石对黄铜矿的浸出却有促进作用，再产酸过程的作用使得少量白云石对浸出系统的影响较小。磷灰石、萤石矿物由于它含有对细菌生长有害的卤族元素，使得细菌难以生长，抑制了产酸过程，故溶液 pH 值较高。

脉石矿物粒度均为-43μm 时，细菌浸出 32d，浸出液 pH 值低于 pH 空白值的体系有：含石英（5.0%）的体系；高于 pH 空白值低于 2.0 的体系有：含绢云母（5.0%）的体系、含石榴石（1.0%）的体系；pH 值大于 2.0 小于 3.0 的体系有：含蛇纹石（1.0%）的体系、含橄榄石（2.5%）的体系、含萤石（0.1%）的体系；pH 值大于 3.0 的矿物有：含磷灰石（0.5%）的体系、含白云石（0.3%）的体系。以浸出体系的相对 pH 值，总结不同脉石矿物对浸出体系 pH 值影响的规律。含脉石矿物的浸出体系，其相对 $pH^* = pH - pH_{空白}$，正值代表该脉石矿物能导致体系 pH 值增加；反之，则导致 pH 值降低。

图 4-50 为含脉石矿物的浸出体系的相对 pH 值柱状图。从图上可以看出，除石英外，其余脉石矿物均使体系最终 pH 值增加，并得到 pH 值由低到高的体系顺序是：石英（5.0%）<空白值<绢云母（5.0%）<石榴石（1.0%）<蛇纹石（1.0%）<橄榄石（2.5%）<萤石（0.1%）<磷灰石（0.5%）<白云石（0.3%）。按矿物类型，脉石矿物对体系 pH 值的影响大小（比较相对 pH 值的绝对值）顺序是：碳酸盐类>磷酸盐类>卤化物类>硅酸盐类>石英。

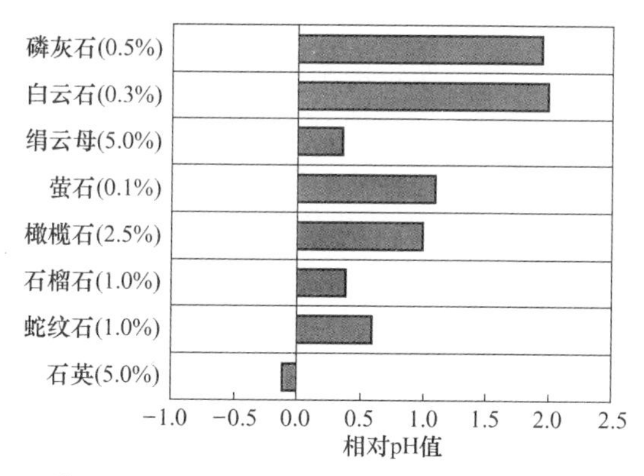

图 4-50 单一脉石矿物存在条件下浸出体系相对 pH 值比较结果

B 对浸出体系 Eh 值的影响规律

浸出体系初始 Eh 值为 330mV 左右，空白体系电位 Eh 值随浸出时间的增加而增加，在浸出末期 Eh 值增长较为缓慢。在脉石矿物粒度相同的条件下，含脉石矿物的体系电位 Eh 值变化规律与空白体系相同的有：含石英的体系（石英浓度 2.5%~10.0%），含绢云母的体系（绢云母浓度 2.5%~10.0%），含蛇纹石的体系（蛇纹石浓度 1.0%），含橄榄石的体系（橄榄石浓度 2.5%，5.0%），含石榴石的体系（石榴石浓度 1.0%），含白云石的体系（白云石浓度 0.3%）。

研究脉石矿物粒度对微生物浸铜的影响时，Eh 值的变化规律也有明显的耗酸与产酸过程的体系有：含石英的体系（石英浓度 5.0%，粒度-43μm），含绢云母的体系（绢云母浓度 5.0%，所有粒级），含蛇纹石的体系（蛇纹石浓度 1.0%，所有粒级），含橄榄石的体系（橄榄石浓度 2.5%，所有粒级），含石榴石的体系（石榴石浓度 1.0%，粒度-43μm 和-100μm+74μm）。

含有脉石矿物后，受 pH 值的影响，Eh 值上升缓慢或出现下降现象。添加脉石矿物后溶液 Eh 值的变化规律与空白试验溶液 pH 值变化规律相近，即 Eh 值有明显的升高过程。溶液 Eh>500mV 的矿物有：石英、蛇纹石、绢云母、橄榄石、石榴石；反之，溶液 Eh<500mV 的矿物有：白云石、磷灰石、萤石。以 Eh = 500mV 作为各脉石矿物分界点，Eh 值的影响规律与 pH 值相同。

脉石矿物粒度均为-43μm 时，细菌浸出 32d，浸出液 Eh 值高于 500mV 的体系有：含石英（5.0%）的体系，含绢云母（5.0%）的体系、含石榴石（1.0%）的体系、含蛇纹石（1.0%）的体系、含橄榄石（2.5%）的体系；浸出液 Eh 值低于 500mV 的体系有：含磷灰石（0.5%）的体系、含白云石（0.3%）的体系、含萤石（0.1%）的体系。以浸出体系的相对 Eh 值，总结不同脉石矿物对浸出体系 Eh 值影响的规律。含脉石矿物的浸出体系，其相对 $Eh^* = Eh - Eh_{空白}$，正值代表该脉石矿物能导致体系电位上升；反之，则导致电位下降。

图 4-51 为单一脉石矿物对应浸出体系的相对 Eh 值的柱状图。从图上可以看出，除石英外，其余脉石矿物均使得体系最终电位降低，并得到 Eh 值由高到低的体系顺序是：石英（5.0%）>空白值>蛇纹石（1.0%）>石榴石（1.0%）>绢云母（5.0%）>橄榄石（2.5%）>白云石（0.3%）>磷灰石（0.5%）>萤石（0.1%）。按矿物类型，脉石矿物对浸出体系 Eh 值影响大小（比较相对 Eh 值的绝对值）顺序：卤化物类>磷酸盐类>碳酸盐类>硅酸盐类>石英。

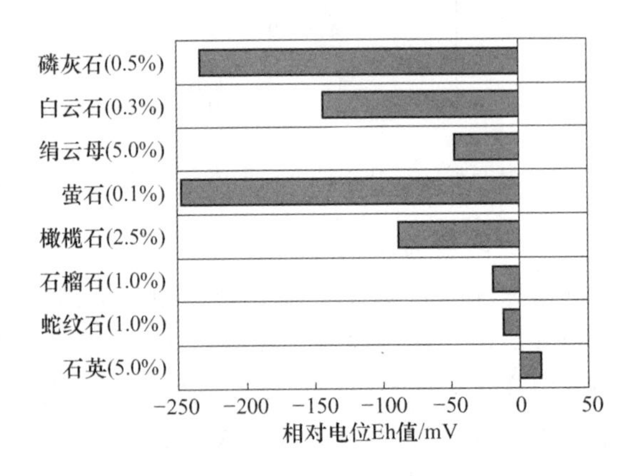

图 4-51　单一脉石矿物存在条件下浸出体系相对电位 Eh 值比较结果

4.2.6.2 脉石矿物对浸出体系 Fe^{2+}、Fe^{3+}浓度的影响规律

A 对浸出体系 Fe^{2+}浓度的影响规律

在细菌浸出过程，Fe^{2+}浓度高低与细菌的氧化作用、溶液 pH 值有很大关系。细菌浸出初期黄铁矿-黄铜矿酸溶解出的 Fe^{2+}浓度为 0.6~0.8g/L，随着浸出时间的增加，空白体系和含脉石矿物的体系的溶液中 Fe^{2+}浓度随时间的增加均降低。但含脉石矿物不同的体系，溶液中 Fe^{2+}浓度降低幅度不同。在脉石矿物粒度为 −43μm时，细菌浸出 32d，含脉石矿物的浸出体系，其浸出液中 Fe^{2+}浓度低于 0.2g/L 的体系有：含石英的体系，含绢云母的体系，含蛇纹石的体系，含橄榄石的体系，含石榴石的体系和含白云石的体系；反之，Fe^{2+}浓度高于 0.2g/L 的脉石矿物有：含磷灰石的体系和含萤石的体系。溶液中 Fe^{2+}浓度较高，说明含有的脉石矿物影响了细菌的生长和氧化 Fe^{2+}的能力，这类脉石矿物有磷灰石和萤石。

B 对浸出体系 Fe^{3+}浓度的影响规律

在细菌浸出过程，Fe^{3+}浓度高低也与细菌对 Fe^{2+}的氧化能力、溶液 pH 值有很大关系。细菌浸出初期，浸出液 Fe^{3+}浓度很低，基本检测不出。随着浸出时间的增加，空白体系溶液中 Fe^{3+}浓度逐渐增大，后期 Fe^{3+}浓度增加缓慢。含脉石矿物不同的体系，溶液中 Fe^{3+}浓度变化规律可分为以下三种类型：

（1）与空白体系溶液中 Fe^{3+}浓度变化规律相似、在浸出完成后溶液中能保持较高的 Fe^{3+}浓度的体系有：含石英的体系、含绢云母的体系、含蛇纹石浓度为 1.0%的体系。此类体系的特点为 pH 值较低。

（2）与空白体系溶液中 Fe^{3+}浓度变化规律相似，但在浸出末期 Fe^{3+}下降到非常低的体系有：含有石榴石的体系，含白云石浓度为 0.3%的体系和含橄榄石浓度为 2.5%的体系。此类体系的特点为 pH 值较高。

（3）溶液中 Fe^{3+}浓度为始终非常低，没有明显的变化过程，此类体系有：含磷灰石的体系、含萤石的体系，以及除（1）、（2）中涉及的所有体系。此类体系的特点是微生物的生长受到较强的抑制。

溶液中 Fe^{3+}浓度对铜浸出率的影响较大。Tshilombo 等[8]研究表明，黄铜矿的浸出依赖于 Fe^{3+}的浓度，当 Fe^{3+}匮乏时，黄铜矿浸出动力学明显较慢；当 Fe^{3+}浓度超过 0.5mol/L 后，对浸出反应的进行影响不大。

细菌浸出过程中，含脉石矿物的体系溶液中 Fe^{3+}浓度能达到的最高值从高到低的顺序为：绢云母体系>石英体系>橄榄石体系>蛇纹石体系>白云石体系>石榴石体系>磷灰石体系以及萤石体系。

4.2.6.3　脉石矿物对浸出体系铜浸出率的影响规律

细菌浸出过程，随时间增加，空白体系的铜浸出率增长过程经历在浸出初期增长较慢，在浸出中期增长较快速，在浸出末期铜浸出率增长又变缓。含脉石矿物的体系，铜浸出率的变化规律与空白体系相似的有：含石英的体系（石英浓度2.5%，5.0%），含绢云母的体系（绢云母浓度2.5%～10.0%），含蛇纹石浓度1.0%的体系，含橄榄石浓度2.5%的体系，含石榴石浓度1.0%的体系，含白云石浓度0.3%的体系。这些体系的特点为铜浸出率均较高，脉石矿物的存在能适当缩短浸出的延迟期，或是增加铜浸出的快速增长期的时间。

脉石矿物粒度均为-43μm时，细菌浸出32d，以浸出体系的相对铜浸出率，总结不同脉石矿物对黄铜矿浸出的影响规律。含脉石矿物的浸出体系，其相对铜浸出率 $\eta^* = \eta - \eta_{空白}$，正值代表该脉石矿物促进黄铜矿浸出，反之则抑制黄铜矿浸出。

图4-52为含脉石矿物的浸出体系的相对铜浸出率的柱状图。从图上可以看出，除含萤石、磷灰石和石榴石的体系外，其余体系铜浸出率均高于空白体系，并得到铜浸出率由高到低的体系顺序是：石英（5.0%）>白云石（0.3%）>橄榄石（2.5%）>绢云母（5.0%）>蛇纹石（1.0%）>空白值≥石榴石（1.0%）>磷灰石（0.5%）>萤石（0.1%）。促进黄铜矿浸出的顺序是：石英（5.0%）>白云石（0.3%）>橄榄石（2.5%）>绢云母（5.0%）>蛇纹石（1.0%）>空白值；抑制黄铜矿浸出的顺序是：空白值≥石榴石（1.0%）>磷灰石（0.5%）>萤石（0.1%）。按矿物类型，脉石矿物对体系铜浸出率的影响大小（比较相对铜浸出率的绝对值）顺序是：卤化物类>石英>磷酸盐类>碳酸盐类>硅酸盐类。

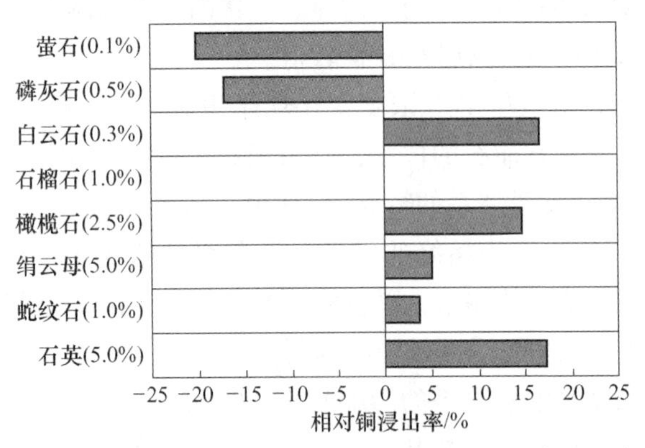

图4-52　单一脉石矿物存在条件下浸出体系相对 Cu^{2+} 浸出率比较

含有脉石矿物的体系，脉石矿物粒度对铜浸出率的影响有以下两个规律：（1）脉石矿物粒度越细，铜的浸出率越高，这类矿物有石英、绢云母、橄榄石；（2）脉石矿物粒度越细，铜的浸出率越低，这类矿物有蛇纹石、石榴石。由脉石矿物的浓度对体系铜的浸出影响规律可知脉石矿物粒度对铜的浸出影响规律还有这样一个特点：当脉石矿物对铜的浸出有促进作用，则粒度越细铜的浸出率越高，反之则铜的浸出率越低。

4.3 不同脉石矿物组合对微生物浸铜的影响研究

4.3.1 组合脉石矿物对微生物浸铜的影响

4.3.1.1 石英-绢云母-白云石

由石英-绢云母-白云石与黄铁矿-黄铜矿组成的体系，在细菌浸出过程中 pH 值与 Eh 值的变化、Fe^{2+} 与 Fe^{3+} 的变化、铜浸出率的变化分别如图 4-53～图 4-55 所示。

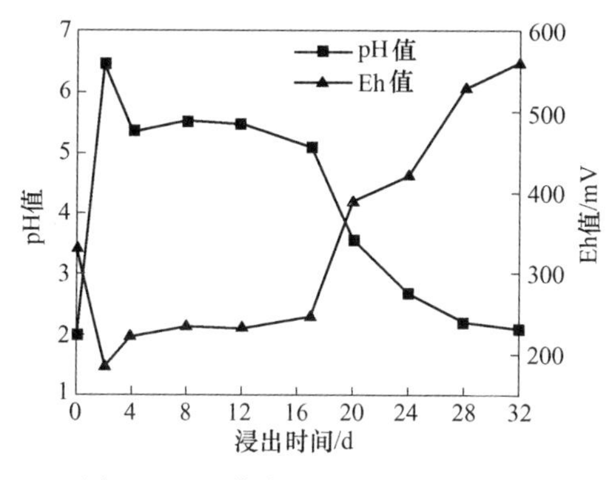

图 4-53　石英-绢云母-白云石组合下浸出体系 pH 值、Eh 值的变化

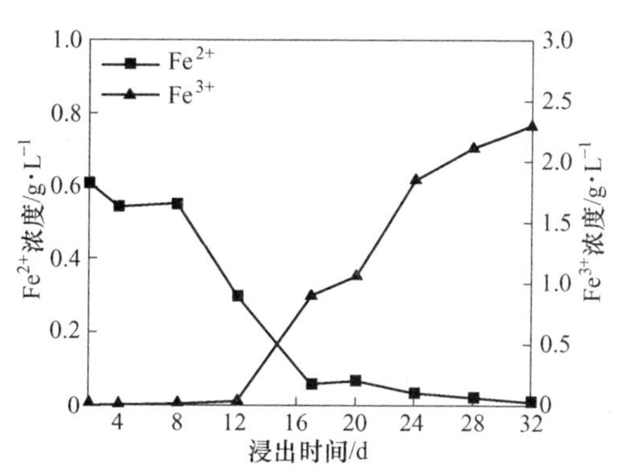

图 4-54　石英-绢云母-白云石组合下 Fe^{2+}、Fe^{3+} 浓度变化

从图 4-53 可以看出，pH 值随时间的增加而先上升后降低，溶液 Eh 值随时间的增加先降低后升高。由于白云石的影响，细菌浸出第 2 天，浸出体系的 pH 值即上升到 6.5 左右，同时溶液电位 Eh 值降低至 200mV。此后，随着浸出时间的增加 pH 值开始缓慢下降、Eh 值开始缓慢上升。细菌浸出第 16 天后，pH 值下降迅速，同时 Eh 值上升较快。细菌浸出 32d，最终浸出体系的 pH 值和 Eh 值分别为 2.08、559mV。

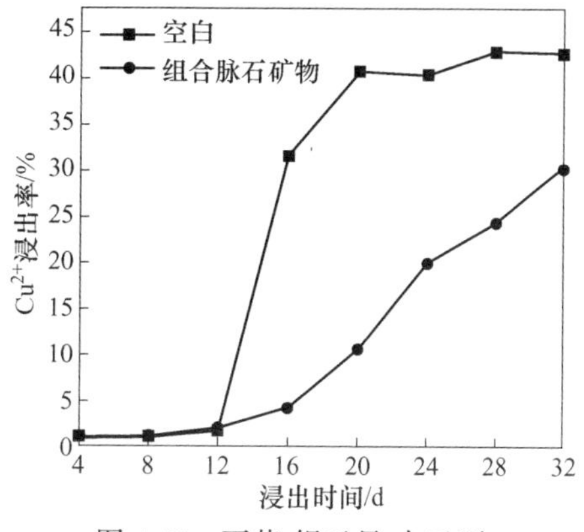

图 4-55　石英-绢云母-白云石组合下 Cu^{2+} 浸出率

浸出液中 Fe^{2+} 和 Fe^{3+} 浓度的变化情况如图 4-54 所示。结果显示，接入细菌后，Fe^{2+} 浓度随浸出时间增加而下降，Fe^{3+} 浓度从第 12 天起随浸出时间增加而增加。在浸出初期 0～12d，溶液 Fe^{2+} 浓度从初始的 0.61g/L 逐渐降低，但此时 Fe^{3+} 浓度却没有上升，这是因为此时浸出体系的 pH 值较高，Fe^{3+} 水解生成 $Fe(OH)_3$ 沉淀，所以溶液中 Fe^{3+} 含量低。当浸出时间 12d 后，Fe^{2+} 浓度仍继续下降，但此时 Fe^{3+} 浓度开始上升，并最终达到 2.30g/L。

图 4-55 可以看出，铜的浸出率随着时间的进行而增加。但含有组合脉石矿物的体系，铜的浸出速度较慢。细菌浸出初期，铜的浸出率较低，直到第 12 天才开始大幅度上升，细菌浸出 32d，铜浸出率达到 30.16%。与不加石英、绢云母、白云石时的空白体系铜浸出率 42.71%相比，铜浸出率降低了 29.38%。究其原因是组合脉石矿物中白云石浓度较高影响了铜的浸出。研究单一脉石矿物影响试验表明，含白云石浓度为 0.6%的体系，溶液 pH 值介于 4～6 之间，使得浸出初始溶液 pH 值高、细菌生长困难，导致铜浸出的延迟时间长，铜浸出速度慢，从而导致铜浸出率较低。

4.3.1.2　石英-绢云母

由石英-绢云母与黄铁矿-黄铜矿组成的体系，在细菌浸出过程中 pH 值与 Eh 值的变化、Fe^{2+} 与 Fe^{3+} 的变化、铜浸出率的变化分别如图 4-56～图 4-58 所示。

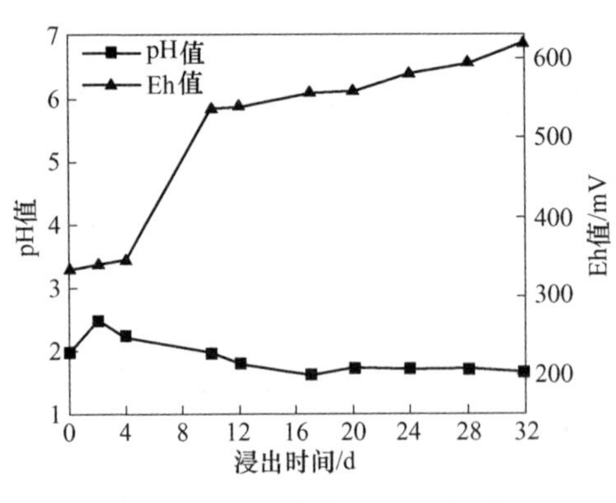

图 4-56　石英-绢云母组合下 pH 值、Eh 值的变化

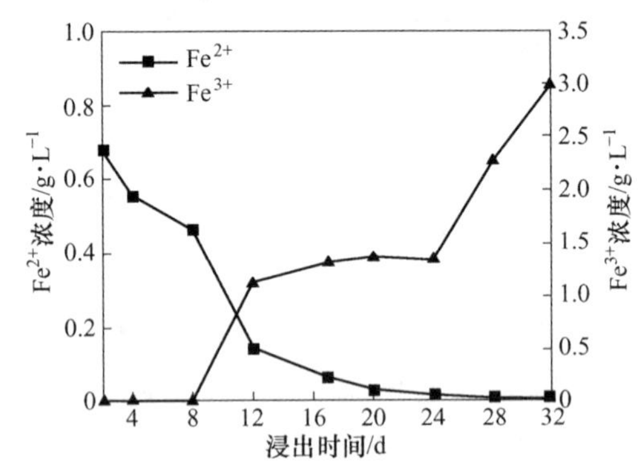

图 4-57　石英-绢云母-白云石组合下 Fe^{2+}、Fe^{3+} 浓度变化

从如图 4-56 可知，溶液 pH 值随浸出时间的增加而先上升后降低，溶液 Eh 值随浸出时间的增加而增加。细菌浸出 0～2d，溶液 pH 值呈上升趋势；浸出 2d 后 pH 值呈下降趋势，且随着浸出时间的增加而逐渐降低，最终 pH 值为 1.69。Eh 值在浸出初期 4～8d 内快速上升到 540mV 左右，之后缓慢上升，最终 Eh 值升至 619mV。

细菌浸出过程中 Fe^{2+} 和 Fe^{3+} 浓度的变化情况如图 4-57 所示。从图中可知，在浸出初期 0～8d，Fe^{2+} 初始浓度从 0.68g/L 开始逐渐降低，而此时 Fe^{3+} 浓度很低。在浸出 8d 后，Fe^{2+} 浓度继续降低，而 Fe^{3+} 浓度开始上升。细菌浸出 32d，浸出液中 Fe^{2+} 浓度趋于 0，而 Fe^{3+} 浓度升至 3.0g/L。此值高于含石英-绢云母-白云石体系溶液中的 Fe^{3+} 浓度，这也是含石英-绢云母体系溶液电位较高的原因。

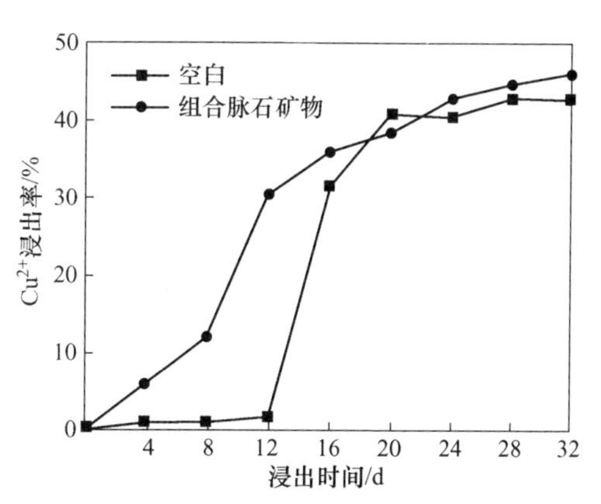

图 4-58 石英-绢云母组合下 Cu^{2+} 浸出率

图 4-58 为铜的浸出率变化曲线。从图中可以看出，随时间的增加，铜浸出率增大。含石英-绢云母体系铜浸出速度较快，从细菌浸出开始，黄铜矿的浸出速度呈直线上升，一直到第 8 天，铜的浸出速度变得更快，直至第 12 天后浸出速度才放缓。细菌浸出 32d，铜的浸出率达到 45.97%，高于不添加石英和绢云母时的情况（42.71%）。石英-绢云母组合脉石矿物能促进黄铜矿铜的微生物浸出。再次验证了研究单一脉石矿物时石英与绢云母均能促进黄铜矿的微生物浸出的结论。

4.3.1.3 *石英-白云石*

由石英-白云石与黄铁矿-黄铜矿组成的体系，在细菌浸出过程中 pH 值与 Eh 值的变化、Fe^{2+} 与 Fe^{3+} 的变化、铜浸出率的变化分别如图 4-59～图 4-61 所示。

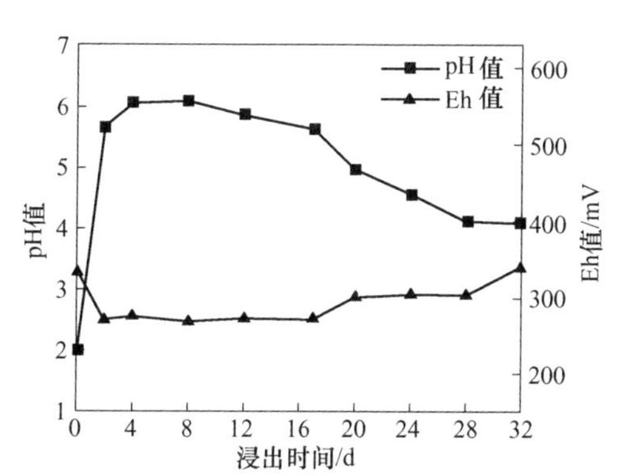

图 4-59 石英-白云石组合下 pH 值、Eh 值的变化曲线

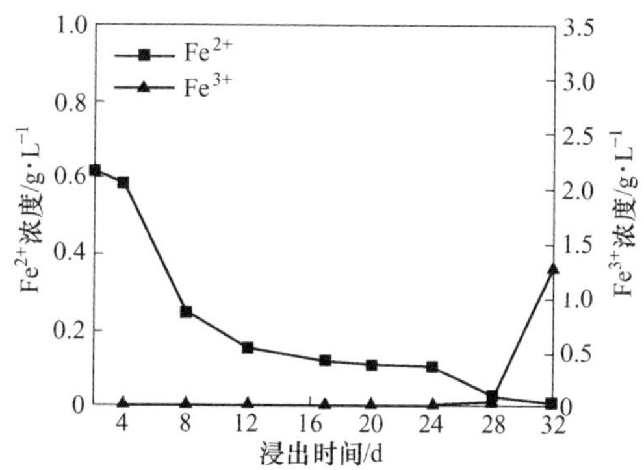

图 4-60 石英-白云石组合下 Fe^{2+}、Fe^{3+} 浓度变化曲线

从图 4-59 中可以看出，浸出体系 pH 值随时间的增加而呈先上升后降低的趋势，Eh 值随时间的增加而呈先降低后升高的趋势。细菌浸出初期，浸出体系的 pH 值和 Eh 值变化较快。在细菌浸出 2d 时，pH 值即从 2.0 上升到 5.63，同时 Eh 值从 335mV 下降到 274mV。细菌浸出 2~16d 时，pH 值和 Eh 值均缓慢变化，16d 后随着时间的增加 pH 值快速下降，Eh 值较快上升。细菌浸出 32d，浸出体系的 pH 值和 Eh 值分别为 4.08 和 340mV。究其原因，由于白云石的消耗酸，导致 pH 值较高，Eh 值较低。

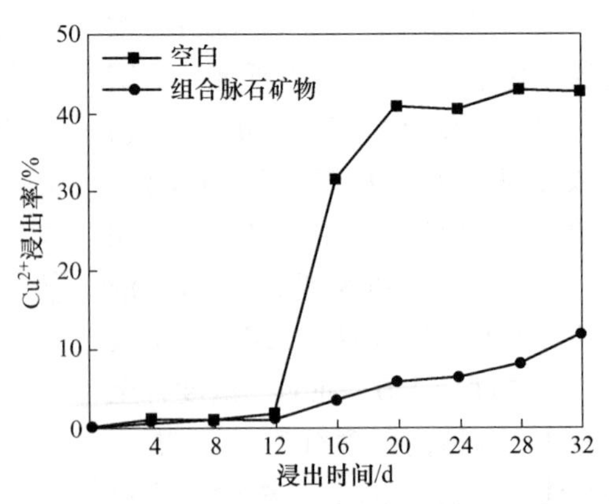

图 4-61　石英-白云石组合下 Cu^{2+}浸出率

由图 4-60 可知，随着时间的增加，浸出体系中 Fe^{2+}浓度逐渐降低。接入细菌后，初始 Fe^{2+}浓度为 0.62g/L，浸出完成时 Fe^{2+}浓度趋于 0。而浸出体系 Fe^{3+}浓度变化发生在浸出的末期。0~28d 时 Fe^{3+}浓度还很低，基本检测不出；在浸出 28d 以后 Fe^{3+}浓度才逐渐上升，并在 4d 内上升到 1.33g/L。在浸出前期由于 pH 值较高，所以 Fe^{2+}、Fe^{3+}容易水解生成沉淀，导致溶液中 Fe^{2+}、Fe^{3+}浓度和溶液 Eh 值均较低。

铜的浸出率变化情况如图 4-61 所示。结果表明，铜浸出率随时间的增加而缓慢增加，但铜的浸出速度较慢。铜的浸出率在 0~12d 时很低，直到第 12 天后才较快上升。细菌浸出 32d，铜的浸出率仅为 11.85%。从浸出体系的 pH 值、Eh 值以及 Fe 浓度的变化可知，导致铜浸出率低的主要原因是白云石矿物影响了浸出体系的 pH 值。

4.3.1.4　绢云母-白云石

由绢云母-白云石与黄铁矿-黄铜矿组成的体系，在细菌浸出过程中 pH 值与 Eh 值的变化、Fe^{2+}与 Fe^{3+}的变化、铜浸出率的变化分别如图 4-62~图 4-64 所示。它们的变化规律与石英-白云石组合时的情况相似。

从图 4-62 可知，随时间的增加，浸出体系 pH 值呈先上升后降低的趋势，Eh 值呈先降低后升高的趋势，溶液中 pH 值与 Eh 值的变化相互对应。在浸出初期，两者变化均较大。细菌浸出 2d，pH 值即从 2.0 上升到 6.47，同时 Eh 值从 335mV 降低到 183mV。细菌浸出 32d，溶液的 pH 值和 Eh 值分别为 4.09 和 333mV。

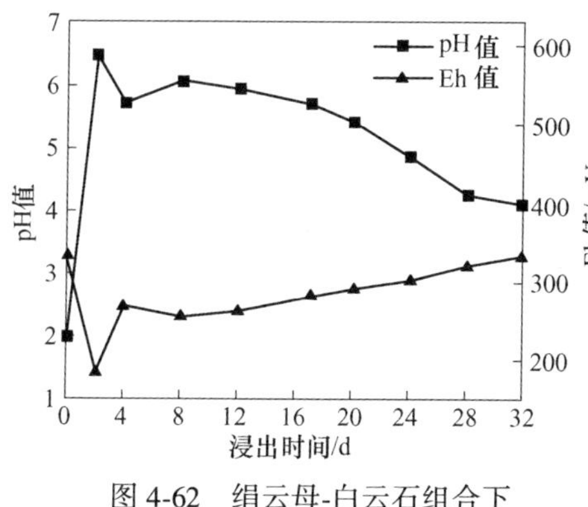

图 4-62 绢云母-白云石组合下 pH 值、Eh 值的变化曲线

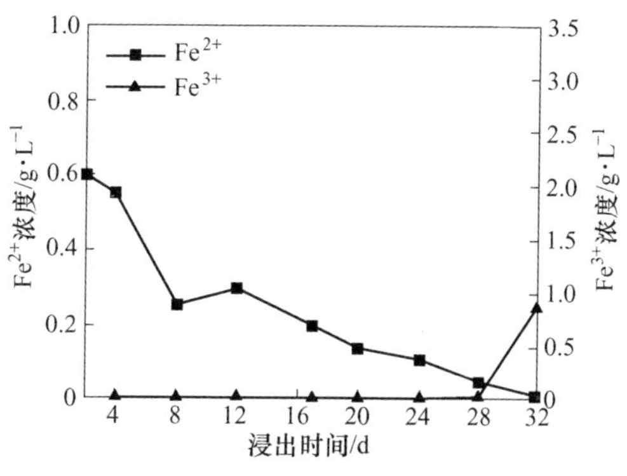

图 4-63 绢云母-白云石组合下 Fe^{2+}、Fe^{3+}浓度变化曲线

细菌浸出过程中，溶液中 Fe^{2+} 和 Fe^{3+}浓度的变化情况如图 4-63 所示。从图中可以看出，Fe^{2+}浓度随时间的增加而降低，并逐渐趋于 0。浸出前期 0~28d，Fe^{3+}浓度没有增加，直到 28d 时才开始逐渐上升，并在 4d 内上升到 0.89g/L。

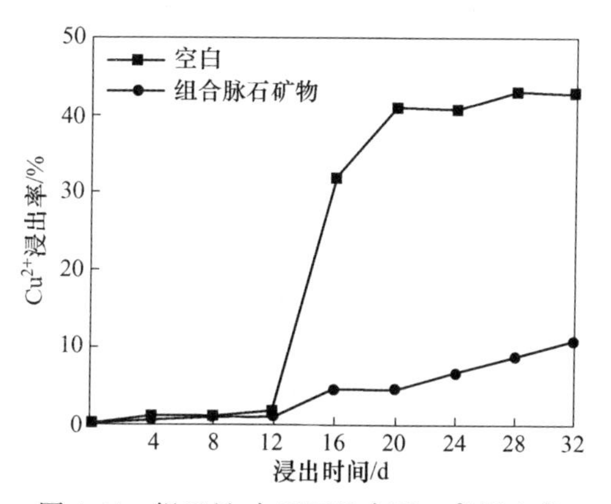

图 4-64 绢云母-白云石组合下 Cu^{2+}浸出率

铜的浸出率变化情况如图 4-64 所示。从图中可以看出，铜浸出率随时间的增加而缓慢上升，铜的浸出速度较慢。铜浸出率在 0~12d 时较低，直到第 12 天才上升较快。细菌浸出 32d，铜的浸出率仅为 10.75%，低于空白值。造成这种情况的原因是白云石浓度为 0.6%，其对 pH 值的影响较大，影响了整个浸出体系。比较含绢云母-白云石的体系，铜浸出率低于含石英-白云石的体系，这也验证了石英比绢云母更能促进黄铜的浸出。

4.3.1.5 组合脉石矿物对微生物浸铜的影响规律

A 组合脉石矿物对浸出体系 pH 值、Eh 值的影响规律

细菌浸出过程中，含组合脉石矿物的体系溶液 pH 值达到最高值时，由高到低的顺序是：石英-绢云母-白云石、绢云母-白云石、石英-白云石、石英-绢云母；溶液 pH 值达到最低值时，由高到低的顺序是：绢云母-白云石、石英-白云石、石英-绢云母-白云石、石英-绢云母。可见组合矿物中含有白云石时 pH 值最

高，其次是绢云母、石英。白云石是会导致浸出体系 pH 值迅速升高的矿物，而绢云母和石英是能使浸出体系 pH 值升高的矿物。当同时存在这两类矿物时，在细菌浸出初期 pH 值会很快上升，而后会缓慢下降。

细菌浸出过程中，含石英、绢云母、白云石组合脉石矿物体系溶液 Eh 值达到最高值时，由高到低的顺序是：石英-绢云母、石英-绢云母-白云石、石英-白云石、绢云母-白云石；溶液 Eh 值达到最低值时，由高到低的顺序是：石英-白云石和石英-绢云母，绢云母-白云石和石英-绢云母-白云石。可见组合矿物中含有石英时体系 Eh 值最高，其次是绢云母、白云石。

B 组合脉石矿物对浸出体系 Fe^{2+}、Fe^{3+} 浓度的影响规律

随着细菌浸出时间的增加，含石英、绢云母、白云石组合脉石矿物的体系，溶液中 Fe^{2+} 浓度从初始 0.6~0.7g/L 降低到非常低，而 Fe^{3+} 浓度从初始为 0 上升至一定浓度。细菌浸出 32d，比较含组合脉石矿物的浸出体系能达到 Fe^{3+} 浓度的最高值，由高至低的顺序是：石英-绢云母、石英-绢云母-白云石、石英-白云石、绢云母-白云石。

C 组合脉石矿物对体系铜浸出率的影响规律

含脉石矿物石英-绢云母-白云石的体系铜浸出率为 30.16%。而含组合石英-绢云母、石英-白云石、绢云母-白云石的体系，其铜浸出率分别为 45.97%、11.83%、10.75%。因此，铜浸出率由高到低的顺序是：石英-绢云母，石英-绢云母-白云石，石英-白云石，绢云母-白云石。可见组合矿物中含有石英时促进铜的浸出作用最大，其次是绢云母、白云石。

从以上四组脉石矿物对黄铜矿浸出的影响试验研究可以看出，白云石是最影响浸出体系 pH 值的脉石矿物，由于石英和绢云母对黄铜矿的促进作用，使得 pH 值能从最初 6.5 左右降到较低值，Eh 值也能随之上升。脉石矿物促进作用顺序是：石英>绢云母。白云石（0.6%）对黄铜矿的浸出具有抑制作用。因此，单一脉石矿物时得出的规律，在组合脉石矿物时得到了很好的验证。

4.3.2 模拟铜尾矿微生物浸出研究

模拟铜尾矿的微生物浸出，体系中黄铜矿、黄铁矿、石英、绢云母和白云石在浸出体系中的浓度（脉石矿物与浸出液的质量体积百分比,%）分别为 0.1%、0.4%、4.5%、3.5%和 0.6%，考察组合脉石矿物在浸出低品位铜矿时的影响规律。

4.3.2.1 浸出体系 pH 值和 Eh 值变化

为了增加铜浸出效果，将细菌浸出时间增加至 64d。其他试验条件不变。

A 浸出初期不调酸平衡

浸出过程 pH 值、Eh 值变化情况如图 4-65 所示。结果显示，1、3、4 浸出体系 pH 值随时间的增加而先增加后逐渐降低，Eh 值随时间的增加而逐渐上升；组合 2 对应溶液 pH 值随时间的增加变化较小，pH 值维持在 2.0~2.5 之间；对应溶液 Eh 值在短时间内达到较高，在浸出第 4 天即为 588mV，此后缓慢上升，最终 Eh 值为 629mV。

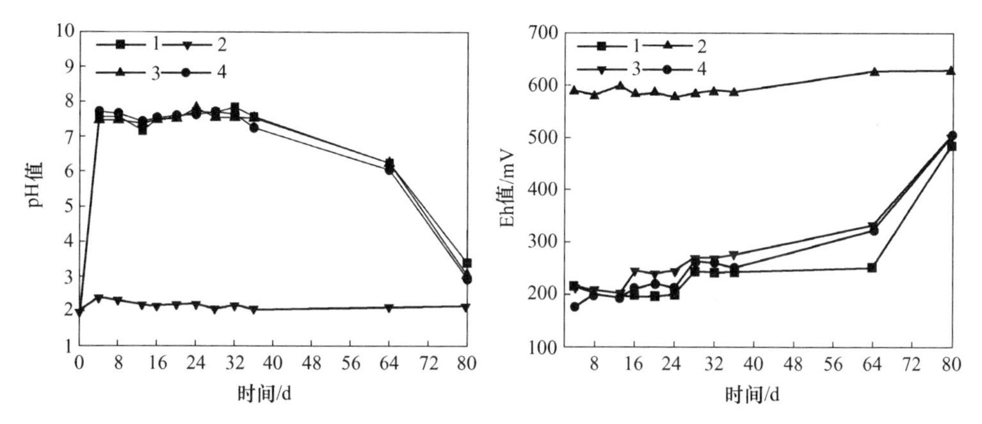

图 4-65 不同脉石矿物组成下体系溶液 pH 值、Eh 值变化情况
1—石英-绢云母-白云石；2—石英-绢云母；3—绢云母-白云石；4—石英-白云石

造成差异的原因是 1、3、4 组合中均含有白云石，它们对应的体系在浸出 0~32d 时 pH>7.0，在浸出 32d 后 pH 值才开始缓慢下降，在浸出 64d 后呈快速下降趋势。可见，白云石的存在极大地影响了浸出体系 pH 值。由于 pH 值较高，所以对应溶液 Eh 值较低。当细菌浸出 80d 时，组合 1、3、4 对应溶液浸出体系的 pH 值 3.0 左右，同时 Eh 值为 487mV 左右。由于浸出过程没有加酸，在浸出初期 pH 值较高而末期 pH 值出现下降，说明浸出系统依靠少量黄铁矿氧化产酸作用，完全可以实现自动调节功能，只是速度较慢。

B 浸出初期调酸平衡

由于铜尾矿中常含碱性脉石矿物，在细菌浸出过程中一般采用调酸处理，以提高铜浸出率。因此，需要考察调酸处理对铜浸出规律的影响。

在浸出初期调节酸平衡后，浸出过程中溶液 pH 值、Eh 值变化情况如图 4-66 所示，溶液 pH 值随时间增加而上下波动较大，Eh 值随时间增加而逐渐上升。初期 pH 值上下波动是由调酸引起的，浸出过程中 pH 值的波动是由体系耗酸与产酸导致的。细菌浸出完成后，含石英-绢云母-白云石的体系溶液 pH 值最高，为 2.10；含石英-白云石的体系溶液 pH 值最低，为 1.94。含石英-绢云母-白云石的体系溶液 Eh 值最低，为 612mV；含石英-白云石的体系溶液 Eh 值最高，为

640mV。其余组合对应浸出体系溶液 pH 值基本维持在 2.0 左右，Eh 值保持在 625mV 左右。

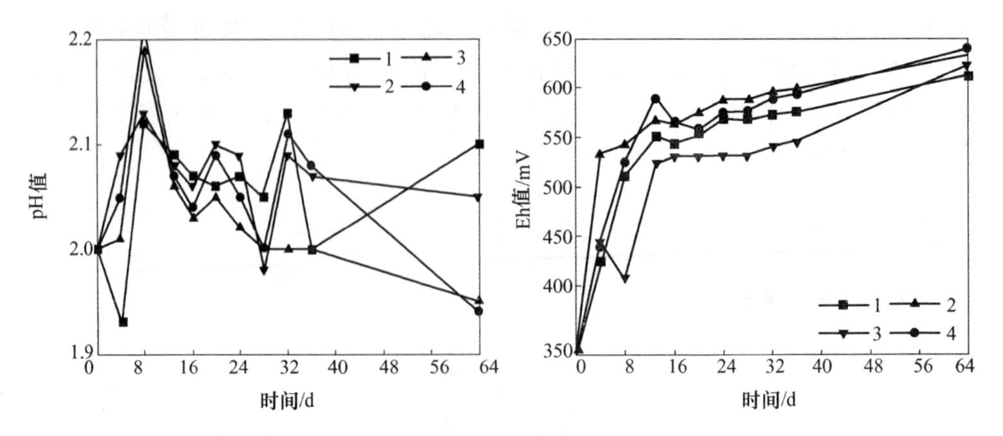

图 4-66　不同脉石矿物组成下体系溶液 pH 值、Eh 值变化情况
1—石英-绢云母-白云石；2—石英-绢云母；3—绢云母-白云石；4—石英-白云石

4.3.2.2　铜浸出效果

A　浸出初期不调酸平衡

细菌浸出初期不调酸平衡时铜浸出率的变化如图 4-67 所示。从图中可以看出，随时间增大，铜浸出率增加。以组合 2 体系的铜浸出速度最快，铜浸出率从第 4 天开始上升，最终铜浸出率也最高，这是因为该组合中不含有白云石。组合 4 对应铜浸出速度较快，铜浸出率从第 16 天开始上升铜浸出率也较高。组合 3 铜浸出率从第 24 天开始上升，最终铜浸出率较低。而组合 1 铜浸出率从第 32 天才开始上升，最终铜浸出率最低。微生物浸出 64d，组合1~4 对应黄铜矿的浸出率分别为 1.0%、12.41%、1.75%和 3.85%。

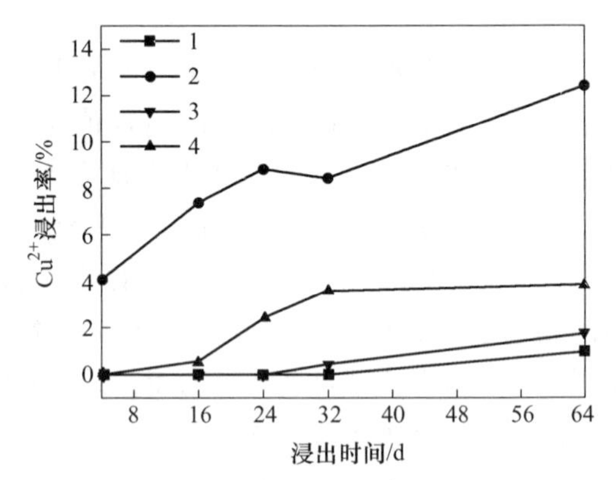

图 4-67　不同脉石矿物组成下体系 Cu^{2+}浸出率
1—石英-绢云母-白云石；2—石英-绢云母；3—绢云母-白云石；4—石英-白云石

含组合 1 的体系为模拟江西德兴铜尾矿组成而进行的微生物浸出，其铜浸出率低的原因可能是浸出过程中仍采用的是无 Fe 9K 培养基。研究双组合脉石矿物的影响，发现含石英-绢云母的体系铜浸出率最高，说明白云石的抑制作用最大；

其次是含石英-白云石的体系铜浸出率较高，这说明绢云母的抑制作用次之；最后是含绢云母-白云石体系铜浸出率最低，说明石英的抑制作用最小。反之，促进作用顺序为：石英>绢云母>白云石。这与单一脉石矿物的影响结果相同。

B　浸出初期调酸平衡

在浸出初期调节酸平衡后，铜浸出率随时间的变化如图 4-68 所示。从图中可以看出，铜浸出率随时间的增加而增加，但各体系铜的浸出速度不同。组合 4 对应铜浸出速度最快，其次是组合 2、组合 1 和组合 3。微生物浸出 64d，组合 1~4 对应黄铜矿的浸出率分别为 8.92%、10.04%、6.64% 和 13.58%。组合 1 为模拟江西德兴铜尾矿而进行的微生物浸出，经浸出初期调节酸平衡处理后铜浸出率比不调酸时提高了近 8 倍。含石英-白云石的体系，铜浸出率比不调酸时提高了 2.5 倍，说明白云石的抑制作用经加酸后得到消除，而且还表现出了促进作用。但含石英-绢云母的体系，其铜浸出率比不调酸时降低了 2.37 个百分点，这说明含有绢云母时采用调酸手段不利于铜的浸出。含绢云母-白云石体系，铜浸出率最低，说明石英的抑制作用最小。

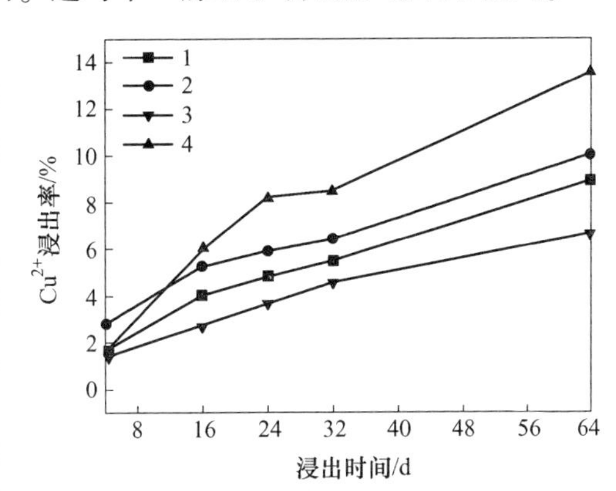

图 4-68　不同脉石矿物组成下体系 Cu^{2+}浸出率

1—石英-绢云母-白云石；2—石英-绢云母；3—绢云母-白云石；4—石英-白云石

浸出初期进行调酸平衡后，绢云母可能大量溶出了不利于细菌生长的元素，从而影响了铜的浸出效果。故绢云母同时具有促进和抑制两种作用，两种作用根据浸出条件不同出现差异。白云石含量少时具有促进铜浸出的作用，但石英仍是起促进作用的矿物。与不调节酸平衡时相比，促进作用顺序发生了变化，调节酸平衡后的顺序为：石英>白云石>绢云母。这与组合脉石矿物对黄铜矿微生物浸出得出的影响规律不同。

4.4　脉石矿物对黄铜矿微生物浸出的影响机理

4.4.1　矿物颗粒表面电位的变化

根据 Stern 双电层理论，将双电层分为 Stern 层和扩散层。分散层在外电场的作用下，扩散层与固定层发生相对移动时的滑动面即是剪切面，该处的电位称为 Zeta 电位，Zeta 电位又称为电动电位或电动电势。Zeta 电位是对分子间或分散粒子之间相互排斥力或吸引力强度的衡量。由于动电现象能直接反映固-液界面存在的双电层结构，故测量 Zeta 电位可以认识固-液界面的结构变化并由此推断矿物与细菌间的吸附机理。

4.4.1.1　细菌 Zeta 电位测定

细菌细胞表面带电是由于产生于细胞壁的组成部分如脂聚糖、脂蛋白等羧基（—COOH）、氨基（—NH_2）和羟基（—OH）官能团的存在。细菌的等电点（IEP）反映了阴离子和阳离子酸-碱基团之间的平衡[9]。

当离子强度 I= 0.001mol/L 时，*At.* f_6菌的 Zeta 电位与 pH 值的关系如图 4-69 所示。从图可以看出，细菌 Zeta 电位是以 pH 值为变量的函数，随着 pH 值升高 Zeta 电位降低，测定细菌等电点（IEP）为 pH = 2.3。当 pH<IEP，细菌表面带正电；当 pH>IEP 时则带负电。研究表明，氧化亚铁硫杆菌的表面电性会随培养基的不同略有变化，其等电点 pH 值介于 2.0～3.7 之间[10]。以硫酸亚铁为能源物质的 *At.* f_6菌的等电点（IEP）在 pH=2 左右，但以黄铁矿为能源物质生长的 *At.* f_6菌所测到的 IEP 在 pH=3.5 左右[11]。

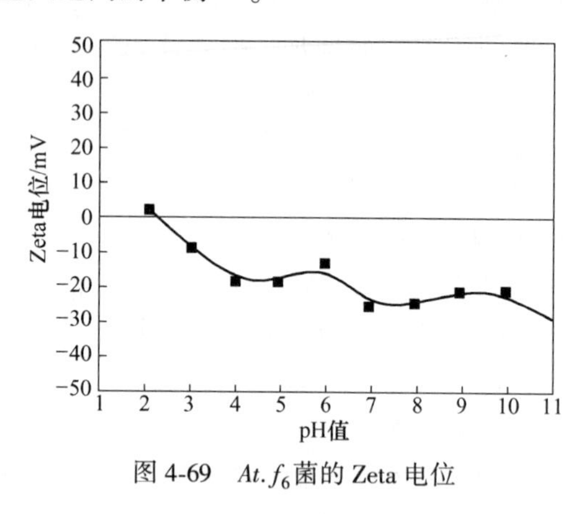

图 4-69　*At.* f_6菌的 Zeta 电位

4.4.1.2　矿物与 *At.* f_6菌作用前后的 Zeta 电位

在离子强度 I= 0.001mol/L 时，以 KOH 和 HCl 作为 pH 值调节剂，测定脉石矿物的 Zeta 电位，以及脉石矿物与 *At.* f_6菌 1mL（细菌浓度为 1×10^8个/mL）作用 1.0h 后的 Zeta 电位。试验结果如图 4-70～图 4-76 所示。

图 4-70 为黄铜矿与细菌作用前后的 Zeta 电位随 pH 值变化的曲线。从图中可以看出，黄铜矿与 *At.* f_6菌吸附作用后 Zeta 电位降低，向负电方向移动，黄铜矿的等电点从 pH=7.1 左右降低至 6.4 左右。这说明细菌吸附于黄铜矿表面，导致黄铜矿的负电性增强。这与顾帼华等[12]研究的结论相同。因此，黄铜矿与细菌作用后，黄铜矿的等电点向细菌的等电点方向移动表明在矿物表面发生了细菌的较强吸附。

黄铁矿与 *At.* f_6菌作用前后的电位如图 4-71 所示。从图中可以看出，黄铁矿与 *At.* f_6菌作用后，表面电性发生变化，等电点从 6.6 降低至 6.5，负电性略微增强。采用不同的介质测得矿物与细菌作用后等电点变化有所不同。如以蒸馏水作为介质，用 0.1mol/L HCl 和 0.1mol/L NaOH 溶液调节介质 pH 值，测定的黄铁矿等电点为 pH = 6.30，*T. ferrooxidans* 菌液作用后黄铁矿表面电性发生明显变化，负电性增强，等电点 pH 值由约 6.3 降低至约 2.4[10]。

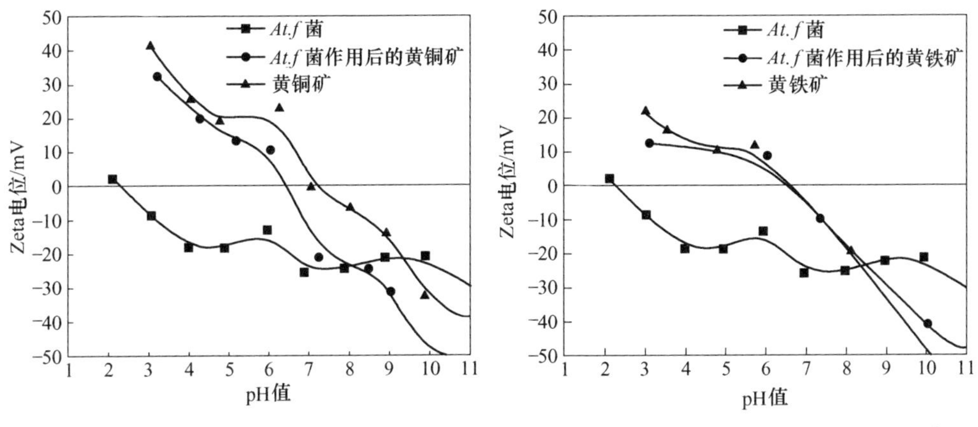

图 4-70 黄铜矿与菌作用前后的 Zeta 电位　　图 4-71 黄铁矿与菌作用前后的 Zeta 电位

石榴子石与 $At.f_6$ 菌作用前后测定的电位如图 4-72 所示。从图中可以看出，石榴子石的等电点约为 6.0，与细菌作用后等电点为 5.8，略有降低。因此，在 pH<6.0 的区间，细菌能略微改变石榴子石表面电性。

橄榄石与 $At.f_6$ 菌作用前后的 Zeta 电位如图 4-73 所示。橄榄石的等电点大约为 pH = 1.9，与细菌的等电点相近。细菌作用后，等电点变成两个，一个为 pH = 2.1 左右，一个为 pH = 3.7。橄榄石本身微溶于酸，在酸性条件下，橄榄石细菌悬浮液在搅拌作用时间较长时会导致橄榄石溶解量增大。故橄榄石出现两个等电点的现象。

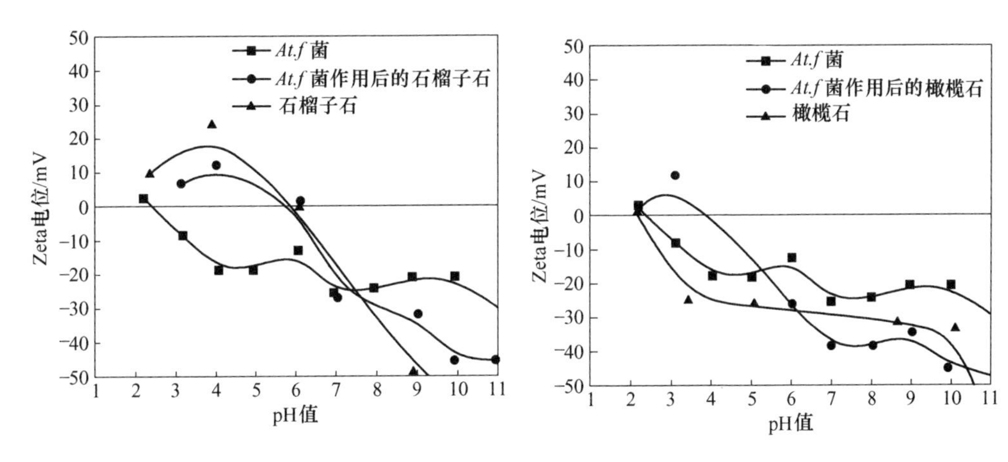

图 4-72 石榴子石与菌作用前后的 Zeta 电位　　图 4-73 橄榄石与菌作用前后的 Zeta 电位

图 4-74 为绢云母与细菌作用前后的 Zeta 电位与 pH 值之间的关系曲线。从图中可以看出，绢云母的 Zeta 电位曲线低于 $At.f_6$菌的 Zeta 电位曲线下面，在测定 pH 范围内没有等电点，说明其表面电负性很强。绢云母等电点低于 pH = 2.0。当绢云母与 $At.f_6$菌作用后，矿物表面的 Zeta 电位向细菌方向滑动，等电点略有升高，偏向细菌的等电点。

蛇纹石与 $At.f_6$菌作用前后测定的 Zeta 电位如图 4-75 所示。结果表明蛇纹石的等电点位于 pH = 7.6，经细菌作用后，Zeta 电位向细菌方向滑动，其等电点下降至 pH = 4.2 左右，下降幅度较大。蛇纹石与菌作用后从 Zeta 电位变化的趋势推测蛇纹石还有一个等电点位于 pH<2.0。蛇纹石表面具有很强的活性基团，加入 $At.f_6$菌后对蛇纹石表面电性的改变很大。

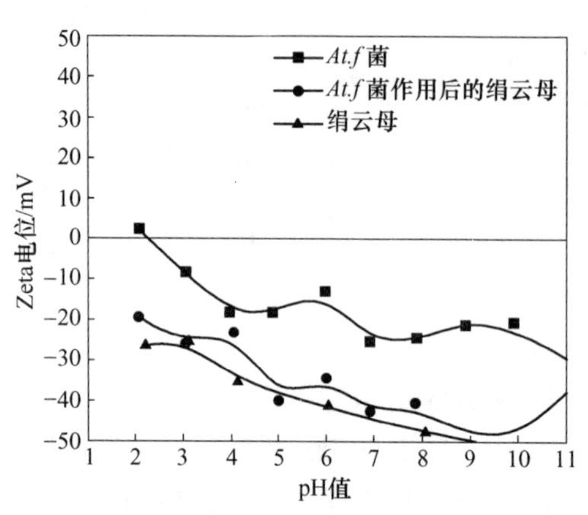

图 4-74　绢云母与菌作用前后的 Zeta 电位

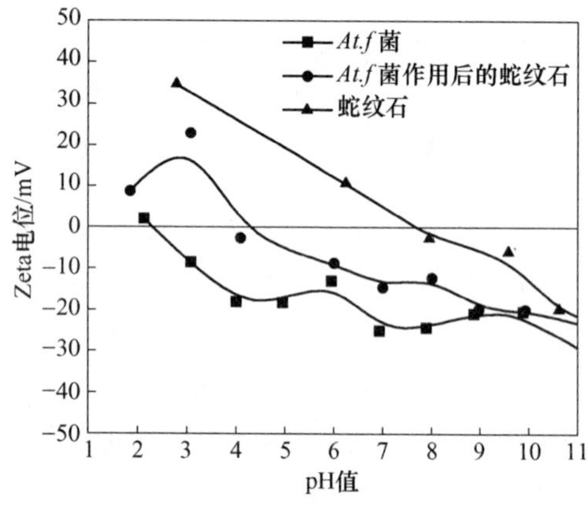

图 4-75　蛇纹石与菌作用前后的 Zeta 电位

石英与细菌作用前后表面的 Zeta 电位测试结果如图 4-76 所示。结果表明，石英的等电点 pH = 1.7，它与 $At.f_6$菌作用后的 Zeta 电位曲线在 pH<4.5 时偏向细菌，石英等电点升高至 pH = 1.9。已有研究表明石英的等电点大约为 pH = 2.0[13]。

由于测定 $At.f_6$菌作用后的白云石、萤石和磷灰石这类矿物比硫化矿和硅酸盐类矿物易溶，在矿物与细菌磁力搅拌作用 1.0h 后，矿物溶解量较大，而且溶解出的 Ca^{2+}等离子会影响测定效果，导致 Zeta 电位测定不准。故只附上这三种矿物在离子强度 I = 0.001mol/L 的 Zeta 电位图。如图 4-77 ~ 图 4-79 所示，磷灰石、萤石、白云石的等电点分别约为 2.6、8.2 和 6.5。

4.4.1.3　*矿物与细菌作用后 Zeta 电位变化顺序*

由 Zeta 电位分析，可反映出细菌与矿物间的吸附作用情况。通过测定矿物与细菌吸附作用前后的 Zeta 电位，发现经细菌吸附后，矿物的等电点发生改变。

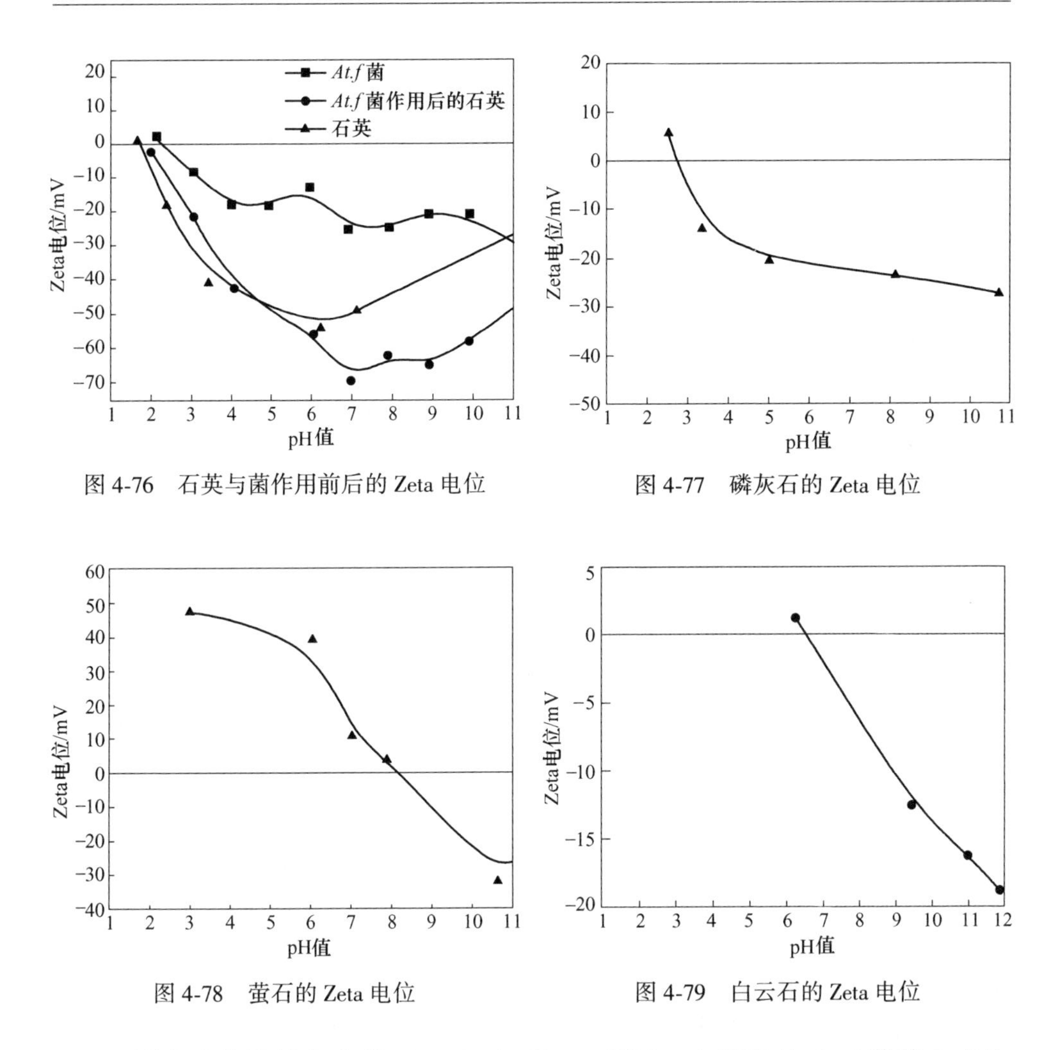

图 4-76　石英与菌作用前后的 Zeta 电位

图 4-77　磷灰石的 Zeta 电位

图 4-78　萤石的 Zeta 电位

图 4-79　白云石的 Zeta 电位

经测定矿物的等电点值（IEP）如表 4-2 所示。由测定的 $At.f_6$ 菌等电点为 pH=2.3。因此，矿物表面均能发生细菌的吸附作用，能使等电点（IEP）向细菌方向偏移，但对于不同的矿物 Zeta 电位改变量不一样。矿物等电点由高到低的顺序为：萤石>蛇纹石>黄铜矿>黄铁矿>白云石>石榴石>磷灰石>橄榄石>石英>绢云母。矿物与细菌吸附作用后，矿物等电点由高到低的顺序为：黄铁矿>黄铜矿>石榴石>蛇纹石>橄榄石>石英>绢云母。矿物等电点（IEP）偏移量较大的有蛇纹石、橄榄石、黄铜矿，说明细菌在这些矿物表面能发生特效吸附。

研究脉石矿物对微生物浸出铜的影响试验时，培养基 pH 值=2.0，加入脉石矿物后溶液 pH 值会升高，在浸出初期 pH 值大于细菌的等电点 2.3，此时细菌在矿物表面会发生吸附选择，即矿物之间存在对细菌吸附的竞争。细菌在浸出体系中最初的选择性吸附，对于体系中黄铜矿的浸出很重要。在浸出初期，能与黄铜

表 4-2　矿物与 $At.f_6$ 菌作用前后的等电点值（IEP）

名　称	矿物的等电点 IEP_0	矿物与细菌作用后的等电点 IEP_1	偏移量 $\|IEP_0-IEP_1\|$	备　注
黄铁矿	6.6	6.5	0.1	
黄铜矿	7.1	6.4	0.7	
蛇纹石	7.6	4.2	3.4	可能存在 $IEP_2<2.0$
绢云母	<2.0			IEP_1 升高
石榴子石	6.0	5.8	0.2	
橄榄石	1.9	2.1，3.7	0.2~1.8	存在两个等电点
石英	1.7	1.9	0.2	
白云石	6.5			
磷灰石	2.6			
萤石	8.2			

矿形成竞争的矿物有蛇纹石、石榴石和黄铁矿，细菌在矿物表面吸附后，等电点的偏移量分别为 3.4、0.2 和 0.1，这说明蛇纹石的影响较大，而石榴石的影响较小，而黄铁矿的等电点偏移量非常小；反之，在浸出初期不会与黄铜矿形成竞争的矿物有石英、绢云母和橄榄石。

矿物等电点发生变化，说明细菌在矿物表面发生了吸附作用；矿物等电点向细菌等电点偏移量的大小，说明了细菌在矿物表面发生吸附作用的强弱。因此，脉石矿物与黄铁矿、黄铜矿对细菌的竞争吸附作用不同，可以很好解释脉石矿物对黄铜矿微生物浸出影响的差异。这可以解释蛇纹石、石榴石、黄铁矿在体系中浓度较高时能降低黄铜矿铜浸出率的原因；也能解释脉石矿物石英、绢云母和橄榄石对黄铜矿微生物浸出的促进作用。

4.4.2　矿物微生物浸出前后的物相分析

4.4.2.1　黄铁矿-黄铜矿体系浸渣的 XRD 分析

图 4-80 为黄铁矿-黄铜矿浸出体系浸出前后的 XRD 图谱。结果显示，黄铁矿-黄铜矿浸出后，浸渣中新生成的物质主要是铵黄铁矾 [$(NH_4)_2Fe_6(SO_4)_4(OH)_{12}$]，其次是黄钾铁矾 [$KFe_3(SO_4)_2(OH)_6$]，这两种铁矾峰的位置基本相同。

黄钾铁矾晶格中的 K^+ 常被 Ag^+、NH^{4+}、Na^+、H_3O^+ 取代形成黄铁矾类矿物[14]。铵黄铁矾的生成说明 NH^{4+} 与 K^+ 发生替代。在湿法冶金中常采用铵黄铁矾法去除浸出液中的铁[15]：将浸出液调至 pH = 1.5~2.0，在恒温水浴中（t = 90℃），

缓慢滴加 $(NH_4)_2SO_4$ 使 Fe^{3+} 转化为铵黄铁矾沉淀除去。影响黄铁矾种类的最主要因素是浸出液的酸度、析出温度、一价阳离子种类和浓度、是否加入晶种等。在相同条件下，黄铁矾形成的难易程度与其一价离子半径大小有关，离子半径接近或大于 100pm 者比较容易生成矾的结晶。如 $r(K^+) = 133pm$，$r(Na^+) = 98pm$，$r(NH^{4+}) = 143pm$，在浸出体系中黄钾铁矾和铵黄铁矾较易形成。

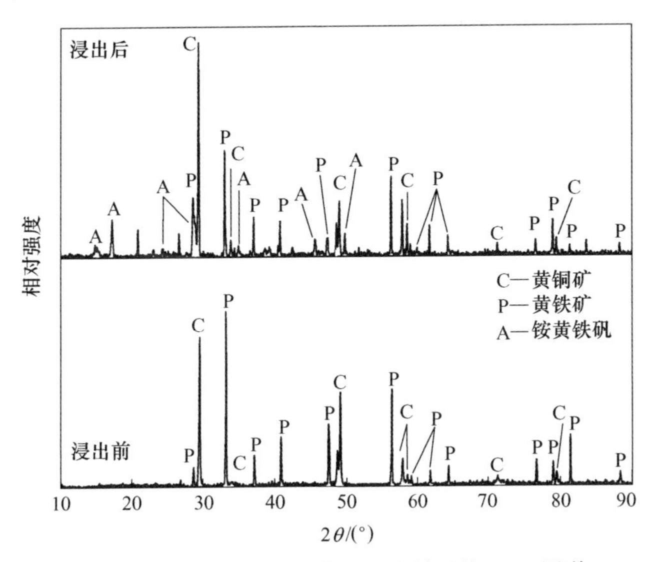

图 4-80 黄铁矿-黄铜矿体系浸出前后的 XRD 图谱

在硫化矿微生物浸出试验研究中，黄钾铁矾是最为常见的钝化物质。在本试验中，由于采用不含 Fe 的 9K 培养基，培养基中 $(NH_4)_2SO_4$ 浓度为 3.0g/L，故生成铵黄铁矾比生成黄钾铁矾的概率大，其反应式为

$$NH_4^+ + 3Fe^{3+} + 2SO_4^{2-} + 6H_2O \longrightarrow (NH_4)Fe_3(SO_4)_2(OH)_6\downarrow + 6H^+ \tag{4-3}$$

黄钾铁矾的生成反应式为

$$K^+ + 3Fe^{3+} + 2SO_4^{2-} + 6H_2O \longrightarrow KFe_3(SO_4)_2(OH)_6\downarrow + 6H^+ \tag{4-4}$$

4.4.2.2 石英-黄铁矿-黄铜矿体系浸渣的 XRD 分析

图 4-81 为石英-黄铁矿-黄铜矿体系浸出前后的 XRD 图谱。从图上可以看出，浸渣中新生成物质主要有黄钾铁矾和方铁黄铜矿（Isocubanite，$CuFe_2S_3$），但黄钾铁矾的峰较弱。

黄钾铁矾对黄铜矿的浸出具有一定的钝化作用，它的析出速度和溶液中一价阳离子的浓度有关。由此浸出体系铜浸出率高于空白实验值，因此石英存在时，它能明显减少黄钾铁矾的生成量，这是它促进黄铜矿浸出的原因之一。由于石英

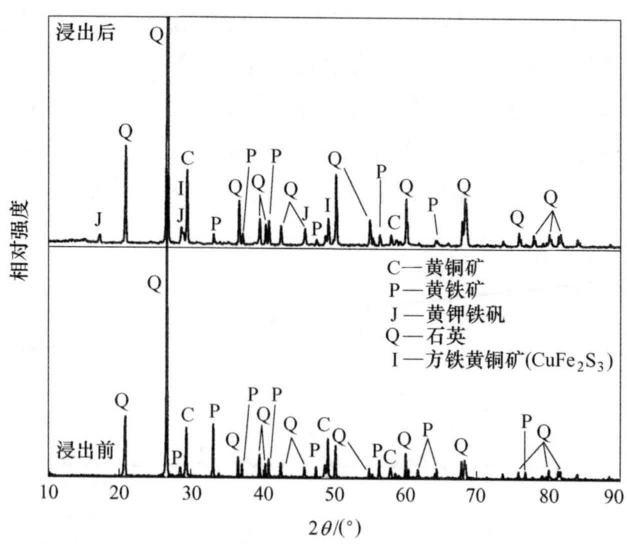

图 4-81　石英-黄铁矿-黄铜矿体系浸出前后 XRD 图谱

表面暴露大量的 Si—O—键，电负性较强，能对溶液中的阳离子产生吸附作用。研究表明石英表面微区的 pH 值高于溶液中的 pH 值，氢氧化铁在石英表面的溶度积小于溶液中的溶度积[16]，并有细颗粒石英（几微米或十几微米）吸附到矿物表面或由机械摩擦达到去除硫化矿表面杂质和钝化层的目的[17]。

而方铁黄铜矿的生成是促进黄铜矿浸出的另一原因。方铁黄铜矿是黄铜矿经细菌或化学氧化作用而转变成的次生硫化铜矿。Dew 等人对一些含铁和铜的硫化矿按照其溶解性进行排序，由易到难的顺序为：辉铜矿（Cu_2S），斑铜矿（Cu_5FeS_4），方铁黄铜矿（$CuFe_2S_3$），铜蓝（CuS），黄铁矿（FeS_2），硫砷铜矿（Cu_3AsS_4），硫铜钴矿（$CuCo_{1.5}Ni0.5S_4$），黄铜矿（$CuFeS_2$）[18]。由于方铁黄铜矿比黄铜矿容易溶解，因而它的生成对黄铜矿的分解起促进作用。

4.4.2.3　蛇纹石-黄铁矿-黄铜矿体系浸渣的 XRD 分析

图 4-82 为蛇纹石-黄铁矿-黄铜矿体系浸出前后的 XRD 图谱。由图可知，蛇纹石、黄铜矿和黄铁矿经微生物浸出后，矿物的峰均有明显减弱，新生成的物质有单质硫和黄钾铁矾。单质硫与黄钾铁矾均是阻碍黄铜矿进一步浸出的钝化物质。元素硫的生成，说明了添加蛇纹石后黄铜矿的浸出过程与添加石英时不同，它是一个以间接作用为主的浸出过程。

4.4.2.4　绢云母-黄铁矿-黄铜矿体系浸渣的 XRD 分析

图 4-83 为绢云母-黄铁矿-黄铜矿体系浸出前后的 XRD 图谱。由图可知，新生成的物质为铵黄铁矾。

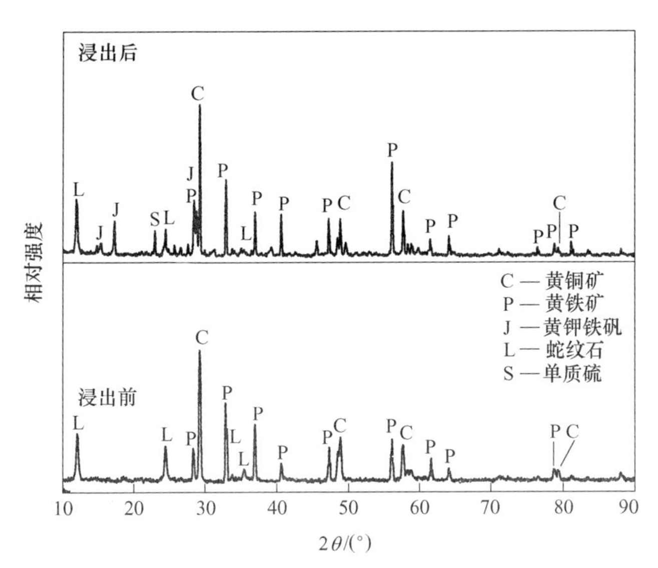

图 4-82 蛇纹石-黄铁矿-黄铜矿浸出前后 XRD 图谱

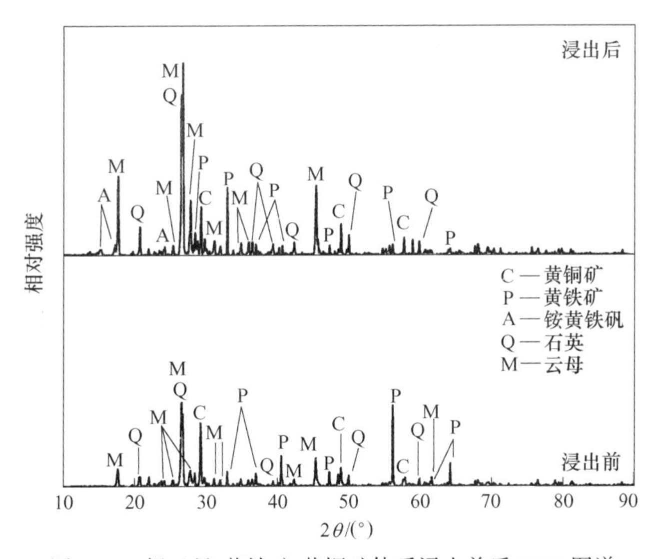

图 4-83 绢云母-黄铁矿-黄铜矿体系浸出前后 XRD 图谱

4.4.2.5 橄榄石-黄铁矿-黄铜矿体系浸渣的 XRD 分析

图 4-84 为橄榄石-黄铁矿-黄铜矿体系浸出前后的 XRD 图谱。从图中可以看出，浸渣中生成了大量的铵黄铁矾和单质硫。单质硫的峰分别与黄钾铁矾和橄榄石的峰重合，从而对应处的峰浸出后均加强。

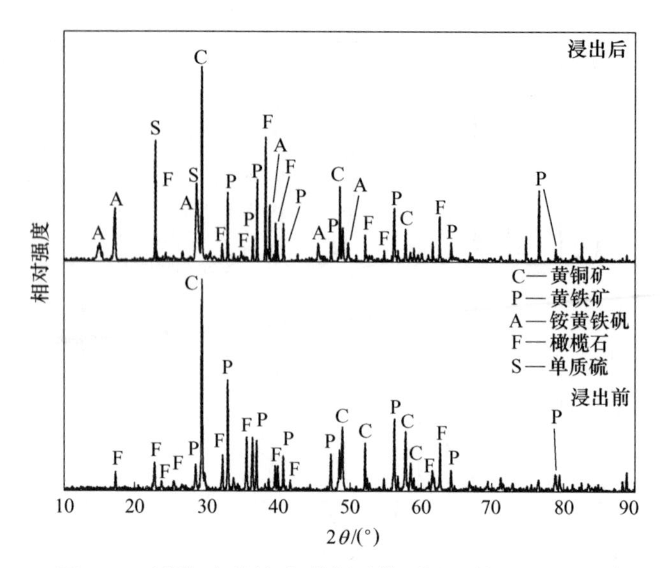

图 4-84　橄榄石-黄铁矿-黄铜矿体系浸出前后 XRD 图谱

生成铵黄铁矾的过程是一个产酸过程，但添加橄榄石后黄铜矿在浸出过程中 pH 值没有著显地降低，始终大于 2.0。原因在于橄榄石微溶于酸，能使 pH 值升高。单质硫的生成，也说明添加橄榄石后，细菌对黄铜矿的浸出是一个以间接作用为主的过程。

4.4.2.6　*石榴石-黄铁矿-黄铜矿体系浸渣的 XRD 分析*

图 4-85 为石榴石-黄铁矿-黄铜矿体系浸出前后的 XRD 图谱。从图谱上可知，

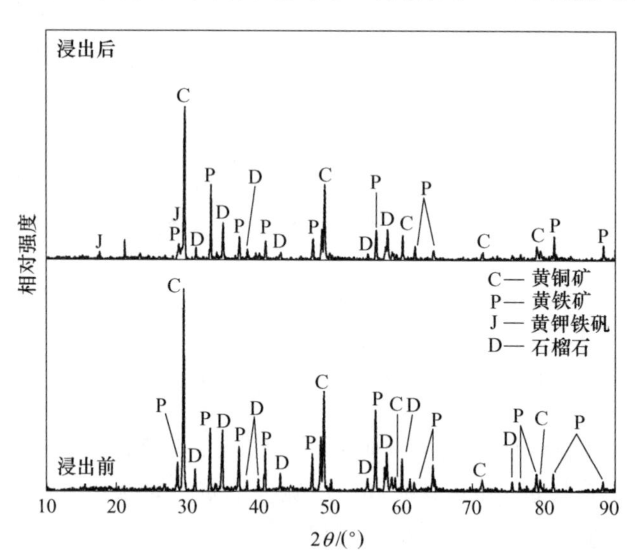

图 4-85　石榴石-黄铁矿-黄铜矿体系浸出前后 XRD 图谱

浸渣中新生成了少量的黄钾铁矾。比较石榴石的峰强却相对降低较多，说明它发生了溶解。

4.4.2.7　白云石-黄铁矿-黄铜矿体系浸渣的 XRD 分析

图 4-86 为白云石-黄铁矿-黄铜矿体系浸出前后的 XRD 图谱。从图中可以看出，在浸渣中新生成的物质为硫酸钙（$CaSO_4$）和钙磷石（$Ca_3(PO_4)_2$）。浸渣中未发现白云石，说明微生物浸出后白云石完全溶解。

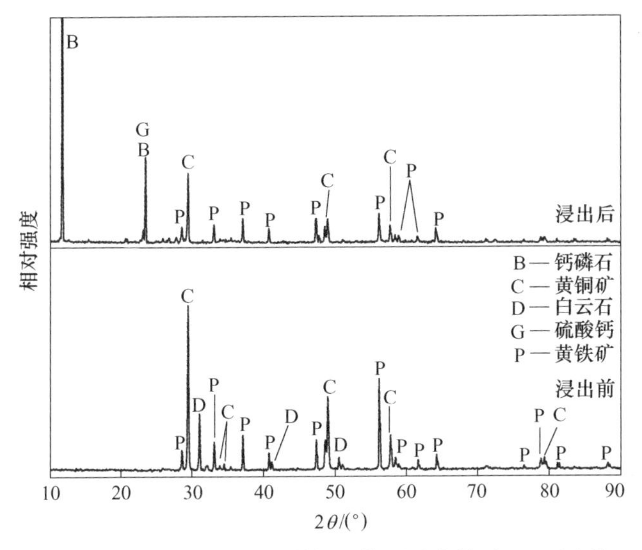

图 4-86　白云石-黄铁矿-黄铜矿体系浸出前后 XRD 图谱

白云石溶解出的 Ca^{2+} 与培养基中的 K_2HPO_4（0. 5g/L）经过化学反应而生成钙磷石，与溶液中的 SO_4^{2-} 生成硫酸钙。如图 4-87 所示，白云石（0. 6%）-黄铁矿-黄铜矿浸渣中生成的钙盐较为明显，它是一种白色晶体，呈细针状，不溶于水，溶于酸（乙酸除外）。

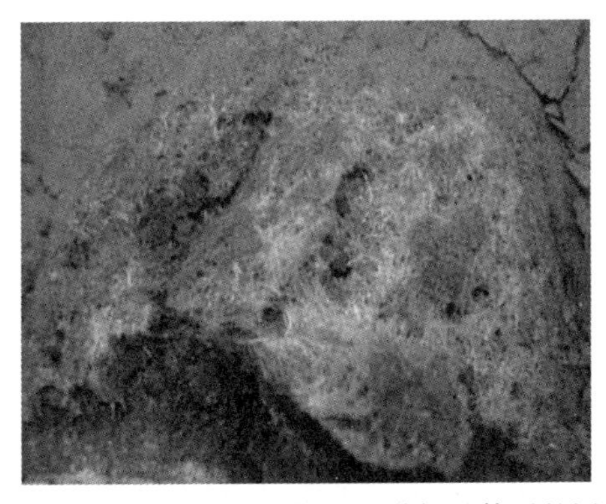

图 4-87　白云石（0. 6%）-黄铁矿-黄铜矿体系的浸渣照片

4.4.2.8　磷灰石-黄铁矿-黄铜矿体系浸渣的 XRD 分析

图 4-88 为磷灰石-黄铁矿-黄铜矿体系浸出前后的 XRD 图谱。从图中可以看出，在浸渣中新生成了少量的黄钾铁矾，磷灰石则完全溶解。

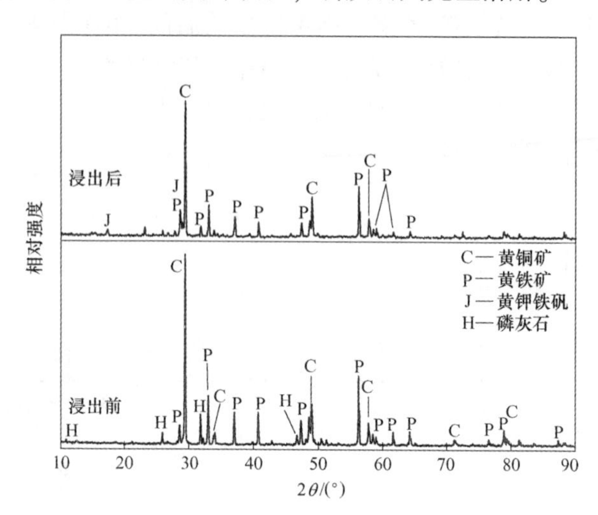

图 4-88　磷灰石-黄铁矿-黄铜矿体系浸出前后 XRD 图谱

4.4.2.9　萤石-黄铁矿-黄铜矿体系浸渣的 XRD 分析

图 4-89 为萤石-黄铁矿-黄铜矿体系浸出前后的 XRD 图谱。从图中可以看出，浸渣中没有发现萤石，说明萤石完全溶解，也没发现新生成物质。与前面几种浸渣相比，这也与它对应铜浸出率较低相印证。

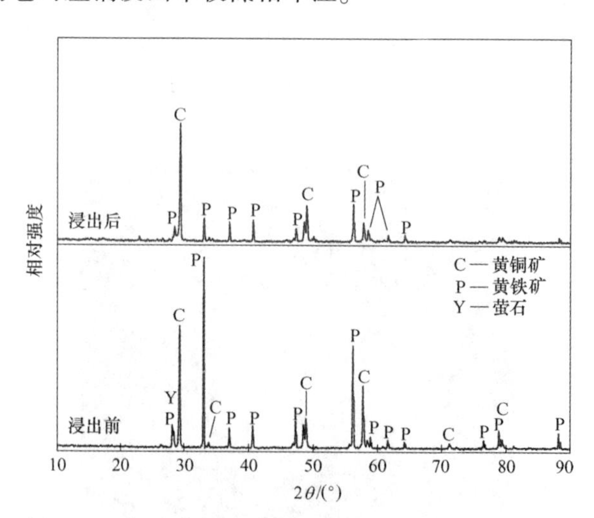

图 4-89　萤石-黄铁矿-黄铜矿体系浸出前后 XRD 图谱

4.4.3 微生物浸出后矿物的微观形貌变化分析

4.4.3.1 黄铁矿-黄铜矿体系的 SEM-EDS 分析

黄铁矿-黄铜矿体系微生物浸出 32d 后，浸渣的 SEM 照片和 EDS 图谱如图 4-90 所示。细菌浸前出后，黄铜矿的形貌发生较大改变，黄铜矿颗粒表面变得凹

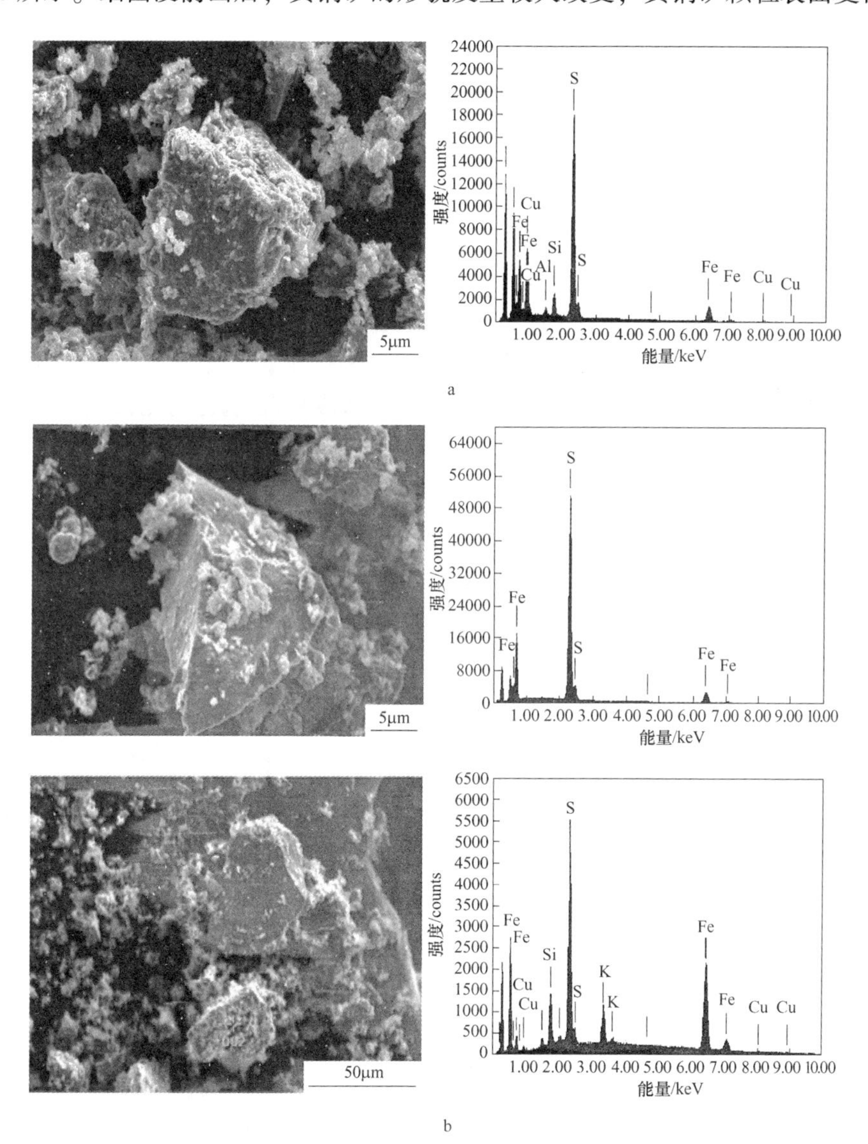

图 4-90 黄铜矿和黄铁矿微生物浸出后的 SEM 照片及 EDS 图谱

a—黄铜矿；b—黄铁矿

凸不平、浸蚀现象很严重，呈现出大量的孔隙及孔洞，结构变得疏松；而黄铁矿有的颗粒出现浸蚀现象，大部分颗粒则表面平整，棱角分明，未见明显的浸蚀现象。

图 4-91 为黄铁矿-黄铜矿微生物浸出前后面扫描的 EDS 能谱，左为选取区域，右为对应区域的 EDS 图谱。对比混合矿化矿微生物浸出前后，可以看出矿物形貌发生较大变化。浸出前矿物颗粒较大，棱角较为分明，而浸出后矿物颗粒表面整体变得疏松圆滑些。黄铜矿表面受到较为强烈浸蚀。这进一步说明黄铁矿的存在，能促进黄铜的浸出。

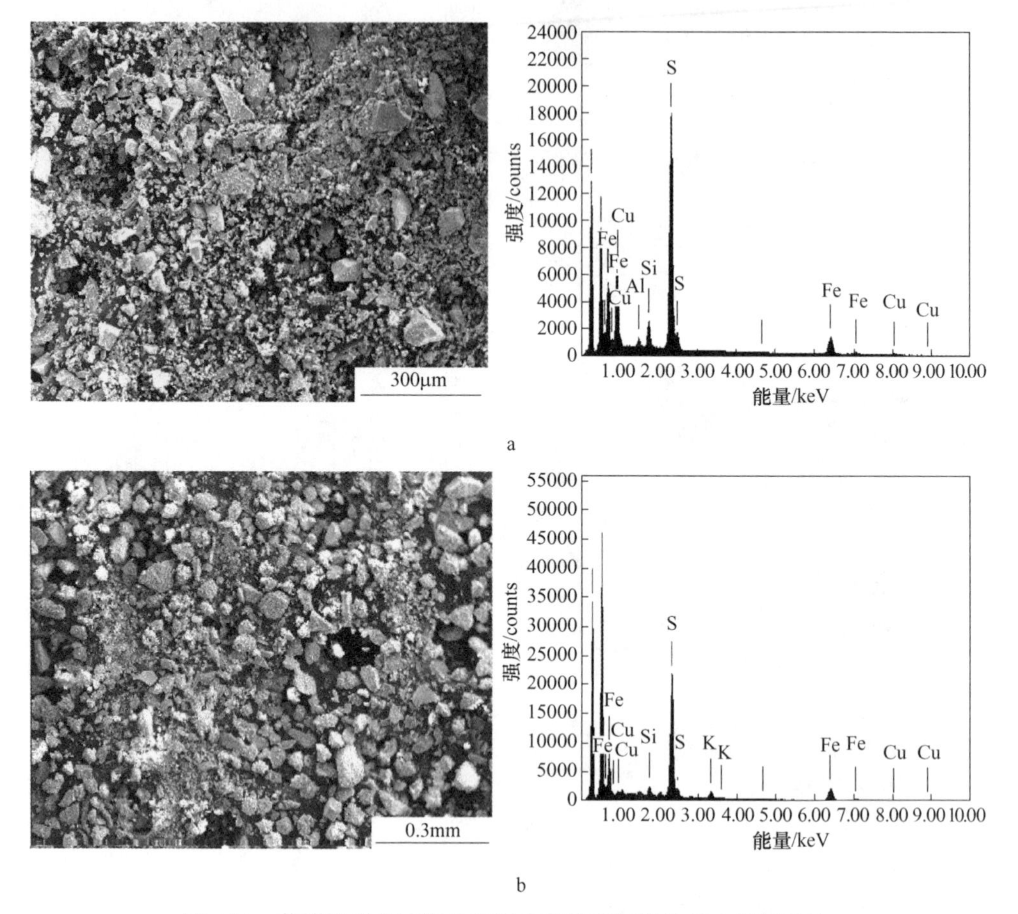

图 4-91　黄铁矿-黄铜矿微生物浸出前后面扫描的 EDS 能谱对比

a—浸出前；b—浸出后

图 4-90、图 4-91 对应的能谱分析结果如表 4-3 所示。从表中可知，对比微生物浸出前后，组成矿物的化学成分发生了改变。浸出后矿物表面 Cu、S 含量均降低了，而 Fe 元素含量却相对增加了约 20.0%，Fe 元素的增加主要表现在黄铁矿的表面。新生成的 K 元素，其质量分数和原子数分数分别为 2.90%、3.28%。由

4.4.2.1 节黄铁矿-黄铜矿体系浸渣的 XRD 分析结果可知，K 元素来自新生成的物质——黄钾铁矾。在发生浸蚀的黄铁矿表面，生成 K 元素的质量分数和原子数分数分别为 3.38%、4.91%；而在黄铜矿表面，K 元素质量分数和原子数分数仅为 0.96%、1.09%。分析 K 元素在矿物表面的分布，可知它主要生成于黄铁矿颗粒的表面。

表 4-3　矿物浸出前后的 EDS 能谱分析结果

矿物名称	元素	浸出前		浸出后	
		质量分数/%	原子数分数/%	质量分数/%	原子数分数/%
黄铁矿-黄铜矿混合矿表面	Al	0.76	1.18	0.56	0.9
	Si	2.72	4.17	1.87	2.96
	S	36.27	48.86	30.82	42.52
	K			2.9	3.28
	Fe	51.27	39.68	61.26	48.53
	Cu	8.99	6.11	2.58	1.8
	合计	100	100	100	100
黄铁矿表面（浸蚀）	Al	2.06	3.07	0.33	0.61
	Si	5.59	8.01	1.97	3.52
	S	41.95	52.63	10.16	15.88
	K			3.83	4.91
	Fe	50.4	36.3	83.48	74.9
	合计	100	100	100	100
黄铜矿表面	Mg	0.56	1.02		
	Al	0.94	1.56	0.05	0.06
	Si	2.13	3.35	0.08	0.12
	S	33.49	46.12	37.94	52.15
	K			0.96	1.09
	Fe	44.76	35.38	45.05	35.54
	Cu	18.1	12.58	15.93	11.04
	合计	100	100	100	100

4.4.3.2　石英-黄铁矿-黄铜矿体系 SEM-EDS 分析

A　各体系浸渣的 SEM 照片对比

脉石矿物石英各浓度和粒度组成时与黄铁矿-黄铜矿组成浸出体系，微生物浸出 32d，各体系的浸渣放大 1000 倍时的 SEM 照片如图 4-92 所示。从图中可以看出，浸渣表面形貌相差较大，主要体现在黄铜矿和黄铁矿受到腐蚀程度不同，而石英颗粒表面均光滑平整、断口分明，并零星分散着一些小颗粒；在石英浓度同为 5.0%时，-43μm、+43μm-74μm 和+74μm-100μm 三种粒度对应的浸出体系中，只有石英粒度-43μm 时的体系浸渣中黄铁矿颗粒表面光滑、边缘平整、棱角分明，没有受到明显的浸蚀。

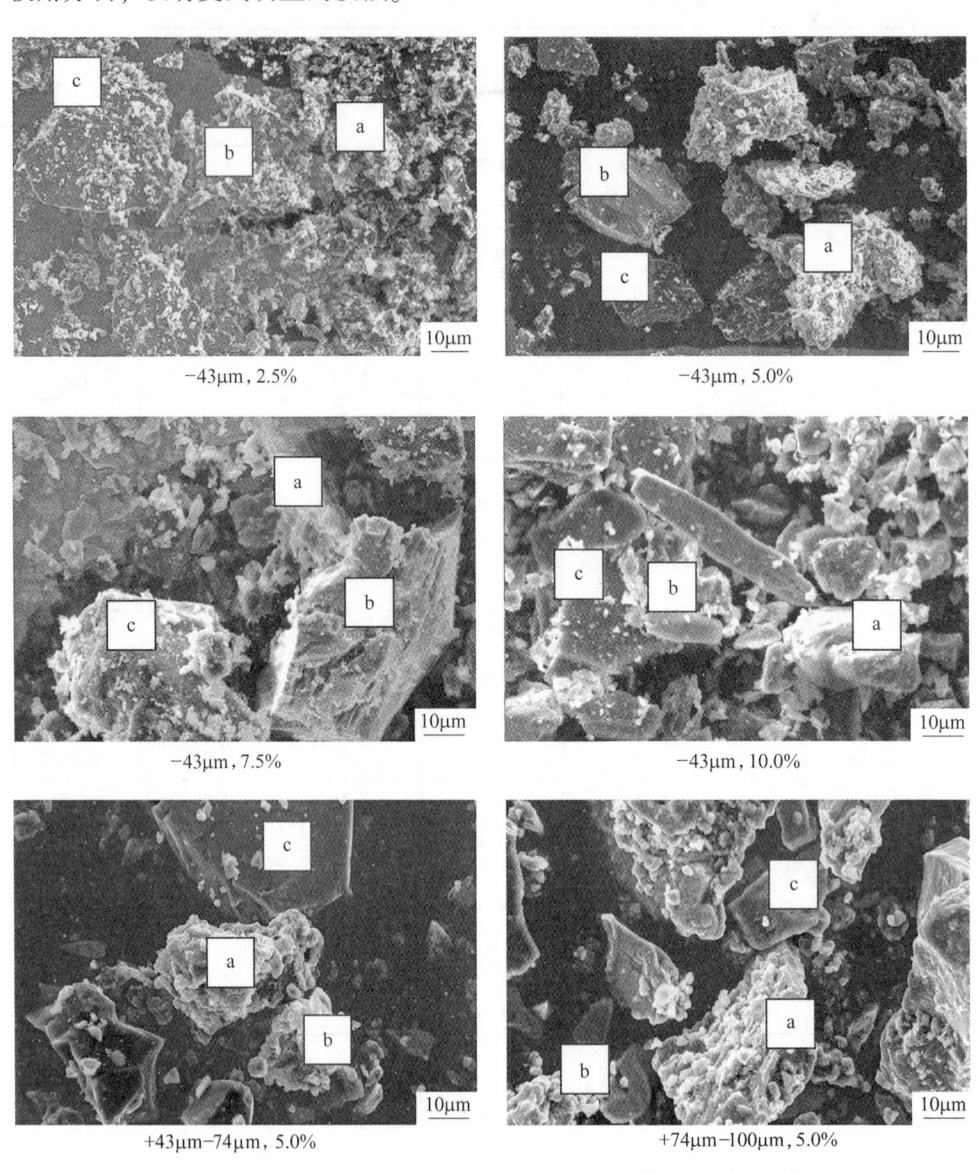

图 4-92　石英-黄铁矿-黄铜矿各体系微生物浸出后 SEM 照片对比（放大 1000 倍）
a—黄铜矿；b—黄铁矿；c—石英

将各体系浸渣中黄铜矿放大3000倍时的SEM照片如图4-93所示。从图中可以看出，石英2.5%和石英5.0%时体系中黄铜矿颗粒的表面均受到强烈浸蚀变得凹凸不平，并生成了大量膨胀疏松的絮状物；而石英（7.5%）和石英（10.0%）对应体系黄铜矿表面断面处仅有细小凸起，受到浸蚀程度很小。因此，黄铜矿表面受到的浸蚀程度强弱与各体系铜浸出率大小相符合。

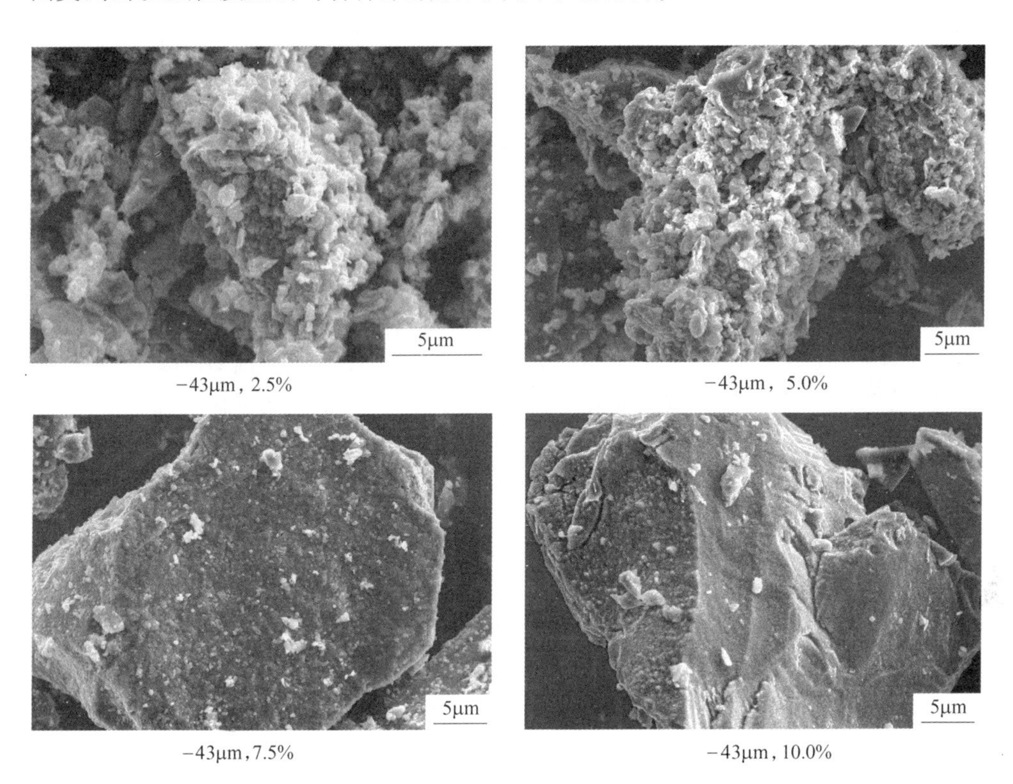

图4-93 石英-黄铁矿-黄铜矿体系浸渣中黄铜矿SEM照片对比（放大3000倍）

B 各体系浸渣的EDS能谱分析

矿物浸出前后的EDS能谱分析结果见表4-4。

石英粒度均为−43μm时，石英与黄铁矿-黄铜矿体系组成的体系浸出前后的EDS能谱分析结果如表4-4所示。从表中可以看出，石英（2.5%，石英在浸出体系中的浓度，下同）-黄铁矿-黄铜矿体系浸出后的表面Cu元素质量分数由6.14%降低至1.56%，原子数分数由3.45%降低至0.95%；S元素质量分数由23.95%降低至20.61%，原子数分数由27.06%降低至25.01%。与此同时，含量增加和新出现的元素有Fe和K，Fe元素质量分数由32.47%增加至47.68%，而原子数分数由21.05%增加至33.22%；而K元素的质量分数和原子数分数均是2.6%。

表 4-4　不同石英浓度下矿物浸出前后的 EDS 能谱分析结果

矿物组成	元素	浸出前		浸出后	
		质量分数/%	原子数分数/%	质量分数/%	原子数分数/%
石英-黄铁矿-黄铜矿（石英 2.5%，−43μm）	Al	2.33	3.12	1.77	2.53
	Si	35.12	45.32	25.77	35.71
	S	23.95	27.06	20.61	25.01
	K			2.6	2.6
	Fe	32.47	21.05	47.68	33.22
	Cu	6.14	3.45	1.56	0.95
	合计	100	100	100	100
石英-黄铁矿-黄铜矿（石英 5.0%，−43μm）	Al	3.09	3.95	3	3.9
	Si	46.16	56.34	43.67	54.67
	S	19.09	20.44	15.49	16.98
	K			2.54	2.28
	Fe	28.58	17.57	34.59	21.79
	Cu	3.09	1.70	0.71	0.38
	合计	100	100	100	100
石英-黄铁矿-黄铜矿（石英 7.5%，−43μm）	Al	3.29	2.91	3.68	4.51
	Si	59.58	77.27	57	67.1
	S	13.61	10	10.33	10.64
	K			2.90	2.44
	Fe	19.95	8.45	24.42	14.44
	Cu	3.57	1.36	1.67	0.87
	合计	100	100	100	100
石英-黄铁矿-黄铜矿（石英 10.0%，−43μm）	Al	3.1	3.76	2.51	3.02
	Si	60.27	69.64	59.75	68.81
	S	12.87	13.01	14.65	14.77
	K			0.79	0.66
	Fe	20.34	11.87	19.68	11.38
	Cu	3.42	1.72	2.62	1.35
	合计	100	100	100	100

石英（5.0%）-黄铁矿-黄铜矿体系浸出后表面 Cu 元素质量分数由 3.09%降低至 0.71%，原子数分数由 1.70%降低至 0.38%；S 元素质量分数由 19.09%降

低至 15.49%，原子数分数由 20.44%降低至 16.98%；Fe 元素质量分数由 28.58%增加至 34.59%，原子数分数由 17.57%增加至 21.79%。而 K 元素的质量分数和原子数分数分别为 2.54%、2.28%。

石英（7.5%）-黄铁矿-黄铜矿体系浸出后表面 Cu 元素质量分数由 3.57%降低至 1.67%，原子数分数由 1.36%降低至 0.87%；S 元素质量分数由 13.61%降低至 10.33%；Fe 元素质量分数由 19.95%增加至 24.42%，原子数分数由 8.45%增加至 14.44%；而新生成的 K 元素的质量分数和原子数分数分别是 2.90%、2.44%。

石英（10.0%）-黄铁矿-黄铜矿体系浸出后表面 Cu 元素质量分数由 3.42%降低至 2.62%，原子数分数由 1.72%降低至 1.35%；新生成的 K 元素的质量分数和原子数分数也较小，分别是 0.79%、0.66%。

各粒度下的石英（5.0%）对应的 EDS 能谱分析结果如表 4-5 所示。石英粒度越细，石英-黄铁矿-黄铜矿表面的 Cu、Fe、S 含量也就越低。这说明石英粒度越细越能促进黄铜矿微生物浸出。石英矿物组成相同，但由于粒度不同，表面暴露的面积大小不一样，因此混合矿浸出前的矿物面平均成分相差也就较大。

表 4-5 不同石英粒度下矿物浸出前后的 EDS 能谱分析结果

矿物组成	元素	浸出前		浸出后	
		质量分数/%	原子数分数/%	质量分数/%	原子数分数/%
石英-黄铁矿-黄铜矿（石英 5.0%，+74μm−100μm）	Al	0.9	1.24	0.69	0.98
	Si	32.64	43.07	25.95	35.37
	S	24.48	28.3	24.67	29.46
	K			3.27	3.2
	Fe	36.06	23.92	43.57	29.87
	Cu	5.91	3.46	1.85	1.12
	合计	100	100	100	100
石英-黄铁矿-黄铜矿（石英 5.0%，+43μm−74μm）	Al	1.01	1.33	0.81	1.12
	Si	40.64	51.43	37.34	48.85
	S	22.08	24.48	17.85	20.45
	K			2.48	2.3
	Fe	31.53	20.09	40.56	26.69
	Cu	4.74	2.66	0.95	0.59
	合计	100	100	100	100

续表 4-5

矿物组成	元素	浸出前		浸出后	
		质量分数/%	原子数分数/%	质量分数/%	原子数分数/%
石英-黄铁矿-黄铜矿（石英 5.0%，-43μm）	Al	3.09	3.95	3	3.9
	Si	46.16	56.34	43.67	54.67
	S	19.09	20.44	15.49	16.98
	K			2.54	2.28
	Fe	28.58	17.57	34.59	21.79
	Cu	3.09	1.7	0.71	0.38
	合计	100	100	100	100

通过对比浸出后的 Fe 的含量，由大到小的次序是：含石英+74μm-100μm 的体系、含石英+43μm-74μm 的体系、含石英-43μm的体系；K 含量由大到小的次序是：含石英+74μm-100μm 的体系、含石英+43μm-74μm 的体系、含石英-43μm的体系。因此，生成黄钾铁矾量大小不能直接决定矿物的氧化反应程度。但可以证实的是石英的存在能抑制黄钾铁矾的大量生成，且石英粒度越细，产生的黄钾铁矾的量也就越少。

4.4.3.3 不同脉石矿物对黄铜矿形貌变化的影响

A 各体系浸渣的 SEM 照片对比

各脉石矿物对应浸渣的 SEM 照片对比如图 4-94 所示。

脉石矿物与黄铁矿-黄铜矿组成的浸出体系浸渣的扫描电镜照片如图 4-95 所示。照片放大倍数同为 1000 倍，从图中可以看出黄铜矿表面均受到了强烈的浸蚀，蚀坑明显，并生成了大量的絮状物。对于黄铁矿，由于它是较难浸出的硫化矿。因此除橄榄石和蛇纹石中受到较强腐蚀以外，其余浸渣中发现黄铁矿的形貌及轮廓都较为完整。

值得一提的是白云石-黄铁矿-黄铜体系浸渣的形貌很特别：黄铜矿和黄铁矿表面被一层物质覆盖而变得光滑，并发现大量的黄铁矿小颗粒。在黄铁矿表面没有发现明显的浸蚀坑；而在黄铜矿表面发现有较多的浸蚀痕迹，它的表面受到较强烈的腐蚀，但没发现像其他照片中表面生成絮状物质，放大 3000 倍的 SEM 照片如图 4-95 所示。由此可见，在浸出体系中黄铜矿与黄铁矿主要发生的是化学氧化和溶解，且黄铁矿发生的化学溶解较为严重。

B 各体系浸渣的 EDS 能谱分析

各体系浸渣的 EDS 能谱分析结果如表 4-6 所示。计算脉石矿物对应浸渣的中

图 4-94 各脉石矿物对应浸渣的 SEM 照片对比

a—石英-43μm，5.0%；b—绢云母-43μm，5.0%；c—橄榄石-43μm，1.0%；d—石榴石-43μm，1.0%；e—白云石-43μm，0.3%；f—磷灰石-43μm，0.5%；g—萤石-43μm，0.1%；h—蛇纹石-43μm，1.0%

C_p—黄铜矿；P—黄铁矿；A—石英；O—橄榄石；M—绢云母；G—石榴石

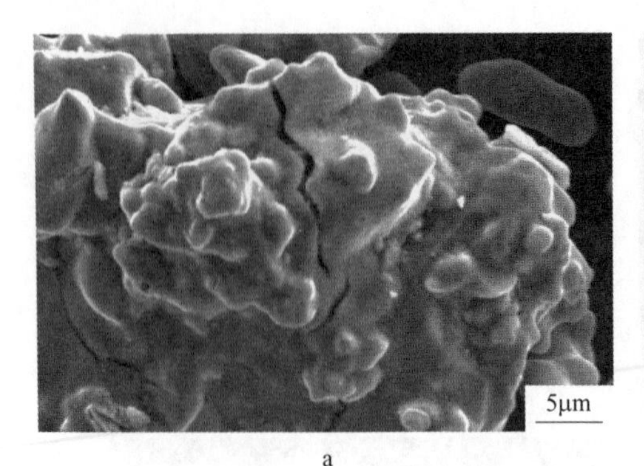

a

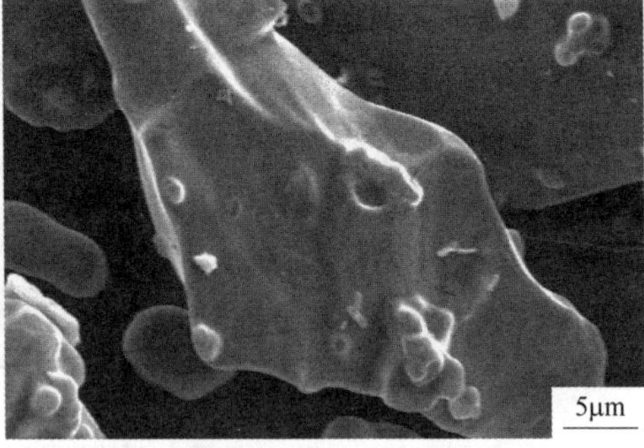

b

图 4-95　白云石（0.3%）-黄铁矿-黄铜矿微生物浸出后的 SEM 照片（放大 3000 倍）
a—黄铜矿；b—黄铁矿

表 4-6　矿物浸出前后的 EDS 能谱分析结果

矿物组成体系	元素	浸出前		浸出后		浸出后-浸出前	
		质量分数/%	原子数分数/%	质量分数/%	原子数分数/%	Δ质量分数/%	Δ原子数分数/%
黄铁矿-黄铜矿	Al	0.76	1.18	0.56	0.9		
	Si	2.72	4.17	1.87	2.96		
	S	36.27	48.86	30.82	42.52	−5.45	−6.34
	K			2.9	3.28		
	Fe	51.27	39.68	61.26	48.53	9.99	8.85
	Cu	8.99	6.11	2.58	1.8	−6.41	−4.31
	合计	100	100	100	100		
石英-黄铁矿-黄铜矿（石英 5.0%，−43μm）	Al	3.09	3.95	3	3.9		
	Si	46.16	56.34	43.67	54.67		
	S	19.09	20.44	15.49	16.98	−3.6	−3.46
	K			2.54	2.28		
	Fe	28.58	17.57	34.59	21.79	6.01	4.22
	Cu	3.09	1.7	0.71	0.38	−2.38	−1.32
	合计	100	100	100	100		
蛇纹石-黄铁矿-黄铜矿（蛇纹石 1.0%，−43μm）	Mg	10.68	16.83	27.82	37.54		
	Al	0.82	1.18				
	Si	9.59	13.1	23.72	27.7		
	S	30.2	36.03	13.83	14.14	−16.37	−21.89
	K			1.47	1.23		
	Fe	41.44	28.39	31.95	18.77	−9.49	−9.62
	Cu	7.27	4.46	1.21	0.61	−6.06	−3.85
	合计	100	100	100	100		

续表 4-6

矿物组成体系	元素	浸出前		浸出后		浸出后-浸出前	
		质量分数/%	原子数分数/%	质量分数/%	原子数分数/%	Δ质量分数/%	Δ原子数分数/%
绢云母-黄铁矿-黄铜矿（绢云母 5.0%，-43μm）	Na	1.23	1.72	1.42	2.12		
	Mg	1.31	1.72				
	Al	18.77	22.4	17.17	21.55		
	Si	38.42	44.03	32.95	39.73		
	S	9.44	9.48	8.75	9.25	-0.69	-0.23
	K	12.25	10.07	12.57	10.89		
	Fe	16.58	9.56	26.59	16.14	10.01	6.58
	Cu	2	1.01	0.56	0.31	-1.44	-0.7
	合计	100	100	100	100		
橄榄石-黄铁矿-黄铜矿（橄榄石 2.5%，-43μm）	Mg	26.08	36.46	0.78	1.47		
	Al	0.85	1.1				
	Si	17.03	20.58	2.75	4.41		
	S	17.7	18.78	22.63	31.83	4.93	13.05
	K			2.03	2.34		
	Fe	33.88	20.68	71.34	59.62	37.46	38.94
	Cu	4.46	2.4	0.48	0.32	-3.98	-2.08
	合计	100	100	100	100		
石榴石-黄铁矿-黄铜矿（石榴石 1.0%，-43μm）	Mg	1.63	2.79				
	Al	4.14	6.44	2.19	3.52		
	Si	8	11.91	4.73	7.3		
	S	26.55	34.76	28.4	38.38	1.85	3.62
	K			2.38	2.62		
	Fe	51.87	38.95	60.47	46.93	8.6	7.98
	Cu	7.8	5.15	1.83	1.25	-5.97	-3.9
	合计	100	100	100	100		
白云石-黄铁矿-黄铜矿（白云石 0.3%，-43μm）	Mg	1.86	3.28				
	Al	0.78	1.22				
	Si	2.19	3.28	0.74	1.24		
	S	34.85	46.03	23.34	34.46	-11.51	-11.57
	Ca	3.81	4.05				
	Fe	48.18	36.56	75.31	63.64	27.13	27.08
	Cu	8.32	5.57	0.61	0.46	-7.71	-5.11
	合计	100	100	100	100		

续表 4-6

矿物组成体系	元素	浸出前		浸出后		浸出后-浸出前	
		质量分数/%	原子数分数/%	质量分数/%	原子数分数/%	Δ质量分数/%	Δ原子数分数/%
磷灰石-黄铁矿-黄铜矿（磷灰石 0.5%，-43μm）	Al	0.82	1.25				
	Si	2.18	3.26	1.15	1.79		
	P	5.04	6.81	3.3	4.66		
	S	30.89	40.21	29.1	39.65	-1.79	-0.56
	K			3.98	4.45		
	Ca	11.82	12.29	2.39	2.6		
	Fe	41.98	31.39	58.53	45.79	16.55	14.4
	Cu	7.27	4.79	1.55	1.07	-5.72	-3.72
	合计	100	100	100	100		
萤石-黄铁矿-黄铜矿（萤石 0.1%，-43μm）	F	2.79	6.09	6.34	13.47		
	Al	1.01	1.55	0.52	0.78		
	Si	2.32	3.42	1.52	2.19		
	S	34.57	44.61	28.54	35.98	-6.03	-8.63
	K			4.48	4.64		
	Ca	4.01	4.12	2.4	2.42		
	Fe	47.16	34.91	54.3	39.31	7.14	4.4
	Cu	8.15	5.3	1.91	1.22	-6.24	-4.08
	合计	100	100	100	100		

Cu、Fe、S元素的变化量，表中数据为浸出后减去对应浸出前的S、Fe、Cu质量分数和原子数分数，由此可以了解各脉石矿物对黄铜矿浸出的影响变化规律。

浸渣中Cu含量都较浸出前低，说明黄铜矿因氧化分解或溶解而浸出Cu^{2+}。浸渣中S含量相对增加的体系是：含橄榄石和石榴石的体系，前者浸渣中S质量分数和原子数分数增加量分别为4.93%和13.05%，后者浸渣中S质量分数和原子数分数增加量分别为1.85%和3.62%。与之对应，由含橄榄石浸出体系浸渣的XRD图谱可知，浸渣中生成了大量的单质硫，在此得到验证。浸渣中S含量相对减少的体系有含石英、蛇纹石、绢云母、白云石、磷灰石、萤石的体系，其中S减少量最多的是含蛇纹石的体系，其次是含白云石和石英的体系。

各体系浸渣中Fe含量除含蛇纹石的体系是相对减少的以外，其余均是相对增加的，其中增加最多的是含橄榄石的体系，其次是含绢云母和白云石的体系。在试验中发现在橄榄石（2.5%）和白云石（0.3%）的浸渣表面有许多红棕色的物质。由浸渣的XRD图谱，含橄榄石和白云石的体系浸渣中却没有生成含Fe的新物质，故生成的只能是非晶态的FeO(OH)沉淀。FeO(OH)为红棕色或黄棕色沉淀。经 X 射线晶体学研究表明 FeO(OH) 是非晶态的，它含有两种结晶结构的变体：α-FeO(OH)（针铁矿）和 γ-FeO(OH)（纤铁矿）。

在微生物浸出过程中，Fe 元素的迁移路径如图 4-96 所示。从图中可知，首先 Fe 从固相中通过 $At.f_6$ 菌或矿物溶解而进入到液相中。在液相中，Fe^{2+} 经氧化生成 Fe^{3+}，Fe^{3+} 能否水解生成沉淀，取决于溶液 pH 值、离子组成和浓度的影响，其形成的酸碱度条件为 pH<3.0[19]。生成铁矾类物质使 Fe 元素又重新回到固相中。

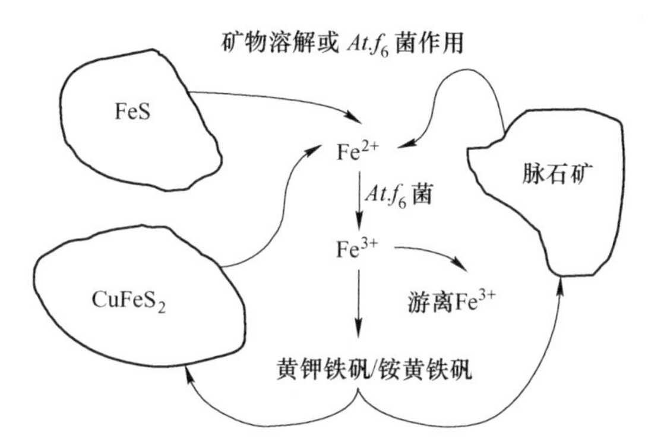

图 4-96 微生物浸出过程中 Fe 元素的迁移

由于浸出体系采用无 Fe 9K 培养基，因此 Fe 基本来自矿物，但存在黄铁矿、黄铜矿与脉石矿物之间的质量变化情况。浸出后矿物表面平均成分 Fe 元素减少，说明含铁矿物的溶解量大于新生成量。

参考文献

[1] Dong Yingbo, Lin Hai, Zhou Shanshan, et al. Effects of quartz addition on chalcopyrite bioleaching in shaking flasks [J]. Minerals Engineering, 2013, 46/47: 177-179.

[2] 莫晓兰，林海，董颖博，等. 石英对微生物浸出黄铜矿的作用 [J]. 北京科技大学学报，2011，33 (6)：682-687.

[3] Petersen J, Dixon D G. Competitive bioleaching of pyrite and chalcopyrite [J]. Hydrometallurgy, 2006, 83 (1-4): 40-49.

[4] 武彪，阮仁满，温建康，等. 黄铁矿在生物浸矿过程中的电化学氧化行为 [J]. 金属矿山，2007 (10)：64.

[5] 卢龙，薛纪越，陈繁荣，等. 黄铁矿表面溶解——不容忽视的研究领域 [J]. 岩石矿物学杂志，2005 (6)：666-670.

[6] Lilova K, Karamanev D. Direct oxidation of copper sulfide by a biofilm of Acidithiobacillus ferrooxidans [J]. Hydrometallurgy, 2005, 80 (3): 147-154.

[7] 卢颖，孙胜义. 组合药剂的发展及规律 [J]. 矿业工程，2007，5 (6)：42-44.

[8] Tshilombo A F. Mechanism and kinetics of chalcopyrite passivation and depassivation during ferric and microbial leaching solutions [D]. Vancouver：University of British Columbia，2004.

[9] 莎玛 P K，呼振峰，木子. 在异养细菌和矿质化学营养细菌作用下硫化矿物的生物浮选 [J]. 国外金属矿选矿，2001 (2)：37-42.

[10] 梁海军，魏德洲. 氧化亚铁硫杆菌抑制黄铁矿可浮性作用机理 [J]. 东北大学学报 (自然科学版)，2009 (10)：1493-1496.

[11] 刘俊，龚文琪. 嗜酸氧化亚铁硫杆菌对低品位磷矿的生物浸出研究 [J]. 矿冶工程，2009 (6)：50-52.

[12] 顾帼华，陈明莲，苏丽君，等. 氧化亚铁硫杆菌对黄铜矿表面性质及其浸出的影响 [J]. 中南大学学报 (自然科学版)，2010 (3)：807-812.

[13] 寇珏，陶东平，孙体昌，等. 新型阳离子捕收剂在磷酸盐矿反浮选中的应用及机理研究 [J]. 有色金属 (选矿部分)，2010 (6)：51-56.

[14] 朱长见，陆建军，陆现彩，等. 氧化亚铁硫杆菌作用下形成的黄钾铁矾的 SEM 研究 [J]. 高校地质学报，2005 (2)：234-238.

[15] 于德利，张培萍，肖国拾，等. 大洋锰结核中钴的赋存状态及提取实验研究 [J]. 吉林大学学报 (地球科学版)，2009，39 (5)：824-827.

[16] 王淀佐，胡岳华. 浮选溶液化学 [M]. 湖南：湖南科技出版社，1987.

[17] 王文斌，季绍新，邢文臣，等. 江西九瑞地区含铜黄铁矿型矿床的地质特征及成因 [J]. 中国地质科学院南京地质矿产研究所所刊，1986，7 (2)：26-43.

[18] Dew D W，Van Buuren C，Mcewan K，et al. Bioleaching of base metal sulphide concentrates：A comparison of high and low temperature bioleaching [J] . Journal of The South African Institute of Mining and Metallurgy，2000，100 (7)：409-413.

[19] 车小奎，阮仁满，温健康. 紫金山铜矿细菌浸出研究 [J]. 有色金属，2000，52 (4)：159-161.

5 脉石矿物在微生物浸出黄铜矿体系的溶出特性

5.1 概述

铜矿中所含有的脉石矿物在微生物浸出铜矿物的体系中不断溶出，其溶出的各种离子不仅对于浸矿的微生物有很大的影响，而且对于铜的浸出也有显著影响。这些离子中一部分可能会促进铜的浸出，还有一部分可能会抑制铜的浸出或抑制微生物的生长，甚至抑制浸矿微生物与铜矿发生作用，如 Mg^{2+} 对细菌的稳定性起着重要作用，适当增加培养基中 Mg^{2+} 的含量有利于细菌生长，但增大到一定含量时便完全抑制细菌生长；Fe^{2+}、Fe^{3+} 含量和比值的变化会导致浸矿体系氧化还原电位发生变化，进而影响浸矿过程；Cl^-、F^- 对浸矿细菌有毒害作用，会破坏细菌的细胞内部结构、降低其活性，从而导致浸矿效率降低。另外，共存溶出阴阳离子在浸矿体系中相互作用会影响浸出效率，例如 Ca^{2+} 与硫酸根离子形成硫酸钙沉淀附着在目的矿物表面，势必会影响细菌与目的矿物的作用，从而影响浸矿效率。

脉石矿物不同离子的溶出浓度不同，对于铜矿物的浸出影响大小及效果也不相同，即使是有利于铜矿物浸出的离子，达到一定浓度后也会有可能抑制其浸出。研究这些脉石矿物在微生物浸出铜矿物的体系中的溶出规律及溶出机理，是为了更好地研究脉石矿物中溶出离子对黄铜矿浸出影响顺序和大小，以便控制微生物浸出过程中各脉石矿物的溶出。对于有利于黄铜矿浸出的脉石矿物溶出离子可以通过添加或改变浸出条件加速其溶出，而阻碍黄铜矿浸出的离子则抑制其溶出，从而更好地调控黄铜矿的浸出，为铜矿物的微生物浸出工艺提供理论依据。

基于以上原因，本章以黄铜矿矿石中常见的、含量最多、分布最广和影响较大的氧化类矿物石英、硅酸盐类矿物绢云母、碳酸盐类矿物白云石、磷酸盐类矿物磷灰石、卤化物类矿物萤石和黄铜矿以及与铜矿物共伴生关系不同的脉石矿物为研究对象，在单独化学作用（硫酸 pH = 2）、化学-微生物作用条件下研究脉石矿物的溶出规律及对铜浸出的影响，并在此基础上研究组合脉石矿物及与铜矿物共伴生关系不同的脉石矿物在微生物浸出铜的体系中的溶出规律及对浸铜影响。

5.2 单一脉石矿物在微生物浸出体系的溶出特性

脉石矿物对黄铜矿微生物浸出的影响试验在 250mL 锥形瓶中进行，在 9K 培养基中加入黄铜矿和脉石矿物，调节酸平衡至 pH = 2.0 后（用10%稀硫酸调节矿浆 pH 值，试验过程中不调节 pH 值），接入细菌，调节细菌接种量、脉石矿物粒度、溶氧量和温度来研究对脉石矿物在微生物-化学作用下的溶出顺序、速率、动力学特征及铜浸出率。每 4 天取样一次，取样损失用相同体积的 pH = 2.0 的稀硫酸补充，同时测定溶液的 pH 值、氧化还原电位 Eh 值和电导率以及 Cu^{2+}、Fe^{2+}、Fe^{3+}、Al^{3+}、Ca^{2+}、Mg^{2+}、F^-、PO_4^{3-}、总硅浓度。取样前用蒸馏水补足蒸发掉的水分，取样消耗的液量用相应的溶液补充，保证溶浸液总体积不变，所有试验均为双平行样。试验结束后，过滤浸出液，浸渣经 pH = 2.0 的稀硫酸清洗处理后自然风干称重，分析残留矿物的量及浸渣的组成、表面化学成分和形貌的变化。

5.2.1 石英的溶出规律和动力学特性

石英在除氢氟酸外的无机酸中基本不溶，但是在有机酸或一些有机、无机溶剂中会少量溶解。张贤珍等[1]研究发现硅酸盐细菌的代谢产生有机酸、氨基酸、多糖等均具有破坏石英及硅酸盐矿物晶格结构的能力而释放出其中的硅、铝，原因是这些有机物具有配合矿物中各种金属离子的有机基团并有一定的酸溶作用。在任何给定 pH 值下，表面基团都存在 Si—OH、质子化 $Si—O(H_2)^+$ 和去质子化 $Si—O^-$。当 pH≤2.3 时，溶液中 $Si—O(H_2)^+$ 逐渐增多，而当 pH≥6.8 时，$Si—O^-$ 在溶液中的浓度渐增[2,3]。

微生物浸出黄铜矿过程中 *At. f* 菌代谢产物氨基酸、脂肪酸和多糖等破坏石英晶格结构使其中硅溶出。在微生物浸出黄铜矿过程中，体系 pH 值一直保持在 pH <2.3，由上述研究可知浸出体系中硅主要存在形式为 $Si—O(H_2)^+$。研究石英在微生物浸出黄铜矿体系中硅的溶出规律、动力学，可以详细、深入地研究控制溶出总硅的控速步骤，从而控制整个微生物浸出黄铜矿体系中脉石矿物溶出速度和浓度大小，为微生物更高效浸出黄铜矿提供依据。

5.2.1.1 石英在黄铜矿微生物浸出体系溶出规律

A 粒度对石英溶出的影响

矿物溶出化学反应一般在介质颗粒表面进行，参与反应表面积的大小直接影响着反应速率。矿石表面影响反应速率主要表现在两个方面：一是相同质量的颗粒介质，粒度越小，总表面积越大，反应速度就越快；二是随着反应的进行，矿石粒度越来越小，并会在颗粒表面形成一层固体产物，阻碍了溶液及矿石表面的充分接触和空气的进入，从而使浸出反应速率大大下降。

在摇床转速为 160r/min，温度为 30℃ 条件下，选择不同粒度的石英（-150μm+74μm、-74μm+43μm、-43μm）与-74μm 的黄铜矿构成矿浆浸出体系，考察不同石英粒度对微生物浸出黄铜矿体系中的溶出的硅浓度和溶出速率的影响，结果如图 5-1 和图 5-2 所示。

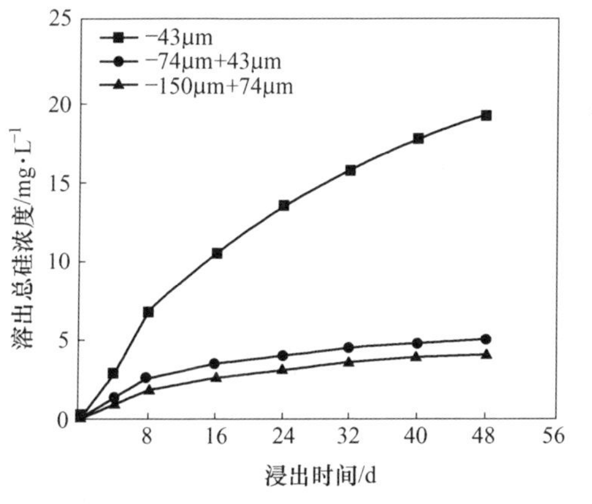

图 5-1 石英粒度对溶出总硅浓度影响

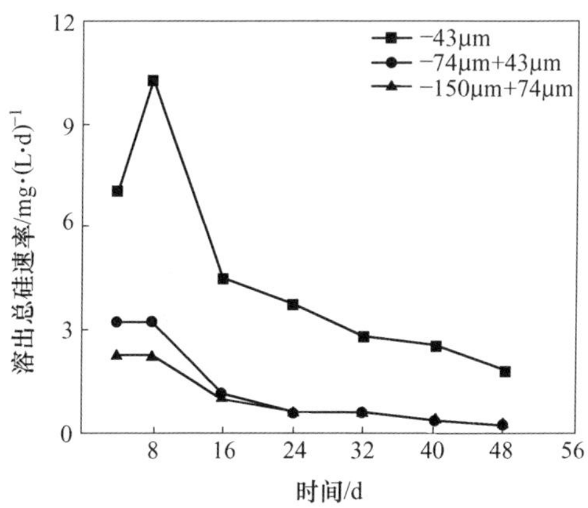

图 5-2 石英粒度对溶出总硅速率影响

石英粒度的大小是决定石英在浸出体系中溶解速率的一个很重要的原因。从图 5-1 和图 5-2 可以看出，石英粒度越小，石英颗粒与浸液接触面积越大，体系中化学反应速率越快，导致石英在微生物浸出黄铜矿体系中溶出浓度相应越高。石英粒度为-150μm+74μm 和-74μm+43μm，石英在浸出体系中溶出硅浓度相差不大，且在 8d 后溶液中溶出硅浓度增长缓慢。而当石英粒度为-43μm 时，溶液中的硅浓度增加较快，而且在整个浸出过程中一直比其他两个粒度石英溶出速率要高。可以发现，当石英粒度从-150μm+74μm 减小为-43μm，石英在微生物浸出黄铜矿体系溶出硅浓度从 4.10mg/L 增大到 19.25mg/L，溶出浓度变化很大，说明粒度变化对溶出硅速率的影响较大。因为随着粒度减小，矿物颗粒表面积增大，浸液与矿物颗粒的碰撞机会增多，同时缩短溶出离子进入溶液的距离，从而有利于石英溶解。

虽然三个粒度条件下浸液中溶出硅浓度增加速度不同，但是溶出速率的变化趋势相同：前 8d 溶出速率相对较高，这可能是由于固体表面存在扰动层的缘故[4]，而非结构内部硅的溶出，这主要是破碎过程导致；随着反应时间的继续推进，溶液中硅的含量逐渐增加，但 8d 后溶出硅速率降低比较明显，这说明浸出过程中浸出体系对 Si—O 四面体结构的确造成了一定的破坏，但是对该结构的破坏还是很微弱的，因此最终其溶出硅浓度较低。

B 温度对石英溶出的影响

温度是影响矿物溶解速率的重要环境参数，大多数情况下，溶解速率与温度的关系满足阿伦尼乌斯方程：

$$k^{\ominus}(T) = Ae^{-E^{\ominus}/RT} \tag{5-1}$$

式中　A——频率系数，mol/(m^2 · s)；

$E^{\ominus}$——反应活化能，J/mol；

T——热力学温度，K；

R——气体常数，8.314J/(mol · K)。

由式（5-1）可以看出，随着温度增加，溶解速率不断增大，这是由于提高溶液温度，可以加快分子的扩散运动，溶剂分子与矿物中分子的活性增强，发生相互碰撞的概率增大，使溶解速率增大[5]。因此，一般来说，矿物的溶解速率随温度的升高而提高。

选择浸出温度为25℃、30℃、40℃，研究温度对石英对微生物浸出黄铜矿体系中溶出硅浓度和溶出速率的影响。结果如图5-3和图5-4所示。

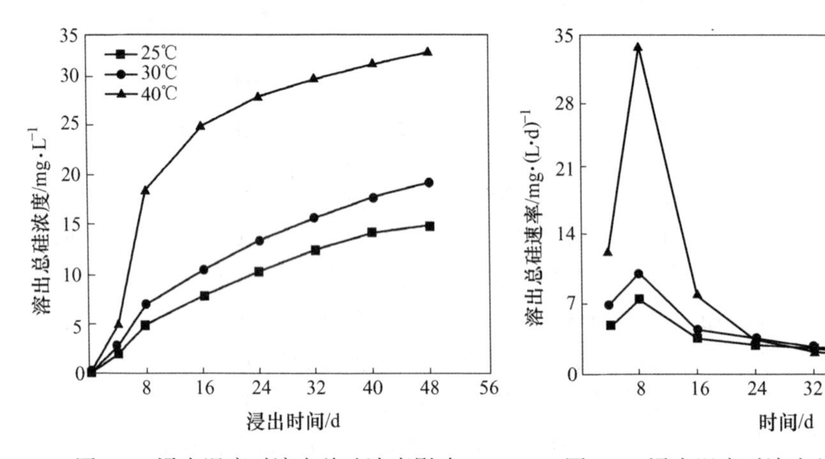

图5-3　浸出温度对溶出总硅浓度影响　　图5-4　浸出温度对溶出总硅速率影响

图5-3和图5-4结果显示，温度为25℃、30℃、40℃时，浸出48d后，浸出体系中石英溶出硅浓度分别为15.00mg/L、19.25mg/L和32.52mg/L。石英中溶出硅浓度随时间呈先快速增加最后基本不变的趋势。温度为40℃时，在浸出前24d，溶出硅浓度增加很快，且溶出浓度增加阶段比较长，也即其在浸出阶段保持较高溶出速率时间很长；浸出24d后，溶出硅浓度增加缓慢直至达到平衡，导致石英溶出硅的浓度明显比其他温度条件下的多。浸出温度为25℃和30℃时，石英溶出硅相差不大，且变化趋势基本一致，溶出浓度在8d后增长减缓，溶出速率一直较低，导致最终溶出硅浓度很低。随着温度的增加，石英溶出的硅含量也呈现出上升趋势的原因是：矿物溶解过程是一个晶格破坏、溶质离子与晶体分离并向溶液中扩散的过程，温度增加导致反应物分子的热运动加快即分子本身的能量增加，更多的分子具有较高的能量（达到一定标准），成为活化分子，从而单位体积内的活化分子数增多，有效碰撞的次数增加，加快了化学反应速率，使石英溶出硅浓度增大、速率增快[6]。

C 摇床转速对石英溶出的影响

摇床转速的高低决定了微生物浸出黄铜矿体系溶解氧量的大小，合适的溶氧（摇床转速），*At.f* 菌才能正常生长：过高时对菌体产生毒害作用，过低则无法满足细菌生长的所需[6]。在摇床转动作用下，一方面可以使石英颗粒悬浮于溶液中，增加石英和浸液的接触，另一方面加速了溶液及溶液中离子的对流与扩散，单位时间有更多的反应物到达矿物颗粒表面参加反应，由此可在一定程度上加快矿物的溶解速率[7]，从而使得浸液中硅浓度增加。

选择摇床转速分别为140r/min、160r/min和200r/min，研究摇床转速对微生物浸出黄铜矿过程中石英溶出硅的浓度和速率的影响，实验结果如图5-5和图5-6所示。

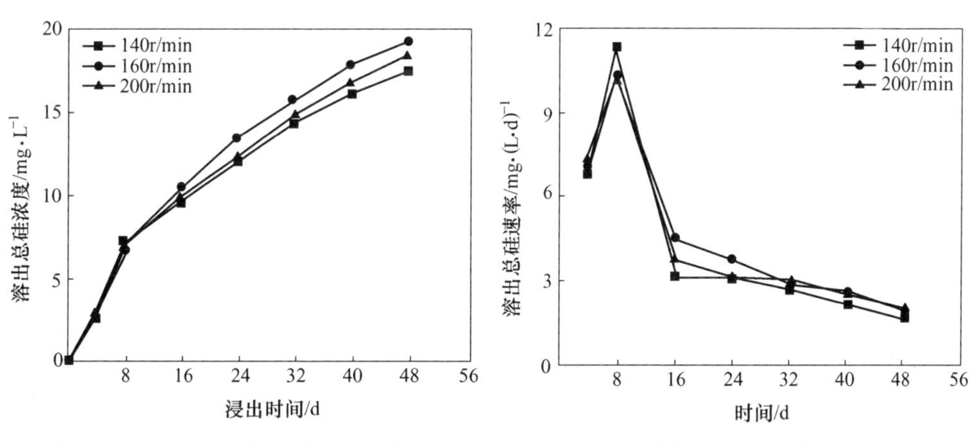

图5-5 摇床转速对溶出总硅浓度影响　　图5-6 摇床转速对溶出总硅速率影响

从图5-5、图5-6可以看出，在微生物最适宜溶氧条件下（摇床转速160r/min），石英在体系中溶出硅最多，这可能是浸矿细菌的存在导致了石英中硅的溶出规律的特殊性。摇床转速为140r/min、160r/min、200r/min时，微生物浸出48d后，浸液中石英中溶出硅浓度分别为17.50mg/L、19.25mg/L和18.40mg/L。前8d，石英在浸出体系中溶出硅浓度基本一样，这可能是由于固体表面存在扰动层的缘故，而非外力作用使结构内部硅的溶出。随着浸出时间的进行，摇床转速对石英溶出产生了一些较小的影响：摇床转速增加，加速了矿物与周围浸液的接触，从而使200r/min时溶出硅浓度比140r/min时高。但摇床转速为160r/min时，在浸出起始阶段，硅溶出速率虽然和其他条件下基本一样，但8d后溶出浓度增加较快且增加阶段较长，也即其在浸出阶段保持相对较高溶出速率时间很长，这就导致其最终溶出浓度相对较高。这可能由于 *At.f* 菌在摇床转速160r/min时具有较好的氧化活性，此条件下 *At.f* 菌代谢产物氨基酸、脂肪酸、多糖等较多，这些代谢产物具有配合矿物中各种金属离子的有机基团并有一定的酸溶作用。石英中的溶出硅浓度最终都较低，且相差不大，这与石英的晶体结构有一定的关系。石英是由 Si—O 四面体结构组成，石英在浸出条件下溶解过程中，随着水分子靠近，石英的结构会由四面体向三角双锥转化，同时发生断键和成键的过程，由于 H^+连接在末端 OH^-，使得 $Q(Si)—O_{br}$的化学键变得更短，断裂更加困难，这就导致石英在微生物浸出黄铜矿体系中溶出硅浓度都很低[8]。

5.2.1.2　石英溶出动力学

研究石英在微生物浸出黄铜矿体系中溶出动力学的主要目的就是确定浸出过程的控速步骤，从而有针对性地采取措施改变浸出过程的反应速率来提高微生物浸出黄铜矿的效率。

目前已提出的浸出模型有颗粒收缩核模型、颗粒崩解模型、多孔扩散模型和混合模型等[9~11]。大多数的矿石浸出过程都可以采用颗粒收缩核模型进行描述[12,13]。

多相反应浸出历程一般经历吸附、化学反应和扩散等几个阶段，浸出速度一般由这几个阶段中速度最小者决定。由于吸附很快达到平衡，所以多相反应的速度主要由化学反应或反应物扩散决定，扩散控制又分为内扩散控制和外扩散控制。

如果液-固反应中石英粒子为近似球形几何体，且浸出过程受扩散所控制时，收缩核模型的浸出动力学方程可表达为

$$1-(2/3)\alpha-(1-\alpha)^{2/3}=k_1t \tag{5-2}$$

如果是化学反应控制，则收缩核模型的浸出动力学方程可表达为

$$1-(1-\alpha)^{1/3}=k_2t \tag{5-3}$$

如果石英溶出过程受混合控制（扩散控制和化学反应控制），则收缩核模型的浸出动力学方程可表达为

$$1-\frac{2}{3}\alpha-(1-\alpha)^{2/3}+\beta[1-(1-\alpha)^{1/3}]=k_3t \tag{5-4}$$

式中　α——离子溶出率，%；

β——扩散阻力与化学阻力之比；

t——反应时间，d；

k_1，k_2，k_3——分别为扩散、化学反应、混合控制反应速率常数。

目前判断方法主要是通过线性拟合度和活化能的大小来确定。

将图 5-1 中的不同石英粒度下溶出硅浓度数据用收缩核模型进行拟合，采用这 3 个模型对浸出体系石英中溶出硅浓度数据进行线性拟合，发现石英在微生物浸出黄铜矿体系中的溶出动力学可用收缩核模型中的扩散控制模型解释。将图 5-1 的数据按 $1-(2/3)\alpha-(1-\alpha)^{2/3}\sim k_1t$ 处理，得图 5-7。

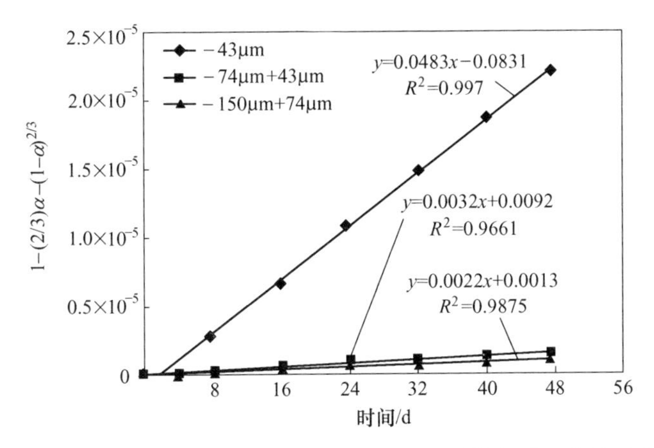

图 5-7 不同石英粒度下 $1-(2/3)\alpha-(1-\alpha)^{2/3}$ 与时间的关系曲线

从浸出时间和扩散控制模型（$1-(2/3)\alpha-(1-\alpha)^{2/3}$）之间的良好的线性关系，说明该浸出过程符合该模型。从图 5-7 中可以发现，在石英粒度为 −150μm+74μm、−74μm+43μm、−43μm 时，关系曲线与浸出时间呈现良好的线性关系，相关系数 R^2 分别达到了 0.9970、0.9661 和 0.9875。表明在此浸出条件下，反应速率常数 k 只与粒度有关，与时间无关。石英在微生物浸出黄铜矿体系中溶出硅是由扩散控制的，包括内扩散和外扩散。其中，内扩散阶段包括浸剂通过固体生成物向反应界面扩散和生成物由反应界面通过固体产物层向边界层扩散两个步骤；外扩散阶段包括浸剂通过边界层向固体颗粒物表面扩散和生成物通过边界层向外扩散两阶段。石英在刚开始溶出阶段，表面基本没有沉淀物，浸出液扩散阻力较小，从而反应速率较快，随着反应进行，石英表面覆盖着一层沉淀物薄膜，使得扩散阻力进一步加大，阻碍了浸剂向反应界面扩散及溶出离子向浸液中扩散，导致石英溶出受到扩散控速。

将图 5-3 中的不同摇床转速条件下石英中溶出硅浓度数据用收缩核模型进行拟合，发现其与扩散控制模型能够很好地相匹配。将其数据按 $1-(2/3)\alpha-(1-\alpha)^{2/3} \sim k_1 t$ 处理，得图 5-8。

从图 5-8 可以发现，不同摇床转速条件下的石英在微生物浸出黄铜矿体系中的溶出动力学也可用收缩核模型中的扩散控制模型来解释。由湿法冶金动力学原理可知，在固-液多相浸出反应过程中，控制步骤为外扩散控制时，搅拌强度对浸出率影响非常大，通常可提高浸出率 40%~70%。但从实验结果（图 5-3）可知，搅拌强度对石英在微生物浸出黄铜矿体系中溶出硅浓度影响并不大。因此，可以判断，溶出反应控制步骤非外扩散控制应是内扩散控制。也即，石英溶出硅反应控速步骤主要包括浸剂通过固体生成物向反应界面扩散和溶出硅由反应界面通过固体产物层向边界层扩散两个步骤。

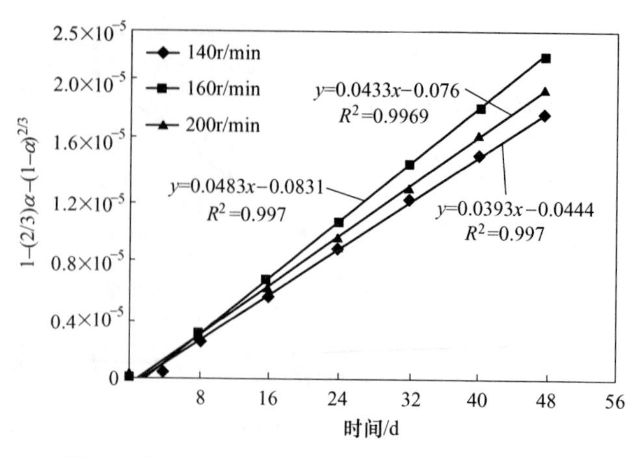

图 5-8　不同摇床转速下 $1-(2/3)\alpha-(1-\alpha)^{2/3}$ 与时间的关系曲线

根据图 5-5 中实验结果将 $1-(2/3)\alpha-(1-\alpha)^{2/3}$ 对时间 t 做图，结果如图 5-9 所示。根据 Arrhenius 方程的变式 $\ln k=-\frac{E_a}{RT}+A$，将图 5-5 每个温度下浸出反应的表观速率常数的自然对数对温度的倒数 $1/T$ 做图，可得到阿伦尼乌斯线性图，该线性图为一直线，如图 5-10 所示。

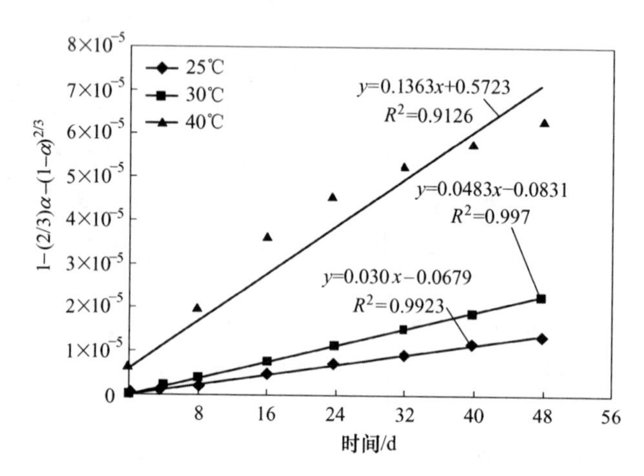

图 5-9　不同温度下 $1-(2/3)\alpha-(1-\alpha)^{2/3}$ 与时间的关系曲线

从图 5-9 可以发现，不同温度条件下石英在微生物浸出体系的溶出动力学也可以用收缩核模型中的扩散控制模型很好地解释。但是在温度为 40℃ 时，实验数据与收缩核模型匹配程度不如其他温度下的好，这可能是由于温度升高对体系中微生物及其产物有一定的影响作用，从而导致浸液成分变化较大，间接影响了石英溶出硅反应。

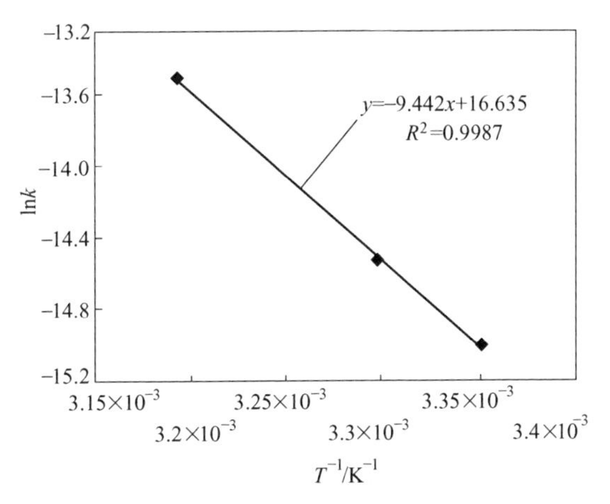

图 5-10 石英溶出时的阿伦尼乌斯图

从图 5-10 可以看出，收缩核模型较好地符合实验数据，所得图形为近似直线，表明在任一温度下所得 k 都为常数，即 k 只为温度的函数。这符合溶出反应速度常数在一定温度下 k 是常数，即 k 只与温度有关、随温度变化而变化的原理。因此，可以推断石英在微生物浸出黄铜矿体系中溶出硅的反应过程受扩散控制，遵循收缩核动力学模型。由图 5-10 可以求得直线斜率为-9.442×10^3。根据阿伦尼乌斯方程变形式可知：$-9.442\times10^3=-E_a/R$，其中气体常数 $R=8.314$J/mol，代入阿伦尼乌斯公式可得，$E_a=78.51$kJ/mol。一般情况下，溶出反应过程的扩散控制活化能通常小于 10kJ/mol，化学反应活化能则在 40kJ/mol 以上，混合控制活化能位于 10~40kJ/mol 之间[11]。按照这个原则，石英在微生物浸出黄铜矿体系溶出硅反应属于收缩核模型中的化学反应控制，但是不同粒度、摇床转速、温度条件下石英溶出硅浓度数据都与收缩核模型中的扩散模型 $1-(2/3)\alpha-(1-\alpha)^{2/3}=k_1t$ 相匹配得最优，这表明了石英在体系中溶出硅反应的特殊性。可能是由于此反应并不是在简单介质中进行的，浸矿细菌的存在导致了石英中硅的溶出规律的特殊性。

5.2.1.3 浸渣 XRD 和 SEM-EDS 分析

为了观察浸出前、后矿物化学成分和表面微观结构的变化情况，分别对石英在微生物浸出黄铜矿体系中溶出前后的样品进行了 XRD 和扫描电镜分析，结果如图 5-11 所示。

从图 5-11 可以看出，在添加了石英作为脉石矿物的微生物浸出黄铜矿体系中主要新生成物质是铵黄铁矾[$(NH_4)_2Fe_6(SO_4)_4(OH)_{12}$]。石英溶出过程，是一个晶格破坏的过程，但 XRD 图中并未发现石英、黄铜矿发生明显变化。铵黄铁钒的生成过程是一个产酸的过程，它的生成可导致体系 pH 值降低，对石英的溶出基本没有帮助[7]，而浸出体系 pH 值降低对黄铜矿浸出虽有一定的促进作用，但其浸出过程中覆盖在黄铜矿表面又会阻碍 Cu^{2+}溶出。

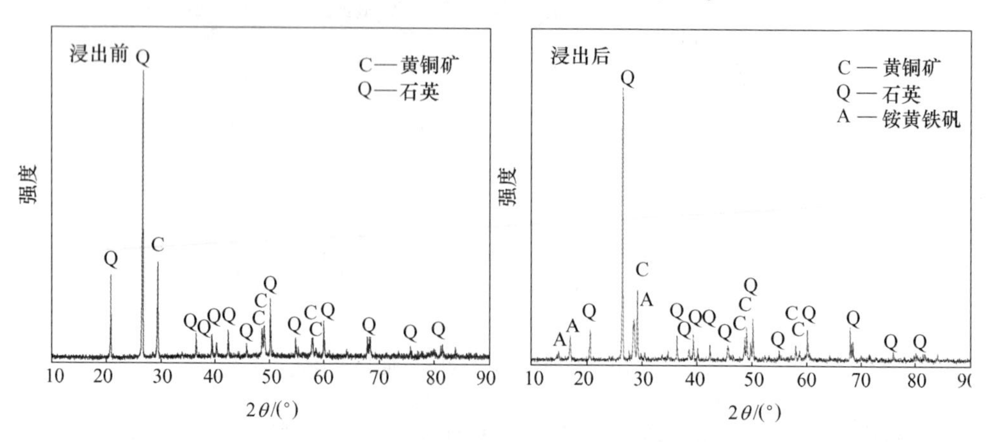

图 5-11　石英-黄铜矿浸出前后 XRD 衍射谱图

从扫描电镜图 5-12 和图 5-13 可以发现，浸出前，石英棱角明显，表面比较光滑，基本没有凹坑或小颗粒；浸出 48d 后，石英边缘比较圆滑，表面没有明显的浸蚀坑，虽浸出后浸渣经过多次 pH = 2 稀硫酸清洗，但表面仍发现吸附了一些沉淀颗粒，这些大概 1μm 左右的多边形沉淀物质部分聚集在一起形成较大颗粒。而且从石英表面沉淀颗粒的 EDS 能谱分析发现，除 O、Si 峰以外还发现有 K、Al、Fe、S 的峰，说明石英对溶液中的离子或反应生成的沉淀（氢氧化铁、铵黄铁矾和元素硫等）产生了吸附作用，这与上述 XRD 图相吻合。这些沉淀物覆盖在石英表面，阻碍了浸剂通过石英表面沉淀物向反应界面扩散及溶出硅由反应界面通过沉淀物层向边界层扩散，使反应阻力进一步增大、石英溶出受阻，从而进一步说明石英在微生物浸出黄铜矿体系溶出硅反应过程受收缩核模型中的内扩散控制。

a

b

c

图 5-12 石英浸出前后扫描电镜测试结果

a—浸出前；b—浸出后；c—图 b 方框局部放大

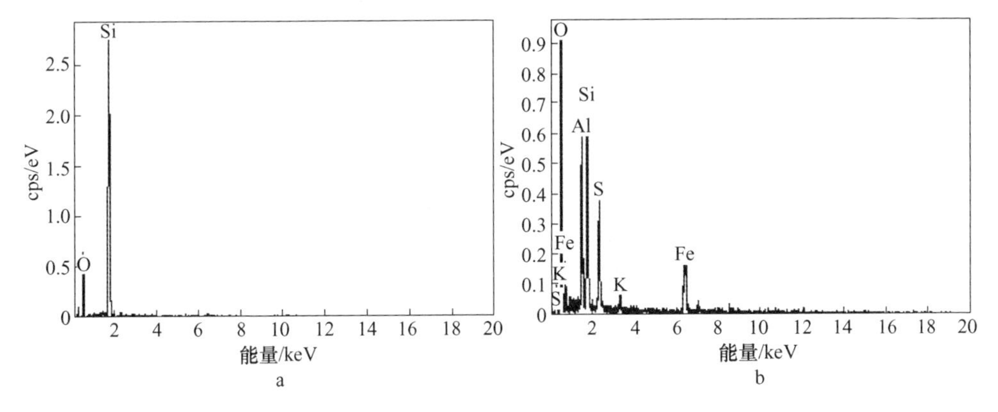

图 5-13 石英浸出前后能谱分析

a—图 5-12 中 *A* 点；b—图 5-12 中沉淀物 *B* 点

5.2.2 绢云母的溶出规律和动力学特性

绢云母作为脉石矿物普遍存在于金属矿及其尾矿中，例如江西德兴铜矿尾矿绢云母（包括少许伊利石）含量约为 34%[14]。国内外针对脉石矿物对微生物浸铜的影响这方面的系统研究较少。莫晓兰等[15]以 *Acidithiobacillus ferrooxidans* 为主的混合菌研究绢云母对微生物浸出黄铜矿的影响，发现绢云母的存在促进了黄铜矿的微生物浸出，比无绢云母时的铜浸出率提高了约 12%。

影响黄铜矿微生物浸出的根源在于脉石矿物溶出离子对其的影响。溶出的离子不仅对于浸矿微生物有很大的影响，而且对于铜的浸出效率也有显著影响[16]。Fischer[17]研究了铝对包括硫杆菌在内的大量嗜酸性细菌的影响，发现细菌生长周期中的延迟期并未随铝浓度增加而增加，但细胞对数期延长了。K. R. Blight[18]研究发现铝离子对铁氧化细胞没有直接影响，但高浓度（>0. 20%）对代谢有抑制作用。有研究认为过量的 Al^{3+} 可使细胞形态发生变化，铝一旦进入细胞，可以与某些蛋白质结合，与酶、核酸、三磷酸腺苷等重要的物质相互作用，干扰菌体内的多种生化反应，影响某些细胞的物质代谢，导致其功能障碍[18]。

研究绢云母在微生物浸出黄铜矿体系中的溶出规律和溶出动力学，探讨和分析其溶出反应机理和控制步骤，建立相关的浸出过程的数学模型，找到有效控制 Al^{3+} 溶出过程方法，从而为微生物更有效地浸出黄铜矿提供依据。

5.2.2.1　绢云母在黄铜矿微生物浸出体系溶出规律

A　粒度对绢云母溶出的影响

在摇床转速为 160r/min，温度为 30℃ 条件下，选择不同粒度的绢云母（−74μm+43μm、−43μm）与黄铜矿构成矿浆浸出体系，考察了不同绢云母粒度对微生物浸出黄铜矿体系中 Al^{3+} 溶出浓度和速率的影响，结果如图 5-14 和图5-15 所示。

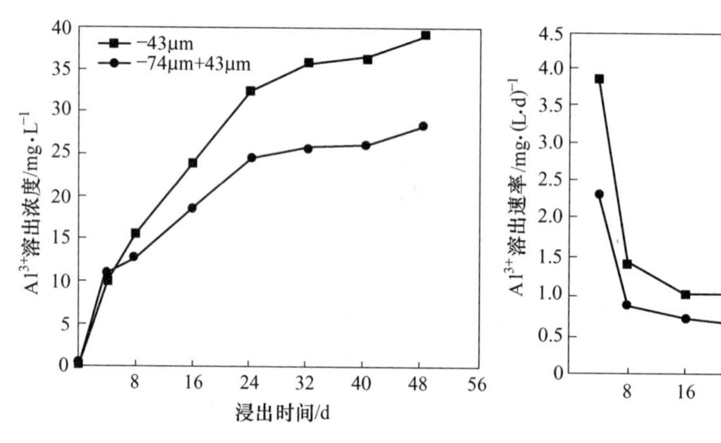

图 5-14　绢云母粒度对 Al^{3+} 溶出浓度影响　　图 5-15　绢云母粒度对 Al^{3+} 溶出速率影响

从图 5-14 和图 5-15 结果可以看出，绢云母粒度越细，则颗粒与溶液的有效接触面积越大，化学反应速度越快，其在微生物浸出黄铜矿体系中的溶出浓度越高。绢云母粒度为−43μm、−74μm+43μm，浸出 48d，对应最终溶出 Al^{3+} 浓度分别为 38.66mg/L 和 28.02mg/L。绢云母在微生物浸出黄铜矿体系中，随着时间的增加，溶出的 Al^{3+} 不断增加并逐渐趋于平衡。在浸出前 4d 内，两个粒度条件下 Al^{3+} 溶出浓度基本一样，随着浸出过程的进行，粒度为−43μm 的绢云母中 Al^{3+} 溶出浓度比粒度−74μm+43μm 绢云母中 Al^{3+} 溶出浓度高。

虽然两个粒度条件下溶出 Al^{3+} 浓度增加快慢不一样，但是溶出速率的趋势变化是一样的：前 24d 绢云母中 Al^{3+} 溶出浓度增加比较快，24d 之后 Al^{3+} 浓度基本不再增加。从图 5-15 可以看出这一变化趋势。分析原因为：由于绢云母的致密性，在初始溶出阶段，溶液的浓度极低，矿物溶出速度快。随着时间的延续、溶出的进行，在矿物表层周围的溶液浓度逐渐增大，矿物溶出和溶液接收盐类物质的能力逐渐减弱，溶出速度逐步变慢[20,21]。因此可以发现绢云母中 Al^{3+}溶出速率是在不断降低的，但前 24d 溶出速率降低比较慢，24d 之后迅速降低到接近 0mg/(L · d)。

B 温度对绢云母溶出的影响

选择浸出温度为 25℃、30℃、40℃，研究温度对绢云母对微生物浸出黄铜矿体系中溶出 Al^{3+}溶出浓度和速率的影响，结果如图 5-16 和图 5-17 所示。

从图 5-16 和图 5-17 可以发现，温度为 25℃、30℃、40℃时，浸出 4d 后，浸出体系中绢云母溶出的 Al^{3+}浓度分别为 25.77mg/L、38.66mg/L 和 25.89mg/L。绢云母中 Al^{3+}溶出浓度随着时间呈先快速增加最后基本不变的趋势。当浸出温度为 25℃和 40℃时，Al^{3+}溶出速率很高，溶出浓度增加很快，但是在第 8d 基本就达到了平衡。浸出温度为 30℃时，Al^{3+}开始时溶出速率虽然比较慢，但是其溶出浓度增加阶段比较长，也即其在浸出阶段保持较高溶出速率时间很长，这就导致其最终溶出浓度相对较高，这可能与 *At.f* 菌在 30℃的温度条件下具有较好的氧化活性有关。

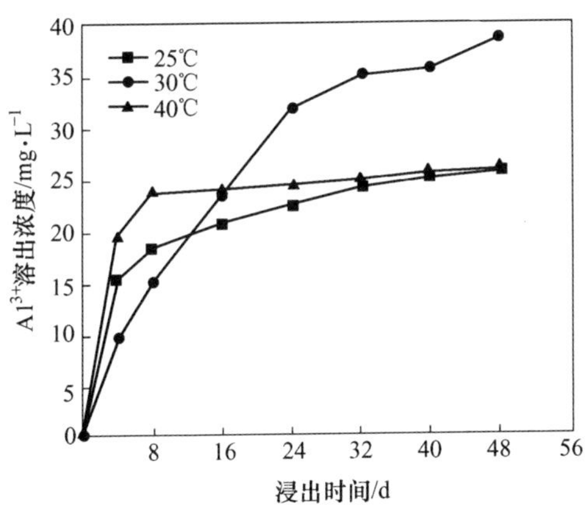

图 5-16 浸出温度对 Al^{3+}溶出浓度影响

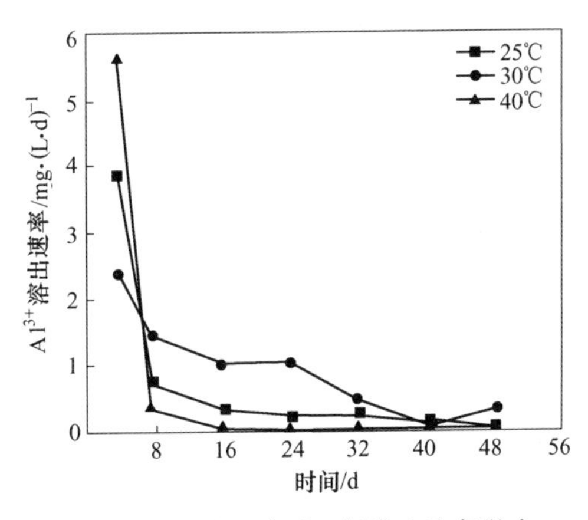

图 5-17 浸出温度对 Al^{3+}溶出速率影响

Aimaro Sanna 等[22]研究发现在酸、碱浸出体系中，随着温度的升高，矿物溶解速度也会逐渐加快。这是由于提高溶液温度，可以加快分子的扩散运动，溶解速率的温度效应的内在机理可从热力学的观点得到很好的解释。随着溶液温度的升高，溶剂分子与岩盐中分子的活性增强，发生相互碰撞的概率增大，使溶解速率增大[23]。因此，一般来说，矿物的溶解速率随温度的升高而提高。然而，不同温度下，绢云母中 Al^{3+}在微生物浸出黄铜矿体系中的溶出规律和在酸、碱性浸出条件下矿物溶出规律有所差异。原因可能是由于绢云母并不是在简单介质中进行浸出的，浸矿细菌的存在导致了绢云母中 Al^{3+}的溶出规律的特殊性。

C　摇床转速对绢云母溶出的影响

At.f 菌在摇床的作用下，可以使矿物颗粒悬浮于浸出液中，增加绢云母和浸出剂的接触，并可以促使颗粒表面的边界层厚度降低，降低了外扩散阻力，单位时间内有更多的反应物到达矿物颗粒表面参加反应[24]，从而使得 Al^{3+} 溶出浓度增加。因此为了研究摇床转速对绢云母在微生物浸出黄铜矿体系中溶出浓度和速率的影响，选择摇床转速分别为 140r/min、160r/min、200r/min，结果如图 5-18 和图 5-19 所示。

从图 5-18 和图 5-19 可以看出，摇床转速对于绢云母在微生物浸出黄铜矿体系中 Al^{3+} 溶出影响不明显。摇床转速为 140r/min、160r/min、200r/min 时，绢云母溶出 48d 后浸出体系中 Al^{3+} 浓度分别为 34. 93mg/L、38. 66mg/L 和 35. 51mg/L。摇床转速为 160r/min 时，虽然前 10d 的 Al^{3+} 浸出较慢，溶出浓度比其他两个条件下的低，但是其溶出速率下降较为缓慢，前 24d 保持较高的溶出速率，因此最终溶出 Al^{3+} 浓度最高。摇床转速为 140r/min、200r/min 时，Al^{3+} 溶出浓度都比 160r/min 时的低。这一规律显然与矿物在酸条件下的浸出规律不相符。A. A. Baba 等[25] 发现矿物在酸中浸出时，摇床转速的加速会加大矿物周边液体与较远液体间的金属溶出浓度差，同时也会加快两者之间的对流，最终加速矿物溶解，溶液的运动加速了溶液及溶液中离子的对流与扩散，由此可在一定程度上加快矿物的溶解速率，不同摇床转速下矿物的溶出速率会有所不同。因此，绢云母在微生物浸出黄铜矿体系中的溶出，不仅是酸的作用，还有可能是浸矿微生物对其产生的影响。

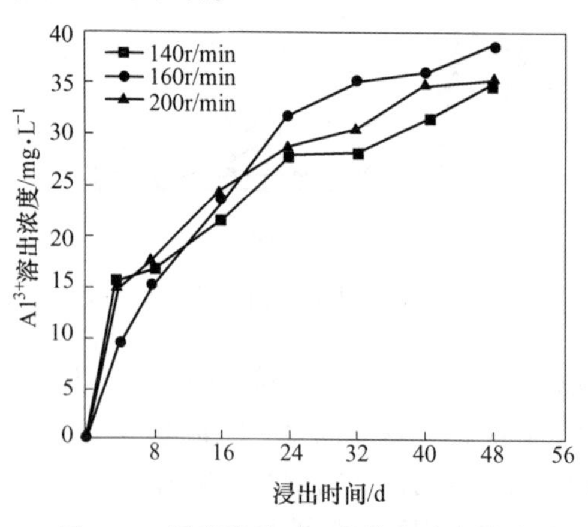

图 5-18　摇床转速对 Al^{3+} 溶出浓度影响

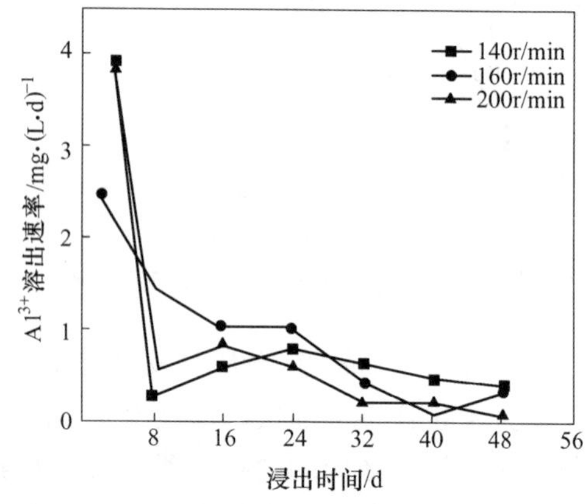

图 5-19　摇床转速对 Al^{3+} 溶出速率影响

5. 2. 2. 2　绢云母溶出动力学

绢云母在微生物浸出黄铜矿体系中溶出特点与石英类似，因此也可以采用经典的液固反应模型-收缩核模型[26~29]来描述其溶出过程。将图 5-14 中的不同绢云母粒度下 Al^{3+}溶出浓度数据用收缩核模型进行拟合，结果发现当把浸出时间分为浸出前半段（前 24d）和浸出后半段（后 24d）分别拟合时，拟合结果最好。对不同反应阶段的 Al^{3+}溶出率数据采用 3 个模型进行线性拟合，发现绢云母在微生物浸出黄铜矿体系中的溶出动力学可用收缩核模型中的扩散控制模型 $1-(2/3)\alpha-(1-\alpha)^{2/3}=k_1t$ 解释。

将图 5-14 的数据按 $1-(2/3)\alpha-(1-\alpha)^{2/3} \sim k_1t$ 处理，得图 5-20。图中 y_1 及 y_2 表示不同浸出阶段的 $1-(2/3)\alpha-(1-\alpha)^{2/3}$。据此可以推断在浸出反应 24d 时，反应的控速步骤可能发生了变化。

从图 5-20 可以看出，在绢云母粒度−74μm+43μm、−43μm 时关系曲线均由两条直线组成，且两条直线均在 24d 处相交，表明在此浸出条件下，反应速率 k 除与粒度有关外，还与浸出时间有关。不同绢云母粒度下的溶出关系曲线均由两条直线组成，说明绢云母的溶出分为两个阶段。这两个阶段都是由扩散控制的，包括内扩散和外扩散控制[30]。第一个阶段由于绢云母表面沉淀物质比较少，浸出液扩散阻力比较小，从而使其表观反应速率常数较大，说明这个阶段反应进行较快；第二个阶段由于反应进行了一段时间，此时绢云母表面覆盖了一层沉淀物薄膜，使内扩散阻力增大，阻碍了浸出液和溶出离子的扩散，导致这个阶段反应减慢。

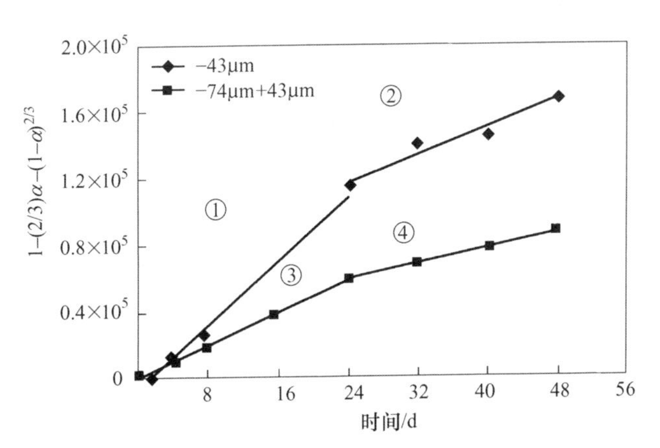

图 5-20 不同绢云母粒度下 $1-(2/3)\alpha-(1-\alpha)^{2/3}$ 与时间的关系曲线

①：$y_1=0.0479x-0.0711$，$R^2=0.9804$；②：$y_2=0.021x+0.6671$，$R^2=0.9449$；

③：$y_1=0.0246x-0.001$，$R^2=0.9917$；④：$y_2=0.0108x+0.3498$，$R^2=0.94$

将图 5-18 中的不同摇床转速条件下绢云母溶出 Al^{3+}率数据用收缩核模型进行拟合，发现其与扩散控制模型 $1-(2/3)\alpha-(1-\alpha)^{2/3}=k_1t$ 能够很好地相匹配。将其数据按 $1-(2/3)\alpha-(1-\alpha)^{2/3} \sim k_1t$ 处理，得图 5-21。

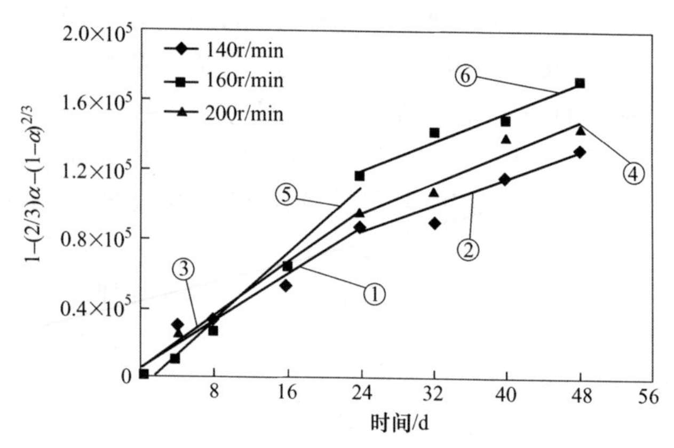

图 5-21 不同摇床转速下 $1-(2/3)\alpha-(1-\alpha)^{2/3}$ 与时间的关系曲线

①：$y_1=0.0333x+0.0524$，$R^2=0.964$；②：$y_2=0.0192x+0.3632$，$R^2=0.9155$；

③：$y_1=0.0479x-0.0711$，$R^2=0.9804$；④：$y_2=0.021x+0.6671$，$R^2=0.9449$；

⑤：$y_1=0.0375x+0.0507$，$R^2=0.9871$；⑥：$y_2=0.0221x+0.4071$，$R^2=0.9336$

从图 5-21 可以发现，不同摇床转速条件下的绢云母在微生物浸出黄铜矿体系中的浸出动力学亦可用收缩核模型中的扩散控制模型来解释，也都有两条直线，且两条直线也都在浸出时间为 24d 时相交，说明此条件和不同绢云母粒度条件下浸出情况一样，都是分为两个阶段溶出。由湿法冶金动力学原理可知，在固-液多相浸出反应过程中，扩散控制可以分为外扩散控制和内扩散控制。控制步骤为外扩散控制时，搅拌速度对浸出率影响非常大[31]，但从本实验结果（图 5-18）可知，搅拌速度对绢云母在微生物浸出黄铜矿体系中 Al^{3+} 溶出率影响并不大。因此，可以判断，溶出反应控制步骤非外扩散控制应是内扩散控制。因此，绢云母溶出的这两个阶段的扩散控制可以确定为：浸出剂通过固体生成物向反应界面扩散和生成物由固体产物层向边界层扩散的内扩散阶段。

为了进一步验证绢云母在微生物浸出黄铜矿体系中的溶出适用于收缩核模型中的内扩散控制模型，将图 5-16 中的不同温度条件下绢云母溶出 Al^{3+} 率数据用收缩核模型进行拟合，发现其也是与扩散控制模型匹配得最好。将其数据按 $1-(2/3)\alpha-(1-\alpha)^{2/3}\sim k_1t$ 处理，得图 5-22。

从图 5-22 可以发现，虽然不同温度条件下绢云母在微生物浸出体系中的浸出动力学也可以用收缩核模型中的扩散控制模型来解释，且也分别有两条直线。但是不同温度下两条直线的交点不太相同，当温度为 25℃、40℃时，8d 处两条直线相交；温度为 30℃时，在 24d 处出现交点。结合图 5-16 和图 5-17 可以看出，绢云母中 Al^{3+} 的溶出并不符合“随着温度的升高，反应速率有规律地呈指数增长，而在反应物浓度一定时，反应速率与反应速率常数呈正比”这一矿物在酸或碱液中浸出的一般规律[23]，且不符合 Arrhenius 公式的适用范围，即无法利用

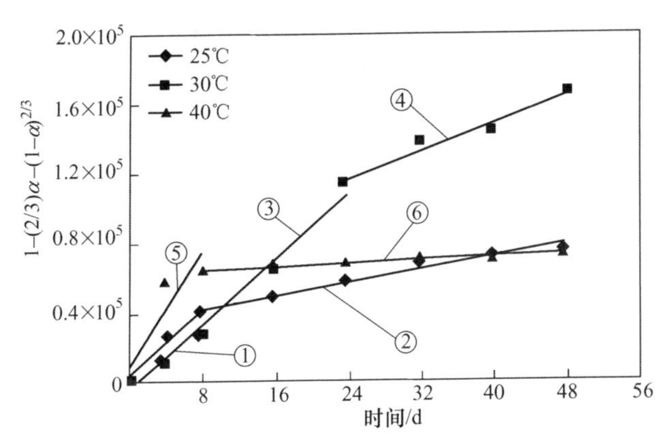

图 5-22　不同浸出温度下 $1-(2/3)\alpha-(1-\alpha)^{2/3}$ 与时间的关系曲线

①: $y_1=0.0481x+0.0252$, $R^2=0.9511$; ②: $y_2=0.0094x+0.3389$, $R^2=0.9615$;

③: $y_1=0.0479x-0.0711$, $R^2=0.9804$; ④: $y_2=0.021x+0.6671$, $R^2=0.9449$;

⑤: $y_1=0.0813x+0.0824$, $R^2=0.8384$; ⑥: $y_2=0.0025x+0.6264$, $R^2=0.9758$

Arrhenius 公式获得其反应活化能，故在此不再讨论绢云母在微生物浸出黄铜矿体系中溶出反应活化能。

5.2.2.3　浸渣 SEM-EDS 分析

绢云母在微生物浸出黄铜矿体系中溶出前后的矿石表面 SEM-EDS 分析结果如图 5-23 和图 5-24 所示。

绢云母在微生物浸出黄铜矿体系中溶出前后的矿石表面进行扫描电镜分析，结果如图 5-23 所示。结果表明，浸出前，绢云母表面平整，棱角分明。浸出 48d 后，绢云母边缘比较平整圆滑，表面较平滑，说明其并没有受到明显浸蚀，虽浸渣经过 pH=2 稀硫酸多次冲洗，但发现表面仍被大量直径大约 1μm 的多边形物质包裹，这些多边形物质相互聚集有些形成大的圆球体物质。这些多边形物质将矿物表面层层包裹起来，几乎看不到裸露的矿物表面。通过矿物及表面沉淀物的 EDS 能谱（图 5-24）分析可知，绢云母表面沉淀物除发现绢云母本身 K、Al、Fe、Si 峰外，还发现了 S 峰，说明绢云母不仅发生了溶出，还对溶液中反应生成的沉淀（铵黄铁矾和单质硫或多聚硫等）产生了吸附。这种吸附作用导致表面被大量沉淀覆盖，使其表面形成致密薄膜，增加了浸出液扩散的阻力，导致浸出剂在孔隙中扩散时受到一定的阻力，使得整个溶出过程受内扩散控制，随着反应的进行，颗粒表面致密薄膜的生成使得内扩散阻力迅速增大，进一步增大反应进行的阻碍作用，从而抑制绢云母的溶出。

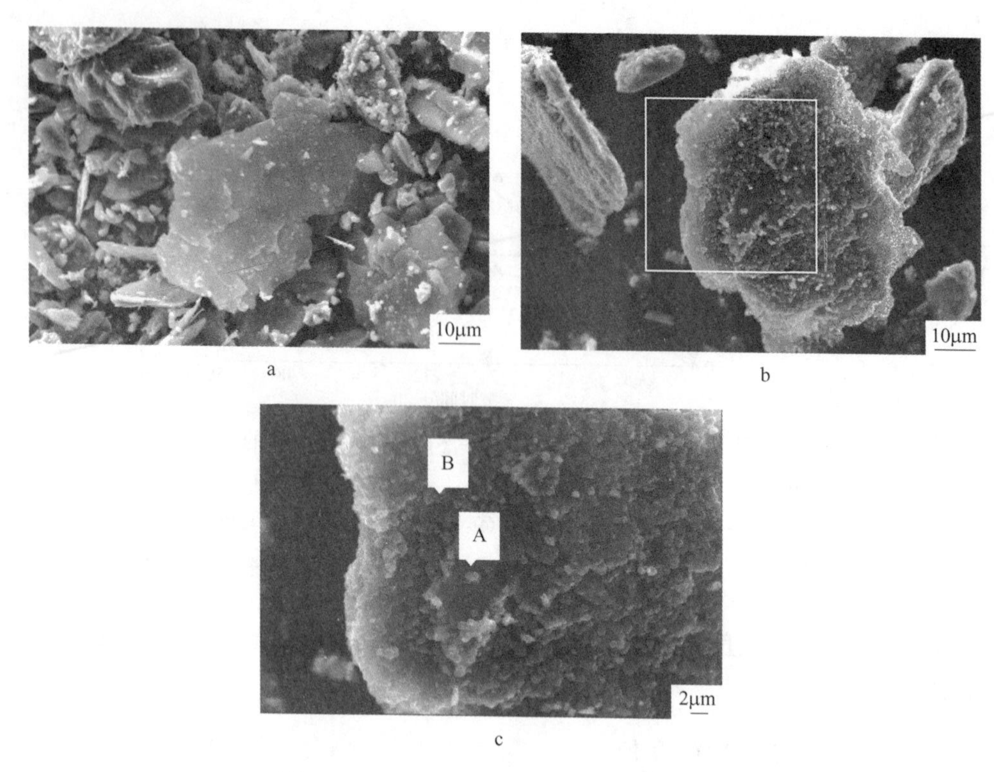

图 5-23　绢云母浸出前后扫描电镜测试结果

a—浸出前；b—浸出后；c—图 b 中方框局部放大图

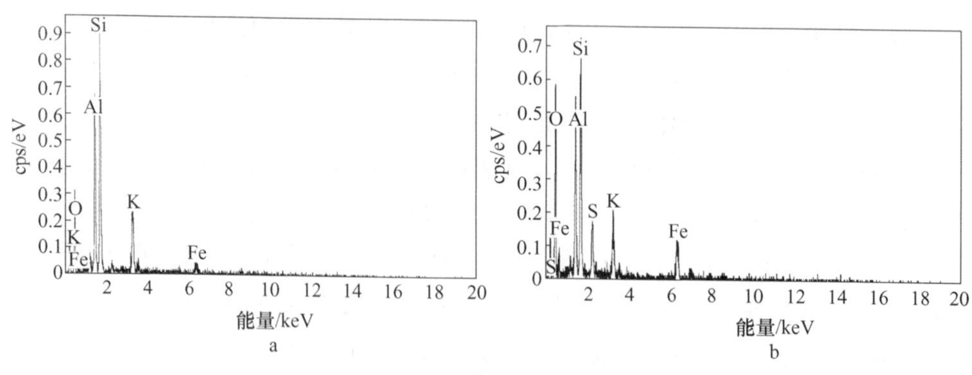

图 5-24　绢云母浸出前后能谱分析

a—图 5-23c 中 *A* 点；b—图 5-23c 中沉淀物 *B* 点

5.2.3　磷灰石的溶出规律和动力学特性

磷灰石是铜矿中常见的一种脉石矿物，如四川拉拉铜矿尾矿矿物中磷灰石以

P_2O_5计，质量分数为0.78%[32]。铜矿中所含有的脉石矿物在微生物浸出铜矿物的体系中不断溶出，其溶出的各种离子不仅对于浸矿的微生物有很大的影响，而且对于铜的浸出也影响显著[33]。磷灰石在微生物浸出过程中不断溶出 PO_4^{3-}，而磷是细菌体内核酸、磷脂和 ATP 的重要组成成分，是细胞的结构物质，参与高能化合物如 ATP 和 ADP 的形成，在能量积累和转换过程中发挥作用，能够活化体内蛋白质，调控细菌体的整个代谢过程，在体内信号转导和生理代谢等方面扮演十分重要的角色[34,35]。适量（<300mmol/L）PO_4^{3-} 能促进细菌的生长，提高细胞分裂速度，细菌生长平稳期的细菌浓度显著大于正常生长情况下的细菌浓度。在磷酸盐缺乏的情况下，细菌易形成纺锤体状阻碍细菌分裂，研究发现 *A. ferrooxidans* 在磷酸盐缺乏状况下，其体内至少有 25 种蛋白质的表达水平发生了变化[36,37]。

5.2.3.1　磷灰石在黄铜矿微生物浸出体系溶出规律

A　接种量对磷灰石溶出的影响

粒度为−43μm 磷灰石与−74μm 的黄铜矿构成矿浆浸出体系中，摇床转速为 160r/min，温度为 30℃条件下，选择不同 *At. f* 菌接种量（5%、10%、15%），考察不同 *At. f* 菌接种量对微生物浸出黄铜矿体系中磷灰石中 PO_4^{3-} 溶出浓度和速率的影响，结果如图 5-25 和图 5-26 所示。

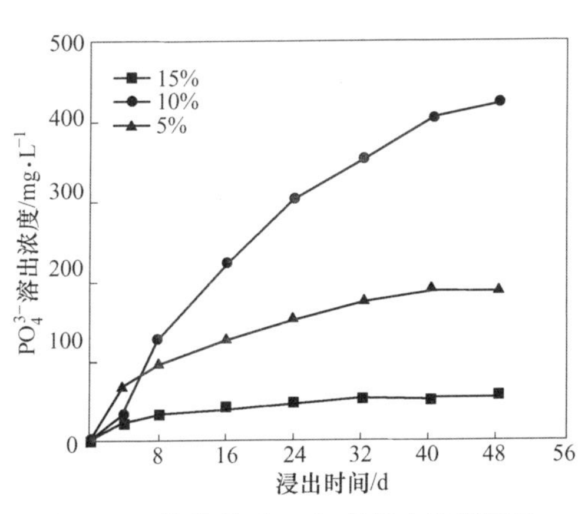

图 5-25　接种量对 PO_4^{3-} 的溶出浓度影响

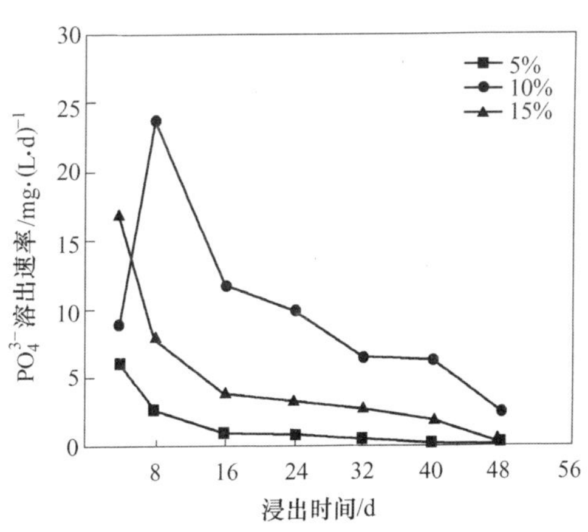

图 5-26　接种量对 PO_4^{3-} 的溶出速率影响

从图 5-25 可以发现，接种量为 5%、10%和 15%时，浸出 48d，对应脉石矿物磷灰石溶出 PO_4^{3-} 浓度分别为 55.02mg/L、423.06mg/L 和 190.60mg/L。细菌接种量不同，PO_4^{3-} 溶出浓度相差也比较大。细菌接种量为 5%、10%和 15%的微生物浸出体系，其磷灰石中 PO_4^{3-} 的溶出浓度不断增加并逐渐趋于平衡，但接种量越适宜 *At. f* 菌生长，磷灰石溶出 PO_4^{3-} 浓度越大。图中显示的 PO_4^{3-} 浓度为磷灰石中溶出浓度减去在细菌浸出黄铜矿体系中，维持正常的生命活动[34]，被细菌不断利用的 PO_4^{3-} 浓度和与其他离子生成了部分含磷的沉淀物质（这与 EDS 能谱分析相吻合）的 PO_4^{3-} 浓度，这些 PO_4^{3-} 浓度还在随浸出时间增加而不断增加，说明其被利用和生成沉淀物质的速率要明显低于磷灰石中 PO_4^{3-} 在酸和细菌作用下的溶出速率。综合以上可以发现浸出体系中磷灰石的溶出不仅仅是酸作用下的化学溶出，其中 *At. f* 菌对于磷灰石在微生物浸出体系中的溶出也有很大的影响。

B　粒度对磷灰石溶出的影响

在摇床转速为 160r/min，温度为 30℃ 条件下，选择不同粒度的磷灰石（−43μm、−74μm+43μm、−150μm+74μm）与黄铜矿构成矿浆浸出体系，考察了不同磷灰石粒度对微生物浸出黄铜矿体系中 PO_4^{3-} 溶出浓度和速率的影响，结果如图 5-27 和图 5-28 所示。

从图 5-27 和图 5-28 结果可以看出，磷灰石在微生物浸出黄铜矿体系中，随着时间的增加，溶出的 PO_4^{3-} 不断增加并逐渐趋于平衡；磷灰石粒度越细，在微生物浸出黄铜矿体系中的溶出浓度越高。磷灰石粒度为−43μm、−74μm+43μm 和−150μm+74μm，浸出 48d，对应最终溶出的 PO_4^{3-} 浓度分别为 423. 66mg/L、64. 69mg/L 和 21. 90mg/L。磷灰石粒度为−43μm 时，矿物颗粒比较细，比表面积比较大，颗粒与溶液的有效接触面积也大，化学反应速度就快，磷灰石中 PO_4^{3-} 溶出速率在整个浸出过程中保持较高水平，使最终磷灰石中溶出 PO_4^{3-} 浓度最高。随着磷灰石粒度降低到−74μm+43μm 和−150μm+74μm，浸出体系中 PO_4^{3-} 浓度明显降低，这不仅与磷灰石粒度增大，有效接触化学反应面积降低有关，还与此时浸出体系中 *At. f* 菌氧化活性降低有关。

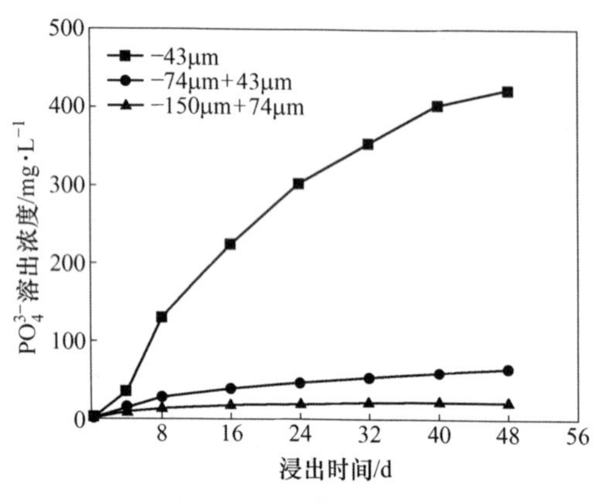

图 5-27　磷灰石粒度对 PO_4^{3-} 溶出浓度影响

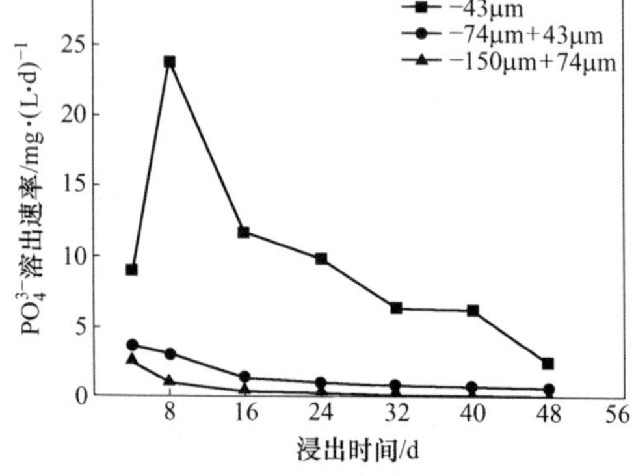

图 5-28　磷灰石粒度对 PO_4^{3-} 溶出速率影响

C　温度对磷灰石溶出的影响

选择浸出温度为 25℃、30℃、40℃，接种量为 10%，在摇床转速为 160r/min

条件下研究浸出温度对磷灰石在微生物浸出黄铜矿体系中溶出 PO_4^{3-} 溶出浓度和速率的影响，结果如图 5-29 和图 5-30 所示。

从图 5-29 和图 5-30 可以发现，磷灰石中 PO_4^{3-} 溶出浓度随着时间呈先快速增加后缓慢增加的趋势。温度为 25℃、30℃、40℃时，浸出 48d 后，浸出体系中磷灰石溶出的 PO_4^{3-} 浓度分别为 279. 20mg/L、423. 06mg/L 和 271. 49mg/L。浸出温度为 25℃体系，*At.f* 菌生长缓慢，且由于温度比较低，使磷灰石中分子和浸出液中分子碰撞不活跃，浸出速率一直比较低，最终 PO_4^{3-} 溶出浓度也不高。浸出温度为 30℃体系，磷灰石溶出 PO_4^{3-} 速率虽然浸出初期不是最快的，但在整个浸出过程中，溶出速率下降缓慢，使 PO_4^{3-} 最终溶出浓度最高。随着浸出温度增加到 40℃，浸出初始阶段，由于温度增加，加快分子的扩散运动，浸出液分子与磷灰石中分子的活性增强，发生相互碰撞的概率增大，使溶出速率增大；随着浸出时间增加，温度对磷灰石溶出影响减小，PO_4^{3-} 溶出速率迅速下降，最终浸出体系中 PO_4^{3-} 浓度与浸出温度为 25℃体系基本相同。综上所述，不同温度下磷灰石中 PO_4^{3-} 在浸出体系中的溶出规律和酸浸条件下矿物溶出规律有所差异，这主要还是和磷灰石是在微生物浸出黄铜矿体系中溶出，存在 *At.f* 菌对磷灰石作用有关。

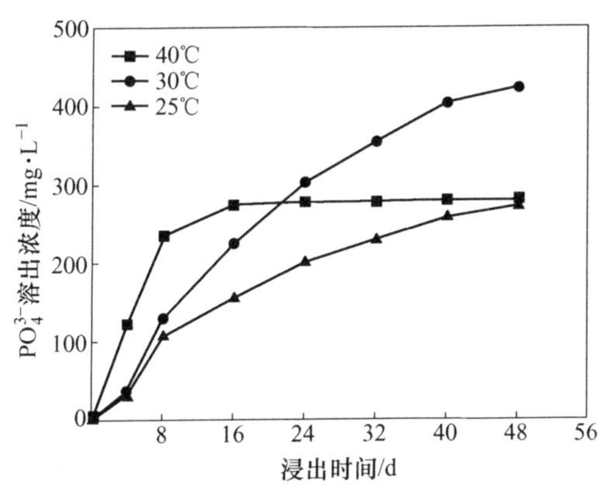

图 5-29 浸出温度对 PO_4^{3-} 溶出浓度影响

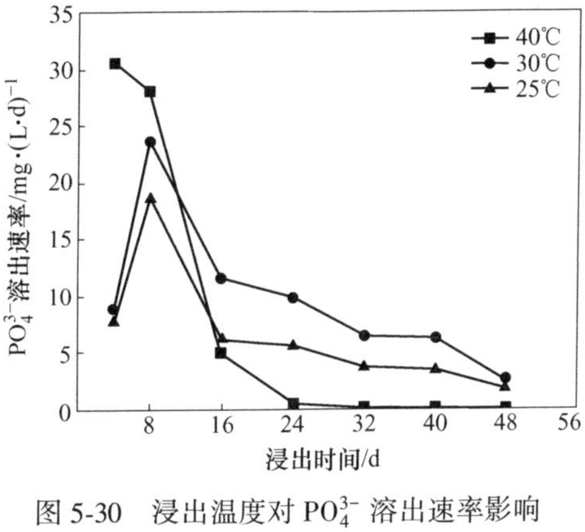

图 5-30 浸出温度对 PO_4^{3-} 溶出速率影响

从图 5-29 和图 5-30 可以发现，磷灰石中 PO_4^{3-} 溶出浓度随着时间呈先快速增加后缓慢增加的趋势。温度为 25℃、30℃和 40℃时，浸出 48d 后，浸出体系中磷灰石溶出的 PO_4^{3-} 浓度分别为：279. 20mg/L、423. 06mg/L 和 271. 49mg/L。浸出温度为 25℃体系，*At.f* 菌生长缓慢，且由于温度比较低，使磷灰石中分子和浸出液中分子碰撞不活跃，浸出速率一直比较低，最终 PO_4^{3-} 溶出浓度也不高。浸出温度为 30℃体系，磷灰石溶出 PO_4^{3-} 速率虽然浸出初期不是最快的，但在整个浸出过程中，溶出速率下降缓慢，使 PO_4^{3-} 最终溶出浓度最高。随着浸出温度增加到 40℃，浸出初始阶段，由于温度增加，加快分子的扩散运动，浸出液中分子与磷灰石中分子的活性增强，发生相互碰撞的概率增大，使溶出速率增大；随着浸出时间增加，温度对磷灰石溶出影响减小，PO_4^{3-} 溶出速率迅速下降，最终浸出体系中 PO_4^{3-} 浓度与浸出温度为25℃体系基本相同。综上所述，不同温度下磷灰石中 PO_4^{3-} 在浸出体系中的溶出规律和酸浸条件下矿物溶出规律有所差异，这主要还是和磷灰石是在微生物浸出黄铜矿体系中溶出，存在 *At.f* 菌对磷灰石作用有关。

D　摇床转速对磷灰石溶出的影响

粒度为-43μm 磷灰石与-74μm 的黄铜矿构成矿浆浸出体系中，*At.f* 菌接种量为10%，温度为30℃条件下，摇床转速为160r/min，为了研究摇床转速对磷灰石在微生物浸出黄铜矿体系中溶出浓度和速率的影响，选择摇床转速分别为140r/min、160r/min 和200r/min。结果如图5-31和图5-32所示。

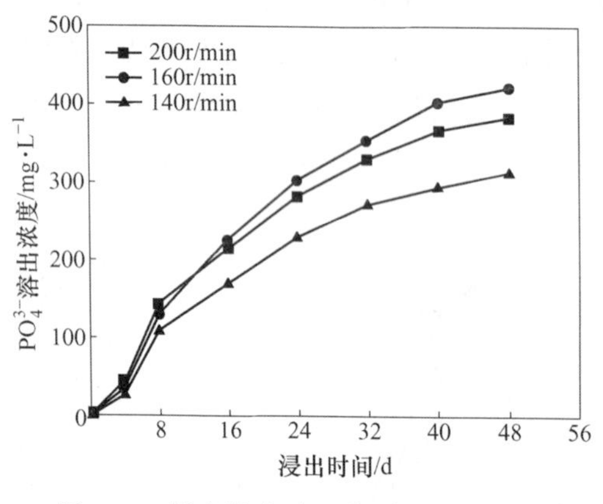

图5-31　摇床转速对 PO_4^{3-} 溶出浓度影响

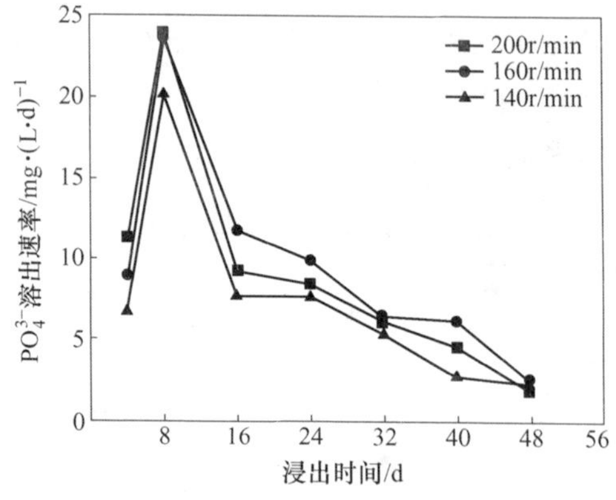

图5-32　摇床转速对 PO_4^{3-} 溶出速率影响

从图5-31和图5-32可以发现，摇床转速越适宜 *At.f* 菌生长，磷灰石在微生物浸出体系中溶出 PO_4^{3-} 浓度越多；磷灰石在浸出体系溶出 PO_4^{3-} 溶出速率变化情况相同：PO_4^{3-} 溶出速率随浸出时间增加先快速上升后下降。摇床转速为140r/min、160r/min 和200r/min 时，磷灰石溶出48d 后浸出体系中 PO_4^{3-} 浓度分别为312. 58mg/L、423. 06mg/L 和383. 06mg/L。微生物浸出初期（前8d），磷灰石溶出 PO_4^{3-} 浓度随着摇床转速增加而增加，这是因为浸出初期摇床转速增加使矿物颗粒悬浮于浸出液中，增加磷灰石和浸出剂的接触，且加速矿物周边液体与较远低浓度液体间的对流，使浸出液及浸出液中离子的对流与扩散运动加速了，在一定程度上加快了矿物溶解。随着浸出时间增加，浸出体系中 *At.f* 菌活性增大，*At.f* 菌存在对磷灰石在微生物浸出黄铜矿体系溶出影响增大，使最适宜 *At.f* 菌生长摇床转速（160r/min）浸出条件下溶出 PO_4^{3-} 浓度逐渐增大，并超过了摇床转速200r/min 体系中溶出浓度，达到最大。

5.2.3.2 磷灰石溶出动力学

采用经典的液-固的反应模型-收缩核模型描述磷灰石的溶出过程，但最终模拟结果发现，实验数据与该模型中产物层扩散控制、化学反应控制及混合控制的表达式都不吻合。根据磷灰石溶出特性，选择孔隙型固体颗粒液-固的反应模型[38~41]进行描述。

当化学反应成为整个过程的主要阻力时，反应物在整个体积内都是均匀的，反应在整个固体反应物范围内均匀地发生。若孔隙扩散为主要阻力，则反应将在一个已反应完的部分与未反应部分之间的狭窄区域内发生，这种情况与由扩散控制的无孔隙固体的收缩未反应核的情况类似。当化学反应阻力和孔隙扩散阻力接近时，两个过程都必须同时考虑。

在外传质阻力可忽略的条件下，孔隙固体颗粒的液-固反应模型可用孔隙型颗粒模型表达式进行描述：

$$t^* = g_{F_g}(\alpha) + \hat{\sigma}^2 p_{F_p}(\alpha) \tag{5-5}$$

式中 $g_{F_g}(\alpha)$——化学反应所需的无因次时间；

$\hat{\sigma}^2 p_{F_p}(\alpha)$——传质过程所需的无因次时间；

$\hat{\sigma}^2$——扩散阻力与化学阻力之比。

式（4-1）中，

$$p_{F_p}(\alpha) = 1 - 3(1-\alpha)^{2/3} + 2(1-\alpha) \tag{5-6}$$

$$g_{F_g}(\alpha) = 1 - (1-\alpha)^{1/3} \tag{5-7}$$

$$t^* = \left(\frac{bkC_i^n}{r_0\rho_{\text{solid}}}\right)t \tag{5-8}$$

$$\hat{\sigma} = \frac{r_0}{3}\left[\frac{3k(1-\varepsilon_0)}{2r_0 D_e}\right]^{1/2} \tag{5-9}$$

式中 α——PO_4^{3-} 溶出率,%；

t——溶出时间，d；

b——反应计量系数；

D_e——反应物的有效扩散系数；

ρ_{solid}——磷灰石摩尔密度；

ε_0——颗粒初始孔隙度；

r_0——颗粒初始粒径，m；

C_i——反应物 i 的浓度，mol/L；

n——相对反应物 i 的表观反应级数；

k——反应速率常数。

当 $\hat{\sigma}^2$ 接近于零时，孔隙扩散的阻力很小，可以忽略，此时在颗粒内部液相反应物的浓度分布均匀，过程为化学反应控制；当 $\hat{\sigma}^2$ 接近于无穷大时，反应发生在已反应完的部分与未反应部分之间的狭窄区域内，此时孔隙扩散成为控制步骤。莫鼎成[42]研究分析，当 $\hat{\sigma}^2 < 0.1$ 时，化学反应步骤控制溶出过程的速度；而当 $\hat{\sigma}^2 > 10$ 时，溶出过程为孔隙间的扩散过程控制。

将式（4-6）~式（4-9）代入式（4-5）中可得式（4-10）：

$$1-(1-\alpha)^{1/3}+\hat{\sigma}^2[1-3(1-\alpha)^{2/3}+2(1-\alpha)]=k_r t \tag{5-10}$$

其中，

$$k_r=\frac{bkC_i^n}{r_0\rho_{solid}} \tag{5-11}$$

将磷灰石在微生物浸出系统中溶出 PO_4^{3-} 实验数据按式（5-6）和式（5-7）进行处理，设

$$Y=[1-(1-\alpha)^{1/3}]/t \tag{5-12}$$

$$X=[1-3(1-\alpha)^{2/3}+2(1-\alpha)]/t \tag{5-13}$$

则式（5-10）变为

$$Y+\hat{\sigma}^2X=k_r \tag{5-14}$$

将图 5-27 中各粒度下磷灰石在微生物浸出黄铜矿体系中 PO_4^{3-} 溶出率数据代入式（5-12）~式（5-14），可做出一系列直线，直线的斜率即为 $\hat{\sigma}^2$，将这些 $\hat{\sigma}^2$ 值代入到式（5-10）中，则可根据孔隙型颗粒模型的一般表达式得到磷灰石在此体系中的溶出数据与时间的关系如图 5-33 所示。由图可以看出，不同温度下，将 PO_4^{3-} 溶出率根据式（5-10）处理后的数据与时间基本呈线性关系。计算出的 $\hat{\sigma}^2 > 10$，因此可以判定，磷灰石颗粒孔隙扩散为其在微生物浸出体系中溶出反应的控制步骤。

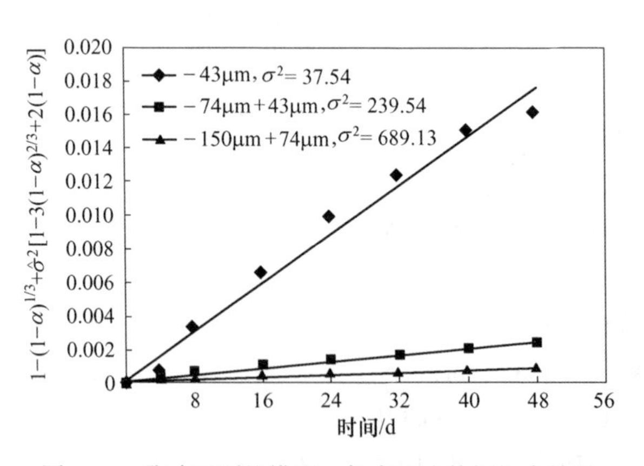

图 5-33　孔隙型颗粒模型一般表达式数据拟合结果

由于磷灰石在微生物浸出黄铜矿体系中的溶出过程受空隙扩散控制，可将式（5-10）变为

$$1 - 3(1 - \alpha)^{2/3} + 2(1 - \alpha) = k_D t \tag{5-15}$$

其中，

$$k_D = \frac{6bD_e C_i^n}{r_0^2(1 - \varepsilon_0)\rho_{solid}} \tag{5-16}$$

则根据式（5-15）可做出在微生物浸出黄铜矿体系中磷灰石在不同浸出条件时的 $1 - 3(1 - \alpha)^{2/3} + 2(1 - \alpha)$ 与时间的关系曲线，如图 5-34 所示。由图可以看出，$1 - 3(1 - \alpha)^{2/3} + 2(1 - \alpha)$ 与时间呈良好的线性关系，表明磷灰石在微生物浸出黄铜矿体系中的溶出过程为孔隙扩散控制。

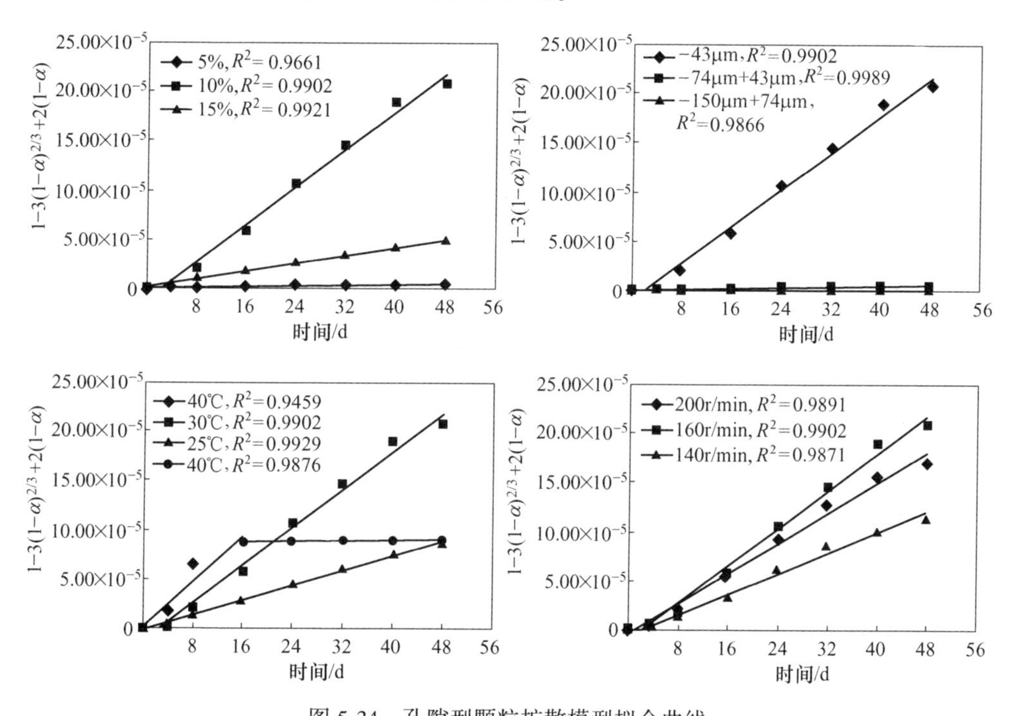

图 5-34　孔隙型颗粒扩散模型拟合曲线

根据图 5-34 中各温度下 PO_4^{3-} 溶出率随时间的变化曲线，于 $t=0$ 点处对各条曲线做相应的切线，其斜率值即为在此时刻磷灰石的溶出速度。由此可得到磷灰石溶出速度与温度的关系，根据阿伦尼乌斯公式：

$$k_0 = Ae^{-E_a/RT} \tag{5-17}$$

式中，k_0为颗粒溶出总反应速度常数。

以 $1/T$ 为横坐标，$\ln k_0$为纵坐标做图，可得到磷灰石在微生物浸出黄铜矿体系中溶出的 $\ln k_0$与 $1/T$ 的关系如图 5-35 所示。根据图中直线的斜率可求出磷灰石

在微生物浸出黄铜矿体系中溶出的表观活化能为 53.88kJ/mol。一般认为，活化能小于 10kJ/mol 时为扩散控制，活化能大于 40kJ/mol 时为化学控制。但在本研究中，磷灰石在微生物浸出黄铜矿体系中溶出过程受孔隙扩散控制的表观活化能比常规扩散控制的活化能大。许多学者在研究物料溶解动力学时也得到类似的结果[43,44]。

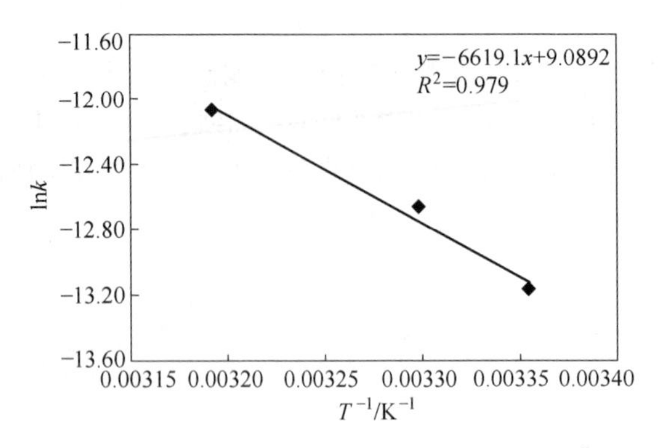

图 5-35　磷灰石溶出的阿伦尼乌斯公式曲线

5.2.3.3　浸渣 SEM-EDS 分析

磷灰石在微生物浸出黄铜矿体系中溶出前后的 SEM-EDS 测试结果如图 5-36 所示。

磷灰石浸渣的 SEM-EDS 测试结果见图 5-36，从图 5-36 中可以看出，磷灰石未浸出时，表面平整光滑，颗粒圆滑，表面有少量空隙和孔洞，晶体结构比较完整。微生物浸出黄铜矿 48d 后，磷灰石在酸的化学作用及 *At.f* 菌生化作用下发生了溶解，表面受到腐蚀，变得凹凸不平，出现部分孔隙，表面吸附了少量沉淀颗粒。在磷灰石的表面，除了发现 Ca、P、O 峰外，还有 Fe、S 峰，说明磷灰石对于溶液中的离子或反应生成的沉淀（氢氧化铁、元素硫等）产生了吸附作用，这种吸附作用有可能是提高铜浸出率的原因；而且脉石矿物磷灰石随着浸出的进行将其含有的主要元素 P 释放在浸出体系中，促进了 *At.f* 菌生长。磷灰石表面吸附沉淀颗粒很少，主要是被腐蚀后颗粒表面呈多孔状，在该区间内浸出液沿着裂缝扩散进入固体孔隙内，溶出率会逐渐发生变化，在这反应区间内化学反应与扩散是同时进行的反应，而且发生在已反应完的部分与未反应部分之间的狭窄区域内，这个狭窄空间阻碍了浸出液扩散到矿物内部与内部矿物发生反应，进一步验证了孔隙扩散是磷灰石溶出的控制步骤。

5.2.4　萤石的溶出规律和动力学特性

萤石是铜矿中含量最多的脉石矿物之一，例如，湖南平江某多金属矿主要含

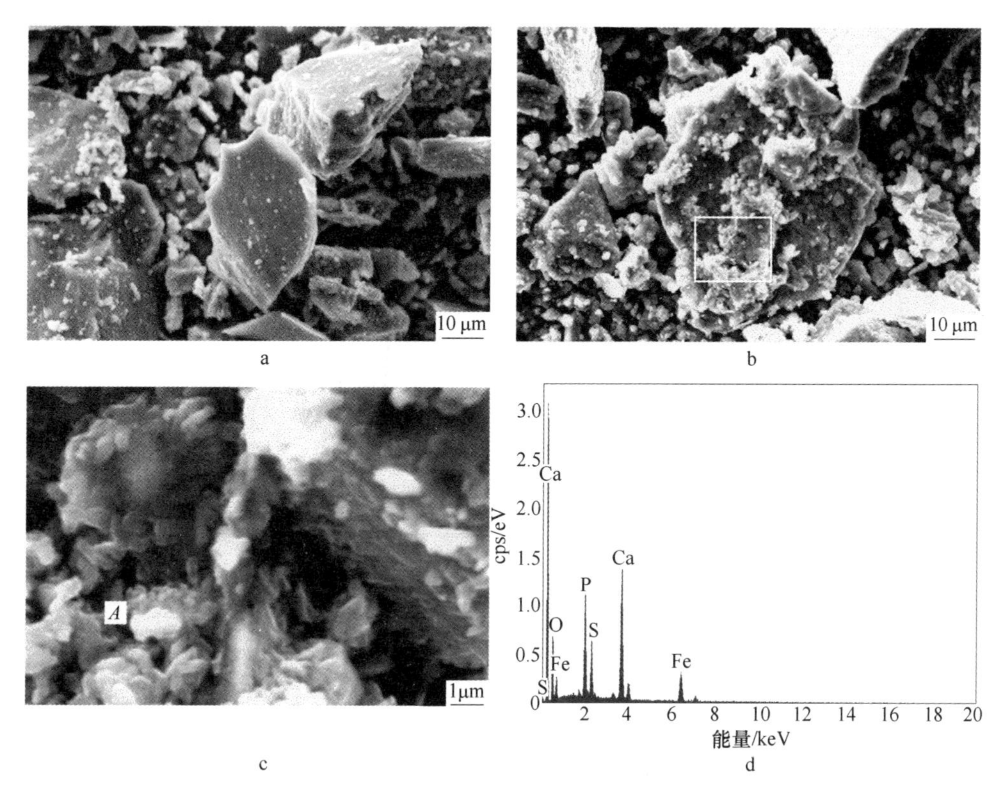

图 5-36 磷灰石浸出前后 SEM 和 EDS 分析

a—浸出前；b—浸出后；c—图 b 方框局部放大；d—图 c 中 *A* 点

有黄铜矿、石英、萤石、绢云母等，其中萤石的含量达到 21%。采用微生物方法处理铜矿时，在黄铜矿溶出过程中，与铜矿共伴生的脉石矿物-萤石势必也会溶出。萤石可能溶出钙离子和氟离子，其中的氟离子对 *At.f* 菌活性起决定性影响，随着浸出体系中氟离子浓度增大，细菌的生长和产酸滞后期变长，其生长量和氧化硫的能力也大为降低。

5.2.4.1 萤石在黄铜矿微生物浸出体系溶出规律

在摇床转速为 160r/min，温度为 30℃ 条件下，选择不同粒度的石英（-74μm+43μm、-43μm）与黄铜矿构成矿浆浸出体系，考察了不同萤石粒度对微生物浸出黄铜矿体系中 F^- 溶出率和溶出速率的影响。结果如图 5-37、图 5-38 所示。

从图 5-37、图 5-38 可以发现，萤石颗粒大小决定了萤石在浸出体系中溶出浓度的多少，萤石溶出 F^- 浓度高低、快慢直接影响微生物黄铜矿体系铜浸出率高低和增长速度。萤石粒度越细，萤石在微生物浸出黄铜矿体系中开始溶出速率越高，浸出 48d 后溶出浓度也越高。粒度为 -74μm+43μm、-43μm 的萤石在微生物浸出黄铜矿体系中，浸出 48d，最终 F^- 溶出浓度分别为 458.98mg/L 和 451.88mg/L。

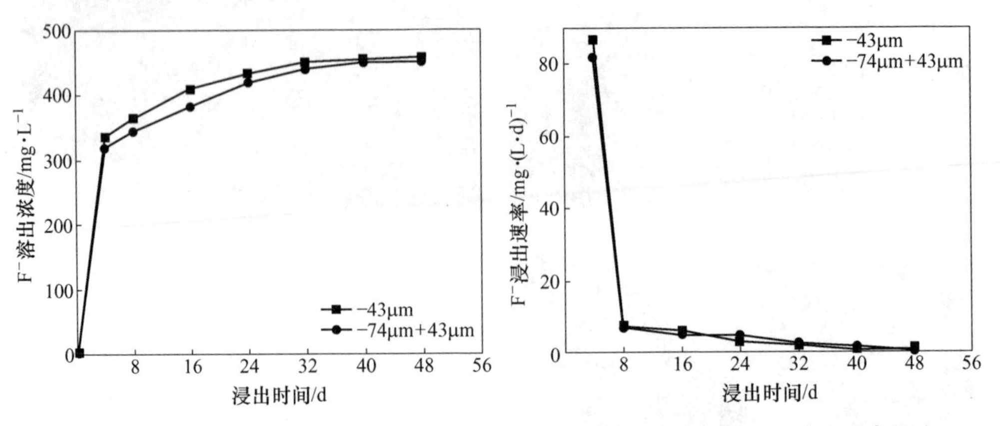

图 5-37　萤石粒度对 F^- 溶出浓度影响　　图 5-38　萤石粒度对 F^- 溶出速率影响

浸出初期，萤石溶出主要是浸出体系中酸和所加 10%菌液作用，萤石粒度越细，表面积越大，与周围浸出液接触面积越大，也就越快溶出，溶出浓度也越大。随着浸出试验进行，萤石溶出氟离子速率快速降低，萤石与周围浸出液发生反应速率降低是因为表面暴露的尖端、沟壑等容易溶出 CaF_2 的部分已经完全反应，比较平滑表面不易与浸出液反应溶出氟离子。

5.2.4.2　浸渣 SEM-EDS 分析

萤石和黄铜矿在微生物浸出前后 XRD 测试结果示于图 5-39，结果显示，浸出 48d 后，浸渣 XRD 并未检测到新物质。添加了萤石的微生物浸铜体系，浸出

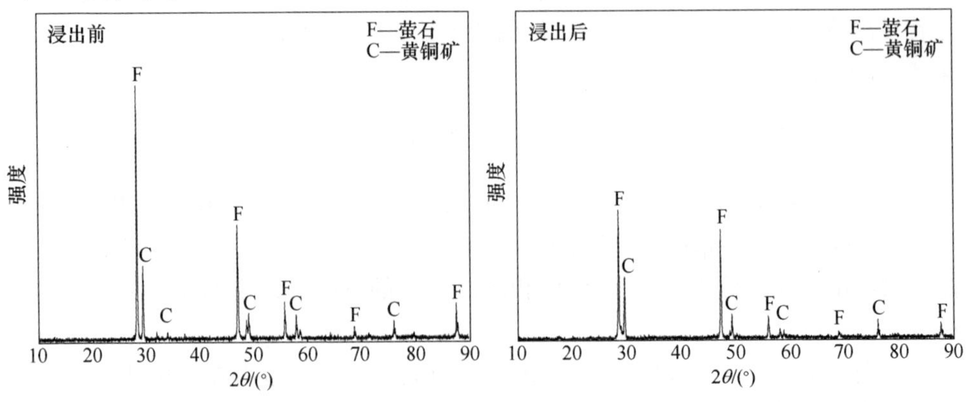

图 5-39　萤石-黄铜矿浸出前后 XRD 图谱

48d 后，与未浸出前相比，萤石表面零星分布着一些沉淀颗粒，并出现了大量蓬松的絮状物。通过在黄铜矿表面 EDS 能谱（图 5-40）分析发现，除黄铜矿本身 Cu、Fe 和 S 峰外，还发现了 Ca、O 峰，这也说明了萤石在微生物浸铜体系中发生了溶解，溶出的 Ca 与体系中离子发生作用形成了沉淀附着在黄铜矿表面。萤石表面除大量萤石固有 Ca、F 峰外，检测到了 O、S 和 Fe 峰，说明黄铜矿溶出的 Fe 和 S 在体系中生成沉淀覆盖在萤石表面，阻碍了萤石的进一步溶出。

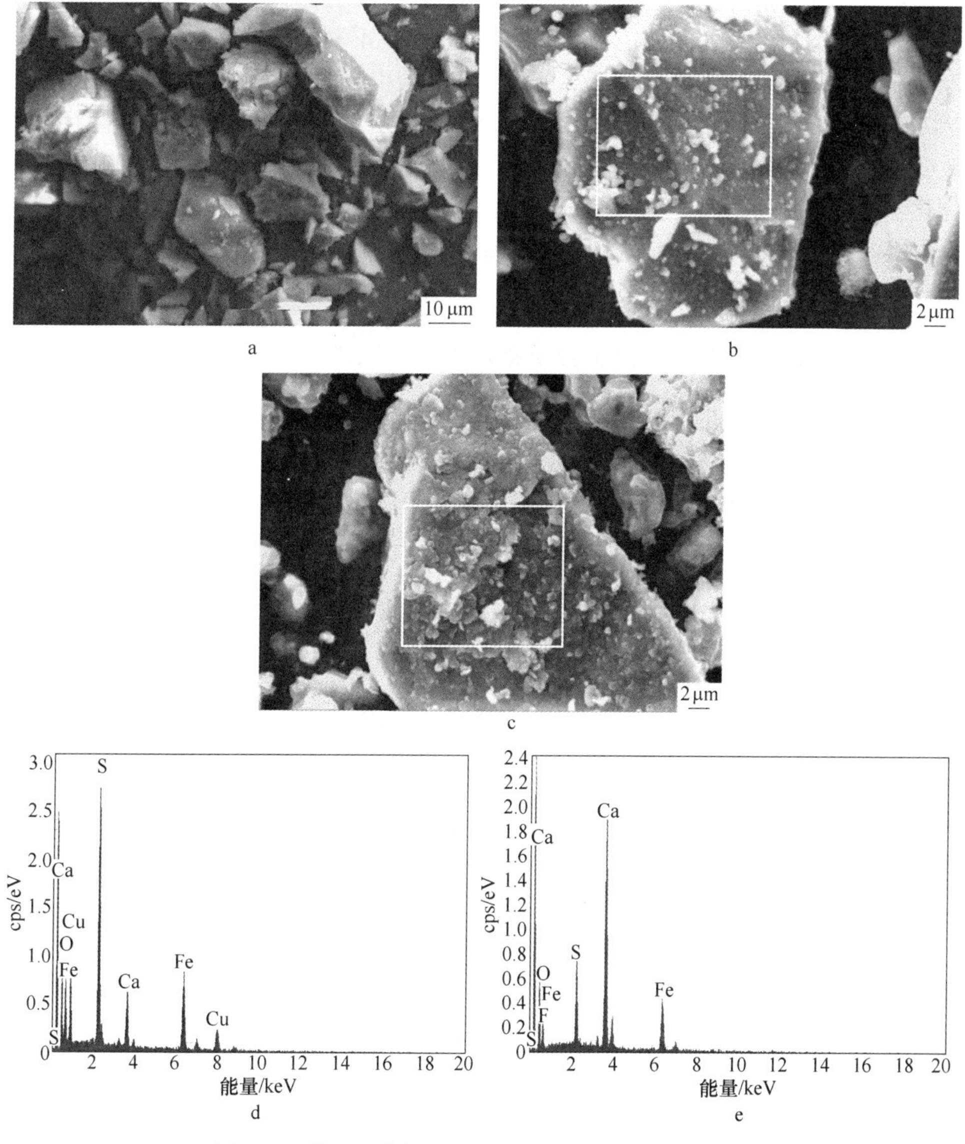

图 5-40 萤石和黄铜矿浸出后 SEM 和 EDS 能谱分析

a—浸出前；b—萤石；c—黄铜矿；d—浸出后黄铜矿表面；e—浸出后萤石表面

5.2.5　白云石的溶出规律和动力学特性

白云石是自然界中最常见的碱性岩脉。例如东川铜矿就是典型的低品位高碱性脉石型，它属沉积变质型，矿床系前震旦纪沉积型变质成因的巨厚层状铜矿，铜的平均品位为0.87%。含矿层位为中元古界落雪组白云岩，因而脉石主要矿物为白云石，白云石约占83%～85%。而云南易门大红山铜矿矿物中含有黄铜矿1.90%、白云石16.29%、石英11.29%等[45]。在微生物浸出黄铜矿过程中，这些碱性矿物消耗酸，使浸出体系pH值大幅升高，不利于细菌生长。因为浸出黄铜矿*At.f*菌适宜pH值为2.0～3.5，pH值改变会引起菌体表面电荷改变，不仅影响*At.f*菌对营养物质的吸收和利用，而且影响培养基中无机化合物的电离状态，改变其渗入细菌细胞的难易程度，甚至影响酶的活性，从而影响细菌细胞内的生物化学过程的正常进行[46]。但是适量白云石存在时，白云石溶出Mg^{2+}是*At.f*菌生长必需的营养物质，对细菌细胞的某些结构包括核糖体、细胞膜等的稳定性起着重要作用，提高机体的生长能力。

5.2.5.1　白云石在黄铜矿微生物浸出体系溶出规律

在摇床转速为160r/min，温度为30℃条件下，选择不同粒度白云石（−150μm+74μm、−74μm+43μm、−43μm）与黄铜矿构成矿浆浸出体系，考察了不同白云石粒度对微生物浸出黄铜矿体系中Ca^{2+}、Mg^{2+}溶出率和溶出速率的影响。结果如图5-41、图5-42所示。

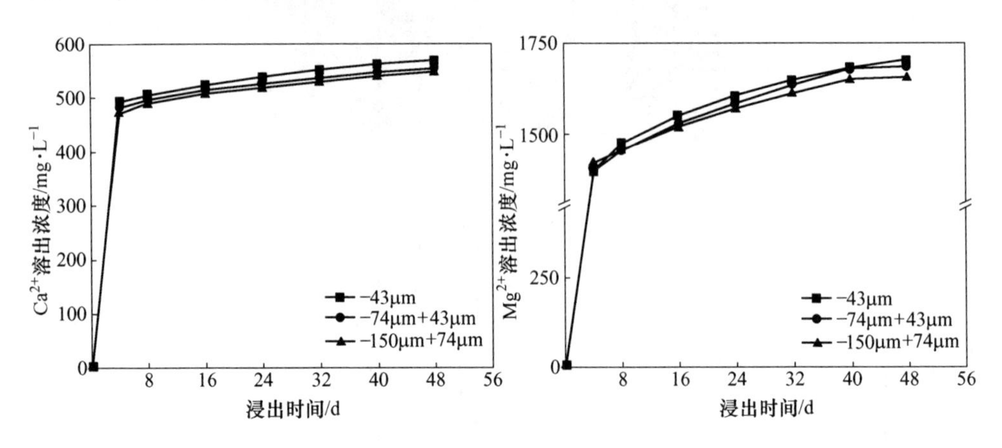

图5-41　白云石粒度对离子溶出浓度影响

从图5-41中可以看出，白云石在微生物浸出黄铜矿体系中溶解主要发生在浸出前4d，浸出后段，白云石溶解很少。白云石在浸出初期溶出速率快，主要是因为，白云石是碳酸盐，浸出体系为pH=2的酸性体系，白云石与浸出体系中

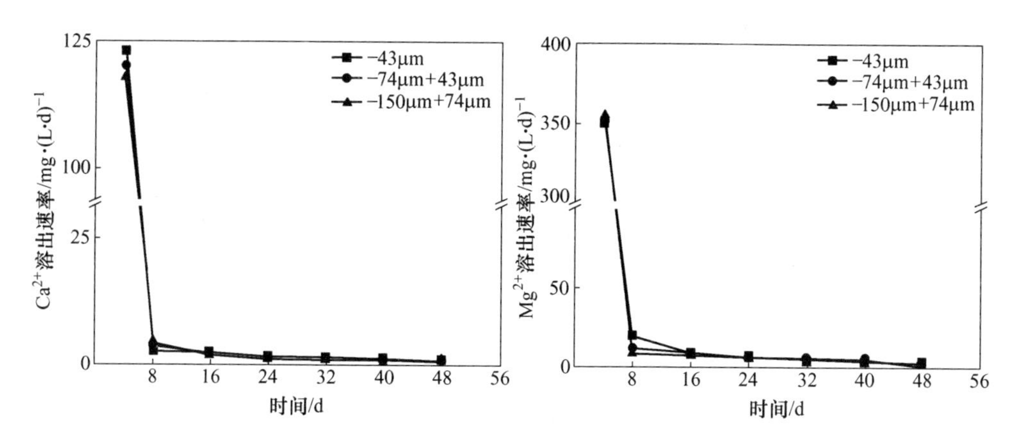

图 5-42 白云石粒度对离子溶出速率影响

酸发生中和反应，使白云石快速并大量溶解；浸出 4d 后，由于在浸出到 4d 时基本已经消耗完体系中的酸，后期白云石溶出主要与每次取样所添加的补加酸和水进行反应，补加酸量较少，所以白云石在浸出 4d 后溶出浓度急剧减少。白云石粒度大小对白云石在微生物浸出黄铜矿体系中溶出基本没有影响，这与白云石是晶体结构有关。白云石是碳酸盐，为碱性矿物，遇酸剧烈反应，较短时间内粒度大小应该会对白云石中 Ca^{2+}、Mg^{2+}溶出率和溶出速率有影响（图 5-42），但浸出 4d 时，浸出体系中酸基本已经消耗完，因此浸出过程中白云石粒度大小对其溶出基本看不出影响。

5.2.5.2 浸渣 XRD 和 SEM-EDS 分析

白云石-黄铜矿浸出前后 XRD 衍射图谱、SEM-EDS 测试结果如图 5-43 和图 5-44 所示。

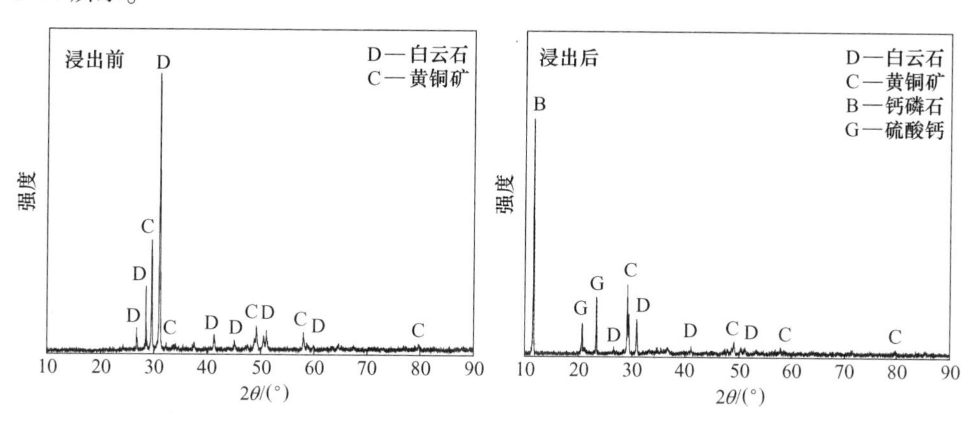

图 5-43 白云石-黄铜矿浸出前后 XRD 衍射谱图

图 5-44　白云石和黄铜矿混合矿物浸出后 SEM 和 EDS 分析

a—浸出前；b—浸出后；c—图 b 中方框局部放大；d—图 c 中 A 点

白云石在浸出体系中 Ca^{2+}、Mg^{2+}溶出率不同，这主要是由于白云石溶出大量 Ca^{2+}与溶液中 SO_4^{2-} 形成了硫酸钙晶体。白云石在微生物浸出黄铜矿体系溶出后的浸渣进行 XRD（图 5-43）分析，也验证了这一结论：白云石中溶出 Ca^{2+}与浸出体系中 SO_4^{2-} 生成硫酸钙晶体（$CaSO_4$），以及与浸出体系中 PO_4^{3-} 反应生成磷钙石（$Ca_3(PO_4)_2$）。SEM 图（图 5-44）中发现大量结晶完整的棒状结构晶体，通过 EDS 能谱分析，这些棒状晶体为硫酸钙。白云石发生了溶解，从试验中发现，白云石与浸出体系中 H^+发生中和反应，使浸出体系 pH 值维持在 7 以上，而且溶出 Ca^{2+}与培养基中 K_2HPO_4 发生化学反应生成了钙磷石，与溶液中的 SO_4^{2-} 发生反应生成硫酸钙，在 pH 值 7 以上体系中溶解度很低，生成的大量钙磷石和硫酸钙析出为晶体沉淀，沉淀的生成会促进白云石的溶出。这可以从白云石和黄铜矿在微生物浸出后 SEM 测试结果分析中进一步得到证实。白云石与黄铜矿浸渣中出现大量棒状晶体，经 EDS 能谱分析，发现这种晶体是硫酸钙，其结晶度较好，形状、大小比较规则。

5.2.6 微生物和化学浸出对脉石矿物溶出的影响

由于矿物的溶解本质是化学溶解，即脉石矿物在 pH＝2 酸浸液的化学作用下也会发生溶解，所以要清楚矿物在微生物浸铜体系中溶出规律就首先要清楚无菌酸性条件下脉石矿物的溶出规律，从而也能进一步为矿物在微生物浸出系统中溶出起主要作用的条件提供依据。

为了探明酸的化学作用和微生物对脉石矿物在微生物浸出黄铜矿体系中溶出的贡献大小及溶出离子对黄铜矿溶出影响。采用无菌条件下的酸浸试验及微生物浸出条件下研究脉石矿物、黄铜矿在酸-黄铜矿-脉石体系中化学作用下的溶出规律与在酸-微生物-黄铜矿-脉石体系中的化学-生物作用下溶出规律进行对比试验。

酸浸试验采用 100mL pH＝2.0 稀硫酸作为酸浸液，黄铜矿粒度为−74μm，脉石矿物粒度为−43μm。固定黄铜矿和脉石矿物用量分别为 2.0g 和 3.0g。每个摇瓶中加入浓度为 4%的苯酚 1mL（苯酚具有杀菌作用），以防止 *At.f* 菌混入影响铜浸出率。

微生物浸出试验采用接种量 10%，摇床转速 160r/min，pH＝2，温度 30℃条件下进行试验，黄铜矿和脉石矿物用量分别为 2.0g 和 3.0g。

从图 5-45～图 5-48 中可以看出，石英、绢云母、白云石、萤石、磷灰石在酸浸条件下溶出率分别为总硅 0.02%、Al^{3+} 0.42%、Ca^{2+} 4.96%、Mg^{2+} 3.32%、F^- 0.60%、PO_4^{3-} 0.59%，比在微生物浸出黄铜矿体系中（总硅 0.14%、Al^{3+} 1.23%、Ca^{2+} 8.72%、Mg^{2+} 43.47%、F^- 3.23%、PO_4^{3-} 2.48%）低很多，这说明脉石矿物在浸出体系中溶出不仅仅是酸的化学作用，还有 *At.f* 菌及代谢产物的生化作用。

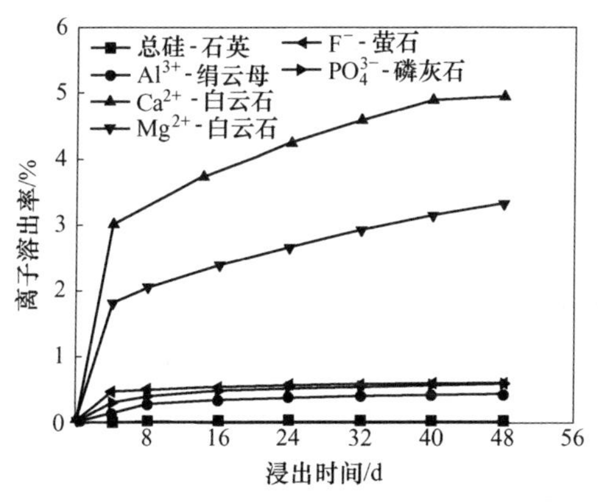

图 5-45 酸浸条件脉石矿物中离子溶出率

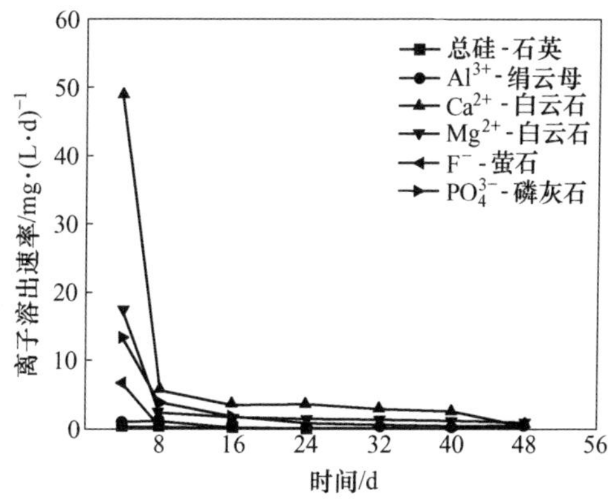

图 5-46 酸浸条件脉石矿物中离子溶出速率

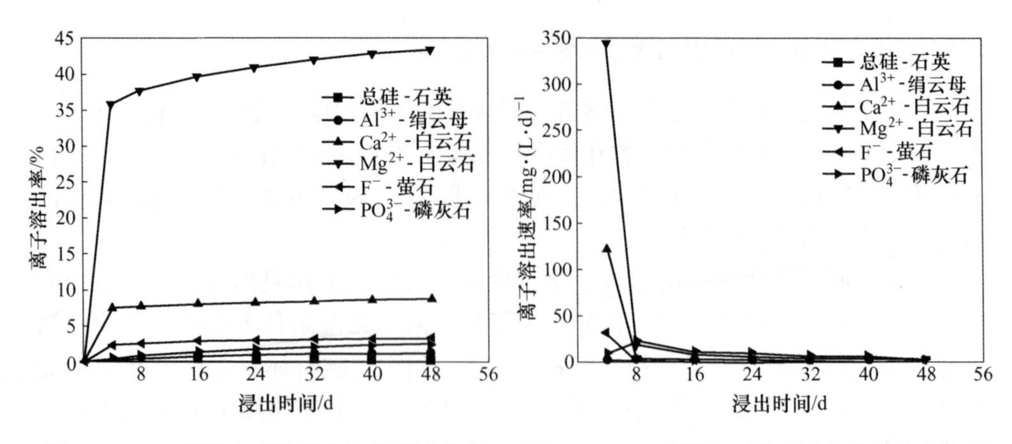

图 5-47 *At.f* 菌浸出时脉石矿物离子溶出率　　图 5-48 *At.f* 菌浸出时脉石矿物离子溶出速率

白云石虽然为碳酸盐矿物，在酸性条件下与酸剧烈反应，但在微生物浸出体系中白云石溶出 Ca^{2+} 和 Mg^{2+} 仍远远高于在酸中溶出率。虽然白云石添加使浸出体系 pH 值迅速升高而使 *At.f* 菌死亡，但是培养基及添加 10%菌液中的菌代谢产物对白云石溶出有促进作用，使其在 *At.f* 菌死亡条件下溶出率（Ca^{2+} 8.72%、Mg^{2+} 43.47%）仍远高于白云石在单纯 pH = 2 硫酸中溶出率（Ca^{2+} 4.96%、Mg^{2+} 3.32%）。

石英在酸浸条件下有极少量溶出（溶出率 0.02%），而且浸出 4d 后溶液中总硅溶出率基本不变，虽然石英在化学上是稳定的晶体，但伴随破碎，晶格发生畸变和混乱，粉碎后的石英在 373K 水中有一定溶解度。酸浸石英少量硅溶出可能是由于破碎过程导致生成了无定型 SiO_2，固体表面存在扰动层的缘故，产生了一定溶解度，而非结构内部硅的溶出。而石英在微生物浸出黄铜矿体系中虽然溶出率也很低，但与酸浸条件下相比溶出率提高了 0.12%，达到了 0.14%，这主要是微生物浸出黄铜矿体系中 *At.f* 菌生长代谢产生的氨基酸、多糖等使石英溶出所致。

绢云母是硅酸盐矿物，在一般无机酸中也不易溶出，但在微生物浸出黄铜矿体系中溶出率为 1.23%，远高于在酸浸条件下的浸出率（0.42%），这也是 *At.f* 菌和代谢产物作用的结果。

萤石和磷灰石虽然在酸性条件下也能溶解，但溶出速率较低，仅为 0.60%和 0.59%；在微生物浸出体系中，在酸、*At.f* 菌及菌代谢产物作用下，萤石和磷灰石溶解性大大增强，F^- 和 PO_4^{3-} 溶出率分别提高了 2.63%和 1.89%。

5.3 共伴生脉石矿物组合在微生物浸出体系的溶出特性

在研究了单独脉石矿物对微生物浸出黄铜矿影响后，以绢云母、石英为主要脉石矿物，添加其他少量不同脉石矿物研究脉石矿物溶出离子规律及对微生物浸出黄铜矿影响。考虑目前，国内外许多铜矿床开采品位为 0.50%~0.40%，铜矿石的含铜量在 2.00%~5.00%为富矿，所以分别采用铜品位 0.55%和 2.75%来进行对比试验考察不同脉石矿物混合对微生物浸出黄铜矿的影响。

考虑实际黄铜矿中矿物组成，如西藏玉龙铜矿主要含有脉石矿物为石英、黏土矿物、石榴石和绿泥石[47]；内蒙古乌奴格吐山主要脉石矿物为绢云母、石英和铁白云石[48]；湖北铜绿山主要含有石英、绢云母和白云石[49]；四川拉拉铜矿主要脉石矿物为石英、云母、白云石和磷灰石[46]；江西武山铜矿主要含有脉石矿物石英、绢云母、方解石和萤石等[50]。并根据所查大量文献，考虑到黄铜矿中脉石矿物主要是大量绢云母和石英，所以最终确定浸出体系浸出矿物质量比为 5g/100mL，不同矿物质量配比如表 5-1 所示。

表 5-1 浸出体系矿物配比

编号	黄铜矿比例/%	脉石矿物组成	比例/%
A	2	石英+绢云母	58 : 40
B	2	石英+绢云母+白云石	50 : 38 : 10
C	2	石英+绢云母+萤石	50 : 38 : 10
D	2	石英+绢云母+磷灰石	50 : 38 : 10
E	2	石英+绢云母+白云石+萤石	45 : 33 : 10 : 10
F	2	石英+绢云母+白云石+磷灰石	45 : 33 : 10 : 10
G	2	石英+绢云母+白云石+萤石+磷灰石	40 : 28 : 10 : 10 : 10
H	10	石英+绢云母	54 : 36
I	10	石英+绢云母+白云石	46 : 35 : 9
J	10	石英+绢云母+萤石	46 : 35 : 9
K	10	石英+绢云母+磷灰石	46 : 35 : 9
L	10	石英+绢云母+白云石+萤石	42 : 30 : 9 : 9
M	10	石英+绢云母+白云石+磷灰石	42 : 30 : 9 : 9
N	10	石英+绢云母+白云石+萤石+磷灰石	37 : 26 : 9 : 9 : 9

5.3.1 石英-绢云母体系

在摇床转速为 160r/min、温度为 30℃条件下，选择−43μm 石英和绢云母与黄铜矿构成微生物浸出体系，考察了石英-绢云母的溶出规律及对微生物浸出黄铜矿的影响。微生物浸出过程中石英与绢云母中离子溶出率和速率、pH 值、Eh 值及铜浸出率的变化如图 5-49~图 5-53 所示。

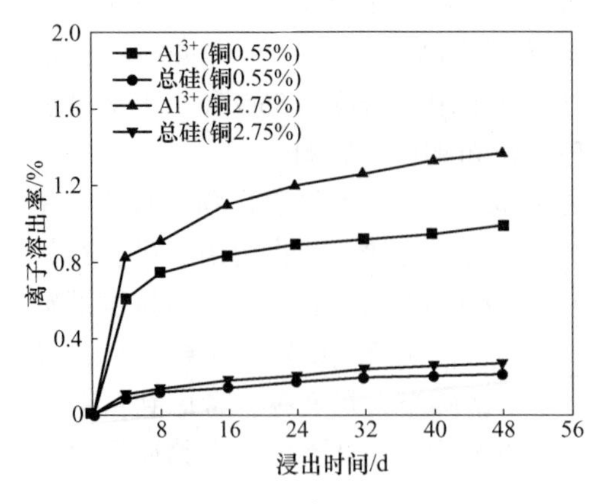

图 5-49　铜品位对 Al^{3+} 和总硅溶出率影响

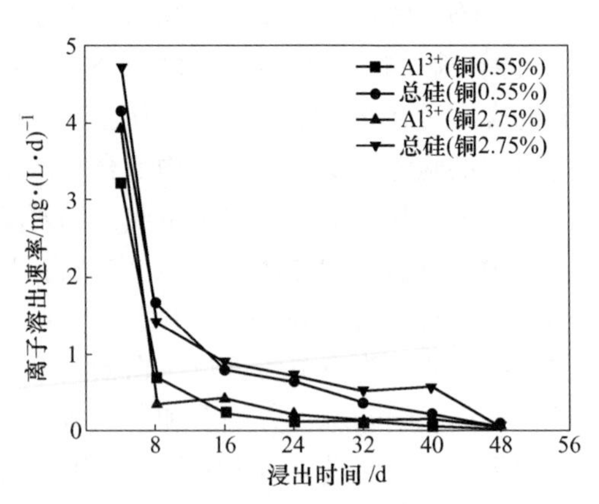

图 5-50　铜品位对 Al^{3+} 和总硅溶出速率影响

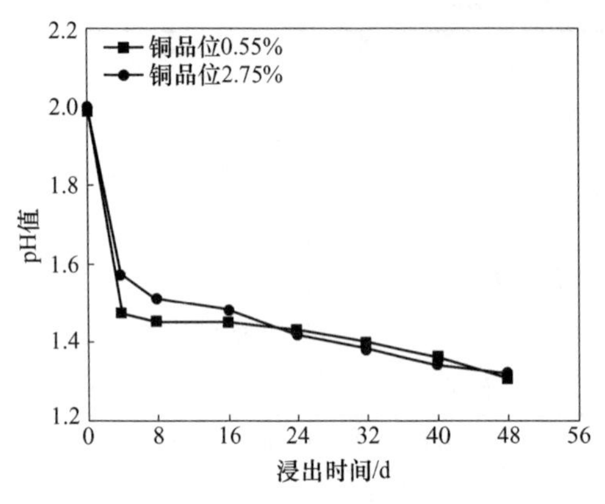

图 5-51　铜品位对浸出体系 pH 值影响

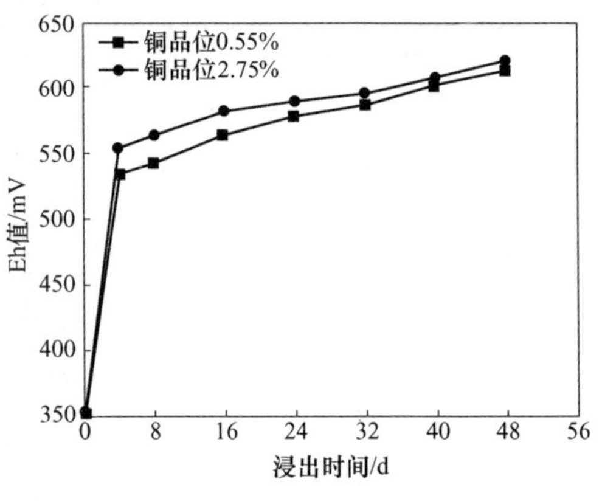

图 5-52　铜品位对浸出体系 Eh 值影响

由图 5-49 和图 5-50 可以看出，微生物浸出黄铜矿体系中，绢云母和石英中 Al^{3+} 和总硅溶出率随浸出时间呈先快速增加，后缓慢平稳增加的趋势。浸出体系中，Al^{3+} 溶出率（0. 99%、1. 37%）始终比总硅溶出率（0. 21%、0. 27%）高很多。这是因为绢云母的结构决定了溶出 Al^{3+} 和硅是不同速的，绢云母中 Al^{3+} 较容易溶出，而硅氧四面体中硅溶出缓慢，且石英也是稳定的硅氧四面体，石英中硅也很难溶出，所以最

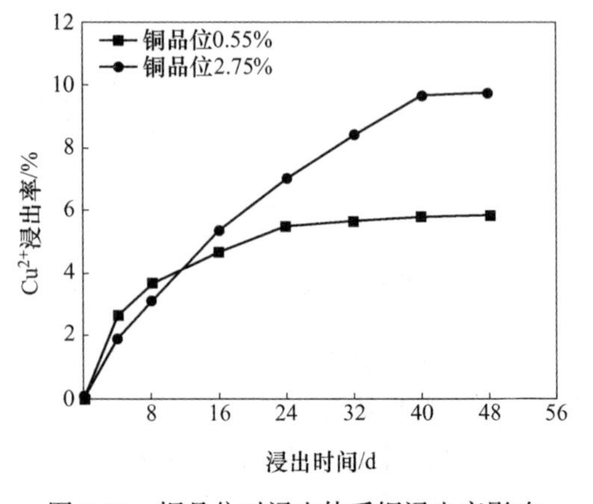

图 5-53　铜品位对浸出体系铜浸出率影响

终浸出体系中 Al^{3+} 和硅溶出率不同步，Al^{3+} 溶出率比总硅溶出率高很多。且浸出48d后，铜品位2.75%浸出体系中，绢云母和石英中 Al^{3+} 和总硅溶出率分别为1.37%和0.27%，比铜品位为0.55%体系溶出率高0.38%和0.06%。这应该是由于浸出初期，较多的黄铜矿可以为微生物提供更多的能源物质，促进了 *At.f* 菌生长代谢，代谢产物中的多糖、氨基酸等有机物进一步促进了硅酸盐矿物溶出，使整个浸出过程中，含铜较多浸出体系 Al^{3+} 和总硅溶出速率始终比含铜少体系的高。

从图5-51和图5-52中可以看出，随着浸出时间增加，浸出体系pH值不断降低，氧化还原电位迅速升高后缓慢增加；浸出体系中铜品位越高，浸出体系氧化还原电位越高。微生物浸出黄铜矿体系中，绢云母和石英中溶出的 Al^{3+} 和硅可以缩短 *At.f* 菌生长延迟期，使浸出体系氧化还原电位在浸出4d时就达到了500mV以上。铜品位2.75%浸出体系，由于绢云母和石英溶出 Al^{3+} 和总硅浓度高，浸出体系中氧化还原电位相对较高，这说明 *At.f* 菌氧化活性相对较高。综上所述，浸出体系中，绢云母和石英溶出 Al^{3+} 和总硅浓度越高，高浓度的 Al^{3+} 和硅可以缩短细菌生长的延迟期，尽快进入快速生长的对数期，促进 *At.f* 菌浸出黄铜矿。

从图5-53中可以看出，随着浸出时间增加，微生物浸出黄铜矿浸出率开始增加速率较快后增加速率逐渐降低；铜品位2.75%浸出体系，微生物浸出黄铜矿浸出率较高。浸出48d，铜品位2.75%和0.55%浸出体系铜浸出率分别为9.73%和5.83%。铜品位为2.75%浸出体系，绢云母和石英溶出 Al^{3+} 和总硅浓度较高，这些离子促进 *At.f* 菌生长代谢、*At.f* 菌与黄铜矿作用，延长了黄铜矿高速溶出的阶段，提高了黄铜矿的浸出率；而且，此体系中，黄铜矿含量高，溶出 Fe^{2+} 较多，这些 Fe^{2+} 能被 *At.f* 菌利用，迅速氧化成 Fe^{3+}，Fe^{3+} 继续参与黄铜矿的溶解作用，促进黄铜矿溶出。

5.3.2 石英-绢云母-白云石体系

在摇床转速为160r/min、温度为30℃条件下，选择 $-43\mu m$ 石英和绢云母与黄铜矿构成矿浆浸出体系，考察了石英-绢云母-白云石溶出规律及对微生物浸出黄铜矿的影响。微生物浸出过程中石英、绢云母和白云石中离子溶出率和速率、pH值、Eh值及铜浸出率的变化如图5-54~图5-57所示。

从图5-54可以看出，微生物浸出黄铜矿体系中，绢云母、石英中溶出 Al^{3+} 和总硅溶出率随浸出时间呈先快速增加，后缓慢平稳增加的趋势。微生物浸出体系中，绢云母、石英和白云石中离子溶出速率在浸出前期比较高，这主要是由于破碎导致矿物表面出现大量的断键，形成极性表面，在浸出初期，主要是非结构内部 Al^{3+}、硅的溶出；随着浸出进行，浸液对硅酸盐结构能造成一定的破坏，但

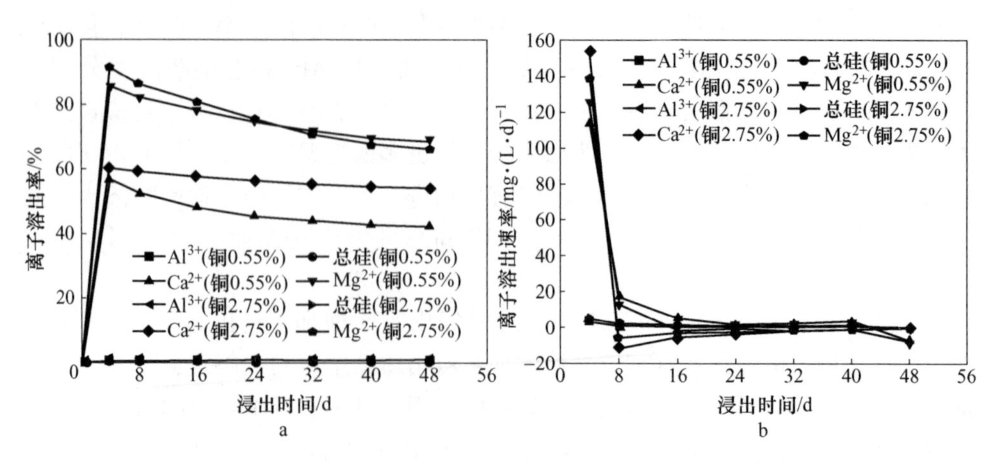

图 5-54　铜品位对脉石矿物中离子溶出率和溶出速率影响

a—离子溶出率；b—离子溶出速率

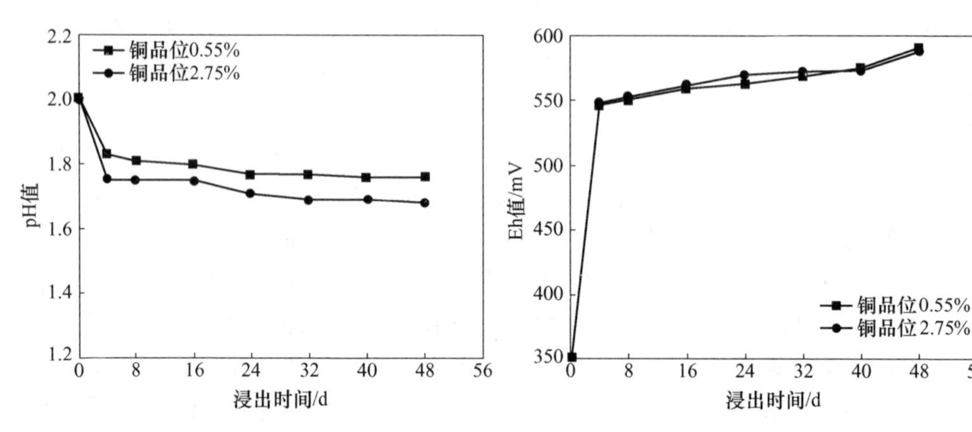

图 5-55　铜品位对浸出体系 pH 值影响

图 5-56　铜品位对浸出体系 Eh 值影响

对该结构的破坏还是很微弱的，所以离子溶出速率迅速减低。铜品位 2.75%浸出体系，绢云母和石英中 Al^{3+}和总硅溶出率较高但是两者相差不大，分别为 1.11%、0.29%（铜品位 0.55%）和 1.12%、0.29%（铜品位 2.75%）。从白云石在浸出体系中 Mg^{2+}和 Ca^{2+}溶出率随浸出时间先快速增加后缓慢降低可以知道，在微生物浸出黄铜矿体系中，白云石已经全部溶解。微生物浸出 4d 后，浸出

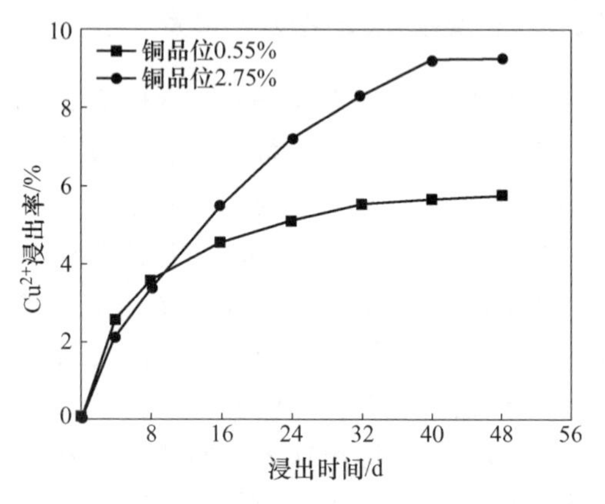

图 5-57　铜品位对浸出体系铜浸出率影响

体系中 Mg^{2+}和 Ca^{2+}浓度开始降低应该是由于白云石全部溶解后，Mg^{2+}和 Ca^{2+}浓度不再增加，但 Ca^{2+}在浸出体系中不断生成沉淀以及 Mg^{2+}在浸出过程被 *At.f* 菌用于生长代谢而不断降低。

从图 5-55 和图 5-56 中可以看出，随着浸出时间增加，浸出体系 pH 值不断降低，氧化还原电位迅速升高后缓慢增加。铜品位 2.75%浸出体系，浸出体系 pH 值较低，但两体系氧化还原电位差别不大。浸出体系 pH 值降低主要是因为 *At.f* 菌氧化 S 的过程、Fe^{3+}水解和生成铁矾类物质的过程产酸。由于氧化还原电位在浸出 4d 时迅速上升到了 550mV 左右，此时 *At.f* 菌浓度较高，氧化活性较好，浸出黄铜矿过程中，*At.f* 菌氧化 S 的过程、Fe^{3+}水解和生成铁矾类物质的过程占据了主导作用，从而使浸出体系的 pH 值呈现下降的趋势。浸出体系中氧化还原电位差距不明显，是因为绢云母、石英和白云石在微生物浸出体系溶出离子浓度相差不大，对 *At.f* 菌促进作用也基本一样。

从图 5-57 中可以看出，微生物浸出黄铜矿浸出率随着浸出时间增加而增加；铜品位高浸出体系中铜浸出率也较高。虽然浸出体系中添加了白云石，这些少量的白云石对浸出体系 pH 值短期内有些影响，但 *At.f* 菌产酸和 Fe^{3+}水解沉淀等产生的酸中和了少量白云石对浸出体系 pH 值的影响。而且，白云石中溶出 Mg^{2+}为氧化亚铁硫杆菌的营养物，在细菌体内的主要作用是构成某些酶的活性成分，对 *At.f* 菌生长代谢有促进作用。浸出体系中，铜品位 2.75%浸出体系 Ca^{2+}浓度下降缓慢，说明生成沉淀较少，对铜阻碍作用也较少；而 Mg^{2+}含量降低较多，说明被 *At.f* 菌生长代谢利用量较大，促进了 *At.f* 菌对黄铜矿的作用，也促进了铜浸出。综上所述，绢云母、石英和少量白云石添加对浸出体系中 *At.f* 菌生长代谢和铜浸出有促进作用。

5.3.3 石英-绢云母-萤石体系

在摇床转速为 160r/min，温度为 30℃条件下，选择−43μm 石英、绢云母和萤石与黄铜矿构成矿浆浸出体系，考察了石英-绢云母-萤石溶出规律及对微生物浸出黄铜矿的影响。微生物浸出过程中石英、绢云母和萤石中离子溶出率和速率、pH 值、Eh 值及铜浸出率的变化如图 5-58～图 5-61 所示。

从图 5-58 可以看出，黄铜矿浸出体系中，矿物溶出离子浓度随浸出时间不断增加；在浸出初期，离子溶出速率最高，随浸出时间增加而不断降低。铜品位 2.75%的浸出体系，绢云母、石英和萤石中 Al^{3+}、硅和 F^-溶出率较高。浸出过程中，绢云母和石英在铜品位不同的浸出体系溶出硅和 Al^{3+}浓度都交替上升，但浸出 48d 后溶出率基本一样：Al^{3+}溶出率分别为 1.66%和 1.74%；总硅溶出率分别为 0.48%和 0.49%。萤石的存在，溶出 F^-比浸出体系中 H^+合成氢氟酸，对绢云母和石英溶出有促进作用，使溶出 Al^{3+}和硅浓度比浸出体系单独存在绢云母和石

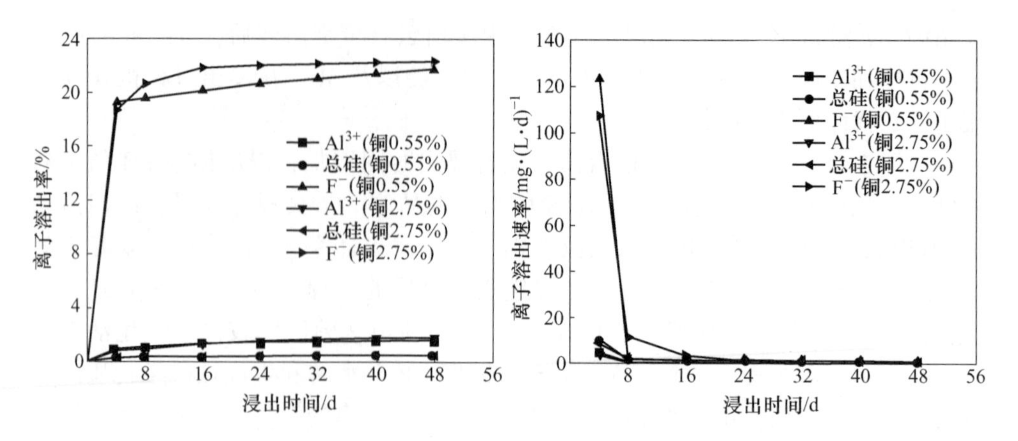

图 5-58　铜品位对脉石矿物中离子溶出率和溶出速率影响

a—离子溶出率；b—离子溶出速率

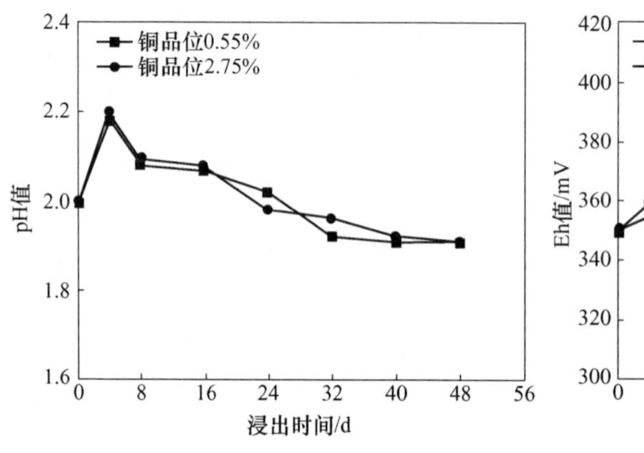

图 5-59　铜品位对浸出体系 pH 值影响

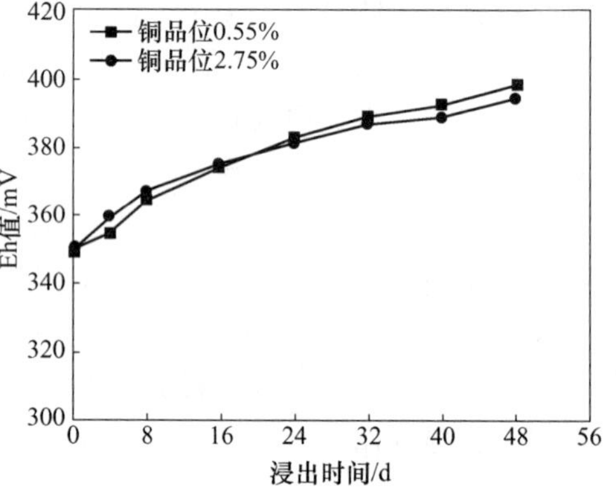

图 5-60　铜品位对浸出体系 Eh 值影响

英时（1.37%、0.27%）要高。萤石在浸出体系中溶出 F^- 浓度较大，且在黄铜矿含量较高体系中溶出率较高，这些溶出 F^- 抑制细菌生长和产酸，同时也会降低细菌氧化硫的能力。

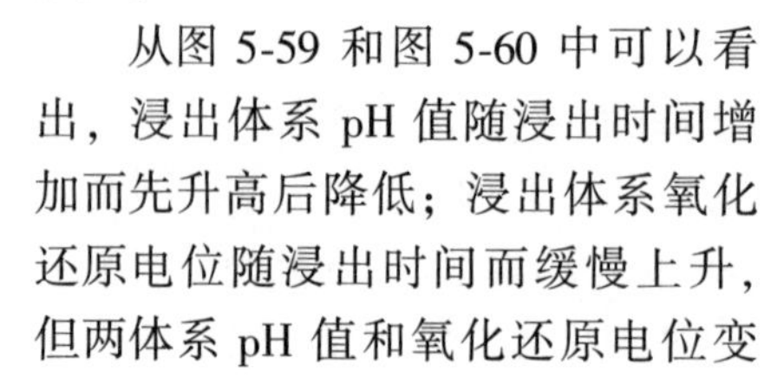

从图 5-59 和图 5-60 中可以看出，浸出体系 pH 值随浸出时间增加而先升高后降低；浸出体系氧化还原电位随浸出时间而缓慢上升，但两体系 pH 值和氧化还原电位变

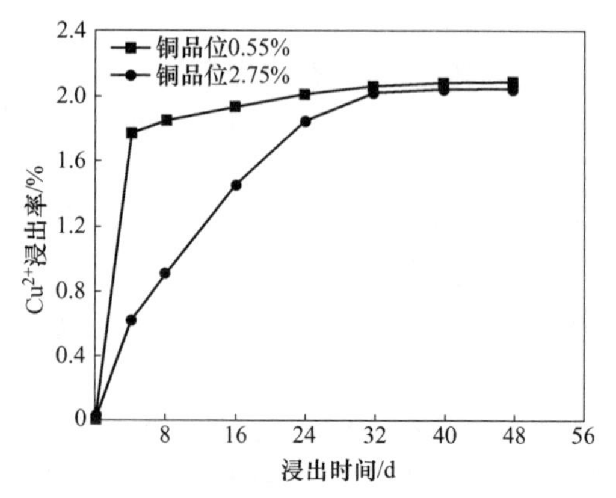

图 5-61　铜品位对浸出体系铜浸出率影响

化一致，相差不大。虽然绢云母和石英溶出离子对 *At.f* 菌生长代谢有促进作用，但是萤石溶出大量氟离子抑制 *At.f* 菌生长、产酸并降低氧化硫的能力，且抑制作用占主导地位，导致浸出体系氧化还原电位上升缓慢，*At.f* 菌氧化活性较低。萤石在浸出体系中溶出的氟离子是一种杀菌剂，陈茂春等[51]研究发现当氟化钠浓度超过 $4\times10^{-4}\%$时，细菌的生长被严重延迟，$10\times10^{-4}\%$时延迟时间高达 8d。此浸出体系中，萤石中溶出大量 F^-导致浸出体系 *At.f* 菌受到抑制，生长缓慢，产酸能力下降明显。

从图 5-61 可以发现，微生物浸出黄铜矿浸出率随着浸出时间增加而增加；铜品位低的浸出体系中铜浸出率较高。由于浸出体系中，萤石溶出的氟离子对细菌活性有至关重要的影响，微量氟离子存在对细菌生长代谢有抑制作用，因此浸出 48d，浸出体系中铜浸出率始终很低，分别为 2.09%和 2.05%。萤石中溶出氟离子影响了细菌的活性，使其产酸能力下降，从而在浸出体系中氟离子抑制细菌生长，同时也降低了细菌氧化硫的能力，直接影响 *At.f* 菌浸出黄铜矿能力，对黄铜矿溶出有抑制作用。

5.3.4 石英-绢云母-磷灰石体系

在摇床转速为 160r/min、温度为 30℃条件下，选择 $-43\mu m$ 石英、绢云母和磷灰石与黄铜矿构成矿浆浸出体系，考察了石英-绢云母-磷灰石溶出规律及对微生物浸出黄铜矿的影响。微生物浸出过程中石英、绢云母和磷灰石中离子溶出率和速率、pH 值、Eh 值及铜浸出率的变化如图 5-62~图 5-65 所示。

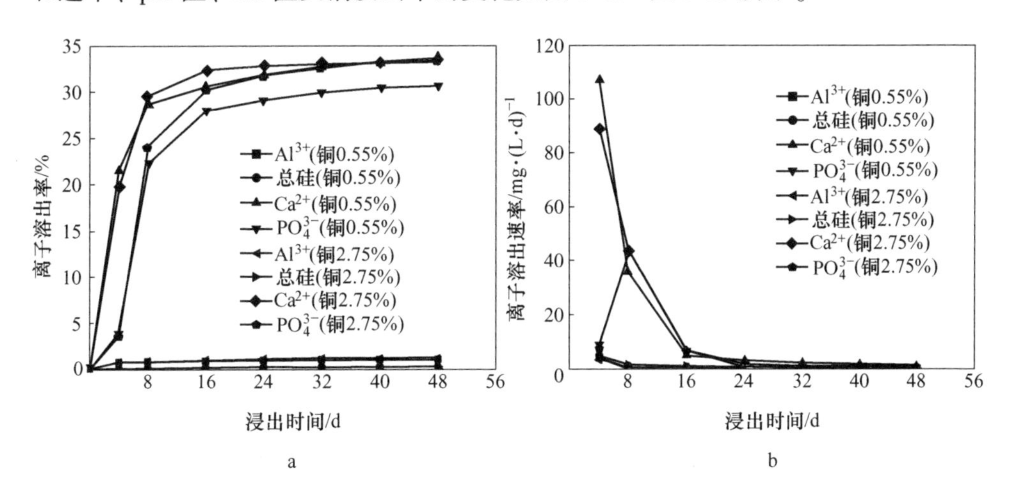

图 5-62 铜品位对脉石矿物中离子溶出率和溶出速率影响

a—离子溶出率；b—离子溶出速率

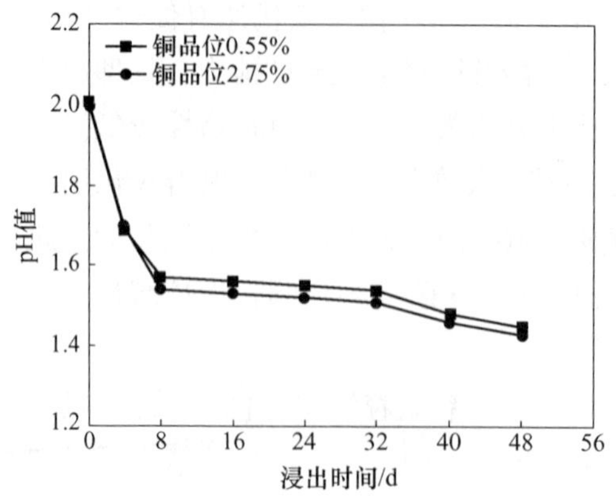

图 5-63　铜品位对浸出体系 pH 值影响

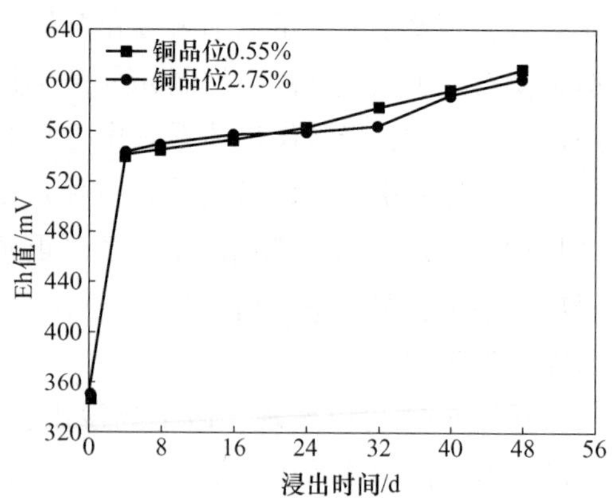

图 5-64　铜品位对浸出体系 Eh 值影响

从图 5-62 中可以看出，绢云母、石英和磷灰石在微生物浸出体系中溶出离子浓度随浸出时间而增加；浸出初期，离子浸出速率较快，随着浸出试验进行，脉石矿物中溶出离子速率迅速降低。浸出初期，离子溶出速率较快，是由于破碎原因导致固体表面存在扰动层，溶出部分离子可能并非是结构内部离子，随着浸出进行，溶出离子速率降低是结构内部离子溶出相较于表面而言更难，晶体结构破坏需要能量较大。磷灰石相对于绢云母和石英在微生物浸出体系中溶出率更大，这与矿物结构有很大关系，磷灰石中 Ca^{2+} 与 PO_4^{3-} 之间主要是离子键，键能小，比石英中共价键 Si—O 和绢云母中的离子键 Al—O 更易被破坏溶出。而且磷灰石的存在对绢云母和石英在微生物浸出黄铜矿溶出没有明显影响，离子溶出率和绢云母-石英体系溶出率基本一样。

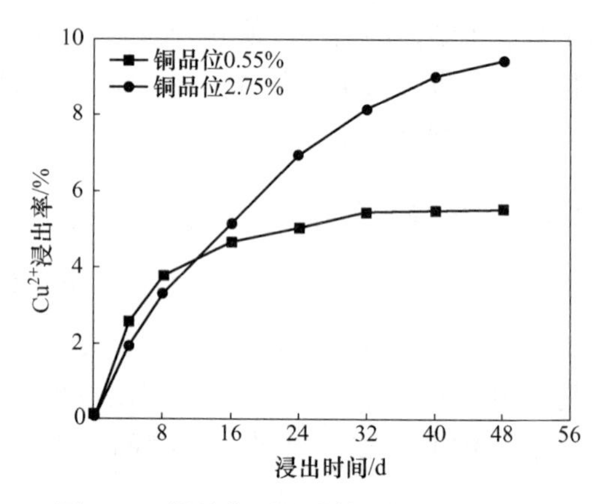

图 5-65　铜品位对浸出体系铜浸出率影响

从图 5-63 和图 5-64 可以看出，微生物浸出黄铜矿体系中，pH 值随浸出时间而降低，氧化还原电位随浸出时间而增加；浸出体系 pH 值和氧化还原电位变化趋势都是一样的，与铜品位高低相关性不大。绢云母、石英和磷灰石溶出 Al^{3+}、硅和 PO_4^{3-} 可以缩短 *At. f* 菌延迟期，提高细胞分裂速度，对 *At. f* 菌生长代谢有促进作用，浸出 4d 时，浸出体系中氧化还原电位迅速从浸出开始时的 350mV 增加到了 540mV 左右，这说明 *At. f* 菌经过了短暂的延迟期和对数期，进入了稳定期。

从图 5-65 中可以看出，含绢云母、石英和磷灰石的微生物浸出体系中，铜浸出率随浸出不断增加，且浸出体系中铜品位越高，微生物浸出黄铜矿的浸出率也越高。浸出初期，铜浸出率差别不大，是因为浸出初期脉石矿物中溶出离子浓度基本一样，对 *At.f* 菌生长和与黄铜矿作用促进作用能力一样，所以浸出前 8d 两体系铜浸出率相差不大。随着浸出时间增加，两浸出体系中脉石矿物溶出 Al^{3+}、硅和 PO_4^{3-} 浓度差异性逐渐增大，铜品位 2.75%浸出体系中脉石矿物溶出离子浓度比铜品位 0.55%体系中的高，尤其是磷灰石中溶出的 PO_4^{3-}。这些较高浓度的溶出离子在前面研究中已经证实对 *At.f* 菌浸出黄铜矿有促进作用，所以铜品位较高浸出体系中的铜浸出率（9.44%）明显比较高。

5.3.5　石英-绢云母-白云石-萤石体系

在摇床转速为 160r/min、温度为 30℃条件下，选择−43μm 石英、绢云母、白云石和萤石与−74μm 的黄铜矿构成矿浆浸出体系，考察了石英-绢云母-白云石-萤石溶出规律及对微生物浸出黄铜矿的影响。微生物浸出过程中石英、绢云母、白云石和萤石中离子溶出率和速率、pH 值、Eh 值及铜浸出率的变化如图 5-66～图 5-69 所示。

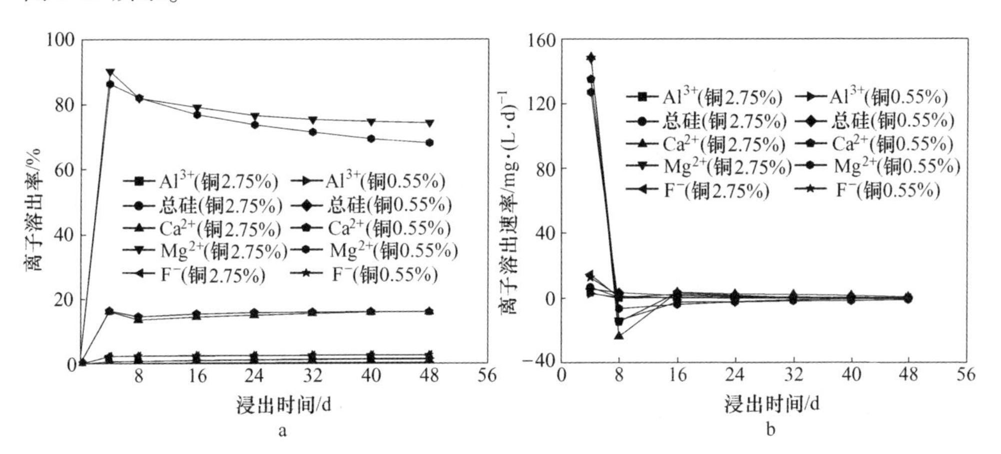

图 5-66　铜品位对脉石矿物中离子溶出率和溶出速率影响

a—离子溶出率；b—离子溶出速率

从图 5-66 中可以看出，微生物浸出黄铜矿体系中，脉石矿物溶出离子浓度随浸出时间而增加；在浸出初期，离子溶出速率最高，随浸出时间而不断降低；铜品位高的浸出体系，绢云母、石英和萤石中溶出 Al^{3+}、硅和 F^- 浓度较高。微生物浸出黄铜矿体系中添加脉石矿物，这些脉石矿物在浸出过程中溶出是不同步的，从脉石矿物离子溶出率和溶出速率可以明显看出，石英、绢云母、白云石和萤石加入浸出体系后，这四种脉石矿物溶出速率差异明显，可以看出溶出速率从

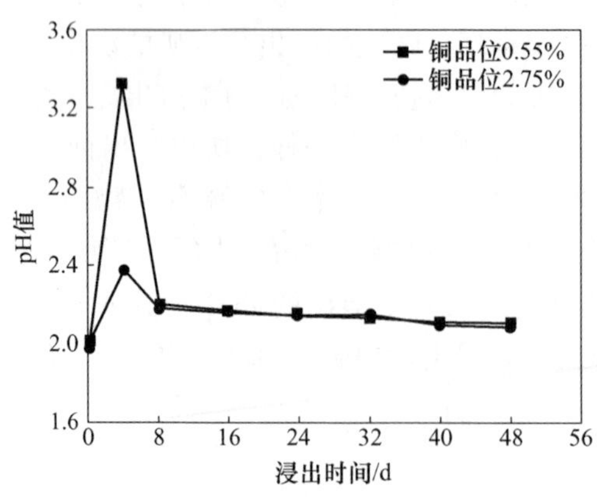

图 5-67　铜品位对浸出体系 pH 值影响

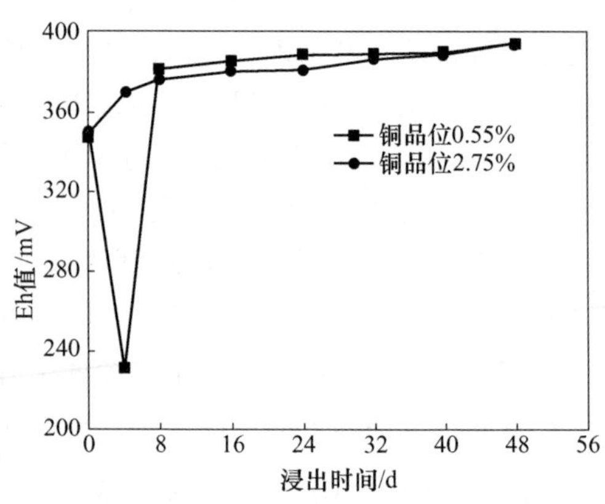

图 5-68　铜品位对浸出体系 Eh 值影响

大到小为：白云石>萤石>绢云母>石英，而且这些脉石矿物溶出离子对其他矿物溶出有影响。白云石是碳酸盐矿物，在浸出初期，主要是白云石的溶解，浸出 4d 时，白云石已经溶解完全。白云石的溶出导致体系 pH 值升高，影响了萤石的溶出，使浸出体系中萤石溶出氟离子浓度比不添加白云石体系明显降低：未添加白云石体系，萤石溶出氟离子的溶出率分别为 21.75%和 22.20%；添加白云石体系，萤石中氟离子溶出率仅分别为 2.72%和 2.79%。这应该是同离子效应，即白云石中溶出大量 Ca^{2+} 使萤石的溶解平衡向生成 CaF_2 的方向移动，从而降低萤石的溶解度。萤石溶出氟离子能加速溶解绢云母和石英，所以绢云母和石英中 Al^{3+} 和总硅溶出率（1.75%、0.49%）明显比不添加萤石体系（1.37%、0.27%）高。

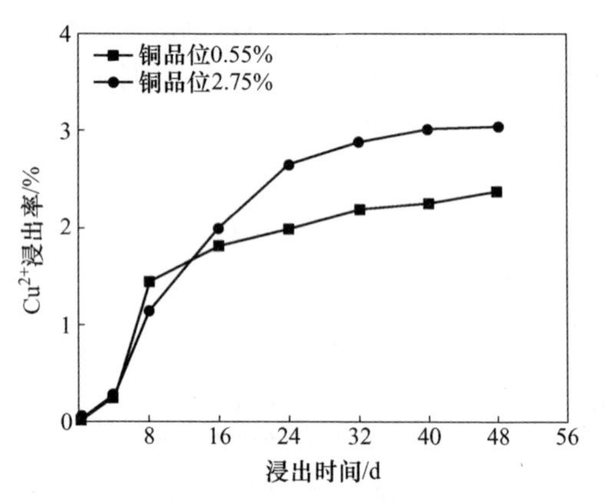

图 5-69　铜品位对浸出体系铜浸出率影响

从图 5-67 可以发现，随着浸出时间增加，浸出体系中 pH 值先增加后降低并趋于不变。浸出初期，体系 pH 值明显升高是体系中白云石溶解中和浸出体系中酸所致。随着浸出试验进行，体系中 pH 值降低后基本不变是由于浸出 4d 后，白云石已完全溶解，此时 Fe^{3+} 水解生成沉淀产酸使体系 pH 值下降，但由于萤石存在，溶出氟离子抑制 *At. f* 菌生长和产酸，所以浸出后期 pH 值基本保持在 2.10 左右，比不添加萤石体系 pH 值（1.70 左右）偏高。由图 5-68 可知，浸出体系铜品位不同，氧化还原电位变化趋势不同：铜品位 0.55%浸出体系氧化还原电位呈先降低后升高；铜品位 2.75%浸出体系氧化还原电位随浸出进行而缓慢增加。这与浸出体系中脉石矿物溶出离子速度和浓度有关。铜品位 0.55%浸出体系，白云石在 4d 时全部溶解，浸出体系 pH 值增加明显，达到了 3.33，使体系氧化还原电位短期内迅速降低；随着浸出进行，浸出体系溶出 Al^{3+}、硅等，这些离子有利于 *At.f* 菌生长，但 F^- 对 *At.f* 菌有抑制作用，所以浸出体系氧化还原电位迅速升高到 382mV 后缓慢增加。铜品位 2.75% 的浸出体系，由于萤石中氟离子溶出，抑制 *At.f* 菌生长，使氧化还原电位增加缓慢。

从图 5-69 可以看出，浸出体系铜浸出率呈先快速增加后缓慢增加趋势；铜品位较高浸出体系，浸出 48d 后，铜浸出率也较高。添加绢云母、石英、白云石和萤石作为脉石矿物的微生物浸出黄铜矿体系中，浸出 48d，铜浸出率分别为 2.35%和 3.04%。未添加白云石的浸出体系，由于萤石溶出氟离子抑制 *At.f* 菌生长，铜浸出率很低，分别为 2.09%和 2.08%。白云石溶出 Mg^{2+} 对 *At.f* 菌生长代谢有促进作用，少量白云石的添加减弱了萤石溶出氟离子对 *At.f* 菌生长抑制作用，使铜浸出率提高了 12.44%和 46.15%。铜品位 2.75%浸出体系，脉石矿物中溶出促进黄铜矿浸出的 Al^{3+}、总硅较高，白云石中 Mg^{2+} 被利用量多，且对 *At.f* 菌生长有抑制作用的 F^- 溶出率较低，综合这些离子作用，铜品位较高体系中铜浸出率也较高。

5.3.6 石英-绢云母-白云石-磷灰石体系

在摇床转速为 160r/min、温度为 30℃ 条件下，选择 −43μm 石英、绢云母、白云石和萤石与黄铜矿构成矿浆浸出体系，考察了石英-绢云母-白云石-磷灰石溶出规律及对微生物浸出黄铜矿的影响。微生物浸出过程中石英、绢云母、白云石和磷灰石中离子溶出率和速率、pH 值、Eh 值及铜浸出率的变化如图 5-70 ~ 图 5-73所示。

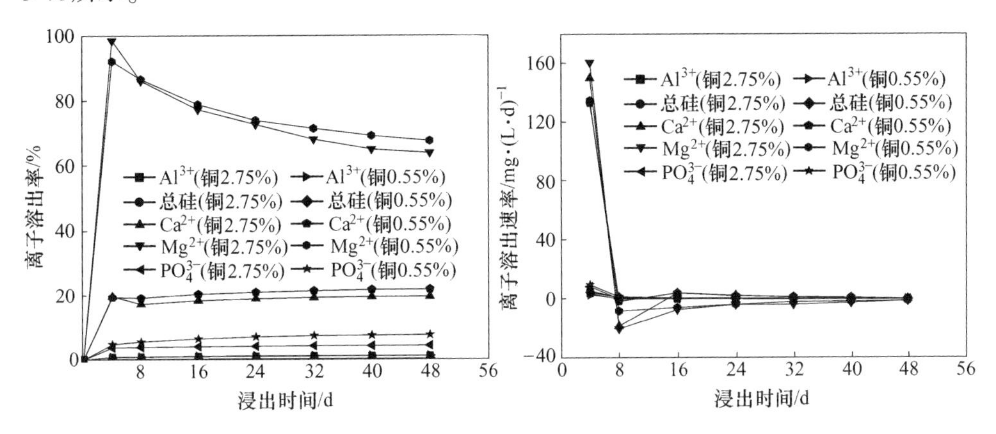

图 5-70 铜品位对脉石矿物中离子溶出率和溶出速率影响

a—离子溶出率；b—离子溶出速率

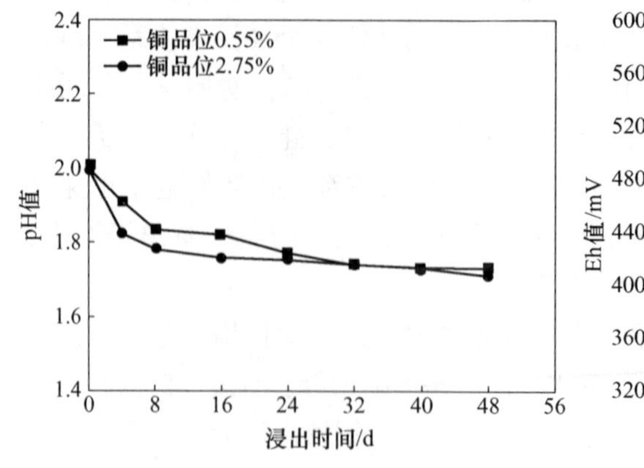

图 5-71 铜品位对浸出体系 pH 值影响

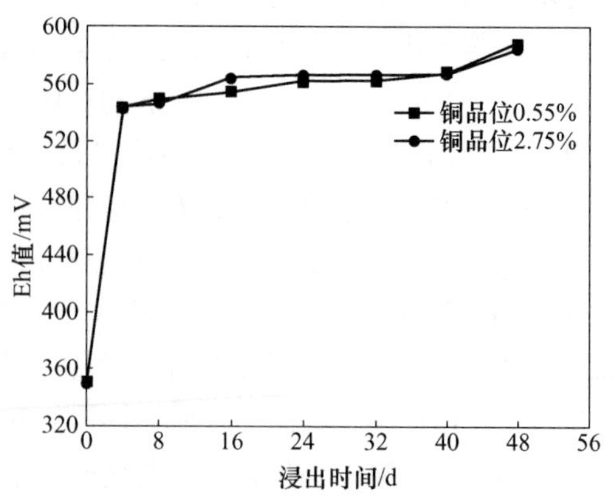

图 5-72 铜品位对浸出体系 Eh 值影响

从图 5-70 可以看出，随着浸出时间增加，浸出体系中绢云母、石英、磷灰石中溶出 Al^{3+}、硅和 PO_4^{3-} 不断增加，白云石中 Mg^{2+} 溶出率先快速上升后降低，而白云石与磷灰石共同溶出 Ca^{2+} 随浸出过程进行先升高后降低再缓慢升高。浸出初期，体系中脉石矿物溶出速率最快，随着浸出进行，离子溶出速率迅速降低。

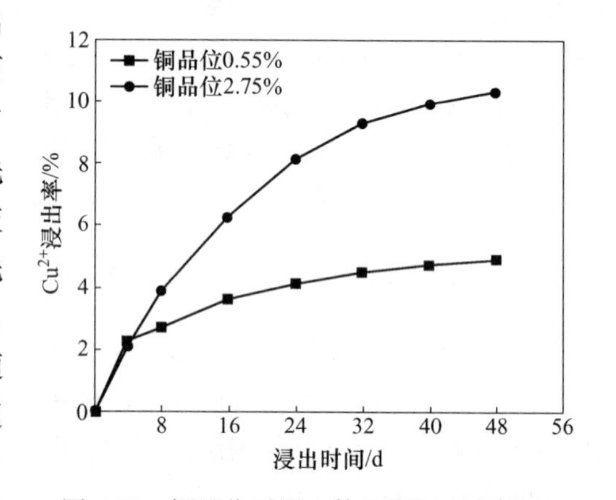

图 5-73 铜品位对浸出体系铜浸出率影响

添加白云石和磷灰石的浸出体系中绢云母和石英溶出率分别为 Al^{3+} 1.11%、总硅 0.28%和 Al^{3+} 1.15%、总硅 0.30%，对比未添加白云石和磷灰石浸出体系 Al^{3+} 和总硅溶出率（0.99%、0.21%和 1.37%、0.27%）增加不明显。但白云石和磷灰石添加对于矿物溶出有很明显影响。首先，白云石的添加，使浸出体系在短时间内 pH 值上升明显，影响了磷灰石溶出，磷灰石中 PO_4^{3-} 溶出率比不添加白云石时下降 25%左右。再者，浸出体系中添加磷灰石也影响了白云石的溶出速率，这可以从白云石中 Mg^{2+} 溶出率变化情况看出。如铜品位 0.55%浸出体系中，未加磷灰石时，Mg^{2+} 在浸出 4d 时溶出率为 85.33%且随浸出时间增加在不断降低，这说明此时浸出体系中白云石早已溶解完全，而且还有一部分 Mg^{2+} 被 *At. f* 菌利用；添加磷灰石体系中，Mg^{2+} 溶出率是 98.38%，说明此时白云石刚刚全部溶解，被 *At. f* 菌利用量还较少。磷灰石的添加使白云石溶出速率明显降低。白云石和磷灰石中溶出 Ca^{2+} 随浸出的进行先升高后降低再升高是因为：浸出初期，主要是白云石与酸发生中和反应，大量 Ca^{2+} 快速溶出及磷灰石的少量溶出；白云石溶解完全后，浸出体系 pH 值短期内升高，大量 Ca^{2+} 与 SO_4^{2-} 发生反应生成沉淀，使浸出体系中 Ca^{2+} 浓度处于下降阶段；Ca^{2+} 生成沉淀速率减慢后，磷灰石溶出占主要地位后，体系中 Ca^{2+} 浓度会有一个小幅升高。

从图 5-71 和图 5-72 可以看出，随着浸出时间增加，浸出体系中 pH 值逐渐降低并趋于不变，氧化还原电位快速升高到 540mV 左右后缓慢升高。铜品位不同浸出体系，虽然浸出过程中，pH 值和 Eh 值变化过程略有波动，但基本是重合的，浸出 48d 后，数值也基本一样，pH 值分别为 1.73 和 1.71，氧化还原电位分别为 587mV 和 584mV。浸出体系中，脉石矿物溶出离子对体系中 *At.f* 菌生长、代谢有促进作用，使浸出体系中 *At.f* 菌在 4d 后就已达到稳定期。浸出体系在浸出 4d 时达到了 543mV，在这个阶段，*At.f* 菌快速生长，Fe^{2+} 氧化为细菌的生长提供必需能量，溶液中 Fe^{3+} 浓度迅速增加到最大值，浸出体系氧化还原电位快速增加到较高值。

图 5-73 为铜品位不同浸出体系中脉石矿物对微生物浸出铜的影响。结果表明，铜品位高的浸出体系中铜浸出率比铜品位低体系的高。添加绢云母、石英、白云石和磷灰石作为脉石矿物的微生物浸出黄铜矿体系中，浸出 48d，铜浸出率分别为 4.89% 和 10.31%。浸出初期，浸出体系铜浸出率差异不大，因为 *At.f* 菌正在快速生长，酸和所加菌液中 *At.f* 菌代谢产物对黄铜矿浸出作用起主导作用。随着浸出试验进行，两体系浸出液中铜浸出率差异逐渐增大，铜品位 2.75% 浸出体系明显比铜品位 0.55% 浸出体系铜浸出率增加速度要快，这主要与浸出体系中脉石矿物溶出有关系：铜品位高浸出体系中溶出 Al^{3+}、硅、PO_4^{3-} 浓度比较高，这些离子对 *At.f* 菌生长代谢及与黄铜矿浸出有促进作用，虽然 pH 值和氧化还原电位指示 *At.f* 菌生长状况指标没有明显差异，但这些离子使 *At.f* 菌吸附到黄铜矿表面的能力得到了提高，促进了铜的浸出。

5.3.7 石英-绢云母-白云石-萤石-磷灰石体系

在摇床转速为 160r/min，温度为 30℃ 条件下，选择 −43μm 石英、绢云母、白云石和萤石与黄铜矿构成矿浆浸出体系，考察了石英-绢云母-白云石-磷灰石溶出规律及对微生物浸出黄铜矿的影响。微生物浸出过程中石英、绢云母、白云石和磷灰石中离子溶出率和速率、pH 值、Eh 值及铜浸出率的变化如图 5-74～图 5-77 所示。

图 5-74 为铜品位不同对浸出体系中脉石矿物溶出率和溶出速率影响。结果表明，浸出体系中铜品位越高，绢云母、石英、磷灰石、萤石中 Al^{3+}、总硅、PO_4^{3-}、F^- 溶出率越高，白云石中 Mg^{2+} 溶出率变化越剧烈。浸出初期，脉石矿物中离子溶出速率较高，这是因为浸出前期，浸出体系中 H^+ 充足，且加入的10%

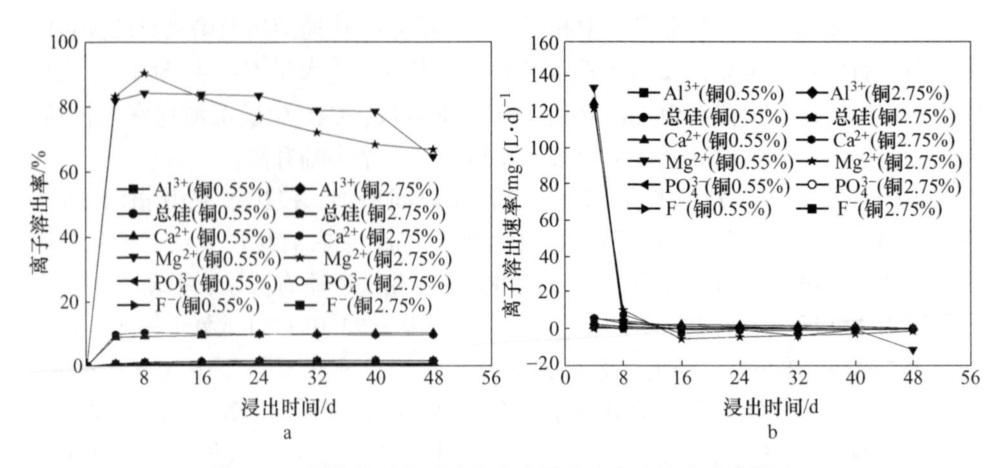

图 5-74　铜品位对脉石矿物中离子溶出率和溶出速率影响

a—离子溶出率；b—离子溶出速率

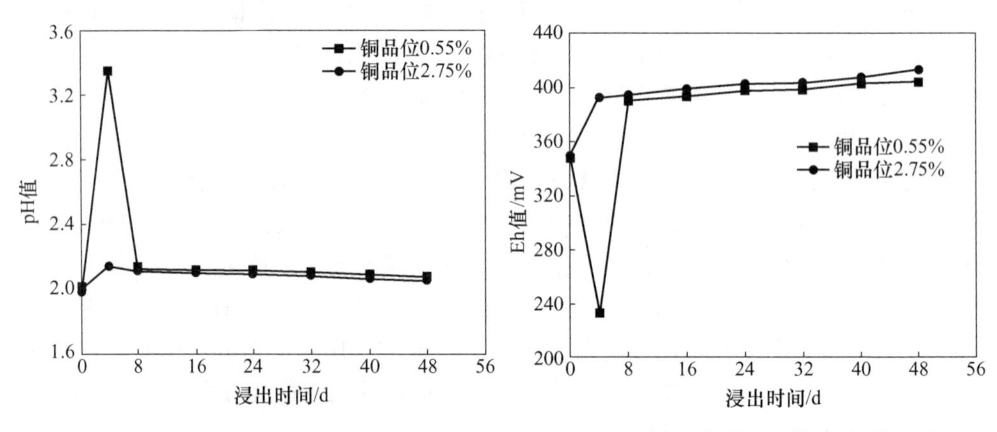

图 5-75　铜品位对浸出体系 pH 值影响　　图 5-76　铜品位对浸出体系 Eh 值影响

菌液中含有细菌代谢产物，脉石矿物溶出主要是这些酸和 *At.f* 菌代谢产物的共同作用；随着浸出时间增加，浸出体系中容易溶出的离子减少，晶体结构内部离子不易断键溶出，离子溶出速率逐渐减小。

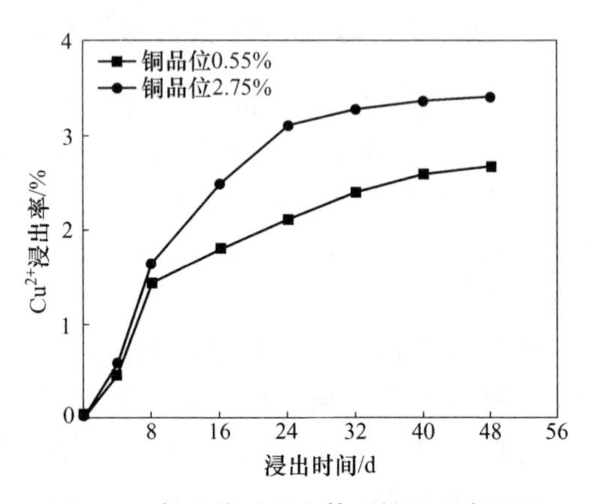

图 5-77　铜品位对浸出体系铜浸出率影响

石英、绢云母、白云石、萤石和磷灰石在微生物浸出黄铜矿体系中选择性溶出，碳酸盐白云石优先溶出，以离子键为主的脉石矿物萤石和磷灰石为第二部分溶出，最后为硅酸盐绢云母和石英，且这些矿物之间溶出还会相互影响。浸出体系中，白云石存在对萤石和磷灰石溶出影响比较大，白云石优先溶出使浸出体系 pH 值短期内迅速升高，且大量 Ca^{2+} 存在抑制了萤石和磷灰石溶出 Ca^{2+}，从而使浸出体系萤石和磷灰石中 F^- 和 PO_4^{3-} 溶出率大大降低，分别为 0.39%、0.74%（铜品位 0.55%体系）和 0.56%、1.00%（铜品位 2.75%体系）。萤石中溶出 F^- 与浸出体系中 H^+ 结合为 HF，促进了绢云母和石英的溶出，使浸出体系中绢云母和石英中 Al^{3+} 和总硅溶出率分别为 1.70%、0.52%（铜品位 0.55%体系）和 1.77%、0.71%（铜品位 2.75%体系），比不添加萤石体系分别提高了 0.59%、0.24%（铜品位 0.55%体系）和 0.62%、0.41%（铜品位 2.75%体系）。

从图 5-75 和图 5-76 可以看出，浸出初期，体系 pH 值有一个明显的升高过程是因为体系中白云石与浸出体系中酸发生中和反应。白云石和萤石的加入使浸出体系中 pH 值一直维持在高于初始 pH=2 的状态。萤石在浸出体系中溶出 F^- 对 *At.f* 菌生长代谢及产酸都有抑制作用，所以浸出体系氧化还原电位增加比较缓慢、pH 值也没有明显降低到初始 pH 值以下。虽然浸出体系中溶出 Al^{3+}、硅、PO_4^{3-} 和 Mg^{2+} 对 *At.f* 菌生长代谢有促进作用，但由于溶出 F^- 是一种杀菌剂，大量 F^- 对细菌抑制作用明显，且占主导地位，所以最终浸出体系氧化还原电位上升比较缓慢，影响了 *At.f* 菌氧化活性。

从图 5-77 可以看出，随着浸出试验进行，浸出体系中铜浸出率先快速增加后缓慢增加并趋于稳定，铜品位高浸出体系比铜品位低体系铜浸出率高，但浸出 48d 后，铜浸出率都不高，分别为 2.67%和 3.40%。浸出初期，铜浸出速率比较快，而且两体系铜浸出率差别不大，这是因为浸出初期，浸出体系中脉石矿物溶出离子差别不大，对 *At.f* 菌所起作用基本一样，而且此阶段铜溶出主要是酸和所加菌液的作用所致。随着浸出试验进行，浸出体系中溶出离子浓度开始出现差异，铜品位高的浸出体系中各离子溶出率相对较高，这些离子对黄铜矿溶出有一定促进作用，所以铜品位高的浸出体系中铜浸出率比较高。

5.4 矿石性质和不同共伴生关系对脉石矿物溶出的影响

5.4.1 矿石性质的影响

微生物对矿物的吸附作用是在矿物表面发生的，因此矿物表面性质对吸附的影响极其重要。矿物性质主要包括晶形、晶胞参数、晶格能和可溶性等，是决定脉石矿物在微生物浸出黄铜矿时溶出规律的内在因素。在查阅文献资料的基础上，对脉石矿物石英、绢云母、白云石、萤石和羟基磷灰石的比表面积、晶体结构、晶格能、可溶性与其浸出速率和溶出顺序的关系进行分析，结合 XRD 分析软件 MDI Jade 对矿物晶胞点阵常数的计算和参数精修，从而分析矿物性质对脉石矿物溶出规律的影响。

5.4.1.1 矿物比表面积

比表面积是衡量物质特性的重要参量，其大小与颗粒的粒径、形状、表面缺陷及孔结构密切相关[52]。多点 BET 法为国标比表面测试方法，其原理是求出不同分压下待测样品对氮气的绝对吸附量，通过 BET 理论计算出单层吸附量，从而求出比表面积，其理论认可度高。采用 V-Sorb 4800P 比表面及孔径分析仪测定试验用粒度均为-43μm 的脉石矿物石英、绢云母、白云石、萤石和磷灰石的比表面积。其结果如表 5-2 所示。

表 5-2 脉石矿物比表面积

矿物名称	石英	绢云母	白云石	萤石	磷灰石
多点 BET 比表面积/$m^2 \cdot g^{-1}$	0.15	0.94	0.11	0.27	0.24

表 5-2 为石英、绢云母、白云石、萤石和磷灰石的比表面积，各脉石矿物比表面积大小关系为：绢云母>萤石>磷灰石>石英>白云石。通常情况下，在相同浸出条件时，同一种矿物粒度越细，比表面积越大，溶出效果越好；但从脉石矿物比表面积和在微生物浸出黄铜矿体系中溶出率大小顺序对比可以发现，对于不同种类矿物而言，矿物比表面积不是影响其在微生物浸出黄铜矿体系溶出的主要因素。

5.4.1.2 矿物晶体结构

细菌往往吸附在有缺陷的矿物表面，矿物晶格的形状、走向对细菌的吸附都是有影响的。矿物晶体化学特征在很大程度上决定了矿物破裂时解离的方向，进而决定了表面断裂键的种类及其强弱。因此，本节根据脉石矿物的晶体化学特征，并以解理面的结构为基础结合利用 XRD 分析软件 MDI Jade 进行矿物晶胞点阵常数的计算和参数精修来分析 5 种脉石矿物晶体结构特征及对脉石矿物溶出影响。

A 石英晶体结构

石英的成分为 SiO_2，常含有机械混入物或包裹体。自然界已发现 8 个同质多像变体，[SiO_4] 结构单元 4 个角顶的 O^{2-} 分别与相邻的 4 个 [SiO_4] 共用而联结成三维延伸的架状结构。石英晶体理想外形见图 5-78，石英晶体为对称型 $L^3 3L^2$，三方晶系，D_3^4-$P3_121$ 或 D_3^6-$P3_221$。[SiO_4] 四面体彼此以角顶相连，在 c 轴方向上呈螺旋状排列；并有左、右旋之分。图 5-79 为石英的一个晶胞。蓝色小球代表氧原子，红色的是硅原子，可以很直观地看出整个晶胞是由 SiO_4 四面体组成的，每个 Si 周围结合 4 个 O，而每个 O 跟 2 个 Si 结合；由于石英晶体是空间网状立体结构，可以看作是晶体硅中的每个硅硅键中插入一个 O。在石英晶体中，由硅、氧原子构成的最小的环上具有的 Si、O 原子个数是 12（6 个 Si 和 6 个 O）。SiO_4 四面体通过共顶点的连接构建成整个石英。SiO_4 四面体并不是一个孤立的分子，每个 SiO_4 四面体中顶点上的硅原子均被两个四面体共用[53,54]。

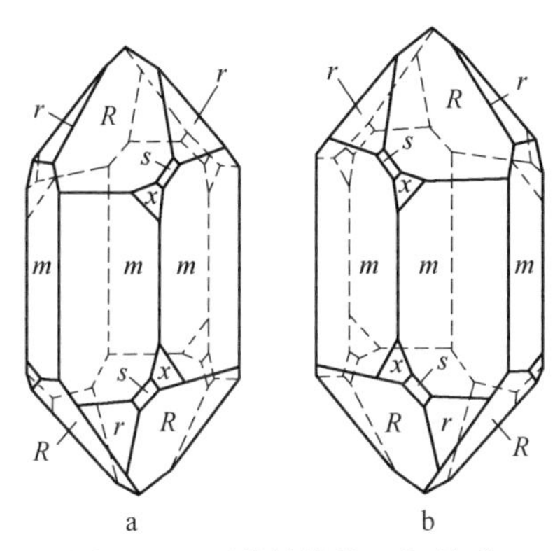

图 5-78 石英晶体的理想外形

a—右旋石英晶体；b—左旋石英晶体

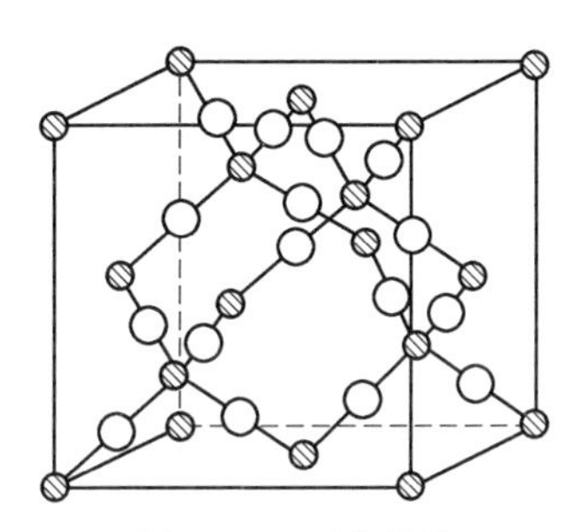

图 5-79 石英晶胞

○—O；⊘—Si

利用 X 射线衍射仪对石英矿样进行分析，2θ 范围为 20°～70°，每步扫描角度 0.02°。利用 XRD 分析软件 MDI Jade 对石英原矿进行晶胞点阵常数的计算和参数精修，结果如表 5-3 所示。精修实际矿物晶胞参数为：$a=4.91416\times10^{-10}$m，$b=4.91416\times10^{-10}$m，$c=5.40701\times10^{-10}$m，$\alpha=\beta=90°$，$\gamma=120°$。可计算的矿物密度为 2.66g/cm³，晶胞体积为 130.57×10^{-30}m³。

表 5-3 石英的 XRD 结构精修结构

h	k	l	$2T$(cal)/(°)	$2T$(obs)/(°)	d(cal)/m	d(obs)/m
1	0	0	20.857	20.884	4.2554×10^{-10}	4.2550×10^{-10}
0	1	1	26.639	26.661	3.3435×10^{-10}	3.3438×10^{-10}
1	1	0	36.543	36.571	2.4569×10^{-10}	2.4566×10^{-10}
1	0	2	39.466	39.480	2.2814×10^{-10}	2.2819×10^{-10}
1	1	1	40.289	40.313	2.2366×10^{-10}	2.2366×10^{-10}
2	0	0	42.449	42.477	2.1277×10^{-10}	2.1275×10^{-10}
2	0	1	45.793	45.817	1.9798×10^{-10}	1.9798×10^{-10}
1	1	2	50.138	50.155	1.8179×10^{-10}	1.8182×10^{-10}
1	2	1	59.956	59.981	1.5416×10^{-10}	1.5415×10^{-10}
1	2	2	67.740	67.758	1.3821×10^{-10}	1.3822×10^{-10}

注：cal 为计算值，obs 为观测值，$2T=2\theta$。

B　绢云母晶体结构

绢云母（Sericite）是白云母或钠云母呈致密微晶集合体的亚种，是颗粒细小的白云母或钠云母。其分子式通常表示为 $KAl[AlSi_3O_{10}](OH)_2$，化学成分理论含量为：SiO_2 45.30%，Al_2O_3 38.40%，K_2O 11.80%，H_2O 4.50%。绢云母与白云母的晶体结构相似（如图 5-80 所示），结构呈二八面体，即为两层硅氧四面体间夹杂一层硅氧八面体构成四面体的顶氧（活性氧）与附加阴离子（OH）位于两层六面网中央，构成活性结晶水基团[55]。由于四面体片中的 Si^{4+} 有 1/4 为 Al^{3+} 所代替，使结构层内出现剩余负电荷，为了达到电价平衡，结构层之间须有较大的阳离子（如 K^+）存在[56]。但绢云母结构单元层中阳离子置换少，充填于层间的 K^+ 数量少。绢云母 $[(Si,Al)O_4]$ 四面体共 3 个角顶相连成六方网孔，四面体活性氧朝向一边，羟基位于六方网孔中央，并与活性氧位于同一平面上。结构层中上、下两四面体片活性氧相对，并沿 a 轴方向位移 $a_0/3$（约 0.17nm），使两层的活性氧和羟基呈最紧密堆积，Mg^{2+}、Fe^{2+} 等充填在所形成的八面体空隙中。

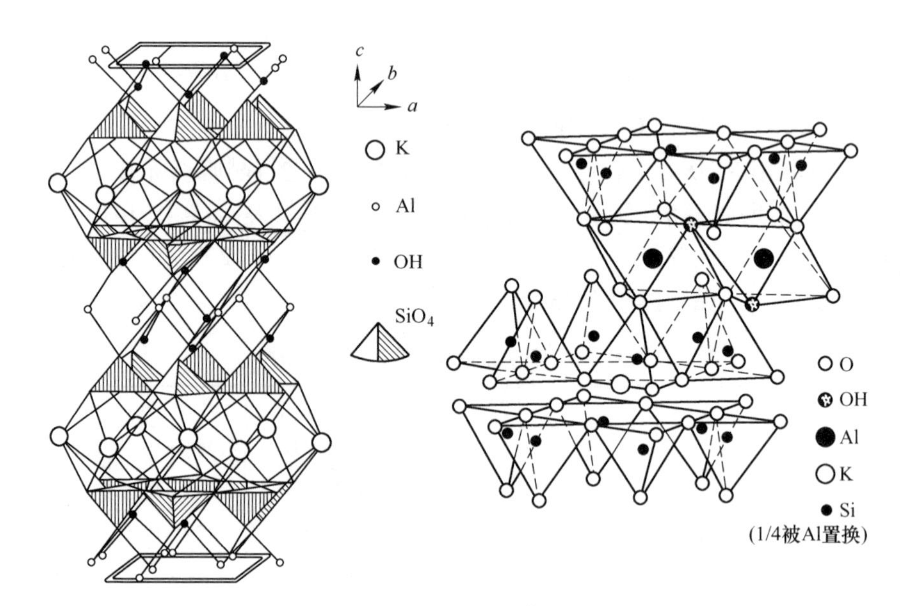

图 5-80　绢云母的晶体结构

利用 X 射线衍射仪对绢云母矿样进行分析，2θ 范围为 20°~70°，每步扫描角度 0.02°。利用 XRD 分析软件 MDI Jade 对绢云母原矿进行晶胞点阵常数的计算和参数精修，结果如表 5-4 所示。精修实际矿物晶胞参数为：$a=5.30412\times10^{-10}$m，$b=8.95741\times10^{-10}$m，$c=20.1332\times10^{-10}$m，$\alpha=90°$，$\beta=95.1913°$，$\gamma=90°$。可计算的矿物密度为 2.742g/cm^3，晶胞体积为 956.55×10^{-30}m^3。

表 5-4 绢云母的 XRD 结构精修结构

h	k	l	$2T$(cal)/(°)	$2T$(obs)/(°)	d(cal)/m	d(obs)/m
0	0	6	26.771	26.713	3.3274×10^{-10}	3.3291×10^{-10}
1	1	4	27.791	27.894	3.2075×10^{-10}	3.1911×10^{-10}
-1	1	5	28.549	28.056	3.1241×10^{-10}	3.173×10^{-10}
0	2	5	29.784	29.905	2.9972×10^{-10}	2.9813×10^{-10}
1	1	5	31.176	31.322	2.8665×10^{-10}	2.8497×10^{-10}
-1	1	6	32.011	31.501	2.7936×10^{-10}	2.834×10^{-10}
-2	0	1	34.415	33.728	2.6037×10^{-10}	2.652×10^{-10}
1	3	1	34.831	35.049	2.5736×10^{-10}	2.5551×10^{-10}
0	0	8	35.958	35.896	2.4955×10^{-10}	2.4969×10^{-10}
0	2	7	37.208	37.293	2.4145×10^{-10}	2.4066×10^{-10}
-2	2	1	39.888	39.414	2.2582×10^{-10}	2.282×10^{-10}
2	2	4	45.589	45.593	1.9882×10^{-10}	1.9863×10^{-10}

注：cal 为计算值，obs 为观测值，$2T=2\theta$。

C 白云石晶体结构

白云石化学组成为 $CaMg[CO_3]_2$，晶体属三方晶系的碳酸盐矿物。白云石属于三方晶系，空间群为 $C_{3i}^2-R\bar{3}$，具有菱面体晶胞和六方晶胞，六方晶胞是二次体心的六方晶胞，它是复单位，单位晶胞中化学式的数目 $z=3$，由它可转变为菱面体晶胞，其晶胞参数为 $a_r=0.60154$nm，$\alpha_r=47°07'$ 和 $z=1$，其晶胞如图 5-81 所示[57]。白云石晶体结构中 Ca、Mg 沿着三次轴交替排列，即 Ca 八面体和 Mg 八面体层做有规律的交替排列，其结构在形式上可以看成是在方解石结构中半数的 Ca^{2+}被 Mg^{2+}代替并完全有序化，只是由于这两种阳离子的大小不同而使氧原子有少许的位移。在白云石的菱面体晶胞中有两个 $\bar{3}$ 位置，但一个被 Ca^{2+} 占据，另一个被 Mg^{2+} 占据，并且不发生 Ca^{2+} 和 Mg^{2+} 互换位置。白云石中的 $[CO_3]$ 中的 C 只位于三次轴上，三个 O 仅由三次轴相联系。理想的白云石晶体结构中，钙离子和镁离子层被碳酸根离子层分隔开[58]。白云石晶体结构如图 5-82 所示。

利用 XRD 分析软件 MDI Jade 对白云石原矿进行晶胞点阵常数的计算和参数精修，结果如表 5-5 所示。精修实际矿物晶胞参数为：$a=4.81986\times10^{-10}$m，$b=4.81986\times10^{-10}$m，$c=16.07611\times10^{-10}$m，$\alpha=90°$，$\beta=90°$，$\gamma=120°$。可计算的矿物密度为 2.867g/cm^3，晶胞体积为 373.47×10^{-30}m^3。

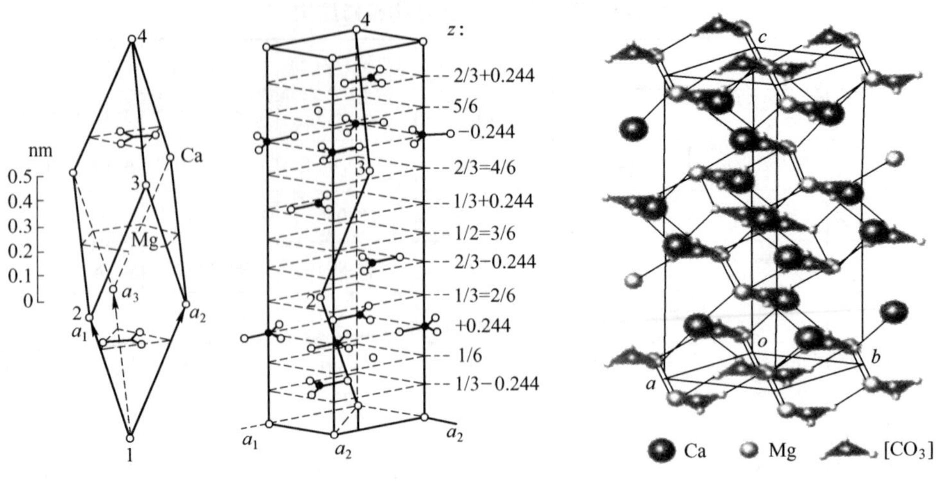

图 5-81　白云石单位晶胞　　　　图 5-82　白云石晶体结构

表 5-5　白云石的 XRD 结构精修结构

h	k	l	$2T$(cal)/(°)	$2T$(obs)/(°)	d(cal)/m	d(obs)/m
1	0	4	31.074	31.072	2.8952×10^{-10}	2.8938×10^{-10}
0	0	6	33.628	33.631	2.6794×10^{-10}	2.6778×10^{-10}
0	1	5	35.416	35.418	2.5472×10^{-10}	2.5459×10^{-10}
1	1	0	37.491	37.49	2.4099×10^{-10}	2.409×10^{-10}
1	1	3	41.239	41.241	2.1979×10^{-10}	2.197×10^{-10}
0	2	1	43.905	43.907	2.0697×10^{-10}	2.0689×10^{-10}
2	0	2	45.035	45.038	2.0201×10^{-10}	2.0193×10^{-10}
0	2	4	49.35	49.356	1.8522×10^{-10}	1.8514×10^{-10}
1	1	6	51.123	51.132	1.7918×10^{-10}	1.791×10^{-10}
2	1	1	58.952	58.961	1.5701×10^{-10}	1.5695×10^{-10}
1	2	2	59.869	59.88	1.5481×10^{-10}	1.5475×10^{-10}

注：cal 为计算值，obs 为观测值，$2T=2\theta$。

D　萤石晶体结构

萤石常呈立方体晶体，其次为八面体、菱形十二面体及聚形，也可呈条带状致密块状集合体。晶胞为面心立方结构，每个晶胞含有 4 个钙离子和 8 个氟离子。阳离子位于立方晶胞的角顶和面心，具八次配位；阴离子位于八分之一晶胞小立方体的中心，具四次配位。萤石空间群为 Fm3m，其晶胞结构如图 5-83 所示，其中钙离子位于立方体内八个小立方体的中心[59]。阳离子的配位数为 8，存在着［CaF_8］配位多面体；阴离子的配位数仅为 4，存在着［FCa_4］配位多面体。氟离子填充在八个小立方体中心，8 个四面体全被占据，八面体全空（有 1+12×1/4=4 个八面体空隙，其中有 12 个位于棱的中点，为 4 个晶胞所共用，1 个位于体心）。每形成 1 个阴离子空位，只要断开 4 个 Ca—F 键。每形成 1 个阳离子空位，则要断开 8 个 Ca—F 键，需要的能量比较高。所以在萤石型结构中，存在着填隙阴离子 F_i'[60]。

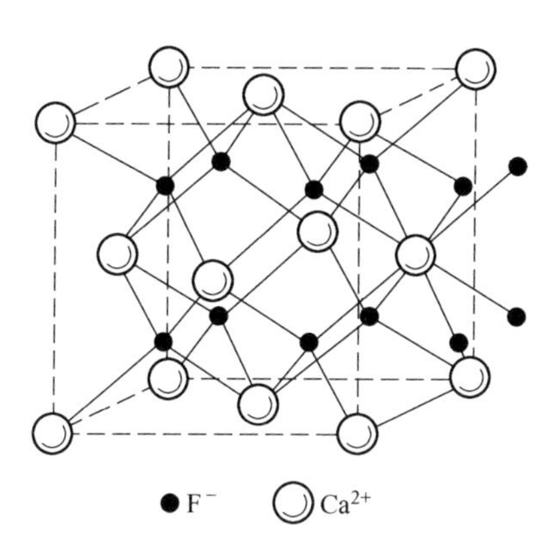

图 5-83 萤石（CaF_2）晶胞图

利用 XRD 分析软件 MDI Jade 对萤石原矿进行晶胞点阵常数的计算和参数精修，结果如表 5-6 所示。精修实际矿物晶胞参数为：$a=5.46201\times10^{-10}$m，$b=5.46201\times10^{-10}$m，$c=5.46201\times10^{-10}$m，$\alpha=90°$，$\beta=90°$，$\gamma=90°$。可计算的矿物密度为 $D_x=3.183$g/cm³，晶胞体积为 162.95×10^{-30}m³。

表 5-6 萤石的 XRD 结构精修结构

h	k	l	$2T$(cal)/(°)	$2T$(obs)/(°)	d(cal)/m	d(obs)/m
1	1	1	28.279	28.379	3.1532×10^{-10}	3.1535×10^{-10}
2	0	0	32.768	32.867	2.7308×10^{-10}	2.731×10^{-10}
2	2	0	47.021	47.113	1.9309×10^{-10}	1.9311×10^{-10}
3	1	1	55.779	55.867	1.6467×10^{-10}	1.6469×10^{-10}
2	2	2	58.493	58.58	1.5766×10^{-10}	1.5767×10^{-10}
4	0	0	68.687	68.767	1.3654×10^{-10}	1.3655×10^{-10}
3	3	1	75.87	75.946	1.253×10^{-10}	1.2531×10^{-10}
4	2	0	78.209	78.283	1.2212×10^{-10}	1.2213×10^{-10}
4	2	2	87.409	87.476	1.1148×10^{-10}	1.1149×10^{-10}

注：cal 为计算值，obs 为观测值，$2T=2\theta$。

E 羟基磷灰石晶体结构

羟基磷灰石理论组成为 $Ca_{10}(PO_4)_6(OH)_2$ 属于磷灰石晶体的一种，Ca/P 摩尔比例为 1.67。如图 5-84 所示，磷灰石晶体为六方晶系，属 L^6PC 对称型和 P63/m 空间群，其结构为六角柱体，与 c 轴垂直的面是一个六边形，单位晶胞含有 10 个 Ca^{2+}、6 个 PO_4^{3-} 和 2 个 OH^-。结构中 Ca—O 多面体呈三方柱状，以棱及角顶相连呈不规则的链沿 c 轴延伸，链间以［PO_4］联结，形成平行 c 轴的孔道，附加阴离子 Cl、F、OH 充填在此孔道中也排列成链状。结构中 Ca^{2+} 分别位于配位数为 9 的 Ca(Ⅰ)位置和配位数为 7 的 Ca(Ⅱ) 位置，其中 4 个 Ca^{2+} 占据 Ca(Ⅰ) 位置，即 2 =0 和 2 = 1/2 位置各 2 个，该位置处于 6 个组成的 Ca—O 八面体的中心；其他 6 个 Ca^{2+} 处于 Ca(Ⅱ) 位置，即 z = 1/4 和 z = 3/4 位置各 3 个，位于 3 个 O 组成的三配位体中心，其多面体围绕六次螺旋轴分布，构成平行 c 轴的螺旋六重对称性结构通道，OH^- 位于通道之间由 Ca^{2+} 和氧原子形成的垂直于 c 轴平面的等边三角形中心，这种结构恰似 6 个磷氧四面体通过共角顶或共面的 Ca(Ⅰ)、Ca(Ⅱ) 多面体连接起来，分别位于 z = 1/4 和 z = 3/4 的平面上，这些 PO_4 四面体的网络使得磷灰石结构具有较好的稳定性[61]。

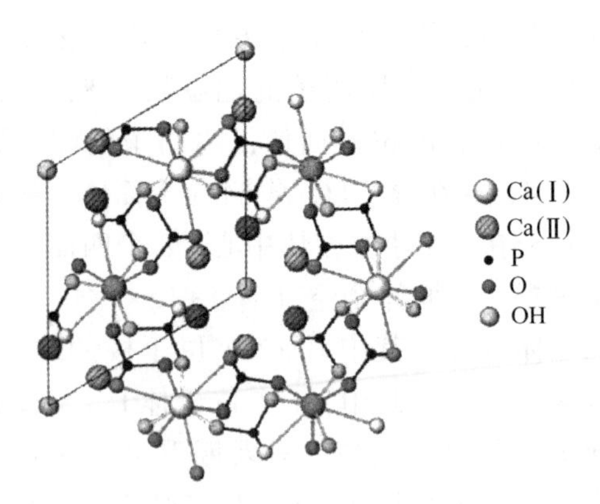

图 5-84　磷灰石晶体结构

利用 XRD 分析软件 MDI Jade 对磷灰石原矿进行晶胞点阵常数的计算和参数精修，结果如表 5-7 所示。磷灰石原矿 XRD 分析及精修结果表明，精修实际矿物晶胞参数为：a = 9.39761×10^{-10}m，b = 9.39761×10^{-10}m，c = 6.87291×10^{-10}m，α = 90°，β = 90°，γ = 120°。可计算的矿物密度为 D_x = 3.08g/cm^3，晶胞体积为 606.98×$10^{-30}$$m^3$。

表 5-7　磷灰石的 XRD 结构精修结构

h	k	l	$2T$(cal)/(°)	$2T$(obs)/(°)	d(cal)/m	d(obs)/m
2	1	1	31.765	31.813	2.8147×10^{-10}	2.8078×10^{-10}
1	1	2	32.194	32.214	2.7781×10^{-10}	2.7738×10^{-10}
3	0	0	32.896	32.958	2.7205×10^{-10}	2.7129×10^{-10}
2	0	2	34.062	34.089	2.6299×10^{-10}	2.6255×10^{-10}
2	1	2	39.196	39.244	2.2965×10^{-10}	2.2920×10^{-10}
1	3	0	39.79	39.874	2.2636×10^{-10}	2.2573×10^{-10}
2	2	2	46.693	46.77	1.9437×10^{-10}	1.9395×10^{-10}
1	3	2	48.08	48.162	1.8908×10^{-10}	1.8867×10^{-10}
2	1	3	49.489	49.541	1.8403×10^{-10}	1.8374×10^{-10}
3	2	1	50.474	50.587	1.8066×10^{-10}	1.8019×10^{-10}
1	4	0	51.253	51.376	1.7810×10^{-10}	1.7760×10^{-10}
4	0	2	52.074	52.172	1.7548×10^{-10}	1.7508×10^{-10}

注：cal 为计算值，obs 为观测值，$2T$ = 2θ。

综合以上矿物晶体结构特点可知，石英是由 Si—O 四面体结构组成，石英在浸出条件下溶解过程中，随着水分子靠近，石英的结构会有四面体向三角双锥转化，同时发生断键和成键的过程，由于 H^+连接在末端 OH^-，使得 Q(Si)—Obr 键变得更短，断裂更加困难，因此石英在酸性或中性溶液中很稳定，基本不发生溶解。绢云母虽然也是硅酸盐矿物，但结构为层状结构，即为两层硅氧四面体间夹杂一层铝氧八面体构成四面体的顶氧（活性氧）与附加阴离子（OH）位于两层六面网中央，构成活性结晶水基团，这种层状结构使得绢云母比石英的架状结构稳定性要差很多，层间主要为范式键、氢键，易于断开，在溶液中溶解能力比石英强。白云石是碳酸盐，为碱性矿物，结构中 Ca、Mg 沿着三次轴交替排列，即钙八面体和镁八面体层做有规律的交替排列，钙离子和镁离子层被碳酸根离子层分隔开，这种层状结构决定了矿物在酸性溶液中其 CO_3^{2-}与酸发生中和作用，促进了矿物的溶解。萤石晶胞为面心立方结构，每个晶胞含有 4 个钙离子和 8 个氟离子，阳离子位于立方晶胞的角顶和面心，具八次配位，阴离子位于八分之一晶胞小立方体的中心，具四次配位，这就决定了萤石结构稳定，一般仅能与酸有微弱作用。磷灰石结构中 Ca—O 多面体呈三方柱状，以棱及角顶相连呈不规则的链沿 c 轴延伸，链间以［PO_4］联结，形成平行 c 轴的孔道，附加阴离子 OH^-充填在此孔道中也排列成链状，在酸性条件下，磷灰石表面上的羟基发生脱离，溶入水分子层，表面羟基的脱离，导致位于表面与次表面的 Ca^{2+}与磷灰石联系减弱，不稳定性增加，从而使 Ca^{2+}容易从表面溢出，迅速地大量进入水分子层。羟基进入水溶液后大部分停留在表面附近，大量脱离的 Ca^{2+}游弋到远离表面的溶液中破坏了磷灰石的电中性，表面磷酸基团游离出来变成磷酸根离子。

根据微粒间作用力划分可知，石英为原子晶体，微粒间作用力主要为共价键；绢云母、白云石、萤石和磷灰石为离子晶体，微粒间作用力主要为离子键。但矿物结构中所含有价键不是单一的，离子晶体不仅含有离子键还含有部分共价键：绢云母中 Si—O 键为共价键，Al—O 键为离子键；白云石中 Ca—O、Mg—O 键均为离子键；萤石中 Ca—F 键为离子键；磷灰石中 Ca—O 为离子键，P—O 为共价键。在溶液中矿物发生溶解时，一般破坏离子键，可能破坏共价键，所以在微生物浸出体系中溶出时，离子键相对于共价键较好溶出。因此，在这 5 种脉石矿物中，Si—O 键最难断开，而其他离子键断键难易程度主要与成键离子半径和所带电荷数有关。由于铝离子半径<镁离子半径<钙离子半径，且根据“对于相同阴离子，金属离子半径越小，阴、阳离子所带的电荷越多，离子键越强”的规律可知离子键强度为：Al—O 键>Mg—O 键>Ca—O 键。综合以上分析可知，在离子键关系在一定范围内可以解释矿物的溶解性大小，Al—O 键键强最大，Ca—F 键和 Ca—O 键键强较弱，而且 Si—O 键为共价键，这与脉石矿物在微生物浸出黄铜矿及强酸（pH=2）条件下溶出顺序和溶出浓度大小基本一致；白云石由于是碳酸盐，在酸性溶液中发生中和作用，最先溶出且溶出浓度最大，不能仅凭离子键强及结构来判定溶解性；萤石和磷灰石中 Ca—F 键、Ca—O 键相对 Al—O 键键强弱，所以在溶液中溶出时萤石和磷灰石比绢云母较容易；绢云母是共价键 Si—O 键和离子键 Al—O 键共存，Al—O 键键强最大，导致其在溶液中溶出浓度仅比石英稍大，溶出顺序也排在倒数第二；石英中主要是共价键 Si—O 键，由于原子之间相互结合的共价键非常强，要打断这些键而使晶体溶解必须消耗大量能量，因此石英在浸出体系中溶出速率和溶出浓度均最小。

5.4.1.3　晶格能

晶格能又叫点阵能，是在反应时 1mol 离子化合物中的正、负离子从相互分离的气态结合成离子晶体时所放出的能量。影响晶格能大小的主要因素有离子半径、离子电荷以及离子的电子层构型等[62]。晶格能越大，离子键越牢固，晶体越稳定。晶格能的大小决定离子晶体的稳定性，用它可以解释和预言离子晶体的许多物理和化学性质。例如，根据晶格能大小可以求得难以从实验测出的电子亲和势，可以求得离子化合物的溶解热，并能预测溶解时的热效应及溶出顺序。对于相同类型的离子晶体来说，离子电荷越高，正、负离子的核间距越短，晶格能越大，表明离子键越牢固，离子晶体可溶性就差。离子晶体溶于水是拆散有序的晶体结构（吸热）和形成水合离子（放热）的过程，如果整个溶解过程使体系能量降低则有助于溶解进行。晶格能小、水合热大的晶体易溶于水。

目前对离子晶体晶格能直接测定的理想实验方法仍未建立，晶格能的间接实验数据是利用 Born-Haber 热化学循环计算出来的，但是实验数据误差较大[63]。晶格能不能直接测定，晶格能的计算方法还存在诸多缺点，不够完善和全面，其定义是建立在离子键相结合的基础上，而在自然界中的矿物往往以多种键的相结合，从现有的晶格能理论去解释矿物的工艺特性是不够的，还应该分析它的形成原因和结晶构造等[64]。本文查阅相关文献[65~67]得到脉石矿物和黄铜矿的晶格能，见表 5-8。

表 5-8　脉石矿物和黄铜矿晶格能　　(kJ/mol)

矿物	石英	白云母	白云石	萤石
晶格能	12958	12627	1385	2567

因为绢云母是一种天然细粒白云母，属白云母的亚种，是层状结构的硅酸盐，因此采用白云母的晶格能来代替绢云母晶格能。矿物晶格能，既衡量矿物生成时放出能量的大小，同时也是矿物抵抗风化的能力的量度。因此，矿物的晶格能越大，结晶力强，硬度高，相对密度大，在相同的外在因素作用下，其稳定就越高。从表 5-8 可以看出，白云石晶格能最低，因此白云石在浸出体系中最先溶

出。矿物按晶格能大小排序：白云石<萤石<绢云母<石英。矿物在微生物浸出黄铜矿体系中溶出顺序为：白云石中 Mg^{2+} 和 Ca^{2+}、萤石中 F^-、绢云母中 Al^{3+}、石英中硅。对比可知，脉石矿物在浸出体系溶出顺序与脉石矿物晶格能大小成反比，即矿物晶格能越小越先溶出。

5.4.1.4 可溶性

任何难溶的物质在水溶液中总是或多或少地溶解，绝对不溶解的物质是不存在的。查阅相关文献[68,69]得到各脉石矿物的溶度积，见表 5-9，在 pH=2 的酸性溶液中脉石矿物的可溶性如图 5-85 所示。

表 5-9 脉石矿物溶度积

矿物名称	白云石	萤石	羟基磷灰石
溶度积 $\lg K_{sp}$	-17	-10.03	-115

从表 5-9 可以看出，羟基磷灰石的溶度积最低为-115，其次为白云石溶度积为-17，而萤石的溶度积最大为-10.03，但在微生物浸出黄铜矿过程中白云石溶出浓度最高，萤石和磷灰石相差不大（萤石略高）。石英和绢云母的溶度积查阅相关文献未找到明确数值，但了解石英和绢云母等硅酸盐矿物晶体结构稳定，相对其他矿物更不易溶解，而且石英比绢云母在酸性溶液中更难溶解。

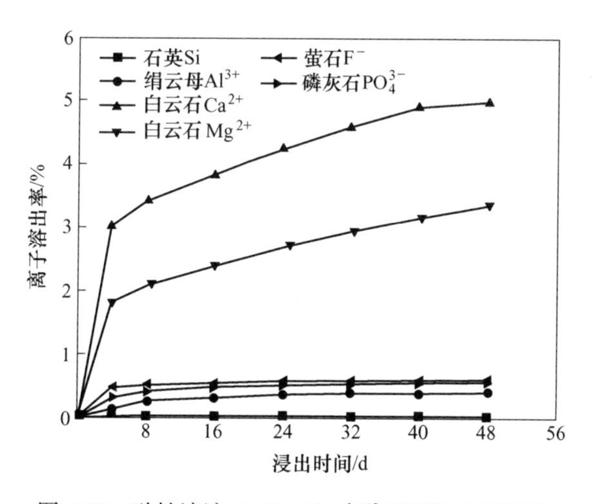

图 5-85 酸性溶液（pH=2）中脉石矿物的可溶性

由图 5-85 可知，在 pH=2 的酸性溶液中，各脉石矿物可溶性随作用时间的增加逐渐增大，溶液中溶出离子浓度逐渐升高，石英、绢云母、白云石、萤石和磷灰石在酸性溶液中溶出 48d，总硅、Al^{3+}、Ca^{2+}、Mg^{2+}、F^-、PO_4^{3-} 的溶出率分别为 0.02%、0.42%、4.96%、3.32%、0.60%和 0.59%。白云石相对较易溶解，萤石、磷灰石和绢云母次之，石英很难在酸性条件下溶解。

通过上述分析可以看出，脉石矿物的溶度积（除白云石）和在酸性溶液（pH=2）中的可溶性与其微生物浸出黄铜矿体系中溶出规律是基本一致的，只是溶出率高低不同：微生物浸出体系脉石矿物溶出率比酸性溶液中高很多，这应该是微生物及代谢产物和酸共同作用的结果。总体而言，可溶性较好的脉石矿物还是更容易在微生物浸出体系溶出，在黄铜矿浸出的初期，容易溶出的矿物溶出离子对 *At.f* 菌的生长繁殖有很大的影响：石英、绢云母和磷灰石溶出离子促进 *At.f* 菌生长，有利于黄铜矿的浸出；而萤石和白云石溶出对 *At.f* 菌生长代谢有抑制作用，进而影响黄铜矿浸出。

5.4.2　共伴生关系的影响

与铜矿物共伴生的脉石矿物种类繁多，脉石矿物由于各自晶体结构、化学组成、表面物理化学性质等存在很大差异，在由微生物、目的矿物、脉石矿物和高酸度共存的浸出体系中，脉石矿物在微生物、强酸性条件下势必会溶出各种阴阳离子。并且这些脉石矿物与铜矿物的共伴生关系也有多种，不同共伴生存在关系直接影响了黄铜矿和脉石矿物溶出率和溶出速率。

选择有代表性的脉石矿物与黄铜矿共伴生关系为浸染状和团块状的实际矿石，破碎到 -2mm 备用。在摇床转速为 160r/min，温度为 30℃ 条件下，选择 -2mm 浸染状或团块状矿石与接种量 10%的 *At.f* 菌构成浸出体系，考察了不同共伴生关系对脉石矿物溶出规律影响及对微生物浸出黄铜矿的影响。微生物浸出过程中矿物溶出离子浓度和速率、pH 值和 Eh 值的变化、电导率及铜浸出率的变化如图 5-86~图 5-93 所示。

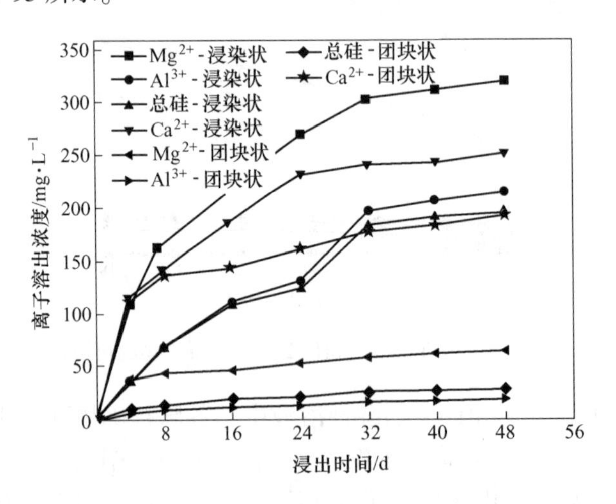

图 5-86　不同共伴生关系对脉石矿物溶出离子浓度影响

从图 5-86 可以发现，与黄铜矿共伴生关系为浸染状的脉石矿物在微生物浸出黄铜矿体系中溶出 Mg^{2+}、Al^{3+}、总硅和 Ca^{2+}浓度（320. 17mg/L、214. 09mg/L、194. 35mg/L 和 251. 43mg/L）都高于与黄铜矿共伴生关系为团块状的脉石矿物浸出体系溶出离子浓度（63. 49mg/L、19. 25mg/L、27. 88mg/L 和 192. 90mg/L）。浸出体系中未测出 F^-和 PO_4^{3-}。与黄铜矿共伴生关系为团块状的脉石矿物中溶出离子浓度均是在浸出初期溶出速率比较大，随着浸出过程进行，离子溶出速率迅速降低到较小值；与黄铜矿共伴生关系为浸染状的脉石矿物以较高溶出速率持续时间较长，所以浸出 48d 后离子溶出浓度较高。由图中 Al^{3+}和总硅浓度变化情况可以发现，Al^{3+}和总硅变化趋势基本一样，浓度相差不大，而且溶出浓度不是很高，说明其中的 Al^{3+}应该是以硅酸盐矿物形式存在的。脉石矿物溶出离子中，Mg^{2+}和 Ca^{2+}浓度远高于 Al^{3+}和总硅浓度，这与矿物晶体结构、矿物嵌布特征及矿物含量大小等均有关系，一般情况下，含有 Ca^{2+}和 Mg^{2+}矿物相对于硅酸盐矿物和氧化矿中的 Al^{3+}、总硅容易溶出。浸染状矿石中脉石矿物溶出较高浓度总硅、Al^{3+}和 Mg^{2+}，这些离子对于 *At. f* 菌生长代谢均有促进作用。

图 5-87 和图 5-88 分别为不同共伴生关系对体系 pH 值和 Eh 值的影响。从图中看出，浸染状矿石和团块状矿石微生物浸出体系 pH 值和氧化还原电位变化情况差异明显。浸染状矿石浸出体系 pH 值呈先降低后升高再降低的趋势，氧化还原电位相应地呈先快速升高后缓慢降低再升高的趋势。团块状矿石浸出体系 pH 值随浸出时间增加而缓慢增加，氧化还原电位先小幅降低再缓慢增加。

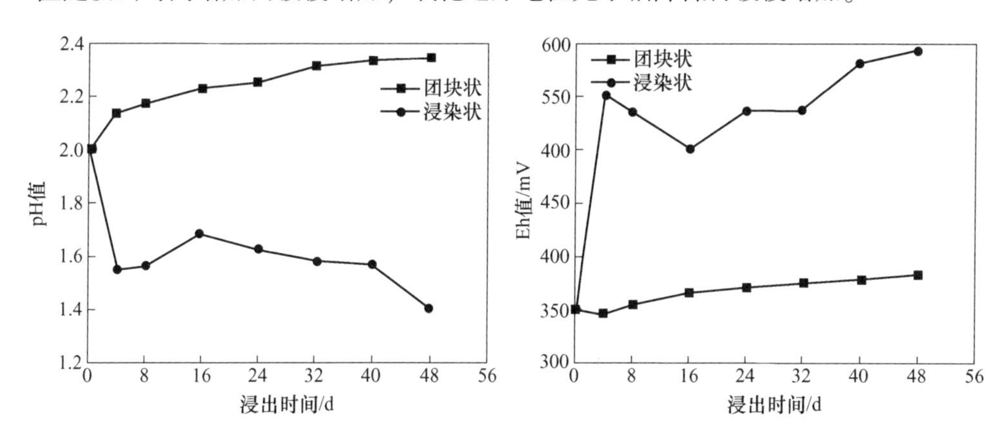

图 5-87　不同共伴生关系对体系 pH 值影响　　图 5-88　不同共伴生关系对体系 Eh 值影响

团块状矿石浸出体系由于溶出 Al^{3+}、总硅和 Mg^{2+}浓度比较低，对 *At. f* 菌生长促进作用较小，而且含有碱性矿物（XRD 图谱分析）使体系 pH 值缓慢上升，抑制 *At. f* 菌生长代谢，导致浸出体系 Fe^{2+}被氧化速率比较慢，氧化还原电位上升缓慢。

浸出初期，浸染状矿石浸出体系由于脉石矿物中溶出的 Al^{3+}、总硅和 Mg^{2+} 对 *At.f* 菌的促进作用，体系氧化还原电位在 4d 时达到了 551mV，且由于脉石矿物大量溶出 Fe^{2+} 导致浸出体系氧化还原电位出现短期缓慢降低阶段，随着浸出体系 *At.f* 菌生长活性增加，Fe^{2+} 被大量氧化，氧化还原电位开始增加。相应地，浸出初期，体系 pH 值大幅降低，这是由 *At.f* 菌快速生长，大量消耗 Fe^{2+} 转化为 Fe^{3+} 并水解生成沉淀产酸所致；随着浸出试验进行，在氧化还原电位降低阶段，pH 值呈现小幅上升，是溶出 Fe^{2+} 被细菌氧化成 Fe^{3+} 过程消耗酸所致；浸出体系中 Fe^{3+} 增多，且 Fe^{3+} 发生水解使体系酸度增加，pH 值有所下降。

从图 5-89 可以看出，浸染状矿石微生物浸出体系中 *At.f* 菌氧化活性明显高于团块状矿石浸出体系。浸染状矿石微生物浸出体系中 *At.f* 菌由于脉石矿物中溶出离子的促进作用，经过短暂的延迟期和快速增长期，在浸出 8d 时，Fe^{2+} 氧化率就达到了 96.97%，虽然有些小波动，但 Fe^{2+} 氧化率一直在 90.00%以上并很快达到 100%。团块状矿石微生物浸出体系 *At.f* 菌对 Fe^{2+} 氧化率增长比较缓慢，浸出前 4d，*At.f* 菌氧化活性仅 2.92%，虽然随后 8～16d *At.f* 菌对 Fe^{2+} 氧化率快速增加到 68.14%，但后期 *At.f* 菌氧化活性增加不明显，Fe^{2+} 氧化率仅为 82.55%，始终比浸染状矿石浸出体系中 *At.f* 菌氧化活性低，这应该与团块状矿石含有碱性矿物有关。

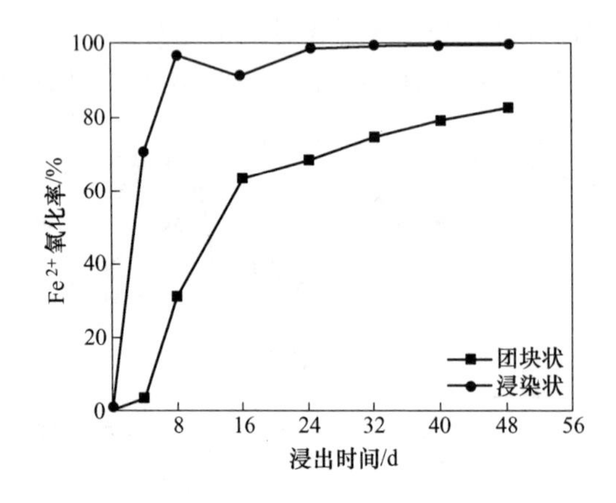

图 5-89　不同共伴生关系对体系菌种氧化活性影响

从图 5-90 和图 5-91 可以看出，脉石矿物与黄铜矿共伴生关系不同，浸出体系电导率变化也不一样。浸染状矿石浸出体系电导率随浸出时间增加而先降低后升高。电导率变化情况与浸出体系中离子浓度变化有关，浸出前 24d，浸出体系电导率逐渐下降是由于初期浸出体系中 Fe^{3+} 发生水解生成沉淀占主导作用；浸出后期浸出体系中 Fe^{3+} 水解沉淀速率减慢，浸出液中 TFe 含量基本不变，而此时脉石矿物和黄铜矿溶出使体系中电导率略有上升。虽然脉石矿物和黄铜矿中溶出离子浓度，但黄铜矿溶出铜含量和脉石矿物中溶出离子浓度不足以抵消浸出体系中 Fe^{3+}水解生成沉淀的量，所以团块状矿石浸出体系电导率随浸出时间增加不断降低。

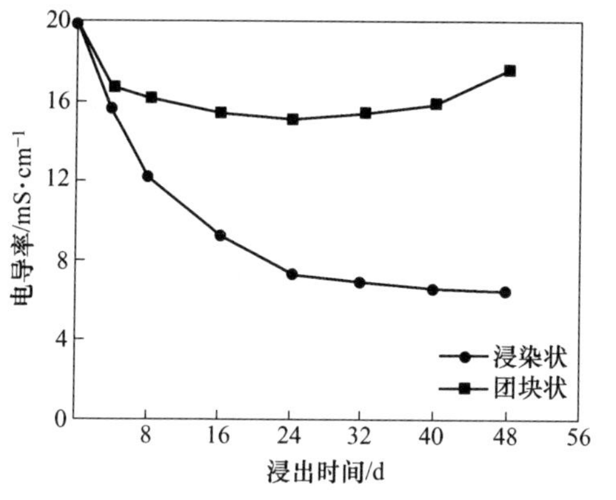

图 5-90 不同共伴生关系对电导率影响

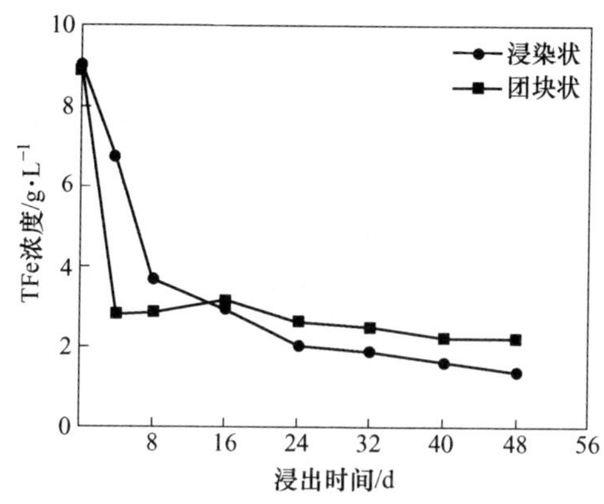

图 5-91 不同共伴生关系对体系全铁浓度影响

图 5-92 和图 5-93 为不同共伴生关系对铜浸出率和浸出速率的影响，结果显示，微生物浸出体系中铜浸出率随着浸出时间而不断增加，但浸出体系中铜浸出速率变化差异较大。团块状矿石浸出体系中铜浸出速率在浸出初期最高，并随着浸出进行不断降低，这是因为浸出前期，破碎致使团块状矿石出现新鲜表面，这部分易溶铜首先被酸、*At.f* 菌及代谢产物溶出。随着反应时间的继续推进，虽然铜浸出速率在不断减低，但浸出体系中铜的浸出率却在逐渐增加，而且由于整个浸出过程铜浸出速率基本都比浸染状矿石中铜浸出速率高，所以团块状矿石浸出体系铜最终浸出率为 24.38%，比浸染状矿石浸出体系中铜浸出率（7.22%）高较多。

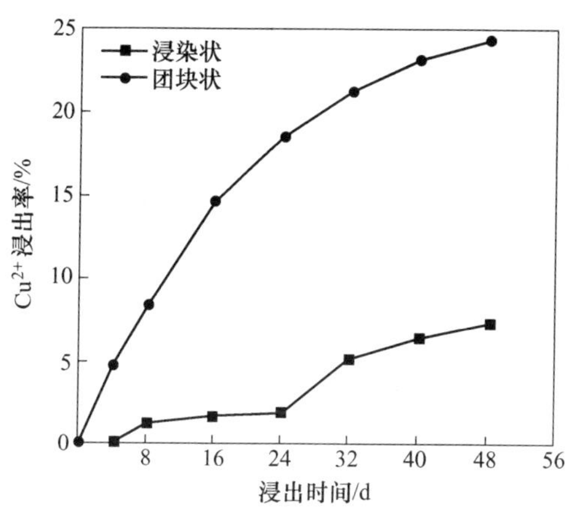

图 5-92 不同共伴生关系对铜浸出率影响

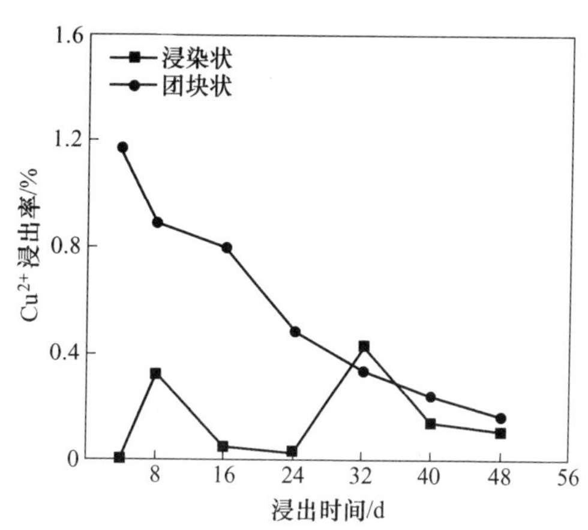

图 5-93 不同共伴生关系对铜浸出速率影响

浸染状矿石浸出体系中，铜浸出速率波动性比较大，这主要与 *At.f* 菌氧化活性有关。浸出初期，虽然 *At.f* 菌由于脉石矿物溶出离子的促进作用活性很好，但浸染状矿石结构特点使黄铜矿不易被 *At.f* 菌浸出，浸出前 4d 并未有铜浸出，仅脉石矿物中离子溶出。随着浸出进行，浸出 8d 时，黄铜矿开始溶出，铜浸出速率随浸出不断降低，直到 32d 时，铜浸出速率突然升高后降低，这应该是与浸出体系中 *At.f* 菌活性在此阶段有所回升有关。虽然浸染状矿石浸出体系脉石矿物溶出离子对 *At.f* 菌有促进作用，使 *At.f* 菌生长速度很快，活性也很好，但浸染状矿石有目的矿物黄铜矿呈星散状或呈不规则的集合体散布在脉石矿物所组成的基质中结构特点，这就使得 *At.f* 菌与黄铜矿的作用难度增大，黄铜矿难以溶出，导致最终铜浸出率较低。

参考文献

[1] 张贤珍，林海，孙德四，等. 硅酸盐结构对硅酸盐细菌生长代谢及脱硅的影响［J］. 重庆大学学报，2014（5）：98-103.

[2] 张思亭，刘耘. 石英溶解机理的研究进展［J］. 矿物岩石地球化学通报，2009，28（3）：294-300.

[3] Zhang R，Zhang X，Hu S. Dissolution kinetics of quartz in water at high temperatures across the critical state of water［J］. Journal of Supercritical Fluids，2015，100：58-69.

[4] Gautier J M，Oelkers E H，Schott J. Are quartz dissolution rates proportional to B. E. T. surface areas?［J］. Geochimica Et Cosmochimica Acta，2001，65（7）：1059-1070.

[5] 丁治英. 氧化锌矿物在氨性溶液中的溶解行为研究［D］. 长沙：中南大学，2011.

[6] 武芳芳. 生物质还原浸出氧化锰矿石的动力学及其应用研究［D］. 长沙：中南大学，2013.

[7] Gleisner M，Jr R B H，Kockum P C F. Pyrite oxidation by Acidithiobacillus ferrooxidans at various concentrations of dissolved oxygen［J］. Chemical Geology，2006，225（1）：16-29.

[8] 张思亭，刘耘. 不同 pH 值条件下石英溶解的分子机理［J］. 地球化学，2009，38（6）：549-557.

[9] Ding Z，Yin Z，Hu H，et al. Dissolution kinetics of zinc silicate（hemimorphite）in ammoniacal solution［J］. Hydrometallurgy，2010，104（2）：201-206.

[10] Ely D R，García R E，Thommes M. Ostwald-Freundlich diffusion-limited dissolution kinetics of nanoparticles［J］. Powder Technology，2014，257（5）：120-123.

[11] Salmimies R，Mannila M，Kallas J，et al. Acidic dissolution of hematite：kinetic and thermodynamic investigations with oxalic acid［J］. International Journal of Mineral Processing，2012，110-111（28）：121-125.

[12] Ju S, Tang M, Yang S, et al. Dissolution kinetics of smithsonite ore in ammonium chloride solution [J]. Hydrometallurgy, 2005, 80 (1): 67-74.

[13] Safari V, Arzpeyma G, Rashchi F, et al. A shrinking particle—shrinking core model for leaching of a zinc ore containing silica [J]. International Journal of Mineral Processing, 2009, 93 (1): 79-83.

[14] 田信普, 李骏. 江西德兴铜矿尾矿提取绢云母及综合利用的探讨 [J]. 地质与勘探, 2000, 36 (5): 47-48.

[15] 莫晓兰, 林海, 傅开彬, 等. 绢云母对黄铜矿微生物浸出的影响 [J]. 中国有色金属学报, 2012, 22 (5): 1475-1481.

[16] Guo Y G, Huang P, Zhang W G, et al. Leaching of heavy metals from Dexing copper mine tailings pond [J]. Transactions of Nonferrous Metals Society of China, 2013, 23 (10): 3068-3075.

[17] Fischer J, Quentmeier A, Gansel S, et al. Inducible aluminum resistance of Acidiphilium cryptum and aluminum tolerance of other acidophilic bacteria [J]. Archives of Microbiology, 2002, 178 (6): 554-558.

[18] Blight K R, Ralph D E. Aluminium sulphate and potassium nitrate effects on batch culture of iron oxidising bacteria [J]. Hydrometallurgy, 2008, 92 (3): 130-134.

[19] Suwalsky M, Norris B, Villena F, et al. Aluminum fluoride affects the structure and functions of cell membranes [J]. Food & Chemical Toxicology, 2004, 42 (6): 925-933.

[20] 胡天觉, 曾光明, 袁兴中. 湿法炼锌废渣中硫脲浸出银的动力学 [J]. 中国有色金属学报, 2001, 11 (5): 933-937.

[21] 夏志华, 唐谟堂, 李仕庆, 等. 锌焙砂中浸渣高温高酸浸出动力学研究 [J]. 矿冶工程, 2005, 25 (2): 53-57.

[22] Sanna A, Lacinska A, Styles M. Silicate rock dissolution by ammonium bisulphate for pH swing mineral CO sequestration [J]. Fuel Processing Technology, 2014, 120: 128-135.

[23] Daval D, Hellmann R, Martinez I, et al. Lizardite serpentine dissolution kinetics as a function of pH and temperature, including effects of elevated pCO_2 [J]. Chemical Geology, 2013, 351: 245-256.

[24] Veloso T C, Sicupira L C, Rodrigues I C B, et al. The effects of fluoride and aluminum ions on ferrous-iron oxidation and copper sulfide bioleaching with Sulfobacillus thermosulfidooxidans [J]. Biochemical Engineering Journal, 2012, 62 (2): 48-55.

[25] Baba A A, Adekola F A. A study of dissolution kinetics of a Nigerian galena ore in hydrochloric acid [J]. Journal of Saudi Chemical Society, 2012, 16 (4): 377-386.

[26] Ochoa-Herrera V, León G, Banihani Q, et al. Toxicity of copper (Ⅱ) ions to microorganisms in biological wastewater treatment systems [J]. Science of the Total Environment, 2009, 43 (13): 3177-3186.

[27] Bingöl D, Canbazoğlu M, Aydoğan S. Dissolution kinetics of malachite in ammonia/ammonium

carbonate leaching [J]. Hydrometallurgy, 2005, 76 (1): 55-62.

[28] Zhang R, Zhang X, Hu S. Dissolution kinetics of quartz in water at high temperatures across the critical state of water [J]. Journal of Supercritical Fluids, 2015, 100: 58-69.

[29] 夏树屏，高世扬，刘志宏，等. 盐类溶解动力学的数学模型和热力学函数 [J]. 盐湖研究，2003，11 (3)：9-17.

[30] Ju Z J, Wang C Y, Yin F. Dissolution kinetics of vanadium from black shale by activated sulfuric acid leaching in atmosphere pressure [J]. International Journal of Mineral Processing, 2015, 138: 1-5.

[31] 隋丽丽，翟玉春. 硫酸氢铵焙烧高钛渣的溶出动力学研究 [J]. 材料导报，2013，27 (18)：137-140.

[32] 王清良，刘选明. pH 值与温度对氧化亚铁硫杆菌氧化 Fe^{2+} 影响的研究 [J]. 矿冶工程，2004，24 (2)：36-38.

[33] 孙红启. 铁载体和铁离子对细菌生长过程的影响 [D]. 济南：山东大学，2008.

[34] 曲红静. 几株解磷细菌和真菌的分离筛选及解磷机理初探 [D]. 成都：四川师范大学，2005.

[35] He Z, Zhong H, Hu Y, et al. Analysis of differential-expressed proteins of Acidithiobacillus ferrooxidans grown under phosphate starvation [J]. Journal of Biochemistry and Molecular Biology, 2005, 38: 545-549.

[36] Csonka L N. Physiological and genetic responses of bacteria to osmotic stress [J]. Microbiological Reviews, 1989, 53 (1): 121-147.

[37] Aspedon A, Palmer K, Whiteley M. Microarray analysis of the osmotic stress response in Pseudomonas aeruginosa [J]. Journal of Bacteriology, 2006, 188 (7): 2721-2725.

[38] Georgiou D, Papangelakis V G. Sulphuric acid pressure leaching of a limonitic laterite: chemistry and kinetics [J]. Hydrometallurgy, 1998, 49 (1-2): 23-46.

[39] Szekely J, Evans J W, Sohn H Y. Gas-Solid Reactions [M]. New York: Academic Press, 1976.

[40] Bhatia S K, Vartak B J. Reaction of microporous solids: The discrete random pore model [J]. Carbon, 1996, 34 (11): 1383-1391.

[41] Hong Y S, Wadsworth M E. Rate processes of extractive metallurgy [M]. Springer US, 1979.

[42] 莫鼎成. 冶金动力学 [M]. 长沙：中南工业大学出版社，1987.

[43] Olanipekun E. A kinetic study of the leaching of a Nigerian ilmenite ore by hydrochloric acid [J]. Hydrometallurgy, 1999, 53 (1): 1-10.

[44] Zhou H M, Zheng S L, Zhang Y, et al. A kinetic study of the leaching of a low-grade niobium-tantalum ore by concentrated KOH solution [J]. Hydrometallurgy, 2005, 80 (3): 170-178.

[45] 高小林. 云南大红山铜矿成矿系列与成矿预测 [D]. 昆明：昆明理工大学，2011.

[46] 王清良，刘选明. pH 值与温度对氧化亚铁硫杆菌氧化 Fe^{2+} 影响的研究 [J]. 矿冶工程，2004，24 (2)：36-38.

[47] 于宏东. 西藏玉龙氧化铜矿工艺矿物学研究 [J]. 有色金属（选矿部分），2013（1）：1-6.

[48] 陈殿芬，艾永德，李荫清. 乌奴格吐山斑岩铜钼矿床中金属矿物的特征 [J]. 岩石矿物学杂志，1996，15（4）：346-354.

[49] 张麟. 铜录山铜矿浮选基础研究与应用 [D]. 长沙：中南大学，2008.

[50] 阮华东，罗科华，杨林，等. 武山铜矿高碱度选硫试验研究 [J]. 有色金属（选矿部分），2013（1）：23-25.

[51] 陈茂春，梁斌，张永奎. 氟离子对氧化硫硫杆菌的影响 [J]. 四川化工与腐蚀控制，2001，4（2）：14-16.

[52] Zhu X，Cai J，Wang X，et al. Effects of organic components on the relationships between specific surface areas and organic matter in mudrocks [J]. International Journal of Coal Geology，2014，133（5）：24-34.

[53] 任刚伟，常亮，卫晓辉，等. 硅砖中 α-方石英的晶体结构与形貌 [J]. 硅酸盐学报，2006，34（1）：123-126.

[54] 张金梁，郭占成，支歆，等. 微硅粉中 SiO_2 在稀碱液中的溶解行为及动力学 [J]. 过程工程学报，2012，12（2）：212-217.

[55] 何小民，邓海波，朱海玲，等. 金属离子对红柱石与绢云母可浮性的影响 [J]. 矿冶工程，2012，32（2）：55-57.

[56] Kim J O，Lee S M，Jeon C. Adsorption characteristics of sericite for cesium ions from an aqueous solution [J]. Chemical Engineering Research & Design Transactions of the Inst，2014，92（2）：368-374.

[57] 张杰，寿建峰，张天付，等. 白云石成因研究新方法——白云石晶体结构分析 [C]. 全国沉积学大会，2013.

[58] 何婷，张覃. 磷矿石中白云石晶体化学特性研究 [J]. 矿冶工程，2012，32（5）：41-43.

[59] 于洋，孙传尧，卢烁十. 白钨矿与含钙矿物可浮性研究及晶体化学分析 [J]. 中国矿业大学学报，2013，42（2）：278-283.

[60] 高志勇，孙伟，胡岳华，等. 方解石和萤石晶体表面断裂键性质和润湿性的各向异性（英文）[J]. Transactions of Nonferrous Metals Society of China，2012，22（5）：1203-1208.

[61] 朱庆霞，徐琼琼，刘欣. 羟基磷灰石和碳酸羟基磷灰石结构和细胞相容性的对比研究 [J]. 陶瓷学报，2010，31（1）：59-64.

[62] 高发明，张思远. 复杂晶体点阵能的计算方法 [J]. 化学学报，1994，52（4）：320-324.

[63] Liu D，Siyuan Zhang A，Wu Z. Lattice energy estimation for inorganic ionic crystals [J]. Inorganic Chemistry，2003，42（7）：2465-2469.

[64] Petrov D，Angelov B. Lattice energies and crystal-field parameters of lanthanide monosulphides

[J]. Physica B Physics of Condensed Matter, 2010, 405 (18): 4051-4053.
[65] 洪庆玉. 硅酸盐钾矿物风化的地球化学及其农业应用 [J]. 土壤学报, 1964 (3): 363-368.
[66] 刘平. 碱金属和碱土金属卤化物晶格能计算 [J]. 化学通报, 1991 (6): 44-45.
[67] 龚自珍, 黄庆达. 碳酸盐岩岩块野外溶蚀速度试验 [J]. 中国岩溶, 1984 (2): 17.
[68] 王淀佐, 胡岳华. 浮选溶液化学 [M]. 长沙: 湖南科学技术出版社, 1988.
[69] 李鹏九, 王高尚. 高温条件下水溶液中某些矿物或无机盐的溶度积常数的估算 [J]. 地质论评, 1989, 35 (2): 145-150.

6 浸出体系离子胁迫对微生物浸出黄铜矿的影响和机理

6.1 概述

黄铜矿中常见脉石矿物主要是石英，其次是绢云母、白云石、萤石、磷灰石、方解石，在微生物浸出过程中，受浸出体系微生物、化学等作用的影响，与黄铜矿共伴生脉石矿物将会以离子形态溶出，溶出阳离子主要为 K^{+}、Mg^{2+}、Ca^{2+}、Al^{3+}。这些离子中部分可能会促进细菌生长，部分可能会抑制细菌生长，甚至阻碍浸矿菌种与铜矿物发生作用。并且由于脉石矿物不同，离子的溶出种类和浓度也不同，对于微生物生长和微生物浸出黄铜矿的作用影响效果也不相同。即便是有利于微生物生长和铜矿物浸出的离子，达到一定浓度后也有可能产生抑制作用。这些溶出离子对嗜酸性氧化亚铁硫杆菌（简称 *At.f* 菌）和铜浸出率产生的影响，称为离子胁迫。

通过研究铜矿中常见脉石矿物溶出的阳离子 K^{+}、Mg^{2+}、Ca^{2+}、Al^{3+}以及它们的组合溶出离子胁迫对黄铜矿浸出体系中细菌氧化活性和铜浸出率的影响规律，可以揭示出不同离子胁迫对黄铜矿微生物浸出的影响机理。此外，不同脉石矿物溶出离子胁迫下，采用多种分析手段，对黄铜矿浸出后浸渣进行 XRD 分析、SEM-EDS 分析、红外光谱分析以及 AFM 分析，监测 Zeta 电位变化等，从浸出前后矿物表面组成成分、形貌特征、腐蚀情况、电动电位及官能基团的变化等角度揭示不同离子胁迫对黄铜矿微生物浸出的影响机制。

6.1.1 矿样

试验所需黄铜矿矿样购于浙江大学标本厂。手工挑选出黄铜矿单颗粒，采用 4mol/L 盐酸浸泡 30min 后，用去离子水反复浸泡、洗涤，采用瓷球磨将其细磨至 $-43\mu m$ 以下，低于 50℃烘干，密封存放于干燥器中。黄铜矿单矿物的化学分析结果见表 6-1。

表 6-1　黄铜矿化学分析结果

元素	Cu	Fe	S	纯度
含量/%	24.82	42.95	22.23	71.36

黄铜矿化学分析结果如表 6-1 所示，其纯度为 71. 36%。黄铜矿单矿物的 XRD 衍射分析结果如图 6-1 所示，从图 6-1 中可以看出，样品中主要含有黄铜矿，以及少量的黄铁矿。

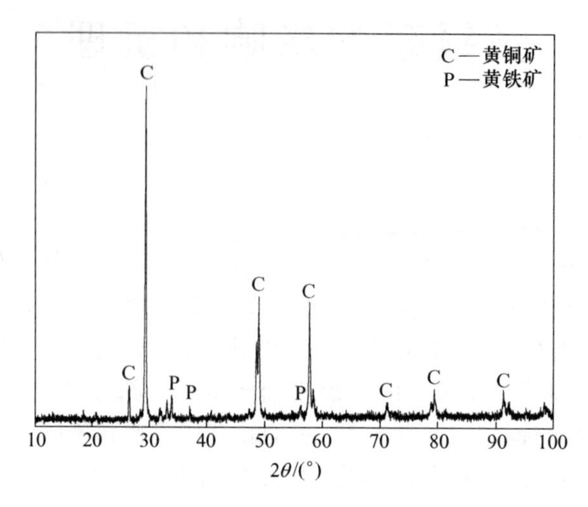

图 6-1　黄铜矿 XRD 衍射谱图

6.1.2　试验菌种及培养基

试验所需菌种来源于课题组实验室保存的嗜酸性氧化亚铁硫杆菌（*Acidithiobacillus ferrooxidans*，简称 *At. f* 菌），同源度为 99. 99%，其 16S rDNA gene 基因库登录序列号为 FN811931. 1[1]。

菌种最佳培养条件：在 HZQ-F160 空气浴振荡器中采用 9K 培养基进行富集培养。在 250mL 锥形瓶中加入 100mL 9K 培养基，用稀硫酸调节 pH 值为 2，之后添加 10mL 菌液于培养基中，放在恒温振荡器中，设定温度为 30℃，转速为 160r/min。

其中 9K 培养基组成为[2]：（1）$(NH_4)_2SO_4$ 3. 00g，KCl 0. 10g，K_2HPO_4 0. 50g，$MgSO_4 \cdot 7H_2O$ 0. 50g，$Ca(NO_3)_2$ 0. 01g，蒸馏水 700mL，121℃ 灭菌 20min。（2）$FeSO_4 \cdot 7H_2O$ 44. 20g，蒸馏水 300mL，pH = 2. 0，经微孔滤膜（ϕ0. 22μm）真空抽滤除菌。将（1）和（2）混合后使用。

6. 2　单一阳离子对 *At. f* 菌浸出黄铜矿的影响

黄铜矿中常见脉石矿物主要是石英，其次是绢云母、白云石、萤石、磷灰石、方解石，其溶出阳离子主要为 K^+、Mg^{2+}、Ca^{2+}、Al^{3+}。本节主要考察黄铜矿浸出体系中单一阳离子对 *At. f* 菌浸出黄铜矿的影响规律。

在 250mL 锥形瓶中加入 100mL 9K 培养基（用 10% 稀硫酸调节 pH 值为

2.0)，之后加入 2g 黄铜矿和不同浓度梯度的阴阳离子，接入 10mL 细菌，测定体系的初始 pH 值和氧化还原电位，试验进行 45 天。定期取样，检测体系中的 pH 值、氧化还原电位、Fe^{2+}浓度、Fe^{3+}浓度以及 Cu^{2+}浓度。取样前，用去离子水补足蒸发掉的水分；取样后，用相应的溶液补充取样损耗的液量，以保证浸出液的总体积不发生变化。

6.2.1 钾离子和镁离子

6.2.1.1 钾离子

不同浓度钾离子条件下黄铜矿浸出体系 pH 值、氧化还原电位随浸出时间的变化曲线如图 6-2 和图 6-3 所示。

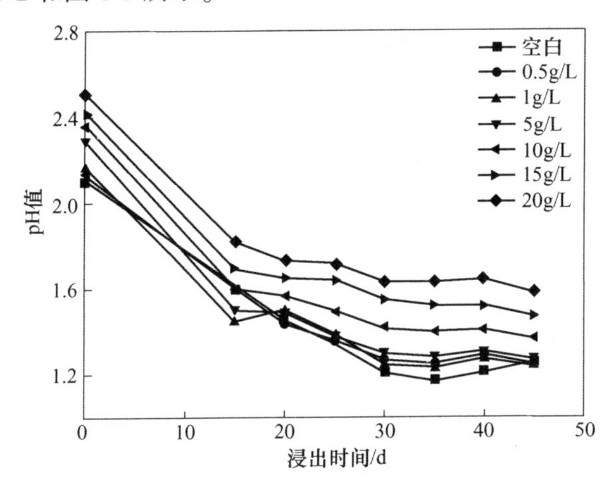

图 6-2 不同 K^{+}浓度下浸出体系 pH 值变化

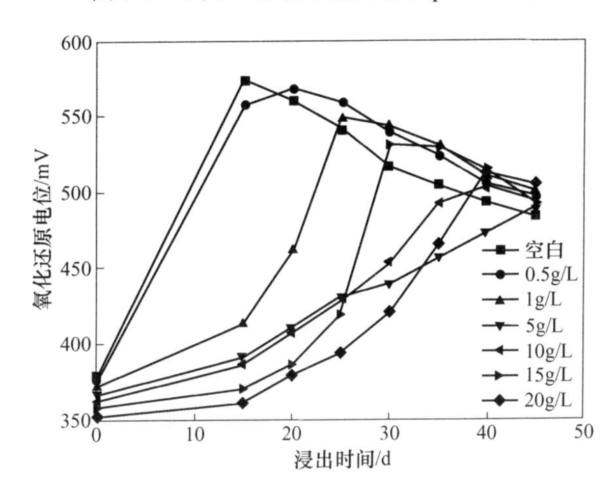

图 6-3 不同 K^{+}浓度下浸出体系氧化还原电位的变化

从图 6-2 和图 6-3 中可以看出，随着浸出时间的延长，浸出体系的 pH 值逐渐降低，体系氧化还原电位均先升高后趋于平稳。且随着钾离子浓度的增加，pH 值下降速率、氧化还原电位上升速率均降低。浸出 45d 后，钾离子浓度为 0. 5g/L 时，体系 pH 值降为 1. 25，而钾离子浓度为 20g/L 时体系 pH 值为 1. 58。钾离子的存在对体系氧化还原电位影响较大，体系氧化还原电位均较空白体系上升较慢，这是因为在细菌生长过程中，Fe^{2+}逐渐氧化为 Fe^{3+}，使得体系 Fe^{3+}浓度升高，氧化还原电位值增大；当亚铁离子全部氧化为 Fe^{3+}时，体系氧化还原电位达到最高，且趋于稳定。但当添加钾离子后，钾离子会与 Fe^{2+}生成黄钾铁矾沉淀，且钾离子浓度越大，黄钾铁矾生成的量越大，阻碍体系 Fe^{3+}浓度增加，致使体系氧化还原电位偏低。

图 6-4 为不同浓度钾离子对浸出体系 Fe^{2+}氧化率的影响。结果表明，随着浸出时间的延长，浸出体系 Fe^{2+}氧化率先迅速升高后趋于稳定。在 K^+浓度≤0. 5g/L 时，体系 Fe^{2+}氧化率上升速率最快，浸出 15d 后 Fe^{2+}氧化率接近 100%，这表明钾离子在此浓度下能够提高细菌的氧化活性，促进体系游离细菌的生长；但随着钾离子浓度的继续增大，浸出体系 Fe^{2+}氧化率逐渐降低。表明钾离子浓度超过 0. 5g/L 时降低了体系 *At. f* 菌的活性。

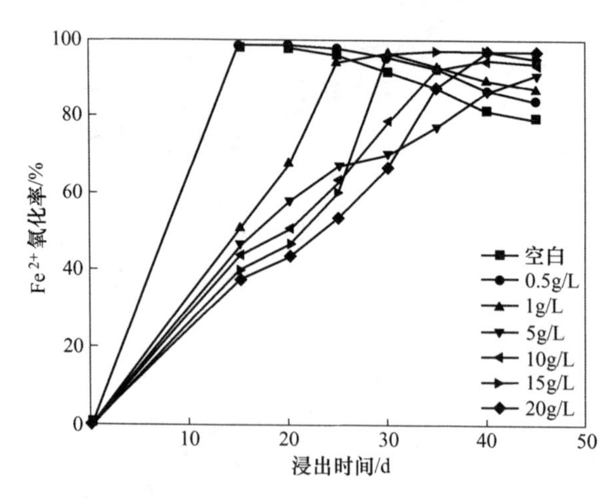

图 6-4　不同浓度 K^+对浸出体系 Fe^{2+}氧化率的影响

图 6-5 和图 6-6 分别为不同钾离子浓度胁迫下，浸出体系 Cu^{2+}浸出率和浸出速率随浸出时间的变化曲线。由图 6-5 可以看出，Cu^{2+}浸出率随浸出时间的增加呈现先迅速增加后趋于平稳的趋势，且随着钾离子浓度增加 Cu^{2+}浸出率先增加后减小。当 K^+浓度≤1g/L 时，Cu^{2+}浸出率随钾离子浓度增加逐渐增加，浸出 45d 后，K^+浓度为 1g/L 体系中，铜浸出率达到 57. 87%，高于空白组（48. 72%）；当 K^+浓度>1g/L 时，铜浸出率随离子浓度增加逐渐降低，浸出 45d 后，K^+浓度

为 20g/L 体系中，铜浸出率仅为 47.73%。从图 6-6 中发现，Cu^{2+}浸出速率随浸出时间的增加呈现先增加后逐渐降低的趋势。这是因为在浸出 15d 时，细菌生长速度快，氧化活性高，故此阶段铜浸出速率相应增加比较迅速；随着浸出时间的延长，细菌生长速度、氧化活性逐渐降低，故铜浸出速率逐渐降低。且随着钾离子浓度的增加 Cu^{2+}浸出速率先增加后减小，在钾离子浓度为 1g/L 时浸出速率最快，超过 1g/L 时逐渐下降。这是因为钾离子的存在促进了体系黄钾铁矾的生成，其覆盖在黄铜矿表面阻碍了细菌的氧化浸出。

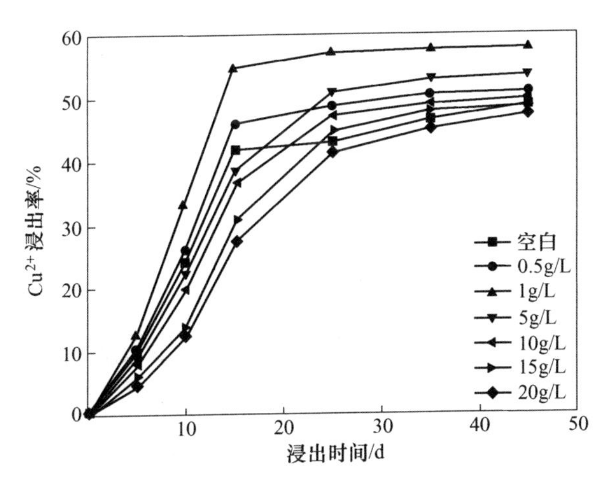

图 6-5　K^+浓度对 Cu^{2+}浸出率的影响

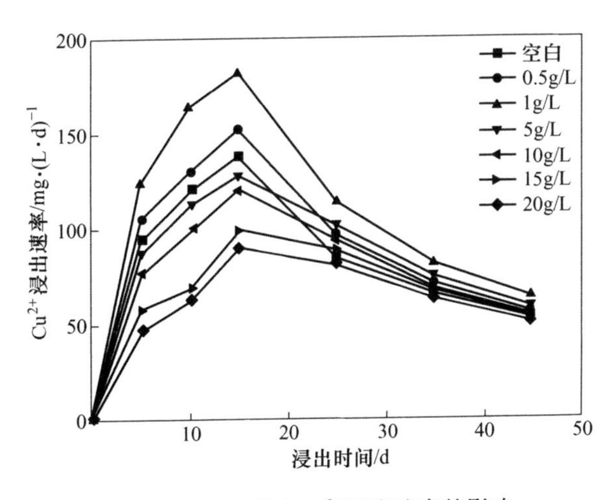

图 6-6　K^+浓度对 Cu^{2+}浸出速率的影响

6.2.1.2　镁离子

不同浓度镁离子条件下黄铜矿浸出体系 pH 值、氧化还原电位随浸出时间的变化曲线如图 6-7 和图 6-8 所示。

从图 6-7 和图 6-8 中可以看出，浸出体系的 pH 值先升高后降低，体系中氧化还原电位先升高后趋于平稳。在镁离子浓度≤1g/L 时，随着镁离子浓度增加，体系 pH 值下降速度、氧化还原电位上升速度均逐渐升高；在镁离子浓度超过 1g/L 时，体系 pH 值下降速度、氧化还原电位上升速度均逐渐减小，在镁离子浓度为 5g/L、10g/L、15g/L 时，体系 pH 值分别在 20d、25d、30d 下降到 1.60 左右，体系氧化还原电位分别在 20d、30d、40d 时达到最大值；在镁离子浓度为 20g/L 时，体系氧化还原电位随着浸出时间的延长变化幅度不大，均维持在 400mV 左右。

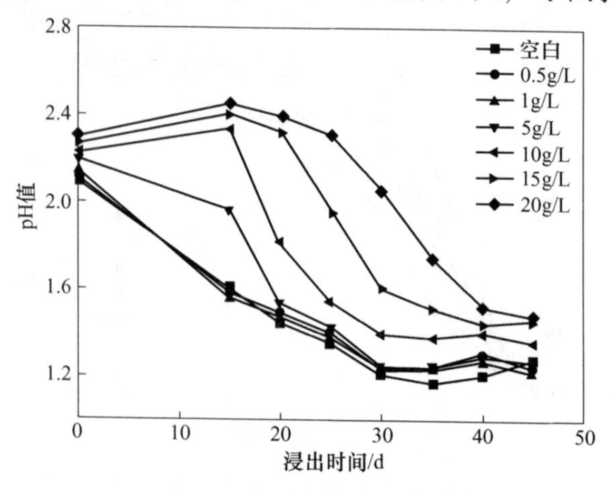

图 6-7　不同 Mg^{2+} 浓度下浸出体系 pH 值变化

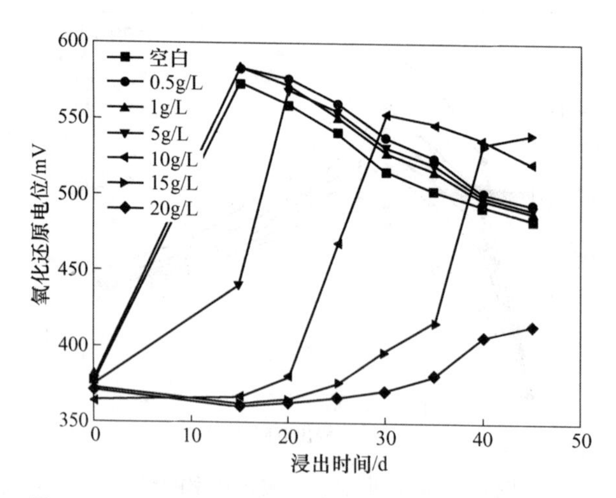

图 6-8　不同 Mg^{2+} 浓度下浸出体系氧化还原电位的变化

不同浓度镁离子对浸出体系 Fe^{2+} 氧化率的影响见图 6-9。从图 6-9 中可以看出，随着浸出时间的延长，体系 Fe^{2+} 氧化率先迅速升高后趋于稳定。在镁离子浓度≤1g/L时，随着镁离子浓度的增加，Fe^{2+}氧化速率加快，体系细菌氧化活性逐渐增加，浸出15d后，在镁离子浓度为1g/L体系中，Fe^{2+}浓度下降为0.1g/L，Fe^{3+}浓度上升为6.35g/L，Fe^{2+}氧化率可达到98.49%；随着镁离子浓度继续增加，体系Fe^{2+}氧化率逐渐下降，镁离子浓度为5g/L、10g/L、15g/L时，Fe^{2+}氧化率分别在20d、30d、40d达到98%左右；但当镁离子浓度继续增加到20g/L时，细菌氧化活性大大降低，Fe^{2+}氧化率下降，在浸出45d时，体系Fe^{2+}浓度仅下降为4.67g/L，Fe^{3+}浓度仅上升到1.40g/L，Fe^{2+}氧化率仅为47.90%，表明此时镁离子浓度大于细菌所能承受的临界值，抑制了细菌生长，故其氧化活性降低。

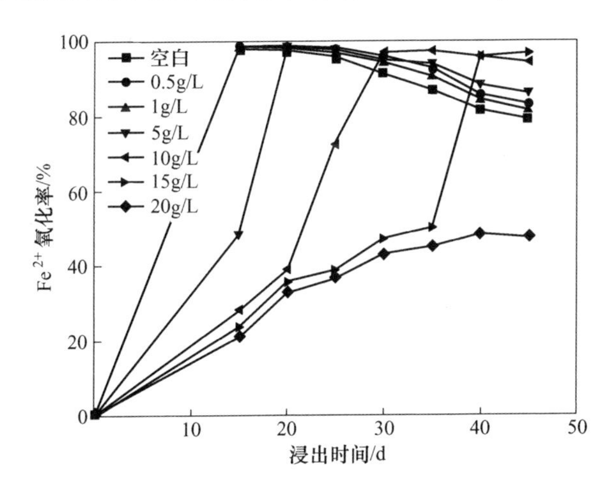

图6-9 不同Mg^{2+}浓度对浸出体系Fe^{2+}氧化率的影响

图6-10和图6-11分别为不同浓度镁离子作用下，浸出体系Cu^{2+}浸出率和浸

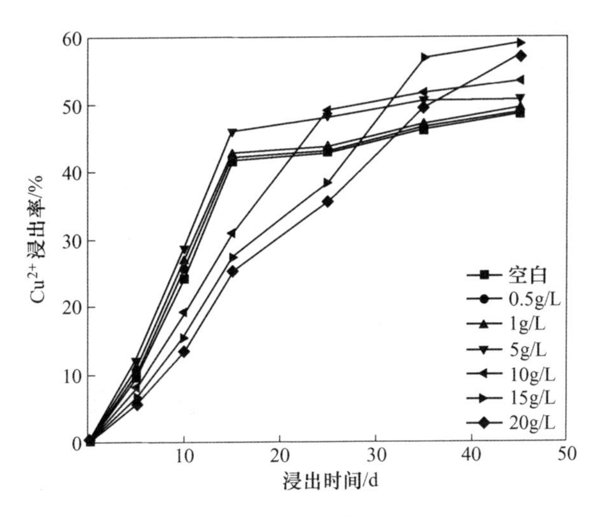

图6-10 Mg^{2+}浓度对Cu^{2+}浸出率的影响

出速率的变化曲线。从图 6-10 和图 6-11 中可以看出，Cu^{2+}浸出率随浸出时间的增加呈现先迅速增加后缓慢增加的趋势，且随着镁离子浓度的增加 Cu^{2+}浸出率先增加后减小；Cu^{2+}浸出速率随浸出时间的增加呈现先迅速增加后逐渐降低的趋势。浸出 45d 后，镁离子浓度为 15g/L 体系中，铜浸出率达到 59.01%，高于空白组（48.72%）。

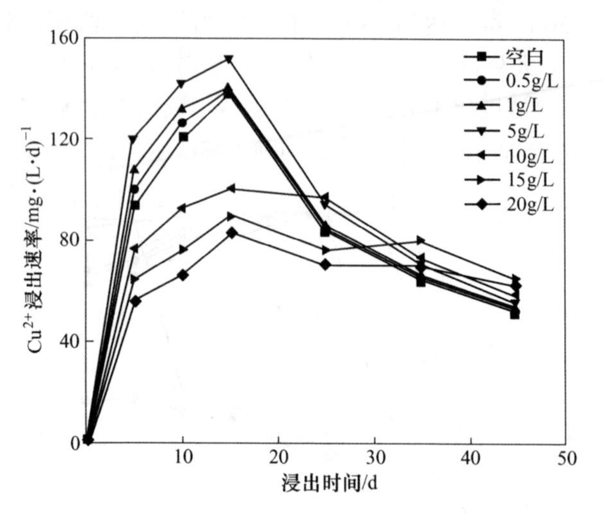

图 6-11　Mg^{2+}浓度对 Cu^{2+}浸出速率的影响

6.2.2　钙离子和铝离子

6.2.2.1　钙离子

不同浓度钙离子条件下黄铜矿浸出体系 pH 值、氧化还原电位、Fe^{2+}氧化率随浸出时间的变化曲线分别如图 6-12～图 6-14 所示。

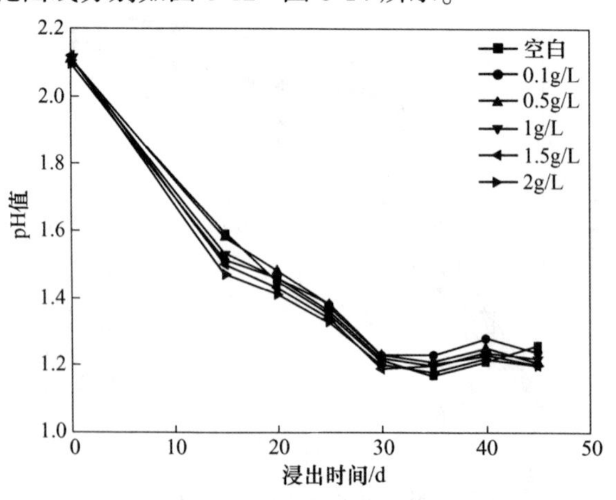

图 6-12　不同 Ca^{2+}浓度下浸出体系 pH 值变化

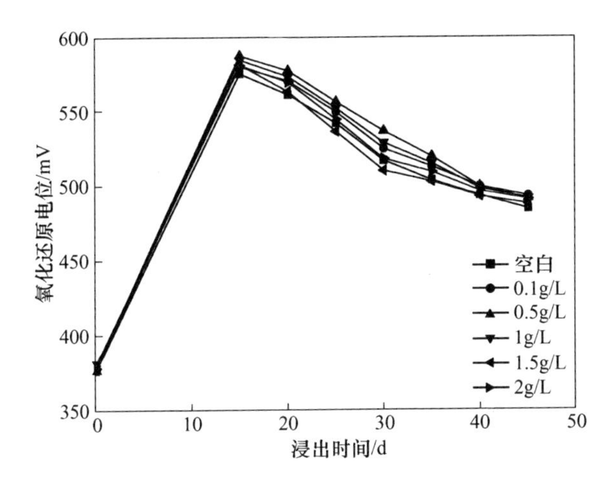

图 6-13 不同 Ca^{2+} 浓度下浸出体系氧化还原电位的变化

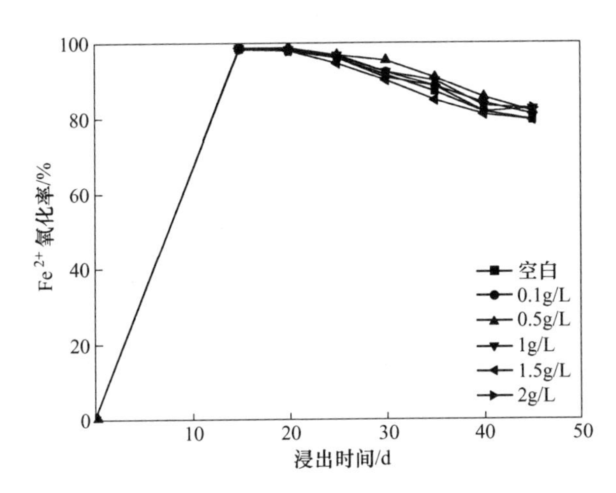

图 6-14 不同 Ca^{2+} 浓度对浸出体系 Fe^{2+} 氧化率的影响

由图 6-12～图 6-14 可以看出，在所研究 0～2g/L 浓度范围内，钙离子的存在均可促进细菌的生长，提高细菌的氧化活性，且随着钙离子浓度的增加，体系 pH 值、氧化还原电位、Fe^{2+} 氧化率变化不大。

图 6-15 和图 6-16 分别为不同浓度钙离子作用下，浸出体系 Cu^{2+} 浸出率和浸出速率的变化曲线。

从图 6-15 和图 6-16 中可以看出，Cu^{2+} 浸出率随浸出时间的延长先迅速增加后缓慢增加，Cu^{2+} 浸出速率随浸出时间的增加先迅速增加后逐渐降低，不添加钙离子的体系铜浸出率、浸出速率均高于添加钙离子的体系，且随着钙离子浓度的增加 Cu^{2+} 浸出率逐渐减小。浸出 45d，钙离子浓度为 0.1g/L 体系中，铜浸出率为 47.30%，略低于空白组（48.72%）。

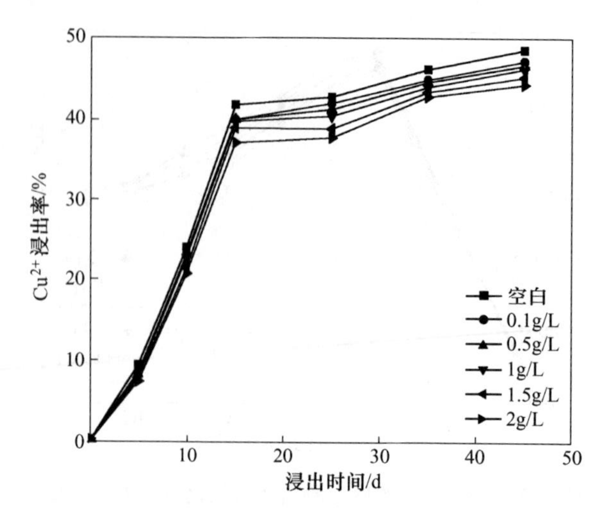

图 6-15　Ca^{2+}浓度对 Cu^{2+}浸出率的影响

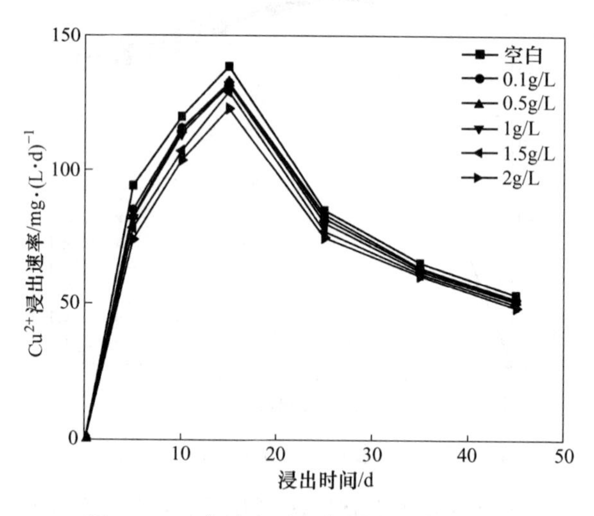

图 6-16　Ca^{2+}浓度对 Cu^{2+}浸出速率的影响

6.2.2.2　铝离子

不同浓度铝离子条件下黄铜矿浸出体系 pH 值随浸出时间的变化曲线如图 6-17 所示。从图 6-17 的结果可以看出，浸出体系的 pH 值先升高后降低。当铝离子浓度为 1g/L 时，体系 pH 值在浸出 15d 时便由 2.11 下降到 1.44；当铝离子浓度继续增加时，体系 pH 值变化相对滞后，铝离子浓度为 5g/L、10g/L 时，体系 pH 值分别在 20d、25d 下降到 1.60 左右；当铝离子浓度≥15g/L 时，体系 Fe^{2+}氧化缓慢，pH 值变化幅度不大。

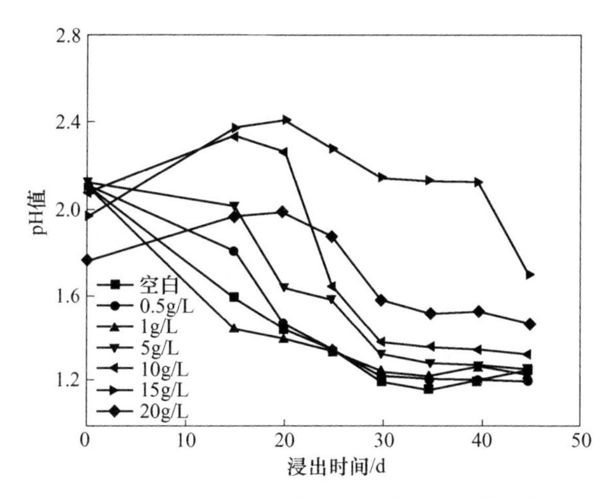

图 6-17　不同 Al^{3+}浓度下浸出体系 pH 值变化

图 6-18 为不同浓度铝离子条件下黄铜矿浸出体系中氧化还原电位的变化，结果显示，当铝离子浓度≤10g/L 时，体系氧化还原电位均先升高后趋于平稳，这是因为亚铁离子在微生物生长过程中逐渐氧化为 Fe^{3+}，为细菌生长供应所需要的能量，体系中 Fe^{3+}浓度逐渐增加，使得体系氧化还原电位逐渐升高；当 Fe^{2+}全部氧化为 Fe^{3+}时，体系氧化还原电位达到最高，并且随培养时间的变化影响不大[3]。当铝离子浓度≥15g/L 时，体系的氧化还原电位在整个浸出过程中都处于较低水平。从图 6-18 中还可以发现，铝离子浓度为 1g/L 时，浸出 15d，体系氧化还原电位便可升高到 588mV 左右，这表明铝离子浓度较低时，细菌对铝离子表现出一定的适应性，对细菌的生长活性影响不大；随着铝离子浓度的继续增加，细菌延滞期延长，铝离子浓度为 5g/L、10g/L 时，体系氧化还原电位分别在

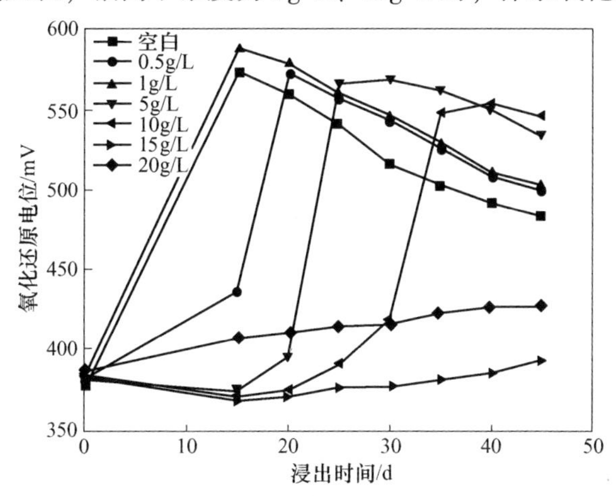

图 6-18　不同 Al^{3+}浓度下浸出体系氧化还原电位的变化

25d、35d 达到 500mV 以上；而当铝离子浓度增加到 15g/L、20g/L 时，体系氧化还原电位随着浸出时间的延长变化幅度不大，均维持在 400mV 左右。

不同浓度铝离子对浸出体系 Fe^{2+} 氧化率的影响见图 6-19。从图中可以看出，铝离子浓度≤10g/L 时，体系 Fe^{2+} 氧化率随浸出时间的延长先迅速升高后趋于稳定；当铝离子浓度>10g/L 时，Fe^{2+} 氧化率随浸出时间的延长缓慢升高。从图 6-19 中还可以看出，铝离子浓度为 1g/L 时，细菌氧化活性最好，能够快速氧化溶液中的 Fe^{2+}，浸出 15d 时，Fe^{2+} 氧化率便可达到 98.49%；随着铝离子浓度的增加，细菌氧化活性下降，铝离子浓度为 5g/L、10g/L 时，Fe^{2+} 氧化率分别在 25d、35d 达到 98%左右；但当铝离子浓度继续增加到 15g/L、20g/L 时，细菌氧化活性大大降低，Fe^{2+} 氧化率下降，在浸出 45d 时，Fe^{2+} 氧化率仅为 40%左右，表明此时铝离子浓度大于细菌所能承受的临界值，*At.f* 菌生长受到强烈抑制。

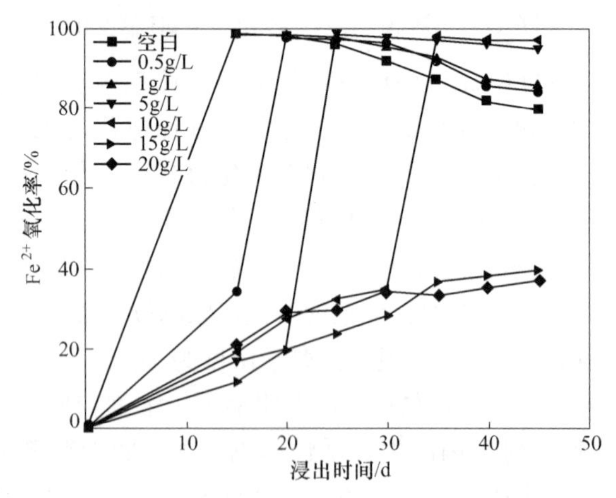

图 6-19　不同 Al^{3+} 浓度对浸出体系 Fe^{2+} 氧化率的影响

铝离子浓度在一定范围内，微生物主要通过两种方式来维持细菌生命活动的进行。一种是体内方式，进入细胞内的铝离子与某些蛋白质相结合，通过酶促反应消除离子对细菌的毒害作用，使细菌能够正常生存；一种是体外方式，当微生物受到铝离子胁迫时，生物体会分泌一些螯合物与铝离子相结合，阻止铝离子被细胞吸收[4]。但当铝离子浓度超出这个范围时，过量的铝离子会改变菌体与溶液之间的渗透压，对细胞形态产生一定的影响，进入细胞的铝离子会与细胞内的一些蛋白质结合在一起，与核酸、酶等物质发生反应，影响细菌正常代谢过程，进而阻碍细菌生长[5,6]。

图 6-20 为不同浓度 Al^{3+} 作用下，浸出体系 Cu^{2+} 浸出率的变化曲线。从图 6-20 中可以看出，浸出体系中铜离子浸出率随着浸出时间延长而逐渐增加。浸出初期，随着 Al^{3+} 浓度增加，铜浸出率逐渐降低，浸出 15d 时，Al^{3+} 浓度为 1g/L、

5g/L、10g/L、15g/L和20g/L时，铜浸出率分别为45.69%、36.16%、33.37%、31.84%和14.61%；而浸出45d后，Al^{3+}浓度为0、1g/L、5g/L、10g/L、15g/L和20g/L时，铜浸出率分别为48.72%、59.33%、59.61%、63.89%、71.39%和31.85%，说明黄铜矿的最终浸出效果并不是和铝离子浓度的大小有必然联系，Al^{3+}浓度为15g/L对黄铜矿的浸出最为有利。

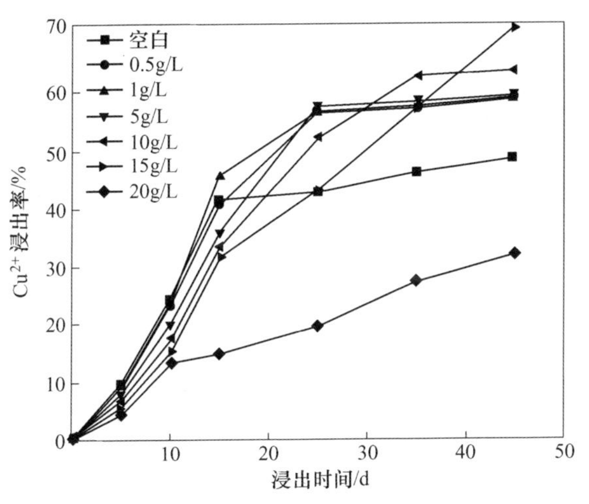

图6-20　Al^{3+}浓度对Cu^{2+}浸出率的影响

图6-21为不同浓度Al^{3+}作用下，浸出体系Cu^{2+}浸出速率的变化曲线。从图中可以看出，Cu^{2+}浸出速率随浸出时间的增加呈现先迅速增加后逐渐降低的趋势。且在浸出初期，随着铝离子浓度的增加，Cu^{2+}浸出速率逐渐降低。浸出后期，随着铝离子浓度的增加，Cu^{2+}浸出速率逐渐升高，在铝离子浓度为15g/L体系中浸出速率最快。但Al^{3+}浓度为20g/L体系中Cu^{2+}浸出速率一直处于较低水平。

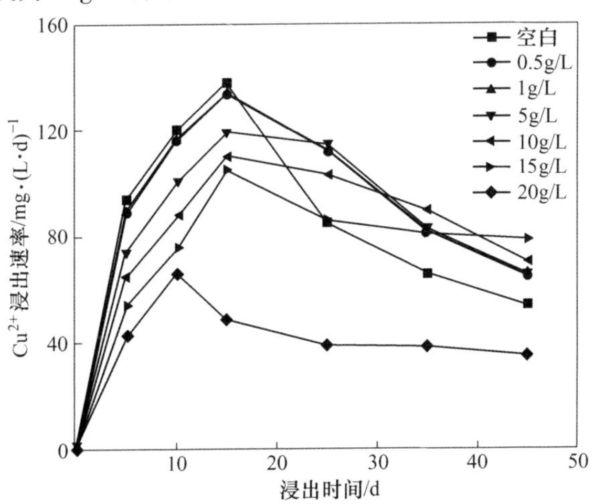

图6-21　Al^{3+}浓度对Cu^{2+}浸出速率的影响

这是因为，适量的铝离子有利于细菌吸附到矿物表面，使得EPS中的糖醛酸或其他残基配合Fe^{3+}，并氧化单质S生成可溶的中间价态硫化合物，从而促进了黄铜矿中铜的溶出，提高了铜的浸出率和浸出速率[7]；但当铝离子浓度过高时，则抑制体系细菌的生长，使得细菌活性降低，氧化能力减弱，故体系铜浸出率和浸出速率都很低。

6.2.3　不同离子之间的差异

针对6.2.1节和6.2.2节研究结果发现，单一阳离子对*At.f*菌浸出黄铜矿的最佳浓度分别为：钾离子浓度1g/L、镁离子浓度15g/L、钙离子浓度0.1g/L、铝离子浓度15g/L。图6-22为最佳阳离子浓度下，浸出45d后，微生物对黄铜矿浸出体系中Cu^{2+}浸出率的影响。

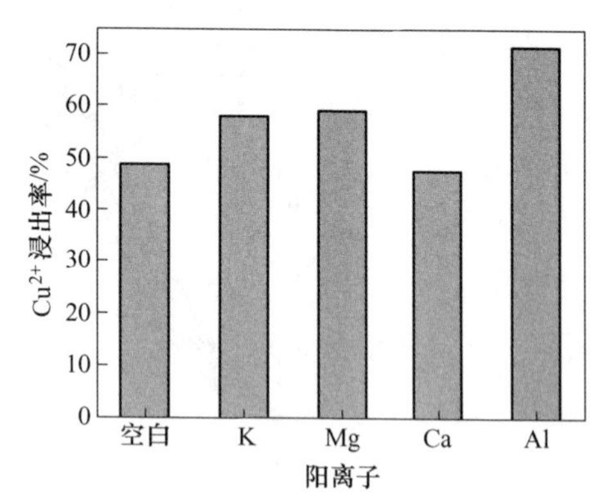

图6-22　单一阳离子对*At.f*菌浸出黄铜矿的影响
（浸出时间45d）

从图6-22中可以看出，在最佳浸出条件下，单一阳离子胁迫对浸出体系Cu^{2+}浸出率的影响大小顺序为：铝离子>镁离子>钾离子>空白>钙离子。浸出45d后，体系Cu^{2+}浸出率依次为：71.39%、59.01%、57.87%、48.72%、47.30%。并在此基础上分别考察了浸出45d后，相同离子浓度的不同阳离子对黄铜矿微生物浸出的影响，如图6-23a～f所示。

从图6-23a～f可以看出，浸出45d后，相同浓度下不同阳离子胁迫对Cu^{2+}浸出率的影响不同。在离子浓度为0.5g/L、1g/L时，Cu^{2+}浸出率的大小顺序均为：铝离子>钾离子>镁离子>空白>钙离子；在离子浓度为5g/L条件下，Cu^{2+}浸出率的大小顺序为：铝离子>钾离子>镁离子>空白，其中铝离子胁迫下，体系Cu^{2+}浸出率可达59.61%；在10g/L离子浓度条件下，体系Cu^{2+}浸出率大小顺序为：铝离子>镁离子>钾离子>空白，Cu^{2+}浸出率分别为63.89%、53.28%、49.57%、48.72%；15g/L离子浓度条件下，体系Cu^{2+}浸出率的大小顺序为：铝离子>镁离子>空白>钾离子，其中铝离子胁迫下Cu^{2+}浸出率可达71.39%；20g/L离子浓度条件下，体系Cu^{2+}浸出率顺序由大到小为：镁离子>空白>钾离子>铝离子，其中镁离子胁迫下铜浸出率为57.15%，而铝离子胁迫下铜浸出率仅为31.85%。

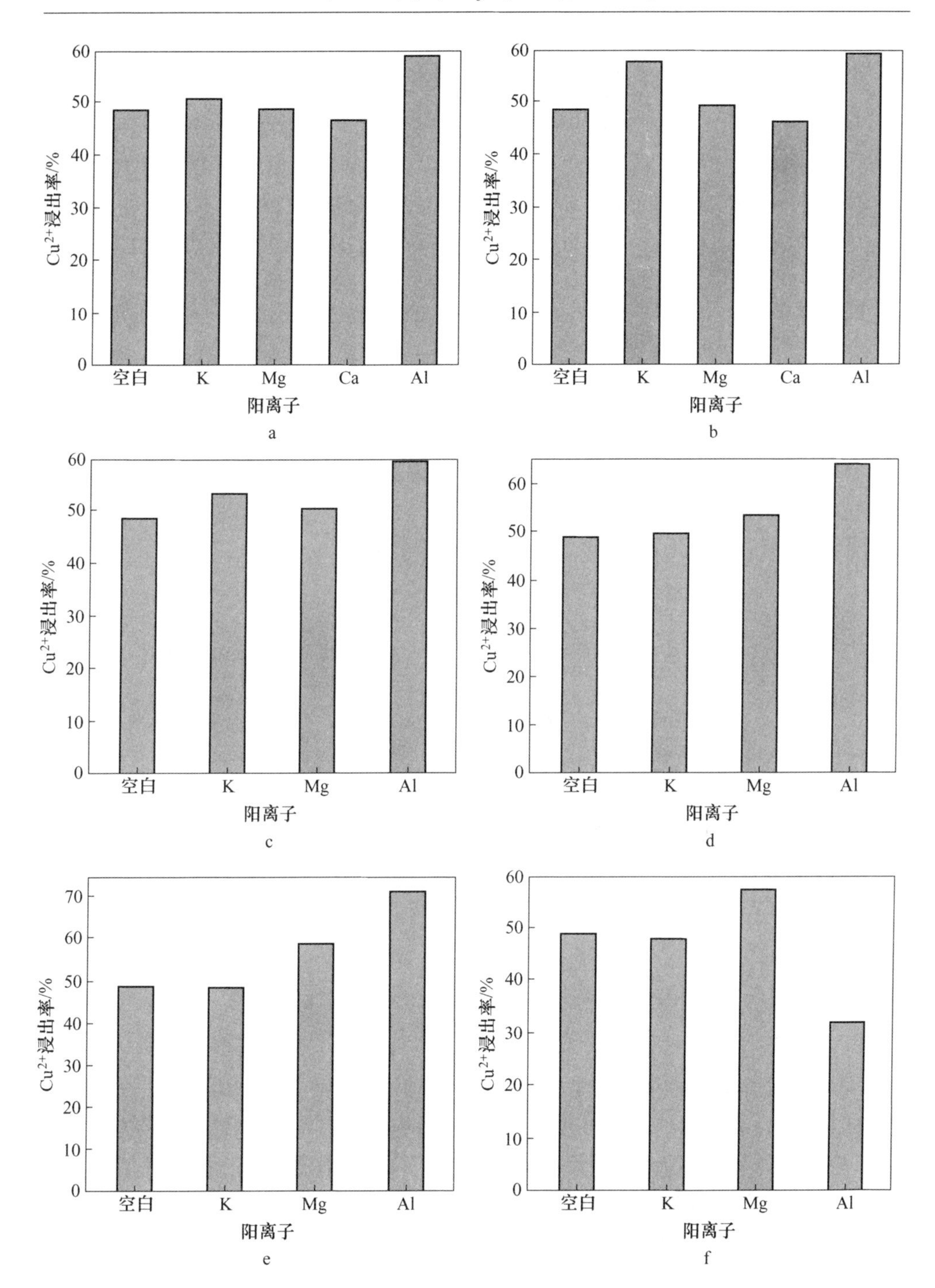

图 6-23 相同浓度不同阳离子对浸出体系 Cu^{2+} 浸出率的影响

a—0.5g/L 离子浓度；b—1g/L 离子浓度；c—5g/L 离子浓度；d—10g/L 离子浓度；e—15g/L 离子浓度；f—20g/L 离子浓度

6.3　复合离子对 *At. f* 菌浸出黄铜矿的影响

在黄铜矿的共伴生脉石矿物中，石英是最常见也是最主要的脉石矿物，微生物浸出黄铜矿过程中，细菌代谢产物氨基酸、脂肪酸和多糖等会破坏石英的晶体结构使其中的硅溶出。因此，本节以石英溶出硅为基础，参考 6.2 节的研究结果，探究石英溶出硅与不同脉石矿物溶出阳离子的组合试验，得出不同硅+阳离子组合对 *At. f* 菌浸出黄铜矿的影响规律。试验方法同 6.2 节。

6.3.1　硅与钾、镁离子组合

6.3.1.1　硅与钾离子组合

根据 6.2.1.1 节研究结果，选取钾离子浓度为 1g/L，考察硅-钾组合对黄铜矿微生物浸出体系的影响。图 6-24 和图 6-25 分别为不同硅-钾组合浓度下黄铜矿浸出体系 pH 值、氧化还原电位随时间的变化情况。

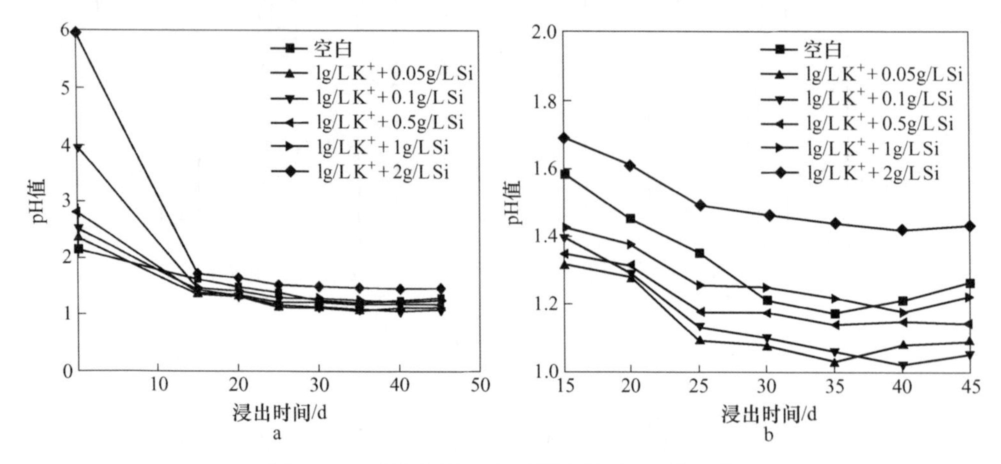

图 6-24　不同硅-钾浓度下浸出体系 pH 值变化
b—图 a15d 后放大

从图 6-24 和图 6-25 可以看出，随着浸出时间的延长，体系 pH 值逐渐降低，氧化还原电位先升高后趋于平稳。浸出 15d 时，体系 pH 值均迅速下降到 1.5 左右，随后变化幅度不大，但由图 6-24b 可以看出，浸出 15d 后，随着硅浓度的增加，体系 pH 值变化幅度先增大后减小，浸出 45d 时，硅浓度为 0.1g/L 时，体系 pH 值下降为 1.05，当硅浓度继续增加至 2g/L 时，体系 pH 值为 1.43。硅浓度的变化对体系氧化还原电位变化影响不大，均在 20d 升高到 500mV 以上。

图 6-26 分别为不同硅-钾组合浓度作用下，浸出体系 Cu^{2+} 浸出率和浸出速率随浸出时间的变化曲线。

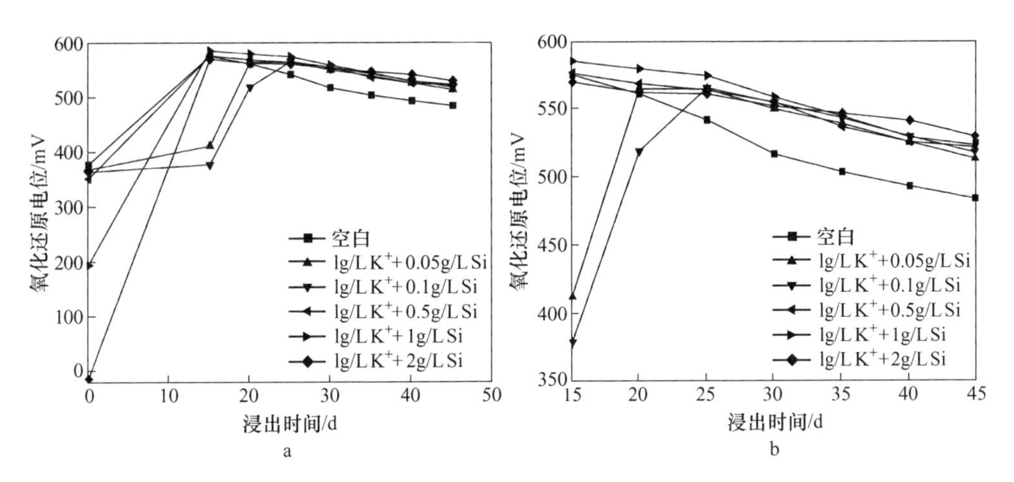

图 6-25 不同硅-钾浓度下浸出体系氧化还原电位的变化

b—图 a 15d 后放大

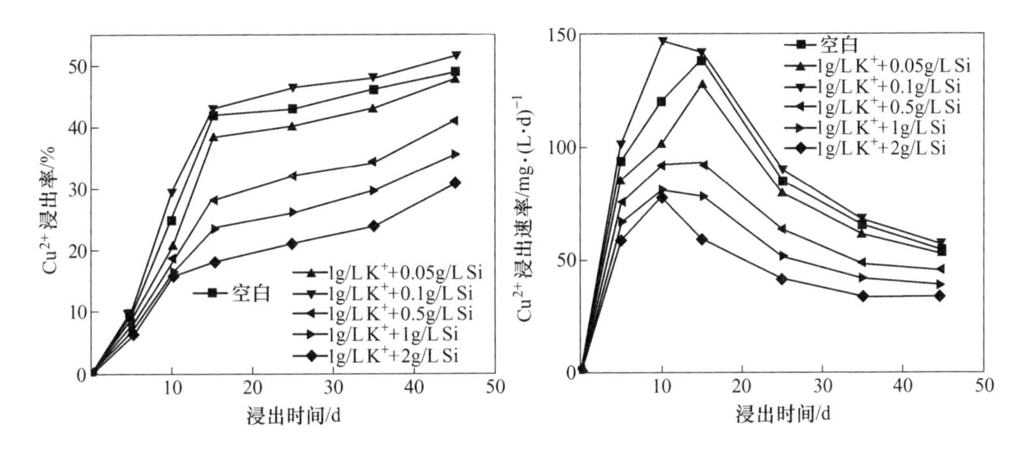

图 6-26 不同硅-钾浓度对浸出体系 Cu^{2+} 浸出率和浸出速率的影响

从图 6-26 中可以看出，体系 Cu^{2+} 浸出率随着浸出时间的延长而逐渐增加，且随着硅浓度的增加 Cu^{2+} 浸出率先升高后降低，在硅-钾组合浓度为 0. 1g/L+1g/L 时，浸出 45d 后，体系 Cu^{2+} 浸出率可达到 51. 43%，高于空白组合（48. 72%），这表明适量硅的存在能够促进铜离子的浸出。但随着硅浓度继续增加则会抑制铜离子浸出，在硅-钾组合浓度为 2g/L+1g/L 时，浸出 45d 后，体系 Cu^{2+} 浸出率仅为 30. 51%。从图 6-26 中还可以看出，体系 Cu^{2+} 浸出速率随着浸出时间的延长先迅速增加后逐渐降低，且随着体系硅浓度增加，Cu^{2+} 浸出速率先升高后降低，在硅-钾组合浓度为 0. 1g/L+1g/L 时，体系 Cu^{2+} 浸出速率一直处于较高水平。针对 Cu^{2+} 浸出率和浸出速率的变化，选定后续试验的最佳硅-钾组合浓度为 0. 1g/L+1g/L。

6.3.1.2　硅与镁离子组合

根据 6.2.1.2 节研究结果，选取镁离子浓度为 15g/L，考察硅-镁组合对黄铜矿微生物浸出体系的影响。图 6-27 和图 6-28 分别为不同硅-镁组合浓度下黄铜矿浸出体系 pH 值、氧化还原电位随时间的变化情况。

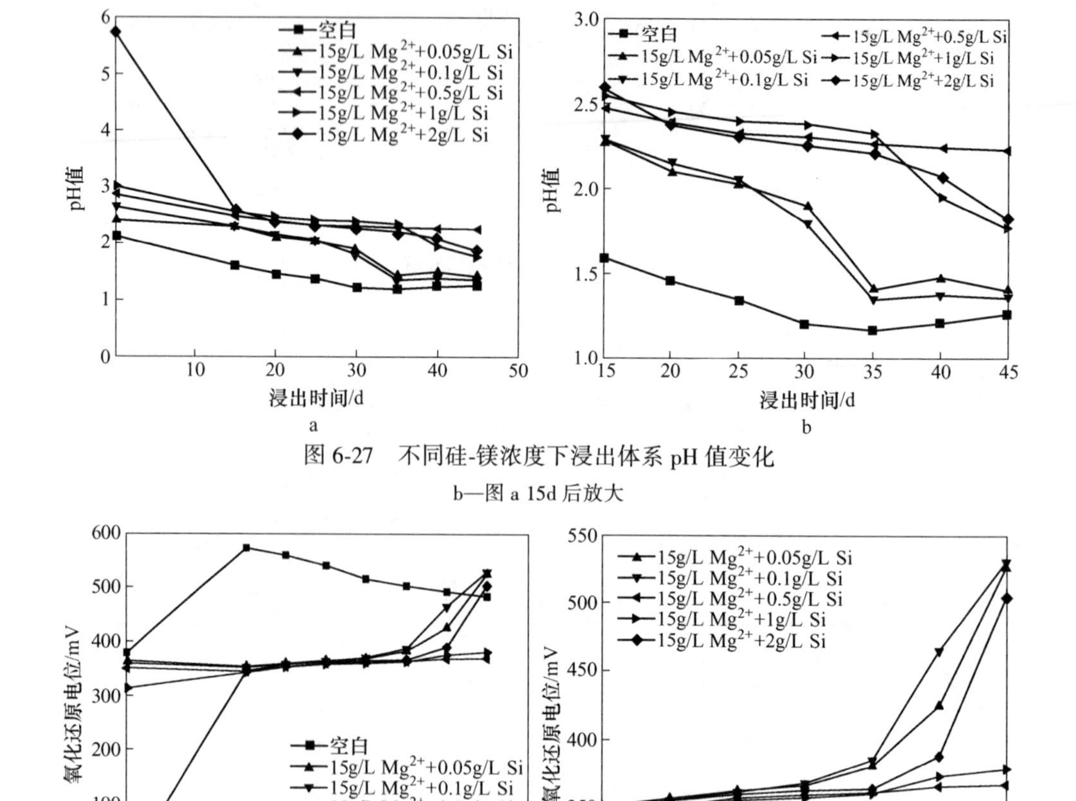

图 6-27　不同硅-镁浓度下浸出体系 pH 值变化

b—图 a 15d 后放大

图 6-28　不同硅-镁浓度下浸出体系氧化还原电位的变化

b—图 a 15d 后放大

从图 6-27 和图 6-28 中可以看出，随着浸出时间的延长，体系 pH 值逐渐降低，体系氧化还原电位逐渐升高。浸出 45d 后，在硅-镁组合浓度为 0.1g/L+15g/L 时，体系 pH 值下降为 1.36，氧化还原电位上升为 530mV，相比其他浓度组合 pH 值最低，氧化还原电位最高。

图 6-29 为不同浓度硅-镁组合作用下，浸出体系 Cu^{2+} 浸出率和浸出速率随时间的变化曲线。

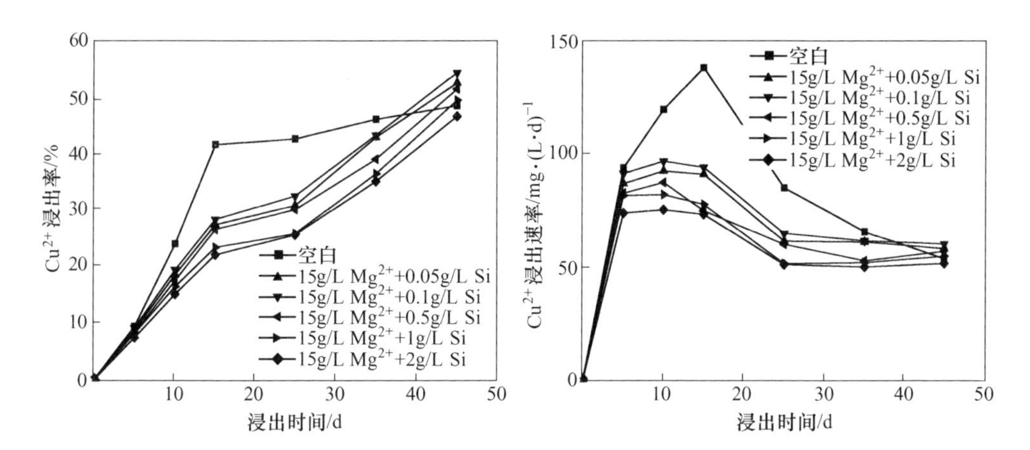

图 6-29 不同硅-镁浓度对浸出体系 Cu^{2+} 浸出率和浸出速率的影响

从图 6-29 中可以看出，体系 Cu^{2+} 浸出率随着浸出时间的延长而逐渐增加，且随着硅浓度的增加 Cu^{2+} 浸出率先升高后降低。浸出 45d 后，在固定镁离子浓度为 15g/L 体系中，硅浓度由 0.05g/L 增加至 2g/L 时，体系 Cu^{2+} 浸出率分别为 52.76%、54.64%、51.68%、49.68%、46.82%，可以看出在硅-镁组合浓度为 0.1g/L+15g/L 时，Cu^{2+} 浸出率最高，且在硅浓度≤1g/L 时，体系 Cu^{2+} 浸出率都高于空白组（48.72%）。从图 6-29 中还可以看出，体系 Cu^{2+} 浸出速率随着浸出时间的延长先迅速增加后逐渐降低，且随着硅浓度的增加 Cu^{2+} 浸出速率先升高后降低，在硅-镁组合浓度为 0.1g/L+15g/L 时，体系 Cu^{2+} 浸出速率一直处于较高水平。

6.3.2 硅与钙、铝离子组合

6.3.2.1 硅与钙离子组合

根据 6.2.2.1 节研究结果，选取钙离子浓度为 0.1g/L，考察硅-钙组合对黄铜矿微生物浸出体系的影响。图 6-30 和图 6-31 分别为不同硅-钙组合浓度下黄铜矿浸出体系 pH 值、氧化还原电位随时间的变化情况。

从图 6-30 和图 6-31 中可以看出，随着浸出时间的延长，体系 pH 值逐渐降低，体系氧化还原电位先迅速升高后趋于平稳。在硅-钙组合浓度为 2g/L+0.1g/L 时，浸出 20d 后，体系氧化还原电位升高到 562mV，之后略有下降，随后浸出 45d 后，体系氧化还原电位为 553mV。

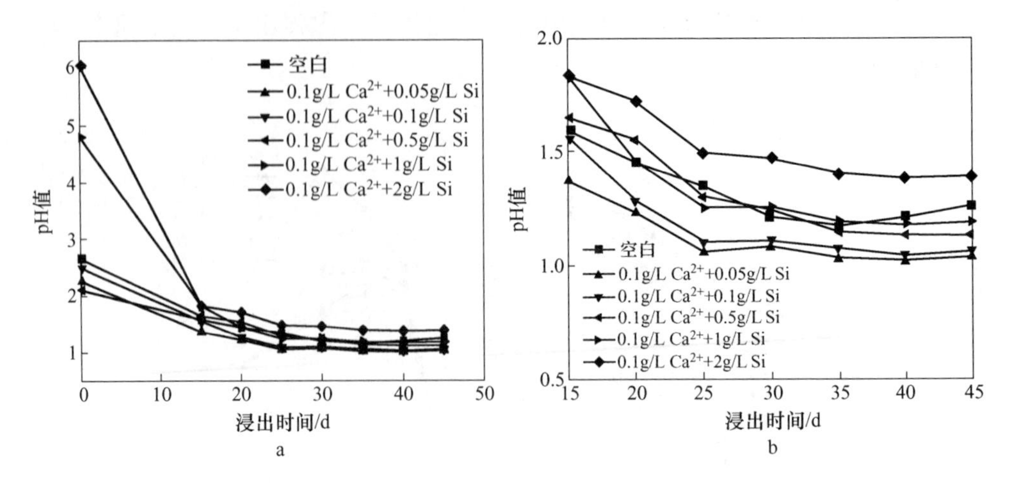

图 6-30　不同硅-钙浓度下浸出体系氧化还原电位的变化

b—图 a 15d 后放大

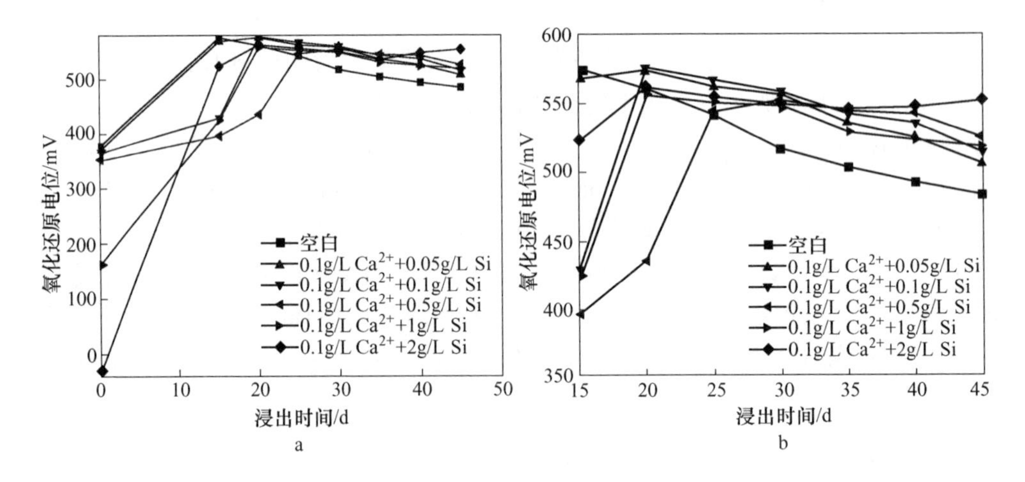

图 6-31　不同硅-钙浓度下浸出体系氧化还原电位变化

b—图 a 15d 后放大

图 6-32 分别为不同硅-钙组合浓度作用下，浸出体系 Cu^{2+}浸出率和浸出速率随浸出时间的变化曲线。从图 6-32 中可以看出，体系 Cu^{2+}浸出率随着浸出时间的延长先迅速增加后缓慢增加，且随着硅浓度的增加 Cu^{2+}浸出率逐渐升高，硅浓度由 0.05g/L 增加到 2g/L 时，浸出 45d 后，体系 Cu^{2+}浸出率分别为 49.35%、49.85%、63.44%、66.96%、71.71%。在硅-钙组合浓度为 2g/L+0.1g/L 时，体系 Cu^{2+}浸出率最高。从图 6-32 中还可以看出，体系 Cu^{2+}浸出速率随着浸出时间的延长先迅速增加后逐渐降低，且随着硅浓度的增加 Cu^{2+}浸出速率逐渐增加，在硅-钙组合浓度为 2g/L+0.1g/L 时，体系 Cu^{2+}浸出速率最佳。

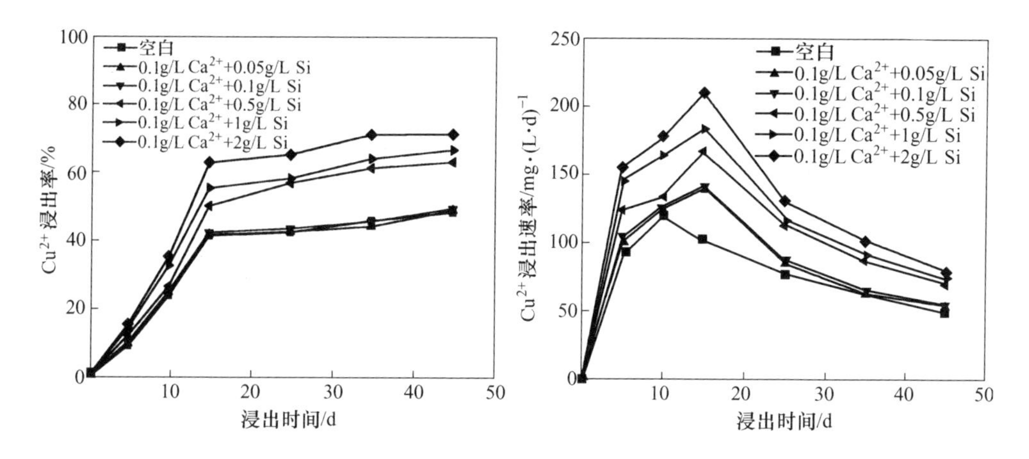

图 6-32 不同硅-钙浓度对浸出体系 Cu^{2+} 浸出率和浸出速率的影响

6.3.2.2 硅与铝离子组合

根据 6.2.2.2 节研究结果，选取铝离子浓度为 15g/L，考察硅-铝组合对黄铜矿微生物浸出体系的影响。图 6-33 和图 6-34 分别为不同硅-铝组合浓度下黄铜矿浸出体系 pH 值、氧化还原电位随时间的变化情况。

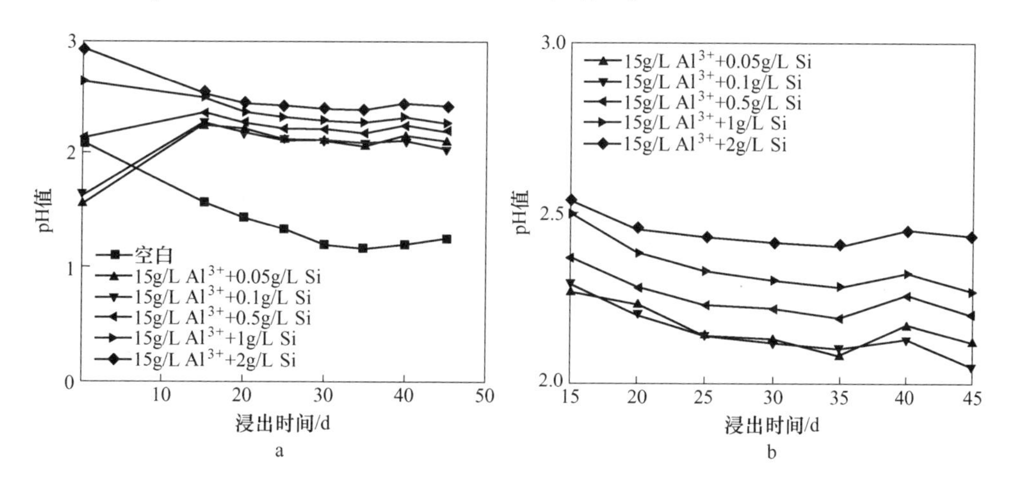

图 6-33 不同硅-铝浓度下浸出体系 pH 值变化

b—图 a 15d 后放大

从图 6-33 和图 6-34 中可以看出，随着浸出时间的延长，体系 pH 值先升高后降低，浸出 45d 后，0.1g/L 硅浓度条件下，体系 pH 值为 2.05；体系氧化还原电位随硅浓度增加变化不大，但相比之下，在硅浓度为 0.1g/L 时，体系氧化还

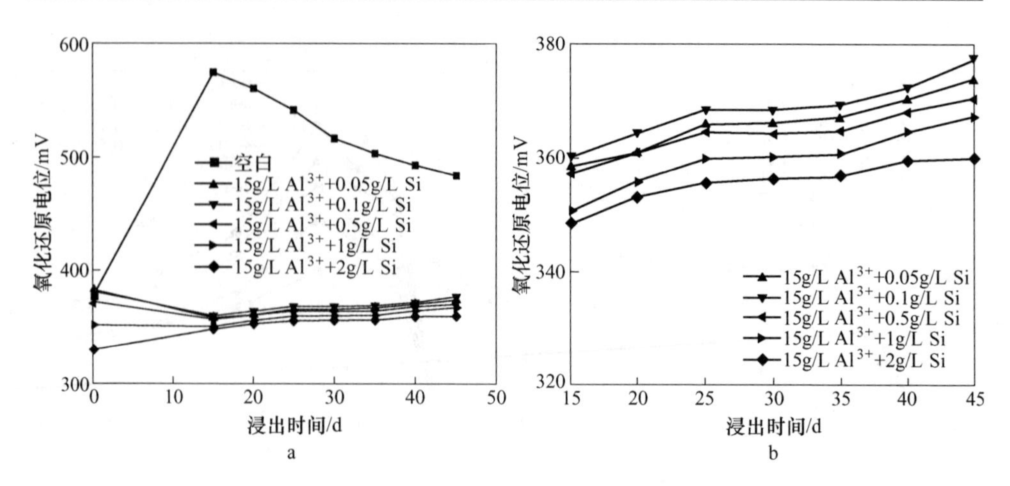

图 6-34　不同硅-铝浓度下浸出体系氧化还原电位的变化

b—图 a 15d 后放大

原电位略高，在浸出 45d 后，可达到 377mV，并且随着硅浓度的增加，体系氧化还原电位逐渐降低，在硅浓度为 2g/L 时，体系氧化还原电位仅为 360mV 左右。

图 6-35 分别为不同硅-铝组合浓度作用下，浸出体系 Cu^{2+}浸出率和浸出速率随浸出时间的变化曲线。

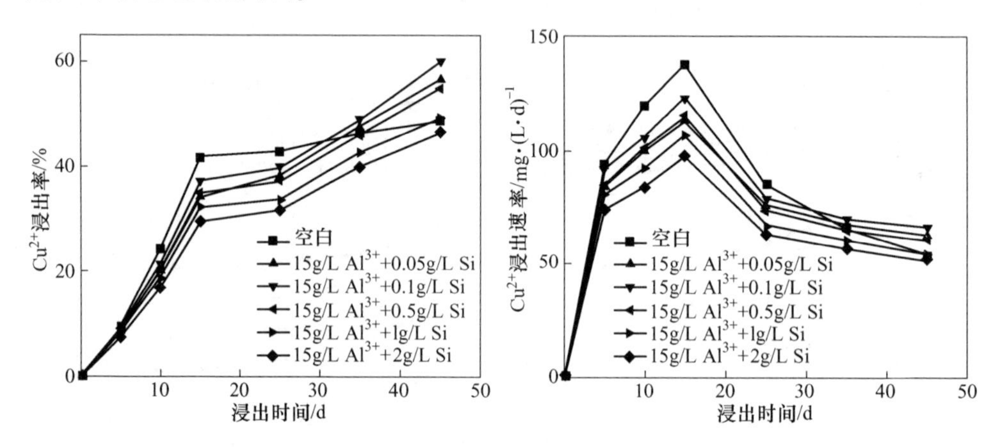

图 6-35　不同硅-铝浓度对浸出体系 Cu^{2+}浸出率和浸出速率的影响

从图 6-35 中可以看出，体系 Cu^{2+}浸出率随着浸出时间的延长逐渐增加，且随着硅浓度的增加 Cu^{2+}浸出率先升高后降低，硅浓度由 0. 05g/L 增加至 2g/L 时，浸出 45d 后，体系 Cu^{2+} 浸出率分别为 56. 68%、60. 16%、54. 95%、49. 34%、46. 61%。在硅-铝组合浓度为 0. 1g/L+15g/L 时，体系 Cu^{2+}浸出率最高。

从图 6-35 中还可以看出，体系 Cu^{2+}浸出速率随着浸出时间的延长先迅速增加后逐渐降低，且随着硅浓度的增加 Cu^{2+}浸出速率先升高后降低，在硅-铝组合浓度为 0.1g/L+15g/L 时，体系 Cu^{2+}浸出速率一直处于较高水平。故选定后续试验的最佳硅-铝组合浓度为 0.1g/L+15g/L。

6.3.3　不同组合之间的影响比较

针对 6.3.1~6.3.2 节研究结果发现，硅+阳离子对 *At.f* 菌浸出黄铜矿的最佳配比组合分别为：硅-钾组合浓度为 0.1g/L+1g/L、硅-镁组合浓度为 0.1g/L+15g/L、硅-钙组合浓度为 2g/L+0.1g/L、硅-铝组合浓度为 0.1g/L+15g/L。图 6-36 为硅+阳离子在最佳配比浓度下，浸出 45d 后，微生物对黄铜矿浸出体系中 Cu^{2+}浸出率的影响。

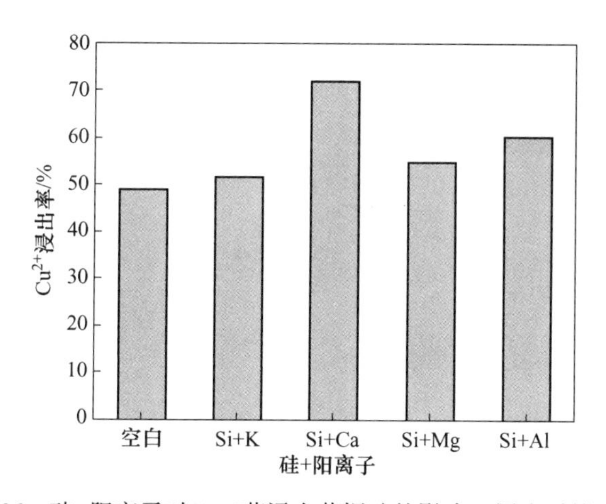

图 6-36　硅+阳离子对 *At.f* 菌浸出黄铜矿的影响（浸出时间 45d）

从图 6-36 中可以看出，硅+阳离子在最佳浸出浓度条件下，浸出 45d 后，对体系 Cu^{2+}浸出率影响的大小顺序为：硅-钙组合>硅-铝组合>硅-镁组合>硅-钾组合>空白，且在其胁迫下体系 Cu^{2+}浸出率依次为：71.71%、60.16%、54.64%、51.43%和 48.72%。

6.4　离子对 *At.f* 菌浸出黄铜矿的影响机理

根据 6.2 节的研究结果可以发现，钾离子、镁离子、铝离子、钙离子分别在 1g/L、15g/L、15g/L、0.1g/L 时，体系铜浸出率最高。为研究在其胁迫下 *At.f* 菌浸出黄铜矿的影响机理，分别收集其作用后的黄铜矿的浸渣，洗涤后干燥处理，进行 XRD 分析、SEM-EDS 分析、红外光谱分析、AFM 和 Zeta 电位分析。

6.4.1　黄铜矿浸渣 XRD 分析

X 射线衍射分析的主要作用是对物质进行定性分析，也可粗略地进行定量分析[8]。本节通过比较不同离子胁迫下浸渣中是否有新物质生成，进一步揭示黄铜矿微生物浸出的钝化机理。图 6-37 为不同阳离子胁迫下细菌浸出黄铜矿后浸渣的 XRD 图谱。

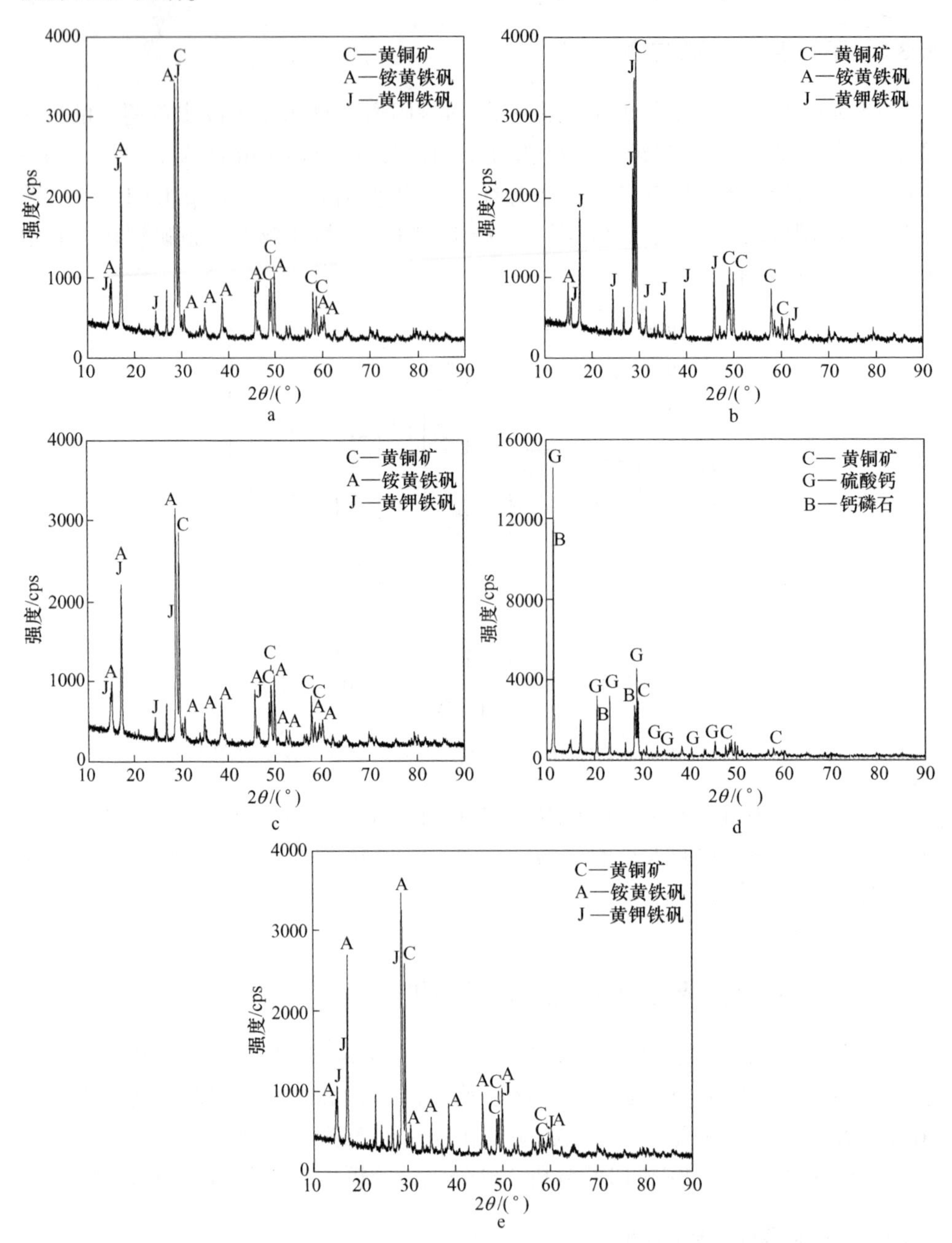

图 6-37　不同阳离子胁迫下细菌浸出黄铜矿后浸渣 XRD 图谱

a—空白组细菌浸出后；b—钾离子胁迫细菌浸出后；c—镁离子胁迫细菌浸出后；d—钙离子胁迫细菌浸出后；e—铝离子胁迫细菌浸出后

由图 6-37a 可以看出，细菌作用后浸渣中新生成的物质主要是铵黄铁矾[$(NH_4)_2Fe_6(SO_4)_4(OH)_{12}$]，其次是黄钾铁矾[$KFe_3(SO_4)_2(OH)_6$]。黄铁矾类物质的形成主要是由于黄钾铁矾中的 K^+ 被 NH_4^+、Ag^+、Na^+ 等一价阳离子代替[9]，NH_4^+ 与 K^+ 发生替代则生成了铵黄铁矾，在湿法冶金中常采用铵黄铁矾法去除浸出液中的铁[10]。一价阳离子的种类和浓度、浸出液的酸度、温度以及是否加入晶种等是影响黄铁矾生成种类的主要原因。而在相同条件下，黄铁矾类物质的形成与一价阳离子半径的大小相关，在离子半径≥100pm 时较容易生成，如由于阳离子半径 $r(K^+)=133pm$，$r(Na^+)=98pm$，$r(NH_4^+)=143pm$，因此在浸出体系中较易生成黄钾铁矾和铵黄铁矾。

黄钾铁矾是微生物浸出黄铜矿过程中生成的最主要钝化物质。本论文采用的 9K 培养基中（$(NH_4)_2SO_4$ 浓度为 3.0g/L，故生成铵黄铁矾比生成黄钾铁矾的概率大，且两种铁矾物质的生成过程均为产酸过程，它们的生成使得浸出体系的 pH 值降低，能够提高体系铜的浸出效率。但同时黄钾铁矾等物质覆盖于黄铜矿表面，阻碍了黄铜矿表面细菌的吸附，对黄铜矿的浸出又会产生不利的影响。

图 6-37b 与 a 比较发现，钾离子胁迫后，浸渣中新生成的物质主要为黄钾铁矾，铵黄铁矾很少，这是因为，体系中添加了钾离子，促进了黄钾铁矾生成。这也就揭示了黄钾铁矾的生成速度和溶液中的一价阳离子的浓度有关；比较图 6-37c 与 a 发现，镁离子胁迫后，浸渣中生成物质主要也是黄钾铁矾和铵黄铁矾，但其峰均较弱，说明生成沉淀的量少，减少了黄铜矿表面的钝化现象，促进了黄铜矿的浸出，这就可以解释在镁离子作用下浸出体系铜浸出率高于空白的条件；比较图 6-37d 与 a 发现，钙离子胁迫后，浸渣中新生成了硫酸钙（$CaSO_4$）、钙磷石（$Ca_3(PO_4)_2$）。这是因为钙离子与培养基中的 K_2HPO_4(0.5g/L) 经过化学反应而生成钙磷石，与溶液中的 SO_4^{2-} 生成硫酸钙；比较图 6-37e 与 a 发现，铝离子胁迫后，浸渣中生成的物质主要也是黄钾铁矾和铵黄铁矾。

6.4.2　黄铜矿浸渣 SEM-EDS 分析

6.4.2.1　SEM 分析

将不同阳离子（空白、1g/L 钾离子、15g/L 镁离子、15g/L 铝离子、0.1g/L 钙离子）胁迫下 *At.f* 菌浸出黄铜矿试验中的矿渣，洗涤后干燥处理，进行 SEM-EDS 分析，并与黄铜矿原矿、细菌浸出黄铜矿后所得浸渣的 SEM 进行了对比。

图 6-38 为黄铜矿颗粒浸出前后的 SEM 照片，从图 6-38 中可以看出，黄铜矿颗粒在浸出前表面平整光滑、极少有孔隙和孔洞，颗粒棱角分明。与浸出前相比，浸出后黄铜矿颗粒表面形貌发生了明显的变化，表面凹凸不平，呈现出大量的孔隙和孔洞，结构变得疏松，这主要是由细菌在矿物表面的吸附致使其出现了许多腐蚀小坑以及黄铜矿颗粒在浸出过程中氧化溶解造成的。

图 6-38　黄铜矿浸出前后 SEM 照片

a—浸出前；b—浸出后

图 6-39 a～d 分别为钾离子、镁离子、钙离子、铝离子胁迫下细菌浸出黄铜矿后的 SEM 照片。

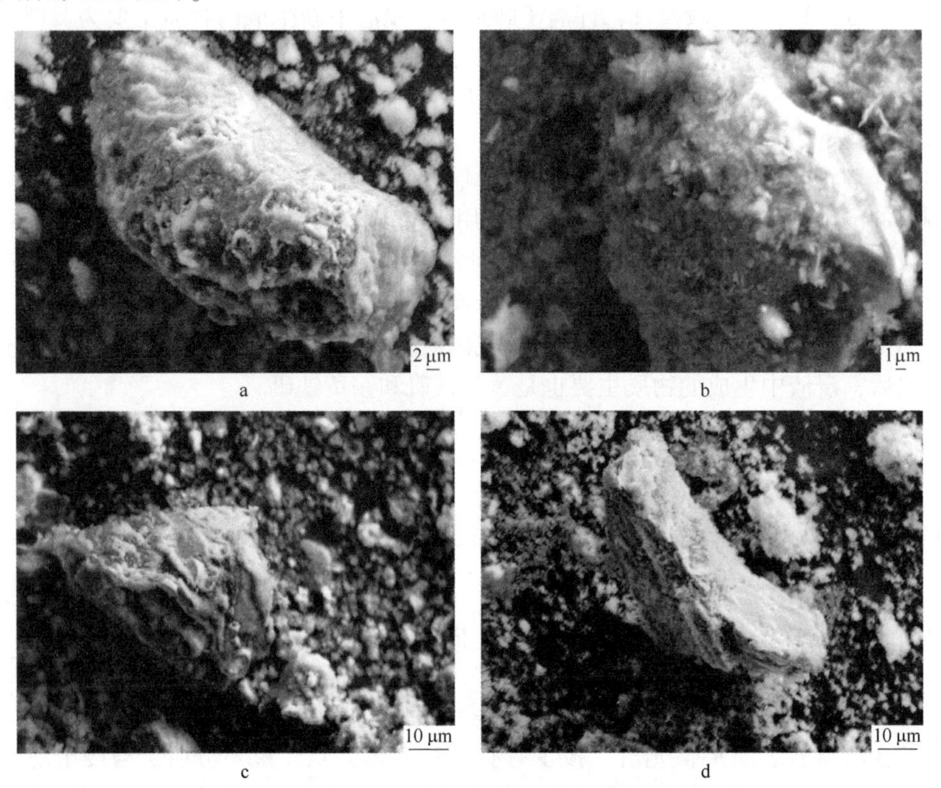

图 6-39　不同阳离子胁迫下细菌浸出黄铜矿后浸渣 SEM 照片

a—钾离子胁迫细菌浸出后；b—镁离子胁迫细菌浸出后；c—钙离子胁迫细菌浸出后；d—铝离子胁迫细菌浸出后

从图 6-39 中可以看出，单一阳离子胁迫下，黄铜矿颗粒浸出后表面呈现不同程度的浸蚀现象。其中，铝离子胁迫下黄铜矿颗粒表面的浸蚀现象最严重，表面凹凸不平，呈现出大量的浸蚀坑，其次为镁离子和钾离子，钙离子胁迫下的浸蚀程度最低，这与几种离子对细菌的氧化活性和浸出体系铜浸出率的影响规律相吻合。从图 6-39 中还可以看出，钾离子胁迫下黄铜矿颗粒表面生成的沉淀颗粒最多，这主要是由 K^{+}的存在促进了黄铜矿颗粒表面黄钾铁矾的生成造成的。从图 6-39c 中发现钙离子胁迫下，黄铜矿颗粒表面有结晶体出现，为考察其组成，对其进行 EDS 能谱分析，结果如图 6-40 所示。

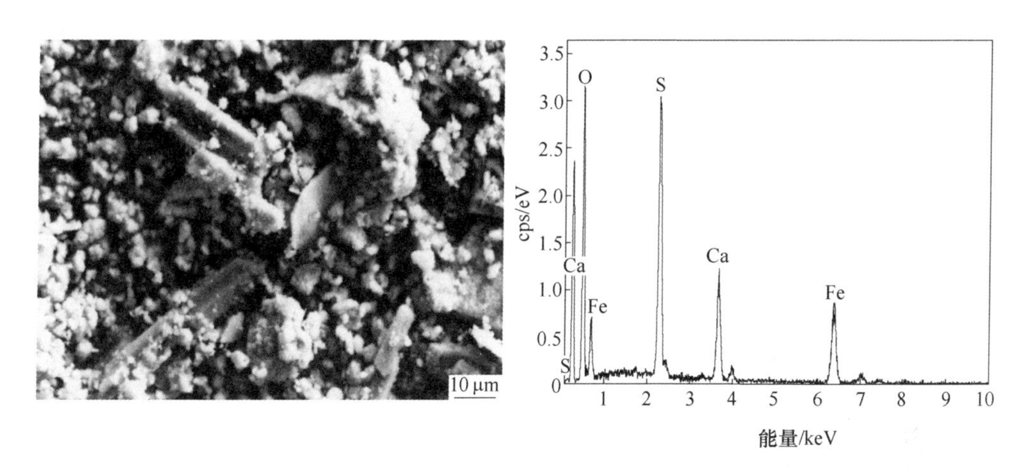

图 6-40　钙离子胁迫下细菌浸出黄铜矿后浸渣 SEM-EDS 图谱

从图 6-40 的 SEM 照片中可以发现，钙离子胁迫下黄铜矿浸渣中生成了大量的棒状晶体，其结晶程度较好，形状、大小都比较规则。经 EDS 能谱分析，结合 6.4.1 节的 XRD 图谱分析，发现这种物质为硫酸钙晶体。当体系中 Ca^{2+}浓度超过细菌生长所需范围后，过量的 Ca^{2+}则会生成硫酸钙附着在黄铜矿表面，对黄铜矿进一步氧化溶解起到一定的阻碍作用，这就可以解释 6.2.2 节中，Cu^{2+}浸出率随体系 Ca^{2+}浓度的增加而逐渐降低的现象。

6.4.2.2　EDS 能谱分析

图 6-41 和图 6-42 分别为黄铜矿浸出前后黄铜矿表面 SEM 图和能谱分析图谱，对应能谱分析结果如表 6-2 所示。从表 6-2 中可以看出，对比微生物浸出前后，组成矿物的化学成分发生了改变。浸出后矿物表面 Cu、S 含量均降低，而 Fe 元素含量却相对增加了约 10%，新生成了元素 K，其质量百分比和原子百分比分别为 1.15%、0.79%，由 6.4.1 节浸渣 XRD 分析结果可知，K 元素主要来自新生成的沉淀物质——黄钾铁矾[$KFe_3(SO_4)_2(OH)_6$]。

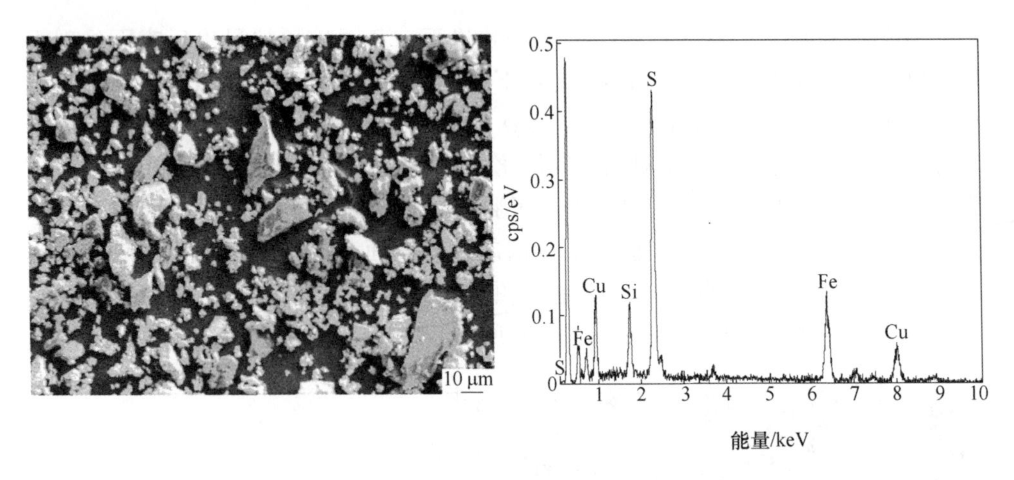

图 6-41　黄铜矿 SEM 图和面分布 EDS 图谱

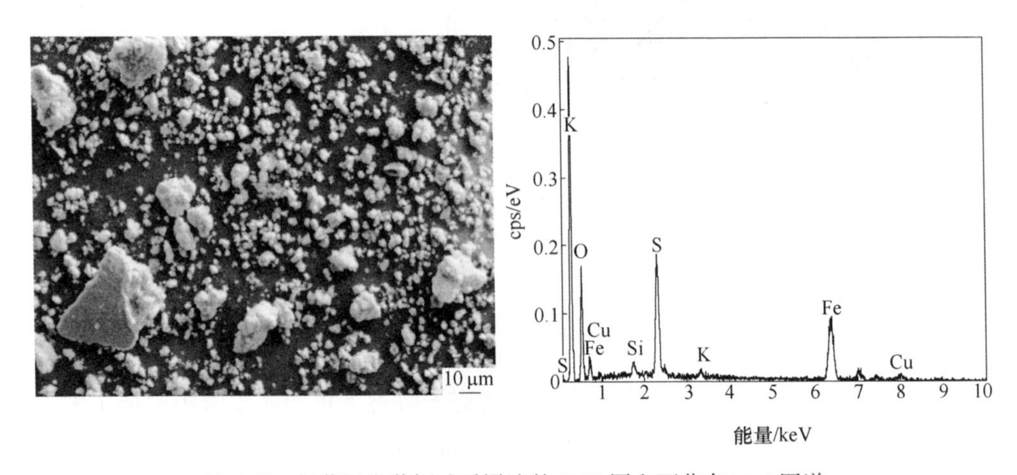

图 6-42　细菌浸出黄铜矿后浸渣的 SEM 图和面分布 EDS 图谱

表 6-2　不同条件下细菌浸出黄铜矿浸渣表面 EDS 能谱分析结果

项目	元素	黄铜矿原矿	空白	钾离子胁迫后的浸渣	镁离子胁迫后的浸渣	钙离子胁迫后的浸渣	铝离子胁迫后的浸渣
质量分数/%	Cu	27.14	5.39	4.59	3.30	5.63	1.61
	Fe	29.89	39.01	40.15	40.07	40.70	32.48
	S	37.48	14.69	15.80	12.90	15.11	17.16
	Si	5.49	1.31	1.78	1.08	0.51	2.66
	O	—	38.45	33.77	41.46	37.23	44.47
	K	—	1.15	3.91	1.20	0.82	1.61
	合计	100.00	100.00	100.00	100.00	100.00	100.00

续表 6-2

项目	元素	黄铜矿原矿	空白	钾离子胁迫后的浸渣	镁离子胁迫后的浸渣	钙离子胁迫后的浸渣	铝离子胁迫后的浸渣
原子数分数/%	Cu	18.36	2.28	2.03	1.35	2.42	0.62
	Fe	23.00	18.77	20.21	18.72	19.94	14.33
	S	50.24	12.32	13.85	10.50	12.89	13.19
	Si	8.40	1.25	1.78	1.00	0.50	2.34
	O	—	64.59	59.32	67.62	63.67	68.50
	K	—	0.79	2.81	0.80	0.57	1.02
	合计	100.00	100.00	100.00	100.00	100.00	100.00

图 6-43～图 6-46 分别为阳离子 K^+、Mg^{2+}、Ca^{2+}、Al^{3+}胁迫下细菌浸出黄铜矿所得浸渣的 SEM 图和能谱分析图谱，对应能谱分析结果如表 6-2 所示。从表 6-2 可以看出，不同离子胁迫下，浸渣表面各元素质量分数和原子数分数均发生了变化，但程度有所不同。对比可知，Cu 的质量分数和原子数分数均有所降低，说明黄铜矿因氧化分解或溶解而浸出 Cu^{2+}。且降低的大小顺序为：铝离子（1.61%、0.62%）>镁离子（3.30%、1.35%）>钾离子（4.59%、2.03%）>空白（5.39%、2.28%）>钙离子（5.63%、2.42%）。由 6.2 节各离子对铜浸出率的影响可知，铜浸出率的大小顺序为：铝离子（71.39%）>镁离子（59.01%）>钾离子（57.87%）>空白（48.72%）>钙离子（47.30%），这说明阳离子胁迫对浸渣表面 Cu 的质量分数和原子数分数降低程度的影响规律与其对浸出体系铜浸出率的影响规律相吻合。

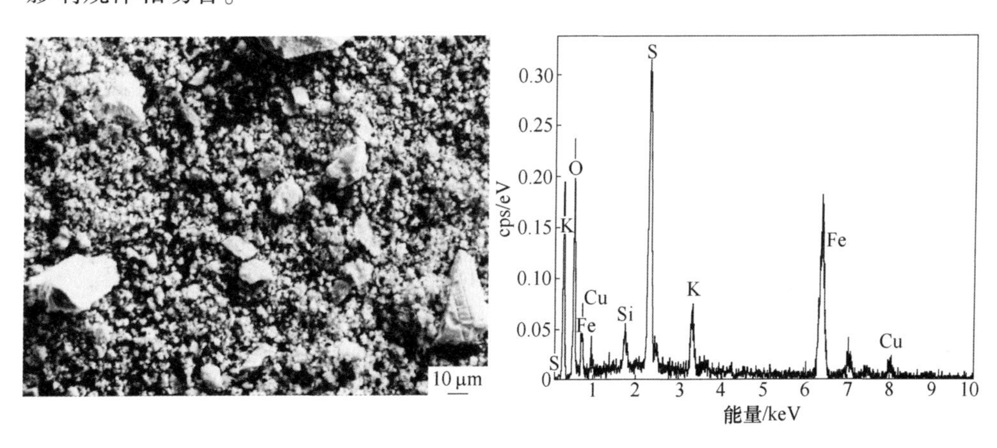

图 6-43　钾离子胁迫下细菌浸出黄铜矿浸渣的 SEM 图和面分布 EDS 图谱

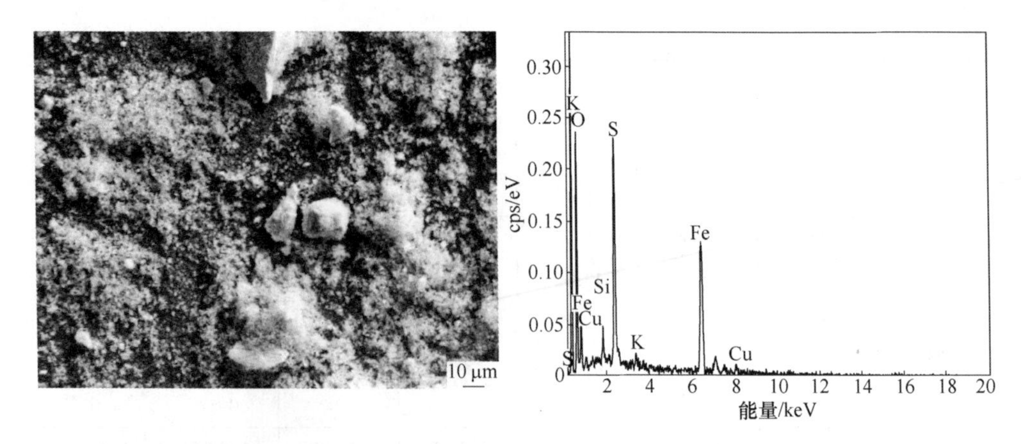

图 6-44　镁离子胁迫下细菌浸出黄铜矿浸渣的 SEM 图和面分布 EDS 图谱

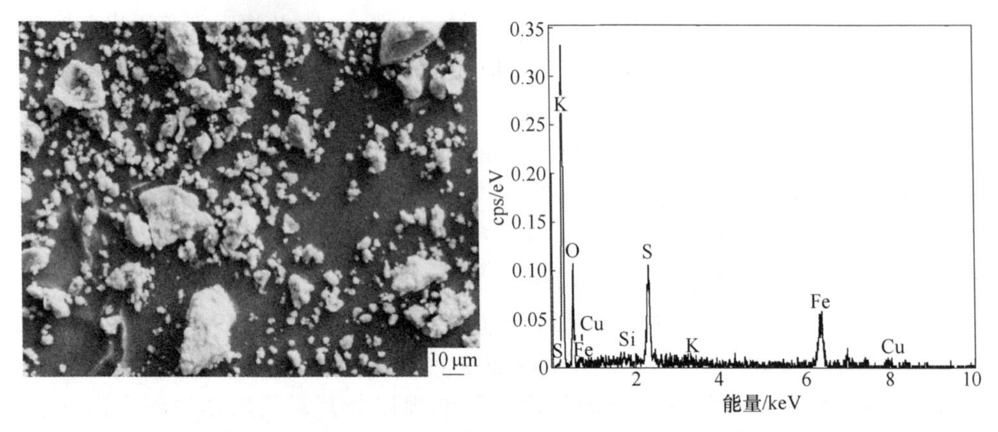

图 6-45　钙离子胁迫下细菌浸出黄铜矿浸渣的 SEM 图和面分布 EDS 图谱

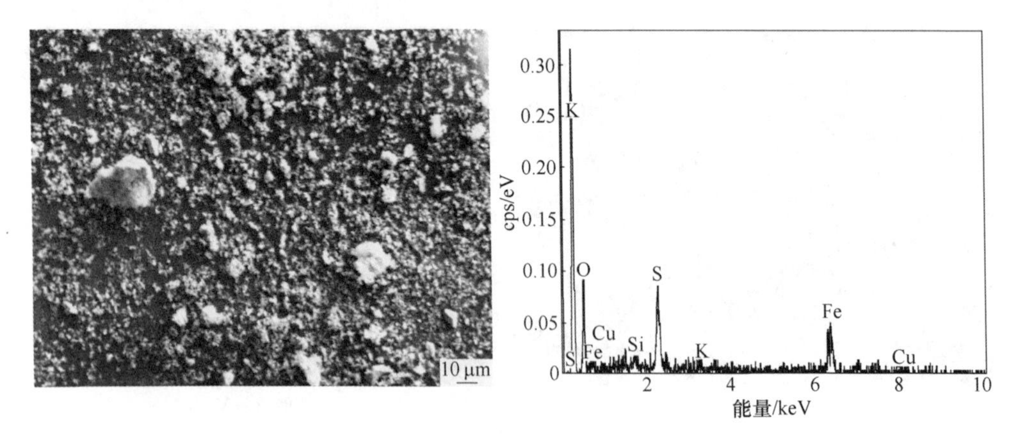

图 6-46　铝离子胁迫下细菌浸出黄铜矿浸渣的 SEM 图和面分布 EDS 图谱

从表 6-2 中还可以看出，在各阳离子胁迫后的浸渣表面，生成元素 K 的质量分数和原子数分数大小顺序分别为：钾离子（3.91%、2.81%）>铝离子（1.61%、1.02%）>镁离子（1.20%、0.80%）>空白（1.15%、0.79%）>钙离子（0.82%、0.57%），分析 K 元素在矿物表面的分布，可知其主要生成在钾离子胁迫后的浸渣表面。

6.4.3 黄铜矿浸渣 FTIR 分析

本试验采用傅里叶红外光谱仪测试了 *At.f* 菌、黄铜矿纯矿物、*At.f* 菌浸出黄铜矿的浸渣以及不用阳离子胁迫下 *At.f* 菌浸出黄铜矿所得浸渣的红外光谱，对比有无阳离子胁迫下浸渣红外光谱图特征吸收峰的变化，从而分析阳离子对 *At.f* 菌浸出黄铜矿体系的影响机制。

图 6-47 为 *At.f* 菌的红外光谱图，结合文献分析[11]，可知，3386cm^{-1}(3300~3500）波数附近的强宽峰为—OH、—NH_2 或—NH 伸缩振动吸收峰；在 2969cm^{-1}和 2915cm^{-1}(2925±10）波数处的小双峰为来自核酸、蛋白质和脂类的—CH_3、—CH_2 的反对称伸缩运动产生的吸收峰；1642cm^{-1}(1620~1670）为—C ═O缔合的伸缩振动仲酰胺Ⅰ峰；1531cm^{-1}处为—$CONH_2$ 的变形振动蛋白质酰胺Ⅱ峰（—C—N—H 弯曲振动）；1450cm^{-1}处为蛋白质分子中—CH_2(1465±20）中等强度对称变形振动和—CH_3(1450±20）的反对称变形振动吸收重叠峰；波数 1192cm^{-1} 处为—C—C—(H_3C—C—CH_3）强骨架对称振动吸收峰；1088cm^{-1}处为—CO 的伸缩振动吸收峰；1014cm^{-1}处为氨基酸—C(NH_3^+)COO—弱到中等强度—CN 伸缩振动吸收峰；628cm^{-1}和 512cm^{-1}处或为多糖—CH_2 基团。*At.f* 菌的红外光谱分析说明了其细胞成分中包含—OH、—NH_2、—C ═O、—CH_2、—$CONH_2$、—CO、—CN 等活性基团，这些活性基团在细菌吸附中扮演重要的角色[12]。

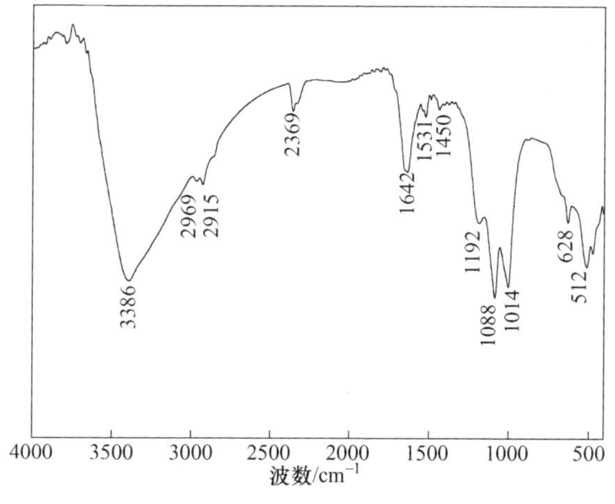

图 6-47 *At.f* 菌的红外光谱图

6.4.3.1 细菌作用前后黄铜矿 FTIR 分析

图 6-48 为黄铜矿原矿、与细菌作用后的红外光谱图，比较发现，黄铜矿与细菌作用前后的红外光谱图明显不同，细菌作用后的红外光谱图中出现了波数为 $3414cm^{-1}$、$1206cm^{-1}$、$998cm^{-1}$、$639cm^{-1}$和 $495cm^{-1}$的吸收峰，这些吸收峰都属于 *At.f* 菌的特征峰范围，同时黄铜矿在 $3700cm^{-1}$、$2358cm^{-1}$、$1611cm^{-1}$处的吸收峰分别偏移到了 $3694cm^{-1}$、$2353cm^{-1}$、$1629cm^{-1}$处，$789cm^{-1}$处的吸收峰消失。因此表明 *At.f* 菌在黄铜矿表面发生了吸附。查阅文献[13]，黄铜矿与细菌作用后，细菌表面的活性基团出现在黄铜矿表面，促进了细菌在矿物表面的吸附。

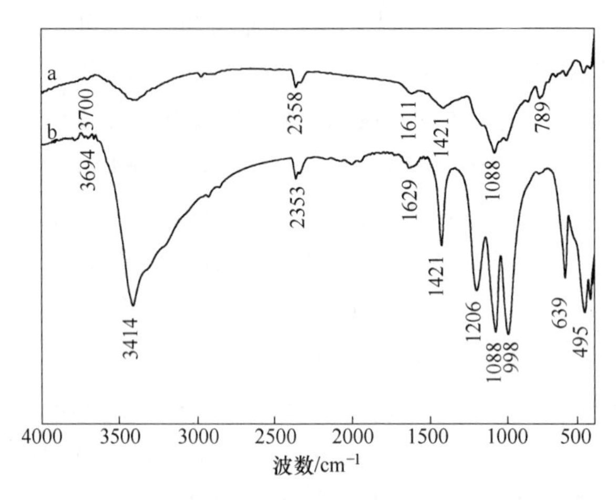

图 6-48 细菌作用前后黄铜矿的红外差谱图

a—作用前；b—作用后

6.4.3.2 钾离子胁迫后浸渣 FTIR 分析

图 6-49 为空白条件下黄铜矿浸渣、钾离子胁迫下黄铜矿浸渣及其差谱。

从图 6-49 中可以看出，在差谱中出现了 $3447cm^{-1}$、$1423cm^{-1}$、$1209cm^{-1}$、$1059cm^{-1}$、$981cm^{-1}$、$639cm^{-1}$、$496cm^{-1}$的吸收峰，其中波数为 $3447cm^{-1}$附近的—OH、—NH_2 或—NH 伸缩振动吸收峰，$639cm^{-1}$、$496cm^{-1}$附近的—CH_2 的吸收峰发生了明显偏移；且在钾离子胁迫下，$1423cm^{-1}$附近的—CH_2 中等强度对称变形振动和—CH_3的反对称变形振动吸收重叠峰消失。这是因为在钾离子胁迫下，黄铜矿表面覆盖大量黄钾铁矾、铵黄铁矾沉淀，以及浸渣表面吸附细菌的蛋白质及多糖组成和结构发生改变，导致其表面基团改变，致使浸渣表面的吸收峰发生偏移和消失。

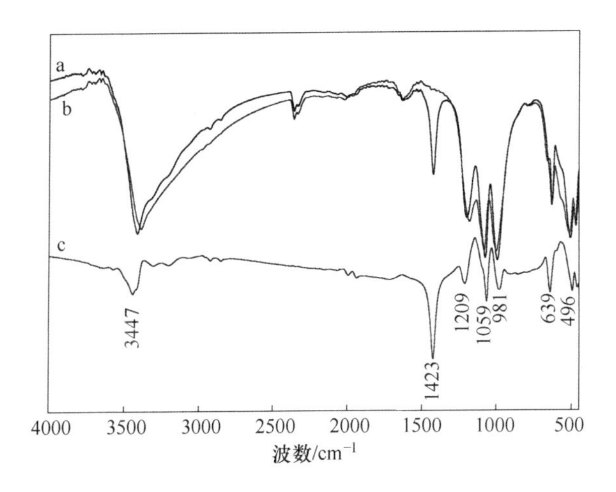

图 6-49 钾离子和空白胁迫下细菌浸出黄铜矿浸渣红外差谱图

a—空白；b—钾离子胁迫下；c—差谱

6.4.3.3 镁离子胁迫后浸渣 FTIR 分析

图 6-50 为空白条件下黄铜矿浸渣、镁离子胁迫下黄铜矿浸渣及其差谱。从图 6-50 中可以看出，有无离子胁迫下黄铜矿浸渣的红外光谱图明显不同，在差谱中出现了 3484cm^{-1}、1417cm^{-1}、1232cm^{-1}、1174cm^{-1}、1110cm^{-1}、968cm^{-1}、626cm^{-1}、533cm^{-1}的吸收峰，其中波数为 3484cm^{-1}附近的—OH、—NH_2 或—NH 伸缩振动吸收峰，1417cm^{-1}附近的—CH_2 中等强度对称变形振动和—CH_3的反对

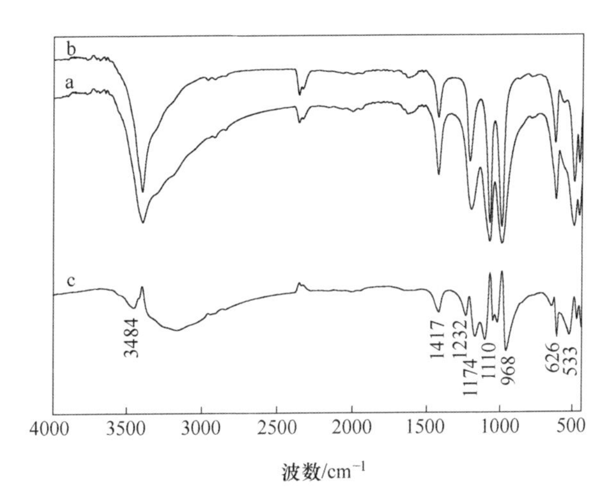

图 6-50 镁离子和空白胁迫下细菌浸出黄铜矿浸渣红外差谱图

a—空白；b—镁离子胁迫下；c—差谱

称变形振动吸收重叠峰，1174cm^{-1}附近的—C—C—($H_3C—C—CH_3$) 强骨架对称振动吸收峰，1110cm^{-1}处的—CO 的伸缩振动吸收峰发生了明显偏移。这是因为在镁离子胁迫下，浸渣吸附细菌表面蛋白质分子组成和结构发生变化，导致其表面基团改变，致使浸渣表面的吸收峰发生偏移。

6.4.3.4　钙离子胁迫后浸渣 FTIR 分析

图 6-51 为空白条件下黄铜矿浸渣、钙离子胁迫下黄铜矿浸渣及其差谱。从图 6-51 中可以看出，有无离子胁迫下黄铜矿浸渣的红外光谱图明显不同，在差谱中出现了 3470cm^{-1}、1424cm^{-1}、1224cm^{-1}、1110cm^{-1}、961cm^{-1}、626cm^{-1}、546cm^{-1}的吸收峰。其中波数为 3470cm^{-1}附近的—OH、—NH_2 或—NH 伸缩振动吸收峰，1224cm^{-1} 附近的—C—C—($H_3C—C—CH_3$) 强骨架对称振动吸收峰，626cm^{-1}附近的—CH_2 的吸收峰发生了明显偏移。这是因为在钙离子胁迫下，浸渣吸附细菌表面蛋白质、多糖分子组成和结构发生变化，导致其表面基团改变，致使浸渣表面的吸收峰发生偏移。

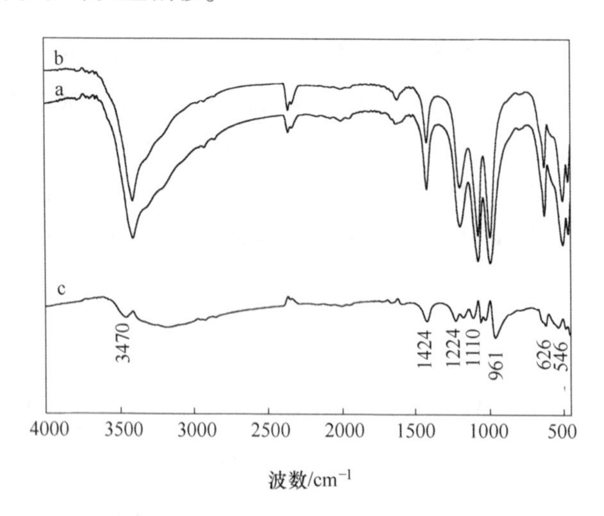

图 6-51　钙离子和空白胁迫下细菌浸出黄铜矿浸渣红外差谱图
a—空白；b—钙离子胁迫下；c—差谱

6.4.3.5　铝离子胁迫后浸渣 FTIR 分析

图 6-52 为空白条件下黄铜矿浸渣、铝离子胁迫下黄铜矿浸渣及其差谱。

从图 6-52 中可以看出，有无离子胁迫下黄铜矿浸渣的红外光谱图明显不同，在差谱中出现了 3434cm^{-1}、1425cm^{-1}、1232cm^{-1}、1118cm^{-1}、1068cm^{-1}、975cm^{-1}、633cm^{-1}的吸收峰。且在铝离子胁迫下，波数为 3434cm^{-1} 附近的

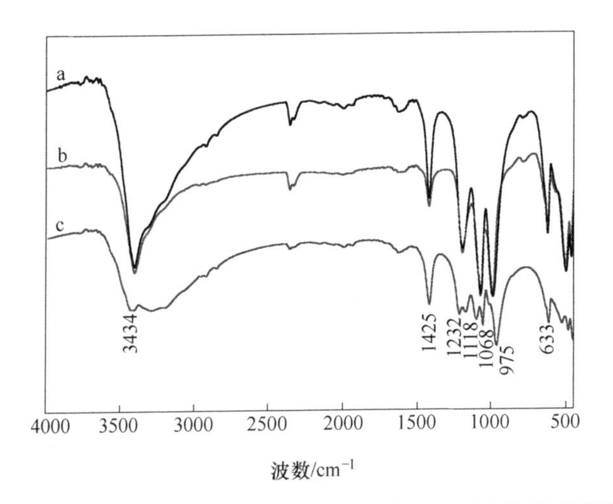

图6-52 铝离子和空白胁迫下细菌浸出黄铜矿浸渣红外差谱图

a—空白；b—铝离子胁迫下；c—差谱

—OH、—NH_2或—NH伸缩振动吸收峰，1232cm^{-1}附近的—C—C—(H_3C—C—CH_3)强骨架对称振动吸收峰，1118cm^{-1}处的—CO的伸缩振动吸收峰，633cm^{-1}附近的—CH_2的吸收峰发生了明显偏移，在1425cm^{-1}附近的—CH_2中等强度对称变形振动和—CH_3的反对称变形振动吸收重叠峰强度明显减弱。这是因为在铝离子胁迫下，浸渣吸附细菌表面蛋白质及多糖分子组成和结构发生变化，导致其表面基团改变，致使浸渣表面的吸收峰发生偏移和减弱。

6.4.4 黄铜矿浸渣AFM和Zeta分析

6.4.4.1 AFM分析

原子力显微镜（AFM）与传统的电化学方法相比较，具有成像精度高、分辨率高、样品处理简单等优点，目前广泛应用于材料的微生物腐蚀研究中。Bremer等[14]采用原子力显微镜发现了微生物在铜表面的吸附，并得出铜的腐蚀与吸附的微生物相关联；Beech等[15]采用原子力显微镜和环境扫描电镜探讨了碳钢及不锈钢生物膜下的细菌腐蚀情况，并推断出有关生物膜结构的定量信息；Xu等[16]考察了钢铁表面细菌的吸附、生物膜的形成以及钢铁的局部腐蚀等，对微生物的吸附能力和金属的腐蚀程度做了定量分析研究。故本试验将不同阳离子（空白、1g/L钾离子、15g/L镁离子、15g/L铝离子、0.1g/L钙离子）胁迫下*At.f*菌浸出黄铜矿试验中的矿渣，洗涤后干燥处理，进行AFM分析，并与细菌浸出前后黄铜矿表面的腐蚀情况进行了比较。

A　腐蚀形貌比较

图 6-53 和图 6-54 分别为黄铜矿浸出前后表面二维图、三维图。

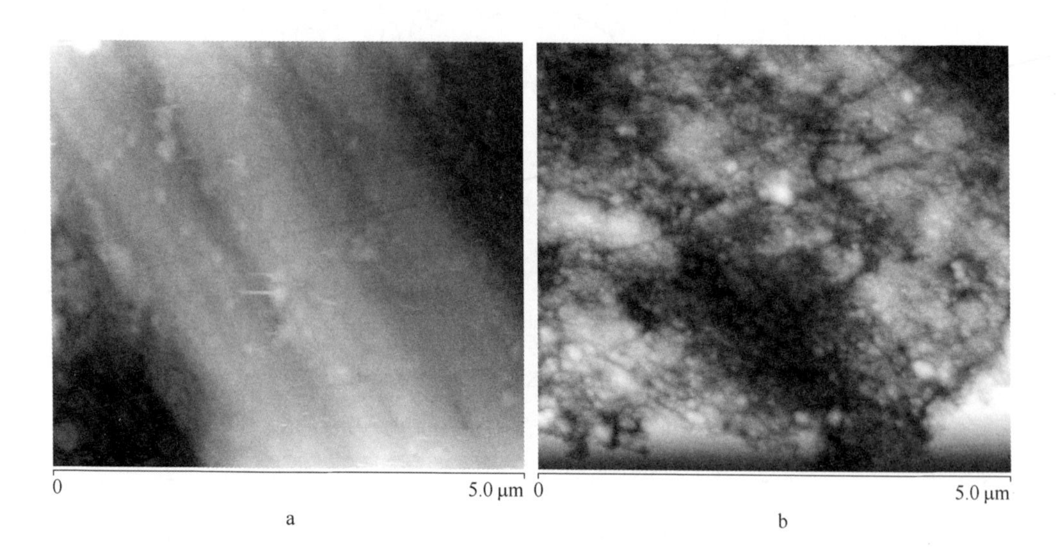

图 6-53　黄铜矿浸出前后表面二维图

a—浸出前；b—浸出后

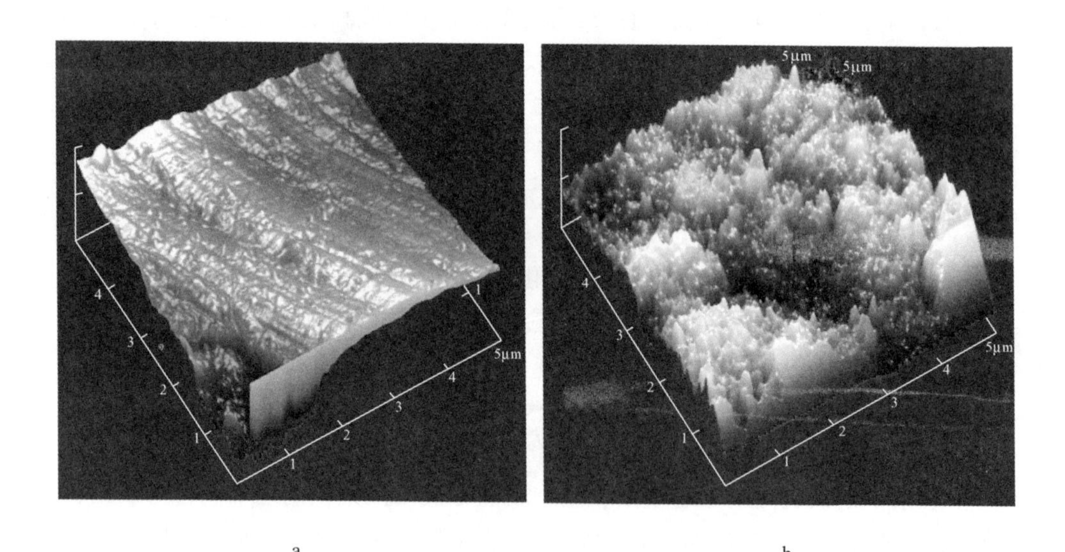

图 6-54　黄铜矿浸出前后表面三维图

a—浸出前；b—浸出后

由图 6-53a 及图 6-54a 可以发现，浸出前黄铜矿表面比较光滑，无明显划痕；图 6-53b 及图 6-54b 为细菌浸出黄铜矿后黄铜矿表面形貌图，可以看出，其表面受到严重腐蚀，变得凹凸不平，呈现不均匀状态，这进一步证明了细菌在黄铜矿表面发生了吸附并在矿物表面发生腐蚀氧化作用。

图 6-55、图 6-56 中的 a~d 分别为钾离子、镁离子、钙离子、铝离子胁迫下细菌浸出黄铜矿后的 AFM 二维图和三维图。从图中可以看出，在几种阳离子胁

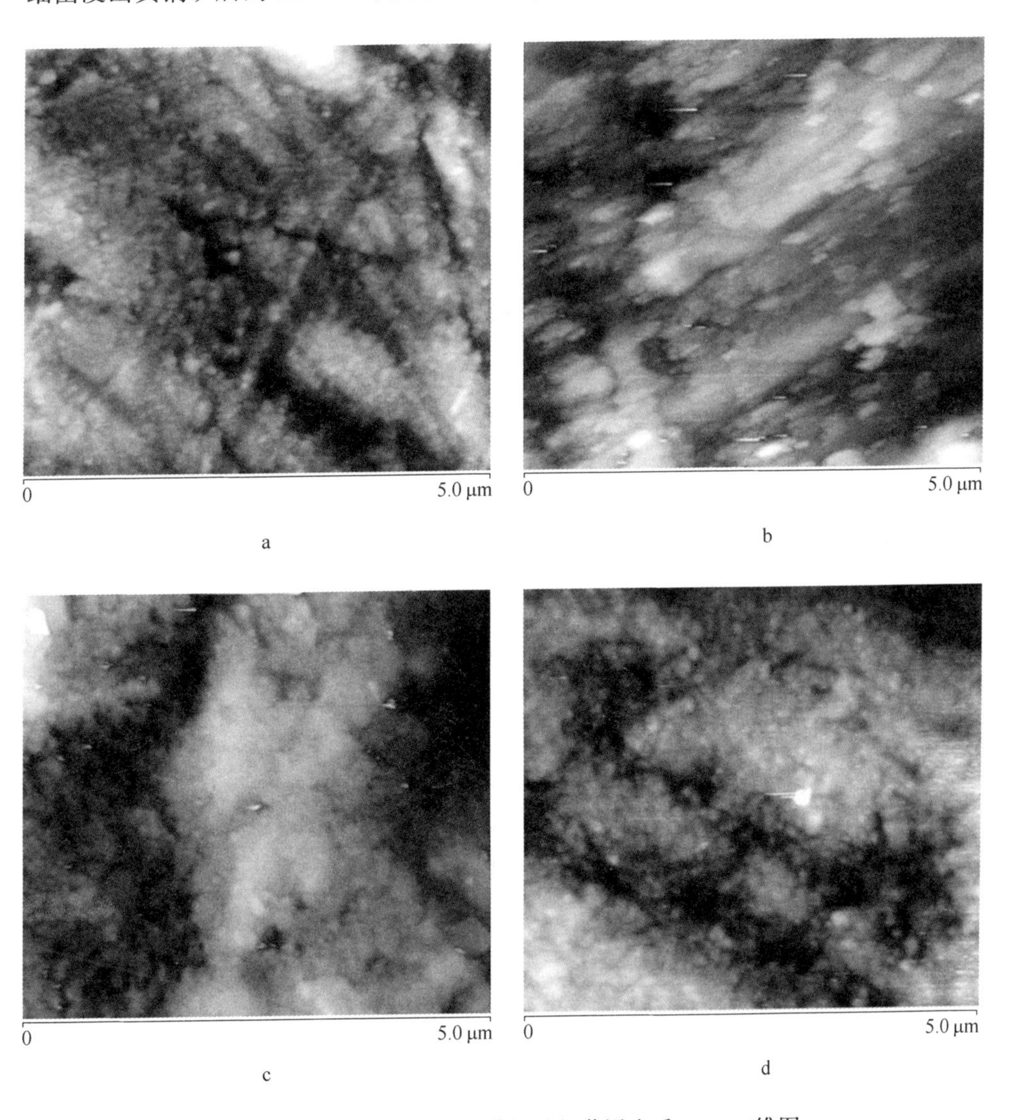

图 6-55 不同阳离子胁迫下黄铜矿细菌浸出后 AFM 二维图

a—钾离子胁迫细菌浸出后；b—镁离子胁迫细菌浸出后；c—钙离子胁迫细菌浸出后；d—铝离子胁迫细菌浸出后

迫下，黄铜矿浸出后表面的腐蚀程度不同。其中，铝离子胁迫下的黄铜矿颗粒表面的腐蚀现象最严重，出现大量的腐蚀坑，表面变得凹凸不平[17]，结构变得疏松。其次为镁离子和钾离子，在钙离子胁迫下其浸蚀程度最低，这与几种离子对细菌的氧化活性和浸出体系铜浸出率的影响规律相吻合。证明了黄铜矿浸出过程中细菌在黄铜表面吸附及发生腐蚀氧化现象。

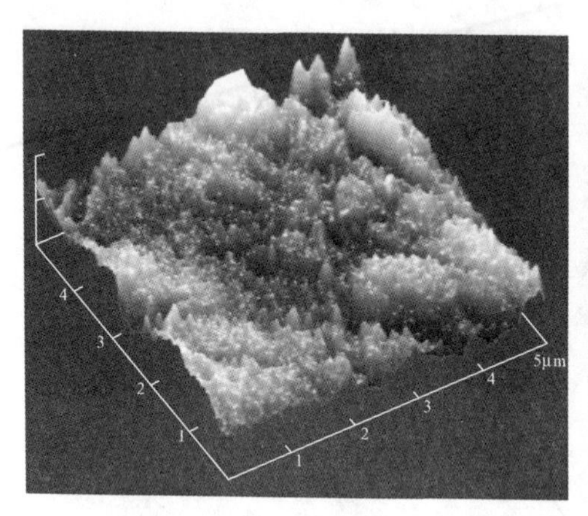

a

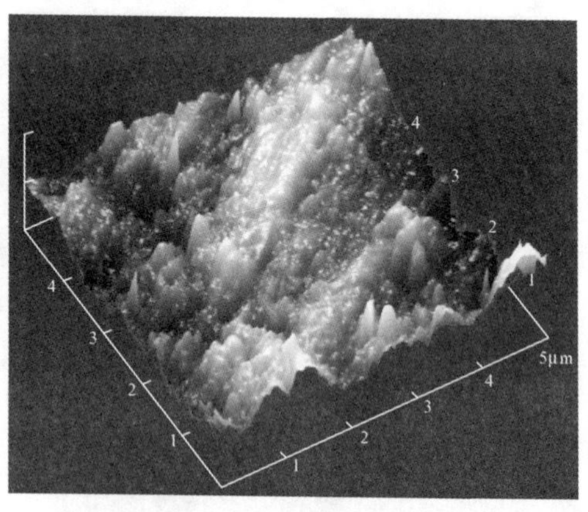

b

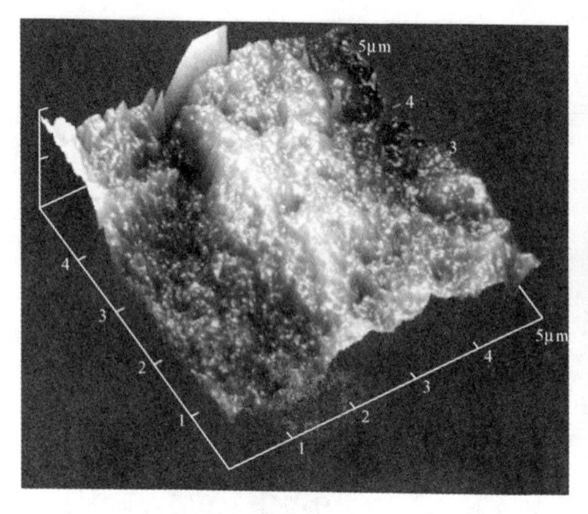

c

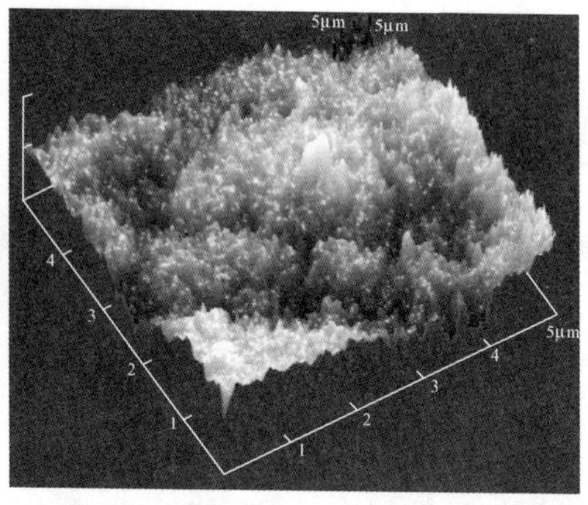

d

图 6-56　不同阳离子胁迫下黄铜矿细菌浸出后 AFM 三维图

a—钾离子胁迫细菌浸出后；b—镁离子胁迫细菌浸出后；c—钙离子胁迫细菌浸出后；d—铝离子胁迫细菌浸出后

B　腐蚀定量分析

矿物表面的粗糙度可以用不同的参数来表示[18]，如 *Ra*（arithmetic roughness）、*Rms*（root-mean-square roughness）以及 PSD（power spectral density）等。本试验采用平均粗糙度 *Ra* 和均方根粗糙度 *Rms* 来对浸出前后及不同阳离子胁迫后黄铜矿的表面粗糙度进行比较，定量分析其表面腐蚀情况。

图 6-57～图 6-62 分别为细菌作用黄铜矿前后、不同阳离子胁迫下细菌浸出黄铜矿表面平整度的变化，结合表 6-3 可以看出，细菌浸出前，黄铜矿表面比较光滑平整，粗糙度分别为 12.74nm 和 11.52nm。细菌浸出后，黄铜矿表面蚀坑增多，粗糙度增加，粗糙度分别为 14.41nm 和 18.89nm。

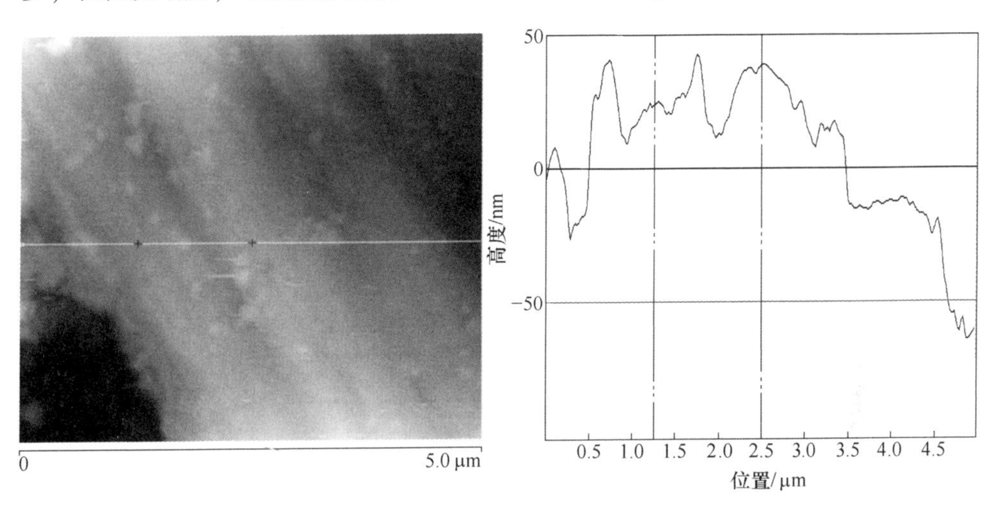

图 6-57　黄铜矿表面平整度

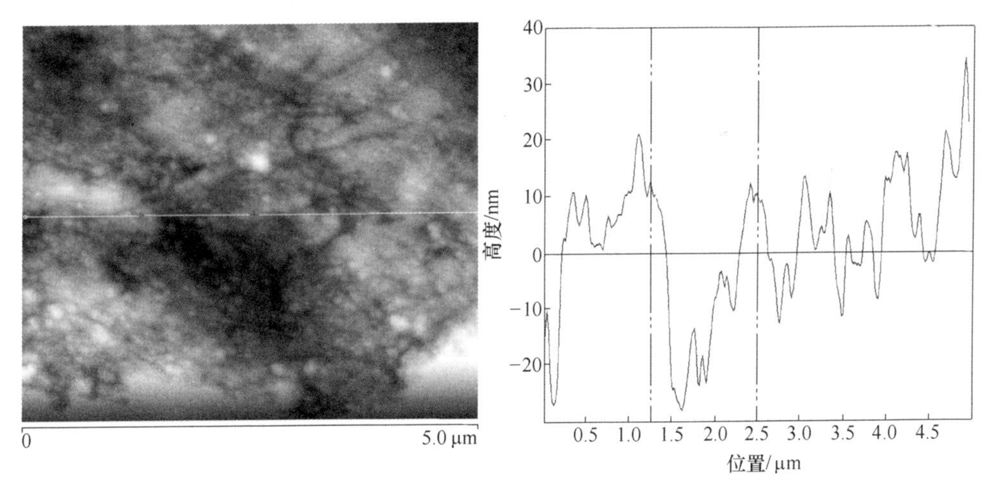

图 6-58　空白条件下黄铜矿细菌浸出后表面平整度

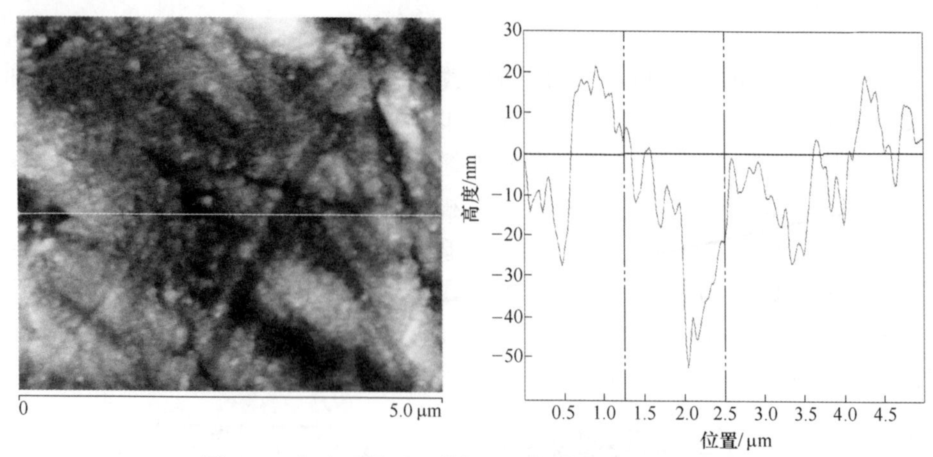

图 6-59　钾离子胁迫下黄铜矿细菌浸出后表面平整度

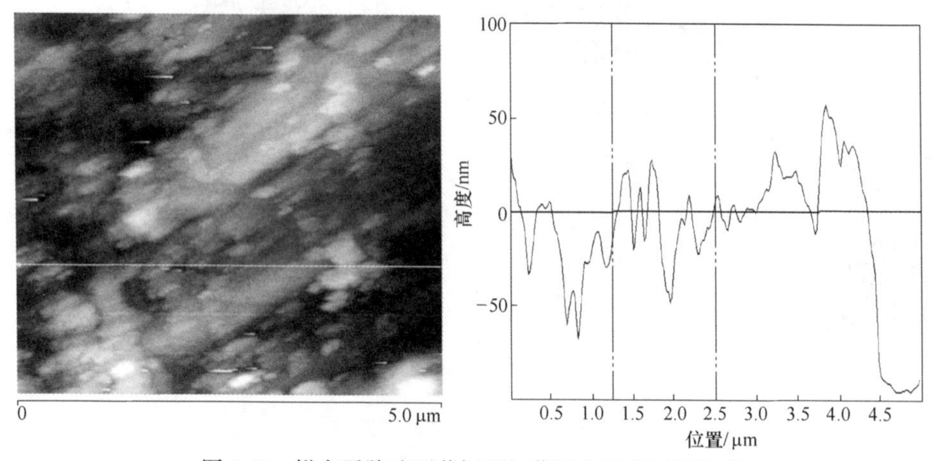

图 6-60　镁离子胁迫下黄铜矿细菌浸出后表面平整度

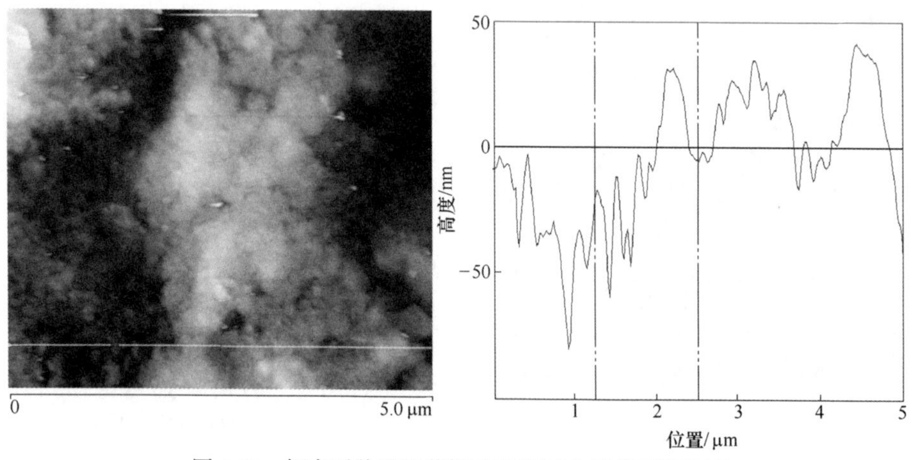

图 6-61　钙离子胁迫下黄铜矿细菌浸出后表面平整度

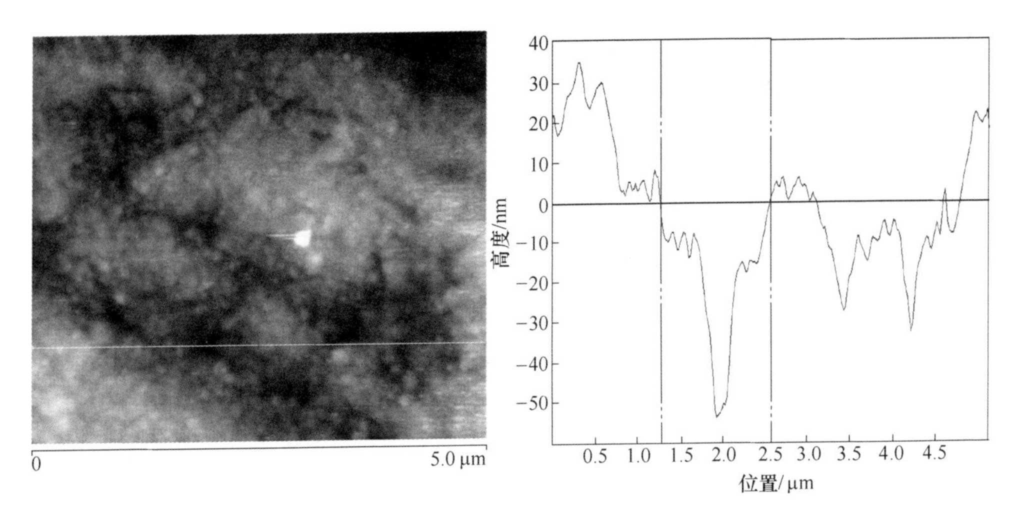

图 6-62 铝离子胁迫下黄铜矿细菌浸出后表面平整度

表 6-3 不同阳离子胁迫下黄铜矿细菌浸出表面粗糙度

项　目	黄铜矿原矿	空白	K^+胁迫后的浸渣	Mg^{2+}胁迫后的浸渣	Ca^{2+}胁迫后的浸渣	Al^{3+}胁迫后的浸渣
Ra/nm	12.74	14.41	15.91	15.26	16.39	18.83
Rms/nm	11.52	18.89	15.03	21.80	18.78	11.58

不同阳离子胁迫下，细菌浸出黄铜矿表面的粗糙度各不相同，其规律与铜浸出效率不尽相同，铝离子和镁离子胁迫下的黄铜矿表面粗糙度大小关系与铜浸出率关系一致，而钾离子与钙离子则不一致。这是因为钾离子的添加促进了体系黄钾铁矾沉淀的生成，其覆盖在黄铜矿表面增加了其粗糙度；钙离子的添加导致体系硫酸钙和钙磷石结晶体的出现，使得黄铜矿表面粗糙度也增加。说明黄铜矿表面的腐蚀情况不能仅凭粗糙度来判断。

为进一步考察上述结论的真实性，研究了高浓度的钾离子（20g/L）、镁离子（20g/L）、铝离子（20g/L）和钙离子（2g/L）胁迫下的细菌浸出黄铜矿的AFM二维图和三维图，如图 6-63 和图 6-64 所示。从图中可以很明显看出，高浓度离子胁迫下，黄铜矿表面粗糙度明显增加，其中在钾离子和钙离子胁迫下其表面粗糙度增加程度更为明显。

6.4.4.2 Zeta 电位分析

A 细菌的 Zeta 电位

细菌的等电点（IEP）作为一个参数，能够指示一些官能团如羧基

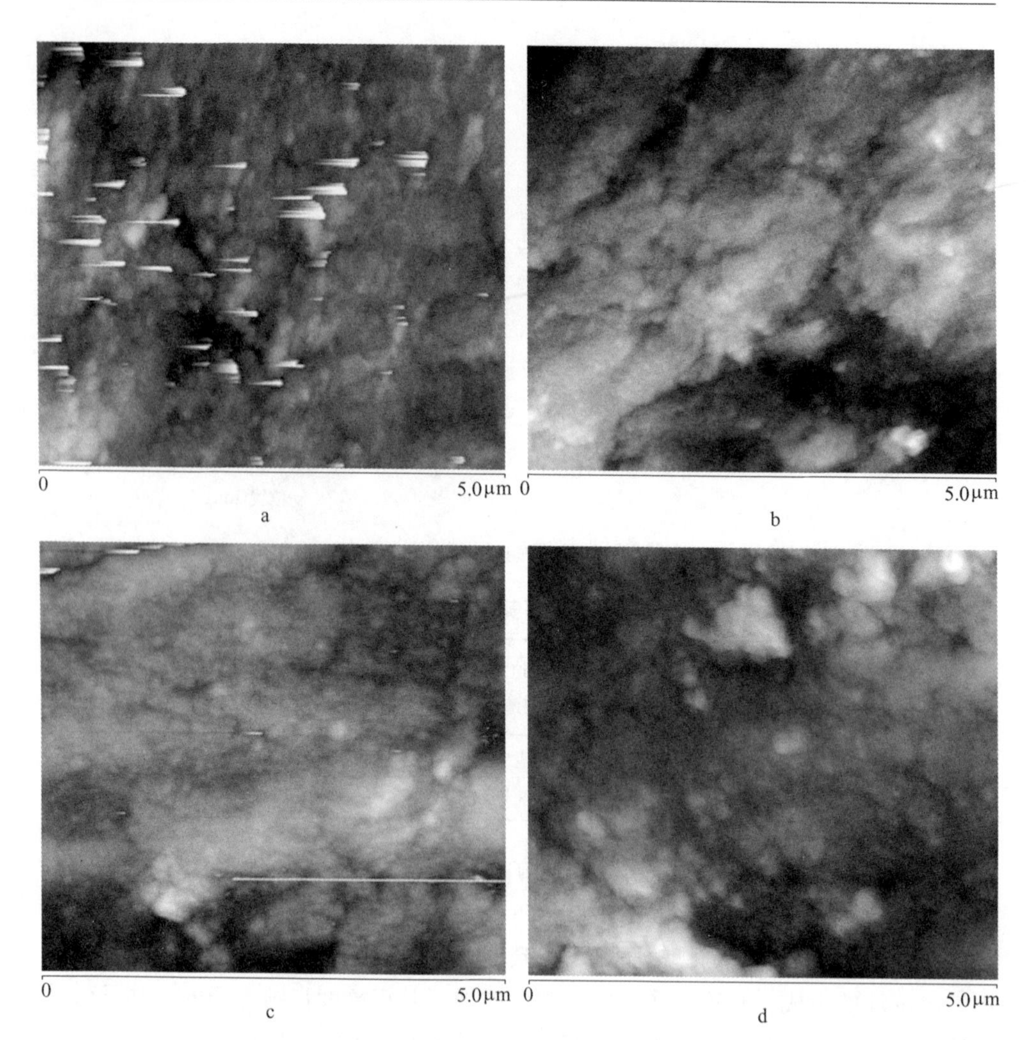

图 6-63　高浓度阳离子胁迫下黄铜矿细菌浸出后 AFM 二维图

a—20g/L 钾离子胁迫细菌浸出后；b—20g/L 镁离子胁迫细菌浸出后；
c—2g/L 钙离子胁迫细菌浸出后；d—20g/L 铝离子胁迫细菌浸出后

（—COOH），氨基（$—NH_2$）和羟基（—OH）的存在，这些官能团存在于细胞胞外多聚物中，并且决定细胞表面带何种电荷[19]。

当离子强度 $I=0.001$mol/L 时，*At.f* 菌的 Zeta 电位随 pH 值的变化如图 6-65 所示。从图 6-65 中可以看出，*At.f* 菌的 Zeta 电位是以 pH 值为变量的函数，随着溶液 pH 值升高，Zeta 电位逐渐降低[20]。测定细菌等电点（IEP）为 pH = 2.6。当 pH<IEP，细菌表面带正电；当 pH>IEP 时则带负电。FTIR 证实 *At.f* 菌表面出现—OH、$—NH_2$、$—CONH_2$、—COOH 等活性基团，pH 值影响着官能团的电离，从而决定细胞表面荷电。

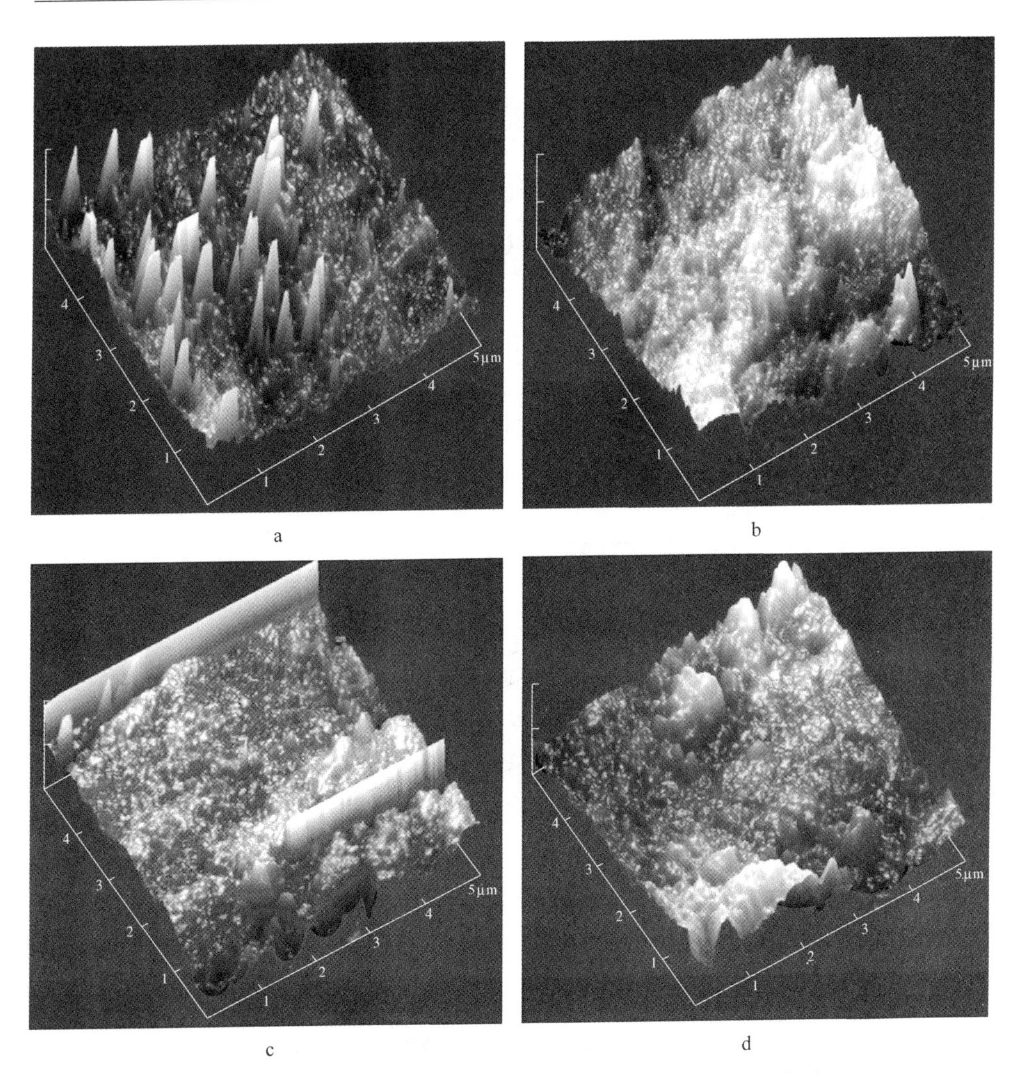

图 6-64 高浓度阳离子胁迫下黄铜矿细菌浸出后 AFM 三维图

a—20g/L 钾离子胁迫细菌浸出后；b—20g/L 镁离子胁迫细菌浸出后；

c—2g/L 钙离子胁迫细菌浸出后；d—20g/L 铝离子胁迫细菌浸出后

B 黄铜矿与细菌作用前后的 Zeta 电位

在离子强度 $I=0.001$mol/L 时，以 KOH 和 HCl 作为 pH 值调节剂，测定黄铜矿的 Zeta 电位，以及与 *At.f* 菌作用后的 Zeta 电位，试验结果如图 6-66 所示。

图 6-66 为细菌作用前后黄铜矿的 Zeta 电位随 pH 值变化的曲线。从图中可以看出，黄铜矿与 *At.f* 菌吸附作用后 Zeta 电位降低，向负电方向移动，黄铜矿的等电点从 pH=7.1 左右降低至 6.5 左右。这说明细菌吸附于黄铜矿表面，导致黄铜矿的负电性增强，这与顾帼华等[21]研究的结论相同。因此，细菌浸出后，黄

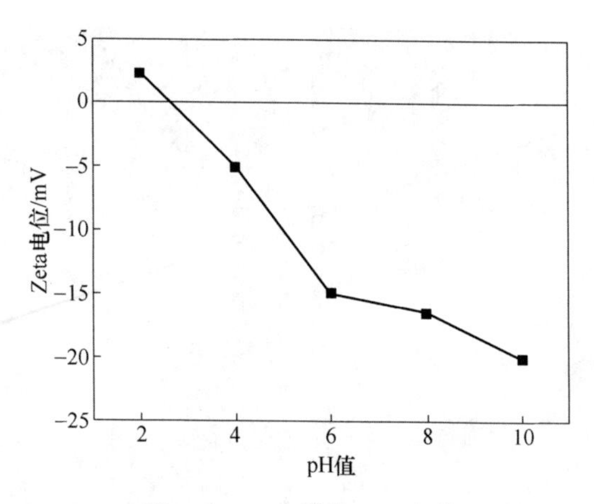

图 6-65 *At. f* 菌的 Zeta 电位

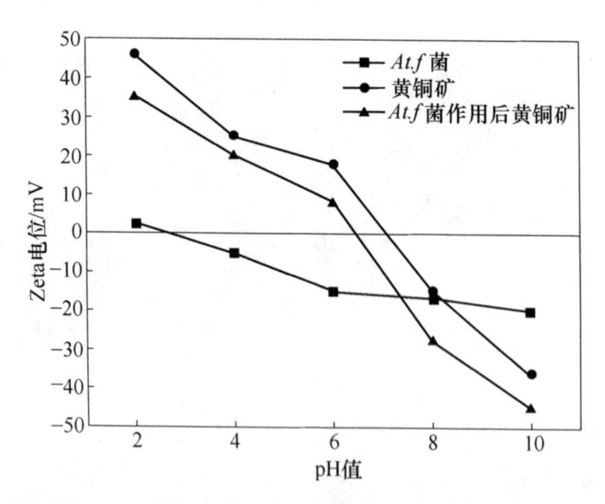

图 6-66 黄铜矿与 *At. f* 菌作用前后的 Zeta 电位

铜矿的等电点向细菌等电点方向偏移，说明细菌在黄铜矿表面发生了吸附。

C 不同离子胁迫下细菌浸出黄铜矿的 Zeta 电位

图 6-67 为单一阳离子胁迫下细菌浸出黄铜矿的 Zeta 电位随 pH 值变化的曲线。从图 6-67 中可以看出，不同阳离子胁迫下细菌浸出黄铜矿的 Zeta 电位各不相同，其等电点均发生变化，其中空白、钾离子、镁离子、钙离子、铝离子胁迫下的等电点分别为 6. 5、5. 4、5. 1、6. 7、4. 3，相对浸出前黄铜矿的等电点 7. 1，向细菌方向的偏移量分别为 0. 6、1. 7、2、0. 4、2. 8。矿物等电点发生变化，说明细菌在矿物表面发生了吸附作用；矿物等电点向细菌等电点方向偏移量的大小，证实了细菌在矿物表面吸附作用的强弱[22,23]。这就可以解释不同阳离子作用下黄铜矿微生物浸出影响的差异。

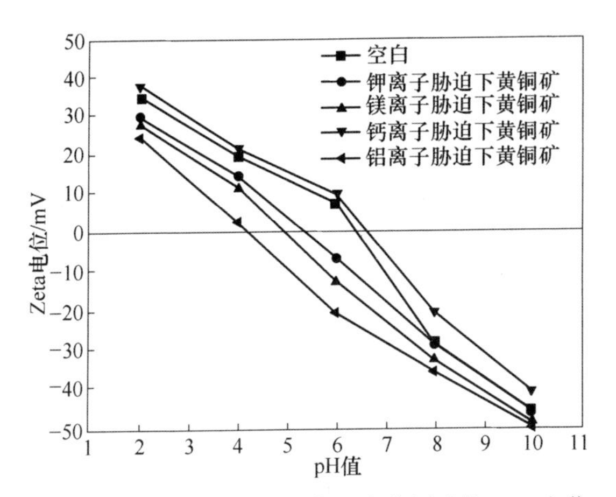

图 6-67 阳离子胁迫下细菌浸出黄铜矿的 Zeta 电位

参考文献

[1] 林海，周闪闪，董颖博，等．石英在微生物浸出黄铜矿体系中的溶出动力学［J］．中南大学学报（自然科学版），2015，46（9）：3167-3175.

[2] 莫晓兰，温建康，陈勃伟，等．耐受高氟环境生长的浸矿菌种的选育［J］．稀有金属，2015，39（1）：75-83.

[3] 刘代云．黄铜矿的生物浸出及电化学机理研究［D］．福州：福州大学，2011.

[4] 潘军航，金承涛，王闻哲，等．微生物铝毒和耐铝机制的研究现状［J］．微生物学报，2004，44（5）：698-702.

[5] Suwalsky M，Norris B，Villena F，et al. Aluminum fluoride affects the structure and functions of cell membranes［J］. Food and Chemical Toxicology，2004，42（6）:925-933.

[6] 崔涛，钟镭，鲁海峰．水中铝盐对微生物活性影响的研究现状［J］．山西建筑，2008，34（9）：225-226.

[7] 周闪闪．脉石矿物在微生物浸出黄铜矿体系的溶出特性及机理研究［D］．北京：北京科技大学，2015.

[8] 徐文静．氧化亚铁硫杆菌和氧化硫硫杆菌的混合培养及其浸铜机制的研究［D］．兰州：兰州大学，2006.

[9] 朱长见，陆建军，陆现彩，等．氧化亚铁硫杆菌作用下形成的黄钾铁矾的 SEM 研究［J］．高校地质学报，2005（2）：234-238.

[10] 于德利，张培萍，肖国拾，等．大洋锰结核中钴的赋存状态及提取实验研究［J］．吉林大学学报（地球科学版），2009，39（5）：824-827.

[11] 李润卿．有机结构波谱分析［M］．天津：天津大学出版社，2002.

[12] 董颖博，林海，周闪闪．黄药类捕收剂对细菌浸出黄铜矿的抑制机理［J］．中国有色金属学报，2012，22（11）：3201-3207.

[13] Jia C Y, Wei D Z, Li P J, et al. Selective adsorption of *Mycobacterium Phlei* on pyrite and sphalerite [J]. Colloids and Surfaces B: Biointerfaces, 2011, 83 (2):214-219.

[14] Bremer P J, Geesey G G, Drake B. Atomic force microscopy examination of the topography of a hydrated bacterial biofilm on a copper surface [J]. Curr. Microbiol. , 1992, 24 (4):223-230.

[15] Beech I B, Cheung C W S, Johnson D B, et al. Comparative studies of bacterial biofilms on steel surfaces using atomic force microscopy and environmental scanning electron microscopy [J]. Biofouling, 1996, 10 (1-3):65-77.

[16] Xu L C, Chan K Y, Fang H P. Application of atomic force microscopy in the study of microbiologically influenced corrosion [J]. Mater Charact, 2002, 48 (2/3):195-203.

[17] 陈明莲. 微生物对黄铜矿表面性质的影响及其吸附机制研究 [D]. 长沙：中南大学，2009.

[18] Westra K L, Thomson D J. Effect of tip shape on surface roughness measurements from atomic force microscopy images of thin films [J]. J. Vac. Sci. Technol. , 1995, 13: 344-349.

[19] Xia L X, Liu X X, Zeng J, et al. Mechanism of enhanced bioleaching effieiency of *Acidithiobacillus ferroxidans* after adaptation with chalcopyrite [J]. Hydrometallurgy, 2008, 92: 95-101.

[20] 傅开彬，林海. 硫化铜矿细菌氧化的 Zeta 电位研究 [J]. 西南科技大学学报，2012，27 (4)：69-74.

[21] 顾帼华，陈明莲，苏丽君，等. 氧化亚铁硫杆菌对黄铜矿表面性质及其浸出的影响[J]. 中南大学学报（自然科学版），2010 (3)：807-812.

[22] 赵开乐. 磁黄铁矿微生物浸出机理研究 [D]. 长沙：中南大学，2010.

[23] 胡可婷. 黄铜矿浸矿体系微生物对其表面性质的影响及分步溶解机制 [D]. 长沙：中南大学，2014.

7　不同类型硫化铜矿微生物浸出规律与机理

7.1　概述

不同类型硫化铜矿由于其成矿作用不同，导致其在晶体结构、元素组成等方面有很大差异，由此导致不同类型硫化铜矿的表面性质、在微生物作用下的浸出行为等表现出一定差异，因此系统研究不同类型硫化铜矿微生物浸出规律以及揭示形成规律的原因，对于调控和预测硫化铜矿微生物浸出效果具有重要意义。

本章以嗜酸性氧化亚铁硫杆菌为浸矿菌种，以久辉铜矿、斑铜矿、铜蓝、黄铁矿型和斑岩型黄铜矿为对象，研究硫化铜矿物的生物浸出规律，从热力学、表面化学、固体物理、结晶学和矿物学等方面对浸出规律进行求索，通过分析比较找到规律形成的深层次原因，归纳总结影响硫化铜矿物的微生物浸出规律的因素，为提高难浸矿石微生物浸出效果提供理论铺垫，加深对细菌与矿物相互作用规律及浸出机理的认识，丰富微生物选矿技术的基础理论。

7.1.1　试验方法

7.1.1.1　不同硫化铜矿细菌浸出试验

浸出试验采用250mL三角瓶为容器，瓶内装入100mL溶液，矿浆浓度（体积质量）2%。用pH = 2.0稀硫酸预处理，10%（体积分数）的稀硫酸调节pH值至2.0，待pH值稳定，接入驯化后对数生长期的菌$At.f_6$。称重后置于恒温空气振荡培养箱中进行培养，转速为160r/min，温度为30℃，定期称重。每隔4天检测浸出液的pH值、氧化还原电位、Cu^{2+}浓度，取样前用蒸馏水补足蒸发掉的水分，取样消耗的液量用相应的溶液补充，保证溶浸液总体积不变，所有试验均为双平行样。试验结束后，过滤浸出液，浸渣用1%的稀盐酸洗涤数次后烘干称重，分析残留的铜和铁，计算相应的金属浸出率。考察接种量、矿浆浓度和初始Fe^{2+}浓度对硫化铜矿生物浸出规律的影响。

7.1.1.2　细菌在矿物表面吸附试验

细菌生长到对数生长期时，先用普通定性滤纸过滤，再将滤液在1000r/min

下离心 10min，弃底部固体物，上清液以 5000r/min 离心 20min，底部乳白色沉淀为细菌集合体，用 pH=2.0 的稀 H_2SO_4溶液反复清洗，最后用超纯水漂洗多次，并制成悬浮液，待用。

将 0.5g 矿样加入 50mL 细菌浓度为 1×10^8cells/mL 和离子强度为 10^{-3}mol/mL 的 KCl 溶液中。在转速 400r/min，温度 30℃的条件下，矿物与细菌采用磁力搅拌器搅拌作用一定时间，取悬浮液 2000r/min 离心 10min，上清液用 Whatman 1 号滤纸过滤。在波长 420nm，用 UNICO UV-2000 型紫外可见分光光度计测试滤液中细菌吸光度，在细菌标准曲线上查到细菌浓度。然后通过差值计算出吸附在矿物表面的细菌数量，再除以未吸附之前的细菌数量，就得到了细菌在矿物表面的吸附率。原始菌量与吸附后液相中剩余的自由菌量的差值即为被矿物吸附的菌密度（cells/m^2）。

7.1.2　检测方法

7.1.2.1　X 射线衍射（XRD）

用 X 射线衍射光谱研究原矿和浸渣的物质组成。浸渣用 pH=2 的稀硫酸反复淋洗处理，自然风干。

7.1.2.2　扫描电镜（SEM）

采用日本生产 JSM-6510A 型扫描电镜观察生物浸出前后矿物表面变化、细菌的外貌及其在矿物表面吸附特征。该扫描电子显微镜与日本电子公司的元素分析仪（EDS）统合于一体。设备规格：保证分辨率 3.0nm（30kV）、8.0nm（3kV）、15nm（1kV），放大倍数 5~300000 倍，加速电压 0.5~30kV。

7.1.2.3　X 射线光电子能谱（XPS）

采用英国 Kratos 公司的 Axis Ultra DLD 型多功能 X 射线光电子能谱仪（XPS）分析原矿、中间过程矿物和浸渣表面原子的结合能。

7.1.2.4　傅里叶变换红外光谱（FTIR）

利用美国 Nicolet 公司生产的 Nicolet Nexus 670 型傅里叶变换红外光谱仪检测细菌、硫化铜矿以及与细菌作用后的矿物表面的谱图。

将菌 *At.* f_6在 9K 培养基中富集培养，生长了 2d 后，经 Whatman 1 号滤纸过滤去除杂质，滤液经 TD5A-WS 低速离心机离心 20min，转速 5000r/min，获得的细菌重新分散于蒸馏水中，再经同样条件的离心处理，反复多次，将获得的细菌经冷冻干燥后用于检测细菌的 FTIR。

取矿样0.5g，在SH21-2恒温磁力搅拌器中相互作用，转速为400r/min，温度为30℃，吸附饱和后，将悬浮溶液在离心机中离心，转速为1000r/min，吸附细菌的矿物在FD-1B-50冷冻干燥机中干燥后，作为与细菌作用后的样品。

将已知质量的样品与光谱纯溴化钾一起在玛瑙研钵中研磨，然后压片制样，放入样品室进行红外光谱检测。

7.1.2.5 Zeta电位

采用美国布鲁克海文（Brookhaven）公司生产的ZetaPlus高分辨率Zeta电位及粒度分析仪测试细菌、矿物以及与细菌作用后矿物表面的Zeta电位。测试中用HCl和KOH溶液调节pH值，每个样品测量三次，取其平均值。

将0.1g矿粉（$-5\mu m$）加入到100mL的已知离子强度的KCl溶液中，置于磁力搅拌器上搅拌30min，调节pH值测定未与细菌作用矿物的Zeta电位。将0.1g矿粉加入细菌浓度为1×10^8cells/mL溶液中，磁力搅拌3h，1000r/min离心分离出矿粒，调节矿浆浓度为1g/L，离子强度$I=0.001$mol/L，改变pH值测定与细菌作用后的矿物Zeta电位。取菌悬液加入到一定离子强度的KCl溶液中，细菌浓度控制在1×10^8cells/mL，稍微搅拌，使其均匀分散，然后进行细菌Zeta电位的测定。

7.1.2.6 接触角

采用德国KRUSS视频光学接触角测量仪Easydrop DSA20测量水、甘油和乙二醇在各硫化铜矿表面接触角。样品采用769YP-24B手动粉末压片机进行压片。

7.1.2.7 静电位

采用美国普林斯顿273A电化学工作站检测硫化铜矿的静电位。将矿物磨至$-33\mu m$占100%，利用压力机将粉末样品压制为$\phi15$mm、厚度5mm的电极。

7.2 不同类型硫化铜矿铜浸出规律研究

7.2.1 接种量对不同类型硫化铜矿浸出的影响

细菌接种量直接影响停滞期的长短，一般情况下，接种量越大，细菌生长繁殖的停滞期越短。矿浆浓度（质量浓度）为2%，初始［Fe^{2+}］为0g/L，接种量分别为0.5×10^8cells，1×10^8cells和1.5×10^8cells时，不同类型硫化铜矿微生物浸出的结果如图7-1~图7-5所示。

图 7-1 为细菌接种量对黄铁矿型黄铜矿浸出影响试验结果，可以看到试验初期，细菌接种量越大，铜的浸出率越高，随着时间的推移，细菌接种量的优势越发不明显，在第 28~32 天之间，接种量为 1×10^8cells 条件下，铜离子浸出率超过接种量为 1.5×10^8cells 的，这一优势一直维持到试验结束，浸出 48d 后，接种量为 0.5×10^8cells、1×10^8cells 和 1.5×10^8cells 时，铜离子浸出率分别为 42.5%、45.96%和 44.51%。

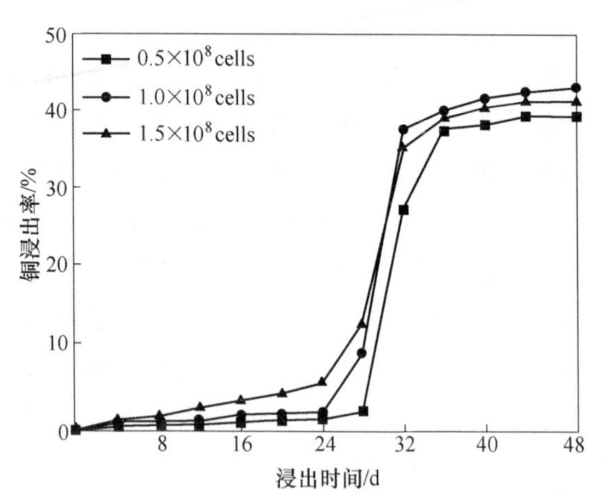

图 7-1　黄铁矿型黄铜矿在不同接种量的试验结果

试验初期，细菌接种量越大，氧化 Fe^{2+}产生 Fe^{3+}就越多，黄铜矿的浸出速率越快，Fe^{3+}氧化黄铜矿，矿物表面形成硫层，随着浸出反应的继续，硫层逐渐增厚，阻碍黄铜矿的浸出，浸渣 XRD 衍射图谱（图 7-55）也证明黄铁矿型黄铜矿浸渣中含有大量的硫及其多聚物。

图 7-2 为斑岩型黄铜矿在不同接种量下的试验结果，由图可知，在浸出过程

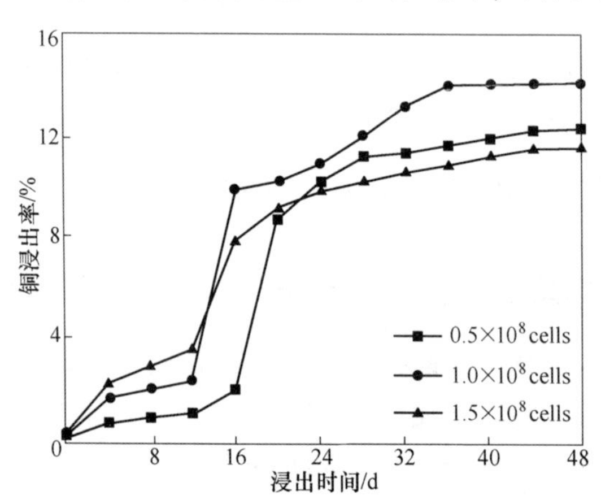

图 7-2　斑岩型黄铜矿在不同接种量的试验结果

中的不同阶段，接种量对斑岩型黄铜矿浸出的影响效果不同。试验初期，细菌接种量越大，黄铜矿的浸出率越高，随着时间的推移，斑岩型黄铜矿的浸出效果并不是接种量越大越好。浸出 48d 后，接种量为 0.5×10^8cells，1×10^8cells 和 1.5×10^8cells 时，铜离子浸出率分别为 12.6%、14.5%和 11.87%，可见，细菌接种量为 1×10^8cells 时，最适合斑岩型黄铜矿的浸出。

与黄铁矿型黄铜矿的微生物浸出相比，在斑岩型黄铜矿的浸出体系中，细菌停滞期较短，生长繁殖速度较快，但铜离子的浸出率较低。当细菌浓度较高时，由于营养相对匮乏容易导致细菌生长缓慢或死亡，活性降低，从而影响矿物浸出的进行[1,2]。因此，适当的接种量有利于矿物的浸出。

铜蓝在不同细菌接种量下的试验结果如图 7-3 所示，可以看到，在整个浸出过程中，接种量越大，铜离子浸出率越高，接种量越大，越有利于铜蓝的浸出，浸出 48d 后，接种量为 0.5×10^8cells、1×10^8cells 和 1.5×10^8cells 时，铜离子浸出率分别为 50.5%、52.5%和 53%，但接种量为 1×10^8cells 和 1.5×10^8cells 时，铜离子浸出率差距仅为 0.5%。

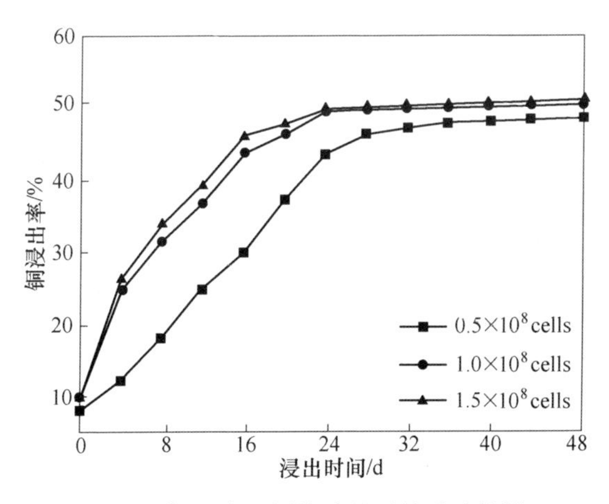

图 7-3 铜蓝在不同接种量下的试验结果

铜蓝的细菌浸出以直接作用为主，在其浸出过程中，约有 90%的细菌直接吸附于矿物颗粒上，溶液中游离细菌的含量不高[3]，在矿量和粒度一样的情况下，细菌接种量越大，单位颗粒表面上吸附的细菌数量越多，铜蓝的浸出速率越快，随着反应的进行，细菌的生长繁殖，矿物表面的细菌吸附达到饱和状态，试验后期，接种量对铜蓝浸出的影响逐渐削弱并消失。

在不同细菌接种量下斑铜矿浸出结果见图 7-4，从图可知，细菌接种量越大，铜浸出率越高。斑铜矿的细菌浸出，通常认为既存在直接作用，也存在间接作用，试验初期，接种量越大，越有利于斑铜矿浸出，随着时间推移，细菌生长繁殖，溶液中细菌浓度增大，斑铜矿浸出率增加，［Fe^{2+}］越大，被氧化生成的

[Fe^{3+}] 升高，试验后期，矿物颗粒表面细菌吸附饱和，直接作用为主，故不同细菌接种量下，斑铜矿铜浸出率逐渐接近。浸出48d后，接种量为0.5×10^8cells、1×10^8cells和1.5×10^8cells时，斑铜矿中铜离子浸出率分别为83.23%、84.5%和85%。

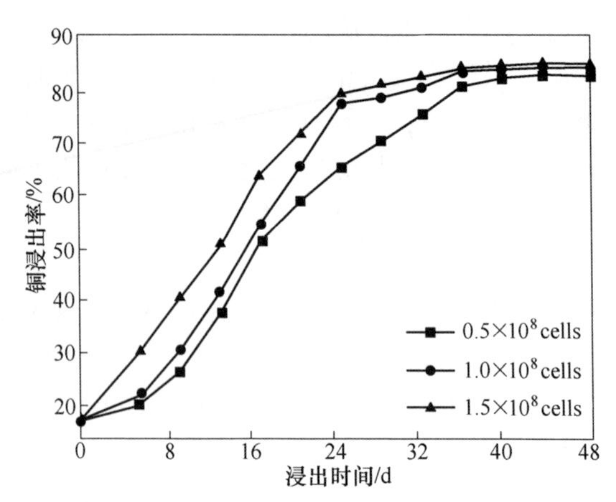

图7-4　斑铜矿在不同接种量下的试验结果

图7-5为久辉铜矿在不同细菌接种量下的试验结果，可见，随着时间的推移，铜离子的浸出率增加，前期细菌接种量越大，浸出率越高，8d后，接种量为1×10^8cells时，铜浸出率快速增长并超过接种量为1.5×10^8cells的浸出效果，48d后，接种量为0.5×10^8cells、1×10^8cells和1.5×10^8cells时，久辉铜矿浸出率分别为74.28%、87.67%和77%，细菌接种量为1×10^6cells时，浸出效果最好。

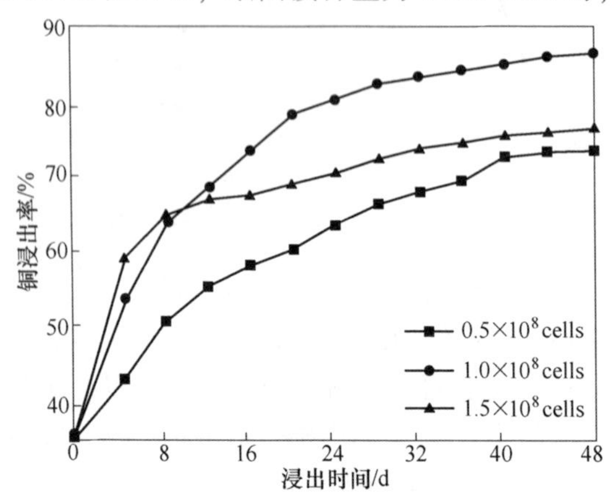

图7-5　久辉铜矿在不同接种量下的试验结果

综上所述，细菌接种量为1×10^8cells，久辉铜矿、黄铁矿型和斑岩型黄铜矿铜离子浸出效果最佳，而铜蓝和斑铜矿在接种量为1.5×10^8cells时铜离子浸出率最高，但与接种量为1×10^8cells时的铜离子浸出率很接近，故细菌接种量以1×

10^8cells 为宜，各硫化铜矿的浸出率由大到小的顺序为：久辉铜矿>斑铜矿>铜蓝>黄铁矿型黄铜矿>斑岩型黄铜矿。

7.2.2 矿浆浓度对不同类型硫化铜矿浸出的影响

浸出体系矿浆浓度对细菌的生长繁殖和矿物的浸出都有一定的影响。接种量为 1×10^8cells，初始［Fe^{2+}］为 0g/L，矿浆浓度（质量浓度）为 2%、5%和 8%时，硫化铜矿的微生物浸出试验结果如图 7-6~图 7-10 所示。

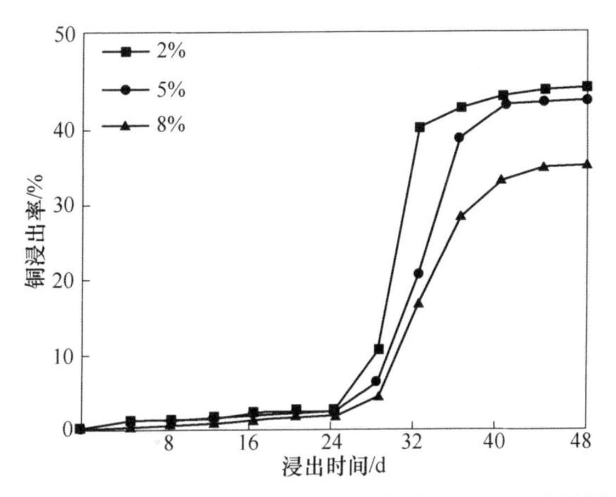

图 7-6 黄铁矿型黄铜矿在不同矿浆浓度下的试验结果

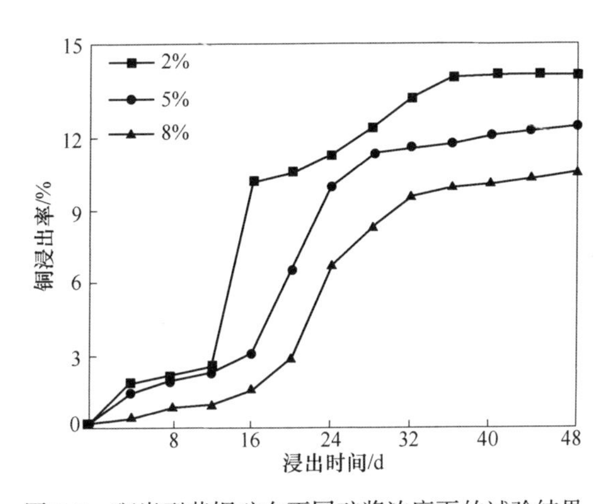

图 7-7 斑岩型黄铜矿在不同矿浆浓度下的试验结果

矿浆浓度对不同硫化铜矿物的细菌浸出的影响规律相似，矿浆浓度越大，浸出效果越差，只是对不同矿物的影响程度不一样。矿浆浓度对久辉铜矿和斑岩型黄铜矿的影响较大，而对铜蓝、斑铜矿和黄铁矿型黄铜矿的影响较小。48d 后，矿浆浓度为 2%、5%和 8%时，斑岩型黄铜矿（图 7-7）铜浸出率分别为 15. 5%、

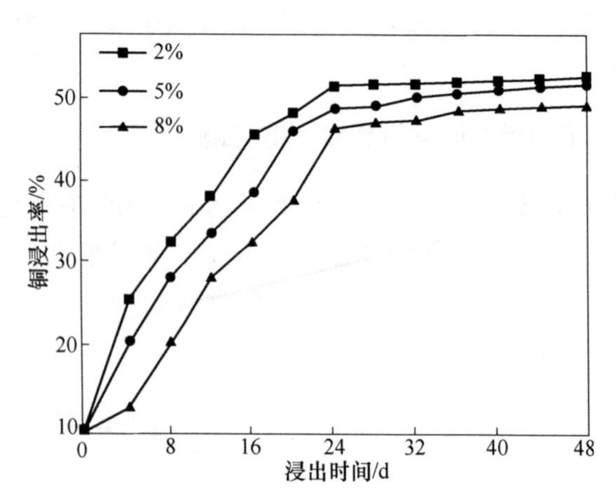

图 7-8　铜蓝在不同矿浆浓度下的试验结果

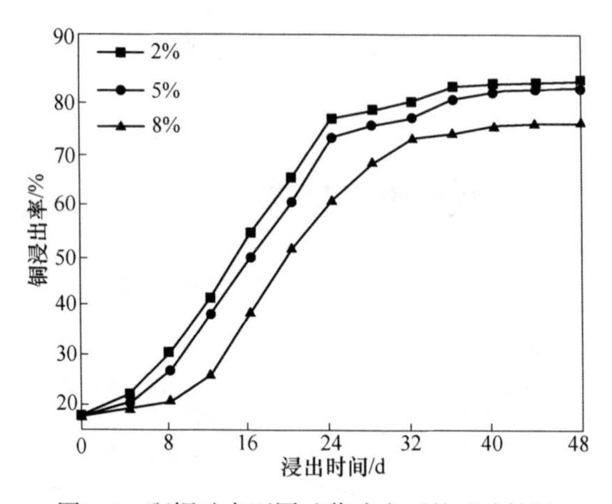

图 7-9　斑铜矿在不同矿浆浓度下的试验结果

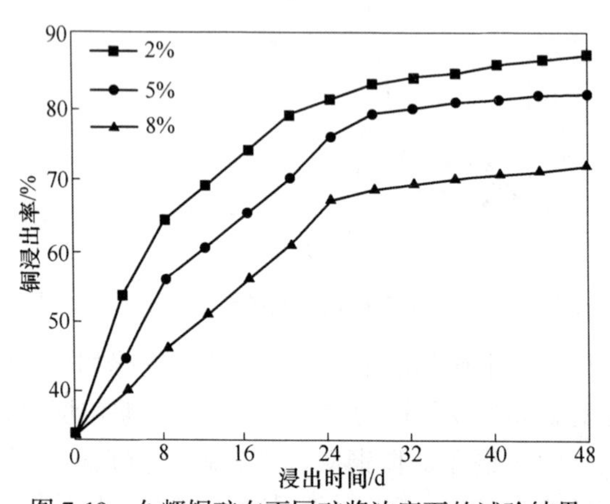

图 7-10　久辉铜矿在不同矿浆浓度下的试验结果

12.38%和10.5%；久辉铜矿（图7-10）分别为87.67%、82.12%和71.89%；黄铁矿型黄铜矿（图7-6）分别为45.96%、44.32%和35.52%；铜蓝（图7-8）分别为52.5%、51.8%和49.23%；斑铜矿（图7-9）分别为84.5%、83.44%和76.34%。综上，可以看出矿浆浓度（质量浓度）为2%对硫化铜的浸出最为有利。

7.2.3 [Fe^{2+}] 对不同类型硫化铜矿浸出的影响

嗜酸性氧化亚铁硫杆菌主要以Fe^{2+}和硫为能源，也能利用硫化矿物溶解释放的能量来繁殖和生长，其化学反应方程式如式（7-1）~式（7-3）所示：

$$MS + 2O_2 \xrightarrow{\text{细菌}} MSO_4 \tag{7-1}$$

$$4FeSO_4 + O_2 + 2H_2SO_4 \xrightarrow{\text{细菌}} 2Fe_2(SO_4)_3 + 2H_2O \tag{7-2}$$

$$2S + 3O_2(aq) + 2H_2O \xrightarrow{\text{细菌}} 2SO_4^{2-} + 4H^+ \tag{7-3}$$

在接种初期，浸矿细菌需要适应溶液环境，此时硫化矿物的氧化溶解基本不发生，细菌主要利用溶液中的Fe^{2+}或单质硫来维持生长繁殖的需要。此期间，矿浆中的营养物质供应对浸矿细菌的生长具有重要作用[4]，但Fe^{2+}过量时生成的黄钾铁矾会阻碍浸出的继续进行[5]。

在细菌接种量为1×10^8cells、矿浆浓度为2%（质量浓度）的条件下，浸出体系中初始[Fe^{2+}]为0g/L、1.5 g/L、2.5g/L和4.5g/L时，考察各硫化铜矿浸出的效果。

7.2.3.1 [Fe^{2+}] 对黄铁矿型黄铜矿浸出的影响

黄铁矿型黄铜矿在不同初始[Fe^{2+}]下细菌浸出的试验结果见图7-11，其中：图7-11a为铜离子浸出率、图7-11b为pH值变化、图7-11c为电位变化。

从图7-11a可以看到，浸出时间增加，铜浸出率增大，初始[Fe^{2+}]发生变化时，黄铁矿型黄铜矿的浸出率和浸出速率相应地改变，[Fe^{2+}]浓度变大，铜浸出速率加快和浸出率升高，浸出48d后，浸出液初始[Fe^{2+}]为0g/L、1.5g/L、2.5g/L和4.5g/L时，铜浸出率分别是45.96%、54.54%、62.34%和66.77%，[Fe^{2+}]为4.5g/L比不加Fe^{2+}铜浸出率增加20.81%，Fe^{2+}促进黄铁矿型黄铜矿浸出。

浸出过程中溶液电位变化如图7-11c所示，可以看到，试验初期，初始[Fe^{2+}]越大，溶液电位越高，中后期，初始[Fe^{2+}]为1.5g/L、2.5g/L和4.5g/L时，溶液电位比0g/L时高。后期随着[Fe^{3+}]降低电位下降。溶液电位取决于溶液中[Fe^{2+}]和[Fe^{3+}]相对量，如式（7-4）所示：

$$E = E^{\ominus} + \frac{RT}{F}\ln\left(\frac{a_{Fe^{3+}}}{a_{Fe^{2+}}}\right) \tag{7-4}$$

式中，F 为 Faraday 常量，9.648×10^4C/mol；R 为摩尔气体常数，8.314J/(mol · K)。

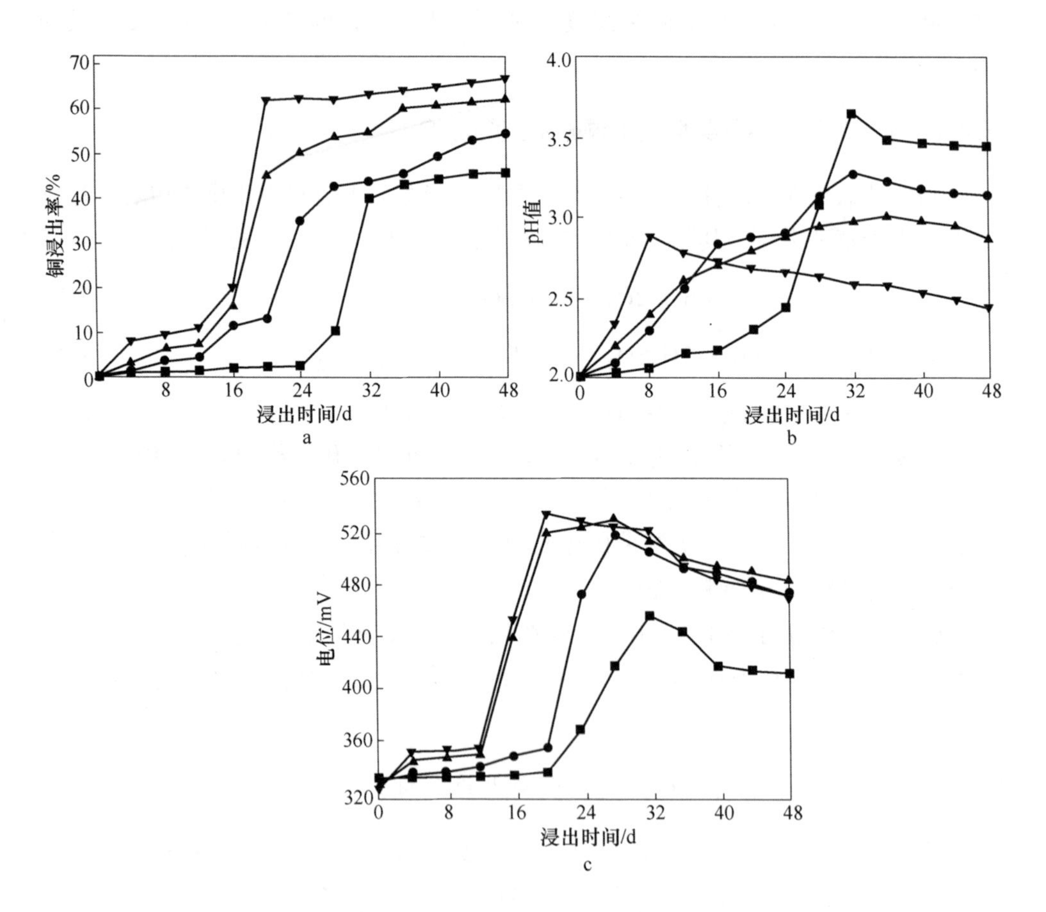

图 7-11　黄铁矿型黄铜矿在不同［Fe^{2+}］的试验结果

■—0g/L；●—1.5g/L；▲—2.5g/L；▼—4.5g/L

图 7-11b 为黄铁矿型黄铜矿细菌浸出中溶液 pH 值变化，总体而言先升高后降低，整个浸出过程中与酸有关的反应式有式（7-2）、式（7-5）~式（7-7）。

$$Fe^{3+} + 3H_2O \longrightarrow Fe(OH)_3 + 3H^+ \tag{7-5}$$

$$CuFeS_2 + 2Fe_2(SO_4)_3 \longrightarrow 5FeSO_4 + CuSO_4 + 2S^0 \tag{7-6}$$

$$S + \frac{3}{2}O_2 + H_2O \xrightarrow{细菌} 2H^+ + SO_4^{2-} \tag{7-7}$$

试验初期，细菌处于停滞期，黄铜矿缓慢溶解，氧化 Fe^{2+} 能力较弱，溶液电位较低（图 7-11c），外加 Fe^{2+} 和其他营养物质维持细菌繁殖，增强了其适应环境的能力，生长速度加快，缩短细菌的停滞期，试验中期，细菌进入对数生长期，溶液中细菌细胞数量增多，需要更多Fe^{2+}作为能源物质，Fe^{2+}快速被氧化成Fe^{3+}，溶液pH值升高（图7-11b），［Fe^{3+}］增大，黄铜矿浸出速度加快，但随着浸出的进行，当溶液中铁离子浓度增加到一定程度后会有铁的羟基类沉淀物产生，从而使浸出液中的［Fe^{3+}］浓度下降，导致电位下降，溶液中硫氧化产生H^+而溶液pH值降低。

7.2.3.2 ［Fe^{2+}］对斑岩型黄铜矿浸出的影响

图7-12为斑岩型黄铜矿在不同初始［Fe^{2+}］细菌浸出的试验结果，其中：图7-12a为铜离子浸出率，图7-12b为pH值变化，图7-12c为电位变化。

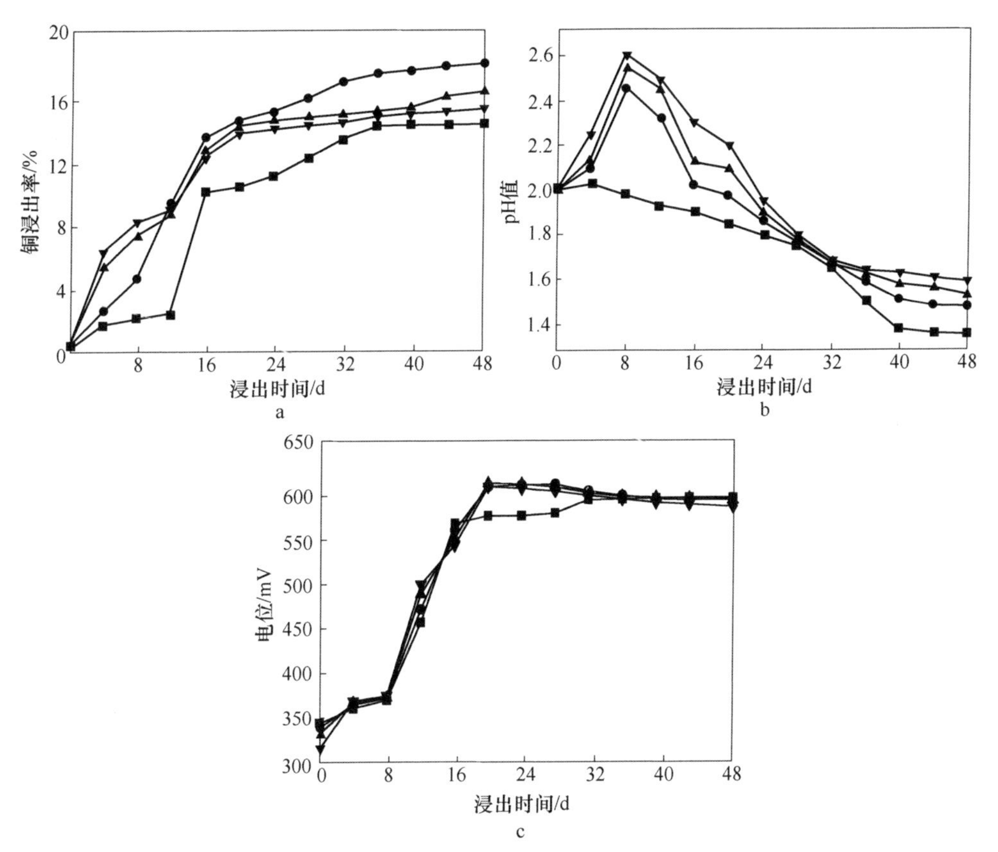

图7-12 斑岩型黄铜矿在不同［Fe^{2+}］的试验结果

■—0g/L；●—1.5g/L；▲—2.5g/L；▼—4.5g/L

从图7-12a可以看出，铜离子浸出率随着浸出时间延长而逐渐增加，浸出48d后，初始［Fe^{2+}］为0g/L、1.5g/L、2.5g/L和4.5g/L时，铜浸出率分别是

14.5%、18.33%、16.65%和15.48%，说明斑岩型黄铜矿的最终浸出效果并不是和初始［Fe^{2+}］的大小有必然联系，［Fe^{2+}］为1.5g/L对斑岩型黄铜矿浸出最为有利。溶液pH值先升高，后逐渐降低（图7-12b），不同初始［Fe^{2+}］下，斑岩型黄铜矿浸出液的电位，都是经短时间的停滞期后，快速上升，保持在600mV附近（图7-12c）。

浸出前期，加入Fe^{2+}增加斑岩型黄铜矿浸出速率，浸出液中初始［Fe^{2+}］越大，促进作用越明显，由式（7-2）可知，主要是因为这时斑岩型黄铜矿浸出率很低，外加Fe^{2+}使细菌更快地适应浸矿环境，刺激细菌生长繁殖，细菌浓度增加，有利于斑岩型黄铜矿的浸出（式（7-1））；后期，随着反应进行，浸出液中Fe^{3+}增加，电位升高，过多Fe^{3+}将抑制细菌的活性[6]，不利于黄铜矿的浸出。

7.2.3.3　［Fe^{2+}］对铜蓝浸出的影响

图7-13为铜蓝在不同初始［Fe^{2+}］下试验结果，其中：图7-13a为铜离子浸出率，图7-13b为pH值变化，图7-13c为电位变化。

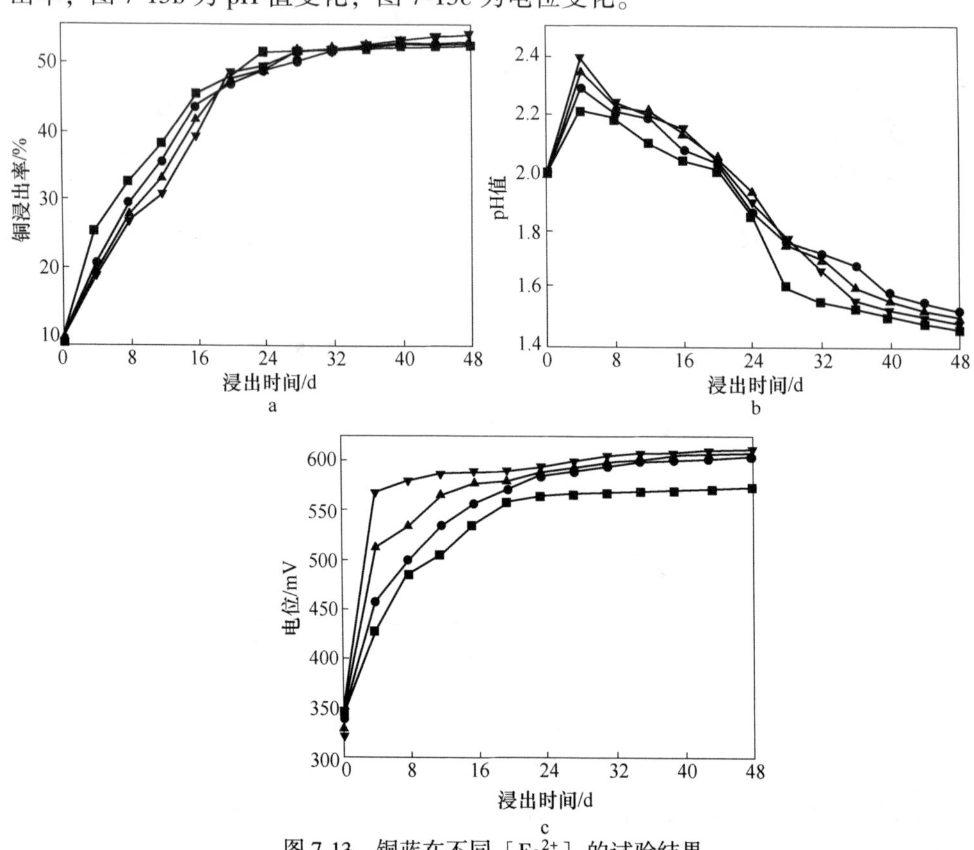

图7-13　铜蓝在不同［Fe^{2+}］的试验结果

■—0g/L；●—1.5g/L；▲—2.5g/L；▼—4.5g/L

从图 7-13a 知，在整个浸出过程中，随着浸出时间的增加，铜离子浸出率增大，浸出液中初始［Fe^{2+}］增加，并没有明显促进铜蓝的溶解，这主要是由于铜蓝的细菌浸出以直接作用为主，嗜酸性氧化亚铁硫杆菌对 Fe^{2+} 的氧化更具适应性，易以溶液中的 Fe^{2+} 为主要能源，从而减少了对铜蓝矿物的直接浸蚀作用，从图 7-13c 也证明，溶液中初始［Fe^{2+}］越大，氧化产生 Fe^{3+} 越多，溶液电位升高，Fe^{2+} 的氧化耗酸，导致 pH 值下降（图 7-13c），细菌快速生长繁殖，很快进入对数生长期，活性增强，迅速浸蚀矿物，促进了铜矿物的溶解，硫被氧化为硫酸，降低溶液 pH 值，在生物氧化过程中，无论是否外加 Fe^{2+}，浸出液电位都能上升到 500~600mV。铜蓝细菌直接作用如式（7-8）所示：

$$CuS + \frac{1}{2}O_2 + 2H^+ \xrightarrow{\text{细菌}} Cu^{2+} + H_2O + S \qquad (7\text{-}8)$$

浸出 48d 后，初始［Fe^{2+}］为 0g/L、1.5g/L、2.5g/L 和 4.5g/L 时，铜浸出率分别是 52.25%、52.8%、53.1% 和 54.1%。

7.2.3.4　［Fe^{2+}］对斑铜矿浸出的影响

在酸性溶液中，斑铜矿的生物氧化涉及多种氧化剂，以 Fe^{3+} 为氧化剂时，斑铜矿氧化溶解产生 Fe^{2+} 和硫：

$$Cu_5FeS_4 + 6Fe_2(SO_4)_3 \longrightarrow 5CuSO_4 + 13FeSO_4 + 4S^0 \qquad (7\text{-}9)$$

同时存在细菌的直接氧化，其反应如下式所示：

$$4Cu_5FeS_4 + 37O_2 + 10H_2SO_4 \xrightarrow{\text{细菌}} 20CuSO_4 + 2Fe_2(SO_4)_3 + 10H_2O \qquad (7\text{-}10)$$

斑铜矿中铁被氧化成离子进入溶液，作为生物浸出体系中氧化还原反应传输物质，当 pH>1.5 时，Fe^{3+} 会形成黄钾铁矾沉淀，这是产酸的沉淀反应：

$$3Fe^{3+} + K^+ + 2SO_4^{2-} + 6H_2O \longrightarrow KFe_3(SO_4)_2(OH)_6 + 6H^+ \qquad (7\text{-}11)$$

在不同初始［Fe^{2+}］下，斑铜矿细菌浸出试验效果如图 7-14 所示，其中：图 7-14a 为铜离子浸出率，图 7-14b 为 pH 值变化，图 7-14c 为电位变化。从图 7-14a 可以看出，随着浸出时间的增加，斑铜矿浸出率增大，浸出液中初始［Fe^{2+}］对斑铜矿浸出的影响较大，在整个浸出过程中，随着初始浸出液中［Fe^{2+}］越大，铜的浸出率降低，就其原因，斑铜矿的细菌浸出既存在直接作用也有间接作用，外加铁离子使溶液中［Fe^{3+}］过多，当 pH>1.5 时，生成黄钾铁矾沉淀阻止了浸出反应的进行，同时过量［Fe^{2+}］会抑制细菌的活性，不利于细菌直接浸蚀矿物。

图 7-14b 为浸出过程中溶液 pH 值变化曲线，可以看到，溶液 pH 值总体变化趋势相似，随着溶液中铁离子氧化而升高，溶液中黄钾铁矾沉淀和硫的氧化产生

H^+，pH 值降低。在图 7-14c 中，初始［Fe^{2+}］为 4.5g/L，溶液电位上升到 506mV 后，就很快下降，主要是 Fe^{2+} 过多，在 pH 值较高的条件下，产生大量的黄钾铁矾沉淀，覆盖在矿物表面，导致浸出率较低，初始［Fe^{2+}］为 0g/L 时，溶液电位经过短期的停滞期后，快速上升，并保持较高值，说明溶液中［Fe^{3+}］/［Fe^{2+}］比值较大，Fe^{3+} 氧化能力较强，由于 S 氧化为硫酸根，溶液中［H^+］增大，pH 值降低，试验中观察到该浸出条件下，形成的沉淀相对较少，故其斑铜矿浸出率也最高。浸出 48d 后，初始［Fe^{2+}］为 0g/L、1.5g/L、2.5g/L 和 4.5g/L 时，铜浸出率分别是 84.5%、75.33%、71% 和 68.72%。

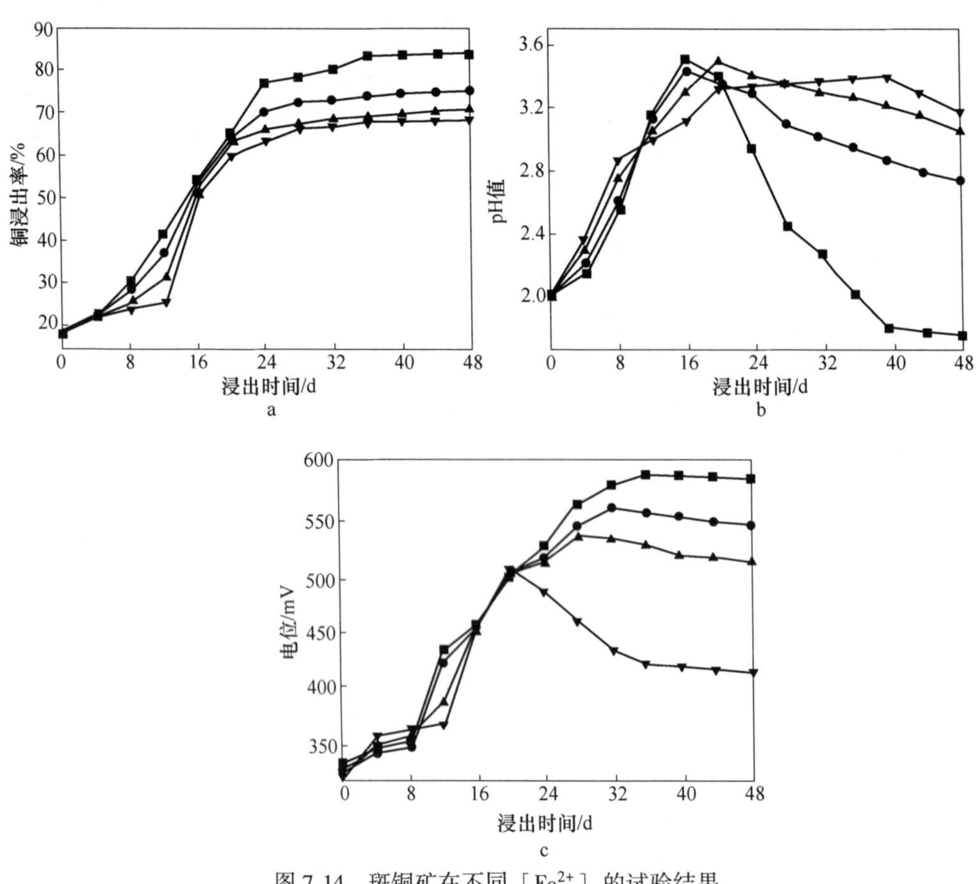

图 7-14　斑铜矿在不同［Fe^{2+}］的试验结果

■—0g/L；●—1.5g/L；▲—2.5g/L；▼—4.5g/L

7.2.3.5　［Fe^{2+}］对久辉铜矿浸出的影响

在不同初始［Fe^{2+}］下，久辉铜矿细菌浸出试验效果如图 7-15 所示。其中：图 7-15a 为铜离子浸出率，图 7-15b 为 pH 值变化，图 7-15c 为电位变化。

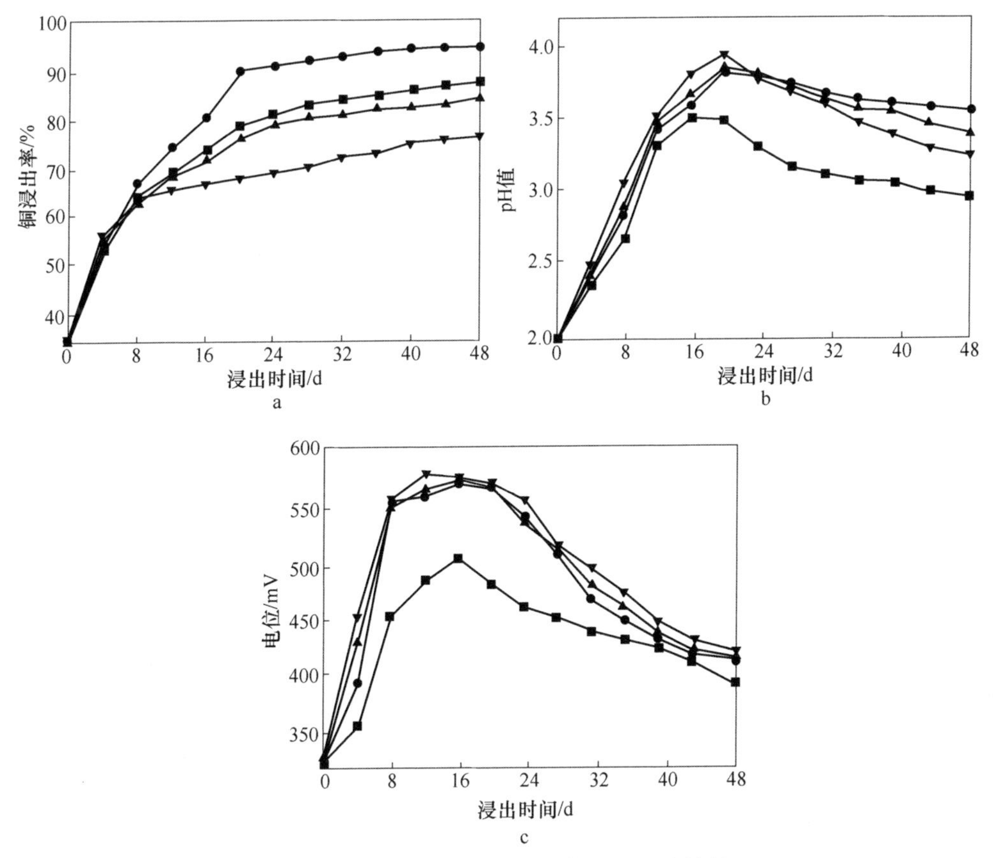

图 7-15 久辉铜矿在不同［Fe^{2+}］的试验结果

■—0g/L；●—1.5g/L；▲—2.5g/L；▼—4.5g/L

从图 7-15a 可以看到，初始［Fe^{2+}］对久辉铜矿细菌浸出影响较大，浸出 48d 后，初始［Fe^{2+}］为 0g/L、1.5g/L、2.5g/L 和 4.5g/L 时，久辉铜矿浸出率分别是 87.67%、95.12%、84.56%和 76.67%。初始［Fe^{2+}］从 0g/L 到 1.5g/L 时，久辉铜矿中铜浸出率增加，当初始［Fe^{2+}］继续增加时，浸出效果变差，铜离子浸出率降低。初始［Fe^{2+}］为 1.5g/L 浸出效果最好。

浸出过程中溶液 pH 值先升高后降低（图 7-15b），主要是由于 Fe^{2+} 的氧化消耗 H^+，使 pH 值升高，随着硫的氧化和胺黄铁矾（图 7-52）的生成溶液 pH 值降低，初始［Fe^{2+}］越大，产生的胺黄铁矾沉淀越多，pH 值越低，细菌活性降低，对硫的代谢能力减弱，铜浸出率越低。初始［Fe^{2+}］为 0g/L 时，氧化铁耗酸少，所以其 pH 值上升幅度较低。从图 7-15c 浸出过程溶液电位变化规律也能看出，初始［Fe^{2+}］为 1.5g/L、2.5g/L 和 4.5g/L 时，浸出液中溶液电位上升较快，且维持在一个较高的水平，主要是由于 Fe^{2+} 快速氧化为 Fe^{3+}，电位迅速升高，久辉铜矿浸出速率增长迅速，随着浸出反应的进行，Fe^{3+}生成磺胺铁矾而沉淀消耗，溶液电位下降。久辉铜矿的浸出主要以间接浸出为主，细菌主要是起催化作用，把 Fe^{2+}氧化为 Fe^{3+}。久辉铜矿间接作用见反应式（7-12）：

$$Cu_{31}S_{16} + 31Fe_2(SO_4)_3 \longrightarrow 31CuSO_4 + 62FeSO_4 + 16S \qquad (7\text{-}12)$$

7.2.4　最佳条件下不同类型硫化矿铜矿的浸出规律

接种量、矿浆浓度和初始［Fe^{2+}］对硫化铜矿细菌浸出影响试验结果表明，各硫化铜矿生物浸出的最佳条件为：矿浆浓度为2%，接种量为1×10^{8}cells，初始［Fe^{2+}］：黄铁矿型黄铜矿和铜蓝为4.5g/L，斑岩型黄铜矿和久辉铜矿为1.5g/L，斑铜矿为0g/L。在此条件下，各硫化铜矿细菌浸出的结果如图7-16所示。其中：图7-16a为铜离子浸出率，图7-16b为pH值变化，图7-16c为电位变化，图7-16d为细菌生长曲线。

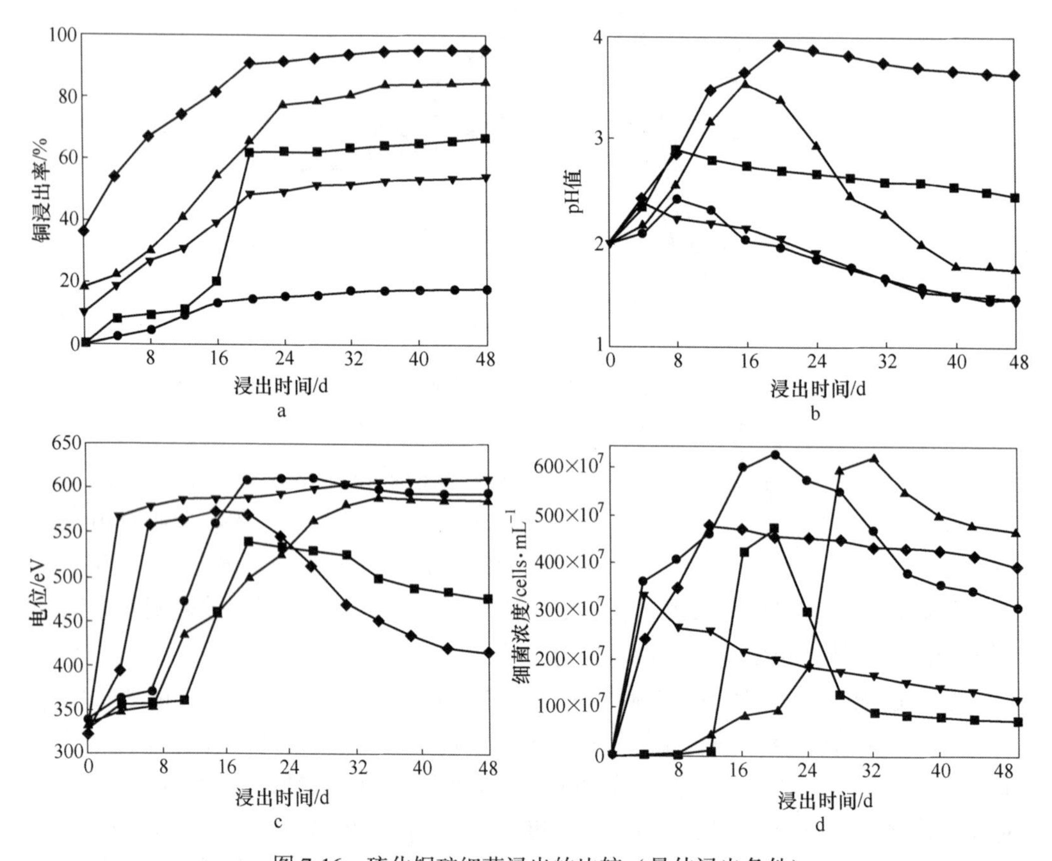

图7-16　硫化铜矿细菌浸出的比较（最佳浸出条件）

◆—久辉铜矿；▲—斑铜矿；▼—铜蓝；■—黄铁矿型黄铜矿；●—斑岩型黄铜矿

从图7-16a可以看出，在最佳浸出条件下，黄铁矿型黄铜矿的浸出顺序发生了变化，浸出 48d 后，久辉铜矿、斑铜矿、铜蓝、黄铁矿型和斑岩型黄铜矿的铜离子浸出率分别是 95.12%、84.5%、54.1%、66.77%和 18.33%。硫化铜矿的浸出规律为：久辉铜矿>斑铜矿>黄铁矿型黄铜矿>铜蓝>斑岩型黄铜矿。

图 7-16b 为浸出过程中溶液 pH 值的变化规律，浸出效果较差的铜蓝和斑岩型黄铜矿，溶液 pH 值一直较低，久辉铜矿、黄铁矿型黄铜矿和斑铜矿浸出液 pH 值较高，斑铜矿 pH 值变化幅度较大。浸出结束时 pH 值较低的铜蓝、斑岩型黄铜矿和斑铜矿，整个浸出过程中溶液电位较高（图 7-16c），这表明 [Fe^{3+}]/[Fe^{2+}] 并不是影响硫化铜矿细菌浸出关键因素，对不同的矿物，[Fe^{3+}] 影响的程度也不一样。

从图 7-16d 可以看出，与初始 [Fe^{2+}] = 0g/L 相比，在各硫化铜矿物的最佳浸出条件下，细菌生长繁殖更快，停滞期更短，浸出体系中细菌的最大浓度也越大，细菌的生长繁殖在不同的硫化铜矿物中不一样，但对同一矿物而言，在一定范围内，细菌生长繁殖越快，对浸出是越有利的。

7.3 不同类型硫化铜矿微生物浸出热力学分析

本节从硫化铜矿浸出反应的热力学特性探讨其热力学行为，以浸出体系的 E-pH图分析硫化铜矿浸出的热力学规律。由于久辉铜矿和辉铜矿性质非常相近，故本节以辉铜矿的热力学数据近似代替久辉铜矿，主要对辉铜矿、斑铜矿、铜蓝和黄铜矿的微生物浸出进行热力学分析。

7.3.1 不同类型硫化铜矿浸出的主要反应

硫化铜矿种类较多，主要有辉铜矿（Cu_2S）、斑铜矿（Cu_5FeS_4）、铜蓝（CuS）、黄铜矿（$CuFeS_2$）、硫砷铜矿（Cu_3AsS_4）、砷黝铜矿（Cu_3AsS_3）和黝铜矿（$Cu_{12}Sb_4S_{13}$）等，它们的微生物浸出既有细菌的直接作用也有间接作用，主要反应有[7,8]：

辉铜矿：

$$Cu_2S + H_2SO_4 + 5/2O_2 \xrightarrow{\text{细菌}} 2CuSO_4 + H_2O \tag{7-13}$$

$$Cu_2S + 2Fe_2(SO_4)_3 \longrightarrow 2CuSO_4 + 4FeSO_4 + S \tag{7-14}$$

铜蓝：

$$CuS + 2O_2 \xrightarrow{\text{细菌}} CuSO_4 \tag{7-15}$$

$$CuS + Fe_2(SO_4)_3 \longrightarrow CuSO_4 + 2FeSO_4 + S \tag{7-16}$$

斑铜矿：

$$Cu_5FeS_4 + 9O_2 + 2H_2SO_4 \xrightarrow{\text{细菌}} 5CuSO_4 + FeSO_4 + 2H_2O \tag{7-17}$$

$$Cu_5FeS_4 + 6Fe_2(SO_4)_3 \longrightarrow 5CuSO_4 + 13FeSO_4 + 4S \tag{7-18}$$

黄铜矿：

$$CuFeS_2 + 4O_2 \xrightarrow{细菌} CuSO_4 + FeSO_4 \tag{7-19}$$

$$CuFeS_2 + 2Fe_2(SO_4)_3 \longrightarrow CuSO_4 + 5FeSO_4 + 2S \tag{7-20}$$

硫砷铜矿：

$$Cu_3AsS_4 + 5/2H_2O + 35/4O_2 \xrightarrow{细菌} 3CuSO_4 + H_3AsO_4 + H_2SO_4 \tag{7-21}$$

$$Cu_3AsS_4 + Fe_2(SO_4)_3 + 4O_2 \longrightarrow 3CuSO_4 + FeAsO_4 + FeSO_4 + 3S \tag{7-22}$$

亚铁离子：

$$FeSO_4 + 1/4O_2 + 1/2H_2SO_4 \xrightarrow{细菌} 1/2H_2O + 1/2Fe_2(SO_4)_3 \tag{7-23}$$

硫氧化：

$$S + 3/2O_2 + H_2O \xrightarrow{细菌} H_2SO_4 \tag{7-24}$$

7.3.2　反应可能性判断

7.3.2.1　焓的计算

根据热力学第一定律[9]，一个化学反应的焓变为

$$\Delta H_T^{\ominus} = \sum v_i H_i^{\ominus}(T) \tag{7-25}$$

式中，v_i为计量系数，生成物取“+”号，反应物取“-”号。对某一纯物质 i，在标准状态下，298K 至 T 的范围内，考虑相变和化学变化，则

$$H_i^{\ominus}(T) = \Delta_f H_{298,i}^{\ominus} + \int_{298}^{T} C_{p,i} dT + \sum \Delta H_i^t \tag{7-26}$$

式中，$\Delta_f H_{298,i}^{\ominus}$为纯物质 i 在 298K 时的标准生成热；$H_i^{\ominus}(T)$ 为温度 T 时 i 的摩尔焓；ΔH_i^t 为 i 的摩尔相变热；C_p为物质的恒压摩尔热容，等于焓的变化：

$$C_p = \left(\frac{\partial H}{\partial T}\right)_p \tag{7-27}$$

式中，C_p是温度的函数，通常由实验数据拟合成下列形式：

$$C_p = A_1 + A_2 \times 10^{-3}T + A_3 \times 10^5 T^{-2} + A_4 \times 10^{-6}T^2 + A_5 \times 10^8 T^{-3} \tag{7-28}$$

式中，A_1、A_2、A_3、A_4和A_5为常数，查阅有关的热力学数据手册得到。

7.3.2.2　吉布斯自由能的计算

根据物质在 298K 时的恒压摩尔热容 C_p、绝对熵 $S_{298,i}^{\ominus}$ 和生成焓 $\Delta_f H_{298,i}^{\ominus}$，可以计算某一化学反应标准吉布斯自由能的变化：

$$\Delta_r G_{298}^{\ominus} = \sum v_i \Delta_f G_{298,i}^{\ominus} \tag{7-29}$$

$$\Delta_r G_T^{\ominus} = \Delta_r H_T^{\ominus} - T\Delta_r S_T^{\ominus} \tag{7-30}$$

$$\Delta_r S_T^{\ominus} = \Delta_r S_{298}^{\ominus} + \int_{298}^{T} \frac{\Delta C_p}{T} \mathrm{d}T \tag{7-31}$$

$$\Delta_r S_{298}^{\ominus} = \sum v_i S_{298,i}^{\ominus} \tag{7-32}$$

化简可得

$$\Delta_r G_T^{\ominus} = \Delta_r H_{298}^{\ominus} + \int_{298}^{T} \Delta C_p \mathrm{d}T - T\Delta S_{298}^{\ominus} - T\int_{298}^{T} \frac{\Delta C_p}{T} \mathrm{d}T \tag{7-33}$$

7.3.2.3　吉布斯自由能计算结果

查阅热力学数据手册[10,11]，获得有关化合物的生成焓、熵与热容值，按式（7-29）计算标准状态下硫化铜微生物浸出反应的吉布斯自由能，不同温度下的吉布斯自由能是以 T 为自变量的函数，计算结果如表 7-1 所示。为了研究温度对吉布斯自由能变化的影响，引入影响因子 δ_G：

$$\delta_G = \left| \frac{\Delta_r G_{373}^{\ominus} - \Delta_r G_{273}^{\ominus}}{\Delta_r G_{298}^{\ominus}} \right| \tag{7-34}$$

表 7-1　硫化铜矿浸出反应吉布斯自由能计算结果

反应式编号	$\Delta_r G_{298}^{\ominus}$/kJ·mol^{-1}	$\Delta G_T^{\ominus}(=A+BT)$/J·mol^{-1}	影响因子 δ_G/%
式（7-13）	-819.25	-1081337+879.488T	10.74
式（7-14）	-79.20	47296-424.482T	53.19
式（7-15）	-630.26	-795966+556.058T	8.82
式（7-16）	-33.74	32434-222.074T	65.81
式（7-17）	-2920.97	-3784140+2896.558T	9.92
式（7-18）	-247.81	129926-1267.566T	51.15
式（7-19）	-1312.07	-1652428+1142.14T	8.70
式（7-20）	-119.04	4372-414.124T	34.79
式（7-21）	-2669.68	-3304172+2129.153T	7.98
式（7-22）	-705.81	-1214650+1707.512T	24.19
式（7-23）	-71.77	-150116+262.899T	36.63
式（7-24）	-452.97	-528167+252.334T	5.57

表 7-1 数据表明所有反应的 $\Delta_r G_{298}^{\ominus} < 0$，在标准状态下，硫化铜矿的浸出反应均能从左向右自发进行；就某种硫化铜矿而言，与氧作用时的吉布斯自由能较低，表明在细菌直接作用下热力学趋势较大，而在间接作用时反应的可能性较小。随着温度升高，大部分反应的吉布斯自由能数值逐渐增大，热力学趋势变小，不利于反应的进行。在间接作用下，温度对吉布斯自由能的影响较大。

标准状态下，细菌直接作用时，辉铜矿、铜蓝、斑铜矿、黄铜矿和硫砷铜矿浸出反应吉布斯自由能的变化 $\Delta_r G_{298}^{\ominus}$ 分别为-819.25kJ/mol、-630.26kJ/mol、-2920.97kJ/mol、-1312.07kJ/mol 和-2669.68kJ/mol，则从热力学角度，它们的氧化趋势由大到小的顺序为：斑铜矿>硫砷铜矿>黄铜矿>辉铜矿>铜蓝；而在细菌间接作用下，各硫化铜浸出反应的 $\Delta_r G_{298}^{\ominus}$ 分别为-79.20kJ/mol、-33.74kJ/mol、-247.81kJ/mol、-119.04kJ/mol 和-705.81kJ/mol，它们的氧化趋势大小顺序为：硫砷铜矿>斑铜矿>黄铜矿>辉铜矿>铜蓝。可以看出，无论是直接还是间接作用条件下的热力学趋势都与硫化铜矿实际浸出率顺序不一致。因此，热力学只能解决硫化铜矿浸出反应的可能性，却很难说明反应进行的程度。

7.3.3　浸出体系的 *E*-pH 图

7.3.3.1　*E*-pH 图绘制方法

E-pH 图也称为 Pourbaix 图，是根据水溶液中的基本反应建立以电位 *E* 为因变量，pH 值及活度为自变量的函数，在指定温度和压力下，将电势 *E* 与 pH 值关系在平面图上反映出来，以表明反应自发进行的条件以及物质在水溶液中稳定存在区域[12,13]。假设水溶液中物质反应的通式为

$$aA + hH^+ + ne^- \longrightarrow bB + cH_2O \tag{7-35}$$

根据化学反应等温式，反应的 $\Delta_r G$ 为：

$$\Delta_r G = \Delta_r G_{298}^{\ominus} + RT\ln\frac{[B]^b[H_2O]^c}{[A]^a[H^+]^h} \tag{7-36}$$

将 $\Delta G=-nEF$，$\Delta_r G_{298}^{\ominus}=-nE^{\ominus}F$ 代入上式，摩尔气体常数 $R=8.314\text{J/(mol}\cdot\text{K)}$，法拉第常数 $F=96485.338\text{C/mol}$，n 为电荷数。则

$$E = E^{\ominus} + \frac{0.05916}{n}\lg\frac{[A]^a}{[B]^b} - 0.05916\frac{h}{n}\times \text{pH} \tag{7-37}$$

根据式（7-37）可以绘制各硫化铜矿水溶液体系的 *E*-pH 图，表示为一条斜率为 $-0.05916h/n$，截距为 $E^{\ominus}+(0.05916/n)\lg([A]^a/[B]^b)$，纵横坐标为电位 *E* 和 pH 值。

7.3.3.2　硫化铜矿体系 *E*-pH 图

在 $T=298\text{K}$ 时，硫化铜矿物的电极反应式为

$$2Cu^{2+} + SO_4^{2-} + 8H^+ + 10e^- \longrightarrow Cu_2S + 4H_2O \tag{7-38}$$

$$2Cu^{2+} + S + 4e^- \longrightarrow Cu_2S \tag{7-39}$$

$$Cu^{2+} + SO_4^{2-} + 8H^+ + 8e^- \longrightarrow CuS + 4H_2O \tag{7-40}$$

$$Cu^{2+} + S + 2e^- \longrightarrow CuS \tag{7-41}$$

$$Cu^{2+} + Fe^{2+} + 2SO_4^{2-} + 16H^+ + 16e^- \longrightarrow CuFeS_2 + 8H_2O \tag{7-42}$$

$$Cu^{2+} + Fe^{2+} + 2S + 4e^- \longrightarrow CuFeS_2 \tag{7-43}$$

$$5Cu^{2+} + Fe^{2+} + 4SO_4^{2-} + 32H^+ + 36e^- \longrightarrow Cu_5FeS_4 + 16H_2O \tag{7-44}$$

$$5Cu^{2+} + Fe^{2+} + 4S + 12e^- \longrightarrow Cu_5FeS_4 \tag{7-45}$$

$$3Cu^{2+} + AsO_4^{3-} + 4SO_4^{2-} + 40H^+ + 35e^- \longrightarrow Cu_3AsS_4 + 20H_2O \tag{7-46}$$

$$3Cu^{2+} + FeAsO_4 + SO_4^{2-} + 3S + 16H^+ + 17e^- \longrightarrow Cu_3AsS_4 + 8H_2O + Fe^{3+} \tag{7-47}$$

$$Fe^{3+} + e^- \longrightarrow Fe^{2+} \tag{7-48}$$

$$SO_4^{2-} + 8H^+ + 6e^- \longrightarrow S + 4H_2O \tag{7-49}$$

$$1/2O_2 + 2H^+ + 2e^- \longrightarrow H_2O \tag{7-50}$$

查阅热力学数据手册[11]得到各物质吉布斯自由能，根据式（7-37）和各物质的电极反应式计算出电位 E 与 pH 值的平衡方程式，如表 7-2 所示。

表 7-2 电位 E 与 pH 值平衡方程式

序号	编号	$E_{298}^{\ominus}$（vs. SHE）/V	平衡方程式
1	式(7-38)	0.437	$E=0.437+0.00592\lg[Cu^{2+}]^2[SO_4{}^{2-}]-0.0473pH$
2	式(7-39)	0.563	$E=0.562+0.0296\lg[Cu^{2+}]$
3	式(7-40)	0.418	$E=0.418+0.0074\lg[Cu^{2+}][SO_4{}^{2-}]-0.0592pH$
4	式(7-41)	0.617	$E=0.617+0.0296\lg[Cu^{2+}]$
5	式(7-42)	0.403	$E=0.403+0.0037\lg[Cu^{2+}][Fe^{2+}][SO_4{}^{2-}]^2-0.0592pH$
6	式(7-43)	0.555	$E=0.555+0.0148\lg[Cu^{2+}][Fe^{2+}]$
7	式(7-44)	0.447	$E=0.447+0.00164\lg[Cu^{2+}]^5[Fe^{2+}][SO_4{}^{2-}]^4-0.0526pH$
8	式(7-45)	0.636	$E=0.636+0.0049\lg[Cu^{2+}]^5[Fe^{2+}]$
9	式(7-46)	0.483	$E=0.483+0.00169\lg[Cu^{2+}]^3[AsO_4{}^{3-}][SO_4{}^{2-}]^4-0.0676pH$
10	式(7-47)	0.617	$E=0.617+0.00164\lg[Cu^{2+}]^3[Fe^{3+}]^{-1}[SO_4{}^{2-}]-0.0557pH$
11	式(7-48)	0.769	$E=0.769+0.0592\lg[Fe^{3+}][Fe^{2+}]^{-1}$
12	式(7-79)	0.352	$E=0.352+0.0592\lg[SO_4{}^{2-}]-0.0789pH$
13	式(7-50)	1.229	$E=1.229-0.0592pH$

当 $T=298K$ 时，取 $[Cu^{2+}]=[Fe^{2+}]=[Fe^{3+}]=[SO_4^{2-}]=[AsO_4^{3-}]=0.1mol/L$，按表 7-2 中硫化铜矿的 E 和 pH 值平衡方程式绘制 E-pH 图如图 7-17 所示，pH=2 时硫化铜矿的电位见表 7-3。

表 7-3　细菌间接和直接作用下硫化铜矿物电位（pH=2）　(V)

项　目	辉铜矿	铜蓝	黄铜矿	斑铜矿	硫砷铜矿
间接作用	0.532	0.587	0.525	0.607	0.501
直接作用	0.271	0.285	0.270	0.326	0.335

从图 7-17 可以看出，O_2/H_2O 和 Fe^{3+}/Fe^{2+} 的电位比硫化铜矿均正，所以无论是细菌的直接还是间接作用，硫化铜矿都可以浸出。当硫化铜矿和硫同时作为能源物质时，由于 SO_4^{2-}/S 的电位最低，细菌更容易氧化硫获取能量。表 7-3 为 pH=2 时硫化铜矿的电位，可以看到，在细菌的间接作用下，硫化铜矿电位大小顺序为：斑铜矿>铜蓝>辉铜矿>黄铜矿>硫砷铜矿；而直接作用下的电位顺序为：硫砷铜矿>斑铜矿>铜蓝>辉铜矿>黄铜矿。根据电化学原理，电位较负的硫化铜更容易失去电子，而被氧化浸出，电位较正的矿物不易失去电子，较难被氧化。因此，在细菌的直接作用下的黄铜矿和间接作用下的硫砷铜矿最容易被氧化浸出，这与实际浸出效果不一致。硫化铜矿的细菌浸出既有直接作用又有间接作用，通常认为浸出的初始阶段以直接作用为主，中后期以间接作用为主，而两种作用如何影响硫化铜矿物的浸出率是很复杂的问题，也许测量硫化铜矿物的实际静电位才能更好地解决这一问题。

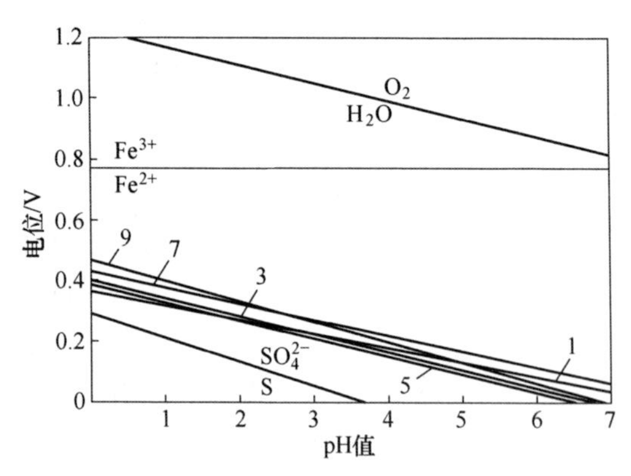

图 7-17　硫化铜矿水溶液 E-pH 图

7.4　细菌对不同类型硫化铜矿的选择性吸附及机理

本节研究了细菌在不同硫化铜矿物表面选择吸附，分析单位面积细菌吸附密度与硫化铜矿浸出速率的关系，用 SEM 观察细菌在矿物表面的吸附特征，FTIR 研究细菌表面基团对选择性吸附的影响，Zeta 电位考察与细菌作用后矿物表面电性变化。

7.4.1　不同类型硫化铜矿的比表面积

采用 Winner2000 型激光粒度分析仪测试硫化铜矿物粒度分布和比表面积，其结果如图 7-18～图 7-22 所示。

图 7-18 为久辉铜矿粒度分布图，D_{10} = 10.60μm，D_{50} = 34.16μm，D_{90} = 97.38μm，D_{97} = 155.24μm，D<74.00μm 占 83.00%，D<45.00μm 占 64.16%，

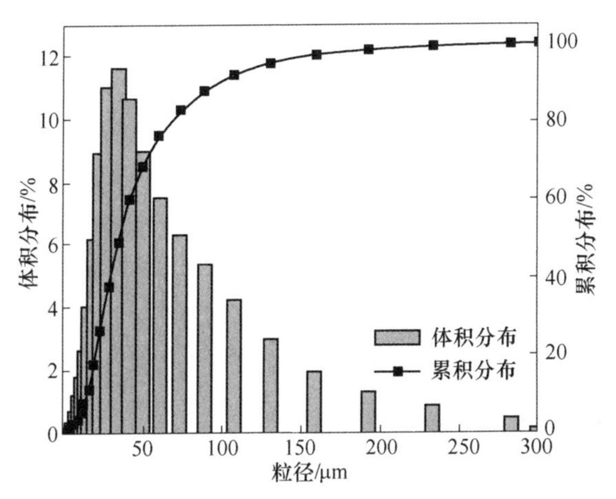

图 7-18 久辉铜矿粒度分布图

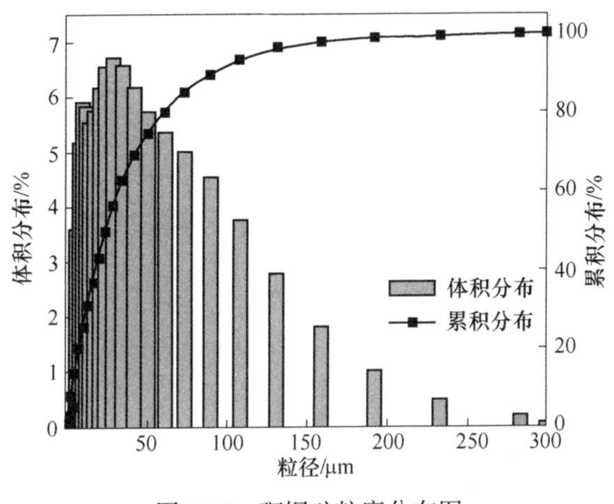

图 7-19 斑铜矿粒度分布图

平均粒度 D_{av} = 47.32μm，S/V = 2209.48cm²/cm³，密度为 7.30g/cm³，则比表面积 S/m = 302.67cm²/g。

图 7-19 为斑铜矿粒度分布图，D_{10} = 6.20μm，D_{50} = 23.04μm，D_{90} = 89.21μm，D_{97} = 139.31μm，$D<74.00$μm 占 85.64%，$D<45.00$μm 占 71.98%，平均粒度 D_{av} = 37.13μm，S/V = 4176.55cm²/cm³，密度为 5.10g/cm³，则比表面积 S/m = 818.93cm²/g。

图 7-20 为铜蓝粒度分布图，D_{10} = 4.59μm，D_{50} = 12.98μm，D_{90} = 60.88μm，D_{97} = 92.68μm，$D<74.00$μm 占 93.73%，$D<45.00$μm 占 83.29%，平均粒度 D_{av} = 23.92μm，S/V = 6161.34cm²/cm³，密度为 4.67g/cm³，则比表面积 S/m = 1319.34cm²/g。

图 7-21 为黄铁矿型黄铜矿粒度分布图，$D_{10}=7.46\mu m$，$D_{50}=35.07\mu m$，$D_{90}=113.64\mu m$，$D_{97}=183.76\mu m$，$D<74.00\mu m$ 占 77.63%，$D<45.00\mu m$ 占 58.94%，平均粒度 $D_{av}=50.55\mu m$，$S/V=3166.83cm^2/cm^3$，密度为 $4.30g/cm^3$，则比表面积 $S/m=754cm^2/g$。

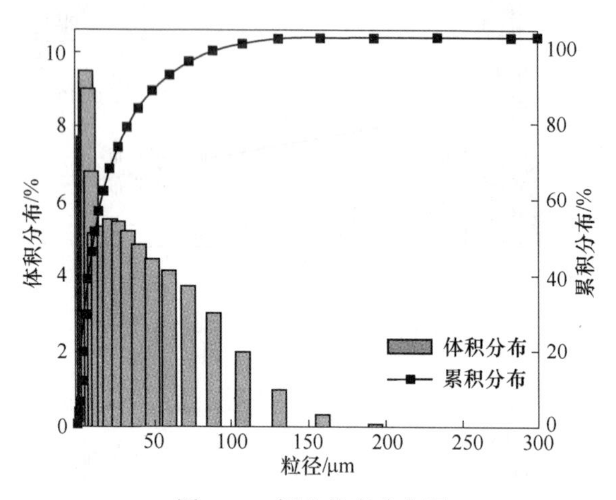

图 7-20　铜蓝粒度分布图

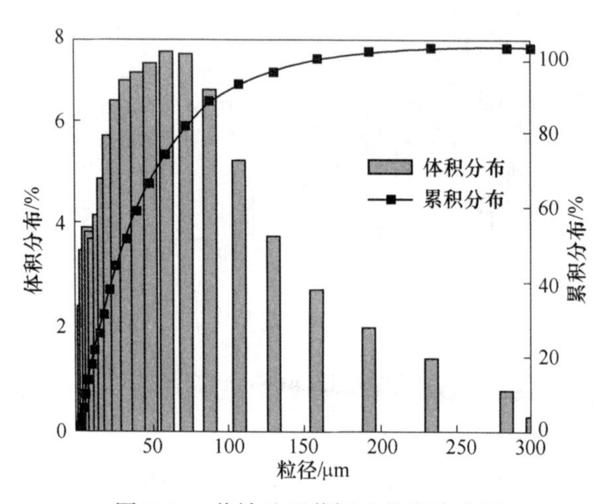

图 7-21　黄铁矿型黄铜矿粒度分布图

图 7-22 为斑岩型黄铜矿粒度分布图，$D_{10}=4.83\mu m$，$D_{50}=13.98\mu m$，$D_{90}=61.66\mu m$，$D_{97}=99.22\mu m$，$D<74.00\mu m$ 占 93.16%，$D<45.00\mu m$ 占 83.54%，平均粒度 $D_{av}=27.76\mu m$，$S/V=5858.63cm^2/cm^3$，密度为 $4.20g/cm^3$，则比表面积 $S/m=1362.47cm^2/g$。

上述分析结果表明，硫化铜矿比表面积大小关系为：斑岩型黄铜矿>铜蓝>斑铜矿>黄铁矿型黄铜矿>久辉铜矿；粒度由大到小的相对关系为：黄铁矿型黄

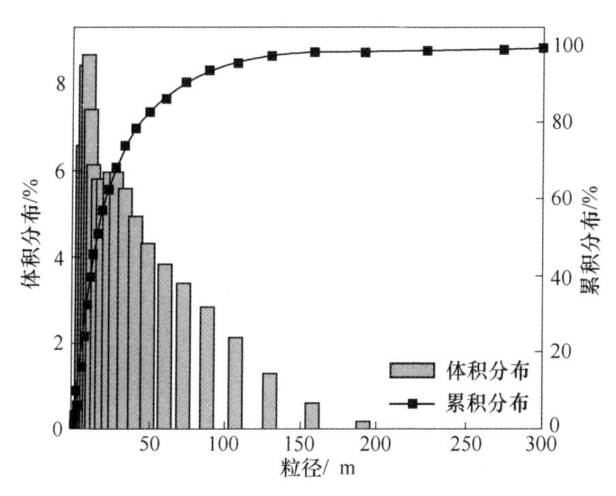

图 7-22 斑岩型黄铜矿粒度分布图

铜矿>久辉铜矿>斑铜矿>斑岩型黄铜矿>铜蓝。通常情况下，对同一矿物而言，粒度越小浸出效果越好，但从比表面积和粒度与硫化铜矿浸出率大小顺序的对比可以看出，对不同矿物而言，粒度和比表面积不是影响硫化铜矿微生物浸出规律的因素。

7.4.2 细菌在不同类型硫化铜矿表面的吸附

7.4.2.1 pH 值对吸附的影响

pH 值对细菌活性和矿物表面性质都有较大的影响。不同 pH 值条件下，细菌浓度为 4.0×10^8cells/mL，与矿物相互作用 10min 后，在硫化铜矿表面的吸附试验结果如图 7-23 所示。

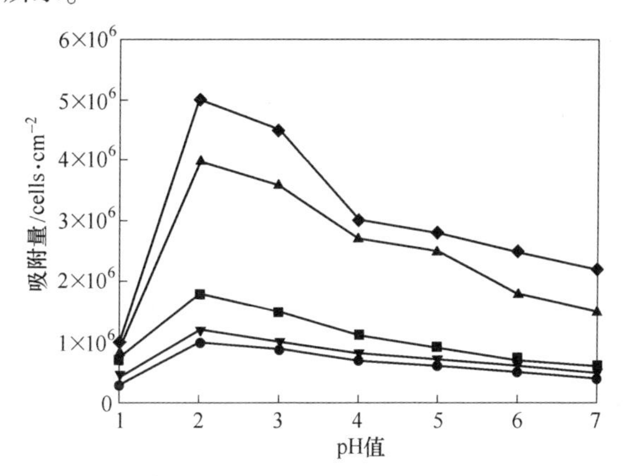

图 7-23 不同 pH 值下细菌在硫化铜矿物表面吸附结果

◆—久辉铜矿；▲—斑铜矿；▼—铜蓝；■— 黄铁矿型黄铜矿；●—斑岩型黄铜矿

由图可知，在 pH=2 附近时，细菌在矿物表面的吸附量最大，无论 pH 值减小还是增大对吸附都是不利的，表明外界条件影响着细菌活性，当 pH 值为 2~3 之间时，细菌代谢和运动能力处于最佳状态，活性最强，故吸附效果最好。久辉铜矿、斑铜矿、铜蓝、黄铁矿型和斑岩型黄铜矿表面最大细菌吸附密度为 5.0×10^6cells/cm^2、4.0×10^6cells/cm^2、1.2×10^6cells/cm^2、1.8×10^6cells/cm^2 和 1.0×10^6cells/cm^2。细菌吸附密度大小顺序为：久辉铜矿>斑铜矿>黄铁矿型黄铜矿>铜蓝>斑岩型黄铜矿。不同硫化铜矿表面细菌吸附量的相对大小并没有随 pH 值变化而改变，即不同硫化矿上的细菌的吸附密度与 pH 值无关。

7.4.2.2　吸附时间的影响

在 pH = 2 和细菌浓度为 4.0×10^8cells/mL 时，矿物表面细菌吸附量与时间关系如图 7-24 所示。

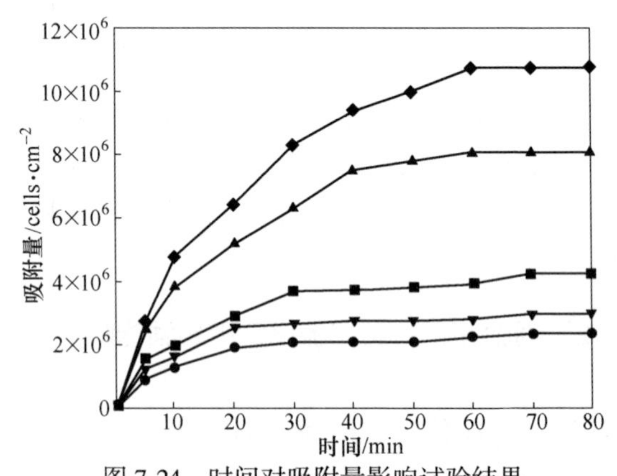

图 7-24　时间对吸附量影响试验结果

◆—久辉铜矿；▲—斑铜矿；▼—铜蓝；■—黄铁矿型黄铜矿；●—斑岩型黄铜矿

由图 7-24 可知，细菌在各硫化铜矿表面的吸附动力学规律相似，随着吸附时间的延长，细菌在矿物表面的吸附量增加，在不同矿物表面吸附速率不一样，60min 后，久辉铜矿和斑铜矿表面细菌的吸附先达到饱和。80min 后，所有矿物表面细菌吸附达到平衡。久辉铜矿、斑铜矿、铜蓝、黄铁矿型和斑岩型黄铜矿表面单位面积上细菌吸附密度分别为 10.74×10^6 cells/cm^2、8.06×10^6 cells/cm^2、3×10^6 cells/cm^2、4.24×10^6 cells/cm^2 和 2.35×10^6cells/cm^2，其大小顺序：久辉铜矿>斑铜矿>黄铜矿型黄铜矿>铜蓝>斑岩型黄铜矿。

硫化铜矿表面细菌吸附密度与最佳浸出条件下的浸出规律呈线性关系，细菌吸附密度越大，对矿物浸蚀能力就越强，浸出速率越快，浸出率越高，对含铁矿物而言，接触氧化产生的 Fe^{2+} 越多，又会促进矿物的进一步氧化溶解，提高其浸出率。

7.4.2.3　细菌吸附等温线

当 pH=2 时，不同细菌浓度下矿物表面细菌吸附试验结果如图 7-25 所示。

设溶液中平衡细菌浓度 C_e(cells/mL) 和单位质量矿物吸附细菌的量 q_e

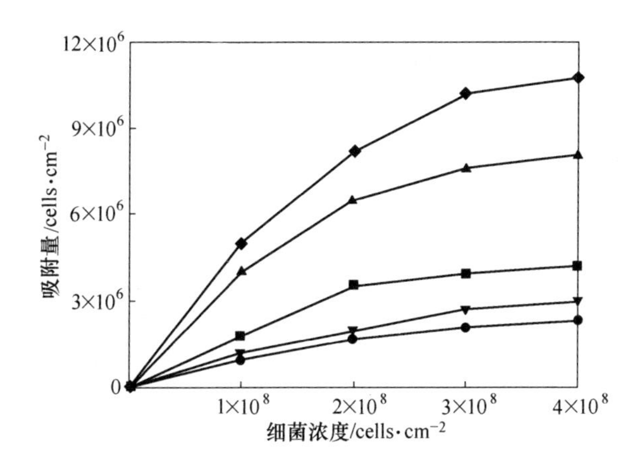

图 7-25 不同细菌浓度下的吸附结果

◆—久辉铜矿；▲—斑铜矿；▼—铜蓝；■—黄铁矿型黄铜矿；●—斑岩型黄铜矿

(cells/g)，采用 Langmuir 和 Frundlich 吸附等温模型进行线性拟合，得出细菌在硫化铜矿表面的吸附等温线公式见表 7-4。

表 7-4 细菌在硫化铜矿表面的吸附等温模型

矿物名称	Langmuir 吸附等温线		Frundlich 吸附等温线	
	Langmuir 吸附等温式	R^2	Frundlich 吸附等温式	R^2
久辉铜矿	$1/q_e=0.040/C_e+0.018$	0.9947	$\lg q_e=0.53\lg C_e+4.95$	0.963
斑铜矿	$1/q_e=0.013/C_e+0.011$	0.9944	$\lg q_e=0.44\lg C_e+6.08$	0.9646
铜蓝	$1/q_e=0.042/C_e+0.013$	0.9983	$\lg q_e=0.65\lg C_e+4.07$	0.9895
黄铁矿型黄铜矿	$1/q_e=0.049/C_e+0.015$	0.9645	$\lg q_e=0.59\lg C_e+4.48$	0.9067
斑岩型黄铜矿	$1/q_e=0.048/C_e+0.017$	0.9976	$\lg q_e=0.59\lg C_e+4.41$	0.9803

由图 7-25 可以看出，细菌在矿物表面的吸附属于 L 形吸附等温曲线，表明细菌容易吸附在矿物的表面，随着细菌浓度的增大，单位面积上细菌的吸附密度增加。细菌通过静电力和疏水作用力与矿物发生吸附作用，这种作用是可逆的，是吸附与脱附的动态平衡过程，表 7-4 表明，Langmuir 吸附等温式的相关系数高于 Freundlich 吸附等温式的，故细菌在硫化铜矿表面的吸附更加符合 Langmuir 吸附等温式，细菌在矿物表面的吸附属单层吸附。平衡细菌浓度 C_e 随着溶液中细菌浓度 C 变化，当细菌浓度 C 增加到某值时，初始细菌浓度 C 与平衡细菌浓度 C_e 的差值恒定，单位质量矿物吸附细菌的量 q_e 达到最大值，矿物单位面积上细菌吸附量趋于饱和。

7.4.3　细菌对不同类型硫化矿的吸附特征

吸附饱和后的矿样，离心、冷冻干燥后，用扫描电镜观察久辉铜矿、斑铜矿、铜蓝、黄铁矿型和斑岩型黄铜矿表面细菌吸附特征如图 7-26 所示。

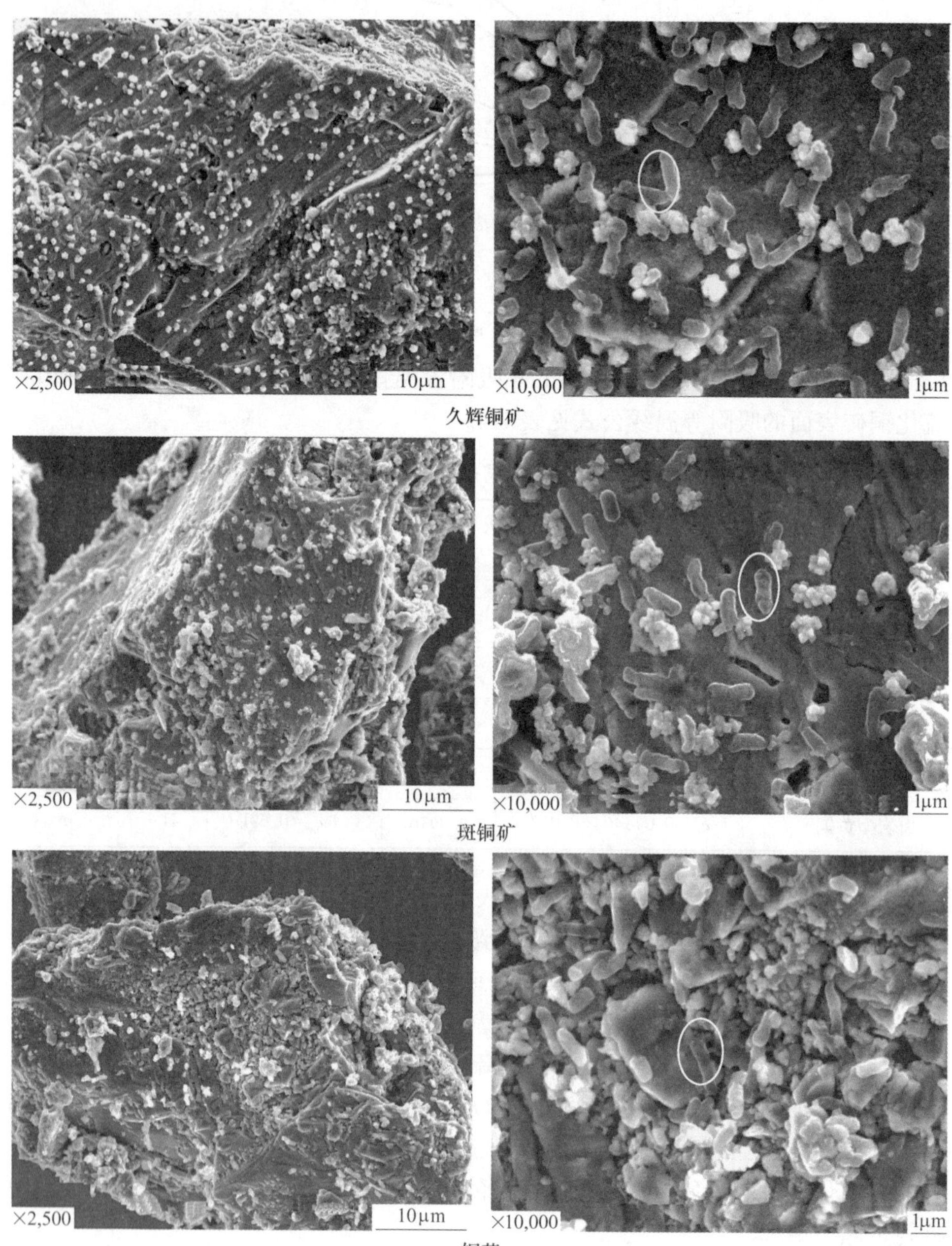

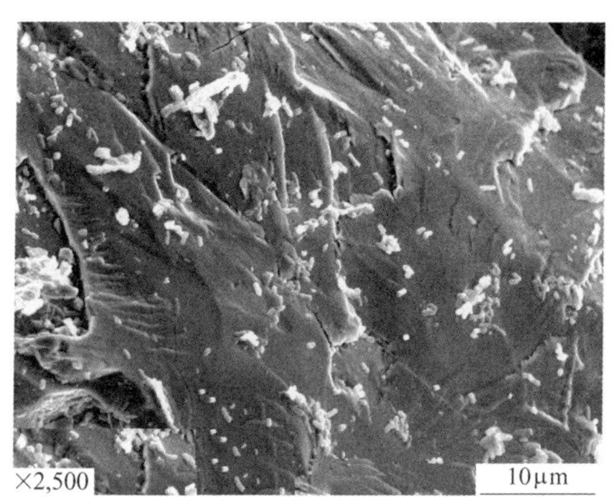

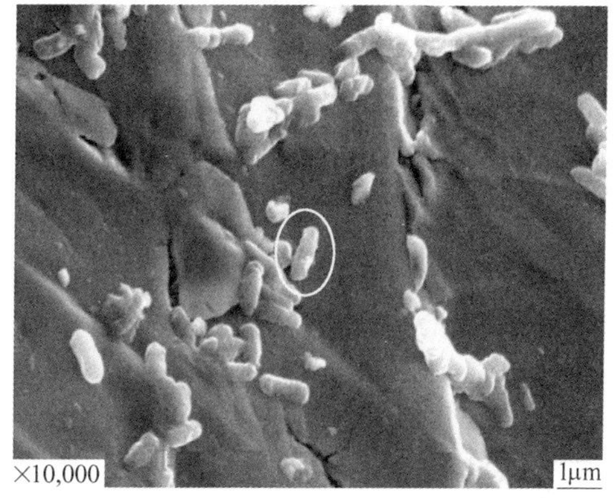

黄铁矿型黄铜矿

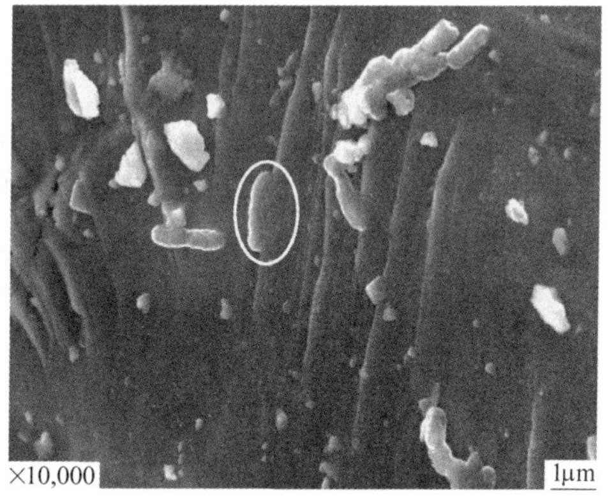

斑岩型黄铜矿

图 7-26 硫化铜矿表面细菌吸附特征

（白圈中为单个细菌）

通过对比研究可以看出，不同硫化铜矿表面细菌的面密度和吸附特征都不一样，这可能与矿物晶体形态和表面铜、铁和硫比例等性质有关，久辉铜矿、斑铜矿和铜蓝表面细菌分布更均匀，而在黄铁矿型和斑岩型黄铜矿表面细菌呈链状，容易积聚，分散性较差，且吸附在缺陷或裂隙处。矿物表面吸附细菌的分布密度顺序：久辉铜矿>斑铜矿>黄铜矿型黄铜矿>铜蓝>斑岩型黄铜矿。细菌吸附越均匀，相同面密度的条件下，对矿物的浸蚀能力越强，越有效。

7.4.4 傅里叶变换红外光谱（FTIR）研究

为了研究细菌表面基团对其选择吸附的影响，以傅里叶变换红外光谱（FTIR）仪对细菌、原矿和与细菌作用后矿物进行检测，利用设备自带差减函数得到与细菌作用前后的差谱。

7.4.4.1　细菌的 FTIR

图 7-27 为菌 $At.f_6$ 的 FTIR 光谱，查阅相关文献[14,15]可知，3395cm^{-1}（3300～3500cm^{-1}）附近的强宽峰为—OH 和—NH 伸缩振动吸收峰；在 2964cm^{-1} 和 2928cm^{-1}（2925±10cm^{-1}）处小双峰为—CH_3 和—CH_2 中—CH 中到强的反对称伸缩振动吸收峰；1652cm^{-1}（1620～1670cm^{-1}）为—C ═ O 缔合的伸缩振动仲酰胺Ⅰ峰；1538cm^{-1} 处为—$CONH_2$ 的变形振动酰胺Ⅱ峰（—C—N—H 弯曲振动）；1455cm^{-1} 处为—CH_2（1465±20cm^{-1}）中等强度对称变形振动和—CH_3（1450±20cm^{-1}）的反对称变形振动吸收重叠峰；1196cm^{-1} 处为—C—C—（H_3C—C—CH_3）强骨架对称振动吸收峰；1088cm^{-1} 处为—CO 的伸缩振动吸收峰；1013cm^{-1} 处为氨基酸—C（NH_3^+）COO^- 弱到中等强度—CN 伸缩振动吸收峰；628cm^{-1} 和 516cm^{-1} 处也许为多糖—CH_2 基团。细菌 $At.f_6$ 细胞成分中含有—OH、—NH_2、—C ═ O、—CH_2、—$CONH_2$、—CO、—CN 等活性基团，它们在细菌吸附过程中起重要作用。

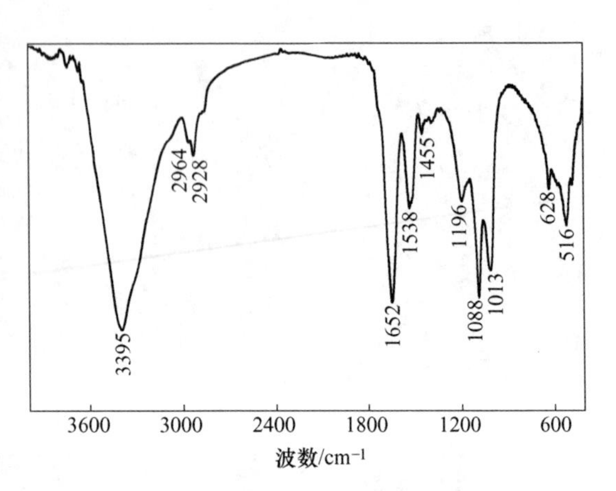

图 7-27　菌 $At.f_6$ 的 FTIR 光谱

7.4.4.2　矿物与细菌作用的 FTIR

细菌与久辉铜矿、斑铜矿、铜蓝、黄铁矿型和斑岩型黄铜矿作用前后的 FTIR 谱图如图 7-28～图 7-32 所示。

图 7-28 为久辉铜矿的原矿、与细菌作用后的红外光谱及其差谱，可以看出，在差谱中出现了波数为 2973cm^{-1}、1645cm^{-1}、1540cm^{-1}、1458cm^{-1}、1088cm^{-1}、1048cm^{-1}、585cm^{-1} 和 518cm^{-1} 的吸收峰，这些吸收峰都属于细菌的特征峰的范围，其中波数为 2973cm^{-1}、1645cm^{-1}、1048cm^{-1} 和 585cm^{-1} 的吸收峰发生了偏移，表明细菌表面—CH_2、氨基酸—C（NH_3^+）COO^- 和—CO 在久辉铜矿表面发生了化学吸附，其余基团在矿物表面的吸附为物理吸附。

图 7-29 为斑铜矿原矿、与细菌作用后的红外光谱及其差谱，由图可知，在差谱中出现了波数为 2925cm^{-1}、1646cm^{-1}、1538cm^{-1}、1148cm^{-1}、1081cm^{-1}、1021cm^{-1} 和 518cm^{-1} 的吸收峰，其中波数为 1646cm^{-1}、1148cm^{-1}、1088cm^{-1} 和

$1021cm^{-1}$吸收峰发生了偏移，表明细菌表面—CH_2、—C—C—(H_3C—C—CH_3)、—CO和氨基酸—C(NH_3^+)COO^-在斑铜矿表面发生了化学吸附，—CH_3和—CNH在矿物表面发生的是物理吸附。

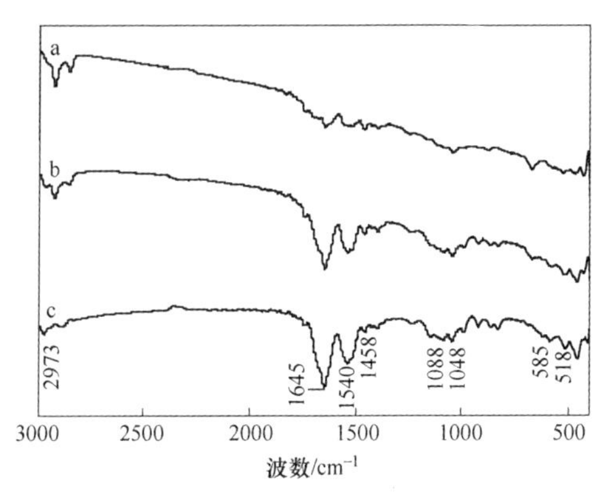

图 7-28　细菌与久辉铜矿作用的 FTIR 谱图
a—久辉铜矿原矿；b—与细菌作用后的久辉铜矿；c—两者的差谱

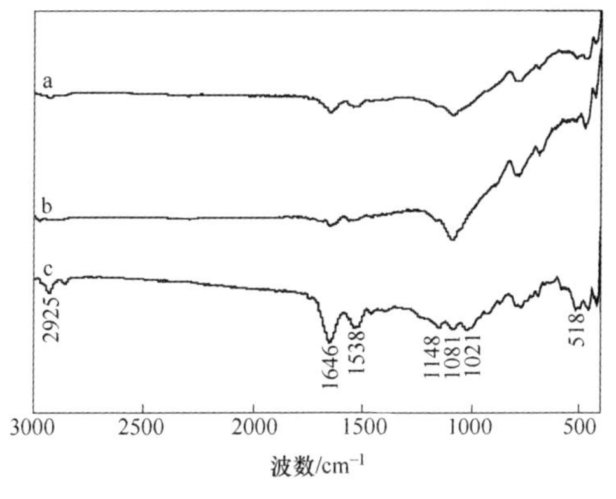

图 7-29　细菌与斑铜矿作用的 FTIR 谱图
a—斑铜矿原矿；b—与细菌作用后的斑铜矿；c—两者的差谱

图 7-30 为铜蓝原矿、与细菌作用后的红外光谱及其差谱，可以看到，在差谱中出现了波数为 $2928cm^{-1}$、$1612cm^{-1}$、$1117cm^{-1}$、$1051cm^{-1}$、$982cm^{-1}$和$605cm^{-1}$的吸收峰，其中波数为 $1612cm^{-1}$、$1117cm^{-1}$、$1051cm^{-1}$、$982cm^{-1}$和 $605cm^{-1}$吸收峰发生了偏移，说明细菌表面—C=O、—C—C—(H_3C—C—CH_3)、—C—O、氨基酸—C(NH_3^+)COO^-和—CH_2在铜蓝表面发生了化学吸附，—CH_3和—NH则以物理吸附的方式吸附在矿物表面。

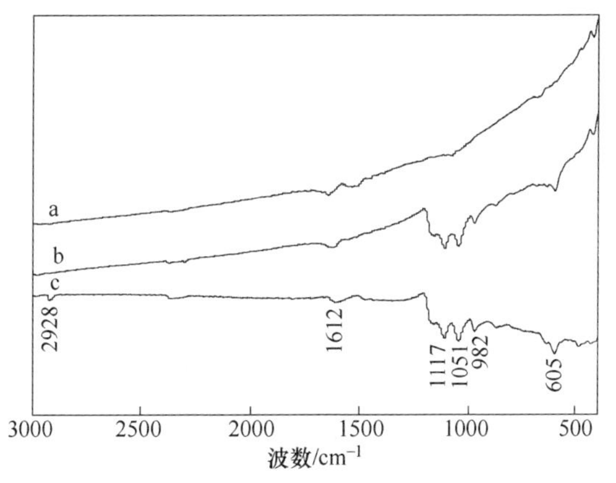

图 7-30　细菌与铜蓝作用的 FTIR 谱图
a—铜蓝原矿；b—与细菌作用后的铜蓝；c—两者的差谱

黄铁矿型黄铜矿原矿、与细菌作用后的红外光谱及其差谱如图 7-31 所示，可以看到，在差谱中出现了波数为 $2966cm^{-1}$、$1652cm^{-1}$、$1520cm^{-1}$和 $1455cm^{-1}$的吸收峰，波数为 $1520cm^{-1}$的吸收峰发生了偏移，表明细菌表面—CH_2和

—$CONH_2$在黄铁矿型黄铜矿表面发生了化学吸附，—C ═ O 和—CH_2 在矿物表面发生物理吸附。

图 7-32 为斑岩型黄铜矿原矿、与细菌作用后的红外光谱及其差谱，由图可知，在差谱中出现了波数为 2928cm^{-1}、1652cm^{-1}、1513cm^{-1}和 1080cm^{-1}的吸收峰，细菌表面—$CONH_2$（1513cm^{-1}）和—CO（1080cm^{-1}）在斑岩型黄铜矿表面发生了化学吸附，—CH_2 和 C ═ O 在矿物表面是物理吸附。

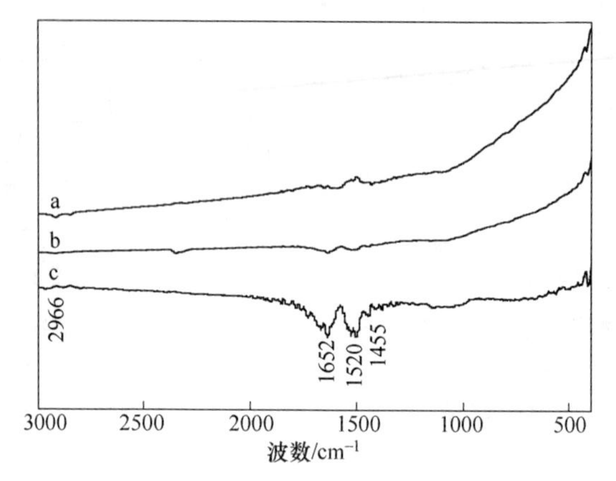

图 7-31　细菌与黄铁矿型黄铜矿作用的 FTIR 谱图

a—黄铁矿型黄铜矿原矿；b—与细菌作用后的黄铁矿型黄铜矿；c—两者的差谱

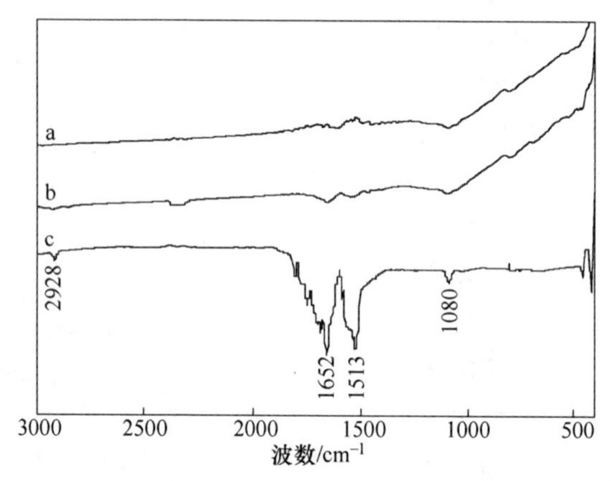

图 7-32　细菌与斑岩型黄铜矿作用的 FTIR 谱图

a—斑岩型黄铜矿原矿；b—与细菌作用后的斑岩型黄铜矿；c—两者的差谱

图 7-33 为各硫化铜矿与细菌作用前后的差谱的对比，可以看到，细菌与不同矿物相互作用的活性基团种类和强度不一样，在久辉铜矿和斑铜矿表面发生作用的活性基团种类较多，几乎所有的活性基团都出现在矿物的表面。波数为 2928cm^{-1}的—CH_2 或—CH_3几乎出现在所有矿物表面，与久辉铜矿和黄铁矿型黄

铜矿表面发生化学吸附，而在其余矿物表面则是物理吸附。与铜蓝、黄铁矿型和斑岩型黄铜矿作用的活性基团较少，与铜蓝作用的活性基团主要有—C—C—(H_3C—C—CH_3)、—CO 和氨基酸—C(NH_3^+)COO^-中—CN，与黄铁矿型和斑岩型黄铜矿作用的主要是—C＝O、—CH_2、—$CONH_2$ 和—CH_3。活性基团在不同矿物表面作用的强弱差别很大，在斑岩型黄铜矿表面，—C＝O、—$CONH_2$、—CH_2 和—CH_3 峰较明显，表明这些活性基团主导着细菌在斑岩型黄铜矿表面的吸附行为，且作用能力较强；在铜蓝中，—C—C—(H_3C—C—CH_3)、—CO和氨基酸—C(NH_3^+)COO^-中—CN 作用能力较强。

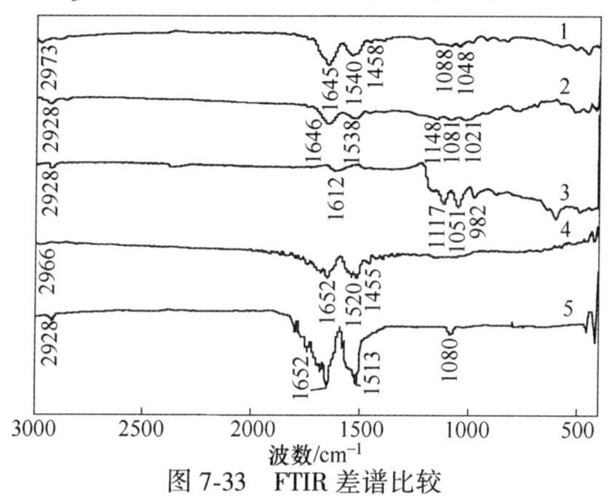

图 7-33 FTIR 差谱比较

1—久辉铜矿；2—斑铜矿；3—铜蓝；4—黄铁矿型黄铜矿；5—斑岩型黄铜矿

FTIR 研究结果表明，硫化铜矿与细菌作用后，细菌表面活性基团出现在矿物表面，它们促进了细菌在矿物表面的吸附[16]；与各硫化铜矿相互作用的活性基团不同，导致细菌和矿物表面配位相互作用有所差异，这是造成细菌选择性吸附的原因[17]。

7.4.5 Zeta 电位研究

7.4.5.1 细菌 Zeta 电位

当离子强度 $I=0.01$mol/L 和 0.001mol/L 时，菌 $At.f_6$ 的 Zeta 电位与 pH 值的关系如图 7-34 所示。

从图 7-34 可以看出，细菌 Zeta 电位是以 pH 值为变量的函数，随着 pH 值升高 Zeta 电位降低，当离子强度 $I=0.01$mol/L 时，等电点（IEP）位于 pH = 1.1 处，离子强度 $I=0.001$mol/L 时，IEP = 2.8，pH<IEP，细菌表面带正电，pH>IEP，带负电。FTIR 证实菌 $At.f_6$ 表面出现—OH、—NH_2、—$CONH_2$、—COOH 等活性基团，pH 值影响着官能团的电离，从而决定细胞表面荷电，如—NH_2 的电离可能是细菌在 pH<2.8 时带正电的原因。

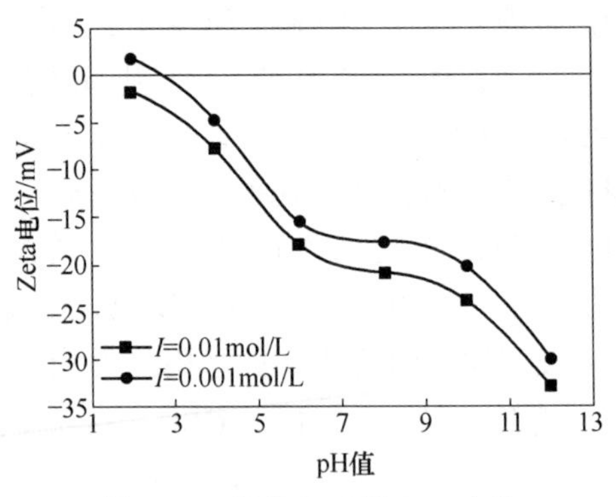

图 7-34　细菌 $At.f_6$的 Zeta 电位

另外，随着溶液中离子强度的增大，菌 $At.f_6$的 Zeta 电位值均变小，等电点向左偏移。根据经典的古依-切普曼-斯特恩双电层模型（简称 GCS）[18]，在离子强度较低的情况下，Stern 电位可以近似等同于动电位。因此，可以利用经典的双电层模型来解释离子强度对动电位的影响。在 GCS 模型中，当离子强度较低时，可以将分散层等效为平行板电容器，则 Stern 电位 φ 的表达式可以简化为

$$\varphi = qF/\sqrt{2c\varepsilon_0\varepsilon_r/RT} \tag{7-51}$$

式中，q 为表面电荷密度，C/m^2；F 为法拉第常数，C/mol；c 为电解质浓度，mol/L；ε_0为真空介电常数，$C/(N \cdot m^2)$；ε_r为相对介电常数；R 为气体常数，$J/(mol \cdot K)$；T 为温度，K。可以看出，随着电解质浓度 c 增加，溶液离子强度增大，Zeta 电位变小。

7.4.5.2　矿物与细菌作用的 Zeta 电位

驯化后的细菌及与之作用前后的久辉铜矿、斑铜矿、铜蓝、斑岩型黄铜矿和黄铁矿型黄铜矿的 Zeta 电位随 pH 值变化的情况如图 7-35～图 7-39 所示（$I=10^{-3}$ mol/L）。

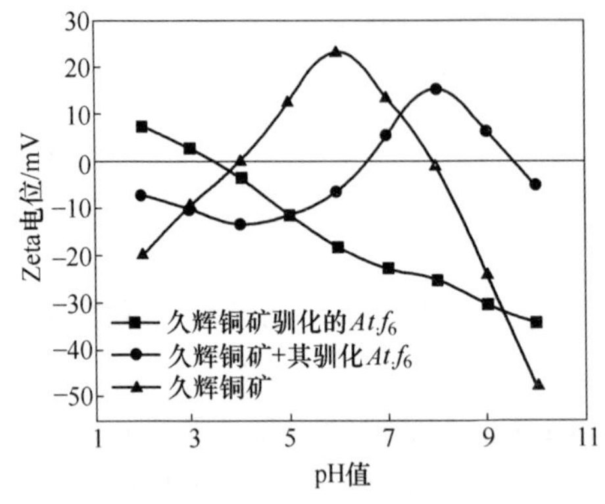

图 7-35　久辉铜矿与细菌作用前后的 Zeta 电位

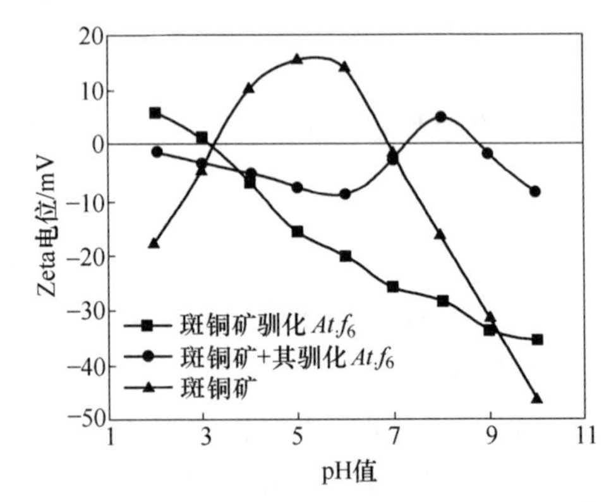

图 7-36　斑铜矿与细菌作用前后的 Zeta 电位

从图 7-36 和图 7-37 可以看出，久辉铜矿和斑铜矿原矿都有两个等电点，久辉铜矿的 IEP 在 pH=4.0 和 pH=7.9 处，斑铜矿的 IEP 位于 pH=3.2 和 pH=6.9

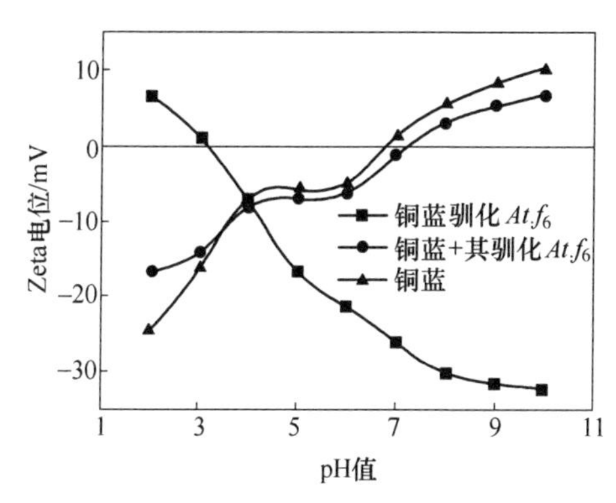

图 7-37 铜蓝与细菌作用前后的 Zeta 电位

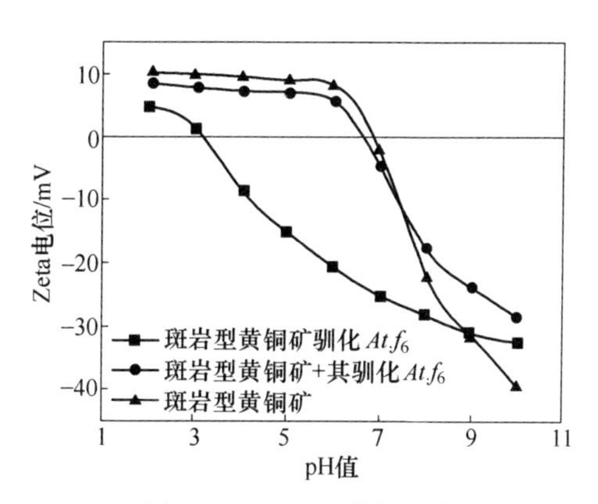

图 7-38 斑岩型黄铜矿与细菌作用前后的 Zeta 电位

处。因为这两种矿物在酸性环境容易溶解，定位离子主要是 Cu^{2+}、S^{2-} 和 HS^-等，溶液 Zeta 电位（V）：

$$\varphi_0 = 0.059/Z(\mathrm{p}M_{\mathrm{PZC}} - \mathrm{p}M) \tag{7-52}$$

式中，Z 为离子电价；M 为定位阳离子活度。随着溶液 pH 值的降低，矿物溶解逐渐增强，pM 增大，φ_0 降低，当 $\mathrm{p}M > \mathrm{p}M_{\mathrm{PZC}}$ 时，$\varphi_0 < 0$。而在碱性环境中，主要以 H^+ 和 OH^- 为定位离子，溶液 Zeta 电位（V）：

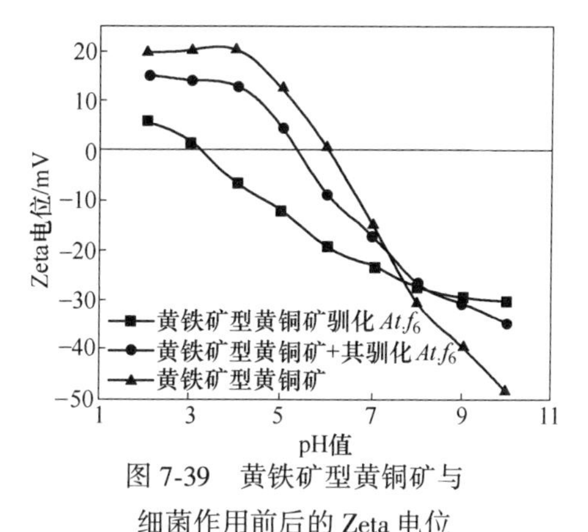

图 7-39 黄铁矿型黄铜矿与细菌作用前后的 Zeta 电位

$$\varphi_0 = 0.059/Z(\mathrm{pH}_{\mathrm{PZC}} - \mathrm{pH}) \tag{7-53}$$

式中，$\mathrm{pH}_{\mathrm{PZC}}$为矿物的零电点。当 $\mathrm{pH} > \mathrm{pH}_{\mathrm{PZC}}$ 时，$\varphi_0 < 0$。

经不同硫化铜矿驯化后的细菌 IEP 差别较大，久辉铜矿和斑岩型黄铜矿驯化后细菌的 IEP 分别为 3.4 和 3.1，斑铜矿、铜蓝和黄铁矿型黄铜矿驯化后的细菌 IEP=3.2，且 IEP 都不同程度地向矿物方向移动，主要是由于驯化后的细菌表面蛋白质增加量不同[19]。与细菌作用后，铜蓝、黄铁矿型和斑岩型黄铜矿表面 Zeta 电位向细菌方向接近，但久辉铜矿和斑铜矿却出现了不同的现象，在碱性条件下，表面 Zeta 电位不仅没有向细菌方向漂移，反而比与细菌作用前正，等电点增大，Fullston 等[20]研究发现氧化后的久辉铜矿和斑铜矿 Zeta 电位变正，IEP 向铜的氧化物方向漂移，同时在碱性环境中，久辉铜矿和斑铜矿容易被氧化而在矿物表面形成氧化物薄膜[21]，这些都表明可能与久辉铜矿和斑铜矿表面氧化有关。

与细菌作用后，硫化铜矿物表面 Zeta 电位降低幅度不同的，久辉铜矿和斑铜矿表面 Zeta 电位降低幅度较大，其次是黄铁矿型黄铜矿，然后是铜蓝，降低幅度最小的是斑岩型黄铜矿。这与细菌在不同矿物表面吸附量的大小有关，细菌更容易吸附在辉铜矿和斑铜矿表面，而较难吸附在铜蓝和斑岩型黄铜矿表面。与矿物作用后的 Zeta 电位进一步证实了细菌在矿物表面吸附的选择性。

7.5　细菌对不同类型硫化铜矿吸附作用力性质研究

本节通过测定硫化铜矿和细菌的接触角和 Zeta 电位，借助表面热力学方法和扩展 DLVO 理论分析生物浸出体系中界面自由能的变化，绘制细菌与硫化铜矿表面吸附的势能曲线，揭示细菌在矿物表面的物理吸附规律；通过费米能级研究细菌的化学吸附差异。进一步诠释细菌吸附作用力性质对其选择性吸附的影响和与硫化铜矿浸出速率之间的关系。

7.5.1　浸出体系的表面热力学

根据各硫化铜矿、水溶液（将介质溶液近似看作水溶液）和菌 *At. f*$_6$的初始表面能参数，结合公式（7-54）~式（7-56）计算细菌在各硫化铜矿表面吸附时的界面相互作用自由能 ΔG_{adh}^{TOT}，包括 Lifshitz-van der Waals（LW）相互作用自由能 ΔG_{adh}^{LW} 以及 Lewis acid-base（AB）相互作用自由能 ΔG_{adh}^{AB} 两项，计算结果见表 7-5。

$$\Delta G_{abh}^{TOT} = \Delta G_{adh}^{LW} + \Delta G_{adh}^{AB} \tag{7-54}$$

$$\Delta G_{adh}^{LW} = -2\left(\sqrt{\gamma_{bv}^{LW}} - \sqrt{\gamma_{lv}^{LW}}\right)\left(\sqrt{\gamma_{mv}^{LW}} - \sqrt{\gamma_{lv}^{LW}}\right) \tag{7-55}$$

$$\Delta G_{adh}^{AB} = 2\left(\sqrt{\gamma_{bv}^{+}} - \sqrt{\gamma_{mv}^{+}}\right)\left(\sqrt{\gamma_{bv}^{-}} - \sqrt{\gamma_{mv}^{-}}\right) - 2\left(\sqrt{\gamma_{bv}^{+}} - \sqrt{\gamma_{lv}^{+}}\right)\left(\sqrt{\gamma_{bv}^{-}} - \sqrt{\gamma_{lv}^{-}}\right) - 2\left(\sqrt{\gamma_{mv}^{+}} - \sqrt{\gamma_{lv}^{+}}\right)\left(\sqrt{\gamma_{mv}^{-}} - \sqrt{\gamma_{lv}^{-}}\right) \tag{7-56}$$

式中，b 代表细菌；m 代表矿物；v 代表真空。

从表 7-5 可以看出，久辉铜矿和黄铁矿型黄铜矿的生物浸出体系的 ΔG_{adh}^{TOT} 为负，斑铜矿、铜蓝和斑岩型黄铜矿的 ΔG_{adh}^{TOT} 为正数，这样的结果很难解释细菌在这几种矿物表面都发生的吸附行为。但总体而言，单位面积细菌吸附量较大的久辉铜矿、斑铜矿和黄铁矿型黄铜矿的 ΔG_{adh}^{TOT} 较小。除斑岩型黄铜矿范德华相互作用为排斥力外，其余均为吸引力。与久辉铜矿和黄铁矿型黄铜矿相比，斑铜矿、铜蓝和斑岩型黄铜矿具有很强的酸碱排斥力，是由于斑铜矿和铜蓝的电子接受能力较弱，而斑岩型黄铜矿则是因为 γ^+/γ^-的比值较小。

表 7-5　硫化铜矿微生物浸出体系中界面相互作用自由能　（mJ · m^2）

浸出体系	ΔG_{adh}^{LW}	ΔG_{adh}^{AB}	ΔG_{adh}^{TOT}
久辉铜矿-*At. f*$_6$	-0. 53	-2. 03	-2. 56

续表 7-5

浸出体系	ΔG_{adh}^{LW}	ΔG_{adh}^{AB}	ΔG_{adh}^{TOT}
斑铜矿-$At.f_6$	-2.62	28.06	25.44
铜蓝-$At.f_6$	-1.47	35.3	33.83
黄铁矿型黄铜矿-$At.f_6$	-0.63	-2.29	-2.92
斑岩型黄铜矿-$At.f_6$	1.90	29.15	31.05

细菌和硫化铜矿表面之间存在着双电层结构，当两者发生吸附时，应该存在着静电相互作用。而热力学方法未考虑到静电作用，这可能是热力学不能成功解释细菌在矿物表面吸附的原因，也许采用 EDLVO 理论会比较适宜。

7.5.2　EDLVO 理论研究

由 7.4.5 节 Zeta 电位研究结果可知，离子强度 $I=0.001$mol/L 时，硫化铜矿和细菌在不同 pH 值条件下所对应的 Zeta 电位值见表 7-6。

表 7-6　硫化铜矿和细菌表面的 Zeta 电位值　(mV)

pH 值	2	6	10
久辉铜矿	-20.49	23.32	-47.94
斑铜矿	-18	13.67	-46.51
铜蓝	-24.77	-4.95	10.3
黄铁矿型黄铜矿	19.8	0.56	-48.73
斑岩型黄铜矿	10.22	8.1	-39.5
$At.f_6$	1.78	-15.47	-20.25

由表 7-6 可知，久辉铜矿和斑铜矿在强酸性和强碱性环境中表面 Zeta 电位为负；铜蓝在酸性环境中动电位为负而在碱性条件下变正；黄铁矿型和斑岩型黄铜矿与铜蓝相反，酸性条件下动电位为正，碱性环境为负；菌 $At.f_6$ 在强酸环境中动电位为正。

7.5.2.1　菌 $At.f_6$ 间的 EDLVO 势能曲线

根据表 7-5 和表 7-6 中的数据，结合势能计算公式绘制不同 pH 值下细菌 $At.f_6$ 之间的势能曲线，如图 7-40 所示。其中 $At.f_6$-$At.f_6$ 之间的 ΔG_{adh}^{LW} 为 -0.92mJ · m^2，ΔG_{adh}^{AB} 为 36.41 mJ · m^2，ΔG_{adh}^{TOT} 为 35.49mJ · m^2。

由图 7-40 可以看出，在菌 $At.f_6$ 之间，无论是范德华力、酸碱作用力，还是静电作用力都随着作用距离的增大而减小。pH = 2 时，细菌之间的静电（EL）作用较弱，酸碱（AB）作用表现为排斥力，作用距离 $H<4$nm 时，随着作用距离

H 的减小，迅速增大，范德华力（LW）表现出非常强的吸引力，总作用力表现为排斥力；H>4nm 时，总作用力表现为吸引力，所以 pH = 2 时，在一定的 H 范围内，*A. ferrooxidans* 菌 $At.f_6$ 之间呈聚集状态，但细胞之间的作用力较弱。

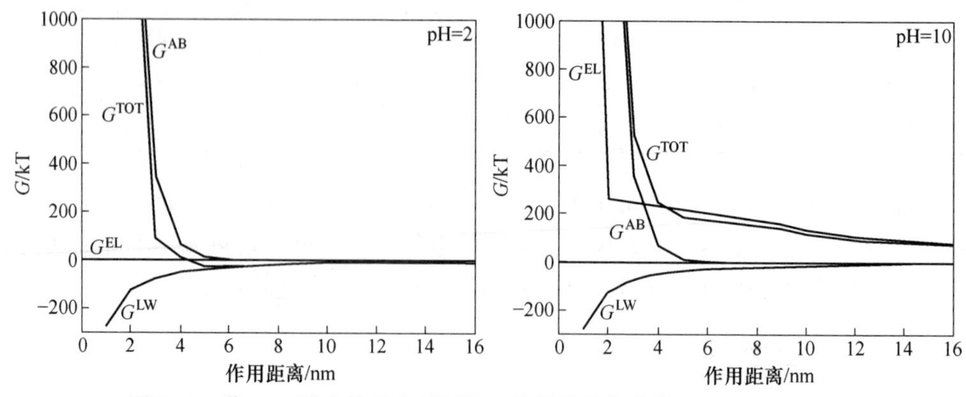

图 7-40　菌 $At.f_6$ 浸出体系中界面相互作用的势能曲线（I = 0.001mol/L）

当 pH = 10 时，菌 $At.f_6$ 之间的静电（EL）作用和酸碱（AB）作用均表现为排斥力，两者排斥力之总和大于呈吸引力的范德华力（LW），从而细菌之间的总作用力表现为排斥力。因此，当 pH = 10 时，嗜酸性氧化亚铁硫杆菌主要分散在介质溶液中，而不容易聚集在一起，这可能是由于在碱性环境中细菌细胞容易受到损伤有关。

7.5.2.2　久辉铜矿–$At.f_6$ 的 EDLVO 势能曲线

图 7-41 为不同 pH 值下久辉铜矿与菌 $At.f_6$ 相互作用的势能曲线。由图可知，当 pH = 2 时，久辉铜矿和菌 $At.f_6$ 之间的酸碱（AB）相互作用表现为吸引力，酸碱作用为短程力，表现为水化相互作用排斥力或疏水相互作用吸引力，作用距离 H<4nm 时才发生作用，随着作用距离 H 的减小，作用力迅速增大。

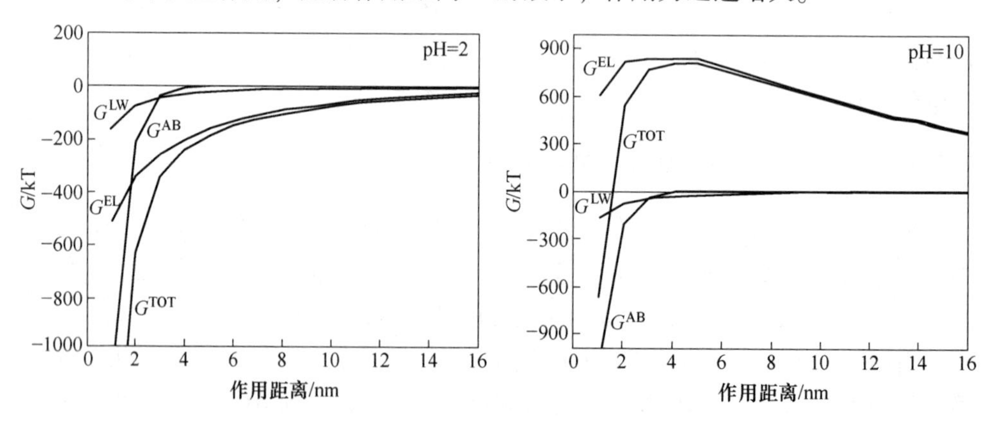

图 7-41　久辉铜矿和菌 $At.f_6$ 界面相互作用的势能曲线（I = 0.001mol/L）

细菌 $At.f_6$ 与硫化铜矿表面的静电作用取决于两者表面电荷的符号与大小，若电荷符号相反则有静电吸引，相同则产生排斥。由于菌 $At.f_6$ 与久辉铜矿分别带有异号电荷而致使静电（EL）作用表现为吸引力。范德华（LW）作用也为吸引力，从而使久辉铜矿与菌 $At.f_6$ 之间的总作用力表现为吸引力，所以在酸性环境中，菌 $At.f_6$ 很容易吸附在久辉铜矿的表面。

当 pH=10 时，由于菌 $At.f_6$ 与久辉铜矿都带负电荷，使静电（EL）作用表现出极强的排斥力，在 $H<2$nm 时，静电排斥力略有降低，由于久辉铜矿颗粒表面电荷比菌 $At.f_6$ 表面荷电量大得多，在矿物表面会形成较强的电场，使细菌表面电荷重新分布，靠近矿物表面端正电荷增加，远离端负电荷增大，矿物和细菌的静电吸引力削弱了相互之间的排斥力。范德华相互作用和酸碱相互作用均表现吸引力，当 $H<1.5$nm 时，总作用力为吸引力，当 $H>1.5$nm 时，总作用力为排斥力，总作用力曲线存在极大值 G_{max}，所以，在碱性环境中，只有当细菌热运动能大于 G_{max} 才有可能越过此能垒，距离才能进一步缩小，发生吸附，若运动能小于 G_{max}，细菌无力越过能垒而重新分开。因此，在碱性环境中，菌 $At.f_6$ 较难吸附在久辉铜矿表面。

7.5.2.3　斑铜矿-$At.f_6$ 的 EDLVO 势能曲线

图 7-42 为不同 pH 值下斑铜矿与菌 $At.f_6$ 相互作用的势能曲线。从图可以看出，当 pH=2 时，范德华（LW）作用为较强的吸引力。由于斑铜矿和菌 $At.f_6$ 带有电性相反的电荷，静电（EL）作用也表现为吸引力。当 $H<6$nm 时，酸碱（AB）作用力表现为排斥力，随作用距离 H 的减小迅速增大。总作用力随着作用距离的增大，先降低然后缓慢增大，当 $H<3$nm 时，总作用力为排斥力，当 $H>3$nm 时，为吸引力。所以在酸性环境中，菌 $At.f_6$ 能吸附在斑铜矿表面，但没有辉铜矿表面牢固。

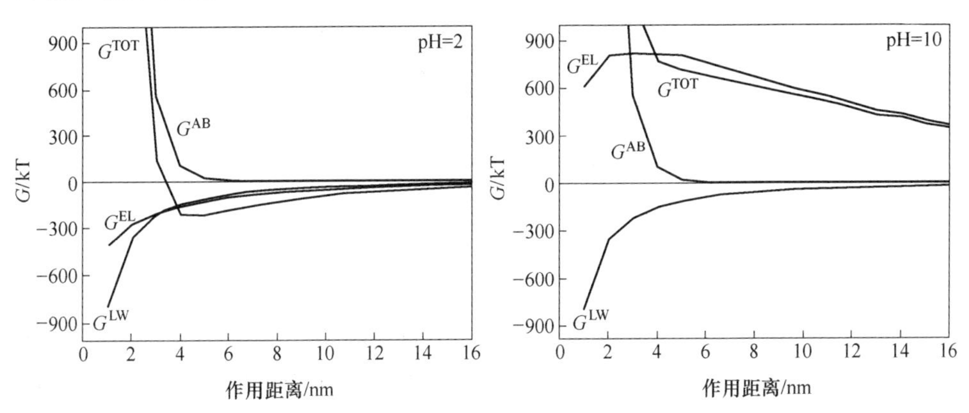

图 7-42　斑铜矿和菌 $At.f_6$ 界面相互作用的势能曲线（I=0.001mol/L）

当 pH=10 时斑铜矿和菌 $At.f_6$ 表面带有同种电荷，两者间静电（EL）作用为排斥力，虽然范德华相互作用表现吸引力，但小于静电作用和酸碱相互作用之和，总作用力为排斥力，故在碱性环境中菌 $At.f_6$ 不能吸附在斑铜矿表面。

7.5.2.4　铜蓝-$At.f_6$ 的 EDLVO 势能曲线

在菌 $At.f_6$ 浸出体系中，不同 pH 值下铜蓝与细菌之间的势能曲线如图 7-43 所示。在 pH=2 和 pH=10 时，铜蓝和细菌之间的范德华相互作用力、酸碱相互作用力和静电相互作用力变化规律相似，范德华相互作用和静电相互作用均为吸引力，而酸碱相互作用力为排斥力。在酸性环境中 $H<3.5$nm 或碱性环境中 $H<3$nm 时，总作用力表现为排斥力，所以，无论是酸性还是碱性环境中菌 $At.f_6$ 都能吸附在铜蓝的表面，但吸附强度不高。

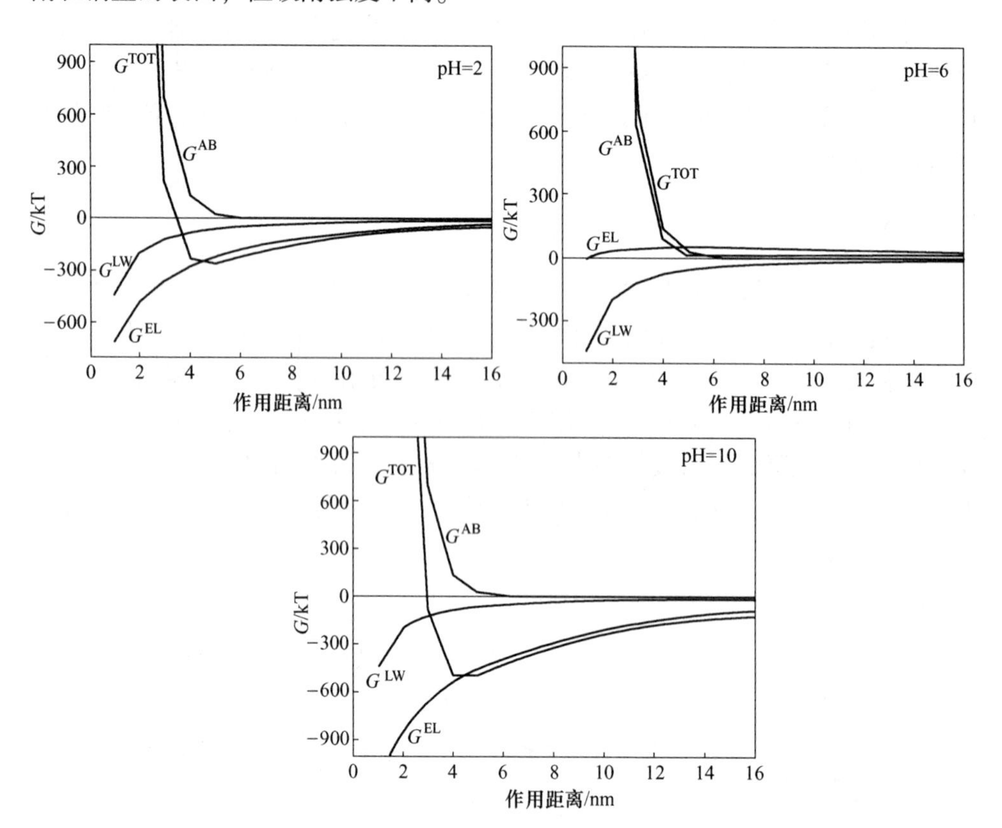

图 7-43　铜蓝和菌 $At.f_6$ 界面相互作用的势能曲线（I=0.001mol/L）

然而，在 pH=6 时，铜蓝和细菌表面带有同种电荷，静电相互作用表现为排斥力，总作用力表现为排斥力，所以，在 pH=6 附近的中性环境中细菌较难吸附在铜蓝表面。

7.5.2.5 黄铁矿型黄铜矿-$At.f_6$的 EDLVO 势能曲线

不同 pH 值下黄铁矿型黄铜矿与细菌之间的势能曲线如图 7-44 所示。从图可知，在 pH=2 时，黄铁矿型黄铜矿和细菌 $At.f_6$之间的范德华相互作用力、酸碱相互作用力和静电相互作用力都表现为吸引力，所以，在酸性环境中，细菌很容易吸附在黄铁矿型黄铜矿表面。

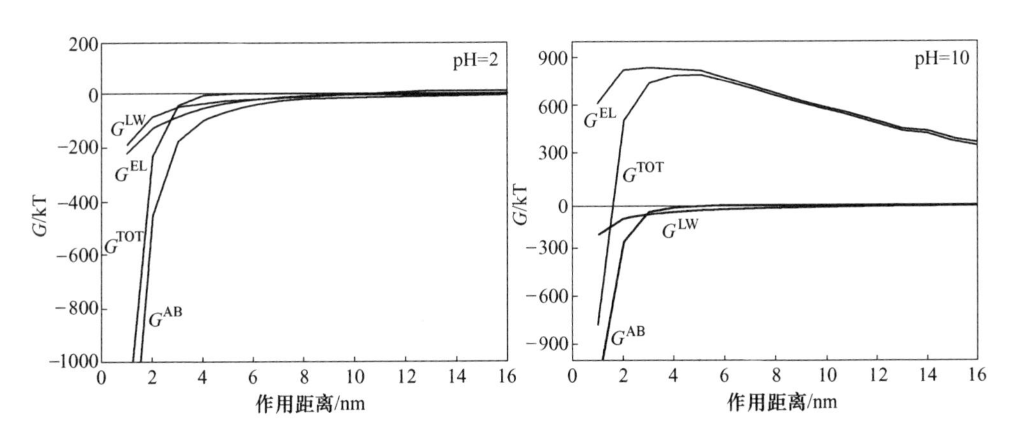

图 7-44 黄铁矿型黄铜矿和菌 $At.f_6$界面相互作用的势能曲线（I=0.001mol/L）

在 pH=10 时，范德华相互作用和酸碱相互作用为吸引力，由于黄铁矿型黄铜矿和菌 $At.f_6$表面都带大量的负电荷，静电作用力表现为较强的排斥力，在 H>1.5nm 时，总作用力显示为很强的排斥力，所以，在碱性环境中，细菌较难吸附在黄铁矿型黄铜矿表面。

7.5.2.6 斑岩型黄铜矿-$At.f_6$的 EDLVO 势能曲线

图 7-45 为在不同 pH 值下斑岩型黄铜矿和菌 $At.f_6$界面相互作用势能曲线。在 pH=2 和 pH=10 时，斑岩型黄铜矿和菌 $At.f_6$之间总的势能曲线都是排斥力，但在碱性条件下，矿物和细菌之间的总排斥力更强，主要是因为在碱性条件下范德华相互作用、酸碱相互作用和静电相互作用均为排斥力，三种作用力相互叠加使得总作用力表现为极强的排斥力。在酸性环境中，当 H<4nm 时，细菌和矿物之间的静电相互作用力表现为较弱的吸引力，这不足以改变总作用力性质。因此，在较强酸和较强碱的环境中细菌都不容易吸附在斑岩型黄铜矿表面。

然而，在 pH=6 时，斑岩型黄铜矿和细菌表面带有相反符号的电荷，静电相互作用表现为较强的吸引力，范德华相互作用和酸碱相互作用表现为排斥力，在 H>3.7nm 时，总相互作用力表现为吸引力，所以，在 pH=6 附近的中性环境中，菌 $At.f_6$能够吸附在矿物的表面，但吸附的强度较弱。

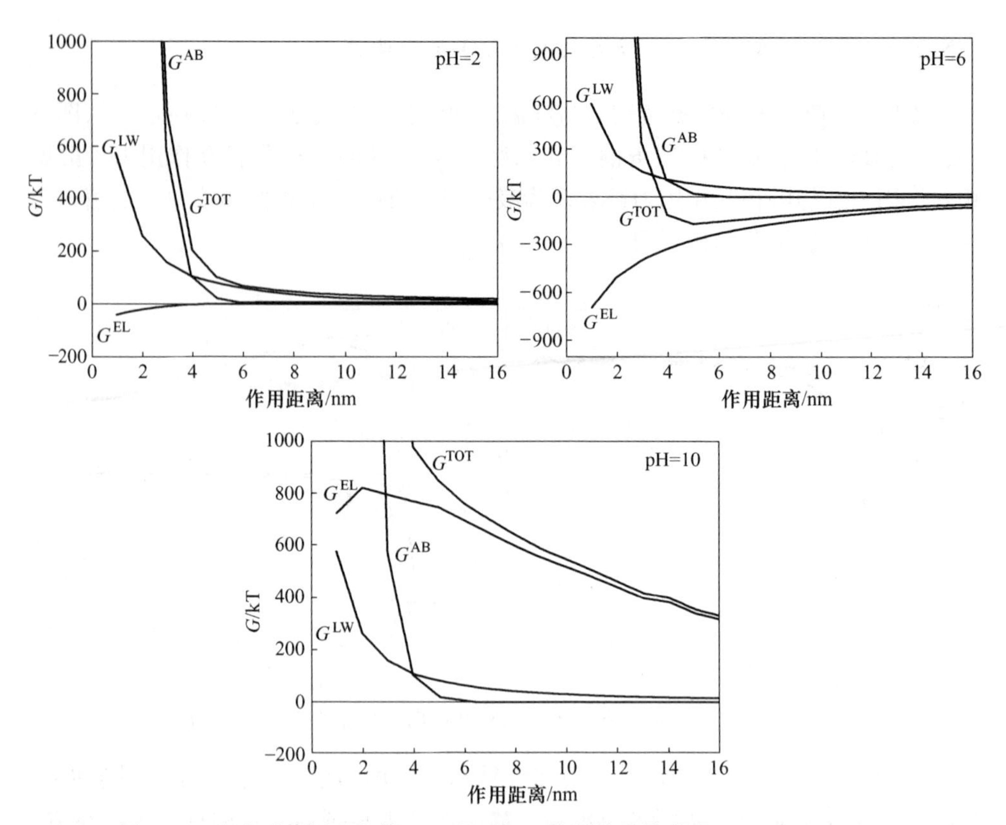

图 7-45　斑岩型黄铜矿和菌 $At.f_6$ 界面相互作用的势能曲线（I=0.001mol/L）

7.5.3　费米能级研究

据半导体–溶液界面模型[22]，半导体的费米能级和参比能级的能量差为 qV:

$$E_F = E_{ref} - qV \tag{7-57}$$

式中，E_F为半导体的费米能级；E_{ref}为参比电极的费米能级；q 为电荷数；V 为电位差。由于氢电极的费米能级为 0，如果以氢参比电极进行测量，测得的半导体电极的静电位即可以计算半导体的费米能级。与细菌作用前后矿物表面费米能级的变化：

$$\Delta E_F = E_{F2} - E_{F1} \tag{7-58}$$

式中，E_{F2}为接种菌的体系中矿物表面的费米能级；E_{F1}为去离子水中矿物表面的费米能级。

以 Ag/AgCl 电极（其相对于氢标的电位值为 0.222V）为参比电极，自制矿物电极作为指示电极，分别测量了各硫化铜矿的静电位，在不同条件下，细菌与矿物作用前后表面费米能级的变化结果如表 7-7 所示。

表 7-7 与细菌作用前后硫化铜矿的费米能级计算结果 (eV)

矿 物	去离子水	无铁 4.5K+$At.f_6$		4.5K+$At.f_6$	
	E_{F1}	E_{F2}	ΔE_{F2}	E_{F3}	ΔE_{F3}
久辉铜矿	-0.327	-0.467	-0.14	-0.465	-0.138
斑铜矿	-0.453	-0.500	-0.047	-0.504	-0.051
铜蓝	-0.541	-0.566	-0.025	-0.547	-0.006
黄铁矿型黄铜矿	-0.522	-0.532	-0.010	-0.516	0.006
斑岩型黄铜矿	-0.573	-0.577	-0.004	-0.557	0.016

由表 7-7 可知，在无铁 4.5K+$At.f_6$体系中，与细菌作用后矿物表面费米能级都降低，主要是因为体系中缺乏 Fe^{2+}，细菌为了获取能源物质而吸附在矿物表面。在 4.5K+$At.f_6$系统中，久辉铜矿、斑铜矿和铜蓝表面费米能级降低，黄铁矿型和斑岩型黄铜矿费米能级升高，表明该条件下细菌在黄铁矿型和斑岩型黄铜矿表面的化学吸附减弱，是因为受到体系中能源物质的影响。与细菌 $At.f_6$作用后，硫化铜矿表面费米能级的变化量 ΔE_{F2}和 ΔE_{F3}顺序：久辉铜矿>斑铜矿>铜蓝>黄铁矿型黄铜矿>斑岩型黄铜矿，并没有因向浸出体系补加亚铁离子而改变，表明细菌在矿物表面化学吸附的相对强弱主要取决于矿物的性质，而外界环境的变化却能影响细菌与矿物化学吸附作用的绝对强度。

硫化铜矿表面细菌吸附密度与最佳浸出条件下的浸出规律一致。细菌在硫化铜矿表面的选择性吸附由起主导作用的吸附作用力性质决定。吸附密度最大的久辉铜矿，无论是物理吸附还是化学吸附，其作用力都很强，物理吸附总作用力在酸性环境中表现为极强的吸引力，化学吸附引起的费米能级变化量最大为-0.14eV和-0.138eV；而斑铜矿物理吸附较弱，低于黄铁矿型黄铜矿，化学吸附较之强，与细菌作用后费米能级变化为-0.047eV 和-0.051eV，仅次于久辉铜矿，可见细菌在斑铜矿表面的吸附化学作用占据主导地位；黄铁矿型黄铜矿物理吸附表现为很强的吸引力，强于铜蓝，然而其化学吸附作用力弱于铜蓝，费米能级变化量比铜蓝小 0.015eV 和 0.012eV，表明黄铁矿型黄铜矿表面细菌的吸附以物理吸附为主，而铜蓝以化学吸附为主，由于黄铁矿型黄铜矿物理吸附总作用力的优势大于铜蓝的化学吸附优势，故黄铁矿型黄铜矿表面细菌吸附密度大于铜蓝；斑岩型黄铜矿物理吸附总作用力和化学吸附作用均比较弱，所以菌 $At.f_6$在其表面的吸附密度低，且吸附强度弱。

可以通过改变表面电性、pH 值和溶液中铁离子浓度等方式调节细菌在矿物表面吸附作用力性质，改变细菌化学吸附或物理吸附的强度，从而调整矿物表面细菌的有效吸附量，进而实现在一定的范围内改变矿物的浸出效果。

7.6　不同类型硫化铜矿矿物表面演变研究

矿物微生物浸出过程是逐步进行的，对演变过程的研究是解决浸出过程是如何完成的问题，对于理解硫化铜矿的生物浸出规律有很大帮助。通常认为钝化层的抑制作用是导致矿物浸出率低和浸出速率慢的原因之一。在硫化铜矿的微生物浸出中，研究者提出了有黄钾铁矾层、硫层、中间硫化产物层（多硫化物）和氢氧化铁层等几种可能阻碍层，以前三种观点最为普遍。

利用 XPS 研究硫化铜矿浸出过程中间产物表面的原子价态及其化学式，对最终浸渣进行 XRD、SEM 和 XPS 检测，分析浸渣的物质组成、表面形貌特征，以及浸渣表面原子特征。通过研究中间产物和钝化层形成的过程，比较钝化层组成及其对硫化铜矿浸出的抑制能力，分析中间产物和钝化层对硫化铜浸出规律的影响。

7.6.1　不同类型硫化铜矿 XPS 分析

为了研究硫化铜矿微生物浸出的中间反应过程，在硫化铜矿浸出率为最大值的 50%时，取浸渣经处理后进行 XPS 分析，从浸出的演变过程了解各硫化铜矿微生物浸出的规律。

7.6.1.1　久辉铜矿 XPS 分析

久辉铜矿原矿和菌浸矿物表面铜和硫的 X 射线光电子能谱分析结果如图 7-46 所示。原矿主要含有久辉铜矿（$Cu_{31}S_{16}$）和少量辉铜矿（Cu_2S），如果以辉铜矿的结构式 $Cu(\mathrm{I})_2S$ 为准，久辉铜矿可以写成 $Cu(\mathrm{I})_{30}Cu(\mathrm{II})S_{16}$，那么在样品 Cu_{2p}谱图中应该有双峰，但由图 7-46 中细菌浸出前后久辉铜矿表面 Cu_{2p}的谱图可知，Cu_{2p}只在 932.6eV 出现单峰，与久辉铜矿（Cu_2S）中 Cu(Ⅰ) 结合能 932.7eV 相比略低，可能是由于受到晶格中少量 Cu(Ⅱ) 的影响。菌浸矿物表面铜的结合能变为 932.2eV，主要是因为有 CuS 生成。

由图 7-46 中 S_{2p}谱图可知，原矿中 S^{2-}峰明显，位于 161.8eV 处，经过细菌氧化后，矿物表面硫峰降低，在 161.8～163.7eV 之间出现宽峰，与矿物表面生成了多种价态的硫有关，由于磺胺铁矾沉淀的生成，在 168.66eV 附近出现的强峰为 S^{6+}的特征峰，163.7eV 处峰较弱，为 S^0特征峰，S^{2-}峰位没有变。

表 7-8 为久辉铜矿浸出前后表面元素相对百分含量，可以看出，矿物表面铜的溶解速度较快，菌浸矿物表面铜的相对百分含量从 43.01%降低到 20.79%，硫的含量增加，主要有 S^{6+}、S^0 和 S^{2-}，SO_4^{2-} 中 S^{6+} 含量为 36.12%，单质硫为 21.81%，S^{2-}为 21.28%，则浸渣表面 Cu∶S≈1∶1，可能的中间产物为 CuS。

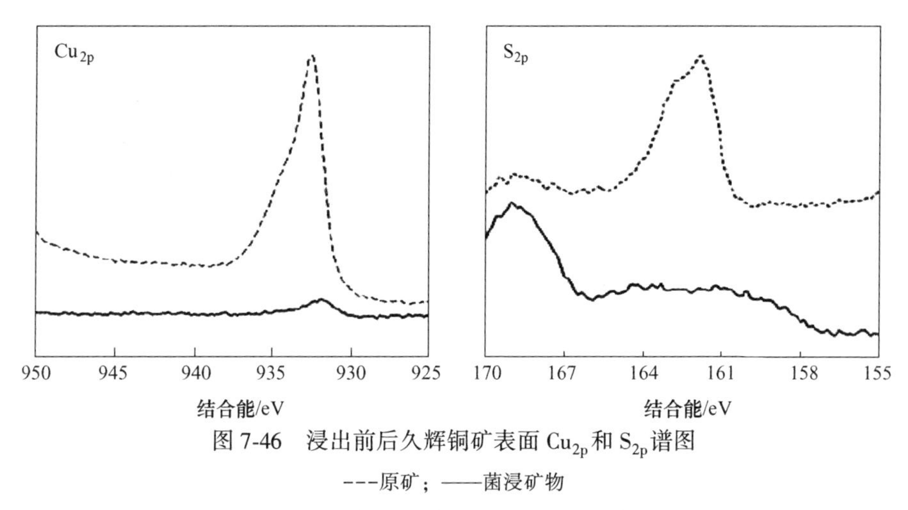

图 7-46 浸出前后久辉铜矿表面 Cu_{2p} 和 S_{2p} 谱图

---原矿；——菌浸矿物

表 7-8 久辉铜矿表面元素相对百分含量 (%)

名称	Cu①	S^{6+}	S^0	S^{2-}
原矿	43.01			56.99
菌浸矿物	20.79	36.12	21.81	21.28

①表示矿物表面元素总量。

7.6.1.2 斑铜矿 XPS 分析

细菌浸出前后斑铜矿表面铜、铁和硫的 X 射线光电子能谱如图 7-47 所示。

关于斑铜矿（Cu_5FeS_4）中铜和铁的价态长期以来存在两种不同的观点：一是 Todd 等[23]认为，斑铜矿中铜有一个 Cu(Ⅱ) 和四个 Cu(Ⅰ)，铁离子为+2 价，其离子式为 Cu(Ⅱ)Cu(Ⅰ)$_4$Fe(Ⅱ)S_4，即 2(Cu_2S) · CuS · FeS；二是 Goh 等[24]没有发现 Cu(Ⅱ) 的证据，认为斑铜矿的离子式为 Cu(Ⅰ)$_5$Fe(Ⅱ)S_4。从图 7-47 可知，菌浸斑铜矿表面铜峰强降低，结合能向高处漂移，原矿 Cu_{2p} 谱图没有出现双峰，而是在 932.5eV 处出现 Cu(Ⅰ) 的特征吸收峰，也未发现 Cu(Ⅱ) 吸收峰，细菌浸出后铜的结合能增至 932.7eV，与辉铜矿中 Cu(Ⅰ) 的结合能相符，这可能是由于矿物表面铜、铁迁移速度不一样，在斑铜矿表面形成了不同于体相的金属缺陷型硫化物层。

由图 7-47 中 Fe_{2p} 谱图可知，菌浸斑铜矿表面铁峰强降低，结合能向高处漂移，原矿 Fe_{2p} 谱图铁峰不是尖锐的单峰，而是在 708~709.2eV 之间秃峰，Goh 等[24]研究了斑铜矿新鲜表面总电子产额（TEY）和荧光产额（the fluorescence yield，FLY）光谱中 Fe L_3-边吸收峰，发现 Fe_{2p} 峰被分离为 708.1eV 和 709.5eV 两个峰，且认为较强的 709.5eV 峰是斑铜矿中铁的本征峰，双峰的出现是由于 Fe 的核外电子排布不一样，核外电子排布为 Fe $3d^7 4s^1$ 时，峰位在 708eV 处，最

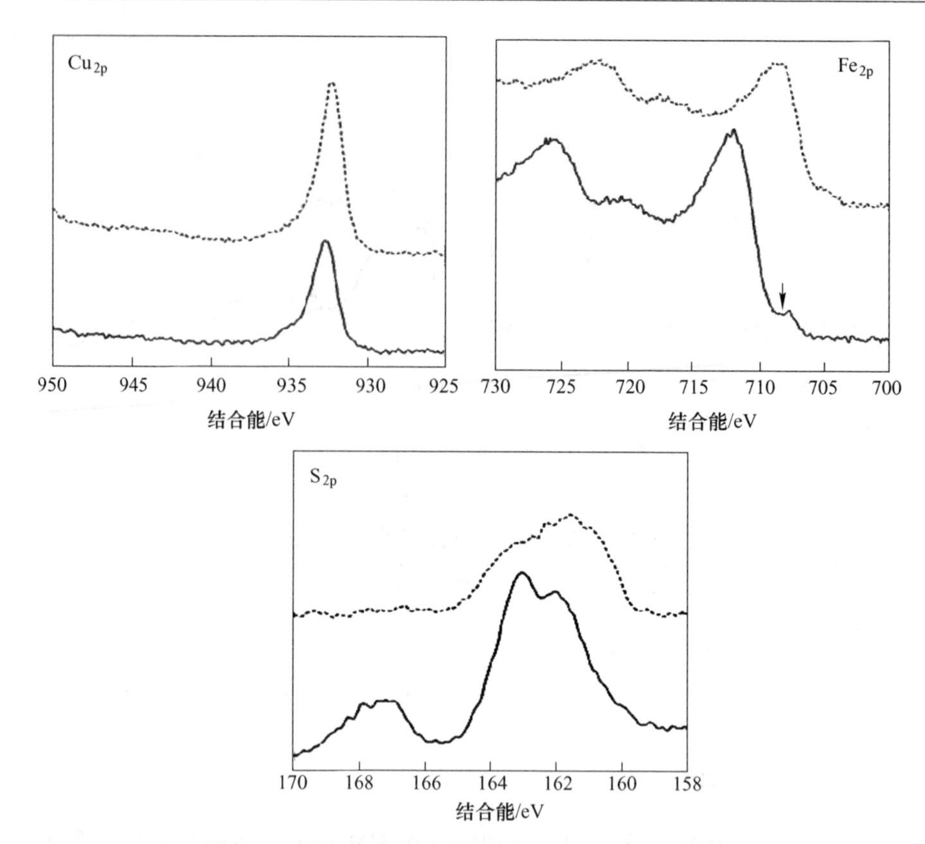

图 7-47　浸出前后斑铜矿表面 Cu_{2p}、Fe_{2p} 和 S_{2p} 谱图

----原矿；——菌浸矿物

外层电子排布为 Fe $3d^6 4s^2$ 时，铁峰在 709.5eV 处，据此 708～709.2eV 之间秃峰应该就是斑铜矿中 Fe_{2p} 特征峰，由于铁的氧化溶解，在菌浸矿物表面 708～709.2eV 之间铁峰降低，在 711.8eV 出现 Fe(Ⅲ) 强峰，是由于溶液中 Fe(Ⅲ) 生成黄钾铁矾沉淀在矿物表面。

从浸出前后斑铜矿表面 S_{2p} 谱图可以看出，细菌浸出后的矿物表面出现了多个硫峰，各峰的强度差异较大。原矿表面 S^{2-} 峰位在 161.6eV 处，与细菌作用后，在 161.8eV 和 163.0eV 处出现双峰，161.8eV 的峰为斑铜矿中 S^{2-}，163.0eV 处的峰为 $[Cu(Ⅰ)_3(S_4)_3]^{3-}$ 中 S_n^{2-}，铜和铁的溶解速度较快，矿物表面铜、铁和硫的比例发生变化，形成短链的 S_n^{2-}。由于黄钾铁矾生成，所以在 168eV 附近检测到了 SO_4^{2-} 中 S^{6+} 的峰。

从表 7-9 可知，菌浸矿物表面铜的含量降低至 11.86%，铁以 Fe^{3+} 为主，占 7.56%，Fe^{2+} 含量降低为 3.92%，矿物表面出现大量的硫化物，主要是-2 价的硫和 S_n^{2-}，两者的含量相差不多，共占 59.12%，S^{6+} 相对含量为 18.04%。除去黄钾铁矾中+6价的硫，则菌浸矿物表面 Cu∶Fe∶S≈3∶1∶7，中间产物为 Cu_3FeS_7。

表 7-9 斑铜矿表面元素相对百分含量 （%）

名称	Cu①	Fe^{3+}	Fe^{2+}	S^{6+}	S_n^{2-}	S^{2-}
原矿	34.63		20.42			44.94
菌浸矿物	11.86	7.56	3.92	18.04	30.43	28.19

①表示矿物表面元素总量。

7.6.1.3 铜蓝 XPS 分析

通常认为铜蓝（CuS）含有 Cu(Ⅰ) 和 Cu(Ⅱ)，分子式为 $Cu_2S \cdot CuS_2$，Todd 等[25]研究新鲜铜蓝表面 Cu $L_{2,3}$-边的总电子产额（the toatal electron yield，TEY）时，发现主要的 TEY 吸收峰在 932.2eV，但在 931eV 有明显的肩峰，其与 Cu(Ⅱ)-氧化物有关，932.2eV 峰位为 Cu(Ⅱ)-S，934.7eV 峰是由于硫化物晶格中 Cu(Ⅰ)，由此认为铜蓝中存在 Cu(Ⅰ) 和 Cu(Ⅱ)。

细菌浸出前后铜蓝表面铜和硫 XPS 分析结果如图 7-48 所示。由图可知，细菌浸出后，铜峰位没有漂移，Cu(Ⅱ) 和 Cu(Ⅰ) 的相对强度改变，由于Cu(Ⅱ)的溶解，Cu(Ⅱ)（932.2eV）峰强降低，Cu(Ⅰ)（934.6eV）由于被氧化，峰漂移到 934.1eV，峰强增大，相对含量升高。

根据前面的分析，铜蓝分子中应该存在两种价态的硫，即 S^{2-}和 S_2^{2-}。但在原矿中没有出现明显的双峰（图 7-48），而是在 160.9~161.8eV 之间出现宽峰，应该是由于存在 CuS_2 中 S_2^{2-}(160.9eV) 和 Cu_2S 中 S^{2-}(161.71eV)[24]所致，菌浸铜蓝表面硫峰向高结合能方向漂移，在 162.7~163.0eV 之间出现秃峰，是由于矿物表面铜离子迁移速率比硫快，形成了 $[Cu(Ⅰ)_3(S_4)_3]^{3-}$，S_n^{2-} 中 n 值大小不同而形成。

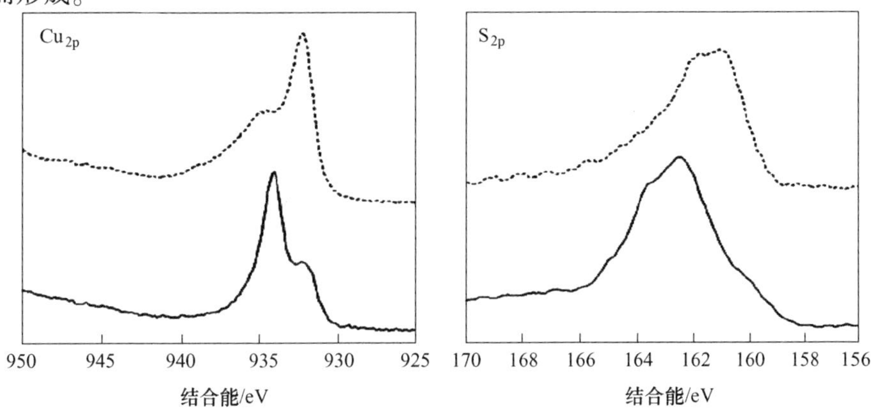

图 7-48 浸出前后铜蓝表面 Cu_{2p}和 S_{2p}谱图

┄原矿；——菌浸矿物

从表 7-10 可以看出，铜和硫的比例发生了较大的变化，铜的相对含量从 32.15%降低到 27.59%，Cu^{+}相对含量从 13.49%上升至 16.63%，Cu^{2+}降低到 10.96%，菌浸矿物表面硫的存在形式发生了改变，含量为 72.42%。菌浸矿物表面 Cu：S≈5：13，可能中间产物为 Cu_5S_{13}。

表 7-10　铜蓝表面元素相对百分含量　(%)

名称	Cu^{+}	Cu^{2+}	S_n^{2-}	S_2^{2-}	S^{2-}
原矿	13.49	18.66	—	33.97	33.83
菌浸矿物	16.63	10.96	36.21	36.21	—

7.6.1.4　黄铁矿型黄铜矿 XPS 分析

细菌浸出前后黄铁矿型黄铜矿表面铜、铁和硫 XPS 分析结果如图 7-49 所示。

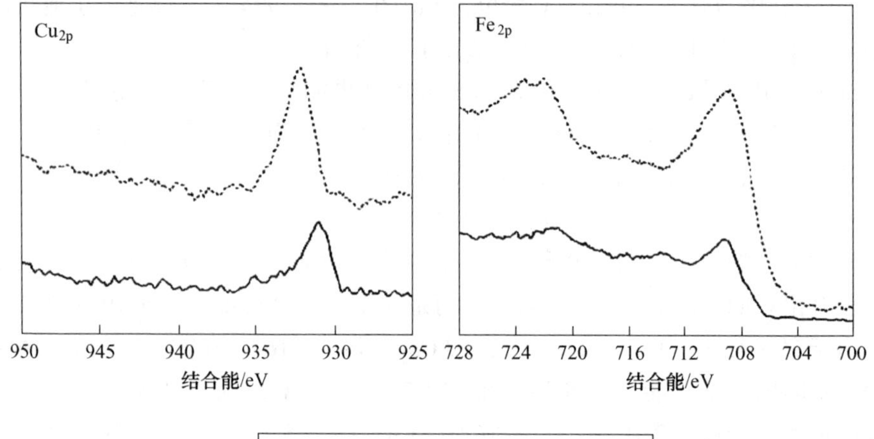

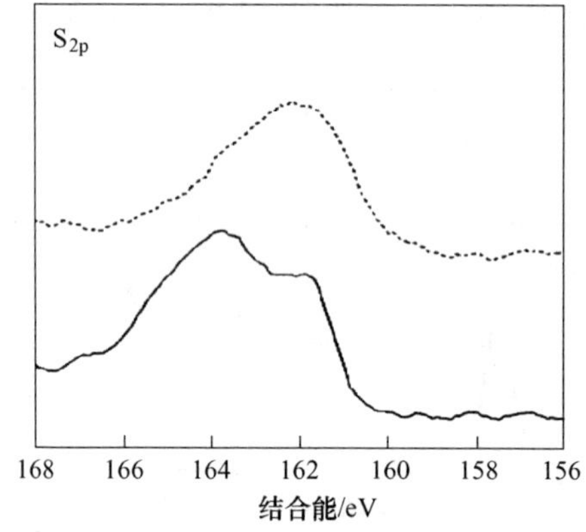

图 7-49　浸出前后黄铁矿型黄铜矿表面 Cu_{2p}、Fe_{2p}和 S_{2p}谱图

┈┈原矿；——菌浸矿物

通常认为黄铜矿中 Cu 为+1 价，结构式为 $Cu^{+}Fe^{3+}S_2$，然而，黄铁矿型黄铜

矿原矿表面 Cu 的强峰在 932.4eV 处（见图 7-49），表示 3d 轨道没有完全充满，处于激发态，与纯的 Cu(Ⅰ) 不匹配，Todd 等[25]通过黄铜矿、铜蓝和辉铜矿表面铜结合能的比较，认为黄铜矿中铜离子应为+2 价，结构式为 $Cu^{2+}Fe^{2+}S_2$，Fe L-边光谱分析结果也证实了这一结构的正确性，黄铜矿中 Fe L-边光谱与四方硫铁矿（FeS）相同，四方硫铁矿中 Fe 为+2 价、硫为-2 价，铁和硫形成配位四面体。菌浸矿物表面 Cu_{2p}位于 930.9eV 处，没有找到与之对应的物质，推测可能有别的含 Cu(Ⅰ) 的物质存在。

由图 7-49 中 S_{2p}谱图可知，原矿表面硫峰在 162.7eV 附近，因为原矿中含有黄铜矿（162.7eV）和少量黄铁矿（162.7～130eV），与细菌作用后，硫被氧化为单质或多聚物，故在 162.7eV 处 S_{2p}峰降低，S^0(163.7eV) 峰增强。Fe(Ⅱ)(708.9eV)（图 7-49）经氧化产生的 Fe(Ⅲ) 进入溶液，所以，在菌浸矿物表面 Fe_{2p}峰没有漂移，只是峰强降低。

从表 7-11 可以看出，随着矿物被细菌氧化溶解，铜和铁的相对含量降低，铜从 23.85%降至 15.89%，菌浸矿物表面铁降为 14.06%，硫转化为单质硫和 SO_4^{2-}，而表面 S^{2-}占 32.66%，沉淀在矿物表面的单质硫占 37.39%，则菌浸矿物表面 Cu∶Fe∶S≈1∶1∶2，中间产物近似为 $CuFeS_2$。

表 7-11　黄铁矿型黄铜矿表面元素相对百分含量　（%）

元素	Cu①	Fe①	S^{2-}	S^0
原矿	23.85	16.47	59.68	
菌浸矿物	15.89	14.06	32.66	37.39

①表示矿物表面元素总量。

7.6.1.5　斑岩型黄铜矿 XPS 分析

浸出前后斑岩型黄铜矿表面铜、铁和硫原子相对百分含量见表 7-12，XPS 分析结果如图 7-50 所示。

表 7-12　斑岩型黄铜矿表面元素相对百分含量　（%）

元素	Cu①	Fe①	S^{2-}
原矿	25.33	17.75	56.69
菌浸矿物	26.12	15.16	58.72

①表示矿物表面元素总量。

从表 7-12 可以看出，菌浸矿物表面各元素相对含量发生变化，铁的溶解速度较快，含量从 17.75%降低至 15.16%，铜和硫的相对量增加，菌浸矿物表面 Cu∶Fe∶S≈5∶3∶11，中间产物为 $Cu_5Fe_3S_{11}$。

由图 7-50 可知，斑岩型黄铜矿表面含有 Cu(Ⅱ)（933.2eV），细菌浸出后，矿物表面形成 Cu(Ⅰ) $-S_n^{2-}$，铜结合能降低为 932. 3eV，这主要根据 Harmer[26] 人工合成［Cu(Ⅰ)$_3$(S$_4$)$_3$］$^{3-}$的 XPS 研究结果，该配合物中 $Cu_{2p3/2}$的结合能为 932. 3eV，包括 CuS_4和 Cu_3S_3等物质。

菌浸矿物表面铁的强度降低，结合能向高偏移，原矿表面 Fe(Ⅱ)（708. 8eV）被氧化成 Fe(Ⅲ)（711. 8eV），使 Fe(Ⅲ ）峰升高，Fe(Ⅱ ）峰强度降低。S_{2p}峰位没有改变（图 7-50），还是在 162. 7eV 附近，只是强度降低，这表明矿物表面硫的价态没有发生变化。

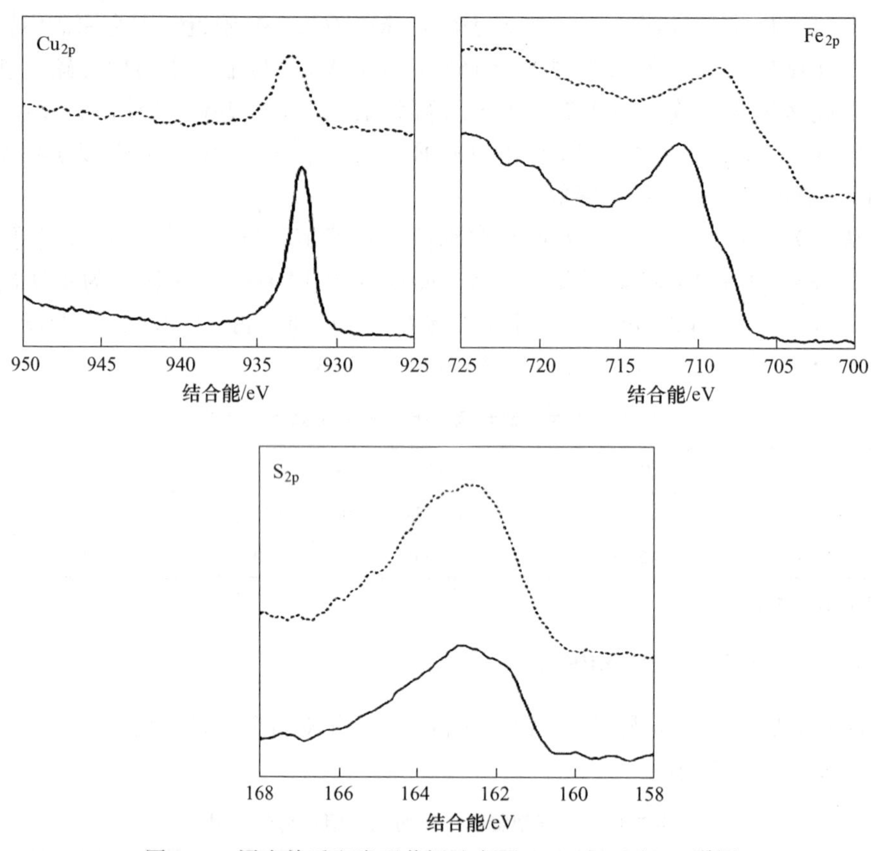

图 7-50　浸出前后斑岩型黄铜矿表面 Cu_{2p}、Fe_{2p}和 S_{2p}谱图

┈原矿；——菌浸矿物

7.6.2　中间产物对不同类型硫化铜矿的浸出影响

7. 6. 2. 1　单质 S^0的形成与硫化铜矿浸出关系分析

Kuenen 等[27]研究表明，Fe^{2+}氧化成 Fe^{3+}时，菌 *A. f* 的摩尔电子产出率为 0. 23g（干重），而 $S_4O_6^{2-}$氧化成 SO_4^{2-}时，则为 0. 92g（干重），就是说细菌要获

得相同的能量或生长量需要氧化更多的 Fe^{2+}。

在硫化铜矿微生物浸出过程中，XPS 研究结果表明，经细菌氧化后，久辉铜矿和黄铁矿型黄铜矿表面出现单质 S^0，其他矿物表面均未发现。表明在这几种矿物的微生物浸出体系中，能源物质 Fe^{2+}和硫供给能力不同。

久辉铜矿（$Cu_{31}S_{16}$）、铜蓝（CuS）、黄铜矿（$CuFeS_2$）和斑铜矿（Cu_5FeS_4）等属于溶于酸的金属硫化物，适用于聚硫化物途径：

$$2MS + 2Fe^{3+} + 2H^+ \longrightarrow 2M^{2+} + H_2S_n + 2Fe^{2+} (n \geqslant 2) \tag{7-59}$$

$$4H_2S_n + 8Fe^{3+} \longrightarrow S_8 + 8Fe^{2+} + 8H^+ \tag{7-60}$$

$$S_8 + 12O_2 + H_2O \xrightarrow{细菌} 8SO_4^{2-} + 2H^+ \tag{7-61}$$

由于在 H^+和 Fe^{3+}作用下，硫化铜矿溶解，生成 H_2S_2 或 S_8，两者进一步被氧化，经由 SO_3^{2-} 和 $S_2O_3^{2-}$ 最后生成 SO_4^{2-}。在硫化铜矿微生物浸出过程中，Fe^{3+} 从 MeS 晶格中夺取电子被还原为 Fe^{2+}，久辉铜矿和黄铁矿型黄铜矿容易被氧化浸出，产生大量的 Fe^{2+}和硫，Fe^{2+} 足以维持细菌的生长需要，铁离子的循环顺畅，单质硫的生成速率大于细菌对它的代谢速率，造成单质硫的积累，体系 pH 值上升较快；斑铜矿氧化溶解速率虽然很快，但铁含量仅为硫的 1/4，细菌氧化 Fe^{2+} 获得的能量较难满足需要，必须以硫为能源物质，所以浸出过程中 pH 值升高后迅速降低，浸渣中没有发现单质硫。铜蓝和斑岩型黄铜矿较难氧化溶解，产生能源物质难以满足需要，细菌直接以硫或硫化铜矿为能源物质，将低价态的硫氧化为 SO_4^{2-}，pH 值降低，过低 pH 值又会抑制细菌的活性，对浸出不利。

综上所述，单质硫的形成与硫化铜矿氧化溶解性和能源物质的供给能力关系密切，可能与细菌是能动的生命体有关，细菌浸出的本质是生命活动，是为了存活而获取能量的方式，是细菌的能动作用。

7.6.2.2 Fe^{2+}和硫的代谢对浸出的影响

关于细菌对 Fe^{2+} 的代谢机理研究认为细胞色素（cytochrome）在将电子由 Fe^{2+}传递至氧的过程中起着很重要的作用[28]。Fe^{2+} 的氧化可以分为以下两个半反应：

$$Fe^{2+} \longrightarrow Fe^{3+} + e^- \tag{7-62}$$

$$H^+ + 1/4O_2 + e^- \longrightarrow 1/2H_2O \tag{7-63}$$

这两个反应分别在细胞的两个位置进行，第一步是与细胞外膜或周质区相联系的，第二步与细胞内膜相联系。这样对阻止 Fe^{2+}进入细胞和将 Fe^{3+}及时送到膜外有重要的意义，总反应式为

$$Fe^{2+} + H^+ + 1/4O_2 \longrightarrow Fe^{3+} + 1/2H_2O \tag{7-64}$$

目前，通过对亚铁氧化系统中的多种功能组分的分离纯化和分子生物学的研究，认为亚铁被氧化后大部分的电子顺电势梯度传递给 O_2，少量电子逆电势梯度传递，产生具有还原力的 NAD(P)H 参与 CO_2 的固定和有氧代谢。张成桂[29]基于已有研究推演出了更为详细的亚铁氧化系统电子传递模式，电子顺电势梯度传递途径为：Fe^{2+}→Cyc2→Rus→Cyc1→Cytc 氧化酶→O_2 或 Fe^{2+}→Iro→Cytc→Rus→Cyc1→Cytc 氧化酶→O_2；电子逆电势梯度传递途径为：Fe^{2+}→Rus→CycA→Cyt bcl 复合体和 NADH-Q 还原酶。对于不同 *A.f* 菌株，电子载体可能不同，这反映了 *A.f* 与环境相适应的遗传多样性。

然而，硫的氧化机理和途径，由于诸多的困难，至今尚未搞清楚，相对铁氧化系统，硫氧化系统的研究更加复杂。张成桂[29]总结嗜酸硫氧化细菌对元素硫的氧化过程：胞外环状多聚硫 S_8 通过细胞外膜蛋白的巯基活化成线状 $R-S-S_nH$ 后，被转运到细胞周质区域，进而被硫加双氧酶氧化成 SO_3^{2-}，活化过程中同时生成少量 H_2S，胞外硫代硫酸盐通过未知途径进入细胞周质。细胞周质中的 SO_3^{2-} 主要经由亚硫酸-受体氧化还原酶氧化成 SO_4^{2-}，$S_2O_3^{2-}$ 可能经由硫代硫酸盐-辅酶 Q 氧化还原酶、硫代硫酸盐脱氢酶、硫代硫酸盐硫转移酶、连四硫酸盐水解酶等氧化为硫酸，少量 H_2S 则经由硫化物-辅酶 Q 氧化还原酶氧化为多聚硫，后者再经由 SO_3^{2-} 和 $S_2O_3^{2-}$ 氧化生成最后产物 SO_4^{2-}。

Fe^{2+} 和硫的氧化系统在电子传递途径和所用氧化还原酶不同，无论 Fe^{2+} 和硫的氧化系统是一套系统还是两套互不相干的系统，单个细菌对某种能源物质的最大代谢能力应该有一点的限度。在一定的范围内细菌的代谢能力取决于能源物质的供给能力，即硫化铜矿的氧化溶解速率，很难说细菌对能源物质的代谢能力单方面决定硫化铜矿的浸出规律。

7.6.2.3　中间产物对后续浸出的影响

在黄铜矿生物浸出过程中，虽然黄铁矿型和斑岩型黄铜矿产物不同，但结合能变化规律符合黄铜矿浸出两步溶解模型：第一步，在 Cu^{2+} 存在的情况下，黄铜矿被亚铁离子还原成 Cu_2S，第二步，Cu_2S 被氧或者 Fe^{3+} 氧化成 Cu^{2+} 和元素硫。其反应方程式如下：

$$CuFeS_2 + 3Cu^{2+} + 3Fe^{2+} \longrightarrow 2Cu_2S + 4Fe^{3+} \tag{7-65}$$

$$2xCu_2S + 8xH^+ + 2xO_2 \longrightarrow 4xCu^{2+} + 2xS^0 + 4xH_2O \tag{7-66}$$

或者

$$2(1-x)Cu_2S + 8(1-x)Fe^{3+} \longrightarrow 4(1-x)Cu^{2+} + 8(1-x)Fe^{2+} + 2(1-x)S^0 \tag{7-67}$$

式中，x 表示按化学反应式（7-65）生成 Cu_2S 被溶解氧氧化的摩尔比率，可以用式（7-68）所示模型解释。

$$CuFeS_2 \xrightarrow{\text{还原}} Cu_2S \xrightarrow{\text{氧化}} Cu^{2+} \tag{7-68}$$

张在海等[30]认为 $CuFeS_2$ 细菌氧化可能按如下顺序先后产生中间产物：$CuFeS_2 \rightarrow Cu_9Fe_9S_{16} \rightarrow CuFeS_{1-x} \rightarrow CuS_2 \rightarrow Cu_9S_5 \rightarrow Cu_2S \rightarrow CuS \rightarrow Cu_2O$（CuCl、$CuCl_2$、$Cu_2OCl_2$）$\rightarrow Cu_3SO_4(OH)_4 \rightarrow CuSO_4$。Scott 等[31]将辉铜矿制成电极，研究其细菌氧化过程，测定由 Cu_2S 到 CuS 的中间反应，它们反应顺序如下：$Cu_2S \rightarrow Cu_{1.97}S \rightarrow Cu_{1.8}S \rightarrow Cu_{1.6}S \rightarrow Cu_{1.4}S \rightarrow Cu_{1.12}S \rightarrow CuS$。这些中间反应极快完成，如 Cu_2S 到 $Cu_{1.8}S$ 仅用了 3.5min 就完全转化。因此，其中 $CuFeS_2 \rightarrow Cu_2S$ 是细菌浸出黄铜矿的关键，该阶段铜铁比例为 1∶1，铜、铁的溶解速率相同。而斑岩黄铜矿表面铜、铁离子浸出速率有差异，铁离子迁移速度比铜离子快，则说明其浸出并没有完全按照上述模型进行。黄铜矿的细菌浸出过程中主要化学反应：

$$CuFeS_2 \longrightarrow Cu_{1-x}Fe_{1-y}S_{1-z} + xCu^{2+} + yFe^{3+} + zS^0 + 2(x-y)e^- \tag{7-69}$$

$$Cu_{1-x}Fe_{1-y}S_{2-z} \longrightarrow (2-z)CuS + (1-y)Cu^{2+} + 2(1-y)e^- \tag{7-70}$$

经微生物氧化后的黄铁矿型黄铜矿表面铜、铁和硫的比例关系式为 $CuFeS_2$，铜、铁迁移速率接近 $x \approx y$，斑岩型黄铜矿中铁离子迁移速率更快 $y>x$，$CuFeS_2 \rightarrow Cu_5Fe_3S_{11}$。

久辉铜矿生物浸出过程中，铜溶解速率较快，菌浸矿物表面铜、硫比为 1∶1.02，生成 $CuS_{1.02}$，近似为 CuS，即 $Cu_{31}S_{16} \rightarrow CuS$，其反应通式为

$$Cu_{2-x}S + 2yFe^{3+} \longrightarrow Cu_{2-x-y}S + yCu^{2+} + 2yFe^{2+} \tag{7-71}$$

久辉铜矿生物浸出过程的中间产物 CuS 并非铜蓝矿物。

斑铜矿的中间产物为 Cu_3FeS_7，可以写为 $Cu_2S \cdot CuS_5 \cdot FeS_2$，比 Cu_3FeS_4 中硫的含量高，Cu_3FeS_4 是一种有争议的中间产物，早在 1963 年 Kopylov 和 Orlov 等采用硫酸铁氧化溶解斑铜矿时发现的，Pesic 等[32]在硫酸溶液中利用氧作为氧化剂溶解斑铜矿的时候发现了这种物质。铜蓝表面形成了 Cu_5S_{13}。

从浸出过程的中间产物看，斑铜矿、铜蓝和斑岩型黄铜矿表面都形成了金属缺陷型多硫化物，这些硫化物有可能属于钝化层，具有抑制矿物继续浸出的能力。

7.6.3 浸渣 XRD 分析

浸出结束时，久辉铜矿、斑铜矿、铜蓝、黄铁矿型和斑岩型黄铜矿最终浸渣 XRD 分析结果如图 7-51～图 7-55 所示。

由图 7-51 和图 7-52 可知，虽然久辉铜矿和斑铜矿浸渣中出现了铁矾沉淀，但两者铜的浸出率均较高，斑铜矿浸出中间产物（Cu_3FeS_7）并没有出现在最终

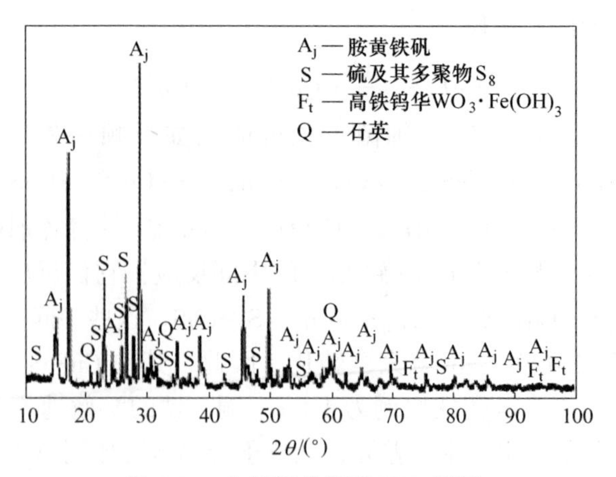

图 7-51　久辉铜矿浸渣 XRD 谱图

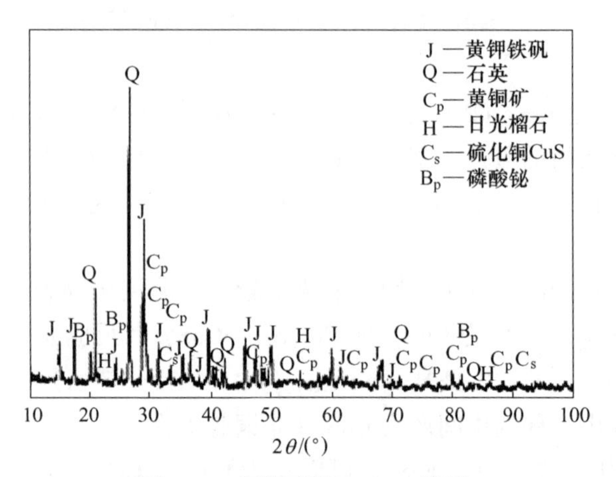

图 7-52　斑铜矿浸渣 XRD 谱图

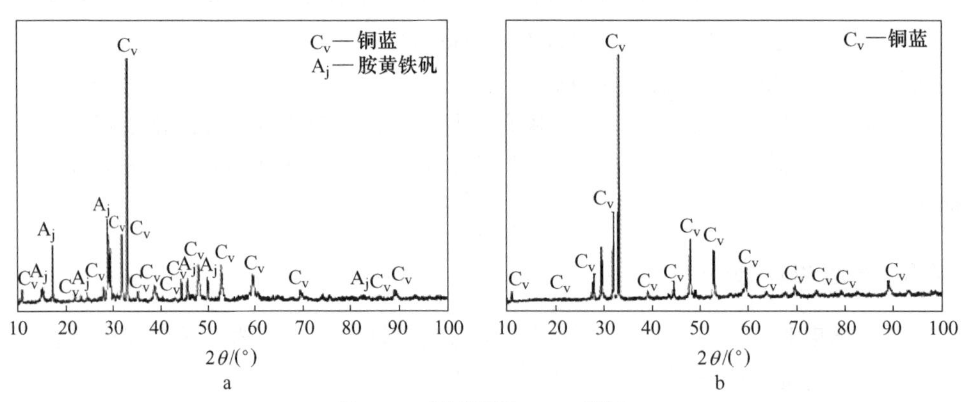

图 7-53　铜蓝浸渣 XRD 谱图

a—初始 ［Fe^{2+}］=4.5g/L；b—初始 ［Fe^{2+}］=0g/L

浸渣中，表明其中间产物（Cu_3FeS_7）不属于钝化层，不会影响斑铜矿的继续浸出。图 7-53 又表明在初始［Fe^{2+}］= 4. 5g/L 时，铜蓝浸渣中出现了黄钾铁矾沉淀，初始［Fe^{2+}］= 0g/L 时没有出现任何沉淀，相应的铜浸出率分别是 54. 1%和 52. 8%，可见，黄钾铁矾沉淀的存在也并没有使铜蓝的浸出率大幅度地降低，铁矾类沉淀不具有阻止硫化铜矿浸出的能力。然而，在通常认为应该出现铁矾类沉淀的黄铁矿型和斑岩型黄铜矿的浸渣中没有发现该类沉淀物。

久辉铜矿和黄铁矿型黄铜矿浸渣（图 7-51 和图 7-54）中出现了硫及其多聚物 S_8，S_8是硫的同素异形体，分子晶体，分子中每个 S 原子与另外两个 S 原子形成S—S单键，环状多聚硫 S_8，为紧密的黄色晶体，在自然条件下，是最稳定的硫，很难被细菌直接利用。久辉铜矿浸渣中以磺胺铁矾为主，S_8量少不足以在矿物表面形成钝化；另外，两种物质相互影响改变了 S_8构造方式，从而没有能抑制久辉铜矿的浸出。然而在黄铁矿型黄铜矿表面主要是 S_8，容易形成硫膜覆盖在矿物表面，阻止了矿物的继续浸出。

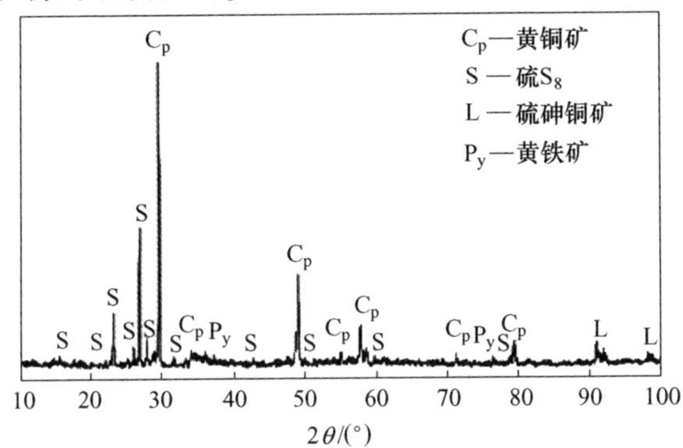

图 7-54 黄铁矿型黄铜矿浸渣 XRD 谱图

初始铁离子浓度为零的铜蓝（图 7-53b）和斑岩型黄铜矿（图 7-55）浸渣表面并没有形成明显的沉淀物质，但浸出反应还是不能进行彻底，可能是因为在这两种矿物的表面形成了不同于体相的特殊表面层。

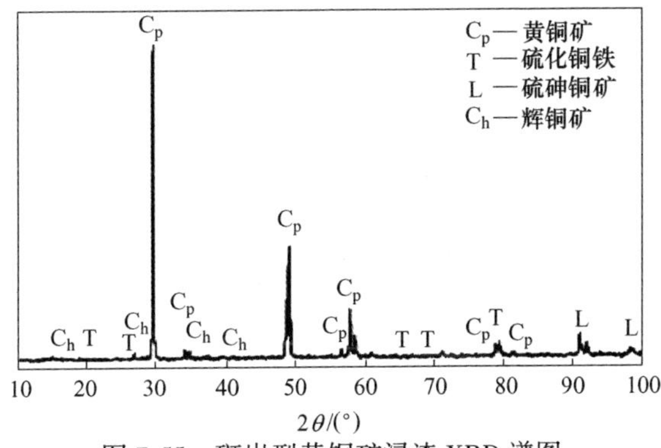

图 7-55 斑岩型黄铜矿浸渣 XRD 谱图

7.6.4　浸渣 SEM-EDS 分析

将硫化铜矿浸渣过滤，经 pH=2 稀硫酸反复清洗可溶性离子，最后用去离子水冲洗 3 次后晾干，用 JSM-6510A 型扫描电镜观察表面浸蚀特征。久辉铜矿、斑铜矿、铜蓝、黄铁矿型和斑岩型黄铜矿浸渣 SEM-EDS 分析结果如图 7-56～图 7-60 所示。

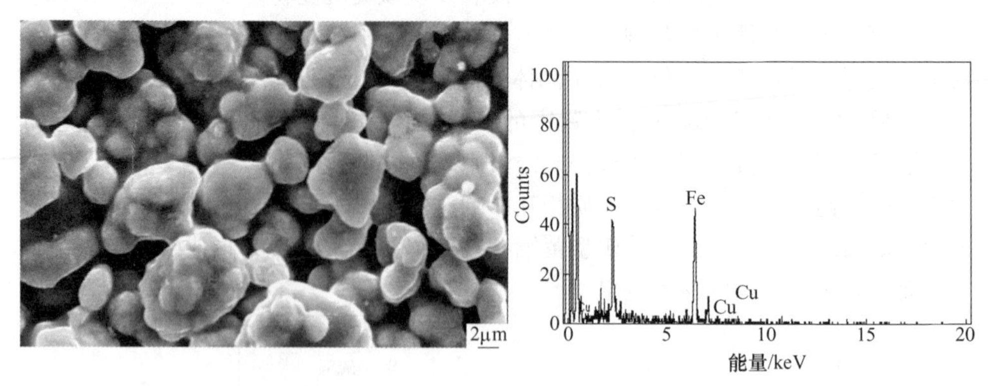

图 7-56　久辉铜矿浸渣 SEM-EDS

从图 7-56 为久辉铜矿浸渣 SEM-EDS 结果，可以看出，浸渣表面浸蚀特征明显，颗粒细小均匀，能谱分析结果表明，浸渣中铜和硫峰降低，铜峰几乎消失，铁峰升高，主要是由于久辉铜矿被细菌氧化溶解，铜离子进入溶液，低价态的硫被氧化为单质硫，部分氧化成硫酸根，SO_4^{2-}、Fe^{3+}和 NH_4^+ 相互作用形成胺黄铁矾沉淀。

斑铜矿浸渣 SEM-EDS 结果如图 7-57 所示，浸渣表面有沉淀物，但沉淀具有多孔状结构，裂隙发育，能谱分析结果表明，沉淀物主要含有铁和硫，结合 XRD 分析结果，表面的沉淀物应该就是黄钾铁矾，其多孔性和裂隙发育的特点，也许就是没有阻止斑铜矿和久辉铜矿浸出的原因。

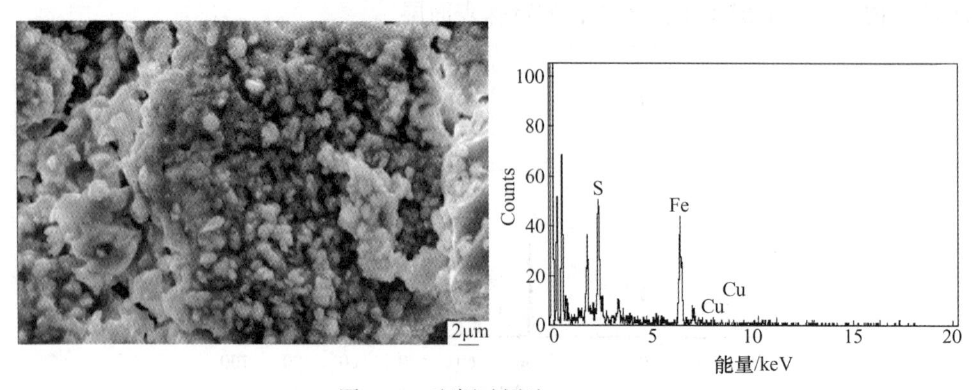

图 7-57　斑铜矿浸渣 SEM-EDS

从图 7-58 可以看出，铜蓝浸渣表面出现明显裂隙和空洞，能谱分析结果表明，铜和硫峰强度降低，从峰强分析，表面硫的比例有所增加，铜的相对含量降低。这种不同于体相的铜/硫比例，也许是因为表面形成了新的物质。

黄铁矿型黄铜矿浸渣 SEM-EDS 分析结果如图 7-59 所示，可以看出，干燥后的浸渣表面出现裂纹，能谱分析结果表明，硫峰较强，铜和铁峰较低，结合 X 射线衍射分析结果，渣表面应该是硫或者硫的多聚物。

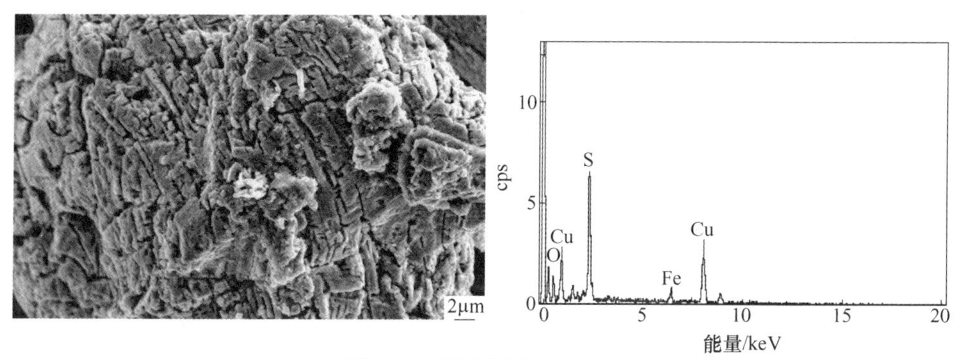

图 7-58 铜蓝浸渣 SEM-EDS

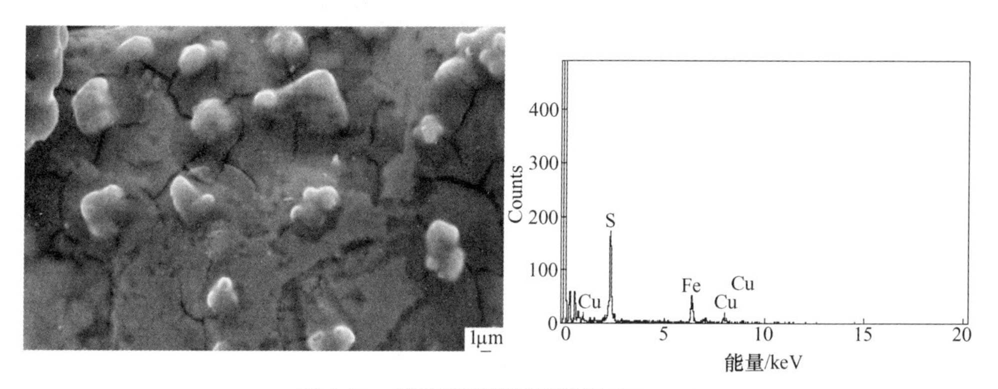

图 7-59 黄铁矿型黄铜矿浸渣 SEM-EDS

图 7-60 中，斑岩型黄铜矿浸渣颗粒表面光滑致密，有少量的浸蚀坑，能谱分析结果表明，与原矿相比，表面铜、铁和硫的峰都有所降低，但相对含量发生了改变，铜上升，铁下降。从浸出效果来看，斑岩型黄铜矿浸渣表面这种致密结构的钝化能力强于黄铁矿型黄铜矿表面以硫为主的疏松阻碍层。

7.6.5 浸渣 XPS 分析

为了确定铜蓝、黄铁矿型和斑岩型黄铜矿浸渣表面相的物质组成，将浸渣用 pH = 2 的稀硫酸反复调浆清洗，最后用去离子水，3000r/min 离心，冷冻干燥，氮气封存后立即送 XPS 检测，结果如图 7-61 所示。三种矿物浸渣表面铜、铁和硫相对含量见表 7-13。

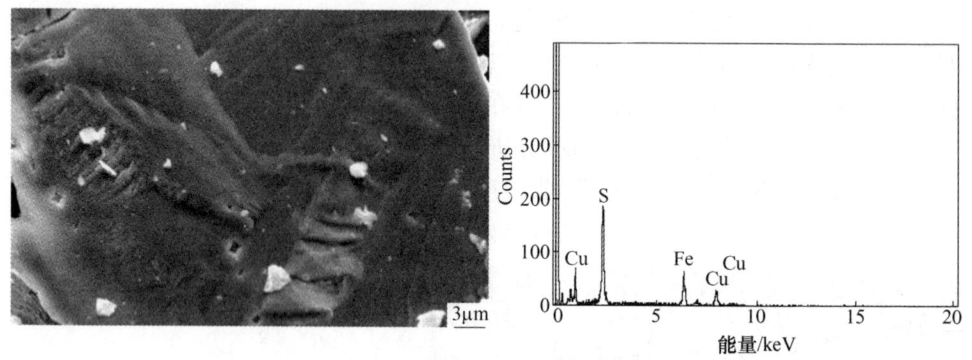

图 7-60　斑岩型黄铜矿浸渣 SEM-EDS

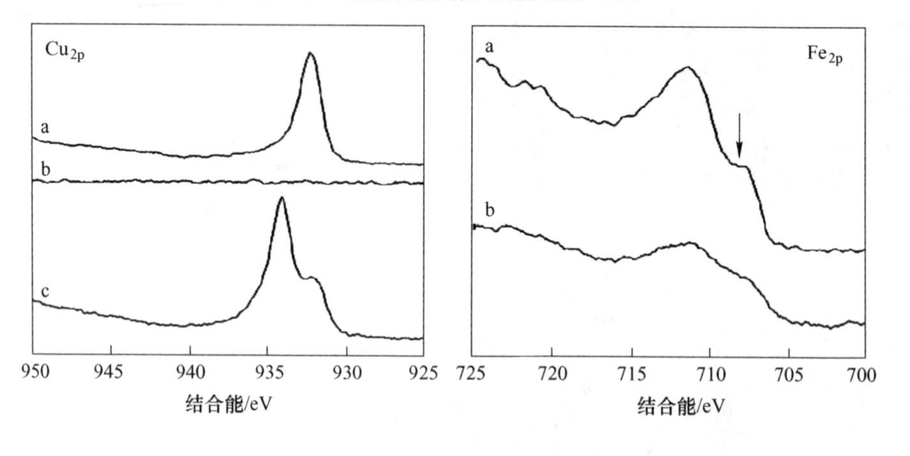

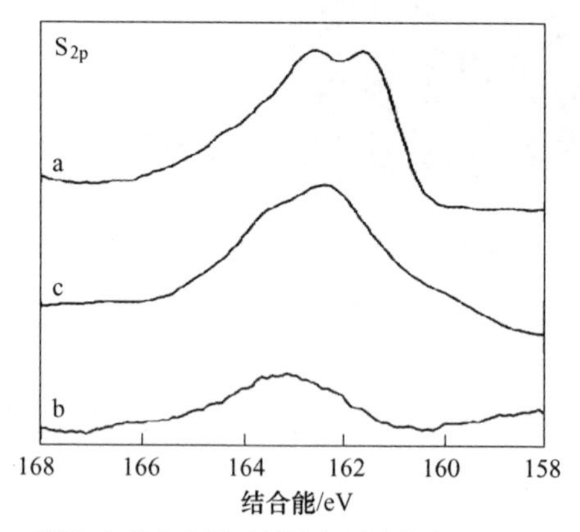

图 7-61　铜蓝、黄铁矿型和斑岩型黄铜矿浸渣表面 Cu_{2p}、Fe_{2p}和 S_{2p}谱图

a—斑岩型黄铜矿；b—黄铁矿型黄铜矿；c—铜蓝

表 7-13 中数据表明，黄铁矿型黄铜矿浸渣表面铜的相对含量为 0，铁含量较低，为 19.74%，以硫为主，为 80.26%。在黄铁矿型黄铜矿 S_{2p}谱图（图 7-61）中，S_{2p}峰在 163.7eV 处，主要是因为原矿表面低价态的硫被氧化为硫单质或多

聚物（163.7eV）沉淀在矿物表面，所以浸渣表面出现 S^0 峰。铜被单质硫或多聚物覆盖，故没有检测到 Cu_{2p} 峰。原矿表面 Fe(Ⅱ) 被氧化为 Fe(Ⅲ)（711.8eV），少量吸附或夹杂在硫中，故峰强较弱（图 7-61 中 Fe_{2p}）。黄铁矿型黄铜矿浸渣表面以硫单质为主，吸附少量的 Fe^{3+}，其表面阻碍层应为硫及其多聚物 S_8。

斑岩型黄铜矿浸渣中铜的相对含量增加至 27.0%，铁减少为 13.13%，硫增加为 59.87%（表 7-13）。浸渣表面形成 Cu(Ⅰ)，结合能降低为 932.2eV。铁的强度降低，结合能向高偏移，价态发生了改变，原矿表面 Fe(Ⅱ) 被氧化成 Fe(Ⅲ)（711.8eV），使 Fe(Ⅲ) 峰升高，Fe(Ⅱ) 峰强度降低。S_{2p} 峰位（图 7-61）没有改变，只是强度升高，双峰更为明显，主要是因为浸渣表面存在黄铜矿（162.7eV）和辉铜矿 Cu_2S（161.8eV）。在斑岩型黄铜矿生物浸出过程中，S_{2p} 峰位没有改变，铜和铁的结合能和中间产物基本相同，只是相对含量有所变化，表明这种钝化层是由于铜、铁迁移速率的不同而形成的。通过前面的分析，可以看出，浸渣表面含有 Cu^+、Fe^{3+} 和 S^{2-}，由这些离子组成的具有特殊结构的富铜贫铁层阻碍了斑岩型黄铜矿的浸出，根据表 7-13，钝化层为富铜贫铁型硫化物 $Cu_4Fe_2S_9$。

表 7-13 铜蓝、黄铁矿型和斑岩型黄铜矿浸渣表面铜、铁和硫相对含量 （%）

矿物名称	Cu①	Fe	S
斑岩型黄铜矿	27.0	13.13	59.87
铜蓝	26.67		73.33
黄铁矿型黄铜矿	0	19.74	80.26

①表示矿物表面元素总量。

铜蓝浸渣中铜和硫的峰位没有继续漂移（图 7-61），铜的强度降低，Cu(Ⅱ) 和 Cu(Ⅰ) 的相对强度和中间产物基本一样，表明在铜蓝浸渣表面这种具有特殊结构的表面相形成时间较早，形成后就很难改变，为缺铜型多硫化物 Cu_4S_{11}。

根据铜蓝、黄铁矿型和斑岩型黄铜矿浸出效果、XRD 和 SEM-EDS 研究结果，这三种钝化层的钝化能力顺序为：富铜贫铁型硫化物（$Cu_4Fe_2S_9$）>缺铜型硫化物（Cu_4S_{11}）>硫（S_8）。关于前两种钝化层不能简单地理解为某种具体的物质，应该是由于铜、铁和硫迁移速度不同，而在矿物表面形成特殊结构。

7.7 不同类型硫化铜矿物性质与其浸出规律关系研究

矿物性质包括晶形、晶胞参数、晶格能和静电位等，是决定硫化铜矿微生物浸出规律的内在因素。本节在查阅文献资料的基础上，对硫化铜矿的晶体结构、键长、键角与其浸出速率的关系进行了分析；利用 XRD 分析软件 MDI Jade 进行矿物晶胞点阵常数的计算和参数精修；分析矿物的静电位、热电系数和晶格能等参数对硫化铜矿浸出规律的影响。

7.7.1　不同类型硫化铜矿的晶体结构

7.7.1.1　久辉铜矿晶体结构

久辉铜矿（djurleite，$Cu_{31}S_{16}$）因为成分的限制和电价平衡的需要，Cu^{2+}进入久辉铜矿中晶格，通过 $2Cu^{+} \rightleftharpoons Cu^{2+} + \square$ 的交换形成 Cu 原子占位的空缺，这种原子占位的空缺率受久辉铜矿成分的影响很小。如果久辉铜矿的化学分子式表示为 $Cu_{1.93\sim1.97}S$，则在其含有 128 个铜原子的单位晶胞中 Cu 的缺位为 2~4 个[33]。Evans 等[34]研究认为久辉铜矿可以看成是由六方辉铜矿结构演化而成的一种超结构，其中硫原子呈六方紧密堆积，S—S 的键长范围在 $3.9\times10^{-10}\sim4.2\times10^{-10}$m 之间，平均为 3.95×10^{-10}m，铜原子以三种不同方式与硫原子进行配位，即位于密致层内和层间 Cu-S_3三角形配位，层间的 Cu-S_4四面体配位以及 Cu-S_2 哑铃状配位。线性 Cu-S_2 中 Cu—S 键长为 $2.18\times10^{-10}\sim2.24\times10^{-10}$m，S—Cu—S 键角为 172.2°；三角形 Cu-S_3中 Cu—S 键长为 $2.21\times10^{-10}\sim2.60\times10^{-10}$m，S—Cu—S 键角为 111.8°~131.6°；四面体 Cu-S_4中 Cu—S 键长为 $2.23\times10^{-10}\sim2.90\times10^{-10}$m，键角范围应该在 97.6°~150.6°之间。Cu—Cu 的键长大于 2.45×10^{-10}m，通常为 2.77×10^{-10}m（金属铜中 Cu—Cu 键长为 2.556×10^{-10}m）。

原矿 XRD 分析结果表明，久辉铜矿为单斜晶型，其晶体结构如图 7-62 所示，空间群 P21/n，空间群数 14，晶胞中的分子数 $Z=8$，$a=26.8970\times10^{-10}$m、$b=15.7450\times10^{-10}$m、$c=13.5650\times10^{-10}$m，$a:b:c=1.708:1:0.862$，$\alpha=\gamma=90°$、$\beta=90.13°$，包含 248 个铜原子和 128 个硫原子。62 个铜原子中有 52 个与硫原子构成三角形配位，9 个四面体配位，1 个线性配位[35]。利用 XRD 分析软件 MDI Jade 对久辉铜矿进行晶胞点阵常数的计算和参数精修，结果见表 7-14，点阵常数 $a=26.95003\times10^{-10}$m、$b=15.7851\times10^{-10}$m、$c=13.5321\times10^{-10}$m。可计算密度为 5.73g/cm³，晶胞体积为 5756.66×10^{-30}m³。

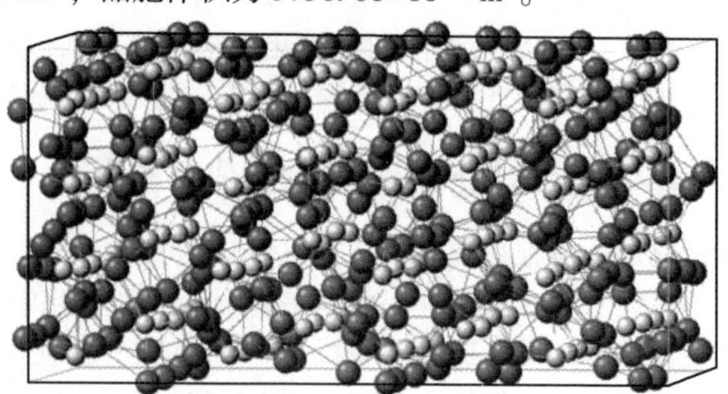

图 7-62　久辉铜矿晶体结构

（源自 Mineralogy Database）

黑色球—铜原子；白色球—硫原子

表 7-14 久辉铜矿的 XRD 结构精修结果

h	k	l	$2T$(cal) /(°)	$2T$ (cor) /(°)	$2T$(obs) /(°)	Delta /(°)	d(cal) /m	d(cor) /m	d(obs) /m	Del-d /m
−5	3	0	23.610	23.610	23.554	0.056	3.7651×10^{-10}	3.7651×10^{-10}	3.7739×10^{-10}	-0.0088×10^{-10}
−1	3	3	26.209	26.209	26.196	0.013	3.3974×10^{-10}	3.3974×10^{-10}	3.3990×10^{-10}	-0.0016×10^{-10}
0	1	4	26.931	26.931	26.940	−0.009	3.3079×10^{-10}	3.3079×10^{-10}	3.3068×10^{-10}	0.0011×10^{-10}
−5	2	3	28.135	28.135	28.133	0.002	3.1690×10^{-10}	3.1690×10^{-10}	3.1692×10^{-10}	-0.0002×10^{-10}
6	1	3	28.594	28.594	28.604	−0.010	3.1192×10^{-10}	3.1192×10^{-10}	3.1181×10^{-10}	0.0011×10^{-10}
−2	4	3	30.800	30.800	30.793	0.007	2.9007×10^{-10}	2.9007×10^{-10}	2.9013×10^{-10}	-0.0006×10^{-10}
0	1	5	33.568	33.568	33.534	0.034	2.6675×10^{-10}	2.6675×10^{-10}	2.6702×10^{-10}	-0.0027×10^{-10}
3	6	0	35.527	35.527	35.466	0.060	2.5248×10^{-10}	2.5248×10^{-10}	2.5290×10^{-10}	-0.0042×10^{-10}
8	4	2	37.509	37.509	37.460	0.049	2.3958×10^{-10}	2.3958×10^{-10}	2.3988×10^{-10}	-0.0030×10^{-10}
10	5	2	46.246	46.246	46.237	0.009	1.9615×10^{-10}	1.9615×10^{-10}	1.9618×10^{-10}	-0.0004×10^{-10}
−5	6	4	46.836	46.836	46.839	−0.004	1.9381×10^{-10}	1.9381×10^{-10}	1.9380×10^{-10}	0.0001×10^{-10}
−2	8	2	48.489	48.559	48.489	−0.069	1.8758×10^{-10}	1.8758×10^{-10}	1.8733×10^{-10}	0.0025×10^{-10}

注：cal 为计算值，obs 为观测值，cor 为校正值，$2T=2\theta$，Delta=Δ。

7.7.1.2 斑铜矿晶体结构

斑铜矿属四方偏三面体晶类，晶体可见等轴状的立方体、八面体和菱形十二面体等假象外形，但极为少见。常呈致密块状或分散粒状见于各种不同类型的铜矿床中，易与黄铜矿共生，也能形成于铜矿床的次生富集带，不稳定，易被次生辉铜矿和铜蓝置换[36]。和其他含铜、铁的金属硫化物一样，具有多种晶型。随成矿温度的变化，有低温、中温和高温三种的同质多像变体，高温变体为等轴晶系，称等轴斑铜矿。低温和中温变体是立方形（$a=5.5\times10^{-10}$m）高温斑铜矿的上部构造，随着温度降低，空穴增加。低温（<170℃）斑铜矿属于斜方晶系，晶胞参数为 $a=10.95\times10^{-10}$m、$b=21.862\times10^{-10}$m、$c=10.95\times10^{-10}$m，每个晶胞含有 80 个 Cu、16 个 Fe 和 64 个 S[37]。

根据 XRD 研究结果，斑铜矿属斜方晶系，空间群 Fm-3m，空间群数 225，$a=10.981\times10^{-10}$m、$b=21.8960\times10^{-10}$m、$c=10.981\times10^{-10}$m，$\alpha=\gamma=\beta=90°$。可

计算密度为 5.03g/cm^3，晶胞体积为 2624.43×10^{-30}m^3，$Z=8$。应该是斑铜矿的低温变体，其晶体结构如图 7-63 所示，S 作立方最紧密堆积，位于立方体面心格子的角顶和面心，阳离子充填 8 个四面体空隙，但阳离子向四面体的中心移动，硫的强定向键随着金属接近面心而使结构稳定。金属原子占据每个四面体面上 6 个可能位置之一，每个四面体提供 24 种亚位置。Cu 和 Fe 原子随机地占据尖端向上和向下的四面体空隙的 3/4，四面体共棱。斑铜矿 XRD 结构精修结果见表 7-15。

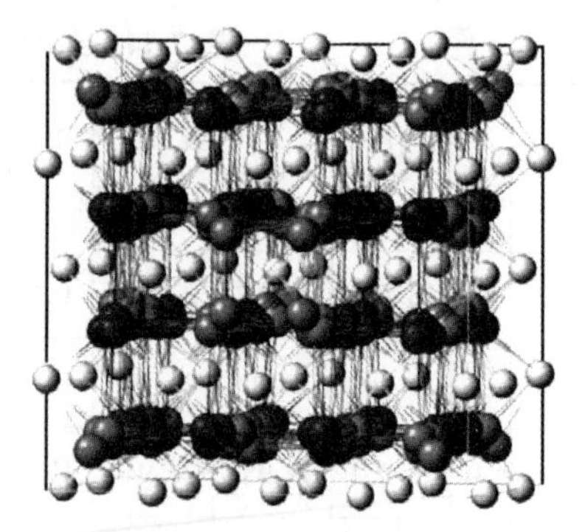

图 7-63 斑铜矿晶体结构
（源自 Mineralogy Database）
黑色球—铜原子；灰色球—硫原子；白色球—铁原子

表 7-15 斑铜矿的 XRD 结构精修结果

h	k	l	2T(cal)/(°)	2T(cor)/(°)	2T(obs)/(°)	Delta/(°)	d(cal)/m	d(cor)/m	d(obs)/m	Del-d/m
3	1	1	26.906	26.906	26.959	-0.053	3.3109×10^{-10}	3.3109×10^{-10}	3.3046×10^{-10}	0.0063×10^{-10}
2	2	2	28.127	28.127	28.177	-0.050	3.1699×10^{-10}	3.1699×10^{-10}	3.1644×10^{-10}	0.0056×10^{-10}
4	0	0	32.590	32.590	32.641	-0.050	2.7452×10^{-10}	2.7452×10^{-10}	2.7411×10^{-10}	0.0041×10^{-10}
3	3	1	35.608	35.608	35.697	-0.089	2.5192×10^{-10}	2.5192×10^{-10}	2.5131×10^{-10}	0.0061×10^{-10}
5	1	1	42.753	42.753	42.837	-0.084	2.1133×10^{-10}	2.1133×10^{-10}	2.1093×10^{-10}	0.0040×10^{-10}
4	4	0	46.758	46.758	46.877	-0.120	1.9412×10^{-10}	1.9412×10^{-10}	1.9365×10^{-10}	0.0047×10^{-10}
5	3	1	49.038	49.038	49.060	-0.023	1.8561×10^{-10}	1.8561×10^{-10}	1.8553×10^{-10}	0.0008×10^{-10}
5	3	3	54.772	54.772	54.991	-0.219	1.6746×10^{-10}	1.6746×10^{-10}	1.6684×10^{-10}	0.0061×10^{-10}
6	2	2	55.459	55.459	55.580	-0.121	1.6554×10^{-10}	1.6554×10^{-10}	1.6521×10^{-10}	0.0033×10^{-10}

注：cal 为计算值，obs 为观测值，cor 为校正值，$2T=2\theta$，Delta=Δ。

1975 年，Koto 和 Morimoto[38] 认为低斑铜矿晶胞是两个结构紧密立方体重叠而成的，一个立方体由具有闪锌矿结构（$(Cu,Fe)_4S_4$）组成，另一个由具有反萤石结构（$(Cu,Fe)_8S_4$）组成，每个晶胞中有 12 个金属原子和 8 个硫原子。在反萤石型晶胞中，金属原子与硫原子以畸变四面体配位，要么三短和一长的 M—S 键，要么两个长键和两个短键，最短 M—M 键长为 2.755×10^{-10}m，相对而言，闪锌矿型立方体中四个金属原子从四面体中心移向硫原子的三角形配位，金属原子是三重配位，最短的金属键 M—M 键长为 3.045×10^{-10}m，在 Koto 和 Morimoto 模型中没有区分 Cu 和 Fe。斑铜矿结构代表在硫原子排列中金属原子和空穴完整分布，闪锌矿型晶胞中空穴是有序的，闪锌矿型或反萤石型晶胞尺寸与高斑铜矿是一致的。斑铜矿中硫原子与金属原子既有 5 配位，也有 7 配位，如图 7-64 所示，其中 M1-S1-M3 夹角为 100°和 113°，平均为 110°[39]。其中各键的键长：Fe—S：2.20×

10^{-10}m、2.46×10^{-10}m、2.69×10^{-10}m，Cu—S：2.27×10^{-10}m、2.75×10^{-10}m，S—S：3.87×10^{-10}m[40]。

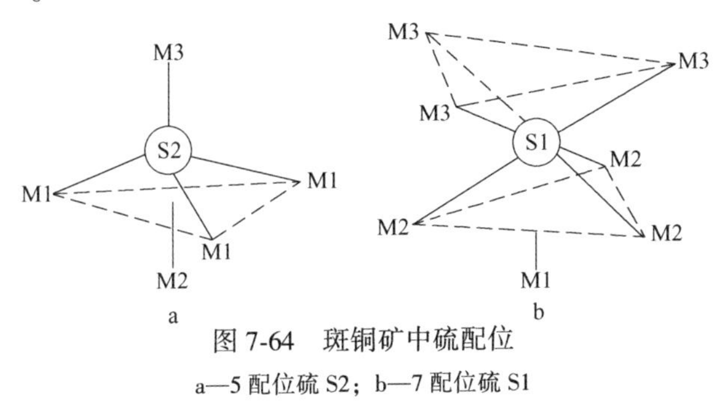

图 7-64 斑铜矿中硫配位

a—5 配位硫 S2；b—7 配位硫 S1

7.7.1.3 铜蓝晶体结构

1932 年，Oftedal 等就解决了铜蓝的晶体结构的问题，其对铜蓝的结构研究被认为是晶体结构分析的经典之作，无人对其研究成果提出质疑。1954 年，Berry 等第一次试图采用更现代的研究手段证实这一结构，以试验和两维摄影资料误差分析为基础，在某种程度上，进一步证实和精确化了 Oftedal 提出的铜蓝晶体结构。1968 年，Bernardini 和 Catani 应用粉末干涉强度检测法再次研究其晶体结构，但没有使对铜蓝晶体结构的认识更进一步[41]。铜蓝的晶体结构如图 7-65 所示，键长和键角关系见图 7-66。

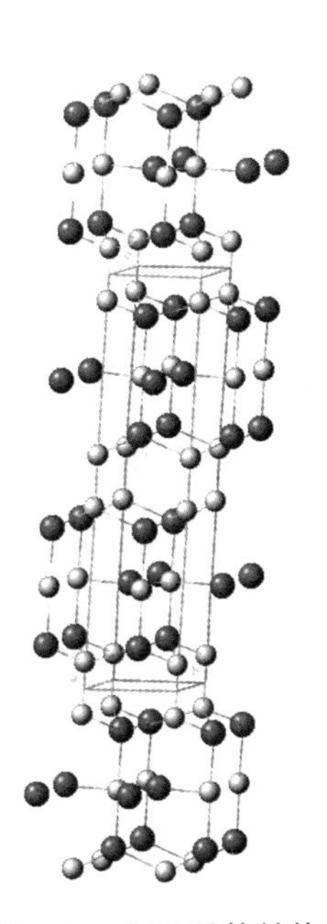

图 7-65 铜蓝晶体结构

黑色球—铜原子；

白色球—硫原子

由图 7-65 可知，铜蓝呈层状，为由三层硫原子形成的夹心结构，基本元为六边形晶胞堆积，堆积规律为 ABA 或 ACA，接近 A 层间 S—S 键长为 2.09×10^{-10}m，在 ABA 或 ACA 内 S—S 键长为 3.75×10^{-10}m 和 3.80×10^{-10}m，略大于硫原子直径 3.68×10^{-10}m，明显没有共享电子对，相对而言，在 A 层间 S—S 键长较短，甚至低于黄铁矿中 S—S 键长，可能是由于强共价键的存在。1/3 的铜原子以三角形配位存在于 B 和 C 层内，Cu—S 键长为 2.19×10^{-10}m，其余铜原子以四面体配位于 ABA 或 ACA 内，每个硫原子的四面体有三个原子在 A 平面，一个原子在 B 和 C 层内，层内包含三角形配位 CuS_3 和四面体配位 CuS_4，层间通过 S—S 键连接。

1976 年，Evans 等[42]运用 237 个单晶的干扰（MoKα）强度资料再次研究铜蓝的晶体结构，空间群 P63/mmc，$a=3.7938\ (5)\times10^{-10}$m，$c=16.341\ (1)\times10^{-10}$m，以 Cu（2）而言，$Z=0.10733\ (9)$，对 S（2）为准，$Z=0.06337$

(15)，S_2 中 S—S 键长为 2.071 (4) $\times10^{-10}$ m，在三角形配位 CuS_3 中，Cu—S 键长为 2.1905 (2) $\times10^{-10}$ m，在四面体配位 CuS_4 中，Cu—S 键长为 2.302 (1) $\times10^{-10}$ m（三个键），2.331 (2) $\times10^{-10}$ m（图 7-66）。

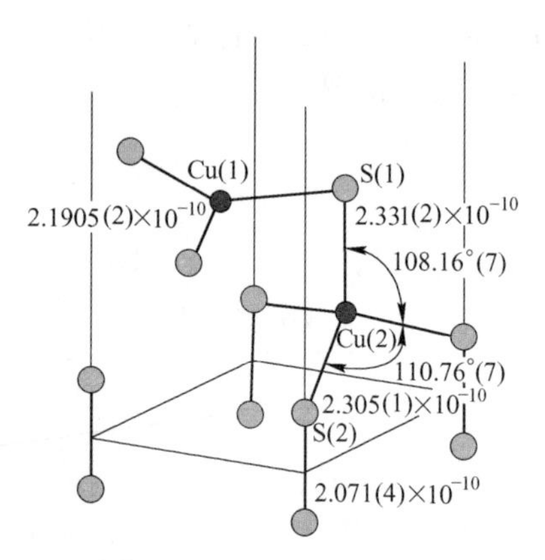

图 7-66　铜蓝键长和键角
(( ) 内数据为标准偏差；
键长单位为 m，键角单位为 (°))

如果铜蓝中硫为-2 价，以共价成键的 S_2 为-2 价，四面体配位成键的 Cu 为+1 价，三角形配位成键的 Cu 为+2 价，则铜蓝的分子式可写作 $({}^{IV}Cu^+)_4({}^{III}Cu^{2+})_2(S_2)_2^{2-}\ (S^{2-})_2$，即保持了整个分子的电荷平衡，也保持了紧密堆积的硫原子层之间的电荷平衡[43]。Cu^{2+}被组成等边三角形的三个 S^{2-} 所围绕，三角形共角顶连成平行［0001］的六方平面网，S^{2-}又是六方平面网上和下两边相对、中心被 Cu^+ 占据的四面体的共用角顶，四面体底部的三角顶为［S_2］$^{2-}$，底面相对的四面体则以直立的［S_2］相连接；其结构单元层由六方平面网连接的四面体对成层排列而成[44]。

根据 XRD 分析结果表明，铜蓝属六方晶系，空间群 P63/mmc，空间群数 194，$a=3.7939\times10^{-10}$ m、$b=3.7938\times10^{-10}$ m、$c=16.3555\times10^{-10}$ m，$\alpha=\beta=90°$，$\gamma=120°$。可计算密度为 4.67g/cm³，晶胞体积为 203.86×10^{-30} m³，$Z=6$，铜蓝 XRD 结构精修结果见表 7-16。

表 7-16　铜蓝的 XRD 结构精修结果

h	*k*	*l*	2*T*(cal) /(°)	2*T*(cor) /(°)	2*T*(obs) /(°)	Delta /(°)	*d*(cal) /m	*d*(cor) /m	*d*(obs) /m	Del-*d* /m
1	0	0	27.118	27.118	27.145	-0.027	3.2855×10^{-10}	3.2855×10^{-10}	3.2823×10^{-10}	0.0032×10^{-10}
1	0	1	27.670	27.670	27.662	0.008	3.2212×10^{-10}	3.2212×10^{-10}	3.2221×10^{-10}	-0.0009×10^{-10}
1	0	2	29.270	29.270	29.260	0.010	3.0487×10^{-10}	3.0487×10^{-10}	3.0497×10^{-10}	-0.0010×10^{-10}
1	0	3	31.773	31.773	31.741	0.032	2.8140×10^{-10}	2.8140×10^{-10}	2.8168×10^{-10}	-0.0028×10^{-10}
0	0	6	32.828	32.828	32.821	0.007	2.7259×10^{-10}	2.7259×10^{-10}	2.7265×10^{-10}	-0.0006×10^{-10}
0	0	8	44.267	44.267	44.278	-0.010	2.0444×10^{-10}	2.0444×10^{-10}	2.0440×10^{-10}	0.0005×10^{-10}
1	0	7	47.724	47.724	47.759	-0.035	1.9041×10^{-10}	1.9041×10^{-10}	1.9028×10^{-10}	0.0013×10^{-10}
1	0	8	52.688	52.688	52.698	-0.011	1.7358×10^{-10}	1.7358×10^{-10}	1.7355×10^{-10}	0.0003×10^{-10}
1	1	6	59.302	59.302	59.319	-0.016	1.5570×10^{-10}	1.5570×10^{-10}	1.5566×10^{-10}	0.0004×10^{-10}

注：cal 为计算值，obs 为观测值，cor 为校正值，$2T=2\theta$，Delta=Δ。

7.7.1.4 黄铁矿型黄铜矿晶体结构

根据 XRD 分析结果可知，黄铁矿型黄铜矿属四方晶系，空间群 I-42d，空间群数 122，$a=5.2925\times10^{-10}$m、$b=5.2925\times10^{-10}$m、$c=10.4354\times10^{-10}$m，$\alpha=\beta=\gamma=90°$。可计算密度（calculated density）为 4.17g/cm³，晶胞体积为 292.3×10^{-30}m³，$Z=4$。其 X 射线衍射数据结构精修结果如表 7-17 所示。

表 7-17 黄铁矿型黄铜矿的 XRD 结构精修结果

h	k	l	$2T$(cal) /(°)	$2T$(cor) /(°)	$2T$(obs) /(°)	Delta /(°)	d(cal) /m	d(cor) /m	d(obs) /m	Del-d /m
1	1	2	29.345	29.345	29.318	0.027	3.0410×10^{-10}	3.0410×10^{-10}	3.0438×10^{-10}	-0.0028×10^{-10}
2	0	0	33.846	33.846	33.797	0.049	2.6463×10^{-10}	2.6463×10^{-10}	2.6499×10^{-10}	-0.0037×10^{-10}
0	0	4	34.346	34.346	34.323	0.023	2.6088×10^{-10}	2.6088×10^{-10}	2.6106×10^{-10}	-0.0017×10^{-10}
2	2	0	48.618	48.618	48.581	0.036	1.8712×10^{-10}	1.8712×10^{-10}	1.8725×10^{-10}	-0.0013×10^{-10}
2	0	4	48.990	48.990	48.979	0.011	1.8578×10^{-10}	1.8578×10^{-10}	1.8582×10^{-10}	-0.0004×10^{-10}
3	1	2	57.808	57.808	57.800	0.008	1.5937×10^{-10}	1.5937×10^{-10}	1.5939×10^{-10}	-0.0002×10^{-10}
1	1	6	58.468	58.468	58.480	−0.013	1.5772×10^{-10}	1.5772×10^{-10}	1.5769×10^{-10}	0.0003×10^{-10}
4	0	0	71.206	71.206	71.250	−0.044	1.3231×10^{-10}	1.3231×10^{-10}	1.3224×10^{-10}	0.0007×10^{-10}
3	3	2	78.823	78.823	78.837	−0.014	1.2133×10^{-10}	1.2133×10^{-10}	1.2131×10^{-10}	0.0002×10^{-10}
3	1	6	79.394	79.394	9.398	−0.005	1.2060×10^{-10}	1.2060×10^{-10}	1.2059×10^{-10}	0.0001×10^{-10}

注：cal 为计算值，obs 为观测值，cor 为校正值，$2T=2\theta$，Delta=Δ。

7.7.1.5 斑岩型黄铜矿晶体结构

XRD 研究表明，斑岩型黄铜矿属四方晶系，空间群 I-42d，空间群数 122，$a=5.2945\times10^{-10}$m、$b=5.2945\times10^{-10}$m、$c=10.4334\times10^{-10}$m，$\alpha=\beta=\gamma=90°$。可计算密度（calculated density）为 4.17 g/cm³，晶胞体积为 292.46×10^{-30}m³，$Z=4$。表 7-18 为斑岩型黄铜矿 XRD 结构精修结果。

表 7-18 斑岩型黄铜矿的 XRD 结构精修结果

h	k	l	$2T$(cal) /(°)	$2T$(cor) /(°)	$2T$(obs) /(°)	Delta /(°)	d(cal) /m	d(cor) /m	d(obs) /m	Del-d /m
1	1	2	29.340	29.340	29.280	0.060	3.0416×10^{-10}	3.0416×10^{-10}	3.0476×10^{-10}	-0.0061×10^{-10}
2	0	0	33.833	33.833	33.783	0.050	2.6472×10^{-10}	2.6472×10^{-10}	2.6510×10^{-10}	-0.0038×10^{-10}
0	0	4	34.353	34.353	34.297	0.055	2.6084×10^{-10}	2.6084×10^{-10}	2.6124×10^{-10}	-0.0041×10^{-10}
2	2	0	48.599	48.599	48.558	0.040	1.8719×10^{-10}	1.8719×10^{-10}	1.8733×10^{-10}	-0.0015×10^{-10}
2	0	4	48.986	48.986	48.940	0.045	1.8580×10^{-10}	1.8580×10^{-10}	1.8596×10^{-10}	-0.0016×10^{-10}
3	1	2	57.788	57.788	57.760	0.028	1.5942×10^{-10}	1.5942×10^{-10}	1.5949×10^{-10}	-0.0007×10^{-10}
1	1	6	58.474	58.474	58.457	0.017	1.5771×10^{-10}	1.5771×10^{-10}	1.5775×10^{-10}	-0.0004×10^{-10}
4	2	4	91.209	91.209	91.218	−0.010	1.0780×10^{-10}	1.0780×10^{-10}	1.0779×10^{-10}	0.0001×10^{-10}

注：cal 为计算值，obs 为观测值，cor 为校正值，$2T=2\theta$，Delta=Δ。

7.7.1.6　讨论

A　键长

键长是两个成键原子 A 和 B 的平衡核间距离，共价键三个参数之一，其余两个分别是键能和键角，这些参数有助于了解分子结构的基本构型，判断化学键的强弱。由相同的两个原子 A 和 B 组成的化学键：键长越短，键能越大，键越强，微生物浸出过程中越难断裂。在某些的分子中，由于受共轭效应、相邻基团电负性和空间阻碍效应的影响，即使同一种化学键的键长还是有一定差异。硫化铜矿中主要有 Cu、Fe 和 S 原子，存在 Cu—S、Fe—S、S—S 和 Cu—Cu，根据矿物晶体结构研究结果可知各键键长，见表 7-19。

表 7-19　硫化铜矿各键键长

矿物名称	键长/m			
	Cu—S	Fe—S	S—S	Cu—Cu
久辉铜矿	2.21×10^{-10}、2.60×10^{-10}、2.90×10^{-10}		3.95×10^{-10}	2.77×10^{-10}
斑铜矿	2.27×10^{-10}、2.75×10^{-10}	2.20×10^{-10}、2.46×10^{-10}、2.69×10^{-10}	3.87×10^{-10}	
铜蓝	2.19×10^{-10}、2.30×10^{-10}、2.33×10^{-10}		2.09×10^{-10}、3.75×10^{-10}、3.80×10^{-10}	
黄铁矿型黄铜矿	2.30×10^{-10}	2.25×10^{-10}	3.73×10^{-10}	
斑岩型黄铜矿	2.30×10^{-10}	2.25×10^{-10}	3.73×10^{-10}	

Evans[42] 对硫化铜矿中以线性、三角形和四面体配位成键的 Cu—S 键进行对比，结果见图 7-67。

从表 7-19 和图 7-67 可以看出，总体而言，Cu—S、Fe—S 和 S—S 的键长顺序为：久辉铜矿>斑铜矿>铜蓝>黄铜矿。

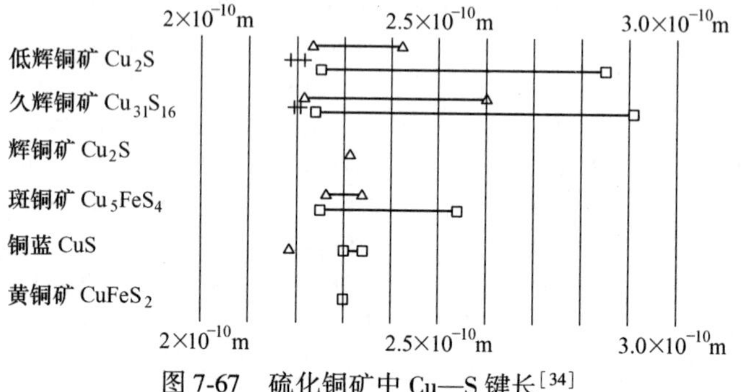

图 7-67　硫化铜矿中 Cu—S 键长[34]

+：线性配位 CuS_2；△：三角形配位 CuS_3；□：四面体配位 CuS_4

Parker 等[45]认为黄铜矿电极的阳极溶解，是由于价带中空穴和导带中的电子所贡献的，禁带宽度小于 1eV 的许多硫化矿物都属于这种情况，据此，提出了黄铜矿阳极溶解机理：

$$CuFeS_2 + 3h^+ \longrightarrow Fe^{3+} + CuS_2 \tag{7-72}$$

$$CuS_2 + 2h^+ \longrightarrow Cu^{2+} + 2S \tag{7-73}$$

$$CuS_2 \longrightarrow Cu^{2+} + 2S + 2e^- \tag{7-74}$$

第一步表明 Fe—S 键断裂，第二步即为 Cu—S 键断裂，CuS_2 是一个不稳定的重要中间产物，也许会按下式分解生成一稳定的 CuS：

$$CuS_2 \longrightarrow CuS + S \tag{7-75}$$

斑岩型黄铜矿浸出液电位变化较快，经过短暂的平稳期后，快速上升并达到 580mV 以上；而黄铁矿型黄铜矿生物浸出体系电位较低，Córdoba 等[46]认为在黄铜矿生物浸出过程中，氧化还原电位是关键因素，高电位有利于铁离子浸出，低电位对铜的浸出有利[47]。因此，两种黄铜矿生物浸出过程中最先断裂的键不同，斑岩型黄铜矿是 Fe—S 键先断裂，而黄铁矿型黄铜矿是 Cu—S 键先断裂，黄铜矿中铜和铁均为+2 价，离子半径分别是 0.72×10^{-10}m 和 0.76×10^{-10}m，但 Cu—S 键长为 2.30×10^{-10}m，Fe—S 键长为 2.25×10^{-10}m，元素铜的核电荷比铁多，所以，Cu—S 键要比 Fe—S 键弱，黄铁矿型黄铜矿生物浸出速率更快。

Lamache 等[48]认为 Cu_2S 被氧化成 CuS 的过程是：$Cu_2S \rightarrow Cu_{1.92}S \rightarrow Cu_{1.77}S \rightarrow Cu_{1.60}S \rightarrow Cu_{1.31}S \rightarrow CuS$。Elsherief 等[49]发现辉铜矿阳极浸出时先形成缺铜化合物 $Cu_{2-x}S$，最后形成 CuS。斑铜矿生物浸出过程中表面铜原子相对含量降低比铁快很多。在久辉铜矿、铜蓝和斑铜矿生物浸出过程中，铜溶解速率较快，Cu—S 键先断裂。同名原子之间，键长越长，键强越弱，发生反应时，越容易断裂，根据硫化铜矿物中 Cu—S 键和 S—S 键的长短，可以判断键相对强弱：久辉铜矿<斑铜矿<铜蓝<黄铁矿型黄铜矿。该结果能很好地解释在初始铁离子浓度为零时硫化铜矿的微生物浸出规律。

B 晶面间距

晶面间距是相邻两个平行晶面之间的距离，不同的 {*hkl*} 晶面，面间距各不相同[50]。通常低指数的晶面其面间距较大，高指数面的面间距小。但体心立方或面心立方点阵，最大晶面间距的面分别为 {110} 或 {111} 而不是 {100}，说明面间距还与点阵类型有关。此外，晶面间距最大的面总是阵点（或原子）最密排的晶面，晶面间距越小则晶面上的阵点排列就越稀疏。正是由于不同晶面和晶向上的原子排列情况不同，晶体表现为各向异性[51]。根据硫化铜矿 XRD 结构精修结果，主要衍射峰的晶面间距见表 7-20。

表 7-20　硫化铜矿主要特征峰晶面间距

矿　物	晶面指数			2T(cor)/(°)	d(cor)/m
	h	*k*	*l*		
久辉铜矿	−1	3	3	26.209×10^{-10}	3.3974×10^{-10}
	8	4	2	37.509×10^{-10}	2.3958×10^{-10}
	10	5	2	46.246×10^{-10}	1.9615×10^{-10}
	−5	6	4	46.836×10^{-10}	1.9381×10^{-10}
	−2	8	2	48.559×10^{-10}	1.8758×10^{-10}
斑铜矿	3	1	1	26.906×10^{-10}	3.3109×10^{-10}
	2	2	2	28.127×10^{-10}	3.1699×10^{-10}
	4	0	0	32.590×10^{-10}	2.7452×10^{-10}
	4	4	0	46.758×10^{-10}	1.9412×10^{-10}
铜蓝	1	0	2	29.270×10^{-10}	3.0487×10^{-10}
	1	0	3	31.773×10^{-10}	2.8140×10^{-10}
	0	0	6	32.828×10^{-10}	2.7259×10^{-10}
	1	0	7	47.724×10^{-10}	1.9041×10^{-10}
黄铁矿型黄铜矿	1	1	2	29.345×10^{-10}	3.0410×10^{-10}
	2	2	0	48.618×10^{-10}	1.8712×10^{-10}
	2	0	4	48.990×10^{-10}	1.8578×10^{-10}
	3	1	2	57.808×10^{-10}	1.5937×10^{-10}
斑岩型黄铜矿	1	1	2	29.340×10^{-10}	3.0416×10^{-10}
	2	2	0	48.599×10^{-10}	1.8719×10^{-10}
	2	0	4	48.986×10^{-10}	1.8580×10^{-10}
	3	1	2	57.788×10^{-10}	1.5942×10^{-10}

注：cor 为校正值。

从表 7-20 可以看出，浸出速率较快的久辉铜矿、斑铜矿和铜蓝主要衍射峰晶面间距较大，这也许是因为对相同的原子而言，晶面间距越大，晶面间作用力越弱，浸出反应开始后，晶体结构更容易被破坏，反应进行得更迅速。

C　键级

键级又称键序，用来比较化学键的相对强弱和稳定性。键级高，键强；反之，键弱，对于键级小于 4 的大多数分子而言，键级越大，分子越稳定。

键级的定义首先是 Coulson 在 Huckel MO 理论中给出的，目前分析键级的方法有 Delocalization Index（DI）、Mayer Bond Order（MBO）、Natual Bond Order

(NBO)、Fuzzy Bond Order(FBO)和 Wiberg Bond Index 等，这些计算方法适用于不同的情况，计算结果差距较大，均要求知道准确的基态波函数和电子密度函数，但对许多分子而言很难获得准确的基态波函数，且很难检测相关参数，缺乏试验检验[52,53]。多原子分子键级的计算，尤其是多原子矿物键级的计算是相当困难的。Lendvay[54]研究发现相同原子间的键级随着键长的增加显著减低，不同的键降低幅度不同，键级随着键长呈指数变化。

根据 Lendvay 的研究成果可以判断硫化铜矿中 Cu—S 和 S—S 的键级关系为：辉铜矿<斑铜矿<铜蓝<黄铜矿。故辉铜矿的键强最弱，容易被生物氧化浸出。

7.7.2 静电位

大多数硫化矿物具有半导体性质，在某一体系中，不同静电位的硫化矿物相互接触时，会发生微电池相互作用，这种微电池作用在湿法冶金过程中影响颇大。在去离子水、接种菌的无铁和有铁 4.5K 培养基中，研究几种硫化矿物电极形成腐蚀电偶时的微电池效应（Galvanic 相互作用），探讨静电位与不同硫化铜矿物生物浸出顺序的关系。以 Ag/AgCl 电极（其相对于氢标的电位值为 0.222V）为参比电极，自制矿物电极作为指示电极，测量了 5 种硫化铜矿的静电位，测量结果见表 7-21。

表 7-21 硫化铜矿的静电位（vs. SHE）

矿　物	静电位/V		
	去离子水	无铁 4.5K+$At.f_6$	4.5K+$At.f_6$
久辉铜矿	0.327	0.467	0.465
斑铜矿	0.453	0.500	0.504
铜蓝	0.541	0.566	0.547
黄铁矿型黄铜矿	0.522	0.532	0.516
斑岩型黄铜矿	0.573	0.577	0.557

从表 7-21 中可以看出，无论是在去离子水和接种菌的无铁 4.5K 培养基，还是在接种菌的有铁 4.5K 培养基中，硫化铜矿静电位相对关系始终没有变，其大小顺序为：斑岩型黄铜矿>铜蓝>黄铁矿型黄铜矿>斑铜矿>久辉铜矿。根据金属电池腐蚀原理讨论矿物表面的电池反应，当两种不同的硫化矿物处于同一溶液中相互接触时，电极电位较负的进行阳极氧化，另一个惰性的电极作为阴极，受到保护，在上面发生氧的还原或矿物本身的还原[55]。因此，静电位最低的久辉铜矿溶解速率最快，斑岩型黄铜矿较难被氧化浸出。

7.7.3　黄铁矿/硫化铜摩尔比

在几种硫化铜矿中，除久辉铜矿中没有含黄铁矿外，其余矿物均含有黄铁矿，如果假设矿物中 Cu、Fe 和 S 都来源于硫化铜和黄铁矿，铜蓝中少量硫砷铜矿和斑铜矿中的黄铜矿忽略不计，则根据三种元素化学分析结果，以铜和铁的含量为基础计算黄铁矿与硫化铜矿的摩尔比，久辉铜矿为 0，斑铜矿为 0.21，铜蓝为 0.06，黄铁矿型黄铜矿为 0.17，斑岩型黄铜矿为 0.15，显然斑铜矿、黄铁矿型和斑岩型黄铜矿中黄铁矿含量较多。

在去离子水、无铁 4.5K+$At.f_6$ 和有铁 4.5K+$At.f_6$ 中，黄铁矿静电位分别为 0.587V、0.590V 和 0.592V，根据表 7-21 中硫化铜静电位测试结果可知，黄铁矿与各硫化铜矿两者相互接触时构成原电池，能促进硫化铜的溶解。根据电化学反应的面积效应[56]，面积越小的负极与面积越大的正极相接触就越能促进负极的溶解，因此，黄铁矿的含量越高促进作用越明显，这也许就是黄铁矿型黄铜矿浸出率高于铜蓝和斑岩型黄铜矿的原因之一。黄铁矿型黄铜矿以黄铜矿和黄铁矿为主。

7.7.4　半导体类型

采用 WI307008 型热电系数仪测量硫化铜矿物的热电系数，结果如表 7-22 所示。

表 7-22　硫化铜矿的热电系数和半导体类型

矿物名称	热电系数/$\mu V \cdot K^{-1}$	半导体类型
久辉铜矿	285	p
斑铜矿	387	p
铜蓝	16	p（类金属性）
黄铜矿型黄铜矿	−274	n
斑岩型黄铜矿	−342	n

由表 7-22 可知，热电系数和硫化铜矿的浸出规律关系不是很密切，久辉铜矿、斑铜矿和铜蓝为 p 型半导体，黄铁矿型和斑岩型黄铜矿为 n 型半导体。p 型半导体也称为空穴型半导体，即空穴浓度远大于自由电子浓度的杂质半导体，以空穴导电为主；n 型半导体也称为电子型半导体，即自由电子浓度远大于空穴浓度的杂质半导体，主要靠自由电子导电[57]。结合硫化铜矿浸出过程 XPS 研究结果，久辉铜矿、斑铜矿和铜蓝微生物浸出主要还是氧化过程：Cu(Ⅰ) →Cu(Ⅱ)，Cu^{2+} 进入溶液；而黄铁矿型和斑岩型黄铜矿中铜的结合能降低，是先还原后氧化：Cu(Ⅱ) →Cu(Ⅰ) →Cu(Ⅱ)。通常认为 n 型半导体比 P 型容易氧化，主要

是因为 n 型半导体具有较多高能级的电子，易于在氧化过程中失去，反之，P 型半导体氧化时电子从低能级上释放。运用该观点解释黄铜矿和铜蓝的微生物浸出效果是可行的，由于黄铜矿是 n 型半导体，所以较难得到电子而被还原，故黄铜矿浸出过程中第一步：Cu(Ⅱ) →Cu(Ⅰ)，较难进行，导致其浸出率低且浸出速率慢；铜蓝属 P 型半导体，较难失去电子而被氧化溶解，却很难应用半导体类型解释久辉铜矿和斑铜矿氧化反应速度较快的原因。因此，半导体的导电类型是硫化铜矿微生物浸出速率差异的原因之一，但不是决定性的因素。

7.7.5 晶格能

晶格能又叫点阵能，是在反应时 1mol 离子化合物中的正、负离子从相互分离的气态结合成离子晶体时所放出的能量，也可以说是破坏 1mol 晶体，使它变成完全分离的气态自由离子所需要消耗的能量。影响晶格能大小的主要因素有离子半径、离子电荷以及离子的电子层构型等[58]。晶格能越大，离子键越牢固，晶体越稳定。

目前对离子晶体晶格能直接测定的理想实验方法仍未建立，晶格能的间接实验数据是利用 Born－Haber 热化学循环计算出来的，但是实验数据误差较大[59,60]。晶格能不能直接测定，因为当离子晶体气化时，在能够准确测定的最高温度，气态分子通常都离解为其组合原子而不是相应的离子。但随着超高真空技术和电子技术的发展，国外利用电子能谱仪测量每个离子带入化合物中所释放出来的能量，进而求出化合物的晶格能。晶格能的计算方法还存在诸多缺点，不够完善和全面，其定义是建立在离子键相结合的基础上，而在自然界中的矿物往往以多种键相结合，从现有的晶格能理论去解释矿物的工艺特性是不够的，还应该分析它的形成原因和结晶构造等[61~63]。作者查阅相关文献[40,64,65]得到各硫化铜矿的晶格能，见表 7-23。

表 7-23 硫化铜矿晶格能 (kJ/mol)

矿物	黄铜矿	铜蓝	斑铜矿	久辉铜矿
晶格能	6983 或 17500	3481	很低	3000

从表 7-23 可以看出，黄铜矿具有较高的点阵能，为 6983kJ/mol 或 17500kJ/mol，晶格结构稳定，故难以被微生物氧化分解，浸出率低且浸出速率慢。久辉铜矿和斑铜矿的晶格能较低，容易被细菌氧化溶解。

7.7.6 可溶性

任何难溶的电解质在水溶液中总是或多或少地溶解，绝对不溶解的物质是不存在的。Torma 等[66]发现金属硫化物微生物浸出效果与其溶度积的大小一致。

作者查阅相关文献[67]得到各硫化铜矿的溶度积，见表 7-24，久辉铜矿的溶度积近似用辉铜矿的溶度积表示，在 pH=2 的酸性溶液中硫化铜矿的可溶性如图 7-68 所示。

表 7-24　各硫化铜矿溶度积[67]

矿物名称	斑铜矿	久辉铜矿	黄铜矿	铜蓝
溶度积 $\lg K_{sp}$	-160.5	-47.64	-61.5	-35.85

从表 7-24 可以看出，斑铜矿的溶度积最低为-160.5，而铜蓝的溶度积最大为-35.85，但斑铜矿的微生物浸出效果好于铜蓝。斑岩型黄铜矿微生物浸出效果最差，但黄铜矿的溶度积不是最小的。

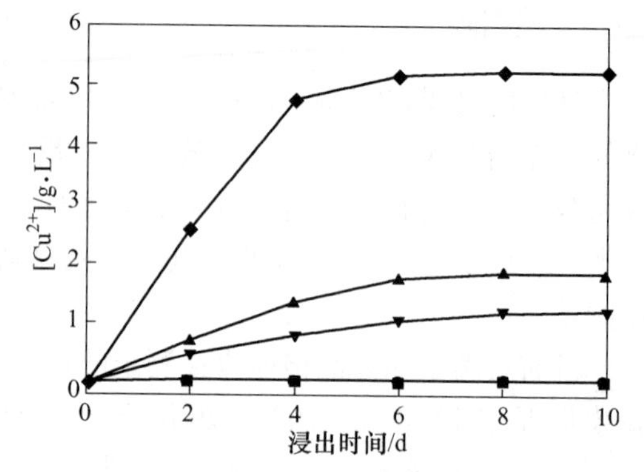

图 7-68　酸性溶液（pH=2）中硫化铜矿的可溶性
◆—久辉铜矿；▲—斑铜矿；▼—铜蓝；
■—黄铁矿型黄铜矿；●—斑岩型黄铜矿

由图 7-68 可知，在 pH=2 的酸性溶液中，各硫化铜矿可溶性随作用时间的增加逐渐增大，溶液中铜离子浓度逐渐升高，于 10d 时趋于稳定，久辉铜矿、斑铜矿、铜蓝、黄铁矿型和斑岩型黄铜矿的酸性溶液中铜离子浓度分别为 5.24g/L、1.84g/L、1.2g/L、0.015g/L 和 0.019g/L。久辉铜矿、斑铜矿和铜蓝较易溶解，黄铁矿型和斑岩型黄铜矿很难溶解。

通过上述分析可以看出，硫化铜矿的溶度积和在酸性溶液（pH=2）中的可溶性与其微生物浸出效果没有必然联系，也许是由于硫化铜矿的微生物浸出不是单纯的溶解的问题，还涉及微生物参与下的各种复杂化学反应。但总体而言，可溶性较好的矿物还是更容易被细菌氧化浸出，在浸出的初期，容易溶解的矿物能为细菌的生长繁殖提供更为充足的能源物质，有利于矿物的浸出。

参考文献

[1] Ribera-Santilian R E，Ballester P A，Biazquez I，et al. Bioleaching of a copper sulphide flotation concentrate using mesophilic and thermophilic microorganisms [J]. Hydrometallurgy，1999，9 (1)：149-158.

[2] Sandstrom A，Peyersseon S. Bioleaching of a complex sulphide ore with moderate thermophilic

and extreme thermophilic microorganisms [J]. Hydrometallurgy, 1997, 46 (1-2):181-190.

[3] Cwalina B, Wilczok T, Weglara L, et al. Activity of sulphite oxidase, thiosulphate oxidase and rhodanese in Thiobacillus ferrooxidans during covellite and chalcopyrite leaching [J]. Appl. Microbiol. Biotechnol. , 1990, 34 (2):279-281.

[4] Sand W, Gehrke T, Jozsa P, et al. Biochemistry of bacterial leaching direct vs indirect bioleaching [J]. Hydrometallurgy, 2001, 59 (2-3):159-175.

[5] 孙德四，钟婵娟，张强．硅酸盐矿物的硅酸盐细菌浸出工艺研究 [J]. 金属矿山，2008 (2)：70-73.

[6] 舒荣波，温建康，阮仁满，等．低电位生物浸出黄铜矿研究 [J]. 金属矿山，2008，387 (9)：43-45.

[7] 张晓文，徐伟箭，黄晓乃，等．泥灰岩——白云石型铀矿石的浸出 [J]. 中国矿业，2006，15 (4)：59-61.

[8] 王昌汉．溶浸采铀（矿）[M]. 北京：原子能出版社，1997.

[9] 李文超．冶金热力学 [M]. 北京：冶金工业出版社，1995.

[10] 叶大伦，胡建华．实用无机物热力学数据手册 [M]. 北京：冶金工业出版社，2002.

[11] 刘天和，赵梦月．NBS 化学热力学性质表 [M]. 北京：中国标准出版社，1998.

[12] 李文超．冶金与材料物理化学 [M]. 北京：冶金工业出版社，2001.

[13] 牟望重，张延安，古岩，等．铅锌硫化矿富氧浸出热力学研究 [J]. 过程工程学报，2010，10 (S1)：171-176.

[14] Socrates G. Infrared characteristic group frequencies [M]. New York: Wiley-Interscience, 1980.

[15] Hermana S. Infrared handbook [M]. New York: Plenum, 1963.

[16] Jia C Y, Wei D Z, Li P J, et al. Selective adsorption of Mycobacterium Phlei on pyrite and sphalerite [J]. Colloids and Surfaces B: Biointerfaces, 2011, 83 (2):214-219.

[17] Cao Y, Wei X, Cai P, et al. Preferential adsorption of extracellular polymeric substances from bacteria on clay minerals and iron oxide [J]. Colloids and Surfaces B: Biointerfaces, 2011, 83 (1):122-127.

[18] 李荻．电化学原理（修订版）[M]. 北京：北京航天航空大学出版社，1999.

[19] Devasia P, Natarajan K A. Adhesion of Acidithiobacillus ferrooxidans to mineral surfaces [J]. International Journal of Mineral Processing, 2010, 94 (3-4):135-139.

[20] Fullston D, Fornasiero D, Ralston J. Zeta potential study of the oxidation of copper minerals [J]. Colloids and Surfaces A: Physicochemical and Engineering Aspects, 1999, 146 (1-3): 113-121.

[21] Finkelstein N P. The activation of sulphide minerals for flotation: a review [J]. International Journal of Mineral Processing, 1997, 52 (2-3):81-120.

[22] 陈建华．电化学调控浮选能带理论及其在有机抑制剂研究中的应用 [D]. 长沙：中南工业大学，1999.

[23] Todd E, Sherman D M, Purton J A. Nature of sulphide mineral surfaces under atmospheric conditions: results from NEXAFS [J]. Journal of Conference Abstracts, 2000, 5 (2):1010.

[24] Goh S W, Buckley A N, Lamb R N, et al. The oxidation states of copper and iron in mineral sulfides, and the oxides formed on initial exposure of chalcopyrite and bornite to air [J]. Geochimica et Cosmochimica Acta, 2006, 70 (9):2210-2228.

[25] Todd E C, Sherman D M, Purton J A. Surface oxidation of chalcopyrite ($CuFeS_2$) under ambient atmospheric and aqueous (pH2-10) conditions: Cu, Fe L-and O K-edge X-ray spectroscopy [J]. Geochimica et Cosmochimica Acta, 2003, 67 (12):2137-2146.

[26] Harmer S L, Thomas J E, Fornaiero D, et al. The evolution of surface layers formed during chalcopyrite leaching [J]. Geochimica et Cosmochimica Acta, 2006, 70 (17):4392-4402.

[27] Kuenen J G, Pronk J P, Hazeu W, et al. A review of bioenergetics and enzymology of sulfur compound oxidation by acidophile thiobacilli [C]//Toma A E, Apel M L, Brierley C L. Biohydrometallurgies Technologies, Vol. Ⅱ. Warrendale PA: The Minerals, Metals & Materials Society, 1993: 487-494.

[28] 柳建设，邱冠周，王淀佐，等．氧化亚铁硫杆菌生长过程中铁的行为 [J]. 湿法冶金，1998 (2): 29-31.

[29] 张成桂，夏金兰，邱冠周．嗜酸氧化亚铁硫杆菌亚铁氧化系统研究进展 [J]. 中国有色金属学报，2006，16 (7): 1241-1249.

[30] 张在海，王淀佐，邓吉牛，等．黄铜矿细菌转化与浸出机理探讨 [J]. 中国工程学，2005，7 (增刊): 266-268.

[31] Scott D J. The mineralogy of copper leaching: concentrates and heaps, copper' 95 [C] // Copper Hydrometallurgy Short Course. Santiago, 1995.

[32] Pesic B, Olson F A. Dissolution of bornite in sulfuric acid using oxygen as oxidant [J]. Hydrometallurgy, 1984, 12 (2):195-215.

[33] 孙涛，薛纪越．天然低温久辉铜矿 ($Cu_{1.93}S$) 中的畴结构及缺位结构 [J]. 科学通报，2000，45 (23): 2562-2567.

[34] Evans H T. Copper coordination in low chalcocite and djurleite and other copper-rich sulfides [J]. American Mineralogist, 1981, 66 (7-8):807-818.

[35] Evans H T. Djurleite ($Cu_{1.94}S$) and low chalcocite (Cu_2S): new crystal structure studies [J]. Science, 1979, 203 (4378):356-358.

[36] Pesic B, Olson F A. Leaching of bornite in acidified ferric chloride solutions [J]. Metallurgical and Materials Transations B, 1983, 14 (4):577-588.

[37] Harmer S L, Pratt A R, Nesbitt H W, et al. Reconstruction of fracture surfaces on bornite [J]. The Canadian Mineralogist, 2005, 43 (1):1619-1630.

[38] Koto K, Morimoto N. Superstructure investigation of bornite, Cu_5FeS_4, by the modified partial Patterson function [J]. Acta Crystallographica Section B: Structural Crystallography and Crystal Chemistry, 1975, 31 (9):2268-2273.

[39] Manning P G. A study of the bonding properties of sulphur in bornite [J]. The Canadian Mineralogist, 1967 (9):85-94.

[40] Shuey R T. Semiconducting ore minerals [M]. Amsterdam, Netherlands: Elsevier Scientific

Publishing Company, 1975.

[41] Takeuchi Y, Kudoh Y, Sato G. The crystal structure of covellite CuS under high pressure up to 33 Kbar [J]. Zeitschriftfür Kristallographie, 1985, 173 (1-2):119 -128.

[42] Evans H T, Konnert J A. Crystal structure refinement of covellite [J]. American Mineralogist, 1976, 61 (9-10):996-1000.

[43] Goble R J，李迪恩，彭明生．铜硫化物中晶体结构、化学键和晶胞大小的关系［J］．地质地球化学，1987（2）：27-30.

[44] 李胜荣．结晶学与矿物学［M］．北京：地质出版社，2008.

[45] Parker A J, Paul R L, Power G P. Electrochemical aspects of leaching copper from chalcopyrite in ferric and cupric salt solutions [J]. Australian Journal of Chemistry, 1981, 34 (1):13-34.

[46] Córdoba E M, Munoz J A, Blazquez M L, et al. Leaching of chalcopyrite with ferric ion. Part Ⅱ: Effect of redox potential [J]. Hydrometallurgy, 2008, 93 (3-4):88-96.

[47] Walrling H R. The bioleaching of sulphide minerals with emphasis on copper sulphides: A review [J]. Hydrometallurgy, 2006, 84: 81-108.

[48] Lamache M, Bauer D. Anodic oxidation of cuprous sulfide and the preparation of nonstoichiometric copper sulfide [J]. Analytical chemistry, 1979, 51 (8):1320-1322.

[49] Elsherief A E, Saba A E, Afifi S E. Anodic leaehing of chalcocite with periodic cathodic reduction [J]. Minerals Engineering, 1995, 8 (9):967-978.

[50] 姜传海，杨传铮．X射线衍射技术及其应用［M］．上海：华东理工大学出版社，2010.

[51] 李胜荣，许虹，申俊峰，等．结晶学与矿物学［M］．北京：地质出版社，2008.

[52] 许晓芳．键级理论的计算分析及最大键级杂化轨道理论应用［D］．武汉：华中师范大学，2008.

[53] Jules J L, Lombardi J R. Toward an experimental bond order [J]. Journal of Molecular Structure (Theochem), 2003, 664-665: 255-271.

[54] Lendvay G. On the correlation of bond order and bond length [J]. Journal of Molecular Structure (Theochem), 2000, 501-502: 389-393.

[55] 王凤平，康万利，敬和民．腐蚀电化学原理方法及应用［M］．北京：化学工业出版社，2008.

[56] 兰特拉金 K A，王军．硫化矿生物浸出电化学［J］．国外金属选矿，1997，34（2）：44-54.

[57] 钱佑华，徐至中．半导体物理［M］．北京：高等教育出版社，2003.

[58] 高发明，张思远．复杂晶体点阵能的计算方法［J］．化学学报，1994（52）：320-324.

[59] Liu D T, Zhang S Y, Wu Z J. Lattice energy estimation for inorganic ionic crystals [J]. Inorganic Chemisty, 2003, 42 (7):2465-2469.

[60] Donald B J H. Lattice potential energy estimation for complex ionic salts from density measurements [J]. Inorganic Chemisty, 2002, 41 (9):2364-2367.

[61] Birkholz M. The crystal energy of pyrite [J]. Journal of Physics: Condensed Matter, 1992, 4 (29):6227-6240.

[62] Rothe H J. Lattice energy sum rules and trace anomaly [J]. Physics Letters B, 1995, 364 (4):227-230.

[63] Petrov D, Angelov B. Lattice energies and crystal-field parameters of lanthanide monosulphides [J]. Phsica B, 2010, 405 (18):4051-4053.

[64] 李正勤. 晶格能在工艺矿物学中应用探讨 [J]. 湖南冶金, 1984 (2): 13-18.

[65] Kratz T, Fuess H. Simultane strukturbestimmung von kup-ferkies und bornit an einem kristall [J]. Zeitschift fur Kristallographie, 1989, 186: 167-169.

[66] Torma A E, Sakaguchi H. Relation between the solubility product and the rate of metal sulfide oxidation by *Thiobacillus ferroxidans* [J]. J. of Fermentation Technology, 1978, 56 (3): 173-178.

[67] 杨显万, 沈庆峰, 郭玉霞. 微生物湿法冶金 [M]. 北京: 冶金工业出版社, 2003.